中国石油地质志

第二版·卷二十三

渤海油气区

渤海油气区编纂委员会　编

石油工业出版社

图书在版编目（CIP）数据

中国石油地质志. 卷二十三，渤海油气区 / 渤海油
气区编纂委员会编. —北京：石油工业出版社，2023.11
ISBN 978-7-5183-5191-6

Ⅰ. ① 中… Ⅱ. ① 渤… Ⅲ. ① 石油天然气地质 – 概况
– 中国 ② 渤海 – 油气田开发 – 概况 Ⅳ. ① P618.13
② TE3

中国版本图书馆 CIP 数据核字（2021）第 275208 号

责任编辑：庞奇伟　葛智军
责任校对：罗彩霞
封面设计：周　彦

审图号：GS 京（2023）2275 号

出版发行：石油工业出版社
　　　　　（北京安定门外安华里 2 区 1 号　100011）
　　　　　网　　址：www. petropub. com
　　　　　编辑部：（010）64523543　图书营销中心：（010）64523633
经　　销：全国新华书店
印　　刷：北京中石油彩色印刷有限责任公司

2023 年 11 月第 1 版　2023 年 11 月第 1 次印刷
787×1092 毫米　开本：1/16　印张：28
字数：720 千字

定价：375.00 元

ISBN 978-7-5183-5191-6

《中国石油地质志》

（第二版）

总编纂委员会

主　编：翟光明

副主编：侯启军　马永生　谢玉洪　焦方正　王香增

委　员：（按姓氏笔画排序）

《中国石油地质志》

第二版

中国海域油气区总编纂委员会

谢玉洪　施和生　蔡东升　王守君　高　乐　高阳东　赖维成

周心怀　米立军　李绪深　薛永安　陈志勇　杜向东

《中国石油地质志》

第二版·卷二十三

渤海油气区编纂委员会

组　长：薛永安

副主任：徐长贵　万　欢　牛成民

委　员：朱伟林　蔡东升　王守君　高　乐　赖维成　田立新

　　　　周东红　张国良　沈章洪　王　昕　吕丁友　王德英

　　　　韦阿娟　杜晓峰　冯　敏　柴永波　王清斌　刘士磊

　　　　刘廷海　茆　利　王飞龙　王富民　谢英刚　刘喜杰

《中国石油地质志》

第二版·卷二十三

渤海油气区编写组

组　　长：万　欢

副组长：谢英刚

成　　员：张国良　张雪峰　刘喜杰　韩　冬　黄正吉　王飞龙

　　　　　刘廷海　茆　利　李林洹　朱从军　徐　最　肖二莲

　　　　　段长江　周龙刚　杨海凤

序

三十多年前，在广大石油地质工作者艰苦奋战、共同努力下，从中华人民共和国成立之前的"贫油国"，发展到可以生产超过 1 亿吨原油和几十亿立方米天然气的产油气大国，可以说是打了一个大大的"翻身仗"，获得丰硕成果，对我国油气资源有了更深的认识，广大石油职工充满无限信心、继续昂首前进。

在 1983 年全国油气勘探工作会议上，我和一些同志建议把过去三十年的勘探经历和成果做一系统总结，既可作为前一阶段勘探的历史记载，又可作为以后勘探工作的指引或经验借鉴。1985 年我到石油勘探开发科学研究院工作后，便开始组织编写《中国石油地质志》，当时材料分散、人员不足、资金缺乏，在这种困难的条件下，石油系统的很多勘探工作者投入了极大的热情，先后有五百余名油气勘探专家学者参与编写工作，历经十余年，陆续出版齐全，共十六卷 20 册。这是首次对中华人民共和国成立后石油勘探历程、勘探成果和实践经验的全面总结，也是重要的基础性史料和科技著作，得到业界广大读者的认可和引用，在油气地质勘探开发领域发挥了巨大的作用。我在油田现场调研过程中遇到很多青年同志，了解到他们在刚走出校门进入油田现场、研究部门或管理岗位时，都会有摸不着头脑的感觉，他们说《中国石油地质志》给予了很大的启迪和帮助，经常翻阅和参考。

又一个三十年过去了，面对国内极其复杂的地质条件，这三十年可以说是在过去的基础上，勘探工作又有了巨大的进步，相继开展的几轮油气资源评价，对中国油气资源实情有了更深刻的认识。无论是在烃源岩、油气储层、沉积岩序列、构造演化以及一系列随着时间推移的各种演化作用带来的复杂地质问题，还是在石油地质理论、勘探领域、勘探认识、勘探技术等方面都取得了许多新进展，不断发现新的油气区，探明的油气田数量逐渐增多、油气储量大幅增加，油气产量提升到一个新台阶。截至 2020 年底（与 1988 年相比），发现的油田由 332 个增至 773 个，气田由 102 个增至 286 个；30 年来累计探明石油地质储量增加 284 亿吨、天然气地质储量增加 17.73 万亿立方米；原油年产量由 1.37 亿吨增至 1.95 亿吨，天然气年产量由 139 亿立方米增至 1888 亿立方米。

油气勘探发现的过程既有成功时的喜悦，更有勘探失利带来的煎熬，其间积累的经验和教训是宝贵的、值得借鉴的。《中国石油地质志》不仅仅是一套学术著作，它既有对中国各大区地质史、构造史、油气发生史等方面的详尽阐述，又有对油气田发现历程的客观分析和判断；它既是各探区勘探理论、勘探经验、勘探技术的又一次系统回顾和总结，又是各探区下一步勘探领域和方向的指引。因此，本次修编的《中国石油地质志》对今后的油气勘探工作具有新的启迪和指导。

在编写首版《中国石油地质志》过程中，经过对各盆地、各地区勘探现状、潜力和领域的系统梳理，催生了"科学探索井"的想法，并在原石油工业部有关领导的支持下实施，取得了一批勘探新突破和成果。本次修编，其指导思想就是通过总结中国油气勘探的"第二个三十年"，全面梳理现阶段中国各油气区的现状和前景，旨在提出一批新的勘探领域和突破方向。所以，在 2016 年初本版编委会尚未完全成立之时，我就在中国工程院能源与矿业工程学部申请设立了 "中国大型油气田勘探的有利领域和方向" 咨询研究项目，全国有 32 个地区石油公司参与了研究实施，该项目引领各油气区在编写《中国石油地质志》过程中突出未来勘探潜力分析，指引了勘探方向，因此，在本次修编章节安排上，专门增加了"资源潜力与勘探方向"一章内容的编写。

本次修编本着实事求是的原则，在继承原版经典的基础上，基本框架延续原版章节脉络，体现学术性、承续性、创新性和指导性，着重充实近三十年来的勘探发展成果。《中国石油地质志》修编版分卷设置，较前一版进行了拆分和扩充，共 25 卷 32 册。补充了冀东油气区、华北油气区（下册·二连盆地）两个新卷，将原卷二"大庆、吉林油田"拆分为大庆油气区和吉林油气区两卷；将原卷七"中原、南阳油田"拆分为中原油气区和南阳油气区两卷；将原卷十四"青藏油气区"拆分为柴达木油气区和西藏探区两卷；将原卷十五"新疆油气区"拆分为塔里木油气区、准噶尔油气区和吐哈油气区三卷；将原卷十六"沿海大陆架及毗邻海域油气区"拆分为渤海油气区、东海—黄海探区、南海油气区三卷。另外，由于中国台湾地区资料有限，故本次修编不单独设卷，望以后修编再行补充和完善。

此外，自 1998 年原中国石油天然气总公司改组为中国石油天然气集团公司、中国石油化工集团公司和中国海洋石油总公司后，上游勘探部署明确以矿权为界，工作范围和内容发生了很大变化，尤其是陆上塔里木、准噶尔、四川、鄂尔多斯等四大盆地以及滇黔桂探区均呈现中国石油、中国石化在各自矿权同时开展勘探研究的情形，所处地质构造区带、勘探程度、理论认识和勘探进展等难免存在差异，为尊重各探区勘探研究实际，便于总结分析，因此在上述探区又酌情设置分册加以处理。各分卷和分册按以下顺序排列：

卷次	卷名	卷次	卷名
卷一	总论	卷十四	滇黔桂探区（中国石化）
卷二	大庆油气区	卷十五	鄂尔多斯油气区（中国石油）
卷三	吉林油气区		鄂尔多斯油气区（中国石化）
卷四	辽河油气区	卷十六	延长油气区
卷五	大港油气区	卷十七	玉门油气区
卷六	冀东油气区	卷十八	柴达木油气区
卷七	华北油气区（上册）	卷十九	西藏探区
	华北油气区（下册）	卷二十	塔里木油气区（中国石油）
卷八	胜利油气区		塔里木油气区（中国石化）
卷九	中原油气区	卷二十一	准噶尔油气区（中国石油）
卷十	南阳油气区		准噶尔油气区（中国石化）
卷十一	苏浙皖闽探区	卷二十二	吐哈油气区
卷十二	江汉油气区	卷二十三	渤海油气区
卷十三	四川油气区（中国石油）	卷二十四	东海—黄海探区
	四川油气区（中国石化）	卷二十五	南海油气区（上册）
卷十四	滇黔桂探区（中国石油）		南海油气区（下册）

《中国石油地质志》是我国广大石油地质勘探工作者集体智慧的结晶。此次修编工作得到中国石油、中国石化、中国海油、延长石油等油公司领导的大力支持，是在相关油田公司及勘探开发研究院 1000 余名专家学者积极参与下完成的，得到一大批审稿专家的悉心指导，还得到石油工业出版社的鼎力相助。在此，谨向有关单位和专家表示衷心的感谢。

中国工程院院士
2022 年 1 月　北京　翟光明

FOREWORD

Some 30 years ago, under the unremitting joint efforts of numerous petroleum geologists, China became a major oil and gas producing country with crude oil and gas producing capacity of over 100 million tons and billions of cubic meters respectively from an 'oil-poor country' before the founding of the People's Republic of China. It's indeed a big 'turnaround' which yielded substantial results, allowed us to have a better understanding of oil and gas resources in China, and gave great confidence and impetus to numerous petroleum workers.

At the National Oil and Gas Exploration Work Conference held in 1983, some of my comrades and I proposed to systematically summarize exploration experiences and results of the last three decades, which could serve as both historical records of previous explorations and guidance or references for future explorations. I organized the compilation of *Petroleum Geology of China* right after joining the Research Institute of Petroleum Exploration and Development (RIPED) in 1985. Though faced with the difficulties including scattered information, personnel shortage and insufficient funds, a great number of explorers in the petroleum industry showed overwhelming enthusiasm. Over five hundred experts and scholars in oil and gas exploration engaged in the compilation successively, and 16-volume set of 20 books were published in succession after over 10 years of efforts. It's not only the first comprehensive summary of the oil exploration journey, achievements and practical experiences after the founding of the People's Republic of China, but also a fundamental historical material and scientific work of great importance. Recognized and referred to by numerous readers in the industry, it has played an enormous role in geological exploration and development of oil and gas. I met many young men in the course of oilfield investigations, and learned their feeling of being lost during transition from school to oilfields, research departments or management positions. They all said they were greatly inspired and benefited from *Petroleum Geology of China* by often referring to it.

Another three decades have passed, and it can be said that though faced with extremely complicated geological conditions, we have made tremendous progress in exploration over the years based on previous works and acquisition of more profound knowledge on China's oil and gas resources after several rounds of successive evaluations. New achievements have been made in not only source rock, oil and gas reservoir, sedimentary development, tectonic evolution and a series of complicated geological issues caused by different evolutions over time, but also petroleum geology theories, exploration areas, exploration knowledge, exploration techniques and other aspects. New oil and gas provinces were found one after another, and with gradual increase in the number of proven oil and gas fields, oil and gas reserves grew significantly, and production was brought to a new level. By the end of 2020 (compared with 1988), the number of oilfields and gas fields had increased from 332 and 102 to 773 and 286 respectively, cumulative proved oil in place and gas in place had grown by 28.4 billion tons and 17.73 trillion cubic meters over the 30 years, and the annual output of crude oil and gas had increased from 137 million tons and 13.9 billion cubic meters to 195 million tons and 188.8 billion cubic meters respectively.

Oil and gas exploration process comes with both the joy of successful discoveries and the pain of failures, and experiences and lessons accumulated are both precious and worth learning. *Petroleum Geology of China*'s more than a set of academic works. It not only contains geologic history, tectonic history and oil and gas formation history of different major regions in China, but also covers objective analyses and judgments on discovery process of oil and gas fields, which serves as another systematic review and summary of exploration theories, experiences and techniques as well as guidance on future exploration areas and directions of different exploratory areas. Therefore, this revised edition of *Petroleum Geology of China* plays a new role of inspiring and guiding future oil and gas exploration works.

Systematic sorting of exploration statuses, potentials and domains of different basins and regions conducted during compilation of the first edition of *Petroleum Geology of China* gave rise to the idea of 'Scientific Exploration Well', which was implemented with supports from related leaders of the former Ministry of Petroleum Industry, and led to a batch of breakthroughs and results in exploration works. The guiding idea of this revision is to propose a batch of new exploration areas and breakthrough directions by summarizing 'the second 30 years'of China's oil and gas exploration works and comprehensively sorting out current statuses and prospects of different exploratory areas in China at the current stage. Therefore, before the editorial team was fully formed at the beginning of 2016, I applied to the Division of Energy and Mining Engineering, Chinese Academy of Engineering for the establishment of a consulting research project on 'Favorable Exploration Areas and Directions of Major Oil and Gas Fields in China'. A total of 32 regional oil companies throughout the country participated in the research project, which guided different exploratory areas in giving prominence to analysis on future exploration potentials in the course of compilation of *Petroleum Geology of China*, and pointed out exploration directions. Hence a new dedicated chapter of 'Exploration Potentials and Directions of Oil and Gas Resources' has been added in terms of chapter arrangement of this revised edition.

Based on the principles of seeking truth from facts and inheriting essence of original works, the basic framework of this revised edition has inherited the chapters and context of the original edition, reflected its academics, continuity, innovativeness and guiding function, and focused on supplementation of exploration and development related achievements made in the recent 30 years. This revised edition of *Petroleum Geology of China*, which consists of sub-volumes, has divided and supplemented the previous edition into 25-volume set of 32 books. Two new volumes of Jidong Oil and Gas Province and Huabei Oil and Gas Province (The Second Volume · Erlian Basin) have been added, and the original Volume 2 of 'Daqing and Jilin Oilfield' has been divided into two volumes of Daqing Oil and Gas Province and Jilin Oil and Gas Province. The original Volume 7 of 'Zhongyuan and Nanyang Oilfield' has been divided into two volumes of Zhongyuan Oil and Gas Province and Nanyang Oil and Gas Province. The original Volume 14 of 'Qinghai-Tibet Oil and Gas Province' has been divided into two volumes of Qaidam Oil and Gas Province and Tibet Exploratory Area. The original volume 15 of 'Xinjiang Oil and Gas Province' has been divided into three volumes of Tarim Oil and Gas Province, Junggar Oil and Gas Province and Turpan-Hami Oil and Gas Province. The original Volume 16 of 'Oil and Gas Province of Coastal Continental Shelf and Adjacent Sea Areas' has been divided into three volumes of Bohai Oil and Gas Province, East China Sea-Yellow Sea Exploratory Area and South China Sea Oil and Gas Province.

Besides, since the former China National Petroleum Company was reorganized into CNPC, SINOPEC and CNOOC in 1998, upstream explorations and deployments have been classified based on the scope of mining rights, which led to substantial changes in working range and contents. In particular, CNPC and SINOPEC conducted explorations and researches under their own mining rights simultaneously in the four major onshore basins of Tarim, Junggar, Sichuan and Erdos as well as Yunnan-Guizhou-Guangxi Exploratory Area, so differences in structural provinces of their locations, degree of exploration, theoretical knowledge and exploration progress were inevitable. To respect the realities of explorations and researches of different exploratory areas and facilitate summarization and analysis, fascicules have been added for aforesaid exploratory areas as appropriate. The sequence of sub-volumes and fascicules is as follows:

Volume	Volume name	Volume	Volume name
Volume 1	Overview	Volume 14	Yunnan-Guizhou-Guangxi Exploratory Area (SINOPEC)
Volume 2	Daqing Oil and Gas Province	Volume 15	Erdos Oil and Gas Province (CNPC)
Volume 3	Jilin Oil and Gas Province		Erdos Oil and Gas Province (SINOPEC)
Volume 4	Liaohe Oil and Gas Province	Volume 16	Yanchang Oil and Gas Province
Volume 5	Dagang Oil and Gas Province	Volume 17	Yumen Oil and Gas Province
Volume 6	Jidong Oil and Gas Province	Volume 18	Qaidam Oil and Gas Province
Volume 7	Huabei Oil and Gas Province (The First Volume)	Volume 19	Tibet Exploratory Area
	Huabei Oil and Gas Province (The Second Volume)	Volume 20	Tarim Oil and Gas Province (CNPC)
Volume 8	Shengli Oil and Gas Province		Tarim Oil and Gas Province (SINOPEC)
Volume 9	Zhongyuan Oil and Gas Province	Volume 21	Junggar Oil and Gas Province (CNPC)
Volume 10	Nanyang Oil and Gas Province		Junggar Oil and Gas Province (SINOPEC)
Volume 11	Jiangsu-Zhejiang-Anhui-Fujian Exploratory Area	Volume 22	Turpan-Hami Oil and Gas Province
Volume 12	Jianghan Oil and Gas Province	Volume 23	Bohai Oil and Gas Province
Volume 13	Sichuan Oil and Gas Province (CNPC)	Volume 24	East China Sea-Yellow Sea Exploratory Area
	Sichuan Oil and Gas Province (SINOPEC)	Volume 25	South China Sea Oil and Gas Province (The First Volume)
Volume 14	Yunnan-Guizhou-Guangxi Exploratory Area (CNPC)		South China Sea Oil and Gas Province (The Second Volume)

Petroleum Geology of China is the essence of collective intelligence of numerous petroleum geologists in China. The revision received vigorous supports from leaders of CNPC, SINOPEC, CNOOC, Yanchang Petroleum and other oil companies, and it was finished with active engagement of over 1,000 experts and scholars from related oilfield companies and RIPED, thoughtful guidance of a great number of reviewers as well as generous assistance from Petroleum Industry Press. I would like to express my sincere gratitude to relevant organizations and experts.

Zhai Guangming, Academician of Chinese Academy of Engineering

Jan. 2022, Beijing

前　言

纵览我国石油工业的发展进程，从总体布局与实施时间来看，西部明显早于东部，陆区先于海洋。至今，陆海各含油气盆地所投入的地球物理勘探工作量和已完成探井的数量、密度及油气勘探程度，仍然是陆区胜于海洋。

有文字记载的人类认识和利用油气已有 4000 多年的历史。我国是发现和最早利用天然气的国家之一。华夏勤劳聪慧的祖先，早在 1521 年就于四川嘉州（今乐山）成功开凿了第一口油井，比欧洲、北美洲提前了 300 多年；清朝政府于 1878 年在台湾苗栗用动力机器钻到石油（井深 120m、日产油 750kg）；若以 1907 年 6 月 5 日由陕北延长石油官厂历时三个月所钻的延 1 井（完钻井深 81m、日产油 1.2 ～ 1.5t）为起点，则我国油气勘探至今已经历了一个多世纪的迢迢征途。

我国海洋油气勘探始于 20 世纪 50 年代末（1960 年），在南海海域的莺歌海盆地进行浅海地震普查工作中，所钻的莺冲 1 和莺冲 2 两口浅井均见到油。实际上，真正意义的中国海洋油气勘探应该以渤海海域首钻的第一口预探井——海 1 井（获工业油气流）作为拉开序幕的第一井。

渤海海域位于渤海湾盆地的东部，其海域面积达 $7.2 \times 10^4 km^2$，占全盆地面积的三分之一。在水波粼粼的海水下，覆盖着四大负向二级构造单元。除渤中坳陷外，济阳、黄骅和下辽河三大坳陷均由海陆两部分组成，自然造就了渤海海域石油地质条件的复杂性。使其既有自己独特的一面，也兼有陆上油气区的一些特点。

渤海海域的油气勘探历史实属是一部教科书式的佳作。从 1966 年底钻探第一口预探井，到 1987 年海域发现第一个古近系大型油田——绥中 36-1 油田，实现了渤海海域油气勘探的首次重大突破。闹海二十载，擒龙在一朝。绥中 36-1 油田的发现，极大地促进了渤海石油人坚持闹海找油的激情。1995 年在石臼坨凸起上，又相继发现了海域第一个新近系大型油田——秦皇岛 32-6 油田。1998 年位于黄河口凹陷西缘新近系又一个大型油田——渤中 25-1 南油田问世，渤海海域油气勘探彻底迎来了阳光明媚的春天。随后即进入以新近系为主攻目标的勘探阶段，至 2009 年又在渤中凹陷周边的沙垒田凸起区、渤南低凸起的东端以及庙西南北凸起，相继发现了曹妃甸 11-1、蓬莱 19-3 和蓬莱 9-1 三个大型油田，造就了渤海海域油气勘探最喜人的储量增长高峰期，致使渤海海域 2003 年年产油气超过 $1000 \times 10^4 m^3$ 油当量。2010 就突破年产油气 $3000 \times 10^4 m^3$ 油当量的大关，一跃成为国内继大庆、长庆后的第三大油田。

本卷开篇先是简括了渤海海域区域地质条件、自然环境现状；接着以对油气勘探的重大突破具有转折意义的事件和勘探工作量的投入为两个重点，客观地评价了海域油气勘探历程；继而则从海陆对比的角度，以具有海域特色的主要石油地质条件进行阐述；针对渤海海域油气藏类型众多，选择了具有代表性的油气田进行描述，以油气藏特征为重点内容，由于我国石油界对油气藏类型划分方案颇多，本卷选择了两个方案列于书中；对油气烃源岩这一个重要成藏条件与"油气资源潜力与勘探方向"一章采用相辅相成的手法进行编写，表现出这两章内容紧密相连；"典型油气勘探案例"一章的编写主要与"勘探方向"和"勘探历程"相结合，以圈闭钻探成败原因和经验教训为主线；对于"油气勘探理论与技术进展"一章，侧重渤海海域油气勘探科研成果的创新点和适应于海域情况的有效先进技术等内容。

渤海海域油气勘探筚路蓝缕几十年，即有让我们引以自豪的成功，也有不尽人意的失利。其中我们渤海石油人所获得的最大收益（或者说经验教训）是"切莫走主打单一目的层（单打一）"的勘探指导思想。在逐步摸清渤海特有的石地质条件和成藏主控因素的情况下，坚持多目的层、多方位的立体和精细勘探理念，才是一条前途无限光明的成功之路。

渤海海域丰硕的油气勘探成果，无疑是与总公司高层的正确决策、竭忠尽智的石油地质科研人员踏实工作以及现场精心设计、精心施工等多路人马的团结奉献分不开的。尤其是几代科研人员新的研究成果不断出现，石油地质认识方面的提高、深化及理论的创新、升华，有力地指导和推动了油气勘探的发展。这些具有海域特色的新认识、新理念，诸如"新构造运动""晚期成藏"理论的发展创新，具有海域特色的新近系（浅层）油气运聚系统，"源—汇时空耦合"理论推动海域古近系油气勘探的发展，"汇聚脊"模式与浅层油气成藏的内在关系，以及极浅水三角洲体系与浅层复合油气藏的勘探，渤海湾盆地深层大型凝析气田成藏理论等等。都无一例外地保证了勘探空间的拓展和钻探成功率，诠释了海域油气成藏的机制和多种控制因素的内在有机配置关系。

实践证明，海域油气勘探研究工作的进步，新认识、新理论和一系列先进技术的创新应用，保证了渤海海域的油气勘探一直保持着增储上产、新成果连连的旺盛发展态势。

勇于探索、敢于亮剑的渤海石油人深知，渤海海域具备优于陆上油区的雄厚资源潜力、广阔的勘探领域和勘探空间，但也面临国内外油气勘探快速发展的形势及渤海海域油气勘探难度加大的现状。面对不断出现的新困难、新机遇和新挑战，鉴往知来，我们满怀豪情的坚信：渤海海域的油气勘探方兴未艾，前景不可低估。只要我们不断强化研究，不断加大新的勘探工作量的投入，充满勃勃生机的浩浩海域一定会给予我们更新、更多、更有价值的回报。

《中国石油地质志（第二版）·卷二十三 渤海油气区》的编写，非同于一般的史志和学术论文，在尊重历史、实事求是、客观评价渤海海域油气勘探历程的基础上，展开对石油地质理论的总结与归纳提升，抓住渤海海域有别于陆地油区的特殊地质条件，拓展各章内容的论述。以期本卷成为从事油气勘探各路工作者、院校师生及其他相关人员案头实用的工具书，同样也能对今后海域的油气再勘探有所指导。

《中国石油地质志（第二版）·卷二十三 渤海油气区》主要执笔人为张国良、谢英刚、张雪峰、刘喜杰、韩冬、黄正吉、王飞龙、刘廷海、茆利、李林洹、朱从军、徐冣、肖二莲、段长江、周龙刚、杨海风。

郭飒飒、于海波、彭靖淞、穆东海、江凯禧等参与了部分工作，最后由张国良、刘喜杰完成全书统编工作。

本卷的编写成功，始终得到了以中国海洋石油集团有限公司谢玉洪总地质师为代表的审查委员会领导和专家们的多次重要指示及整体审阅与策划；得到了以天津分公司薛永安总地质师、徐长贵经理为代表的领导、专家的指导和审阅；得到了以天津分公司勘探开发研究院牛成民总地质师为代表的众多领导和专家的指导和支持。多位专家在百忙中不辞劳苦"一对一"式地对全书所有章节进行了认真的审阅，徐长贵和沈章洪两位专家对全书进行了统审。本卷编写工作还受到了中海油能源发展股份有限公司工程技术分公司万欢首席勘探地质师、非常规技术研究院勘探技术研究所谢英刚所长和刘喜杰项目经理的一线组织、编写与审阅。特别感谢张国良专家两年来为此书编纂所付出的心血和汗水，还有王红同志协助完成了部分图件的清绘工作。在此一并表示真诚的谢意！

本卷浓缩了渤海海域勘探几十年的成果，凝结了几代地质、石油人的耕耘汗水，成果是集体智慧的结晶，倾注了众多领导、专家及相关人员的心血，没有前辈的成果及领导、专家的指导，难以成篇。对他们的无私奉献深表敬意！

尽管本卷编写组成员在承蒙上述各方面的鼎力支持下，克尽厥职、奋勉急笔，但由于渤海海域的油气勘探历经数十年，其油气勘探成果资料巨丰，涉及的相关文献、学术报告、研究成果等资料浩如烟海。同时限于编写人员的经历与水平，书中难免会存在挂一漏万、笔不到位之处，敬请阅者悉心斧正。

PREFACE

It can be seen from the overall layout and implementation time that, throughout the development history of China's petroleum industry, the west was developed obviously earlier than the east, and the land was developed earlier than the sea. Up to now, the geophysical exploration efforts invested in oil-gas-bearing basins, the number and density of completed wells, and the degree of oil and gas exploration are still more on land than in the sea.

The documented discovery and utilization of oil and gas by human has been around for more than 4,000 years. China was one of the first countries that discovered and utilized natural gas. The industrious and intelligent ancestors of Chinese people successfully drilled the first oil well in Jiazhou (today's Leshan), Sichuan Province, as early as 1521, more than 300 years earlier than Europe and North America. In 1878, the Qing government struck oil with a power machine in Miaoli, Taiwan (well depth: 120m, daily oil production: 750kg). The oil and gas exploration in our country, presumably starting from the Yan-1 well (completion depth: 81m, daily oil production: 1.2~1.5t), which was initially drilled by Shanbei Yanchang Government Petroleum Plant on June 5, 1907 and completed three months later, has gone through a long journey of more than a century.

China's offshore oil and gas exploration began in the late 1950s (1960). During the shallow-sea seismic survey of Yinggehai Basin in the South China Sea, oil was found in two shallow wells, YC 1 and YC 2. In fact, Hai-1 well (obtaining an industrial hydrocarbon flow), the first exploratory well drilled in Bohai Sea, should be the first curtain-raiser to China's real offshore oil and gas exploration.

Located in the east of Bohai Bay Basin, the Bohai Sea covers an area of $7.2 \times 10^4 \text{km}^2$, one third of the area of the whole basin. Beneath the sparkling water are four negative secondary tectonic units. Except Bozhong Depression, the other three depressions, namely Jiyang Depression, Huanghua Depression and Xialiaohe Depression, are composed of both marine and continental facies, which naturally contributes to the complexity of petroleum geology conditions in Bohai Sea. Thus the Bohai Sea has not only its own unique characteristics, but also some characteristics of onshore oil and gas regions.

The history of oil and gas exploration in Bohai Sea is really a textbook-style excellent work. From the drilling of the first pre-exploration well at the end of 1966 to the discovery of the first large Paleogene oil field in the sea area in 1987——Suizhong 36-1 Oil Field, the first major breakthrough in oil and gas exploration in the Bohai Sea was achieved. A major breakthrough was finally made after 20 years of efforts. The discovery of Suizhong 36-1 Oil Field greatly promoted the passion of Bohai Oil men to persist in searching for oil in the sea. In 1995, the first large-scale oil field of the Neogene in the sea area, Qinhuangdao 32-6 Oil Field, was discovered on the Shijiutuo high. In 1998, Bozhong 25-1 South Oil Field, another large Neogene oil field located in the west margin of Huanghekou sag, was discovered, which finally ushered in the sunny spring of oil and gas exploration in Bohai Sea. Then the exploration phase with Neogene as the main target came. By 2009, three large oil fields, namely Caofeidian 11-1, Penglai 19-3, and Penglai 9-1, were discovered one after another on the Shaleitian high around Bozhong sag, the east end of Bonan low high, and the Miaoxi South/North high, respectively. They brought the most encouraging peak of reserve growth for oil and gas exploration in Bohai Sea to an extent that the oil and gas output of Bohai Sea exceeded $1,000 \times 10^4 m^3$ oil equivalent in 2003 and was more than $3,000 \times 10^4 m^3$ oil equivalent in 2010. After that, Bohai Sea became the third largest oil field in China after Daqing Qil Field and Changqing Qil Field.

At the beginning of this volume, the geological and natural environment conditions of the Bohai Sea are briefly summarized. Then, the history of offshore oil and gas exploration is objectively evaluated by focusing on the turn points of the major breakthrough in oil and gas exploration and the investment of exploration work. Then, through land-sea comparison, the main petroleum geology conditions with marine characteristics are expounded. Representative oil fields are selected from various types of Bohai Sea reservoirs for description by focusing on the features of hydrocarbon reservoirs. Since many plans are adopted for hydrocarbon reservoir classification in China's petroleum industry, two plans are selected and listed in this volume. The description of hydrocarbon source rock, an important reservoir-forming condition, is complementary to the chapter "Petroleum Resource Potential and Exploration Prospect", showing that the two chapters are closely related. The chapter "Typical Exploration Cases" is mainly combined with "exploration direction" and "exploration history", with the reason for trap drilling success/failure and the lessons of trap drilling as the main clues. The chapter "New Progress in Petroleum Exploration Theory and Technology" focuses on the innovations of scientific payoffs relating to oil and gas exploration in Bohai Sea and the effective advanced technologies adapted to the sea condition.

The decades of oil and gas exploration in Bohai Sea have brought us both proud successes and unsatisfactory failures. Among them, the biggest benefit (or experience) to Bohai Oil men is the guiding ideology of "never focus on a single purpose layer(concentrate on one thing only)" . The only promising way to success is to adhere to the multi-purpose-layer and multi-direction fine exploration concept while gradually finding out the unique geological conditions of Bohai Sea and the main factors controlling the reservoir formation.

The rich exploration results achieved in Bohai Sea are undoubtedly inseparable from the correct decision of the head quarters' senior management, the down-to-earth work of dedicated geological research personnel, and the unity and dedication of many field designers and constructors. In particular, the continuous emergence of new research results achieved by several generations of researchers, the improvement and deepening of petroleum geology knowledge, and the theoretical innovation and sublimation have effectively guided and driven the development of oil and gas exploration. The new knowledge and concepts with marine characteristics, such as innovative "neotectonics" and "late hydrocarbon accumulation" theories, Neogene (shallow)hydrocarbon migration and accumulation system, and "source-sink spatiotemporal coupling" theory, promote the development of offshore Paleogene hydrocarbon exploration. The internal relationship between "convergence ridge" model and shallow hydrocarbon accumulation, and the exploration of extremely shallow water delta system and shallow complex reservoirs, reservoir formation theory of deep large-scale condensate gas fields in the Bohai Bay Basin, etc., without exception, guaranteed the expansion of exploration space and the success rate of drilling, and interpreted the mechanism of offshore petroleum entrapment and the internal organic configuration relationship among various controlling factors.

Practice has proved that, the progress in offshore hydrocarbon exploration research, and the innovative application of new knowledge and theories and a series of advanced technologies have ensured a vigorous development trend of oil and gas exploration in Bohai Sea with enhanced reserves and production and continuously emerging achievements.

The Bohai Oil men who dare to explore know that, the Bohai Sea has a greater resource potential and a broader exploration space than onshore oil regions, but they are also facing the rapid development of oil and gas exploration at home and abroad and the increasing difficulty in oil and gas exploration in Bohai Sea. In the face of new difficulties, opportunities and challenges, we are convinced with boundless pride that the oil and gas exploration in Bohai Sea is in the ascendant and has the promising prospects that should not be underestimated. As long as we continue to strengthen research and increase investment in new exploration work, the vibrant and vast sea area will surely give us a larger amount of newer and more valuable returns.

Petroleum Geology of China (*Volum 23, Bohai Oil and Gas Province*) is different from traditional historical records and academic papers. In the volume, the theory of petroleum geology is summarized and refined by respecting the history, seeking truth from facts, and objectively evaluating the history of oil and gas exploration in Bohai Sea. Taking into account the special geological conditions of Bohai Sea that are different from those of onshore oil regions, the contents of each chapter are further discussed. It is expected that this volume will become a practical reference book for all the workers, college teachers and students and other personnel engaged in oil and gas exploration, and a guide for future offshore oil and gas re-exploration.

Main author of *Petroleum Geology of China* (*Volume 23, Bohai Oil and Gas Province*) is Zhang Guoliang, Xie Yinggang, Zhang Xuefeng, Liu Xijie, Han Dong, Huang Zhengji, Wang Feilong, Liu Tinghai, Mao li, Li Linhuan, Zhu Congjun, Xu Zui, Xiao Erlian, Duan Changjiang, Zhou Longgang, Yang Haifeng.

Guo Sasa, Yu Haibo, Peng Jingsong, Mu Donghai, Jiang Kaixi and other people participated in part of the compilation work, and finally Zhang Guoliang and Liu Xijie completed the compilation of the whole book.

The successful compilation of this volume has always received important instructions and overall review and planning from the review board leaders and experts represented by the chief geologist Xie Yuhong of China National Offshore Oil Corporation (CNOOC), guidance and review from the leaders and experts of CNOOC Tianjin Branch represented by chief geologist Xue Yongan and Manager Xu Changgui, and guidance and support from the leaders and experts of Exploration and Development Research Institute of CNOOC Tianjin Branch represented by chief geologist Niu Chengmin. Several experts took the time and trouble to carefully review all the chapters of this book in a "one-to-one" manner, especially the experts Xu Changgui and Shen Zhanghong reviewed the whole book. The chief exploration geologist Wan Huan of Engineering Technology Branch of CNOOC Energy Development Co., Ltd., and the director Xie Yinggang and project manager Liu Xijie of Exploration Technology Branch of Unconventional Petroleum Research Institute also participated in the organization, compilation and review of this volume. Special thanks are given to the expert Zhang Guoliang for his efforts made in the compilation of this book over the past two years, and to Wang Hong for assisting in the fair drawing of some maps. Here, we would like to express our sincere thanks to all of them !

This volume is the result of decades of Bohai Sea exploration by several generations of geological and oil men. It is the crystallization of collective wisdom and the focus of many leaders, experts and related personnel. Without the experience of predecessors and the guidance of leaders and experts, this volume can not be completed. We pay homage to their selfless dedication !

Although the members of the compilation team have done their utmost and worked hard to write this volume with the support of the above-mentioned parties, the abundant achievements made in decades of oil and gas exploration in Bohai Sea can not be all included in this volume and the related literature, academic reports, research results and other materials are too voluminous to be all referred to. There will inevitably be some omissions and errors in the book due to the above reasons and the limited experience and level of the writers. The readers' careful corrections are requested.

目 录

CONTENTS

第一章　概　　况

包括渤海海域在内的渤海湾盆地，位于我国东北部，总面积 $19.5 \times 10^4 km^2$。其中渤海海域面积 $7.3 \times 10^4 km^2$，位于东经 117°35′—122°15′，北纬 37°07′—41°00′ 之间。

渤海海域蕴藏着十分丰富的油气资源，经过几代石油人的努力，勘探开发成果丰硕，与陆上六个油田（辽河、冀东、大港、华北、中原、胜利）共同构成渤海湾盆地大油气区。

第一节　自　然　地　理

渤海海域三面环陆，涉及行政区包括三省（辽宁省、河北省、山东省）一市（天津市）。东部为辽东半岛和山东半岛对应的海峡与黄海相通，实属一个近封闭型的内海，海岸线长 3000 多千米（图 1-1）。

图 1-1　渤海海域区域地理位置图

渤海海域自然地理条件较好。平均水深只有 18m，近一半海域的面积其水深不超过 20m。位于东北部的老铁山水道一带水体较深。

渤海海域地处北温带，平均气温 10～12℃，夏无酷暑，冬无严寒。年降水量平均为 500～600mm，海水盐度为 30‰，台风少，一般浪高 2～5m，冰期从 11 月中旬至翌年的 3 月中下旬，属海况条件较好的浅海。

一、海底地形地貌

渤海可视为一个被海水淹没的陆内浅洼地，其海底地势相对比较平坦，总体趋势是由"三湾"（渤海湾、莱州湾、辽东湾）向海盆中央及海峡倾斜，平均坡度仅有 28″，即从沿岸逐渐向中央变深，其等深线基本平行于海岸线。

辽东湾位于渤海海域东北部，呈 NNE 向延伸，湾口以河北大清河口与辽宁老铁山岬连线为界。该湾是渤海地形相对复杂地区。湾顶东起盖州，西至小凌河口，为平原淤泥质海岸。等深线基本平行海岸，但坡度极缓。辽东湾东西两侧发育山地丘陵海岸，岸外地形较陡，距海岸 20～30km 以内，水深就降至 25m，等深线密集，有明显的岸坡，坡度可达 4′17″。在六股河口南侧及长兴岛北侧，岸坡上发育平行海岸的沙坝，等深线出现梭状曲折。在辽东湾东南部有一个等深线呈掌状排列的地形体系，这就是著名的辽东浅滩。

渤海湾、莱州湾及渤中洼地地形比较简单，仅莱州湾东岸出现一段不太明显的水下岸坡，其他岸段基本没有岸坡地形，沿海平原和海底平原呈平缓过渡。从海岸到渤中洼地，水深加大到 20～26m，坡度极缓。等深线沿海岸轮廓同步向海内向突出。另外，在渤海湾北侧地形略有变化，曹妃甸浅滩南侧有一个东西向深槽，最深可达 31m。另外在曹妃甸北侧潮间带上也有几条明显的潮沟发育。

渤海海峡宽约 104.3km，由 20 多个岛礁组成庙岛群岛呈 NE 向排列，像栅栏一样把海峡分割成包括老铁山水道、登州水道在内的若干水道。这些水道和岛礁构成了沟脊相间的崎岖地形。

二、海底现代沉积类型

渤海海底沉积物的分布受自然地理条件的制约，不同地点特点不一。渤海海底其覆盖层可分为以下三种类型，即由辽东湾北岸与黄河口三角洲等为代表的粉砂淤泥质海岸，以滦河口以北的滨海石岸为代表的砂砾质海岸，和以山东半岛北岸和辽东半岛北岸为代表的基岩海岸。在辽东湾有辽东浅滩，这是一个潮流三角洲，规模大，地貌格局特殊，南端与冲刷槽相连，北端连接着古辽河沉溺谷地，可认为是古辽河三角洲与现代潮流三角洲的综合体。

现代河流三角洲在渤海较多，辽东湾北部有六股河三角洲两个，河口以东是一现代三角洲，水深小于 5m；在河口西南是古六股河三角洲。滦河有新老三个三角洲，其特点是有沙坝环绕河口的双重海岸线的"封闭式"三角洲。在众多发育的三角洲当中，尤以黄河三角洲规模最大，是自 1855 年黄河自黄海改道北流后所形成的，发展快，平均每年向海推进 250m 左右。

三、潮汐

渤海的潮汐变化与复杂的海底地形和曲折的海岸线有着密切关系，潮波由两部分组成。大部分海域和沿岸属于不规则半日潮，秦皇岛附近的海域属正规日潮，滨海新区以南至山东大口河口以西、龙口至渤海海湾海峡，属正规半日潮，渤海大部分海域的潮差较小，一般在 2m 左右，只有辽东湾和渤海湾一带潮差较大，有时达 5m 以上。风暴潮主要发生在春季和秋季，绝大多数发生在渤海西部沿岸和莱州湾沿岸。

四、海浪

由于渤海海域的风力和风向变化具有明显的季节性，所以渤海的海浪以风浪为主，不同季节海浪变化呈现不同的特点和规律。冬季盛行偏北向浪，波浪较大，最大波高 10m，周期是 11.5s。夏季盛行偏南向浪，波高较小，最大波高仅为 4m 左右，最多风浪频率为 40% 以上，春秋两季无明显变化规律，一般是北向南和南向浪交替出现较多，最大波高为 5m 左右，周期为 8s 多，偏南向波浪的频率为 30% 左右，偏北向波浪的频率为 20% 左右。强波向为 N，长波向为 SSW。

五、海流

海流由潮流和余流组成，以潮流占优势，余流较小。余流中风海流占主要成分，定常流较小，大部分海域的潮流为旋转流，只有渤海海峡和辽东湾北部为往复流，一般流速在 2 节左右，海峡中心处的最大流速达 7 节。辽东湾内的海流涨潮时流向为东北向（45° 左右），流速一般为 1.3~2.4 节；落潮时的流向为 220° 左右，流速 1.0~2.1 节；湾东岸的流速大于西岸流速，渤海湾的涨潮流向为西和西北向，落潮流为东和东南向，流速一般为 1.2~2.0 节；莱州湾的涨潮流向为南、西南和东南，落潮流向在东北和西北向之间变化，流速较小，一般为 0.6~1.7 节；渤海中部的涨潮流向为西北，落潮流向较复杂，在东北和东南方向间变化，流速一般为 0.8~1.8 节。

六、风暴潮

渤海风暴潮的生成、分布及其季节性变化，均和渤海的天气系统与半封闭型内海的地形特征密不可分。

渤海湾和莱州湾沿岸是我国风暴潮常发生的严重地区，主要发生在春秋两季，偶尔也会发生在夏季。据历史资料记载，在新中国成立前的 400 年中，曾发生过 30 多次较大的风暴潮。在新中国成立后的几十年中，曾发生过两次较大的风暴潮：一次是在 1965 年 11 月份，由海啸引起的风暴潮造成潮高 5.7m，其中风增水高度达 2m；另一次发生在 1985 年 8 月 19 日下午 5 时，由于九号台风在大连登陆，造成潮高达 5.3m，风增水高度达 1.5m，每次风暴潮都给沿岸地区及渤海海域造成了重大损失。

七、海冰

在一般正常气候年份里，海冰并不十分严重，多数年份的冰情属于轻冰年或常冰年，多出现在11月中旬至翌年的3月中下旬，但在特别寒冷的年份整个海面也会遭受冰封，如1936年、1947年和1969年春，曾出现过严重冰情，整个海面被海冰覆盖，三个海湾厚冰堆积，航道封冻，海上交通中断。曾在1969年3月8日和1977年2月1日，均因大面积流冰先后推倒了渤海西部的海二平台和海四平台的烽火台，显然在海上平台的设计工作中必须考虑到海冰变化的情况。

八、海水温度与盐度

渤海的水温和盐度随季节的变迁和不同水域而变化。冬季表层水温最低，在 -1.6℃以下，多为冰冻区，底层水温略高于表层水温。夏季的水温最高，如南部渤海湾夏季表层水温最高，达39.9℃。盐度的分布变化特点，在河口和岸边的盐度较低，中部盐度较高。夏秋两季为丰水期，盐度较低；冬春两季为枯水期，盐度较高。渤海海域的盐度表层一般低于中层和底层，夏季盐度值一般在10.88‰～13.33‰之间，冬春季一般在32‰以上，最高达34‰。

第二节　勘探简况

截至2015年底，渤海海域共采集二维地震近 30×10^4 km，其中自营勘探超过 18×10^4 km；采集三维地震近 6×10^4 km²，其中自营勘探超过 5×10^4 km²；渤海海域二维地震测线密度基本达到1km×1km，局部地区达0.5km×0.5km；三维地震覆盖有效勘查矿区面积100%。

共完钻探井890口，总进尺超过 220×10^4 m，其中预探井432口（合作井93口），评价井458口（合作井69口）。并随着时间的推移，年度投入的钻井工作量在逐渐增加。如后十年（2006—2015年）的完钻井数是前十年（1967—1976年）的八倍，仅仅2015年一年的完钻井数就与前十年相当。

渤海海域共钻探圈闭344个，其中自营钻探圈闭263个，圈闭钻探成功率超过50%，自营勘探为57%。累计发现油气田66个，含油气圈闭109个，成为中国海洋石油油气探明地质储量和原油年产量的第一位（表1-1，图1-2）。

表1-1　渤海海域油气勘探成果表

地震工作量		钻井工作量		勘探成果			
二维 / km	三维 / km²	完钻探井 / 口	钻井进尺 / m	新钻圈闭 / 个	油气田 / 个	油气发现圈闭 / 个	圈闭钻探成功率 / %
248566	573056	890	2271799	344	66	109	50.8

资料截止日期：2015年12月。

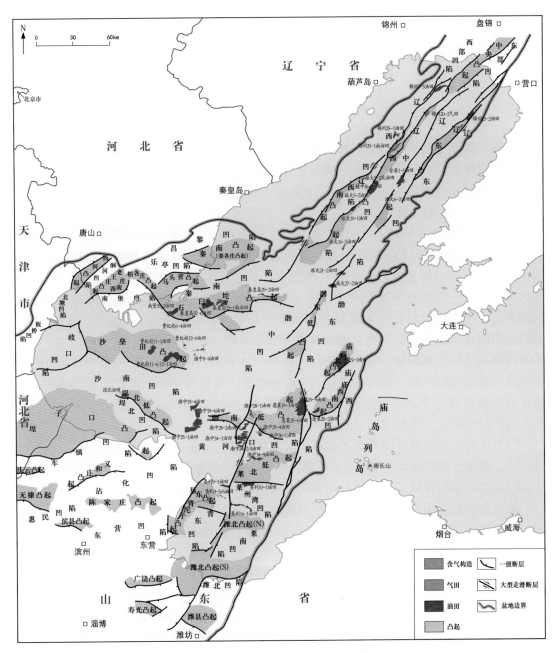

图 1-2　渤海海域大中型油气田分布图

第二章 勘探历程

隶属于渤海湾盆地的渤海海域，在中国四大海域中，其油气勘探不仅起步早，且投入的工作量最大，所取得的成果也最为显著。

回顾和评价渤海海域近半个世纪以来油气勘探历程，既有引以自豪的成功与收获，也有不尽人意的失败与挫折。

早在20世纪初（1919年），老一辈地质工作者就开启了渤海海域及周边的区域地质调查工作。尤其在1957年，石油工业部所属华北勘探处，与地质部华北石油普查大队携手对渤海南部沿海地区进行了油气苗调查，尔后又于1959年，由地质部所属航空物探大队904队，对渤海海域及周边开展了1：100万的航空磁测。同年国家即把海洋油气调查正式列为国家科技发展规划重点项目，并以浅海地震作为率先起步的重要工作。很快由中国科学院物理研究所、地质部物探局和石油工业部研究院三家单位为主，创建了我国第一支海上地震队。翌年，新组编的这一地震队运用"五一"型地震仪以炸药为震源开展地震试验工作，同时进行重力、电磁测量。地质部第五物探大队于1960—1966年在渤海海域进行了地震概查和普查，共完成地震测线3808km。针对上述成果，经地质人员的综合研究，得出以下三点认识：

（1）证实渤海海域应属渤海湾盆地（当初又称华北盆地）的一个组成部分。

（2）明确了渤海海域的基本构造轮廓，初步确定了海域范围内一级地质构造单元。

（3）指出渤海海域是可能的有利油气勘探区，值得下海实施钻探。

油气勘探是一项投资大、风险高的商业活动，有人形象地把它比喻为最大赌注的赌博。世界油气勘探的平均地质成功率仅为30%左右，而商业成功率则更低。若以渤海海域第一口预探井海1井开钻算起，至2015年，长达49年的渤海油气勘探历程，大致可分为四个勘探阶段：借鉴于陆地经验以凸起潜山为主攻层系的摸索阶段（1966—1986年）；以古近系为主攻目的层系的勘探阶段（1987—1994年）；参考陆上油气勘探的成功经验，针对海域特殊的石油地质条件，以新构造运动晚期成藏理论为指导，以新近系为主的勘探阶段（1995—2003年）；以活动断裂带差异油气分布和油区复式成藏的理论为指导，多目的层的立体勘探阶段（2004—2015年）。经过50多年的勘探，在渤海海域发现了一大批大中型油气田。

第一节 以凸起潜山为主的摸索勘探阶段（1966—1986年）

本阶段又可细分为三个勘探阶段：

一、下海勘探起步阶段（1966—1979年）

渤海的油气勘探首先从渤西浅海地区开始。鉴于当时对海域情况不熟悉，缺乏系统的海洋石油地质研究和海域具体勘探的实际经验，只能简单移植陆地石油勘探技术并运用内陆油区的勘探经验，以近海凸起区作为主攻方向、以基岩潜山作为主攻层系摸索着开展渤海海域的油气勘探工作。

本阶段先后在石臼坨—沙垒田—埕北凸起一线以西，钻探了约50口探井。因技术条件（主要是物探和测试技术）所限，探井成功率较低，只发现了海4、埕北两个小型油田以及一些含油构造。虽然这个阶段的勘探成果并不显著，但它为以后的海上勘探积累了不少宝贵的经验。

遵照石油工业部"上山下海、大战平原"的战略部署，最先投入渤海油气勘探实际钻探的先辈们，在一开始就接连遇到许多意想不到的艰辛和挫折。第一口探井开钻前后可谓是困难重重，险象环生。

1965年，我国开始自行设计的1号混凝土桩基钢架固定式海上钻井平台，于1966年建成。经过论证，首选海1断裂构造带中段的海1构造作为突破口，井位定在3号断块，圈闭面积1.75km²，幅度80m。于1966年12月31日23时45分开钻。1967年5月10日完井，完钻井深2441.4m，这也是渤海海域的第一口预探井。在钻探过程中，从2046～2399.5m，陆续发现油浸和油斑级砂岩。经对1615～1630m井段明化镇组下部三个层段进行测试。6月14日4时16分喜喷油气流，4mm油嘴折算日产油35.2t、天然气1941m³。海1井首钻成功，让第一代渤海石油人倍感欣慰。

1966—1967年，勘探向歧口凹陷北部扩展，先后钻探了海2、海2-1、海2-2及海3共4口井，但又遇到复杂断裂构造及大片火山岩，主要因圈闭落实程度差，均无重要发现。

1971年7月3日，用4号钻井平台钢结构导管架在张巨河构造带上钻探海4井。1971年10月完钻，井深2907.8m，11月对沙河街组二段两层总厚为24.6m的油层进行测试，采用10mm油嘴，折算日产原油203.1t，天然气42163m³，后吸取海2、海3井教训，补做地震测线并结合钻井资料，进一步落实构造圈闭后，到1974年10月，相继钻探8口评价井，又发现了明化镇组和馆陶组油层，其中海4-6井日产原油上千吨。1975年7月，4号平台即转入开采。这是中国近海用简易平台开采的第一个复杂小油田，史称海4油田。

从海1井钻探到海4油田的发现和开发，渤海石油勘探开发走过了初期艰难创业、艰苦下海的摸索过程，取得了可喜的成绩。

1972年又发现了埕北油田，其发现井海7井位于渤海盆地南部埕北低凸起西端曹妃甸21-1构造的高点上，水深7m。于1972年11月26日完钻，井深2505.22m，在东营组底部发现20.2m油层，用12mm油嘴测试，1.5小时产油5.7t。1975年又在海7井南部162m处建造6号平台，至1976年11月共钻生产井9口，1977年12月投入试采。

1981年6月中日双方签订联合开发埕北油田的协议。当年10月关井放弃6号平台，累计采出原油398978t。

埕北油田受潜山披覆背斜构造控制，以东营组砂岩为主要储层。地面原油相对密度为0.955，地面黏度为700～1400mPa·s，地下黏度为57mPa·s，这是中国近海发现和开发的第一个古近系稠油油田。

这一阶段以潜山为主要目的层的钻探，进展很不顺利。1973年开始钻探沙垒田凸起遭遇失利，随即于 1975 年开始钻探石臼坨凸起，也在潜山领域受挫。虽然发现两个小型潜山油田（428 和 427 油田），但整体效果不佳。

到 1980 年，在渤海共完成海底重力剖面 18244km，海磁剖面 29992km，地震剖面 119656km，基本完成了地球物理勘探的区域详查工作，发现了 200 多个局部构造，总圈闭面积 2300km²。共钻探井近 100 口。钻探构造 28 个，在 15 个构造上获得了油气流，发现了海 4（H4）、埕北（曹妃甸 21-1）等 6 个油气田和 9 个含油气构造。

在这一阶段，还建造和引进了国外一批专用工作船和地球物理勘探船。海洋地震勘探仪器也有很大进步，由 1965 年的光点记录地震仪、24 道单次模拟地震仪到 1967 年采用模拟磁带地震仪（24 道 6 次覆盖），1975 年开始采用数字地震仪（48～96 道、24～48次覆盖）。地质综合录井技术也由于 1966 年配备的 665 型气测仪有了新的进步，这都为对外合作阶段的反承包作业创造了条件。

通过十几年的摸索，该阶段形成的主要地质认识：（1）基本明确了渤海油气区为凹凸相间的构造格局；（2）初步明确了主要生油层系、含油层系和储集岩类；（3）进一步证实了渤海海域具有较好的勘探潜力。

二、对外合作阶段（1980—1984 年）

伴随着中国的改革开放，渤海石油公司成为最早进行对外合作，引进国外资金和技术的石油公司。在这个阶段渤海石油公司与日本石油会社、法国埃尔夫公司合作对渤南、渤中海域进行油气勘探，发现了渤中 28-1、渤中 34-2/4 油气田和一批含油气构造。更重要的是，通过对外合作，学到了不少国外先进的室内分析及海上作业技术，为以后的自营勘探奠定了基础。

1980 年 5 月 29 日，以中国石油天然气勘探开发公司的名义与法国埃尔夫—阿奎坦公司签订了在渤海中部石臼坨—渤东海区的勘探开发合同；与法国道达尔石油公司签订了南海北部湾东北部海区的勘探开发合同；与日中石油开发株式会社签订了渤海西部和南部海区的勘探开发合同；与日本石油公司签订了埕北油田勘探开发生产合同。这是我国近海对外签订的第一批石油合同，合同区均为中方经过多年自营勘探，勘探程度较高且已见油气的地区。

1982 年 2 月 15 日，中国海洋石油总公司在北京正式成立，具有在海区对外合作进行石油勘探、开发、生产和销售的专营权。1983 年 6—7 月，中国海洋石油总公司下属的渤海石油公司、南海西部石油公司、南海东部石油公司、南黄海石油公司相继在天津滨海新区、广东湛江、广州、上海成立。

在这一阶段，渤海海域渤西南部的中日合同区，日中石油开发株式会社 1981 年发现了渤中 28-1 潜山油田和渤中 25-1 含油构造；1982 年发现了渤中 28-2 含油构造；1983 年发现了渤中 34-2 油田。1981—1983 年评价钻探曹妃甸 13-1 构造，预探曹妃甸 14-1 构造都未获成功，其中渤中 28-1 及渤中 34-2 油田后来都投入了开发（图 2-1）。

在渤海中部石臼坨—渤东中法合同区，埃尔夫石油公司于 1981 年钻探秦皇岛 30-1-1 井获低产油气流，1981 年钻探蓬莱 7-1-1 井，1982 年钻探渤中 6-1-1 井仅见油气显示，于 1984 年 5 月终止合同。

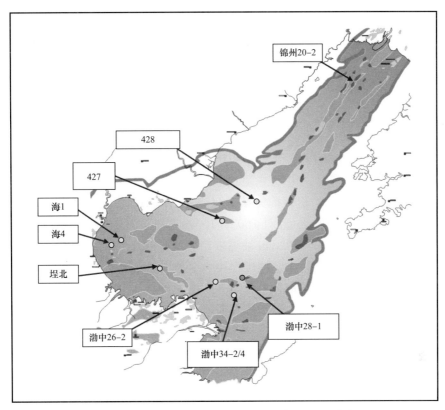

图 2-1　渤海海域油气勘探成果图（截至 1984 年）

三、自营勘探阶段（1985—1986 年）

从 1985 年开始，渤海石油公司在辽东湾西部海域进行自营勘探，先后发现了 JZ20-2 中型气田和 JZ9-3 油气田，充分展示了渤海石油勘探工作者的智慧。JZ20-2 凝析气田是我国海域经自营勘探、评价、设计、建设，最早投产的凝析气田。

作为盆地东北部由下辽河坳陷延伸至海域的辽东湾地区，经过 1959—1979 年多年的地球物理勘探和相应的石油地质研究工作，尤其是整体的地震解释成果，比较早的查明了呈北东走向凹凸相间的构造格局。尤其是于 1983 年、1984 年两年，利用新处理的地震资料，深入分析解释和综合研究，进一步发现和落实了由 100 多个局部构造组成的多个断裂构造带。很快在辽西凸起北段于 1984 年 12 月发现了渤海海域第一个凝析气田——锦州 20-2 气田。继而沿凸起向南拓展，预探绥中 36-1 断背斜构造，于 1986 年 5 月 15 日第一口预探井绥中 36-1-1 井正式开始钻探。该井除了见到下古生界寒武系—奥陶系（风化壳）有油层及新近系馆陶组有油气显示外，特别是在古近系东营组的薄砂层中喜获高产天然气流（$19 \times 10^4 m^3/d$），引起了地质学家的关注（表 2-1）。

表 2-1　渤海海域第一勘探阶段油气勘探成果表（1966—1986 年）

地震工作量		钻井工作量		勘探成果	
二维 /km	三维 /km²	完钻探井 / 口	钻井进尺 /m	新钻圈闭 / 个	油气发现圈闭 / 个
175826	590	139	423949	54	28

该阶段形成的主要地质认识如下：（1）基本证实了辽中凹陷为富烃凹陷；（2）受生油凹陷夹持的凸起区应是油气大规模聚集的有利场所；（3）大型披覆背斜和优质储层是油气勘探取得成功的两大关键因素，东营组大型三角洲可作为重点勘探对象。

第二节　以古近系为主的勘探阶段（1987—1994 年）

1987 年 4 月，第二口预探井 SZ36-1-2D 井开钻，曾出现了进展不顺的情况，当该井钻入古近系 2290m 井深时，出现井漏现象，用 33m³ 钻井液进行堵漏后，继续钻至 2410m 时，漏失更为严重，被迫提前完钻进行测井。结果在古近系东营组发现了累计厚度 164.5m 的油层（垂厚 133m）。经对 1605～1657m（古近系东营组）进行测试（射孔厚度 21.5m）则大获成功（7.44～9.92mm 油嘴求产，日产油 93.5m³，日产天然气 2620m³）。从而发现了绥中 36-1 这一埋藏浅、油层厚度大、物性好、丰度高，探明石油地质储量超亿吨的大型油田，实现了中国海洋油气勘探历史性的首次重大突破。

渤海海域油气勘探历经近 21 年，在前期遭受了潜山勘探的重重迷雾，终于迎来了第一个以东营组砂岩储层为主力油气层的古近系大型油田——绥中 36-1 油田。从这一重大的发现开始，渤海海域进入了以古近系为主攻方向的油气勘探阶段，即第二勘探阶段（1987—1994 年）。此阶段主要依托陆上油区复式成藏理论为指导。进入以古近系为主的勘探阶段后，进展也不顺利，主要是由于当时海域地震勘探程度不高，尤其三维地震勘探滞后，加之古近系圈闭储备量低，以及受储层物性和预测方法等多重因素的制约，整体勘探成效不佳。即有人称之为"油气勘探低迷阶段"。

从 1988 年起，渤海的自营勘探从辽东湾西部转向东部，在辽东凸起及辽中凹陷所钻一批探井只发现几个小型含油气构造；对外合作勘探也无重要发现。当时，渤海石油勘探工作者对下一步勘探方向和勘探前景倍感迷惘，同时也对停滞不前的局面进行了深刻的反思。

在本阶段，周边陆上油区古近系勘探不断获得新的发现，借鉴他们取得的成功经验，又一轮积极推进对外合作。

1989 年 1 月 3 日，第三轮国际招标开始。渤海海域签订了三个合同。由于在 1989—1991 年辽中凹陷的勘探成果不理想，将主战场向歧口凹陷的歧南断阶带转移。1992 年 1 月歧口 18-1-1 井获高产油气流，发现了歧口 18-1 油田；后来又相继探明了歧口 17-2 及 17-3 油田，其油气田规模都不大。在这一阶段辽东湾地区还发现了旅大 16-3、旅大 22-1 及锦州 16-1、锦州 9-2、锦州 20-2 东、锦州 27-6、锦州 16-4 等含油气构造（表 2-2）。

表 2-2　渤海海域第二勘探阶段油气勘探成果表（1987—1994 年）

地震工作量		钻井工作量		勘探成果	
二维 /km	三维 /km²	完钻探井 / 口	钻井进尺 /m	新钻圈闭 / 个	油气发现圈闭 / 个
30103	1494	90	236611	48	33

第三节　以新近系为主的勘探阶段（1995—2003 年）

针对上一阶段以古近系为主攻方向的油气勘探结果，渤海石油人进一步加强了石油地质研究，仍然认为石臼坨凸起具备可观的油气勘探潜力。

此期，又可分为两个阶段，即以新近系为主攻方向的勘探阶段和多层次、全方位的立体勘探阶段。

伴随着油气勘探不断出现的新成果，石油地质的研究也持续加深。尤其是发展创新了"新构造运动"和"晚期成藏"的理论，成为本阶段油气勘探的指导思想。

针对外国石油公司退出合同的现实，渤海石油人经多次论证得到共识，并在中国海洋石油总公司决策层的指导和督促下，确定以上组合（新近系馆陶组及明化镇组下部）为主要勘探目的层，重上石臼坨凸起。1995 年 6 月在已钻过探井的秦皇岛 32-6 构造上再次钻探获得又一重大突破，发现了渤海海域第二大油田——秦皇岛 32-6 油田（也是中国近海海域新近系第一个大型油田），探明含油面积 43km^2，石油地质储量 17034×10^{4}t。随后，以上组合为主要目的层进行追踪勘探，于 1996 年 6 月又在石臼坨凸起发现了南堡 35-2 含油构造，这两个发现的共同特点是主力含油层都在上组合，是被古近系生油凹陷所包围的凸起上的浅层披覆构造，从而提高了具有相似条件的沙垒田、渤南、渤东及庙西等凸起的再勘探价值，为今后渤海海域的石油勘探指出了新的方向（表 2-3）。

表 2-3　渤海海域第三勘探阶段油气勘探成果表（1995—2003 年）

地震工作量		钻井工作量		勘探成果	
二维 /km	三维 /km^2	完钻探井 / 口	钻井进尺 /m	新钻圈闭 / 个	油气发现圈闭 / 个
32002	14557	185	481607	44	29

继秦皇岛 32-6 新近系大型油田发现后，加大了对渤中、渤南等地区构造演化、烃源岩展布与成藏条件的深入研究，又先后发现了渤中 25-1S、蓬莱 19-3、曹妃甸 12-1、蓬莱 25-6、锦州 25-1S、旅大 27-2、渤中 34-1 等新近系大中型油田，迎来了渤海海域油气储量增长的第二大高峰期，为 2010 年渤海海域突破年产 3000×10^{4}t 奠定了坚实的基础。

这一阶段的勘探实践，获得以下主要认识：（1）渤海海域新构造运动极其活跃，它调整和控制了渤中坳陷及其周围油气的最终成藏和油气田的分布；（2）新构造运动控制了晚期生排烃；（3）新构造运动控制新近系圈闭晚期定型；（4）新构造运动控制下强化了油气向浅层的运移富集，油气可能存在快速、幕式成藏机制。

第四节　立体勘探阶段（2004—2015 年）

渤海海域随着油气勘探程度的不断提高，又面临许多油气再勘探的难题，其中最大的难题就是相对于投入的勘探工作量最多的凸起及围斜区而言，后备的浅层（新近系）

目标越来越少，其圈闭规模也越来越小，发现大中型油气田的难度明显加大。浅层（新近系）的油气勘探似乎进入低谷。周边陆上油区新的发现和进展大都集中在古近系和潜山领域。尚无新近系的成藏规律和成藏新理论可以借鉴。显然要想获得油气在勘探的新突破，就必须首先提高石油地质研究的水平，以全新的地质认识做指导。

可喜的是，近年来，通过认真总结渤海海域的油气成藏规律及勘探经验，使得储量发现一直保持较高水平，年均探明地质储量处于国内前列，为实现油田的稳产增产及中国海油"二次跨越"奠定了基础。

通过勘探研究思路转变、地质认识创新，如通过对海域断裂体系的研究，发展和创新了活动断裂带，尤其是叠合走滑断裂带大中型油气藏形成与分布等理论作业技术的进步，使近期渤海海域在盆地边缘小凹陷、中深层轻质高产油气、浅层重质油产能、潜山油气勘探等多个地区和领域实现了新的突破。

一、浅层重质油产能的突破

通过勘探思路由凸起浅层向凹陷中深层的转变，在石臼坨凸起东段陡坡带厚层泥岩之下找到优质储层发育区。通过建立古近系盆缘断裂转换带隐蔽油气藏差异成藏模式，实现了渤中凹陷及围区中深层轻质油气的重大突破，发现了秦皇岛 29-2 亿吨级轻质高产油气田群（包括秦皇岛 29-2、秦皇岛 29-2E、秦皇岛 36-3、秦皇岛 35-2 等油区）。该油田群的发现也展现了渤海中部海域油气勘探向纵深挺进的良好前景。

数据统计表明，渤海海域勘探发现的石油储量中重质油占比超过 75%。渤海海域石油储量以重质原油为主，这是由渤海地区的地质特征所决定的。面对这一现实，一直以来持续不断地进行重质油勘探开发技术研究，取得了一系列重要科研成果。2013 年成功评价的旅大 5-2 北油田就是超重质油勘探获得突破的一个典型代表。

1988 年旅大 5-2 北构造钻探的 SZ36-1-17 井，在新近系揭示 170.6m 厚的可能油层，但最初测试无产能。2012 年钻探 LD5-2N-1 井，在新近系揭示 99.8m 厚的油层，岩石热解、热驱替分析和族组分分析等综合研究表明，新近系油藏原油密度可到 0.99g/cm³（20℃），原油黏度可能在 40000mPa·s（50℃），属于特稠油油藏。通过研究首次提出了渤海海域具有波状不规则油水界面和特稠稠油油藏模式，指导评价勘探。并建立特稠油热采测试技术组合，实现产能新的突破。最终使 LD5-2N-2 井测试取得了 80.3m³/d 的原油产量。LD5-2N-2 井的测试成功表明了渤海海域已经形成了应对稠油储层测试的完善系列技术。该稠油油藏评价获得成功，是渤海海域勘探史上具有里程碑意义的突破，将解放一大批稠油油藏。

二、潜山油气勘探的新突破

回顾勘探历史，在蓬莱 9-1 油田发现之前，渤海海域的潜山勘探一直没有获得重大突破。近阶段渤海石油地质研究人员，以"复式油气聚集"的理论为依据，从以新近系为主要勘探到现今的立体勘探，又一次加强了对潜山油气藏的勘探力度，直到 2012 年成功地评价了蓬莱 9-1 油田。这是首次在渤海发现的中生界花岗岩潜山大油田，是中国近海含油气盆地中最大的中生界混合花岗岩潜山油田，是渤海潜山油气勘探获得新一轮重大突破的一个典型代表。

同样在陡坡带区域盖层下构造—地层（岩性）圈闭新的勘探理念指导下，石臼坨凸起东段陡坡带在东营组发育大套优质暗色湖相泥岩，单井钻遇泥岩平均厚达 394.90m。这套区域稳定分布的厚层区域盖层与深部发育的辫状河三角洲形成了完美的储盖组合，为深层大规模油气藏的形成、保存提供了良好的条件。

油气近源供烃、晚期充注的特征充分反映了陡坡带同样具备形成大规模油气聚集的物质基础（表 2-4）。

表 2-4　渤海海域第四勘探阶段油气勘探成果表（2004—2015 年）

地震工作量		钻井工作量		勘探成果	
二维 /km	三维 /km²	完钻探井 / 口	钻井进尺 /m	新钻圈闭 / 个	油气发现圈闭 / 个
10590	43964	459	1118078	141	75

总之，此阶段，渤海海域的勘探家们针对渤海海域特殊的地质特征，从认识创新到作业工艺技术创新，进行了一系列艰苦的勘探实践。在边缘小凹陷、中深层轻质高产油气、浅层重质油产能和潜山油气勘探等方面均获得了重大突破。新发现各类油气田 38 个（包括大型潜山油田），油气藏 56 个，这都为渤海海域油气储量大幅度再增长和年产量的再提升带来了更大的希望。

新形势下的油气勘探需要新思维和新做法，一是把过去难以识别的构造（如隐性走滑断裂圈闭）识别出来，二是把中小型破碎断块集成大中型目标，采用不同的钻井模式（如一次就位多井眼侧钻）进行钻探，从而形成横向叠置、纵向叠覆的新型大中型油气田群。这种勘探思路，标志着渤海海域进入了一个全新的勘探阶段，又称精细勘探阶段。

渤海海域从 2016 年开始进入精细勘探阶段以来，恰逢国际油价持续低迷，受地下地质条件与成本因素共同制约，以思路的优化、创新和做法的改变促进成熟区精细勘探进程，对储量增长和效益提升起到了决定性作用，主要体现在以下三个方面：（1）在渤海海域成熟区，以差异成藏分析指导主力勘探目的层系调整和重点靶区选择；（2）以勘探开发一体化带动油田周边拓展和油田内部挖潜；（3）以新理论新技术保证勘探空间拓展和钻探成功率。

通过转变成熟区勘探思路，陆续又发现了渤中 34-9、曹妃甸 12-6、垦利 16-1 和蓬莱 20-2 等一批大中型油气田，尤其是 2017 年渤中 19-6 天然气田的发现具有更重要的意义，并且还落实了渤中 29-6 等一批勘探目标，保持了 2015 年之后渤海储量发现的稳定持续增长，同时为下一步的可持续勘探寻找到了突破的方向和落脚点。因此，精细勘探将是渤海近期及下一步勘探的必由之路。

总结渤海海域近半个世纪油气勘探的不平凡历史，获得的最大收益，或者说最深刻的教训是：切莫走单一目的层（单打一）的勘探思路；最主要的认识是：针对海域地下石油地质条件的实际，发展创新复式油气聚集成藏的理论。坚持多层系、全方位精细立体式勘探是现阶段乃至长期发展海域油气勘探的核心指导思想。应该坚信，理论上的升华、技术上的创新，必然会带来油气勘探新的辉煌。

第三章 地层与沉积相

众所周知，在地质界地层研究这一课题是基础性地质科学领域中十分重要的工作。在石油地质界也一直把地层的识别及其属性等方面的研究纳入不可缺少的地质研究工作内容。常常在一个探区油气勘探的初始阶段，即着手涉及这一问题。

第一节 地层层序与特征

前已述及，在渤海海域范围内，除了渤中坳陷外，还包含了周边陆地的辽河、黄骅和济阳三大坳陷向海域延伸的部分。因而这几部分的海域内，其地层的展布、变迁及特征都和与之相接的陆地坳陷部分，存在许多相似的规律和契合点。

全部处于海域范围内的渤中坳陷，其地层方面有着自己的特色。如新生代地层中新近系厚度大，是全盆地新近系地层沉积中心。这一河流—湖泊相的沉积系统，在海域竟发育有浅海相的沉积地层，其下古近系东营组沉积地层厚度也很可观。

新生代下伏基岩（中生界及更老地层）也是由于盆地构造发育的不均衡，最终导致该盆地海陆地区新老地层展布同样各具特点。

一、岩石地层特征

渤海海域在太古宇—古元古界变质岩的基础上，沉积了新元古界青白口系石英砂岩夹海绿石砂岩（郯庐断裂以西在渤海海域基本缺失青白口系），震旦系白云质灰岩；古生界寒武系—奥陶系海相碳酸盐系，石炭系—二叠系海陆交替相碳酸盐岩、煤系和红色碎屑岩系；中—下侏罗统含煤建造和上侏罗统至下白垩统火山岩及杂色碎屑岩系。古近系及新近系陆相含油岩系；第四系海陆过渡淤泥、粉砂和砂砾。本区缺失中元古界蓟县系、长城系，古生界志留系、泥盆系和中生界三叠系、上白垩统等（图3-1）。

1. 太古宇—古元古界（AR—Pt$_1$）

1）太古界—古元古界地层特征

渤海海域钻到基岩地层的探井众多，但钻遇太古宇—古元古界的井不多，且大都实际揭示的厚度并不大。据部分井同位素资料，如JZ20-2-5井、CFD8-1-1井、CFD18-2E-1井、CFD18-1-1井、BZ28-1-1井和BZ26-2-1等井锆石U—Pb法获得的较可靠的最古老的岩石年龄为2956Ma±34Ma—2451Ma±17Ma，为新太古代的产物。以紧临埕北低凸起东端的CFD30-1-1井以及渤南凸起上的BZ28-1-3井为代表。其岩性主要为变质较深的结晶基岩，花岗岩化作用较强烈，主要岩性有混合岩化角闪斜长片麻岩、混合花岗岩、碎裂混合岩、斜长花岗岩、混合花岗闪长岩、黑云母混合花岗岩等。而石臼坨凸起、沙垒田凸起多属变质程度较轻的花岗岩、蚀变花岗岩、花岗片麻岩、蚀变角闪斜长片麻岩等。其中辽东湾地区与辽南的宽甸群或冀东北的单塔子群相当，渤南凸起地区可与鲁西的泰山群相当，石臼坨凸起、沙垒田凸起地区可与冀东北单塔子群对比。

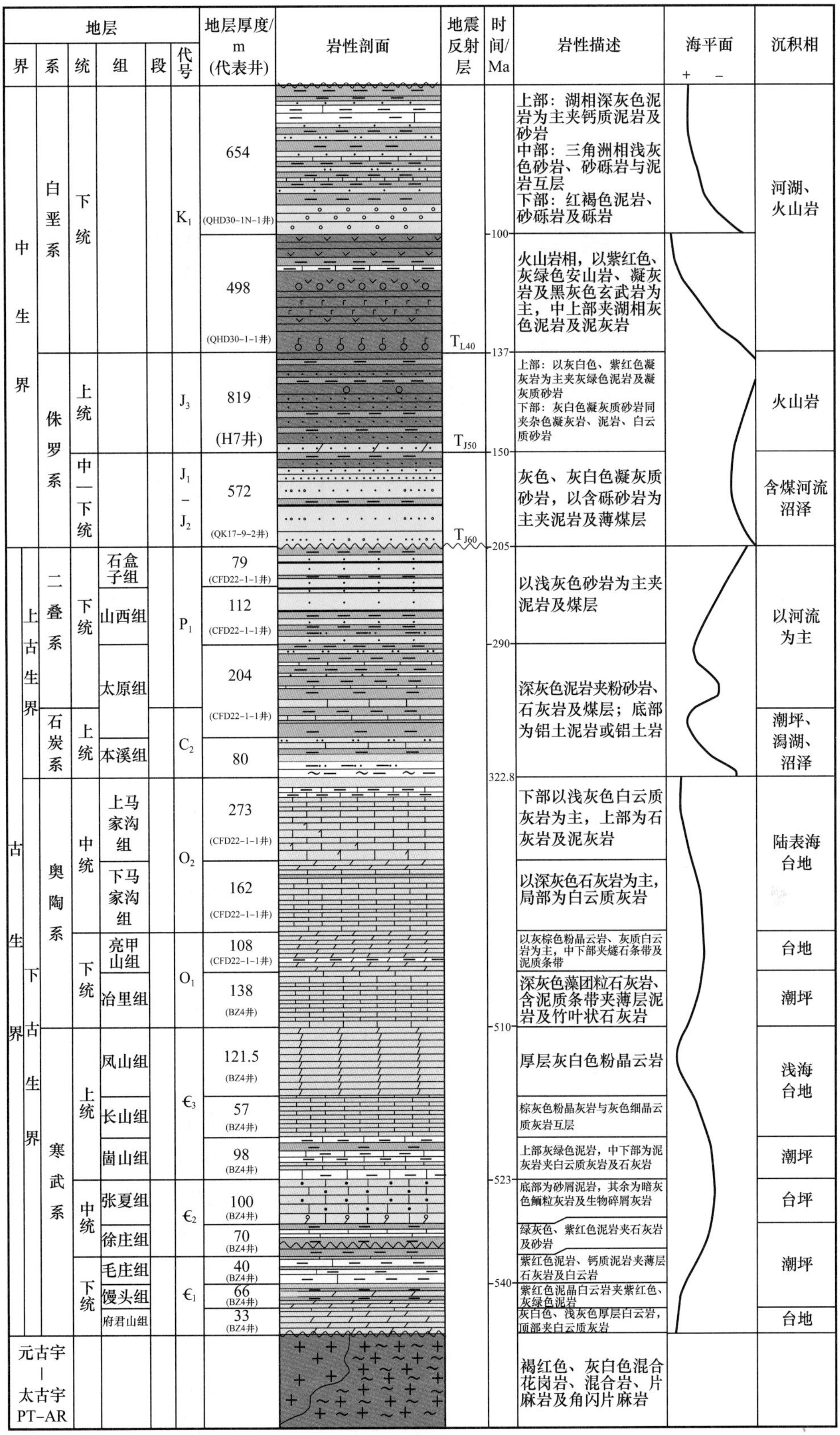

图 3-1 渤海海域地层综合柱状图

地层					代号	地层厚度/m (代表井)	岩性剖面	地震反射层	时间/Ma	岩性描述	海平面 + −	沉积相
界	系	统	组	段								
中生界	白垩系	下统			K_1	654 (QHD30-1N-1井)			100	上部：湖相深灰色泥岩为主夹钙质泥岩及砂岩 中部：三角洲相浅灰色砂岩、砂砾岩与泥岩互层 下部：红褐色泥岩、砂砾岩及砾岩		河湖、火山岩
						498 (QHD30-1-1井)		T_{L40}	137	火山岩相，以紫红色、灰绿色安山岩、凝灰岩及黑灰色玄武岩为主，中上部夹湖相灰色泥岩及泥灰岩		
	侏罗系	上统			J_3	819 (H7井)		T_{J50}	150	上部：以灰白色、紫红色凝灰岩为主夹灰绿色泥岩及凝灰质砂岩 下部：灰白色凝灰质砂岩同夹杂色凝灰岩、泥岩、白云质砂岩		火山岩
		中—下统			J_1—J_2	572 (QK17-9-2井)		T_{J60}	205	灰色、灰白色凝灰质砂岩，以含砾砂岩为主夹泥岩及薄煤层		含煤河流沼泽
上古生界	二叠系	下统	石盒子组		P_1	79 (CFD22-1-1井)				以浅灰色砂岩为主夹泥岩及煤层		以河流为主
			山西组			112 (CFD22-1-1井)			290			
			太原组			204 (CFD22-1-1井)				深灰色泥岩夹粉砂岩、石灰岩及煤层；底部为铝土泥岩或铝土岩		潮坪、潟湖、沼泽
	石炭系	上统	本溪组		C_2	80			322.8			
古生界 下古生界	奥陶系	中统	上马家沟组		O_2	273 (CFD22-1-1井)				下部以浅灰色白云质灰岩为主，上部为石灰岩及泥灰岩		陆表海台地
			下马家沟组			162 (CFD22-1-1井)				以深灰色石灰岩为主，局部为白云质灰岩		
		下统	亮甲山组		O_1	108 (CFD22-1-1井)				以灰棕色粉晶云岩、灰质白云岩为主，中下部夹燧石条带及泥质条带		台地
			冶里组			138 (BZ4井)			510	深灰色藻团粒石灰岩、含泥质条带夹薄层泥岩及竹叶状石灰岩		潮坪
	寒武系	上统	凤山组		ϵ_3	121.5 (BZ4井)				厚层灰白色粉晶云岩		浅海台地
			长山组			57 (BZ4井)				棕灰色粉晶灰岩与灰色细晶云质灰岩互层		
			崮山组			98 (BZ4井)			523	上部灰绿色泥岩，中下部为泥灰岩夹白云质灰岩及石灰岩		潮坪
		中统	张夏组		ϵ_2	100 (BZ4井)				底部为砂屑泥岩，其余为暗灰色鲕粒灰岩及生物碎屑灰岩		台坪
			徐庄组			70 (BZ4井)				绿灰色、紫红色泥岩夹石灰岩及砂岩		潮坪
		下统	毛庄组		ϵ_1	40 (BZ4井)			540	紫红色泥岩、钙质泥岩夹薄层石灰岩及白云岩		
			馒头组			66 (BZ4井)				紫红色泥晶白云岩夹紫红色、灰绿色泥岩		台地
			府君山组			33 (BZ4井)				灰白、浅灰色厚层白云岩，顶部夹白云质灰岩		
元古宇—太古宇 PT-AR										褐红色、灰白色混合花岗岩、混合岩、片麻岩及角闪片麻岩		

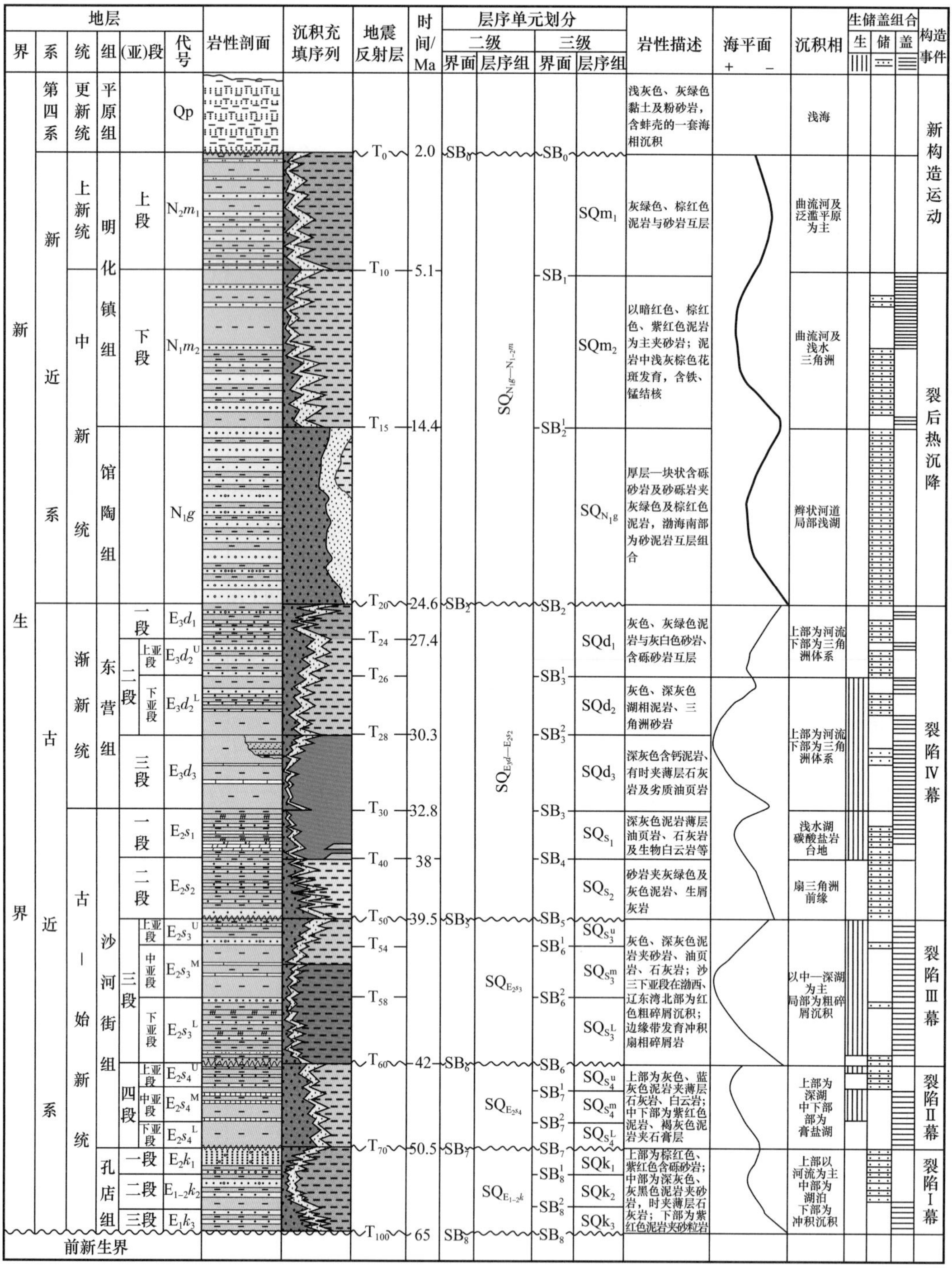
地层
界
系
统
组
(亚)段
代号
岩性剖面
沉积充填序列
地震反射层
时间/Ma
层序单元划分
二级
界面
层序组
三级
界面
层序组
岩性描述
海平面
+
−
沉积相
生储盖组合
生
储
盖
构造事件
新生界
第四系
更新统
平原组
Qp
浅灰色、灰绿色黏土及粉砂岩，含蚌壳的一套海相沉积
浅海
新构造运动
新近系
上新统
明化镇组
上段
N2m1
T0
2.0
SB0
SQm1
灰绿色、棕红色泥岩与砂岩互层
曲流河及泛滥平原为主
T10
5.1
SB1
中新统
下段
N1m2
SQm2
以暗红色、棕红色、紫红色泥岩为主夹砂岩；泥岩中浅灰棕色花斑发育，含铁、锰结核
曲流河及浅水三角洲
SQN1g—N1-2m
T15
14.4
馆陶组
N1g
SQN1g
厚层—块状含砾砂岩及砂砾岩夹灰绿色及棕红色泥岩，渤海南部为砂泥岩互层组合
辫状河道局部浅湖
裂后热沉降
T20
24.6
SB2
古近系
渐新统
东营组
一段
E3d1
T24
27.4
SQd1
灰色、灰绿色泥岩与灰白色砂岩、含砾砂岩互层
上部为河流下部为三角洲体系
二段
上亚段
E3d2U
T26
下亚段
E3d2L
SQd2
灰色、深灰色湖相泥岩、三角洲砂岩
T28
30.3
三段
E3d3
SQd3
深灰色含钙泥岩、有时夹薄层石灰岩及劣质油页岩
上部为河流下部为三角洲体系
裂陷Ⅳ幕
SQE3d—E2s2
T30
32.8
SB3
古—始新统
沙河街组
一段
E2s1
SQs1
深灰色泥岩薄层油页岩、石灰岩及生物白云岩等
浅水湖碳酸盐岩台地
T40
38
SB4
二段
E2s2
SQs2
砂岩夹灰绿色及灰色泥岩、生屑灰岩
扇三角洲前缘
T50
39.5
SB5
三段
上亚段
E2s3U
T54
SQs3u
中亚段
E2s3M
SQs3m
T58
下亚段
E2s3L
SQs3L
SQE2s3
灰色、深灰色泥岩夹砂岩、油页岩、石灰岩；沙三下亚段在渤西、辽东湾北部为红色粗碎屑沉积；边缘带发育冲积扇相碎屑岩
以中—深湖为主局部为粗碎屑沉积
裂陷Ⅲ幕
T60
42
SB6
四段
上亚段
E2s4U
SQs4u
中亚段
E2s4M
SQs4m
下亚段
E2s4L
SQs4L
SQE2s4
上部为灰色、蓝灰色泥岩夹薄层石灰岩、白云岩；中下部为紫红色泥岩、褐灰色泥岩夹石膏层
上部为深湖中下部部为膏盐湖
裂陷Ⅱ幕
T70
50.5
SB7
孔店组
一段
E2k1
SQk1
二段
E1-2k2
SQk2
三段
E1k3
SQk3
SQE1-2k
上部为棕红色、紫红色含砾砂岩；中部为深灰色、灰黑色泥岩夹砂岩，时夹薄层石灰岩；下部为紫红色泥岩夹砂粒岩
上部以河流为主中部为湖泊下部为冲积沉积
裂陷Ⅰ幕
T100
65
SB8
前新生界

图 3-1　渤海海域地层综合柱状图（续）

在太古宙晚期发生了阜平运动，太古宇与古元古界为不整合接触。

古元古界钻遇井较少，以庙西凸起的 PL9-1-1 井为例。该井于 1299m 进入潜山，钻遇一套变质碎裂花岗岩，钻厚 200 余米，在 1524～1529m 处的岩心用 U—Pb 法同位素年龄测定值为 2052Ma ± 19Ma，地质年代为古元古代。

渤海海域古元古代末 1850—1700Ma 的吕梁运动或中条运动将变质基底形成阶段与

上覆沉积盖层发育阶段分开，并且，渤海海域在郯庐断裂带渤海段的西部广大地区缺失中元古界长城系和蓟县系的沉积，古元古界不整合在太古宇之上。

2）太古宇—古元古界地层展布

海域钻遇的太古宇与古元古界结晶基岩的探井，多集中分布于沙垒田凸起、石臼坨凸起、渤南凸起、辽西凸起和埕北低凸起等凸起区。太古宇作为渤海海域的基底，在整个渤海海域都有发育；而古元古界的分布主要集中在庙西凸起、渤南凸起东部一带以及胶辽隆起区。另外，在庙西凹陷、渤东凹陷也有分布。

2. 新元古界（Pt₃）

1）新元古界地层特征

海域钻遇新元古界沉积岩系的井也比较少。渤海海域只揭示了青白口系和震旦系。

（1）青白口系（Qb）。

石臼坨凸起 428 构造渤中 8 井组，有三口井分别在寒武系和石炭系煤系地层之下，钻遇 5.6～26m 浅灰绿色、粉红色含海绿石石英砂岩，与下伏地层蚀变角闪斜长花岗岩不整合接触，根据岩性及出露层位关系，可与抚宁地区青白口系龙山组石英砂岩对比，地质年代暂归为元古宙青白口纪。

青白口系与下伏地层为不整合接触。

（2）震旦系（Z）。

渤东低凸起的渤东 2 井，在 3300m 东营组下段以下，钻遇 56.3m（未穿）灰色、粉红色粉晶质叠层石藻灰岩。其岩性可与辽东半岛复洲坳陷的金县群十三里台组对比，地质年代为新元古代震旦纪。渤东凹陷 LD28-1-1 井，3025m 进入潜山，上部为浅灰色—浅褐灰色巨厚层石灰岩，含有黄铁矿，具糖粒状结构的藻屑灰岩，经对比为新元古代震旦纪，钻遇 639m，大约可与辽东半岛的五行山群甘井子组对比。

震旦纪末期发生蓟县运动，华北主体隆升剥蚀。

2）新元古界地层展布

在海域石臼坨凸起东端 428 构造上完钻的 BZ8 井揭示的新元古界青白口系长龙山组的岩石为海绿石石英砂岩，其残留厚度最大为 26m，在其他地区并未发现青白口系；新元古代青白口纪燕辽裂陷槽封闭后，华北大部分地区抬升、遭受剥蚀，无震旦系沉积。但在其南部边缘及东部郯庐断裂带渤海段以东发生新的拉张裂陷，沉积了一套海相碎屑岩夹碳酸盐岩及少量冰碛岩的地层系列，其中见大量微古植物化石，有巴莆林藻，为新元古代震旦纪地层。渤海海域在郯庐断裂带渤海段以东的 BD2 井和 LD28-1-1 井钻遇了这套地层，而在郯庐断裂带渤海段以西并无震旦系沉积。

3. 下古生界（Pz₁）

相对于元古宇—太古宇而言，渤海海域钻遇古生界的井较多，并与周边地区有许多可比性，钻井证实渤海海域至少发育有寒武系、奥陶系、石炭系、二叠系四套地层，缺失志留系和泥盆系。

渤海海域钻遇下古生界的井，主要集中在石臼坨凸起和渤南凸起，在沙垒田凸起核部、埕北低凸起和辽西低凸起也有钻遇。

海域下古生界纵向上岩性组合特征明显，自然伽马测井曲线标志清楚，结合少量牙形石类和介形类古生物化石资料，可以进行较大范围内的追踪与对比，下古生界共钻遇五个统十三个组。

1）寒武系（Є）地层特征

渤海海域内，经实际钻探证实，下古生界寒武系在地层厚度和岩性方面都与陆上油区有一些差异。与其下伏地层呈不整合接触，如钻于石臼坨凸起上的渤中4井颇具代表性，其寒武系钻遇厚度585m。

（1）府君山组（$Є_1f$）。

以 BZ28-1-1 井为代表，寒武系府君山组厚33～42m，该井位于渤南凸起西段，地层岩性为深灰色、紫红色白云岩、灰质白云岩，灰色白云质泥晶灰岩，夹薄层暗紫红色白云质泥岩。自然伽马曲线以低值段中夹1～2个中值峰为标志，形似马鞍状。

府君山组为华北下古生界最老地层，与滇东沧浪铺组上部、燕山地区的昌平组、山东的五山组、辽东的碱厂组相当。在海域与下伏古元古界—太古宇结晶基岩不整合接触。

（2）馒头组（$Є_1m$）。

厚36～43m，紫红色、灰质泥质白云岩、白云岩、泥质灰岩、石灰岩与紫红色白云质泥岩互层。其中自然伽马曲线以中高值间互层为特征标志，与其下府君山组整合接触。石臼坨凸起地区紫红色白云质泥岩较为发育。

（3）毛庄组（$Є_1mz$）。

厚43～50m，为灰紫色、紫红色白云质泥岩与白云岩、含白云质鲕粒灰岩互层。自然伽马曲线以高值与低值互层段为特征标志，以此互层段高值底部与馒头组分开。

（4）徐庄组（$Є_2x$）。

厚132～162m，为厚层块状紫红色白云质泥岩。次为泥质粉砂岩，夹灰色石灰岩、紫红色白云岩、褐灰色白云质灰岩、泥岩及粉砂岩，页理发育，层面具白云母片。自然伽马曲线特征为厚层箱状高值段，顶部有厚约20余米的低值小齿段。以箱状高值段与下伏毛庄组分界。

（5）张夏组（$Є_2z$）。

厚154～222m，岩性为灰色、褐灰色石灰岩及鲕粒灰岩、顶部及下部夹绿色、紫红色泥岩、粉砂岩，鲕粒灰岩含海绿石及胶磷矿。自然伽马曲线为低值段，底部为一高值段，以此高值底界与徐庄组分界。鲕粒灰岩的集中出现，是张夏组明显的岩性特征，可作为区域对比标志。

在 CFD30-1-1 井 3546.858～3547m 鲕粒灰岩岩心中发现有：原始费氏牙形石（相似种）*Furnishina* cf. *primitive*，原奥尼昂塔牙形石（未定种）*Prooneotodus* sp.。

（6）崮山组（$Є_3g$）。

厚43.5～76m，在渤南地区以 BZ28-1-8 井为代表，岩性以泥质灰岩、白云质灰岩为主，夹泥质白云岩、白云质泥岩和灰绿色粉砂质泥岩，石灰岩白云化作用强烈，部分云化灰岩重结晶达100%；石臼坨地区以渤中4井为代表，岩性为灰色、暗紫红色石灰岩、泥岩、泥质灰岩夹暗紫红色砾屑灰岩—竹叶状石灰岩、鲕粒白云质灰岩及紫红色粉砂质泥岩薄层。

自然伽马曲线为两组丛状高值峰段，以下部丛状高值峰段与张夏组分界。崮山组两个丛状高峰值段和上覆长山组下部丛状高值段共同组成三个丛状高值段，是华北地区上寒武统区域性自然伽马曲线对比标准层。

在 CFD30-1-1 井 3454.99～3459.14m 浅灰褐色白云质灰岩中发现有：厄尔卡圆镞牙形石 *Prosagittodontus eureka*、米勒原牙形石 *Proconodontus muelleri*、加勒廷原奥尼昂塔牙形石 *Prooneotodus gallatina*、费氏牙形石 *Furnishina furnishi*。

（7）长山组（$\in_3 c$）。

在渤南凸起上的 BZ28-1-8 井长山组厚 38～73m，主要以浅灰色、黑灰色石灰岩、白云质灰岩为主，夹灰色泥质白云岩、白云质泥岩和灰绿色粉砂质泥岩，白云质灰岩中竹叶状粒屑边缘具氧化圈。石臼坨地区为泥晶灰岩、泥晶白云岩及灰绿色、紫红色泥岩、竹叶状石灰岩。见园原厄尼昂塔牙形石带（*Prooneotodus rotundatus*）。自然伽马曲线上部为低值夹单峰中值段，下部为丛状高值峰段。

（8）凤山组（$\in_3 f$）。

该井凤山组厚 46～70m，在石臼坨地区主要为藻团粒砂屑灰岩，上部夹白云岩。渤南地区云化强烈，以褐色、灰黑色灰质白云岩为主，少量灰色白云质灰岩、白云岩夹灰绿色、灰色泥岩薄层，尤以竹叶状石灰岩较为发育。自然伽马曲线上部为低值小齿状，下部为低值夹中值峰段，见原牙形石 *Prooneotodus*、圆齿牙形石 *Rotundoconus*、先祖肿牙形石 *Cordylodus proavus* 等。寒武系与上覆奥陶系连续沉积，为整合接触。

2）奥陶系（O）地层特征

与盆地内陆上油区对比，海域内所揭示的奥陶系同样存在不同程度的变化，尤其是泥质灰岩、白云岩不太发育。如钻在渤中凹陷西北部 427 构造上的渤中 17 井钻遇较厚，为 604.3m（顶、底不全）。奥陶系与下伏地层整合接触。

（1）冶里组（$O_1 y$）。

厚 26.3～48m，在石臼坨地区主要为黑灰色、灰色泥质条带石灰岩、竹叶状石灰岩、藻团粒石灰岩。渤南地区云化作用强烈，以泥—粉晶白云岩为主，夹褐色、黄褐色石灰岩及灰绿色泥质薄层或条带。自然伽马曲线上部为低值段，中下部具两组中值峰段。

渤中 3 井 3217.4～3222.14m 岩心中发现有以下牙形石类：斯氏矢牙形石 *Acontiodus staujferi*、海氏朝鲜牙形石 *Chosonodina herfurthi*、马尼特罗斯牙形石 *Rosssodus manitouensis*、渤海短茅牙形石 *Pattodus bohaiensis*、圆形肿牙形石 *Cordylodus ratundatus*。这些分子与唐山剖面朝鲜牙形石组合带相当，多出现于下奥陶统冶里组。

（2）亮甲山组（$O_1 l$）。

厚 89～127m，石臼坨地区下部为深灰色团粒灰岩，中、上部以白云岩为主夹灰质云岩，以强烈的白云化为特征，完全由次生结晶白云石镶嵌组成，以细晶为主，含燧石团块。渤南地区则以强烈次生白云化的晶粒白云岩为主，夹少量浅黄褐色石灰岩。自然伽马曲线上部为低值局部小锯齿状，底部为一组中高值丛状峰底与下伏冶里组分界。

渤中 3 井岩心中见有：针锐牙形石 *Acodus* sp.、尖牙形石 *Scolopodus* sp.、镰牙形石 *Drepanodus* sp.。

（3）下马家沟组（$O_2 xm$）。

厚 126～221m，石臼坨地区底部为泥晶角砾屑白云岩，中上部为粉—泥晶白云岩、灰质白云岩、砂屑灰岩、生物屑灰岩、藻屑藻鲕粒灰岩、泥粉晶云质灰岩等。以含燧石结核和云化豹斑为特征。渤南地区以黄褐色石灰岩、白云质灰岩（具明显豹斑）为主，间夹白云岩，近底部为褐灰色白云岩。自然伽马曲线中上部为低值夹单峰值段，底部为两组连续丛状中值峰段。

底部白云岩在石臼坨凸起区及其围斜一带具角砾屑，角砾屑具干裂纹，属潮上带准同生白云岩，在渤中 17 井、渤中 12 井均见到，可与唐山剖面下马家沟组底部巨型角砾白云岩对比。结合自然伽马曲线丛状峰段特征，可作为区域对比标志层。

渤中 17 井 3641～3670m 岩屑样中见以下介形石类：博尔介（未定种）*Bollia* sp.、中国博尔介 *B. sinensis*、太子河博尔介 *B. taitzehoensis*、始石介 *Primito* sp.、无饰介 *Aparchites* sp. indet.。这些介形石类分子在唐山地区下马家沟组中上部均存在。

在 BZ28-1-6 井 3902.3～3902.6m 岩心中见：唐山牙形石 *Tangshanodus tangshanens*。

（4）上马家沟组（O_2sm）。

厚 214～285m，石臼坨地区以灰色、深灰色含生物屑、团藻粒的泥晶灰岩为主，夹白云质灰岩及灰质白云岩，多具"豹斑"。下部粉晶层纹状泥质白云岩含藻粒团、粒屑，具泥裂、鸟眼构造、石膏假晶。为潮上带准同生白云岩化，可与唐山剖面对比。渤南地区主要是深灰色含粒屑泥晶灰岩，具"豹斑"，底部为白云质灰岩。自然伽马曲线上部低值小锯齿状，下部为高值尖峰段。

BZ28-1-6 井 3477.35～3596.66m 岩心中见有以下牙形石：爪齿褶牙形石 *Plectodina onychodonta*、纤细潘德尔牙形石 *Panderodus gracitis*、耳叶耳叶牙形石 *Aurilobodus aurilobus*、微细短矛牙形石 *Paltodus parvus*；渤中 17 井 3393～3448.31m 岩心和岩屑中见：坚硬小鹅牙形石 *Ansella rigida*、野上尖牙形石 *Scolopodus nogamii*、美丽尖牙形石 *Scolopodus euspinus*、耳叶牙形石 *Turilobodus* sp.、三角牙形石 *Tripodus* sp.、矢牙形石 *Acontiodus*、近直镰牙形石 *Drepanodus szrrberectus*、坚硬小针牙形石 *Belodella rigida*、奥比克牙形石 *Oepckodus* sp.；渤中 15 井 3288.17～3288.92m 岩心中见：薄壁矢牙形石 *Acontiodus lancelatus*、矛状箭牙形石 *Oistodus LancelaZus*。

本组自然伽马曲线"高值尖峰段"特殊标志，与黄骅坳陷的港 59 井、古 2 井，甚至与冀中坳陷区均有较好的对比性。

（5）峰峰组（O_2f）。

厚 0～13m，仅见于石臼坨地区，渤海海域内大部分地区缺失，渤中 17 井仅残留底部 13m。岩性以褐色泥晶灰岩为主，下部夹白云岩。自然伽马曲线为高低值互层段。

渤中 17 井 3287.16～3292.34m 岩心中见到的牙形石有：小弩箭牙形石 *Belodina*、野上尖牙形石 *Scolopodus nagamii*、肿牙形石 *Cordylodus* sp.、双鄂牙形石 *Dichognothus* sp.、异椎牙形石 *Pteroconus* sp.、发状牙形石 *Trichonodella* sp.、斯勘的牙形石 *Scandodus* sp.、矢牙形石等 *Acontiondus* sp.。以上牙形石多分布于上马家沟组上部峰峰组，岩性及自然伽马曲线可与唐山地区或冀中、黄骅两坳陷区对比，暂定为峰峰组。本区缺失晚奥陶世—早石炭世沉积，这期运动冠之以秦皇岛运动。

3）下古生界地层展布

渤海海域郯庐断裂（渤海段）以东，寒武系—奥陶系不发育（辽东湾地区除外）。而在以西广泛分布，在沙垒田凸起大部、石臼坨凸起南坡和渤南凸起的西端被剥蚀。寒武系—中、下奥陶统大致分为两个沉积中心：一个是埕北低凸起沉积中心，其最大残留厚度超过 1000m；一个是渤中凹陷沉积中心，其最大沉积厚度超过 1400m。

下古生界各系、统，甚至组在平面上岩性变化不大，如下寒武统为红色碎屑岩夹白云岩和蒸发岩；中寒武统主要为厚层滩型台地碳酸盐岩夹薄层碎屑岩沉积。晚寒武世发育了典型的风暴碳酸盐岩建造（孟祥化，1993），主要岩性包括：亮晶砾屑灰岩、杂基砾屑灰岩、泥晶团粒灰岩、亮晶鲕粒灰岩、亮晶生物灰岩、泥质条带石灰岩夹少量粉屑灰岩、白云岩，厚度 100～200m。早奥陶世海平面持续高水位，中奥陶世伴随多期短周期的海水升降，形成厚层石灰岩、白云岩，局部有风化岩溶作用。中、下奥陶统平均厚度约 800m，寒武系在渤海海域地区其岩性特征与华北其他地区完全可以对比。

4. 上古生界（Pz_2）

在石臼坨凸起和埕北低凸起有不少井钻遇到石炭系—二叠系，通过古生物化石组合特征、岩电性特征，以及和周边对比，将地层划分为上石炭统和中、下二叠统。

1）上石炭统（C_2）地层特征

以埕北低凸起 CFD22-1-1 井为例，于 2389～2469m 井段钻遇了上石炭统。其岩性以泥、砂岩为主，夹石灰岩。石灰岩主要为深灰色团藻灰岩，含泥质条带、燧石条带泥晶灰岩。

位于该井东南方向的海 20 井，在井深 3162～3400.68m 也钻遇到了这套地层，厚 238.68m（未钻穿），主要岩性为灰色砂岩、深灰色泥岩，夹生物灰岩及黑色灰质白云岩，下部为灰色安山质砂岩。石灰岩中发现有孔虫及䗴科化石，其中有：圆锥形四房虫、麦粒䗴属 Titicites、舒伯特䗴属 Schubertella，以上化石组合多出现在华北地区上石炭统。

2）二叠系（P）地层特征

同样以埕北低凸起 CFD22-1-1 井 1994～2389m 井段为例，这套二叠系若按岩性可分为三段：浅灰色厚层状钙质长石砂岩，浅灰色厚层状钙质胶结砂岩，夹煤层及深灰色泥岩夹生物碎屑灰岩及煤层。

石臼坨地区渤中 20 及渤中 8 井组，有多口井钻遇一套红层，不整合于东营组下段之下。按岩性可分为四段：顶部为棕褐色白云质长石砂岩；上部为棕红色泥岩夹灰色铝土质泥岩及灰绿色含砾砂岩，岩心中发现厚角三缝孢孢粉化石组合；中部深灰色、灰黑色泥岩夹砂岩、碳质页岩及煤层；下部为深灰色、黑灰色泥岩夹砂岩及煤层，有霏细岩侵入。

根据孢粉资料，蕨类占绝对优势的 95%，裸子类仅占 4.5%，未见被子类。其中粒面三缝孢 51.5%，厚角三缝孢 28.8%。主要分子如下：

蕨类孢子：光面三缝孢属 Laevigatosporites、圆形光面孢属 Punctatisporites、三角粒面孢属 Grancelatisporites、匙唇孢属 Gulisporites、厚角孢 Triquitrites、瓦尔茨孢 Waltgispora、雪花孢 Nixispora、圆形块状孢属 Verrucosisporites；裸子类孢粉：松型粉 Ptyosporites、弗氏粉属 Florinites、拟开通粉属 Vireisporites。

在埕北低凸起上的海 20 井 2424～3162m 井段，岩性为灰黑色、灰白色凝灰质砂岩、凝灰质泥岩、浅灰色泥岩和砂岩互层，夹多层薄煤层，电阻率曲线上部为齿形高阻段，下部为高阻段。在 2915m 岩心中发现有圆形光面孢属、光面三缝孢、拟开通粉属等二叠系孢粉。根据岩性、古生物化石资料，该地层属中、下二叠统。二叠系与下伏地层整合接触。

3）上古生界地层展布

经过对华北地区石炭系及二叠系界线划分标准的微体古生物群进行研究，证实石炭系与二叠系可以用螳类和牙形石化石组合为主要依据予以划分。

石炭系—二叠系分布范围与下古生界在海域内相差无几，只是比其沉积范围更小一些：在渤中凹陷内出现两块面积较大的沉积缺失区；沙南凹陷、辽西低凸起等也有局部缺失区。

上石炭统在华北地区（包括渤海海域）沉积的是一套海陆交互相的含煤地层，这是不稳定克拉通盆地沉积的反映。岩性主要为砂岩、泥岩夹石灰岩和煤层，厚度140～180m。海相化石丰富，主要有螳、有孔虫、腕足、海绵等，渤海海域BZ20井揭示了这套地层。二叠纪渤海海域主要为典型的海退型陆源碎屑夹煤沉积，碳酸盐岩及海相化石少见，主要为内陆冲积相、湖泊及分流平原沉积环境。岩性下部为砂岩、泥岩夹煤，上部为砂岩、含砾砂岩夹泥岩，厚度440m左右。

5. 中生界（Mz）

经运用渤海海域钻井和地震等资料的相互证印，在整个海域广泛分布中生代地层，包括中—下侏罗统，上侏罗统—下白垩统，地层岩性、厚度变化较大。

1）中—下侏罗统（J₁—J₂）地层特征

在整个渤海海域其中、下侏罗统的岩性特征和生物化石组合可查阅歧口凹陷南缘的QK17-9-2井和埕北凹陷西缘的海5井。在QK17-9-2井，这套中—下侏罗统下部为粗砂岩夹煤层，泥岩呈灰绿色及紫红色；上部为砂岩、含砾砂岩、砂砾岩、砾岩及部分粉砂岩为主夹泥岩及薄层煤层。海5井下部以杂色凝灰岩为主，夹深灰色泥岩、煤层及碳质页岩，含少量灰色泥岩及煤层，厚80m（未钻穿）。上部以灰白色、浅灰色砂砾岩、含砾砂岩为主夹灰绿色、浅灰色泥岩、凝灰质砂岩和11层煤层，厚448.5m。

在QK17-9-2井的孢粉组合中，蕨类植物孢子含量占48.4%，裸子植物花粉占23.6%～51.6%，未发现被子植物花粉；蕨类孢子类型较多，以桫椤孢 *Cyathidites* 含量最高，其次为紫萁孢 *Osmundacidites*。

海5井中，蕨类含量63.9%，裸子类36.1%。主要代表种属：锥叶蕨属 *Coniopteris*（26.2%）、里白属 *Gleicheniidites*（9.8%）、桫椤孢属 *Cyathidites*（8.2%）、苏铁属 *Cycas*（13.1%）、银杏属 *Ginkgo*（14.8%）、拟云杉属 *Piceites*（4.9%）、原始松柏类 *Protoconiferus*（3.3%）、*Leiotrileites*（6.6%）以及海金沙孢属 *Lygodiumsporites* 等。在该井煤层中，蕨类植物含量为58.8%，裸子植物含量41.2%。蕨类植物中的主要代表种属：锥叶蕨属 *Coniopteris*（39.7%）、桫椤孢属 *Cyathidites*（7.4%）、鲸口蕨属 *Cibotiumspora*（5.9%）、里白孢属 *Gleicheniidites*（5.9%）。裸子植物中主要种属：银杏属 *Ginkgo*（13.2%）、苏铁属 *Cycas*（10.3%）、南美杉科 *Araucariaceae*（5.9%）、雪松粉属 *Cedripites*（2.9%）、松科 *Piceites*（2.9%）、短叶杉属 *Brachyp Ayllum*（2.9%）以及少量的原始松粉属 *Protopinus* 等。上述孢粉组合特征其地质年代应属侏罗纪。

侏罗系在沙垒田凸起东北坡和埕北低凸起区是以粗碎屑岩、煤层和火山岩较发育为其特点，侏罗系与下伏地层不整合接触。

2）上侏罗统—下白垩统（J₃—K₁）地层特征

埕北低凸起及歧南断裂带地区其岩性主要为紫红色、灰色泥岩，火山碎屑岩与凝灰岩（如海 17 井），或玄武岩和安山岩（海 8 井、海 20 井）互层，化石较少，和胜利油田五号桩地区桩 11 井及大港油田港西组的剖面对比较好。

莱北低凸起地区：以 13B5-1 井为代表，钻遇厚达 1536.4m（未钻穿）中基性火山岩系。岩性为安山岩、粗面安山岩、安山质凝灰岩、角闪安山岩夹少量火山碎屑岩及泥岩薄层。K—Ar 法同位素年龄 110Ma。从岩性组合特征看，可与鲁东青山组对比，地质年代为早白垩世。

石臼坨和辽东湾地区中生界也相当发育，下部为火山岩系，上部为河湖相暗色泥岩夹火山碎屑岩及薄层火山岩。在石臼坨凸起上的 BZ14 井及辽东湾北部的 JZ16-1-1 等少数井钻遇。

下白垩统下部：石臼坨地区在 BZ5、BZ7、BZ13 及 BZ6、QHD30-1-1 等井钻遇。以 BZ7 井为代表，主要岩性为一套中、基性火山岩，最大钻遇厚度 559m。与下伏前寒武系花岗片麻岩不整合接触。

下白垩统上部：以 BZ6 井为代表，岩性以深灰色、灰黑色泥岩为主，夹薄层钙质泥岩、白云岩、砂质灰岩、凝灰质砂砾岩，夹有 10（1～2m）层以上的火山岩层。这些火山岩层以凝灰岩、强烈碳酸盐化的凝灰岩为主，次之为安山岩及玄武岩。本套地层发现以女星介最繁盛的化石组合，有女星介、枣星介、狼星介、斜星介、蒙古介等。孢粉化石以裸子类占优势，为 57.7%，裸子类占 26.8%，被子类少量，占 15%，裸子类中以短叶杉含量高（达 50%）为特色，蕨类以海金砂科的无突肋纹孢、希指蕨孢为主，被子类含量达 15%。

经石油地球化学研究表明，下白垩统上部为高盐度湖泊沉积，有机质丰富，母质为偏腐泥的混合型，有机质成熟度虽低，但已进入生油门限，是渤海海域北部的又一油源岩。

在渤东低凸起区：以 PL7-1-1 井为代表，主要为一套火山岩及碎屑岩系，厚 273m（未钻穿），上部为灰绿色、灰褐色安山岩、安山质角砾岩、凝灰岩与灰色钙质泥岩及黄褐色钙质粉砂岩互层；中部以英安岩、凝灰岩为主，夹薄层褐色泥岩、粉砂岩；下部为深灰色橄榄玄武岩。未发现化石，K—Ar 法同位素年龄为 100Ma。

从上部安山岩及安山角砾岩岩性和年龄来看，与 BZ7 井火山岩系近似，中下部的英安岩偏中酸性，地质年代定为早白垩世。

3）中生界地层展布

在渤海海域，中生界地层大面积分布，其上侏罗统—下白垩统分布面积约25000km²。但其岩石类型及岩石组合的空间分布变化很大。除渤中凹陷中心局部地区、渤南凸起、沙垒田凸起、辽西凸起、石臼坨凸起的 428 东构造上凸起顶部缺失外，在广大地区都有分布；且沉积较厚，在石臼坨凸起与沙垒田凸起之间沉积厚度超过 4000m，莱北地区也超过 3000m。中—下侏罗统仅在歧口凹陷、埕北低凸起、埕北凹陷等有残留沉积，在歧口凹陷、埕北凹陷内有两个沉积中心，厚度都超过 800m。

6. 新生界（Cz）

根据渤海海域钻井资料，新生界自老至新地层分布为：古近系孔店组、沙河街组、东营组；新近系馆陶组、明化镇组和第四系。

从渤海海域整体上看，新生代地层的厚度在两个地区最厚，一个在渤西凹陷区，另一个在渤中凹陷区，其总厚度都超过 10km。

1）古近系（E）地层特征

（1）孔店组（E$_{1-2}k$）。

渤海湾盆地孔店组上部为深灰色泥岩夹薄层石灰岩、白云岩，下部以紫红色泥岩为主，夹灰绿色、灰色、棕红色泥岩及灰白色砂岩、砂砾岩，见少量紫红色粉砂岩、砂岩，局部见凝灰岩、凝灰质砂岩，为一套"红、黑、红""粗、细、粗"三分性明显的湖河相碎屑岩地层，因此，自下而上划分为孔三段、孔二段和孔一段，孔二段发育黑色泥岩。孔店组的重矿物组合以不稳定重矿物为主，如磁铁矿、绿帘石等，锆石含量较低。电阻率曲线为中高稀疏锯齿状；声波时差小，自然电位曲线低平，自然伽马曲线为中高密集小锯齿状。与下伏地层呈角度不整合接触。

在渤海海域，孔店组不仅在岩性组合和化石组合方面与陆上区域对比关系良好，而且其内部各段地层的厚度比例也大体相似，即孔一段地层厚度略大于孔二、三段地层厚度之和。其中在"红层"井段经古生物分析，介形类化石稀少。孢粉化石资料既无沙三段典型的渤海藻、副渤海藻组合，也未见沙四段有代表性的孢粉化石组合，更未见中生界希指蕨孢属等古孢子组合，而是一套始新世时期的孢粉化石组合。以 CFD2-1 井为典型，在孔店组 2601～2752m 井段，孢粉化石比较丰富，其中被子类含量最高，裸子类次之，蕨类有一定含量，而藻类少见。在被子类中，黄杞粉属含量较高（5.9%～22.8%，平均 15.7%），拟桦粉属、桦粉属、拟榛粉属含量也较高。在本段下部（2680m 以下）榆粉属含量高于栎粉属含量，三孔脊榆粉属常见，孔店组的主要分子亚三孔粉属、库盘泥粉属、高腾粉属、姚金娘粉属在本段发育，褶皱粉属也可见到；裸子类中，单、双束松粉属占优势，罗汉松粉属常见，杉科分子有一定含量，自井段 2680m 起见有银杏属；蕨类中，水龙骨单缝孢粉含量较多（5.5%～10.4%），其次为三角孢粉属等。整体属典型的孔店组孢粉化石组合的基本特征。

孔一段整体上与中生界地震反射均表现为弱的杂乱反射，但孔一段中部有一"铁轨"式连续高频反射，十分特殊（经落实为孔一段"上粗段"与"下细段"的分界），与莱州湾地区孔一段以及黄骅坳陷沧东地区孔一段地震反射特征相似。

孔二、三段在地震剖面上表现为不连续较强反射特征。本海域钻井基本上未揭开孔三段，孔二段在黄河口凹陷个别井中钻遇（BZ34-2-1）。但从区域对比和地震剖面分析，这一套地层在地震反射特征上与孔一段明显不同，海域内的黄河口凹陷、莱州湾凹陷及大港沧东地区孔二、三段反射特征相似。

孔店组与上、下地层具有明显的角度不整合关系，区内地层不仅各段反射特征差别明显，而且与上覆沙三段和下部中生界，有着清楚的顶剥和下超现象。

渤海海域孔店组以三种类型的岩石组合为主（张国良，1996；李建平等，2010），红层类型（主要分布在渤西，以 CFD21-2-1 井为例）、砂砾岩夹薄层泥岩、粉砂质泥岩（主要分布在边界大断裂下降盘，以 BZ28-1-5 井为例）、正常的砂岩、泥岩互层（主要分布在渤中、渤南、辽东湾地区，以 BZ34-2-1 井为例）。

（2）沙河街组（E$_2s$）。

沙河街组在海域内自下而上分为 4 段，其各组段地层特征存在明显差别。

① 沙四段（E$_2s_4$）。

上部为石灰岩、白云岩与深灰褐色泥岩、薄层砂岩互层。下部为暗绿灰—暗褐灰色泥岩夹浅黄褐色、白色硬石膏。上部电阻率曲线为高低相间的密集刺刀状尖峰夹块状低值段，下部以中低电阻段为主，曲线平直；声波时差较小，自然电位曲线低平；自然伽马曲线呈指状相间。与下伏地层不整合接触。

以渤中 10 井为例，发现有如下介形类及孢粉化石，在 3192m 井段见光滑南星介 *Austrocypris Levis*，在 3138～3140m 井段见纯洁真星介 *Eucypris albata* 和下列孢粉：

裸子植物含量为 52.5%～81.8%。其中松粉属 *Pinus* 33.1%，*Cedripites* 2.5%～14.5%，*Abietineaepollenites* 14.5%，*Pinaceae* 12.7%，*Podocarpidites* 12.7%，*Pinuspollenites* 9.1%，*Ephedripites* 6.8%～7.3%，*Taxodiaceae* 杉科 4.2%，E（D）*fushunensis* 3.6%，以及微量的 E（D）*cheganicus*、E（D）*trinata*、E（D）*megafusiformis* 等。

被子植物含量为 12.7%～43.2%。其中 *Quercoidites* 3.6%～11.9%，*Juglanspollenites* 11.0%，*Juglanspollenites verus* 3.6%，*Umipollenites* 8.5%，无口器粉属 *Inaperturopollenites* 3.4%，*Betulaepollenites* 25%，*Momipites* 1.7%，以及微量的 *Alnipollenites verus*、大戟粉属 *Euphorbiacites*、朴粉属 *Celtispollenites*、山毛榉粉属 *Faguspollenites* 等。

藻类中见小古囊藻 *Palaeostomocystis minor*，含量为 3.4%～3.6%。

蕨类植物见缠绕坑穴孢 *Ischyosporites convolvulus* 1.8%，真蕨纲 *Filices* 0.8%。

② 沙三段（E_2s_3）。

沙三段沉积时期湖泊较为发育，沉积了很厚的湖相地层，又可再分为以下几个亚段。

a. 沙三下亚段。上部为灰白色砂岩与深灰色泥岩的不等厚互层，偶夹油页岩。下部为紫红色、灰绿色、浅灰色泥岩夹灰白、浅灰色砂岩、杂色砂砾岩。电阻率曲线基值明显高于上覆沙三中亚段，为锯齿状夹刺刀状尖峰；声波时差小；自然电位曲线除对应砂岩为丘状高值外，一般为平直的密集小锯齿段夹"V"形低值。与下伏地层为不整合接触。莱州湾凹陷缺失沙三下亚段。

b. 沙三中亚段。以厚层深灰色泥岩、油页岩为主，夹厚薄不等的灰白色、浅灰色砂岩、粉砂岩。电阻曲线一般为低平小锯齿状，间夹密集的高阻尖峰；声波时差较大；自然电位曲线低平夹宽缓小丘；自然伽马曲线为高值、密集小锯齿段夹"V"形低值或高低相间大锯齿段。与下伏地层为整合接触。

c. 沙三上亚段。深灰色、灰色泥岩与灰白色砂岩及粉砂岩互层。下部砂岩普遍含钙，偶夹油页岩，电阻率中高值，为平直小锯齿段与峰状高阻段的交互，声波时差小；自然电位曲线以波状为主夹指状，自然伽马曲线除对应砂岩层为低值外，显示中高值锯齿状。与下伏地层为整合接触。渤海海域沙三上亚段分布极为局限。

沙三段的介形类化石以华北介组合为特征，孢粉化石组合以渤海藻属—栎粉属亚组合为特征。以石臼坨地区为代表简述如下：

渤中 6 井 3035.0～3103.0m 井段岩屑中，含中国华北介 *Huabeinia chinensis*、惠东华北介 *H. huidongensis*、以及后斜华北介 *H. postideclivis*、梯形华北介 *H. trapezoidea*、腹脊华北介 *H. ventricostata*、三角华北介 *H. triangulata* 等。其他介形类有：光滑小河星介 *Potamocyprella levis*、燕尾翼星介 *Ptozrygocypris furcata*、高小豆介 *Phacocypris altidorsata*、近月形玻璃介 *Candona sublunata*、拱形玻璃介 *Candona Camerata*、倒鞍形玻璃介 *Candona inversisagmaformis*、徐庄玻璃介 *Candona Wangxuzhuangensis* 等数十个

属种。另外，还见有腹足类化石：扁平高盘螺 Valvata（cincinna）applanata、小旋螺属 Gyraulus、长圆恒河螺 Gangetia Longirota、假滴螺属 Pseudophysa、小泡螺属 Bulinus、永安塔滴螺 Bulinus（Pyrgophysa）yonganensis。

据渤中 6 井和渤中 10 井的样品孢粉含量统计：

裸子植物含量为 21.8%～55.4%，最高达 72.5%。其中 Pinus 13.7%、Pinaceae 3.6%～9.3%、最高达 17.6%，Cedripites 3.6%～5.5%、最高达 13.7%，Ephedripites 2.0%～6.0%，Abietineaepollenites1.8%～15.9%，Pinuspollenites 3.6%～25.9%，Ephedripites 含量普遍，Abietineaepollenites、Pinuspollenites 含量不稳定。其他尚有云杉粉属 Piceaepollenites 3.9%～4.0%、Keteleeria 5.9%、Taxodiaceaepollenites hiatus 3.6%、Tsugaepollenites 5.9% 等偶然见到。

被子植物含量为 24.1%～65.5%，最高达 86.0%。其中 Quercoidites 5.6%～30%、最高达 56.0%，Ulmipollenites 5.6%～16.4%、最高达 18.0%，Juglanspollenites 4.0%～11.8%、最高达 16.0%，Juglanspollenites verus 5.4%～5.9%，Labitricolpites 2.0%～3.6%。

在渤中 10 井 2945～2950m 井段含渤海藻属 Bohaidina 10.9%，3080～3088m 井段含 Bohaidina 25.9%，2990～2998m 井段含 Leiosphaeridia 3.9%、Dictyotidium vesiculum 5.9%，以及微量的 Palaeostomocystis minor、Prominangularia 等。

渤南、歧口地区所产化石与本区化石组合相似，均以 Huabeinia chinensis 组合为主，以 Bohaidina 的高含量为特点，并可与陆地沙二段化石对比。

③ 沙二段（E₂s₂）。

灰白色、浅灰色砂岩、含砾砂岩，砂砾岩夹灰绿色、灰色、深灰色泥岩，底部常见紫红色、灰紫色泥岩。局部发育石灰岩、白云岩、生物灰岩。电阻率曲线为中高值块状；声波时差较大；自然电位以丘状、块状为主；自然伽马曲线为低幅小锯齿状。与下伏地层为不整合接触。

沙二段化石以椭圆拱星介组合和芸香粉属—麻黄粉属—栎粉属亚组合为特征。

介形类化石以石臼坨地区为代表，渤中 6 井 3025.0～3035.0m 井段含 Camarocypriselliptica、细纹纹星介 Virgatocypris striata、蜂巢真星介 Eucypris faviformis、坨庄玻璃介 Candona tuozhuangensis、纯净小玻璃介 Candoniella albicans、仆素小玻璃介 Candoniella parca、博兴假玻璃介 Pseudocandona boxingensis、小假玻璃介 Pseudocandona Parva、直似玻璃介 Candonopsis recta、弯背小星介 Miniocypris dorsarca 及卵形新丽星介 Neocypria ovata 等。其中 Camarocypris elliptica、Eucypris faviformis 等是沙二段代表化石。

渤中 10 井 2872.0～2927.0m 井段中含贤形美星介 Cyprinotus reniformis、黄骅小豆介 Phacocypris huanghuaensis 等。还有腹足类的盘螺属 Valvata、河边螺属 Amnicola 等。

孢粉化石以歧口凹陷海 6 井为代表，在井深 2152.0～2163.5m 井段的五个孢粉样品鉴定结果是：

裸子植物含量为 35.0%～50.0%。其中 Ephedripites10.0%～26.4%，E（D）megafusiformis 1.4%～2.9%，以及 E（D）cheganicus、E（D）trinata，其次有 Abiespollenites 2.3%～5.8%、Taxodiaceaepollenites hiazus 2.2%～8.0%、Podocarpidites 2.9%～3.8%、Laricoidites 2.2%～2.3%、Pinaceae3.4%～10.0%、Pinus 6.8%～8.3%，以及 Piceaepollenites 等。

被子植物含量为32.3%～44.8%。其中 *Quercoidites* 4.3%～10.9%、*Meliaceae* 楝科1.5%～3.6%以及分布不普遍的椴粉属 *Tiliaepollenites* 1.6%～3.4%、芸香粉属 *Rutaceoipollenites* 0.7%～1.7%、*Striatricolpites* 1.5%～2.2%、*Ulmipollenites* 1.4%～5.1%、藻类6.9%～35.4%、*Granodiscus* 1.7%～10.1%，以及少置的 *Tenua* 薄球藻属。

④沙一段（E_2s_1）。

上部为深灰色泥岩夹油页岩，偶夹薄层石灰岩、白云岩；中部常常发育中厚层灰白色砂岩或生物灰岩，深灰色、灰色泥岩；下部以深灰色泥岩为主夹薄层石灰岩、白云岩、油页岩和钙质页岩。电阻率曲线为"弓"形，从稳定低电阻段的上部开始，电阻值逐渐增大，到中部达到最大，到下部电阻值逐渐降低，声波时差曲线也有类似特征；自然电位曲线两端低平、中间丘状；自然伽马曲线表现为中高值块状夹深"V"形。与下伏地层为整合接触。

沙一段化石丰富，介形类以含惠民小豆介—具刺湖花介组合为特征，孢粉化石以薄球藻类—棒球藻类—栎粉属组合为特征。

介形类化石以渤中25-1-1井为代表，在该井3280～3295m井段见具刺湖花介 *Limnocythere armata*、三刺湖花介 *L. trispinata*、六刺华花介 *Chinocythere sixspinata*、大头华花介 *C. megacephalota*、肥大华花介 *C. cf.carnosa* 相似种、惠民小豆介 *Phacocypris huiminensis*、普通小豆介 *P. vulgata*、盘河小豆介 *P. panheensis*、近三角小星介 *Miniocypris subtriagularis*、伸玻璃介 *Candona diffusa*、坨庄玻璃介 *C. tuozhuangensis*、后凸玻璃介 *C. Posticonvexa*、缩短玻璃介 *C. curtata* 等。

孢粉化石以歧口凹陷曹妃甸14-1-1井为代表：被子植物含量为57.3%～80.0%。其中 *Quercoidites* 29.6%～56.7%，*Ulmipollenites* 13.6%～16.9%，*Juglanspollenites* 2.7%～5.6%，*Caryapollenites* 2.7%～2.8%，以及部分见到的 *Alnipollenites verus* 2.8%，*Rhoipites* 3.3% 和少量的 *Faguspollenites*、*Striatricolpites* 等。

裸子植物含量为18.3%～22.7%。其中 *Pinaceae* 5.6%～6.7%，*Taxodiaceae* 3.3%～6.0%，*Ephedripites* 0.9%～3.3%。

部分可见的有 *Taxodiaceaepollenites hiatus* 8.1%，*Pinus* 1.7%～2.8%，*Abietineaepollenites* 4.5%，*Pinuspollenites* 3.6%，以及微亮的 *Podocarpidites* 等。

蕨类植物零星见到，量微。

藻类20%。其中 *Tenua* 9.1%，*Filisphaeridium* 6.4% 及微量的 *Leiosphaeridia*、*Filisphaeridium*、长棒球藻 *Longibaculatum* 等。

上述 *Phacocypris huiminensis*、*P. minuta*、*C. megacephalota* 大头华花介等及孢粉化石的栎粉属高含量带，均为区域性沙一段的标志属种。

（3）东营组（E_3d）。

东营组在渤海海域较为发育，其发育程度优于盆地内陆上油区，自下而上分为三段。

①东三段（E_3d_3）。

巨厚层深灰色泥岩夹砂岩、粉砂岩。电阻率曲线为低平小锯齿状；自然伽马曲线为中高值小锯齿状；自然电位曲线低平；声波时差大。该期水位开始回升，地层超覆于下伏地层之上。如JZ17-3-1井东营组下段（以下简称东下段）❶深度1857～3625m，厚

---

❶ 东营组下段包括东二下亚段和东三段。

1768m。本井东下段沉积较厚，层位划分主要依据古生物资料而定。上下部以泥岩为主，夹砂岩，中部主要为砂岩，夹少量泥岩，先分段综述如下：

1857～2239m，厚382m，上部为砂岩、粉砂岩与泥岩互层，下部为泥岩夹砂岩及粉砂岩。泥岩，上部以橄榄灰—橄榄黑为主，部分绿灰—暗绿灰色，下部以橄榄黑—褐黑色及深灰—褐灰色为主，部分暗黄褐—褐黑色，软—中硬，部分造浆，大部分含粉砂，部分质纯。粉砂岩，橄榄灰和中灰色为主，部分绿灰色，泥质及高岭土质胶结，含钙，软—中硬，团块状。砂岩，浅灰—中灰色，细—中粒，部分极细粒，石英为主，次为长石，少量暗矿，部分长石高岭土化，次圆状，分选好，泥质胶结，疏松，部分钙质胶结，较致密，团块状，部分砂岩见微量荧光。

2239～2993m，厚754m，上部为砂岩、粉砂岩与泥岩互层，中部和下部为大套砂岩、粉砂岩，夹薄层和中厚层泥岩，中部大多砂岩和粉砂岩含高岭土质，下部砂岩和粉砂岩，部分含高岭土质及钙质。泥岩，以橄榄灰和褐灰色为主，部分橄榄黑色、绿灰色，少量蓝灰—中蓝灰色，软—中硬，含钙，大多含粉砂，部分粉砂质，下部泥岩微细层理发育，部分可剥离呈片状。粉砂岩，以浅灰—中灰色为主，部分浅绿灰和橄榄灰色，粉极细，石英为主，次为暗矿，泥质胶结，部分含高岭土及钙质，中硬，团块状，局部含泥质重，为泥质粉砂岩。砂岩，中灰色，少量浅灰色，细—中粒为主，部分细—极细粒，石英为主，次为长石及暗矿，次圆状，分选好。大多为泥质胶结，较疏松，部分为高岭土质胶结，较松软，局部为钙质胶结，较致密，团块状，中部—下部砂岩荧光微量，暗黄色，丙酮滴定反应微弱，浅乳白带黄色。

2993～3625m，厚632m，上部和下部为大套泥岩夹砂岩，钙质砂岩、高岭土砂岩及粉砂岩，中部为高岭土砂岩、粉砂岩与泥岩不等厚互层。泥岩，上部以褐灰—橄榄灰色为主，部分褐黑—橄榄黑色，下部以褐黑色为主，部分褐灰—橄榄灰色，软—中硬，上部微含钙，下部不含钙，质较纯，上部泥岩偶见方解石脉。粉砂岩，浅灰色—中灰色，少量橄榄灰色，粉细粒，少量极细粒，石英为主，次为暗色矿物，泥质胶结，部分含泥重，块状，部分含钙，较致密。砂岩，浅灰—中灰色，细—极细，部分中粒，石英为主，次长石暗矿，次圆状，分选好，部分分选中等，泥质及高岭土质胶结者较疏松，局部钙质胶结和白云质胶结，较致密，块状，较硬。上部砂岩，荧光10%～20%，亮—暗黄色，丙酮滴定反应微弱，极淡黄色。

② 东二段（E_3d_2）。

该段又可分为两个亚段。东二下亚段为厚层深灰色泥岩与灰白、浅灰色砂岩、粉砂岩的不等厚互层。电阻以中高值为主，夹厚薄不等的低阻平直段，中高值电阻段常表现为密集锯齿的块状；自然伽马曲线除对应砂岩层为低值外，一般为中高值；砂岩层的自然电位曲线为指状或丘状，泥岩层为低平凹兜状，声波时差较大。与下伏地层为整合接触。

东二上亚段为灰白、浅灰、黄灰色砂岩、粉砂岩、泥质粉砂岩与深灰、灰、绿灰色泥岩、粉砂质泥岩的不等厚互层。绿灰色泥岩主要见于上部，常夹炭屑和紫红色泥块。下部深灰色泥岩发育段的电阻率曲线为上高、下低的"斗状"，中部块状砂岩与灰色泥岩互层段的电阻率曲线表现为块状高阻与浅平低阻的交互，上部薄层砂岩、粉砂岩、泥质粉砂岩与绿灰色泥岩互层段的电阻率曲线为高低相间的指状。自然伽马曲线依岩性呈高低相间，自然电位曲线除对应砂岩为明显的丘状外，一般表现为低平的小波浪状，声波时差较大。与下伏地层呈整合接触。

③ 东一段（E_3d_1）。

上部为块状砂岩、含砾砂岩、砂砾岩夹薄层绿灰色泥岩，下部为灰白色砂岩、灰色和绿灰色粉砂岩、泥质粉砂岩与绿灰色、紫红色泥岩及粉砂质泥岩的互层。泥岩质不纯，常见炭屑、植物屑等。上部电阻率曲线以块状高值为主，下部为小块状与高低相间的指状电阻的交互；自然伽马曲线为小锯齿状中低值；自然电位曲线为平直段与波浪状起伏段的交互；声波时差变化较大，为大小、高低相间的粗弹簧状。与下伏地层整合接触。

JZ21-1-1 井东营组上段（井段范围 1500～1901m），厚 401m。主要岩性为上部泥岩夹砂岩，下部砂岩、粉砂岩与泥岩不等厚互层。局部砂岩夹泥岩。1500～1616m 井段厚 116m，泥岩夹砂岩及薄层粉砂岩，呈不等厚互层。泥岩呈橄榄灰—橄榄黑色，次为暗绿灰色，软—中硬，质不纯，含粉砂，部分泥质。粉砂岩呈暗绿灰—橄榄灰色，粉细粒，泥质胶结，胶结程度中等，不含钙，星点状暗黄褐色荧光，滴定反应慢，微弱光圈。砂岩呈橄榄灰色，细—极细粒，以细粒为主，成分以石英为主，次为长石及暗色矿物，分选较好，次棱角—次圆状，疏松。1616～1700m 井段，厚 84m，以砂岩为主，夹泥岩。泥岩以暗绿灰色为主，次为橄榄灰色，软—中硬，含粉砂，部分造浆。砂岩呈橄榄灰色，细—粗粒，以中粒为主，成分以石英为主，次为长石及暗色矿物，分选中等，次棱角—次圆状，疏松，局部见星点状暗黄褐色荧光，滴定反应慢，微弱光圈。井段 1700～1901m，厚 201m，砂岩、粉砂岩与泥岩不等厚互层，局部呈互层状。泥岩呈暗灰绿色、灰绿色及浅橄榄灰色，前者中硬，含粉砂；后者较软，造浆。粉砂岩上部以暗绿灰色为主，中上部以灰绿—橄榄灰色，粉细粒，含泥岩重。局部见星点状暗黄褐色荧光，滴定无反应。砂岩呈橄榄灰色，细粒，以石英为主，次为长石及暗色矿物，分选好，次圆状，泥质胶结，较疏松，含炭屑。局部见暗黄褐色星点状荧光，滴定不反应。

东下段含有丰富的介形类化石，东营组上段（以下简称东上段）[1] 则稀少。综合全区介形类化石资料，可分出东下段下部光亮西营介组合 *Xiyingia luminosa* 和东下段上部细弯脊东营介组合 *Dongyingia gracilinflexicostata*。各组合的主要属种如下：

Xiyingia luminosa 组合：*Xiyingia luminosa*、大西营介 *Xiyingia magna*，*Candona diffusa*、滨海村玻璃介 *Candona binhaicunensis*，近三角河北介 *Hebeinia subtriangulata*，河北鞋星介 *Crepocypris hebeiensis*，大头华花介 *Chinocythere megacephalota*，五刺华花介 *Chinocythere quinquespinata*，长脊东营介 *Dongyingia laticostata*，宽卵小豆介 *Phacocypris latiovata*，豆状小豆介 *Phacocypris pisiformis* 等。西营介属 *Xiyingia* 是该组合的主要标志化石。有些新属，如东营介 *Dongyingia*、瓜星介 *Berocypris*、河北介 *Hebeinia*、纺锤玻璃介 *Fusocandona* 等与 *Xiyingia* 共生。

Dongyingia gracilinflexicostata 组合：*Dongyingia gracilinflexicostata*、弯脊东营介 *Dongyingia inflexicostata*，花瘤东营介 *Dongyingia florinodosa*，唇形脊东营介 *Dongyingia labiaticostata*、双球脊东营介 *Dongyingia biglobicostata*、近三角华花介 *Chinocythere subtriangulata*、厚肥利华花介 *Chinocythere carnispinata*、光秃华花介 *Chinocythere glabella*、大槽华花介 *Chinocythere macrosulcata*、近指纹瓜星介 *Berocypris substriata*，*Phacocypris latiovata*、伸长小豆介 *Phacocypris extensa*，*Phacocypris*、*Pisiformis*、广饶小豆介 *Phacocypris*

---

[1] 东营组上段包括东一段和东二段上亚段。

guangraoensis 等。两个组合中的常见分子，是华北地区渐新统上部的标准化石，具有广泛的代表性。

孢粉化石在东营组上、下段都有分布，以皱面球藻属—网面球藻属—榆粉属组合为特征，有些地区东上段和东下段区别较明显，如渤南地区石臼坨凸起；有些地区则难以区分，如辽西凸起及歧口凹陷中的一些井。但其变化趋势是清楚的，即由下向上，被子植物由少变多，而裸子植物由多变少。

东下段 *Ulmipollenites* 组合：被子植物中以 *Caryapollenites*、*Juglanspollenites verus*、*Ulmipollenites*、*Liquidambarpollenites* 为主，其次为 *Quercoidites*、*Alnipollenites*、*Alnipollenites metaplasmus*、*Striatricolpites* 等；裸子植物中以 *Pinuspollenites*、*Tsugaepollenites* 为主，*Cedripites*、*Abietineaepollenites*、*Taxodiaceaepollenites hiatus*、*Taxodiaceaepollenites* sp. 等次之；藻类中以 *Rugasphaera*、*Dictyotidium* 为主，*Dictyotidium microreticulatum*、*Granodiscus*、*Conicoidium* 等仅局部出现；蕨类植物中以 *Osmundacidites*、*Pterisisporites*、*Lycopodiumsporites* 为主，其次有 *Polypodiaceaesporites* 等。

东上段榆粉属—水龙骨单缝孢属组合：被子植物中以 *Juglanspollenites verus*、*Alnipollenites verus*、*Alnipollenites metaplasmus*、*Striatrlicolpites*、*Ulmipollenites* 为主，其次是 *Caryapollenites*、*Liquidambarpollenites* 等；裸子植物中以 *Pinaceae*、*Pinus* 居多，*Tsugaepollenites*、*Abietineaepollenites*、*Taxodiaceaepollenites* sp.、*Taxodiaceaepollenites hiatus* 等，亦可常见；藻类中以 *Leiosphaeridia*、*Granodiscus* 为代表，其他如 *Palaeostomocystis minor*、*Dictyotidium microretieulatum* 等亦有出现；蕨类植物属种单调，主要是 *Polypodiumsporites*、*Osmundacidites*、*Lylopodiumsporites* 等，含量一般低于 10%，最高可达 15.4%。

2）新近系（N）地层特征

渤海海域是新近系沉积、沉降中心和晚期新构造运动中心，是渤海湾盆地发育、发展的归宿。

渤海海域在新生代早期沉降速率较小，而在新生代晚期沉降速率却明显增大，两个时期形成鲜明反差。盆地的沉积、沉降中心有从四周向渤海海域的向心式转移规律十分突出，主沉降和沉降期依次变晚。如海域南部的济阳坳陷新生代沉积中心由南向北推移。始新世孔店组沉积时期沉降中心在昌潍凹陷，地层厚达 3000～4000m；而沙四段沉积时期转至东营凹陷，厚达 3500m；到沙二、三段沉积期，沉积中心在东营凹陷和惠民凹陷，厚达 1500m，而沾化凹陷为 1000m，并缺失沙二段。到东营组沉积时期，沉积中心迁移到沾化、车镇凹陷，厚达 800～1000m。新近纪沉积中心向北转至黄河口凹陷，新近系厚达 1500～1800m。海域北部的辽河坳陷沉积中心也明显的由北向南转移。海域西部的黄骅坳陷沉积中心由西南向东北转移。这种变迁趋势都十分清晰。这一时期渤海海域的最大沉积厚度为 2130m，沉积凹陷的位置基本上受古近纪裂谷发育时间的构造轮廓控制。说明在古近纪断陷活动结束后，后裂谷期的热控型坳陷沉降开始时在渤海海域的构造活动中起了主导作用。此时沉积最厚的地区是古近纪裂谷拉张量最大的渤中坳陷。明化镇组沉积晚期，渤西地区成为此时期沉积厚度最大的地区。渤中坳陷的沉降中心没有馆陶组沉积期及明化镇组沉积早期那么明显，而辽东湾地区此时大部缺失沉积，说明在距今 5.1—2Ma 时期，渤海海域遭受过一次较为强烈的新构造运动。在经过明化镇组沉积晚期大约距今 5.1—2Ma 的构造变动之后，第四纪沉积一套海相地层，沉积范围向北偏移，不完全受古近纪裂谷拉张量的控制。

（1）馆陶组（N_1g）。

渤海海域的馆陶组可分为两种类型：辽东湾是一套具有箱状电阻率的厚层状杂色砂砾岩夹薄层紫红色泥岩，厚度为 200m 左右；其他地区为砂泥岩不等厚互层，具有上下岩性粗、中间细可三分的特点。下粗段以杂色砂砾岩为主，含量高；上粗段砾石趋向单一、含量减少；中细段的厚度和砂泥比在空间上有很大的变化。平面上，以渤中凹陷最厚，最大厚度可达 2000m 以上，岩性向北东方向变粗，东南方向变细。馆陶组分为上段和下段，是以块状砂砾岩为底，区域性超覆在古近系之上。

馆陶组化石特征以被子植物为主，裸子植物次之，蕨类较少，藻类罕见。以渤海海域歧口凹陷、沙垒田凸起、石臼坨凸起区为例，所见孢粉组合为：

被子植物：一般占总量的 50%，最高达 79.3%，个别的达 98.1%。其中 *Juglanspollenites* 占 7%～20%，石臼坨凸起的 *Juglanspollenites*、*Juglanspollenites verus* 含量合计占 18.2%～65.4%，*Ulmipollenites* 5.4%～26.2%，*Quercoidites* 4.6%～16.9%，上述属种可普遍见到；*Alnipollenites* 5.2%～13.5%，*Betulaepollenites* 3.8%～4.0%，*Caryapollenites* 5.5%～9.1%，*Liquidambarpollenites* 3.6%～7.7% 等大部分可见；*Tricolpopollenites* 3.6%～4.6%，*Magnolipollis* 木兰粉属 7.6%、*Alnipollenites verus* 9.4%、*Tiliaepollenites* 5.2%～12.3%、*Nyssapollenites* 5.6%、*Salixipollenites* 4%～12.1%、*Polyponaceae* 5.8%～10.0% 等局部见到，以及微量的 *Convolvulaceae*、*Rhoipites* 等。

裸子植物：一般含量 5.5%～13.8%，有的达 44.0%。主要分子是 *Pinus*、*Pinaceae*，其他有 *Taxodiaceae*、*Piceaepollenites*、*Taxodiaceaepollenites hiatus* 等。

蕨类植物：含量 10.0%～77%，主要为 *Polypodiaceaesporites*，其次是 *Saiviniaspora* 槐叶萍孢属，另有微量的 *Osmundacidites*、*Psiloschoizospororis* 对裂孢属等。藻类零星见到，量微。

以钻于辽西凸起最南端的辽 5 井为例，其馆陶组深度范围 1230～1877m，厚 647m。上部为灰白色含砾砂岩夹灰绿色造浆泥岩，下部为大段厚层状砂砾岩。含砾砂岩成分以石英为主，并有部分杂色燧石，粒径一般 2mm，个别较粗，分选中等，泥质胶结，均呈散沙状。泥岩除 1360m 具浅棕红色花斑外，其他均为灰绿色，质不纯，含砂重，粗糙，具一定的造浆性，不含钙，岩屑呈泥球状。砂砾岩自上而下岩性变粗，其成分除以石英为主外，并有大量燧石和岩块，粒径一般为 3～4mm，分选差但很不均匀，胶结物含量极少，均呈散沙状，偶见勺形高岭土，手捻易碎，并见零星次生黄铁矿晶簇。本段岩性特征和渤中地区对比，普遍较粗，砾石的颜色和成分均杂，泥岩层极薄，砂岩中的泥质含量极少。

（2）明化镇组（$N_{1-2}m$）。

明化镇组的沉积中心仍然在渤中凹陷，其他的中心还有歧口凹陷、辽中凹陷、黄河口凹陷等。辽东湾的明化镇组依然与其他地区不同，以灰白色粗砂岩、含砾砂岩、砂砾岩为主夹灰绿色、棕红色泥岩。砂岩的分选、磨圆都比较好。其他地区的明化镇组为砂泥岩不等厚互层，由西北向东南，岩性有变细、砂泥比逐渐降低的趋势。明化镇组的泥岩颜色变化多样，土壤化严重的表现为杂色，俗称花斑泥岩，翠绿色、灰绿色的为湖相泥岩，有的灰绿色泥岩段的顶部为鲜红色泥岩，是湖相泥岩暴露后被氧化所致。明化镇组下细上粗的特点明显，上下两分，称为明下段和明上段。明下段岩性较细，由砂岩与泥岩段间互组成，含有较丰富的多门类的水生动植物化石；明上段较粗，基本上由高电阻厚层砂岩夹厚度不等的泥岩组成。明下段以泥岩或粉砂质泥岩整合在馆陶组顶部砂砾岩之上。

明化镇组化石缺少，孢粉组合以被子植物中的草本植物含量相对较高为特点。上段和下段有明显差别，反映了随着沉积环境的变迁所引起的植物群落的改变。以渤海中部和西部为代表，综述如下：

（1）明下段孢粉组合（据渤中 3 井、渤南 5 井各一个样品分析结果）：

被子植物含量为 56.6%～59.4%，其中 *Ulmipollenites* 20.3%～20.8%，*Juglanspollenites* 20.8%～23.4%、*Caryapollenites* 7.8%、*Tiliaepollenites* 5.7%、*Quercoidites* 5.7%、*Persicarioipollis* 3.1% 及微量的 *Betulaceae*、*Betulaceoipollenites*、*Alnipollenites*、*liquidambarpollenites* 等。

裸子植物含量为 6.3%～7.5%，其中 *Pinaceae* 3.1%、Pinus 1.9%、*Tsugaepollenites* 1.9%、*Taxodiaceae* 1.9%、*Ginkgo* 1.9%、*Podocarpidites*、*Ephedripites* 等。

蕨类植物含量为 34.4%～35.8%，其中 *Magnastriatites* 34.0%～34.4%、*Polypodiaceaesporites* 1.9%。

蕨类未见。

（2）明上段孢粉组合（据渤东 1 井、12B13-1 井、渤中 3 井、渤南 5 井，海 9 井、海 3 井、辽 5 井等 7 个分析样统计结果）：

被子植物含量为 40.3%～94.3%，其中 *Polygonaceae* 35.5%～75.4%、*Chenopodipollis* 16.1%、*Chenopodiaceae* 88.9%，蒿粉属 *Artemisiaepollenites* 4.8%～9.7%、眼子莱属 *Potamogeton* 7.8%、菊科 *Compositae* 3.2%、菊粉属 *Compositoipollenites* 3.8%、禾本科 *Gramineae* 4.8%、木兰粉属 *Magnolipollis* 3.8%、*Cruciferae* 10.9%、*Alnipollenites metaplasmus* 3.8%，以及微量的 *Caryapollenites*、*Juglanspollenites verus*、*Quercoidites*、*Corsinipollenites*、*Ranunculaceae* 等。

裸子植物含量为 3.1%～6.5%，其中 *Pinaceae* 1.6%～1.9%、*Abietineaepollenites* 1.6%～4.8%、*Piceaepollenites* 1.9%。

蕨类植物含量为 15.4%～56.5%，其中 *Magnastriatites* 13.8%～53.2%，含量高而普遍，局部见到 *Salviniaspora* 9.4%、*Salviniaspora natanoides* 6.5% 等。

被子植物由下向上增多，形成以黎科、蓼科为主，蕨类占总量的 30%～50% 为特点。

LD16-3-1 井明下段深度 778～1433m，厚度 655m。本段地层以砂岩为主，以花斑泥岩为主要特征，由浅而深又分四个亚段：

① 778～968m，厚 190m，上部砂、泥岩不等厚互层，下部砂岩夹泥岩薄层；泥岩以暗绿灰色为主，少量橄榄灰色，软—中硬，部分造浆，含碳质木屑。砂岩浅灰—极浅灰色，细—极粗粒，以中粒为主，成分以石英为主，少量暗色矿物，次棱角—次圆状，分选中等，松散，含较多碳质木屑。

② 968～1150m，厚 182m，顶部泥岩、粉砂岩、砂岩互层，中下部大套砂岩夹泥岩

及粉砂岩。泥岩绿灰—暗绿灰色和橄榄灰—褐灰，呈花斑状，软—中硬，质较纯，部分易水化，部分含粉砂。粉砂岩暗绿灰色，粉细粒，中硬，含泥质重。砂岩浅灰色，细—中粒，以细粒为主，成分以石英为主，次为长石及暗矿，次棱角—次圆状，分选好，松散，含碳质木屑。

③ 1150～1302m，厚152m，顶部为含砾砂岩，中、下部为大套砂砾岩夹泥岩薄层。泥岩暗绿灰色，软—中硬，部分造浆。含砾砂岩浅灰色，细—极粗粒，石英为主，次为长石及暗色矿物，次棱角—次圆状，分选差，松散，粒径2～4mm。砂砾岩浅灰色，砂60%～70%，细—极粗粒，石英为主，次为长石及暗色矿物，次圆状，分选中—差，松散，砾石30%～40%，砾径2～6mm，由杂色石英、长石及火山岩块组成，次圆状，分选差，偶见黄铁矿。

④ 1302～1433m，厚131m，上部砂、泥岩不等厚互层，下部泥岩与粉砂岩不等厚互层。泥岩暗绿灰色，少量褐灰色，呈花斑状，软—中硬，部分造浆，质较纯，部分含粉砂。粉砂岩橄榄灰色，粉细粒，以石英为主，次为暗色矿物，泥质胶结，中硬。砂岩浅灰色，细—极粗粒，以石英为主，次为长石及暗色矿物，次圆状，分选中—差，松散，含少量砾石。

3）第四系（Q）地层特征

第四系与新近系的界限缺乏依据，不易区分。第四系的岩性主要为灰黄色、土黄色黏土、砂质黏土与灰色、浅灰绿色粉细砂层、泥质砂层互层，多含钙质团块，有的底部见泥砾和岩块。普遍含螺、蚌壳碎片及树枝等植物碎片。

4）新生界地层展布特征

（1）庙西凹陷的最大厚度在1100m左右，平均厚度在400m左右；青东凹陷的最大厚度在1700m左右，平均厚度在800m左右；莱州湾凹陷的最大厚度达3600m左右，平均厚度达1700m左右；沙南凹陷的西部最大厚度在1100m左右，平均厚度在400m左右；歧口凹陷的最大厚度在1100m左右，平均厚度在700m左右；秦南凹陷的最大厚度在2100m左右，平均厚度在700m左右；辽西凹陷的最大厚度在1100m左右，平均厚度在400m左右；辽中凹陷的最大厚度在2700m左右，平均厚度在800m左右；辽东凹陷的最大厚度在2200m左右，平均厚度在600m左右，分布极为局限。渤海海域中央的渤中凹陷、渤东凹陷和黄河口凹陷，孔店组—沙四段相对不发育，最大厚度均不足1000m，平均厚度在300m以下。特别是渤中凹陷，孔店组—沙四段地层分隔性强。

（2）沙三段在渤海海域分布广泛，不同凹陷连片发育。地层厚度的高值区发育部位一定程度上继承了孔店组—沙四段的基本特征。

庙西凹陷沙三段的地层相对较薄，最大厚度在500m左右，平均厚度在250m左右；青东凹陷沙三段的最大厚度在1800m左右，平均厚度在800m左右；莱州湾凹陷的最大厚度达1300m左右，平均厚度达600m左右；沙南凹陷的西部最大厚度在1300m左右，平均厚度在600m左右；歧口凹陷的最大厚度在2500m左右，平均厚度在1100m左右；秦南凹陷的最大厚度在700m左右，平均厚度在400m左右；辽西凹陷的最大厚度在2500m左右，平均厚度在700m左右；辽中凹陷的最大厚度在2100m左右，平均厚度在800m左右；辽东凹陷的最大厚度在480m左右，平均厚度仅150m左右，分布极为局限。渤海海域中央的渤中凹陷和黄河口凹陷，沙三段相对规模显著变大。黄河口凹陷沙三段最大厚度均在 1100m 左右，平均厚度在 500m 左右。渤中凹陷沙三段最大厚度均在 1900m 左右，但平均厚度在 350m 左右，地层厚度高值区分布局限。

（3）沙一、二段在渤海海域分布广泛，不同凹陷连片发育。地层厚度普遍较小，平均厚度在 200m 左右，高值区十分局限。

庙西凹陷沙一、二段相对较薄，最大厚度在 200m 左右，平均厚度在 120m 左右；青东凹陷沙一、二段的最大厚度在 380m 左右，平均厚度在 250m 左右；莱州湾凹陷的靠近东部控陷断裂的局限区域最大厚度达 1140m 左右，平均厚度在 300m 左右；沙南凹陷的西部最大厚度为 920m 左右，平均厚度在 300m 左右；歧口凹陷沙一、二段地层厚度最大，最大厚度为 1440m 左右，平均厚度在 800m 左右；秦南凹陷的最大厚度为 560m 左右，平均厚度在 280m 左右；辽西凹陷的最大厚度为 540m 左右，平均厚度在 180m 左右；辽中凹陷的最大厚度为 580m 左右，平均厚度在 240m 左右；辽东凹陷的最大厚度为 130m 左右，平均厚度仅 80m 左右。渤东凹陷沙一、二段的地层最大厚度为 560m 左右，平均厚度在 280m 左右。渤海海域中央的渤中凹陷和黄河口凹陷，沙一、二段连片发育。黄河口凹陷沙一、二段最大厚度均在 460m 左右，平均厚度在 200m 左右。渤中凹陷沙一、二段最大厚度均在 560m 左右，但平均厚度在 260m 左右。

（4）渤海海域东三段比沙一、二段地层分布面积稍有扩大，但地层厚度显著增厚，地层厚度梯度明显加大。

渤海海域东三段地层厚度高值区位于渤中凹陷和辽中凹陷，渤中凹陷东三段最大厚度为 1080m 左右，平均厚度在 500m 左右；辽中凹陷的最大厚度在 1750m 左右，平均厚度在 700m 左右。其他凹陷东三段的地层厚度均不足 100m。庙西凹陷东三段地层厚度变化大，最大厚度为 750m 左右，平均厚度在 220m 左右；青东凹陷东三段地层较薄，最大厚度为 190m 左右，平均厚度在 100m 左右；莱州湾凹陷东三段最大厚度为 750m 左右，平均厚度在 240m 左右；沙南凹陷东三段最大厚度为 520m 左右，平均厚度在 260m 左右；歧口凹陷东三段地层最大厚度为 740m 左右，平均厚度在 400m 左右；秦南凹陷东三段最大厚度为 850m 左右，平均厚度在 300m 左右；辽西凹陷的最大厚度为 930m 左右，平均厚度在 440m 左右；辽东凹陷的最大厚度为 630m 左右，平均厚度 220m 左右。渤东凹陷东三段的地层最大厚度为 750m 左右，平均厚度在 350m 左右。黄河口凹陷东三段最大厚度均为 630m 左右，平均厚度在 300m 左右。

（5）渤海海域东二段分布广泛，渤海海域绝大部分地区均有东二段的分布，东二段总体平面展布格局为渤海中央的渤中凹陷地层厚度大，周缘薄。

渤海海域东二段厚度高值区位于渤中凹陷和辽中凹陷，渤中凹陷东二段最大厚度为 1650m 左右，平均厚度在 900m 左右；辽中凹陷的最大厚度为 1280m 左右，平均厚度在 600m 左右。其次是歧口凹陷和渤东凹陷，歧口凹陷东二段最大厚度为 1050m 左右，平均厚度在 600m 左右；渤东凹陷东二段最大厚度为 1220m 左右，平均厚度在 400m 左右。其他凹陷东二段的地层厚度均不足 100m。庙西凹陷东二段最大厚度为 420m 左右，平均厚度在 210m 左右；青东凹陷东二段地层较薄，最大厚度为 310m 左右，平均厚度在 180m 左右；莱州湾凹陷东二段最大厚度为 660m 左右，平均厚度达 260m 左右；沙南凹陷东二段最大厚度为 820m 左右，平均厚度在 320m 左右；秦南凹陷东二段最大厚度为 930m 左右，平均厚度在 300m 左右；辽西凹陷的最大厚度为 940m 左右，平均厚度在

380m 左右；辽东凹陷的最大厚度为 420m 左右，平均厚度在 180m 左右；黄河口凹陷东二段最大厚度均为 550m 左右，平均厚度在 280m 左右。

（6）渤海海域东一段分布范围显著缩小，渤海海域周边地区均缺失东一段。东一段主要发育于渤海海域的内部，平均厚度在 200m 左右。

渤海海域东一段厚度高值区位于渤中凹陷和辽中凹陷。渤中凹陷东一段最大厚度为 780m 左右，平均厚度在 300m 左右；辽中凹陷的最大厚度为 860m 左右，平均厚度在 300m 左右。其次是渤东凹陷、辽西凹陷和秦南凹陷。渤东凹陷东一段的地层最大厚度为 680m 左右，平均厚度在 260m 左右；辽西凹陷的最大厚度为 570m 左右，平均厚度在 240m 左右；秦南凹陷东一段最大厚度为 560m 左右，平均厚度在 120m 左右。其他凹陷东一段的地层厚度均不足 500m。黄河口凹陷东一段最大厚度均为 330m 左右，平均厚度在 200m 左右。沙南凹陷东一段最大厚度为 270m 左右，平均厚度在 200m 左右；埕北凹陷东一段地层最大厚度为 160m 左右，平均厚度在 100m 左右。辽东凹陷、庙西凹陷、青东凹陷、莱州湾凹陷缺失东一段。

（7）第四系在全海域分布比较稳定，总体上沉积厚度变化不大，一般厚度 300~400m，由于受到沿岸多条水系搬运泥砂量的影响，存在向海域中心渐次加厚的趋势。

二、地层层序

一般情况下，对于地层层序的研究，主要是充分利用古生物、录井、测井和地震资料，通过大量探井的合成地震记录，以探井资料控点，以地震资料控线，实现探井层序关键界面和地震层序关键界面的识别统一、全区界面等时闭合。兼顾渤海海域不同构造单元发育的古近系特征，将渤海海域古近系划分为 4 个超层序、13 个层序。孔店组、沙四段、沙三段、沙二段—东营组相当于 4 个超层序。孔店组超层序划分出 3 个层序，自下而上，相当于孔三段、孔二段和孔一段；沙四段超层序划分出 2 个层序，大致相当于沙四下亚段和沙四上亚段；沙三超层序划分出 3 个层序，大致相当于沙三下亚段、沙三中亚段和沙三上亚段；沙二段—东营组超层序划分出 5 个层序，自下而上，大致相当于沙二段、沙一段、东三段、东二段、东一段。这 13 个层序的底界面自下而上依次命名为 SSB8、SB82、SB81、SSB7、SB71、SSB6、SB62、SB61、SSB5、SB4、SB33、SB32、SB31，古近系和新近系的分界面命名为 SSB2。

将渤海海域新近系划分为 2 个超层序、5 个层序。馆陶组、明化镇组相当于 2 个超层序。馆陶组超层序划分出 2 个层序，大致相当于馆陶组二段和馆陶组一段；明化镇组超层序划分出 3 个层序，大致相当于明下段下部、明下段上部和明上段。这 5 个层序的底界面自下而上依次命名为 SSB2、SB21、SSB1、SB12、SB11。

渤海海域不同凹陷层序发育程度具有差异性。

孔店组超层序和沙四段超层序在莱州湾凹陷最为发育，尽管钻井未揭示孔店组超层序，但地震资料上，孔三段层序、孔二段层序和孔一段层序特征十分明显；而沙四下亚段层序和沙四上亚段层序在钻井和地震资料上均可分辨。

沙三段超层序的沙三下亚段层序、沙三中亚段层序在渤海海域各凹陷均发育，且在钻井和地震资料上均可分辨，沙三上亚段层序主要发育在歧口凹陷和青东凹陷。

沙二段—东营组超层序的 5 个层序全区广泛发育。除歧口凹陷外，沙二段层序和沙一段层序普遍较薄，在钻井资料上易于分辨，在地震资料上很难识别这2个层序，因此，在全区井震结合的对比中合并称之为沙一段—沙二段层序。东三段层序和东二段层序全区最为发育，不论在钻井还是在地震资料上均有明显特征。东一段层序主要分布于渤海海域中央地带。在渤海海域周缘的青东凹陷、莱州湾凹陷、秦南凹陷、辽西凹陷、辽东凹陷，东一段层序缺失或被严重剥蚀。在东一段层序发育区，钻井和地震资料上，能够分辨东一段层序。

第二节　沉积环境与沉积相

一、主要沉积体系与沉积相类型

渤海海域在古近纪和新近纪漫长而复杂的地质演化中，形成了非常丰富的沉积体系和沉积相类型。根据岩心、钻井、测井、地震相、地球化学等资料的综合研究，明确了渤海海域古近系充填沉积中可识别的主要沉积体系类型有：冲积扇、辫状河、曲流河、扇三角洲、辫状河三角洲、河流三角洲、水下扇或湖底扇、碳酸盐岩台地、湖泊（滨浅湖和半深湖）以及新近系极浅水条件下形成的特殊的三角洲沉积等沉积体系类型。

1. 冲积扇体系

冲积扇由洪泛沉积物和辫状河流沉积物组成。一般发育在活动的断层边缘或山麓，为不稳定的洪流或山地辫状河流携带碎屑堆积而成，碎屑颗粒的搬运方式既有牵引流性质，也有沉积重力流（碎屑流和泥石流为主）性质；其形成过程具有突发性和间歇性，即具有事件性的特点。渤海海域古近系和新近系冲积扇主要发育在孔店组—沙四段和馆陶组中。

在初始断陷期的沙四段—孔店组沉积时期，通常由扇根、扇中及扇端三部分组成。

1）扇根亚相

扇根亚相靠近物源区，基本是由洪水期泥石流杂色砾岩、砂砾岩、棕褐色泥质砾岩组成，结构与成分成熟度均极低；一般渗透性差，自然电位曲线幅度低，齿化特征明显；地震剖面上表现为空白或杂乱反射结构；分布范围局限。

2）扇中亚相

扇中以砂砾岩、含砾砂岩为主，形成以辫状河道沉积为主的沉积物组合类型，夹有红色、灰绿色及杂色泥岩；单层厚度较大；测井曲线上一般齿化箱形特征明显，远端部位可表现为钟形曲线叠置，呈顶、底突变或底部突变、顶部渐变形；地震剖面上一般楔状形态明显，内部一般为杂乱或不太明显的前积反射。

3）扇端亚相

扇端亚相除少量的河道末端沉积外，主要以漫流沉积为主，岩性以灰绿色或杂色泥岩为主。夹有薄层的砂岩和含砾砂岩；测井曲线表现为低幅齿化特征。

2. 扇三角洲体系

扇三角洲是由冲积扇提供物源，主要发育于水下或完全发育于水下的楔形沉积体，是冲积扇与水体（湖、海）之间的沉积体。断陷湖盆中发育的扇三角洲，因构造活动强烈，水上部分的平原亚相大都受到不同程度的剥蚀而很少保留下来，主要发育为扇三角洲前缘亚相。扇三角洲在沙三段、沙一段、沙二段、东三段、东二段等多个层序发育。扇三角洲在地震剖面上一般楔形特征明显，根部多呈杂乱反射，规模较大的扇三角洲可表现为较明显的前积特征。

1）主要相标志

（1）岩性特征。

扇三角洲是主要发育于浅水环境中的沉积砂体。断崖及陡坡处发育的扇三角洲可同时具有深浅水特征，主要岩性为灰色及浅紫红色泥岩和砂岩、含砾砂岩、砾岩。发育于断崖及陡坡下的三角洲前缘常出现浅灰色、深灰色泥岩夹层，指示较深水环境。

（2）砂岩具中等成分成熟度及中高结构成熟度。

扇三角洲砂岩杂基含量平均 10.45%、岩屑 13.25%，主要为净砂岩，杂基含量较三角洲增加，杂砂岩一般占 10% 左右。结构成熟度较三角洲低，砂岩成分中石英、正长石及斜长石平均含量为 62.63%、19.66% 和 5.55%，颗粒呈次圆—次棱角状，分选中—好。岩石类型主要为岩屑长石石英砂岩、长石砂岩、长石质岩屑砂岩和亚长石砂岩。

（3）沉积构造和粒度特征。

扇三角洲主要发育槽状交错层理、平行层理、板状交错层理和波状交错层理等牵引流为主的沉积构造。同时伴有块状层理、递变层理、变形层理、重荷层理及泄水等重力流成因的沉积构造。

砂岩粒度概率曲线主要有如下三种类型：

Ⅰ型：曲线由跳跃和悬浮两种总体组成。以跳跃为主，含量大于 80%，分选中—好。

Ⅱ型：曲线由三个总体组成，以跳跃为主，含量大于 70%，粗截点在 $0 \sim 2.5 \phi$ 之间，细截点在 $2 \sim 4 \phi$ 之间。该类型较为常见，表现流体以牵引流为主。

Ⅲ型：弧形（近弧形）曲线指示重力流沉积特征。一般出现于扇三角洲前缘和前扇三角洲沉积。扇三角洲砂岩 C—M 图主要为 PQR 型，反映以河道沉积为主的特征。

（4）地震反射特征。

扇三角洲在地震剖面上表现为楔状、帚状和透镜状外形，内部反射杂乱，端部见不明显前积或低角度前积。

（5）测井特征。

扇三角洲沉积地层的自然伽马和自然电位曲线形态与三角洲类似，但其单层厚度、幅度较大，上部常缺少平原相。

2）相构成及其特征

（1）扇三角洲平原。

扇三角洲平原由泥石流和水道沉积组成。泥石流沉积由砾石、砂、泥混杂堆积而成，分选极差，可见正递变层理、反递变层理，砾石杂乱分布，砾石长轴往往不具定向性；水道沉积由砾岩、砂砾岩、含砾粗砂岩组成，沉积物分选、磨圆较好，成分以石英、长石为主，砂岩的粒度分布概率曲线为典型的两段式。砾石多呈叠瓦状排列或定向排列，可见大型斜层理、大型交错层理。测井曲线多为带小锯齿的中高幅箱形。

（2）扇三角洲前缘。

扇三角洲前缘亚相以发育辫状分流河道为特征；岩性变化大，以发育厚层的砂砾岩、含砾砂岩、粗砂岩及中、细砂岩为主，局部含大量炭屑；块状或低角度交错层理；表现为多个河道的相互切割、叠置。河道间灰褐色、浅灰色泥岩、粉砂质泥岩发育，多含大量炭屑。自然电位幅度中等，多表现为箱形或漏斗形—箱形，齿化特征明显。

（3）前扇三角洲前缘。

前扇三角洲多表现为灰色泥岩为主，夹薄层砂岩或砂泥薄互层特征。自然电位曲线多表现为低幅背景上的齿状特征。

3）沉积模式

（1）相序特征。

渤海海域扇三角洲沉积主要表现为两种相序特征：一种是向上变粗的旋回，可细分为平原、前缘和前扇三角洲亚相和分流河道、河口坝、远沙坝微相。其中，扇三角洲平原常被剥蚀而不易保存。沙南地区 HZ4 井和 HZ7 井钻遇的沙河街组和东营组浅紫红色、灰绿色泥岩与砾岩、含砾砂岩互层地层属扇三角洲平原相。扇三角洲主要由块状或递变层理砾岩、含砾砂岩、砂岩相组成，槽状交错层理含砾砂岩相、砂岩相，平行层理含砾砂岩、砂岩相，板状交错层理、波状或波状交错层理砂岩、粉砂岩相，变形或波状层理粉砂岩、泥质粉砂岩相等六种岩相组成。另一种是向上变细的旋回，但由于取心较少，很难建立完整的相序模式。

（2）形成条件及特征。

渤海海域古近系扇三角洲主要发育于盆地短轴的断崖及陡坡区，长轴方向也有分布，如辽东湾北部沙二段锦州 27-6 扇三角洲。扇三角洲形成于盆地发育各个时期，其砂体平面上多呈扇形，形成于较缓坡上的扇三角洲面积一般大于发育于断崖及陡坡处的扇三角洲。扇三角洲沉积具有向上变粗水退型的层序和向上变细水进型的层序，前者形成于基准面下降期，后者形成于基准面上升期。

3. 辫状河三角洲体系

辫状河三角洲为辫状河道进积到水体所形成的粗碎屑三角洲复合体。同扇三角洲和正常河流三角洲相比，辫状河三角洲距源区距离介于两者之间，在古隆起、古构造高地斜坡带，盆地的长轴和短轴方向均可发育。辫状河三角洲与扇三角洲在拉张盆地中可发生时空转换：在断陷湖盆演化早期，扇三角洲的发育与盆缘活动断裂关系密切，随着源区高地的不断剥蚀，盆地部分充填，冲积扇被冲积平原与稳定水体隔开，扇三角洲转化为辫状河三角洲。渤海海域的辫状河三角洲主要发育在沙二段、东三段和东二段。

1）辫状河三角洲平原

辫状河三角洲平原主要由辫状河道和河道间沉积组成。

辫状河道沉积主要岩石类型有砂砾岩、含砾粗砂岩、粗砂岩、中砂岩，砾石定向排列，发育大型交错层理，向上变细，与下伏灰绿色、紫红色泥岩冲刷接触，与上覆灰绿色、紫红色泥岩突变接触。测井曲线以高阻、低自然伽马、海水钻井液自然电位正高异常的钟形或箱形为特征。概率曲线以两段式为主，跳跃组分占 50%～80%，悬浮组分占 10%～20%，含有少量滚动组分。河道间沉积的岩石类型主要为灰绿色、紫红色粉砂岩、泥质粉砂岩、粉砂质泥岩、泥岩，多为块状层理。测井曲线以中低阻、中高自然伽马、海水钻井液自然电位中低负异常为特征。

2）辫状河三角洲前缘

三角洲前缘主要发育有分流河道、河口坝及席状砂微相。

近源部位以发育辫状分流河道为主，岩性以含砾粗砂岩、中—细砂岩为主，表现为多个河道的相互切割叠置。单个河道为粗砂岩—粉细砂岩的正韵律，发育有交错层理、块状层理及粗细韵律层理，局部见有大量的螺化石。水道间以发育灰绿色或褐色泥岩、泥质粉砂岩为主，见碳质纹层，微波状层理发育。

远源部位以发育河口坝、小型的分流河道或远沙坝为特征，岩性以中、细砂岩为主。分流河道以典型的正韵律为主，一般自下而上为粗砂岩、中—细砂岩、粉砂岩、泥质粉砂岩，局部夹碳质纹层；中下部发育大型和中小型的槽状交错层理，上部发育波状层理；河口坝为典型的反韵律特征，自下而上为泥质粉砂岩、粉砂岩、中—细砂岩，含砾粗砂岩，层面富含炭屑；下部发育波状或波状交错层理，上部发育槽状层理；辫状河三角洲远沙坝的岩石类型主要有中砂岩、细砂岩，与暗色粉砂岩、泥质岩不等厚互层，发育交错层理、块状层理，含砾粗砂岩见砾石定向排列。细砂岩、粉砂岩见包卷层理、生物扰动构造、波纹层理、波纹交错层理，以及泥底辟形成的火焰状构造。

3）前辫状河三角洲

前辫状河三角洲岩性以灰色、深灰色泥岩、粉砂质泥岩为主，夹薄层的粉砂岩或细砂岩，与湖相泥岩一般不易区分。

辫状河三角洲在电测曲线上一般幅度较大，表现为明显的进积特征，自下而上为漏斗形—箱形，近源部位齿化特征明显。地震剖面上多表现为角度较平缓的前积或叠瓦状前积特征。

4. 河流三角洲体系

河流三角洲是河流携带大量陆源碎屑在海（湖）盆地的河口区沉积，形成近于顶尖向陆的三角形沉积体。

渤海海域河流三角洲发育在大规模水退时期东二段沉积时期以及沙三上亚段沉积时期，形成具明显进积特征的沉积序列，分布在凸起之间的凹陷斜坡部位，可以识别出三角洲平原、三角洲前缘和前三角洲三个亚相，以前缘亚相最为发育。

1）主要相标志

（1）岩性和生物标志。

三角洲沉积主要由灰白色、浅灰色砂岩、粉砂岩、粉沙质泥岩和灰绿色、浅灰色、绿灰色、杂色及紫红色泥岩组成，反映三角洲主体发育在滨浅湖环境中，部分出露水面。泥岩中微化石毛球藻属—褶皱藻屑组合、皱面球藻—网面球藻属组合、椭圆拱星介组合和细弯脊东营介组合也指示较浅水环境。

（2）砂岩具有中高结构成熟度和中低成分成熟度。

三角洲砂岩的杂基含量一般较低，为1.5%～2.4%，主要为净砂岩，杂基含量大于15%的杂砂岩仅占1%左右。辽东湾北部东下端三角洲砂岩杂基含量较高，平均达12%，砂岩碎屑成分中石英、长石和岩屑的含量分别为48%～63%、27%～32%和9%～24%，平均为55%、28%和17%，属长石砂岩、岩屑长石砂岩和长石质岩屑砂岩。砂岩颗粒磨圆度为次棱角—次圆状，分选中—好。三角洲各微相砂岩成熟度呈规律性变化，分流河道、河口坝至远沙坝各微相石英和正长石含量逐渐增加，斜长石和岩屑含量依次减少，成分成熟度逐渐增加。同时砂岩的结构成熟度同波浪改造密切相关，歧南沙二段三角洲砂岩中发育2%～5%的表鲕，指示明显的波浪改造，砂岩的分选系数为0.7～1.4，平均为1.1，泥质杂基含量小于5%，具较高的成分成熟度。

（3）具有牵引流性质的沉积构造和粒度特征。

三角洲沉积体系中发育非常丰富的沉积构造，主要有小型槽状交错层理、平行层理、板状交错层理、波状交错层理和复合层理等，大部分属牵引流成因。此外，三角洲远端前缘泥岩夹粉砂岩中见滑塌变形构造，指示滑塌重力的存在。

三角洲砂岩粒度 C—M 图主要有 QRS 和 PQR 型，反映主河道及分支河道沉积特征。概率累积曲线主要有三种类型，系由三角洲各微相不同的水动力条件造成。

Ⅰ型：曲线由跳跃和悬浮总体组成，以跳跃组分为主，占60%～70%，分选中—好，代表三角洲分流河道微相的沉积机制。

Ⅱ型：曲线由跳跃、悬浮及其间的过渡段组成，过渡段的存在反映水流入湖水能量下降，沉积物快速沉积，属河口坝和远沙坝沉积特征。

Ⅲ型：曲线由三个总体组成，跳跃和悬浮占优势，是河口坝及远沙坝沉积中常见的类型。

（4）痕迹化石指示浅水环境。

辽东湾东下段三角洲细砂岩、粉砂岩和泥质粉砂岩中发育丰富的生物搅动构造和生物潜穴。潜穴多垂直于层理，少量与层理面斜交，指示滨浅湖环境。三角洲平原中大量炭屑和少量植物根的出现也反映滨湖环境。

（5）明显的地震前积反射特征。

三角洲在地震上一般具有较明显的前积反射结构，可分为切线斜交型、"S" 斜交型、缓 "S" 斜交型和直线斜交型等。前积层角度、厚度及长度可反映三角洲沉积水动力特征。较大的前积角度和较小的长厚比指示较强的水动力环境和较高的砂岩含量。此外，在地层厚度较小的情况下，地质剖面一般无明显的前积反射结构，多具有断续—杂乱振幅的反射特征。

（6）测井特征。

沉积相研究中主要应用自然伽马、自然电位曲线及倾角测井资料，同时参照声波时差测井资料。完整的三角洲沉积旋回具有自然伽马、自然电位曲线及倾角测井资料由上向下平滑、指状、漏斗状、钟形及箱形的特征。声波时差曲线指示传播速度增加。

2）相构成及其特征

（1）三角洲平原。

三角洲平原亚相为典型的泥包砂组合，以灰色、灰绿色泥岩为主，夹较厚层的中细砂岩或薄层砂岩。自然电位幅度一般较高，地震剖面上一般呈中等振幅、中连续反射特征，局部为透镜状反射。

（2）三角洲前缘。

三角洲前缘亚相呈典型的进积或进积—加积序列，岩性以较厚层的中、细砂岩为主，夹薄层泥岩。自然电位幅度大，为漏斗形—箱形，地震剖面上为明显的前积反射特征。

（3）前三角洲。

前三角洲以深灰色、灰色的泥岩、粉砂质泥岩为主，夹薄层粉砂岩和泥质粉砂岩，自然电位呈平缓低幅特征。自然伽马曲线上以较明显的进积序列以区别于湖相泥岩，地震剖面上多呈连续的强反射特征。

渤海海域发育有两种类型的河流三角洲，一种是"S"形前积较明显，三角洲前缘发育，平原不发育，沉积时地形坡度相对较陡的三角洲，如来自东北辽东湾的河流三角洲；另一种是三角洲前缘与平原均较发育的三角洲，一般"S"形前积不明显，沉积时地形相对较缓，如渤中坳陷西部的河流三角洲。

3）沉积相模式

（1）相层序。

三角洲沉积层序主要呈向上变粗的旋回，单个层序厚几十米至300m不等，可进一步划分为三角洲平原、三角洲前缘和前三角洲三个亚相及分流河道、河口坝、远沙坝等微相。

（2）形成条件。

渤海海域古近系三角洲主要发育于盆地长轴的缓坡区，如辽东湾东下段的古凌河、古辽河及绥中河三角洲等。

主要形成于水退期且以河控为主。通过生物化石、微量元素和沉积相分析，古近纪沙三段沉积末期，沙二段沉积时期及东营组沉积末期湖水面下降，湖面萎缩，属湖盆的水退期。钻探证实，三角洲主要形成于沙三上亚段和东营组沉积末期，与湖盆水退期相吻合。

三角洲层序以向上变粗的反旋回特征为主，自下而上依次发育前三角洲相、三角洲前缘及三角洲平原相，且被湖浪作用形成的湖滩较少见。三角洲外形以舌状和长扇形为主。地震剖面上可见清楚的前积—退积结构，前积层向湖盆内推进可达几十千米。

尽管湖浪作用较弱，仍可依据三角洲受湖浪改造的程度将其分为两类，即分流河道型和河口坝型三角洲。分流河道型三角洲一般发育于盆地长轴，波浪作用较弱，河口坝沉积厚度减薄或发育差，前三角洲滑塌重力流发育，沉积粒度偏粗，成分和结构成熟度偏低，如辽东湾北部东营组沉积时期古凌河及古辽河三角洲；河口坝型三角洲一般发育于盆地短轴，较强烈的湖浪作用造成河口坝发育，前三角洲滑塌重力流少于前者，沉积粒度偏细，成分和结构成熟度偏高，如歧南地区沙二段沉积时期三角洲。

4）河流三角洲的富砂区与富泥区确定

渤海海域地区东二段沉积时期为湖盆充填期，大规模的三角洲砂岩发育，而这些三角洲砂体是寻找大油田的主要目标。但根据以往的勘探实践来看，三角洲沉积不一定都是富砂的。如何确定三角洲沉积富砂还是富泥及三角洲的富砂区和富泥区，对油气勘探至关重要。总体看，三角洲多数是富砂型的三角洲，其富砂区与富泥区的确定依据如下：

（1）三角洲前积层倾角较大区域，一般为富砂区。对三角洲沉积而言，三角洲前缘亚相为富砂相。对同一三角洲而言，前缘亚相是前积层倾角较大的区域。根据对渤海海域地区三角洲沉积的统计结果，前积层视倾角在3°30′~5°00′时，砂岩百分含量一般在15%~40%之间。

（2）厚度加厚变化明显区域，为三角洲富砂区。由于砂泥岩的压缩比差异较大，在沉积时厚度相差不大的砂岩区和泥岩区，在后期差异压实作用的影响下，富砂区表现为明显的地层加厚特征。

（3）地震剖面上，振幅沿前积方向由弱变强，一般为富砂区向富泥区的过渡。根据胜利油田的相关研究成果，在砂泥岩剖面中，泥质粉砂岩和粉砂质泥岩的速度明显高于砂岩和泥岩，而泥岩的速度较低。在前缘富砂区，由于砂体较厚，一般表现为弱或中等振幅的反射特征；富砂区之前的富泥区由于三角洲前端的泥质粉砂岩和粉砂质泥岩速度较高，湖相泥岩的速度较低，因而形成明显的连续强反射特征。

在根据地震剖面反射特征来确定沉积相时，可依据上述几方面，将三角洲沉积的前缘富砂区和前三角洲富泥区区分开。

5. 湖底扇体系

湖底扇概念源于海底扇，泛指沉积重力流（滑塌、碎屑流、浊流等）在深水区形成的扇形碎屑岩体。

1）主要相标志

（1）典型的重力流深水标志。

① 反映深水重力流沉积的岩性和沉积构造。湖底扇沉积主要由厚层灰色、深灰色泥岩夹事件性沉积作用形成的砂岩、含砾砂岩和砾岩组成，暗色泥岩中常见分散状黄铁矿，反映深水还原环境，生物扰动较少。湖底扇沉积常发育块状层理、递变层理、叠复递变层理、平行层理和变形层理等重力流成因构造，常见的层面构造有冲刷充填、重荷构造等，滑塌变形及泥岩撕裂屑多见于外扇。

② 具有重力流机制的粒度分布特征。湖底扇砂岩粒度分析表明，$C-M$图的点群集中分布于$C=M$基线的长方形内，显示QR段发育，反映高密度浊流的递变悬浮沉积。粒度概率曲线主要有三种类型：

Ⅰ型：为一条平缓向上的弧形曲线，常见于"经典"浊积岩递变段和具递变层理砂岩和含砾砂岩中。

Ⅱ型：悬浮和跳跃总体含量较少，两者间存在一个较大的过渡段，即递变悬浮段，常见于块状层理和递变层理砂岩及含砾中，反映扇中水道沉积。

Ⅲ型：主要由跳跃和悬浮总体组成的两段式且以跳跃为主，表明浊流强度降低并逐渐向牵引流转化，常见于水道间和中心微相。

③ 砂岩具有较低的结构和成分成熟度。湖底扇沉积粒度较粗，砾岩和含砾砂岩中砾石成分复杂，有泥岩、砂岩、火山岩和变质岩等。据统计，砂岩中岩屑含量较高，一般在11.5%～73%之间，平均31.61%，泥质杂基、石英、正长石和斜长石的平均含量分别为11.5%、54.8%、7.89%和6.58%。砂岩颗粒分选为差—中等，多为次棱角状。主要岩石类型为岩屑质长石砂岩、长石质岩屑砂岩及少量岩屑砂岩。扇中水道、水道间、中心微相至外扇的石英和泥质杂基含量增加，岩屑含量减少。

（2）地震反射特征。

湖底扇在地震剖面上主要具有两种反射外形。断崖和陡坡下发育的湖底扇具楔状和帚状外形，内部反射杂乱。湖中心发育的湖底扇一般具有透镜状外形，内部呈蠕虫状反射。

（3）测井曲线特征。

湖底扇沉积具有粒度粗细混杂、碎屑成分和结构成熟度较低的特点，尤其富含泥质杂基，所以具有自然电位幅度高低起伏大、自然伽马幅度低的特点。外扇曲线形态一般呈指状，中扇及内扇呈钟形和箱形。

2）湖底扇成因构成单元及其特征

从成因机制上，湖底扇主要区分为滑塌堆积、碎屑流沉积和浊流沉积三种沉积类型，从相带上可区分为内扇、中扇和外扇三个亚相带。内扇主要由滑塌堆积和碎屑流沉积组成，中扇主要由碎屑流和浊流沉积组成，外扇主要由浊流沉积组成。

（1）滑塌堆积。

滑塌堆积是近邻陡坡的湖盆边缘高部位先前堆积的沉积物在一定触发条件下发生滑塌，沿斜坡滑动，在斜坡的坡度变缓部位或湖底堆积形成的沉积体。其沉积物类型多样，主要特征是砂质和泥质沉积为独立的块体，具滑动错断、滑塌搅混、包卷层理的滑动变形构造。

（2）碎屑流沉积。

碎屑流沉积是砾、砂、泥、水的混合体，在泥和水构成的基质支撑下，在自身重力的作用下，沿斜坡流动，在斜坡的坡度变缓部位或湖底堆积形成的沉积体。根据砾、砂、泥的相对含量，碎屑流可区分为砂砾质碎屑流和砂泥质碎屑流。砂砾质碎屑流沉积为砂砾混杂的砂砾岩。砾石长轴杂乱排列，多发育于近源的扇三角洲背景。砂泥质碎屑流沉积为砂、泥及泥砾混杂的含泥砾泥质砂岩，泥砾长轴杂乱排列，泥质不均匀富集，呈不规则条带状。碎屑流沉积砂岩粒度分布概率曲线为三段式，悬移搬运总体发育。

（3）浊流沉积。

浊流沉积是砂、泥、水的混合体，在紊流向上的涡举力支撑下形成密度流体，在自身重力的作用下，沿斜坡流动，在斜坡的坡度变缓部位或湖底堆积形成的沉积体。浊流沉积的典型特征是向上变细的正粒序，砂岩概率曲线以两段式为主，跳跃组分约占50%，悬浮组分约占40%，常见鲍马序列的B段——平行层理段和变形波纹层理段，少见向上变细的递变层理段，底部常发育冲刷面。

3）湖底扇的主要类型及其特征

依据湖底扇形成机制和地质背景将其划分为近源陡坡扇（或称为近源湖底扇）、斜坡扇（或称为缓坡扇）和滑塌浊积扇。

（1）近源陡坡湖底扇。

近源陡坡湖底扇（或称为近源湖底扇）一般形成于断崖和极陡坡下的近物源区，碎屑物质直接沉积于水下而成。钻井剖面上为夹于厚层较深水暗色湖相泥岩中的一套砂质沉积，伴随湖水的进退可形成进积或退积的序列。岩性以砂砾岩、砾状砂岩、砂岩为主，与深灰色湖相泥岩互层。扇中辫状水道为近源陡坡湖底扇的主体，远源部位席状砂发育。测井曲线上呈锯齿状箱形或齿状特征，地震剖面上为明显的楔形或透镜状反射特点。渤海海域沙三段、沙二段、东三段层序边界断裂下降盘（如石臼坨凸起南侧）近源陡坡湖底扇发育。

（2）斜坡扇。

斜坡扇（或称缓坡扇）主要是通过斜坡上的沟谷向洼陷区输送沉积物，在斜坡上或洼陷区形成的。该类湖底扇一般由浊流供给水道和扇体两部分构成。浊流供给水道主要发育在斜坡位置，早期为输送碎屑物质的通道，随着水体范围的扩大、砂体的退积而被粗碎屑物质充填形成浊流水道沉积。岩性主要由砾状砂岩、砂岩组成，砂岩具块状结构，顶底与上覆、下伏较深水湖相泥岩突变接触，厚度可达数十米，测井曲线为箱形特征，地震剖面上表现为沟谷部位的双向上超反射特征。下部的浊积扇多表现为多个砂体的侧向叠置，扇体形态明显，主要发育有浊流水道和席状砂。浊流水道表现为多个水道的垂向叠置，岩性以砾状砂岩、粗砂岩、中砂岩、细砂岩为主，层理不发育，块状为主，局部含泥砾。浊流水道与上、下深灰色泥岩呈突变接触，测井曲线上块状箱形特征明显。浊积席状砂岩性以细砂岩、粉砂岩为主，块状层理，局部发育波状或波状交错层理，含暗色泥砾，层面含炭屑。浊积扇体在地震剖面上表现为较强振幅的前积反射或双向下超的透镜状反射特征。渤海海域渤南凸起北坡、辽西凸起东坡发育斜坡扇。

（3）滑塌浊积扇。

主要位于三角洲、扇三角洲等较大型沉积体的前端，与其前缘滑塌作用有关。而三角洲前缘滑塌多与前缘部位的断层活动或地形坡度较大有关。钻井揭示滑塌浊积扇为夹于大套暗色较深湖相厚层泥岩中的砂岩、砾状砂岩沉积，与上、下泥岩突变接触；岩心观察揭示滑塌浊积扇主要由浊流水道和浊积席状砂两部分组成。浊流水道为多期砂体叠置而成，呈辫状水道特征，单个砂体多显正韵律，块状层理为主，局部发育有大量的暗色泥岩撕裂片，呈半定向排列，部分泥质粉砂岩中发育有波状层理和变形层理；测井曲线上表现为齿化的箱形曲线特征。浊积席状砂岩性以细砂岩、粉砂岩为主，层理不发育，多呈块状，局部可发育有平行—波状层理；测井曲线上多呈齿状特征。地震剖面上呈丘状或透镜状形态，有些剖面上可明显地识别出几期不同的扇体侧向叠置。

6. 碳酸盐岩台地体系

1）主要相标志

（1）岩性和古生物特征指示浅水高能环境。

碳酸盐岩组分中的表鲕和真鲕含量大于 15%，最高可达 70%，陆源碎屑颗粒常具有较高的磨圆度并可见砾石呈叠瓦状排列现象，反映高能环境。碳酸盐岩所夹泥岩层颜色主要为灰绿色和浅灰色，有时见油页岩。碳酸盐岩中近岸底栖螺化石丰富，可见永安塔滴螺、恒河螺属、肥水螺未定种、瘦塔螺、狭口螺属等。此外，具有刺湖花介、惠民小豆介、乐陵真星介、菱球藻属等微体化石均指示浅水环境。岩石薄片观察和统计表明，碳酸盐岩组分变化大，岩石类型多样。岩石主要成分是生物碎屑、陆源碎屑和以白云石成分为主的基质和胶结物。主要类型为生物白云岩和陆屑白云岩。

（2）电测曲线特征。

碳酸盐岩中泥质含量一般较低，且孔隙度较高。因而具有低自然伽马和声波时差、高电阻率的特点。

（3）地震反射特征。

锦州 20-2 地区过井地震剖面分析表明：碳酸盐岩台地发育于湖心浅水高地上，并且碳酸盐岩底界具有两种反射特征：① 较强的反射同相轴，代表其下伏致密基底间的强波阻抗；② 碳酸盐岩与早期山谷间碎屑流充填物相接触，地震反射为断续弱反射且不易追踪；碳酸盐岩与其上部泥岩间岩石密度和声波时差差异不大，地震反射振幅较弱；碳酸盐岩内部为低频弱反射。钻井揭示碳酸盐岩和所夹泥岩、油页岩厚度一般为 20～60m。

2）沉积模式及其相构成

渤海海域碳酸盐岩台地主要有两种沉积模式：一种是湖心孤立岛屿式台地，如锦州20-2、秦皇岛30-1；另一种是湖岸斜坡式，如渤中13-1。孤立岛屿式台地可划分为：粒屑滩（生物滩）、滩边缘、前缘斜坡、局限台地以及开阔湖盆微相。在这几个微相中，储层主要发育在粒屑滩（生物滩）、滩边缘和前缘斜坡中，碳酸盐岩台地的相带分布与地形有着明显依存关系，一般呈环状或带状分布，厚层粒屑滩分布在台地高部位，薄层则分布在斜坡部位。湖岸斜坡式台地可划分为泥坪、岸滩、粒屑滩、生物滩等亚相。

3）形成条件

从辽东湾地区南部的秦皇岛30-1构造已钻井粒屑碳酸盐岩的分布情况和辽东湾北部的锦州20-2气田及渤海湾盆地其他油田沙河街组粒屑碳酸盐岩形成条件和分布特征对比分析，断陷湖盆碳酸盐岩发育和分布具有如下特征：

（1）湖相碳酸盐岩的发育与分布与古地形有着明显的依存关系。

浅水湖区中的正地形，例如：① 浅水区的滩、坝、堤、岛等地形较高部位；② 古岛屿周围的斜坡带、断阶带，坡度应在1°～7°之间，最好为1°～3°；③ 水下古隆起。这是因为这些地带水体清浅、阳光充足、能量偏高、营养丰富、生物繁茂，利于碳酸盐岩的生长。BZ13-1、CFD2-1、JZ20-2、QHD30-1N等构造都属于这种古地形，披覆于隆起高部位，呈片状分布，厚层粒屑滩分布在台地高部位，薄层则分布在斜坡部位。

（2）陆源碎屑与碳酸盐岩沉积呈相互消长关系。

陆源碎屑会抑制碳酸盐岩的发育，而碳酸盐岩发育的地方一般没有充分的陆源供给，在JZ20-2-1井、BZ13-1-2等井沙一、二段垂向层序上碎屑岩与生屑碳酸盐岩厚度的变化也表明其相互消长关系。

（3）古底质对粒屑碳酸盐岩的发育有明显的影响。

硬底的环境在波浪的作用下能使水体保持清澈的水体环境，有利于碳酸盐岩的形成。硬底包括中生界火山岩、太古宇混合花岗岩、古生界碳酸盐岩、碎屑岩、沙河街组本身的砂砾岩，研究表明硬底与湖相生屑碳酸盐岩发育有密切关系。若底质为古碳酸盐岩沉积将更有利于碳酸盐岩的沉积，因为在湖水侵入时，古碳酸盐岩溶解，能增加水介质的盐度和硬度。BZ6井沙三段的含砾砂岩与粒屑碳酸盐岩也可以视为硬底，其沙一、二段有较发育的粒屑碳酸盐岩沉积与这一条件有一定的关系，而其他井区则没有这一优势。

（4）环境因素。

碳酸盐岩的形成需要一定的盐度，淡水—半咸水的水介质条件有利于碳酸岩盐的形成。如JZ20-2凝析气田沙一、二段当量硼的含量在78～248mg/L之间，平均142.9mg/L，按盐度分类，属中盐水。QHD30-1N-1井沙一段的含氯度为7.967%，属中盐水。

另外，要形成粒屑碳酸盐岩，水体就必须富氧和具有丰富的粒屑，这就需要一定的古风力。风向对颗粒碳酸盐岩的发育的影响是明显的。湖泊与海洋不同，湖泊中没有潮汐作用，它的水动力来源只能靠风力（风暴），在风的作用下，可以形成波浪，也可以形成岸流。

7. 湖泊体系

湖泊体系区分出滨湖、浅湖和深湖—半深湖三个亚相。滨湖亚相是位于湖泊洪水位与枯水位之间的湖泊地带，浅湖亚相是位于湖泊枯水位与湖泊浪基面之间的湖泊地带，深湖—半深湖是位于湖泊浪基面之下、湖水较为平静的湖区。因湖水位经常波动，滨浅湖沉积难以明显区分，故将滨湖和浅湖亚相合并，称之为滨浅湖亚相。将湖泊体系划分为滨浅湖亚相和深湖—半深湖亚相。

1）滨浅湖亚相

根据滨浅湖的环境特征和沉积物特征，将滨浅湖亚相划分为泥滩、砂泥混合滩和砂质滩坝三个沉积微相。

滨湖亚相在地震剖面上多表现为中弱振幅、中低连续亚平行或楔形发散反射结构。

（1）滨浅湖泥滩。

滨浅湖泥滩是陆源粗碎屑供应较贫乏、水体较为平静、水动力条件较弱的滨浅湖地带，其沉积物主要为灰绿色、灰绿杂紫红色泥岩、粉砂质泥岩、钙质泥岩，发育水平层理、透镜状层理，植物碎屑、云母等植物碎片顺层分布，测井曲线以低阻、中高自然伽马、海水钻井液自然电位负中高异常为特征。

（2）滨浅湖混合滩。

滨浅湖混合滩是陆源粗碎屑间歇性供应、水体较为动荡的滨浅湖地带，其沉积物主要为泥岩、粉砂质泥岩、钙质泥岩与粉砂岩、细砂岩薄互层，发育水平层理、透镜状层理、波纹层理、波纹交错层理，常见生物扰动构造。

测井曲线以中低阻、中低自然伽马、海水钻井液自然电位正中低异常为特征，测井曲线齿化明显，多呈指状。

（3）滨浅湖砂质滩坝。

滨浅湖砂质滩坝是陆源粗碎屑间歇性较充分、湖浪和湖流作用较强的滨浅湖地带形成的，其沉积物主要为中砂岩、细砂岩、粉砂岩，可见含砾粗砂岩，砾石长轴定向排列。概率曲线以三段式为主，跳跃组分含量高、分选好。碎屑颗粒成分以石英为主，石英含量多在75%以上，主要为石英砂岩类。

在湖泊扩展的背景下形成向上变细的沉积序列，在湖泊萎缩的背景下，多向上变粗，在岸线位置较为稳定的背景下，形成的沉积序列垂向上粒度变化不明显，发育波纹层理、波纹交错层理、大型浪成交错层理，常见层内冲刷面。

测井曲线以中高阻、中低自然伽马、海水钻井液自然电位负中高异常为特征，测井曲线呈齿化钟形、漏斗形和箱形。

2）深湖—半深湖亚相

深湖—半深湖是位于湖泊浪基面之下、湖水较为平静的湖区，其沉积物主要为暗色泥岩，具水平层理和块状层理。测井曲线以低阻、高自然伽马、海水钻井液自然电位负高异常为特征，测井曲线呈微齿化，在地震剖面上表现为强振幅、高连续平行反射结构。深湖—半深湖沉积中常夹有浊流沉积。

8. 新近系极浅水三角洲体系

长期以来，受勘探程度的影响，渤海海域新近系一直都被认为是河流沉积，缺乏良好的盖层，勘探风险较大，这一认识束缚了渤海海域新近系的油气勘探。近年来的勘探研究发现，渤中坳陷新近纪较大型的湖泊内发育大型极浅水三角洲沉积，良好的三角洲砂体和湖相泥岩构成了渤中坳陷新近系良好的储盖组合，具有重要的油气勘探意义。

1）新近系湖泊存在的主要地质依据

渤海海域新近系三角洲体系的认识首先得益于渤海海域渤中坳陷及其周边新近系发现有大面积的湖泊存在。渤海海域新近系湖泊存在的主要地质依据有以下几点：

（1）渤中坳陷是渤海湾盆地的发育、发展归宿，是渤海湾盆地新近纪的汇水中心。从周边陆区向海域，沉积中心和沉降中心发育时期、构造运动和断裂活动为渤海湾盆地的沉积、沉降和构造活动中心，渤中坳陷的新近系和第四系厚度达 4000 余米，而周边坳陷新近系的厚度仅为 2000m 左右。渤中坳陷新近纪和第四纪为盆地构造演化的断坳期，其沉降速率为由老变新迅速增大的趋势，渤中坳陷在新近纪为 0.267mm/a，是周边坳陷的 4～5 倍。

（2）渤中坳陷中南部、北部馆陶组中上部和明化镇组下段都发现了典型的湖相微体古生物化石组合。主要为淡水型的盘星藻属 Pediastrum、光面球藻属 Leiosphaeridia、粒面球藻属 Granodiscus、葡萄藻属 Botryococcus，并见有丰富的渤海藻属 Bohaidina、副渤海藻属 Parabohaidina、锥藻属 Conicoidium、粒面锥藻 Conicoidium granorugosum、角凸藻属 Prominangularia 等咸水—半咸水藻类组合，含量一般在 25%～40% 之间，低者在 10% 左右，个别含量高者可达 45%，可以肯定渤中坳陷存在面积较大的湖区。

（3）具有较低的砂岩百分含量。在藻类含量较高的地区砂岩含量一般较低，中南部地区明下段砂岩含量为 10%～30%，有的井区砂岩含量甚至在 10% 以下。这一特征与周边河流相发育区有巨大差异。

（4）岩性与沉积构造反映水下沉积特征。泥岩一般颜色较暗，在层序中出现的层位相对稳定，常发育微体化石，具水平层理、波状层理或块状层理，局部见有致密的灰质粉砂岩，水下沉积标志清楚，常见厚层砂岩中出现反粒序层理，成分成熟度和结构成熟度较高，这应是三角洲前缘河口坝的沉积特征，这有别于河流沉积。

（5）地球物理标志：测井曲线上可见反映进积的特征，测井曲线为典型的三段式，底部为低幅齿形，中部为漏斗形和箱形组合，上部为钟形，总体呈进积叠加样式；在顺物源方向的地震剖面上能见到大型的斜交"S"形的前积反射特征，垂直物源方向的剖面上能见到双向下超的地震反射。

2）新近系极浅水三角洲体系沉积特征

渤海海域新近系三角洲形成于湖盆极度萎缩时期，从藻类组合上看，该时期湖水极浅，从泥岩颜色组合上看，该时期湖盆具有季节性变化的特点，具有季节性湖泊的特点，水体极浅，地形坡度不大，特殊的沉积背景形成特殊的三角洲沉积模式。

湖盆水体浅，面积小，湖水改造作用极弱，因此三角洲水上平原发育，呈鸟足状伸入湖中，内前缘相发育，外前缘相不发育，三角洲的形状为鸟足状三角洲。

新近系沉积时期，渤中坳陷周边水系虽然较为发育，但多为远源水系，碎屑供给不足；另一方面，由于湖水对砂体的改造能力弱，河流携带的沉积物沉积速度比盆地水流的再造作用快，湖泊没有充足的时间和能量把河流带来的砂质碎屑改造成广布的席状砂，大片分流河道泥岩充填于水下分流河道之间，只有在水体稍深处才会出现前缘席状砂和河口坝沉积，因此新近系极浅水三角洲总体来看主要为富泥型三角洲，前缘中粉砂、泥岩含量较大，各种砂体间的连续性较差。

渤中坳陷明下段三角洲与现代滇池盘龙江—宝象河三角洲、鄱阳湖赣江三角洲从形成条件上和沉积环境上有着类似之处，有着良好的对比性。滇池面积为297.9km²，湖长41.2km，平均湖深4.1m，最大湖深5.87m，是典型的断陷盆地，现在处于湖盆萎缩期，河流三角洲—浅水湖泊是该阶段的主要充填方式。盘龙江是昆明盆地最大的河流，全长104km，呈指状或树枝状伸向滇池，下游与宝象河相连，构成鸟足状或树枝状三角洲，面积108.9km²。盘龙江入湖处，坡度缓，水深浅（1~3m），波浪作用弱，三角洲主要以水下分流河道为主。鄱阳湖湖水深平均6.5m，最大16m，面积3210km²，周边有"五河"入湖，是典型的吞吐型季节性淡水浅湖。赣江是鄱阳湖最大的注入河流，干流全长737km，分四支从西、北、中、南方向流入鄱阳湖，以西支为主，形成鸟足状三角洲。

二、主要沉积体系演化

古近纪渤海海域为典型的湖泊体系，经历了从古新统—始新统、渐新统（即孔店组—沙四段—沙三段，沙二段—东一段），湖泊扩展—湖泊萎缩两个二级沉积旋回，形成两套油气储盖组合。湖泊扩展鼎盛时期是盆地烃源岩形成期，丰富的半深湖相泥岩、油页岩，是重要的烃源岩。在沙四段—沙三段沉积时期，凹陷被凸起相隔，为彼此独立的沉积单元，以盆地周缘的隆起区和盆内凸起物源为主，具有"大坡降、多物源、短距离搬运"的特点，形成丰富的储层。在始新世末盆地经历了较短时间的整体抬升、准平原化。沙二段—东一段沉积时期，凹陷与凸起的高差减小，凹陷逐渐连通，成为大湖泊，但水体深度较始新世浅，以盆地外物源为主，大型湖相三角洲发育，是有别于周边陆上油区的重要沉积演化特征。

1. 孔店组—沙四段沉积时期发育干旱型扇体和盐湖沉积

沙四段—孔店组沉积时期是盆地形成的初始裂陷期，统一的盆地还没有形成，此时多为彼此分割的、孤立的规模较小的箕状断陷。在辽东湾、渤中地区该层序的主要沉积体系类型是以冲积扇、近源湖底扇和扇三角洲沉积为主。在海域渤南25-1地区，从BZ25-1-5井—BZ25-1-4井—BZ25-1-1井—BZ25-1-3井连井沉积剖面图很好地展示了孔店组—沙四段的沉积体系的空间配置关系。BZ25-1地区的孔店组为南北双断式断陷盆地，靠近南北盆缘断裂附近发育扇三角洲体系。从剖面的沉积特征分析，北部物源供应较强，形成的扇三角洲规模较大，而南部物源供应相对较弱，形成的扇三角洲规模较小。而沙四段为南断北超式断陷盆地，南部靠近盆缘断裂持续发育扇三角洲，北部为超覆边界，靠近边界的位置，沙四段沉积早期发育辫状河三角洲，沙四段沉积中晚期北部演化为湖泊体系，湖盆中央部位，主要受南部扇三角洲的影响，发育湖底扇（图3-2）。

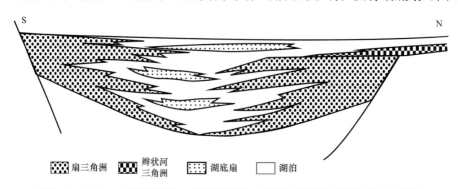

图3-2 BZ25-1地区孔店组、沙四段构造—层序地层格架及沉积模式示意图

在莱州湾凹陷和青东凹陷，沙四段—孔店组沉积时期，湖盆规模相对较大，地层厚度较大，地震反射表现为较连续、较强振幅特征，推测可能存在膏盐岩和泥质岩发育的半深湖区。

2. 沙三段沉积时期裂陷强烈，湖水变深，粗碎屑扇体沿边界大断层分布

沙三段沉积时期，海域裂陷活动强烈，基底断裂的强烈活动导致地壳拉张加剧，凹陷加速沉降，周缘凸起提供物源，向相邻湖区沉积。该层序主要发育近源湖底扇、扇三角洲、半深湖—深湖相泥质沉积，滨浅湖相，局部见浊积扇沉积（图3-3）。

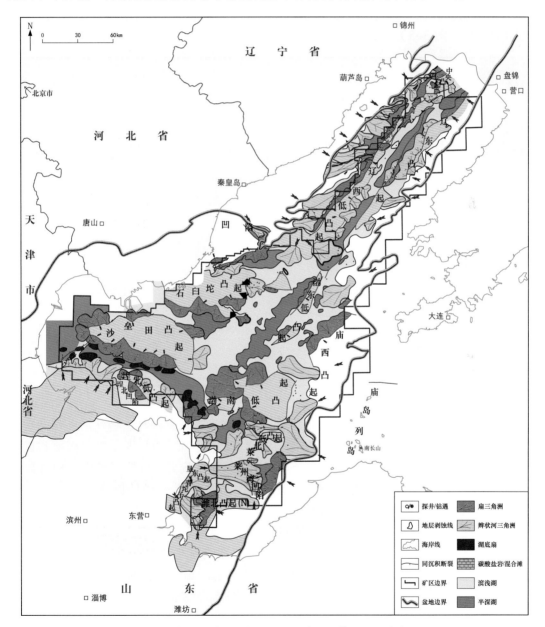

图3-3 渤海海域沙河街组三段层序沉积体系平面分布图

辽东湾地区大型扇体主要分布于辽西凹陷东部陡坡带和辽中凹陷东部陡坡带。

渤中地区各大凸起几乎都提供物源，但由于凸起的大小不同、岩性差异及与凹陷的

接触方式不同，可形成不同类型、不同规模的粗碎屑沉积相。石臼坨凸起规模大，南部多以深大断裂与渤中凹陷接触，在下降盘中形成多个近源湖底扇，扇体规模一般较大，楔状形态明显。沙垒田凸起在东北、西南两个方向以断裂与渤中、沙南两个凹陷相接，各形成一规模较大的近源湖底扇。庙西凸起与渤东凹陷为断层接触，在断层下降盘发育两个具一定规模的近源湖底扇。在庙西凸起与渤南凸起之间也发育有较大规模的近源湖底扇。渤东低凸起西北、东南两侧分别为渤中凹陷和渤东凹陷，也形成了一些近源湖底扇，但规模一般不大。埕北低凸起、渤南凸起与沙南凹陷、渤中凹陷均以缓坡过渡，主要发育扇三角洲沉积。渤南凸起与埕北低凸起之间，发育有浊积扇体和小规模的近源湖底扇（图3-4、图3-5）。

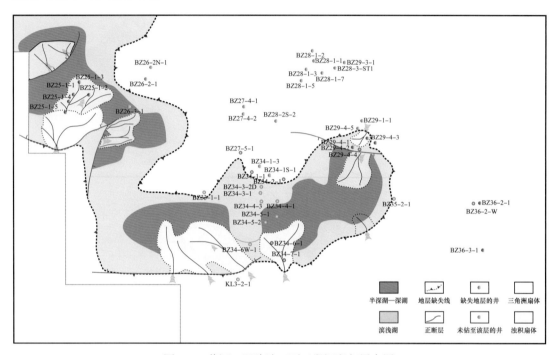

图3-4　黄河口凹陷沙三下亚段沉积相展布图

黄河口凹陷沙三下亚段层序低位体系域—湖扩域发育扇三角洲、辫状河三角洲、湖泊和湖底扇。扇三角洲靠近盆缘断裂发育于黄河口凹陷西北部 BZ25-1 断块南部和黄河口凹陷东北部 BZ29-1-1 井西南侧，前者规模稍大。湖底扇发育在扇三角洲的前方以及二阶断裂的下降盘。辫状河三角洲发育于黄河口凹陷的南部，半深湖—深湖主要分布于沉积区中心部位，其余地带为滨浅湖沉积。

沙三下亚段层序高位体系域发育的沉积体系类型有扇三角洲、辫状河三角洲、湖泊和湖底扇。扇三角洲靠近盆缘断裂发育于黄河口凹陷西北部 BZ25-1 断块南部和黄河口凹陷东北部 BZ29-1-1 井西南侧，BZ25-1 断块南部的扇三角洲规模稍大。湖底扇发育在 BZ25-1 断块扇三角洲的前方。辫状河三角洲发育于黄河口凹陷的南部和西部，以BZ34-6-1 井西侧的辫状河三角洲规模最大，面积达 90km²。半深湖—深湖主要分布于沉积区中心部位，扇三角洲、辫状河三角洲及湖底扇发育于半深湖—深湖之中，其余地带为滨浅湖沉积。

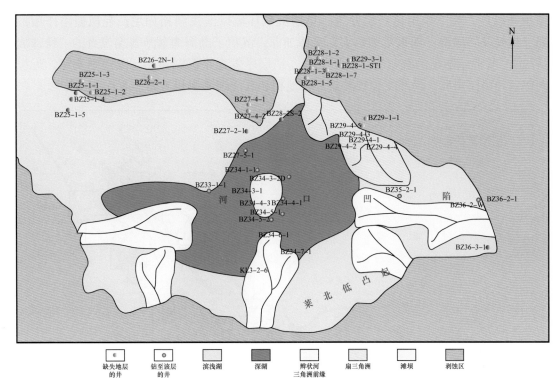

图 3-5 黄河口凹陷沙三中亚段沉积相展布图

黄河口凹陷沙三中亚段层序低位体系域—湖扩域发育的沉积体系类型有扇三角洲、辫状河三角洲、湖泊和湖底扇。扇三角洲靠近东北侧盆缘断裂发育。辫状河三角洲发育于黄河口凹陷的西南部、南部和东部。在东部辫状河三角洲复合体的前方 BZ34-1-4 井—BZ34-4-4 井一带发育湖底扇。半深湖—深湖主要分布于沉积区中心部位，三角洲前缘和湖底扇发育于半深湖—深湖沉积区中。其余地带为滨浅湖沉积，以滨浅湖泥滩和混合滩沉积为主，钻井资料揭示 BZ25-1-5 井沙三中亚段层序的低位体系域—湖扩域砂质沉积物相对较多，为滨浅湖砂质滩坝沉积。沙三中亚段层序高位体系域发育的沉积体系类型有扇三角洲、辫状河三角洲和湖底扇。扇三角洲靠近盆缘断裂发育于黄河口凹陷东北部 BZ28-1 至 BZ29-1 断块南侧，发育两个扇三角洲朵叶体，BZ28-1 断块南侧的朵叶体规模稍大。辫状河三角洲发育于黄河口凹陷的南部和东部，发育四个辫状河三角洲朵叶体，规模为 $20\sim40km^2$。湖底扇发育于 BZ34-2-1 至 BZ34-4-2 井井区和西南部一带，呈坨状分布。半深湖—深湖主要广泛分布于黄河口凹陷的东部和西南部，扇三角洲、辫状河三角洲及湖底扇主要发育于半深湖—深湖之中，半深湖—深湖沉积区周缘和 BZ25-1 断块两侧为滨浅湖沉积。由于沙三中亚段沉积后，发生了区域抬升，造成黄河口凹陷普遍缺失沙三上亚段沉积，在构造高部位沙三中亚段的高位体系域也因遭受剥蚀而缺失。

沙三段层序总的沉积特点是以短源、内源沉积为主，深湖—半深湖区面积大，而滨浅湖仅在缓坡边缘发育；粗碎屑沉积为陡坡发育近源湖底扇，缓坡发育扇三角洲，局部较大规模砂体前端可发育浊积扇。

3. 沙一、二段沉积时期水体变浅，滩坝和粗粒三角洲发育

沙一、二段沉积时期湖盆进入裂陷扩张期。在经历了沙三段沉积末期较大规模的区

域抬升以后,裂陷作用再一次发生。早期沉积环境以滨浅湖相为主;晚期裂陷作用加强,气候又转潮湿,湖水范围扩大,水体加深,沉积了渤海湾盆地普遍发育的"特殊岩性段",即半深湖相的石灰岩、灰质泥岩。该层序发育半深湖亚相、滨浅湖亚相、近源湖底扇和扇三角洲,局部发育碳酸盐岩台地相和滨浅湖滩坝相(图3-6)。

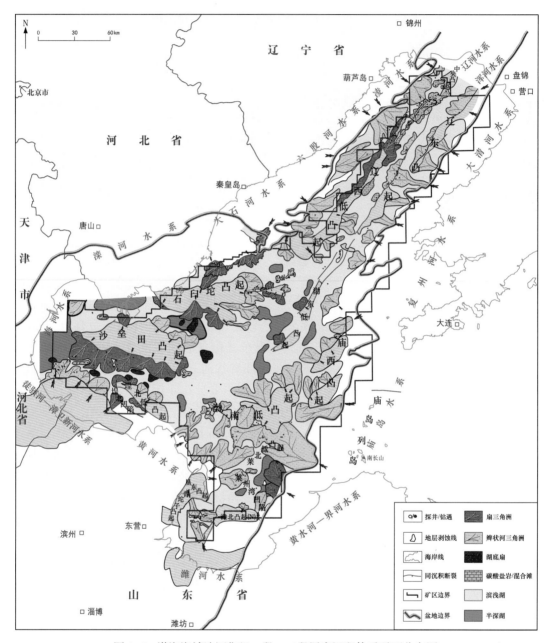

图3-6 渤海海域沙河街组一段、二段层序沉积体系平面分布图

辽东湾地区此时分隔辽西凹陷与辽中凹陷的辽西凸起的规模开始变小,它作为盆内物源的作用也明显减弱。在这种古构造和古地形背景下,辽东湾地区主要发育来自盆地东西两侧的扇三洲沉积体系和辫状河三角洲沉积体系。

渤中地区石臼坨凸起北侧、沙垒田凸起南侧及庙西凸起、埕北低凸起的西北侧,均以较大的边界断裂与洼陷接触，在断层下降盘形成多个近源湖底扇，局部断层活动不强地区可形成扇三角洲。由于此时断层活动幅度较小，扇体的厚度一般不大。在渤南凸起，埕北低凸起北侧，整体为缓坡与洼陷接触，局部发育有断层，主要发育扇三角洲，边部为滨浅湖泥质沉积。沙垒田凸起东北侧虽有断层活动，但活动幅度小，主要形成扇三角洲。在沙垒田凸起东侧及庙西与渤南凸起之间的斜坡下部，由于受局部断层影响，发育水下扇。沙垒田凸起的东南端斜坡部位及石臼坨凸起东部的低隆起，发育碳酸盐岩台地及滨浅湖滩坝沉积。

黄河口地区此时在BZ26-2构造西侧和南侧发育扇三角洲，辫状河三角洲发育范围很广，分布于黄河口凹陷的西南部、西部、南部和东部，尤其东部辫状河三角洲复合体规模较大。半深湖—深湖主要分布于西部沉积区中央部位，BZ33-1-1西南侧的半深湖—深湖沉积区发育湖底扇。其余地带为滨浅湖沉积，以滨浅湖泥滩和混合滩沉积为主。

沙一、二段层序总的沉积特点仍是以短源、内源沉积为主，湖区面积进一步扩大，但深度相对不大，洼陷区主要以半深湖沉积为主，滨浅湖在缓坡边缘发育；粗碎屑沉积陡坡发育近源湖底扇，局部发育扇三角洲；缓坡发育扇三角洲，局部由于受断层影响，发育有缓坡浊积扇。

4. 东三段沉积时期全区以泥质细粒沉积为主

东三段沉积时期，裂陷活动再次加强，湖盆扩大，加深。区域基准面持续上升，盆地可容纳空间增加速率超过沉积物供给速率，形成湖区的欠补偿环境。该层序以发育基准面上升半旋回沉积为主，在洼陷区的广大区域为半深湖—深湖亚相，边界断层下降盘发育部分发育有近源湖底扇，缓坡部分区域有缓坡水下扇及滨浅湖（图3-7）。

继承性的边界断裂下降盘，如辽西凸起西界断裂、石臼坨凸起南侧、沙垒田凸起南侧、渤东低凸起及庙西凸起西北侧，发育近源湖底扇，但除辽东湾金县1-1地区、石臼坨凸起西南侧、BZ26-2和BZ29构造的南、北两侧等地区多个扇体叠合，规模较大外，其他区域扇体规模一般较小。在埕北低凸起东北侧、渤南凸起的北侧、BZ25-1区块南部和西北部及渤东凹陷的北部缓坡部位，发育有缓坡浊积扇。缓坡边部发育有小范围的滨浅湖，其余洼陷区的广大区域均为半深湖—深湖亚相。

在黄河口凹陷BZ33-1-1井—BZ34-4-1井一带，东三段沉积时期发育面积近 $70km^2$ 滨浅湖砂质滩坝沉积。滨浅湖砂质滩坝是在湖浪的改造下，形成的富砂沉积体。在BZ34-3-2D井（3375～3376.37m）的岩心上，滨浅湖砂质滩坝由含砾粗砂岩、含砾中砂岩、含砾细砂岩及中、细砂岩组成，骨架颗粒成分以石英为主，发育低角度交错层理，纹层由定向排列的砾石或暗色组分显示，纹层平直，以低角度相交。由于滨浅湖砂质滩坝的碎屑改造历史较长，不稳定组分减少，造成砂岩骨架颗粒石英含量明显增高。

东三段层序总的沉积特点仍是以短源、内源沉积为主，较深湖区面积明显扩大，滨浅湖范围局限；陡坡发育近源湖底扇，缓坡发育缓坡浊积扇。

5. 东二段沉积时期浅水三角洲极为发育，主要沿凹陷轴向分布

东二段沉积时期，断裂活动减弱，周缘及外源的沉积物大量注入，形成过补偿沉积，盆地充填作用明显。该层序以发育基准面下降半旋回沉积为主，沉积相类型主要为河流三角洲、辫状河三角洲、扇三角洲、滑塌浊积扇、滨浅湖泥质和半深湖泥质沉积。

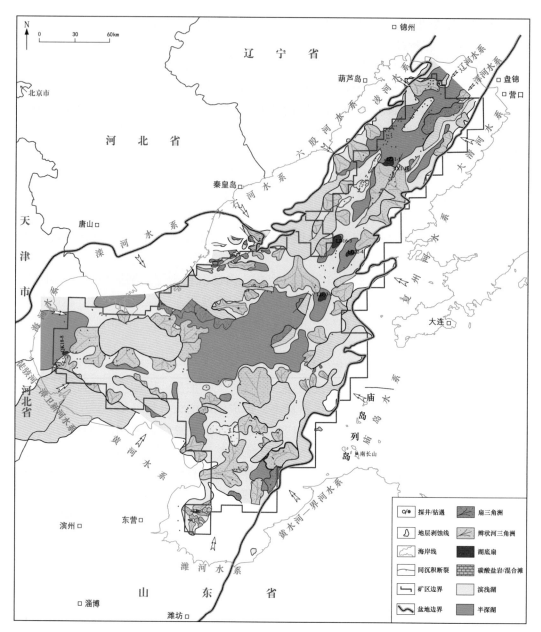

图 3-7 渤海海域东营组三段层序沉积体系平面分布图

　　辽东湾地区在东二段沉积时期，盆地内部的构造活动明显减弱，大多数地区的断裂作用停止，盆地西部沉降作用减缓甚至开始翘倾。但在盆地东部辽东凸起边界断层仍然活动，尤其是在北段更为明显。这一构造活动特点造成了辽东湾地区总体上西高东低、北高南低的地形特征，与以前各层序相比，此时盆地各凸起对沉积体系的分隔作用是最弱的，而且来自盆地东西两侧的物源充足。上述这种构造、地形和沉积条件使得辽东湾地区的东二段发育了一系列大规模的三角洲沉积体系，尤其是来自盆地西部物源的沉积体系的进积距离更远、范围更大。由于受北高南低地形的控制，多数沉积体系以东西向进入盆地后都转而向南进积，并沿南北向呈条带状展布。在各三角洲沉积体系的前端半深湖—深湖相带内发育因三角洲前缘滑塌作用形成的小规模浊积扇体。

在渤中地区东北部，沿凹陷长轴方向，有一来自辽东湾方向的大型三角洲，地震剖面上呈"S"形前积特征，以发育三角洲前缘为主，内部又可划分为多期三角洲朵叶体；整体上长度大，宽度相对较小；在三角洲的前端坡折带或同生断裂部位，往往发育有滑塌浊积扇。在渤南凸起与埕北低凸起之间，埕北低凸起与沙垒田凸起之间和沙垒田凸起与石臼坨凸起之间，沿长轴方向均发育有较大规模的三角洲，三角洲均具有明显的分期性，以前缘为主，前端局部也发育有滑塌浊积扇体。与北东方向的三角洲不同的是这些三角洲形成的地形坡度相对较缓，三角洲前积角度一般较缓，在三角洲前缘相带之上多发育有三角洲平原沉积。在短轴方向的凸起上，也有一些较大规模的物源进入凹陷，形成辫状河三角洲沉积。如可能来自北部滦河水系的石臼坨凸起南侧有三个规模较大的辫状河三角洲，以东部的规模最大，前端已达渤中凹陷中心区域；西部的辫状河三角洲披覆在低凸起之上，凸起高部位厚度薄，至断层下降盘厚度明显增大。渤东凹陷发育的辫状河三角洲可能来自东部的长岛水系，沿渤东凹陷北部及渤东低凸起，自北东向南西方向进积，呈长条形，规模较大，几乎披覆在整个渤东低凸起之上，以发育三角洲前缘为主；渤东凹陷区辫状河三角洲沉积的厚度明显大于渤东低凸起。从渤南凸起也有一面积较大的辫状河三角洲进入渤中凹陷，但从剖面来看，其厚度一般不大。沙垒田凸起的南部和东部也发育有辫状河三角洲砂体，面积较广，但砂体的厚度一般不大。在沙垒田凸起南部和石臼坨凸起西南部，局部发育扇三角洲沉积，但其多发育在东二段沉积早中期，以近源沉积物为主，规模一般不大。

在黄河口地区，东二段层序低位体系域—湖扩域发育的沉积体系类型有辫状河三角洲、湖泊和湖底扇。辫状河三角洲发育于黄河口凹陷东北部和西南部。东北部发育的辫状河三角洲规模较大，西南部发育的辫状河三角洲规模较小。反映了东二段层序低位体系域—湖扩域沉积时期，东北部渤南凸起物源供应较强。湖底扇仅在BZ25-1断块南侧发育，且规模较小。半深湖—深湖沉积分布于BZ25-1断块南侧和BZ35-2-1井的西侧，其余地带为滨浅湖沉积，以滨浅湖泥滩和混合滩沉积为主。BZ34隆起带、BZ25-1断块和BZ28构造带，发育规模较大的滨浅湖砂质滩坝沉积。以黄河口凹陷中部的BZ34"隆起"带发育的滨浅湖砂质滩坝沉积复合体规模最大，面积达60km^2。黄河口凹陷南部缓坡带和渤南凸起中西部，发育多个规模较小的滨浅湖砂质滩坝沉积体。

黄河口凹陷东二段层序高位体系域发育的沉积体系类型有辫状河三角洲、湖泊和湖底扇。半深湖—深湖主要发育于黄河口凹陷的西部的BZ25-1断块南侧和BZ33-1-1井西北侧，辫状河三角洲平原发育于黄河口凹陷的东北部BZ29-4-1井—BZ29-1-1井一带，辫状河三角洲前缘发育于黄河口凹陷的东部、南部和西北部，其中东部发育的较大一个朵叶体由东部BZ29-4-1井—BZ29-1-1井一带西侧向西延伸，覆盖BZ34"隆起"北部，并进入西部半深湖—深湖之中。其余地带为滨浅湖沉积，以滨浅湖泥滩和混合滩沉积为主，在BZ25-1断块、BZ26-2断块、BZ27-4断块和BZ34-5-2井附近为滨浅湖砂质滩坝沉积。

东二段总的沉积特点是以远源、外源沉积为主，局部有短源、内源沉积；沉积充填特征明显，湖区范围明显缩小；长轴方向凸起之间多以发育大型的河流三角洲为主，三角洲分期性明显，常伴有较大规模的滑塌浊积扇；短轴方向或低凸起上发育辫状河三角洲，局部为扇三角洲（图3-8）。

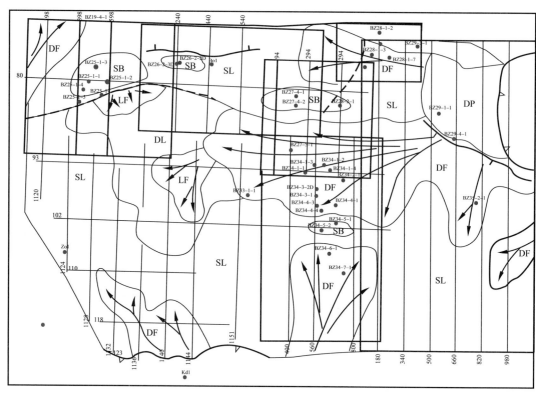

图 3-8 黄河口凹陷东二层序高位体域沉积体系平面图

DP—三角洲平原；DF—三角洲前缘；SB—滨浅湖沙坝；SL—滨浅湖；DL—半深湖－深湖；LF—湖底扇

6. 东一段沉积时期三角洲平原广布

经过东二段三角洲的沉积充填作用后，东一段沉积时期全区整体地形变缓，凸起基本消失，外源沉积为主，原有的几个外源大型沉积体系继承性发育，但已从东二段沉积时期的河流三角洲沉积变为河流—泛滥平原沉积。此时的湖区水体较浅，以滨浅湖为主。在河流入湖位置，发育有很小规模的三角洲沉积。

7. 新近纪时期发育特殊的极浅水三角洲沉积

新近纪渤海海域的沉积环境与盆地陆区有很大不同。该时期，海域沉积中心逐渐东移，远离物源区，部分地区（如渤中等凹陷）出现滨浅湖沉积。从北、西、南三个方向向渤中凹陷，馆陶组沉积存在冲积扇—辫状河—曲流河—湖泊沉积序列，新近系明化镇组下段具有洪泛平原—曲流河—湖泊沉积的系列演化特点，从而形成渤海海域新近系独特的沉积充填特征。

馆陶组下段沉积时期，是对古近系剥蚀顶面的填平补齐阶段，底部广泛分布着巨厚的砾岩层，沉积地质特征平面上呈现有规律变化。从北、西、南三个方向向渤中凹陷，砂岩百分含量逐渐降低，泥岩含量增高，单层泥岩厚度增大，同时泥岩的颜色由棕红色、暗紫红色夹暗绿灰色组合—绿灰色、灰绿色组合—灰色、深灰色夹绿灰色组合，具有明显的分带性，因此可以看出该时期盆地的东南地区是主要汇水区。该时期可容纳空间增长速率较低，沉积物补给充沛，在石臼坨、沙垒田、渤东地区北部和渤中地区西南部等大部分地区形成了厚层的、相互叠置的辫状河粗碎屑沉积，砂岩、砂砾岩含量大于90%，如 CFD18-2E-1 井馆陶组下段砂岩、砂砾岩单层连续厚度可达 471m，砂砾岩含量达 95% 以上，物源河途经地带，砂岩、砾岩含量普遍偏高，如 QHD30-1N-1、QHD34-2-1、CFD18-1-1、CFD23-1-1 等井。在渤海东南部的庙西、渤南—渤东凹陷等地区逐渐过渡为曲流河平原沉积，局部出现湖泊沉积。地层以砂泥岩不等厚互层为特征，砂岩含量偏低。

馆陶组上段的沉积相类型主要有辫状河相、曲流河平原相、湖湾沼泽相、滨浅湖相、三角洲相。随着基准面的上升，可容纳空间逐渐增大，物源距变远，全区以滨浅湖及曲流河沉积为特征，从北、西、南三个方向向渤中凹陷形成冲积扇—辫状河—曲流河—湖泊沉积序列。海域北部的辽东湾和石臼坨地区钻井证实，馆陶组上段以含砾砂岩夹泥岩沉积为主，部分地区出现砂泥岩互层沉积，泥岩颜色主要为棕红色、暗紫红色夹暗绿灰色，反映辫状河—曲流河沉积环境。海域东南部的 PL14-3-1 井和 BN5 井以灰色—深灰色泥岩沉积为特征，厚 210～223m，藻类丰度较高，属种多，揭示庙西凹陷、渤中凹陷东南部等地区存在湖泊沉积环境。

中、晚中新世—上新世—明化镇组沉积时期较之馆陶组时期坳陷沉降速度加快，在渤中凹陷—黄河口凹陷形成一个统一的沉降中心，可容纳空间增大，地表河流对碎屑的搬运能力减弱，与馆陶组相比碎屑颗粒变细、含砂量减少，岩性为棕红色、紫红色、灰绿色泥岩与浅灰色粉细砂—中粒砂岩的不等厚互层，砂岩含量普遍小于 40%；孢粉组合以蕨类和草本植物高含量为特征，反映了以曲流河平原—浅水湖泊为主的沉积环境特征。主要物源方向为西部和北部，次要物源为东南方向。明下段以滨浅湖沉积为特征，分布于渤中凹陷、渤东凹陷南部、渤南凸起、黄河口凹陷、莱北凸起和莱州湾凹陷等广大地区；曲流河平原则分布于渤中凹陷北部和西部的凸起区（埕北、沙垒田、石臼坨、渤东等凸起）。从明下段砂岩含量分布看，其沉积中心位于渤中凹陷中部到黄河口凹陷的中部，尤其是在 BZ6-1-1 井—BZ22-2-1 井—BZ27-4-1 井—BZ34-7-1 井一带地层厚度最大，为 1228～954m，泥岩厚度也最大，一般为 800～1000m，泥岩颜色以绿灰色为主，沉积物中含少量的淡水介形虫类化石，如美星介、土星介、小玻璃介等，孢粉组合以被子类榆粉—草本植物—粗肋孢属为主，仍为湿润的亚热带气候。如 PL14-3-1 井明下段泥岩百分含量达 78%，最大单层厚度 44m，藻类含量在 2.0%～12.8%，常见毛球藻属和少量的光对裂藻属、褶皱藻属、卵形藻属等淡水湖泊类型的藻类；在 12B13-1 井明下段灰绿色、杂色泥岩岩心中见丰富的腹足类大个体化石及少量瓣鳃类化石碎块。这些标志反映了明下段沉积时期，渤中凹陷—庙西凹陷—黄河口凹陷一带是一个大面积、统一的汇水区域，发育稳定的浅水湖泊沉积，为明下段区域性盖层的发育创造了条件。

第四章 构 造

在含油气盆地内，盆地构造演化和基本格局以及对不同级别的构造单元划分，是油气勘探系统工程中必须进行的重要研究内容，尤其是对于证实具有生烃能力的盆地，开展二级构造单元的研究与划分，对于指导油气勘探具有更实际的意义。

第一节 构造单元划分

渤海湾盆地隆、坳相间的整体构造格局比较清楚，共发育"七坳四隆" 11 个一级构造单元。渤海海域涉及五个，完整属于渤海海域的一级构造单元只有渤中坳陷一个，其他几个均海陆共享。例如：海域内的歧口凹陷及其以西属黄骅坳陷，沙南凹陷—黄河口凹陷及其以南地区属济阳坳陷，北部辽东湾地区属下辽河坳陷范畴。

一、构造单元的基本概念

关于盆地内正、负构造单元的划分，一般都依照其规模大小划分为一、二、三级，且对每一个级别的构造单元所赋予的概念也大同小异。陈玉田等人所著《石油天然气地质勘探常用术语解释》（1992）中，对各级构造单元的定义比较简明、严谨（表 4-1）。

表 4-1 含油气盆地内构造单元分级综合表（据陈玉田，1992）

级别	名称（正向/负向）	基本概念
一级	隆起	在盆地发育历史中，长期以相对上升占优势，起着分割或围限坳陷作用的区域性正向构造单元
	坳陷	沉积盆地内长期以相对下降占优势，为隆起所分割或围限的区域性负向构造单元
二级	凸起	指在坳陷或隆起内划分出来的，分隔凹陷的次一级区域性正向构造单元
	凹陷	指在坳陷或隆起内划分出来的，为凸起所分割的次一级区域性负向构造单元
三级	构造带	指凹陷内同一区域构造部位上，由两个以上成因、形态近似的局部构造构成的呈带状展布的构造单元
	洼陷（次洼、洼槽）	指凹陷内的次级洼地

二、构造单元划分标准与方案

在地质界，对盆地内一级构造单元（隆起与坳陷）的划分基本上是统一的。通常在盆地的普查勘探阶段，往往是以摸清一级构造单元的格局为主要目的。而对于已经正式投入油气钻探的含油气盆地来讲，其油气勘探部署和实施过程中，大都着眼于二级构造单元，逐步向三级构造单元发展。

渤海湾盆地几十年油气勘探的实践业已证实：盆地内正向构造单元是油气最富集的地区。显然严格概念、正确划分各级别的构造单元，则是整个油气勘探中必须进行的主要研究工作内容，且以二级正、负构造单元为重点。

对于坳陷内的二级构造单元，从事石油地质研究的地质家们大都接受且已习惯了采用凸起（正向）、凹陷（负向）的划分方案。对于新生代盆地内二级正向构造单元凸起类型的划分，实际上是对新生代与基岩之间的关系及其地质意义的一项研究，必须要明确两个问题：

第一，首先要依照一个基础，即被新生代地层覆盖的基岩部分，必须是由大型潜山或潜山群组成的高基岩块体，是一个独立的有一定规模的地质单元。

第二，严格以潜山上覆盖层作为凸起类划分的首要条件。

凸起（也称高凸起）、低凸起，是二级正向构造单元，主要分割凹陷和控制古近系沉积。凸起、低凸起一般呈地垒状和单面山（半地垒）两种，在地质发展时期中处于相对上升状态。古近系缺失或甚薄，缺失古近系下部地层的称为凸起；而对于有一定厚度的古近系地层，但无主力烃源岩地层（沙河街组）的称低凸起，无论凸起或低凸起，其围斜缓坡部分的古近系地层大都向高部位呈超覆状态（图4-1）。

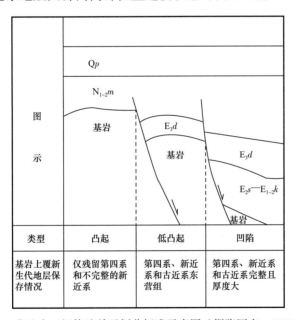

图4-1　盆地内二级构造单元划分标准示意图（据张国良，2001修改）

凹陷，是二级负向构造单元，新生代以来处于相对下降的地区，地层沉积厚度大，有箕状和地堑两种形式。在较大的凹陷内，往往存在若干个次一级沉降中心称为洼陷（或次洼）。

复式圈闭构造带，为三级正向构造带，是在凸起上或凹陷内相邻的两个或两个以上的局部构造或地层圈闭与断裂系统共同组成的圈闭构造带或圈闭群，圈闭类型可以不同但有一定的成因联系。在凸起上常形成潜山构造或披覆背斜。凹陷内，复式圈闭构造带常处于两个洼陷之间，位于凹陷中央地区的多为背斜带，又可分为两种情况，一种为构造群，如黄河口凹陷内的渤中34区构造群；另一种塑性拱张背斜带，如辽中凹陷绥中2-1构造带。位于凹陷缓坡的圈闭带多为鼻状或断阶构造带，如歧口凹陷南侧的歧南断阶带。位于凹陷陡坡一侧的多为滚动背斜带或断阶带，如黄河口凹陷北坡的渤中26-1构造带。

依据上述划分原则和标准，基于渤海海域的实际情况，可将渤海海域划分出一级构造单元5个，包括隆起1个、坳陷4个；二级构造单元35个，包括凸起13个、低凸起4个、凹陷18个（图4-2，表4-2）。

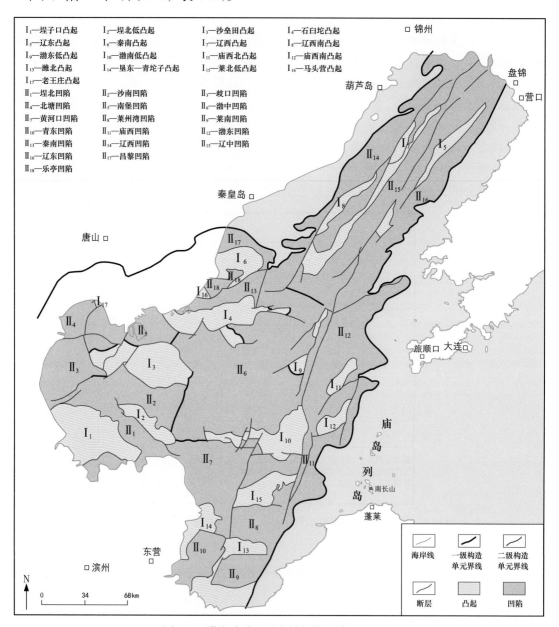

图 4-2　渤海湾盆地（海域）构造单元划分图

表 4-2　渤海海域构造单元划分一览表

一级构造单元		二级构造单元	
隆起	埕宁隆起（海域）	凸起	埕子口凸起
			埕北低凸起
			沙垒田凸起
			石臼坨凸起
			马头营凸起
			秦南凸起
		凹陷	埕北凹陷
			沙南凹陷
			秦南凹陷
			昌黎凹陷
			乐亭凹陷
坳陷	下辽河坳陷（海域）	凸起	辽东凸起
			辽西凸起
			辽西南凸起
		凹陷	辽东凹陷
			辽中凹陷
			辽西凹陷
	渤中坳陷	凸起	渤东低凸起
			渤南低凸起
			庙西北凸起
			庙西南凸起
		凹陷	渤中凹陷
			渤东凹陷
			庙西凹陷
	济阳坳陷（海域）	凸起	潍北凸起
			垦东—青坨子凸起
			莱北低凸起
		凹陷	莱南凹陷
			青东凹陷
			莱州湾凹陷
			黄河口凹陷

一级构造单元		二级构造单元	
坳陷	黄骅坳陷（海域）	凸起	老王庄凸起
		凹陷	北塘凹陷
			南堡凹陷
			歧口凹陷

需要说明的是，由于兼顾勘探历史方面的原因，海域内各级构造单元的划分方案并非完全一致。例如关于低凸起和凸起的划分，既有凸起的性质（古近系地层缺失区），又有低凸起的特点（也有部分古近系东营组地层分布区），如沙垒田、石臼坨凸起等，许多地质人员至今仍沿用凸起这一概念。

三、主要构造单元分述

1. 渤中坳陷

渤中坳陷是唯一一个完全处于渤海海域的一级构造单元，位于渤海海域中部，是在华北古地台基底上发育起来的中—新生代沉积坳陷。坳陷东界为辽东—鲁东隆起区，南界以渤南凸起南侧断裂与济阳坳陷分开，西与埕宁隆起为斜坡过渡，东北与下辽河坳陷相通。渤中坳陷主要包括渤东低凸起、渤南低凸起、庙西北凸起、庙西南凸起、渤中凹陷、渤东凹陷和庙西凹陷。

1）渤东低凸起

渤东低凸起位于渤中坳陷的东北部，走向为 NNE 向，由南北两块组成，面积共 226km²。其北块呈长条带状，长 20km，宽不到 4km，西边界的渤中 1 号断裂控制其形成；南块形状近似三角形，是渤东 1 号和渤东 2 号断裂以锐角夹持而控制其形成。严格地讲，所谓渤东低凸起并非是标准的低凸起。其钻于凸起南端的蓬莱 7-1-1 井所揭示的地层中，除古近系东营组及其以上地层外，还钻有 50m 厚的始新统孔店组。显然这明显与标准的低凸起概念相悖，这主要是因为在海域油气勘探初期，认识能力和实际资料所限，曾将该构造单元划归低凸起范畴，至今仍有人习惯性的坚持运用这一定义。

2）渤南低凸起

渤南凸起位于渤中坳陷的南部，走向为 EW 向，东端宽大而西端窄小，面积为 1208km²。南边界是近 EW 向的黄北断裂，东端是 NE 向的莱州湾东支 1 号断裂，西北端为 EW 向的渤南 1 号断裂，而北缘大部分是地层的超覆线。郯庐断裂带西支从凸起中间穿过，切割并改造了它，把低凸起分成几块。在低凸起的东部，发育近 EW 向的渤南 2 号和渤南 3 号断裂。渤海石油人所编制的形势图一类的成果图件，所标示的渤南低凸起范围同样不够严谨。整个低凸起东西向共分为三段，其中中段北半部与低凸起定义相符合。如其钻探的 BZ28-1-1 井于 2976m 钻穿东营组后，直接进入下古生界基岩体。而南半部所钻的 BZ28-1-5 井除钻到东营组外，还揭示了 115m 沙一段及孔店组后才进入元古宇潜山地层中。显然将 1 号井区划入低凸起的范围欠妥。

3）庙西北凸起

庙西北凸起位于渤海海域东部，长条状，走向为 NNE 向，面积为 242km²。凸起的南边缘为 NE 走向的庙西 1 号断裂，其他边缘为地层的超覆线。在庙西北凸起顶部基岩上覆盖着不完整的新近系。庙西北凸起与本卷提到的凸起定义吻合，是典型的凸起概念。在其潜山上覆地层中与之接触的地层中并无古近系，不完整的新近系直接与下面的基岩相接。

4）庙西南凸起

庙西南凸起位于渤海海域东部，走向为 NE 向，与庙西北凸起近于平行，面积为 305km²。东边界断裂为莱州湾东支 3 号断裂，南边界断裂为庙西 2 号断裂，西边缘和北边缘为地层的超覆线。庙西南凸起顶部的沉积地层主要也是新近系。

5）渤中凹陷

渤中凹陷位于渤海中部，也是渤中坳陷的主体，形状近矩形，它是渤海海域最大的凹陷，面积达 8634km²。它的东边界是郯庐断裂带东支断层，西边缘连接沙垒田凸起和沙南凹陷，北临石臼坨凸起，南接渤南低凸起。渤中凹陷基底较平缓，起伏不大，以整体坳陷为特征，基底最大埋深可达 10000 多米，其中包含多个次洼，也是海域最大的生烃凹陷。

6）渤东凹陷

渤东凹陷位于渤中坳陷东部，形状为长菱形，走向为 NE 向，面积为 3342km²。其东侧是盆地边界，西侧是渤东低凸起，北侧紧接辽东凹陷，南侧是庙西北凸起。渤东凹陷受郯庐断裂东支走滑作用控制，其北端控凹断裂是北东向的渤东 2 号断裂，整体的凹陷结构是西走滑东超覆，北断南超。凹陷内发育南次洼和北次洼。凹陷内最大埋深可达 7km，也是重要的生烃凹陷。

7）庙西凹陷

庙西凹陷位于渤海东部，呈不规则的长条形，走向为 NNE 向，面积为 2321km²。受走滑作用的莱州湾东支 1 号断裂和莱州湾东支 2 号断裂控制而形成，北缘受庙西 2 号铲式正断层所制约。此凹陷基底埋深相对较浅，约 4km。

2. 埕宁隆起（海域）

对于渤海海域一、二级构造单元的划分，在油气勘探前期（大致在 2000 年以前）曾有人把"六凸五凹"划分成埕宁隆起区。但这一划分方案也存在不少争议。所谓埕宁隆起（海域）位于渤海海域西部地区，整体呈 NE 向展布，主要包括埕子口凸起、埕北低凸起、沙垒田凸起、石臼坨凸起、马头营凸起部分、秦南凸起部分、埕北凹陷、沙南凹陷、秦南凹陷、昌黎凹陷、乐亭凹陷等。

1）埕子口凸起

埕子口凸起位于渤海海域西南部，跨海域和陆地，其中在海域的面积为 2036km²。其在海域部分的东北边缘主要是以地层超覆形式接触，并发育断阶带的斜坡。凸起顶部被新近系覆盖。

2）埕北低凸起

埕北低凸起位于埕子口凸起东北部，北临沙南凹陷，南接埕北凹陷，走向为 SE 向，条带状，长约 50km，面积为 418km²。其西南部边界为 EW 走向的埕北断裂和沙中 2 号断裂，其他边界均为沙河街组超覆的斜坡带。埕北低凸起顶部被东营组及其以上地层所覆盖。

3）沙垒田凸起

沙垒田凸起位于渤海海域西部，东接渤中凹陷，西接歧口凹陷，它是渤海海域面积最大的凸起，面积为1978km²，走向为近EW向。凸起被沙北断裂和沙中1号断裂切割成连续的东西两块，其中东块的面积较大，除东南端是以地层的超覆形式接触外，凸起的周围均以断裂为边界，北界和南界为沙北断裂，南界是沙南断裂；西块的面积较小，其东南界为沙中1号断裂，西北界为海河断裂，北端为地层超覆的斜坡，歧口1号断裂在其内部发育。沙垒田凸起顶部覆盖的地层有东营组和馆陶组、明化镇组等。

4）石臼坨凸起

石臼坨凸起位于渤海海域北部，南接渤中凹陷，面积为1417km²。凸起走向为EW向，其东西线长约100km。南侧边界为大断层，从西向东分别为柏各庄断裂、石南断裂、石臼坨3号，其中石南断裂南侧的石南斜坡带也属于石臼坨凸起，斜坡带的走向为SE向，其西边界断裂和南边界断裂分别是SE走向的石臼坨1号和EW走向的石臼坨2号，而凸起北侧被新生代超覆。石臼坨凸起东部延伸区受南北断裂夹持，呈细长形态，又称428构造带，它长30km、宽约4km，其北侧不是斜坡，而是EW走向的石北1号和石北2号断裂。凸起顶部被东营组和新近系覆盖。

5）秦南凸起

秦南凸起位于渤海海域北部，由海、陆两部分组成。南邻秦南凹陷，呈扁椭圆状，面积为734km²，走向为EW向。秦南凸起的大部分位于海域，小部分处于陆地位置。其东南边界断裂为秦南2号断裂，东南端被许多断层切割，形成断阶带，而北侧被新生代地层超覆。凸起顶部部分被东营组地层覆盖。

6）埕北凹陷

埕北凹陷位于渤海海域南部，条带状，走向为NW向，面积为927km²。凹陷受东北方的埕北低凸起和西南方的埕子口凸起夹持，具有东北断西南超的结构特征。控凹断裂是埕北断裂，控制两个次洼的形成，分别为东南次洼和西北次洼，基底埋深达4km，其中沙河街组厚度达1000m。

7）沙南凹陷

沙南凹陷走向为NW向，面积为3298km²。它东接渤中凹陷和黄河口凹陷，南接歧口凹陷，南临埕子口凸起和埕北低凸起，北临沙垒田凸起，它们组成一个东西低而南北高的马鞍状构造，沙南凹陷位于中央。凹陷北部边界为沙南断裂与海河断裂东端，南部边界则是地层超覆线，而东西边界都是断阶带。凹陷中央发育EW向断裂带，如沙中3号断裂带，油气藏也沿EW向断裂带分布。该凹陷中沙河街组沉积相对较薄，凹陷内发育多个次洼，其中主要的有西北次洼、西次洼和东南次洼，基底埋深最大可达6km。

3. 下辽河坳陷（海域）

下辽河坳陷位于渤海海域东北部地区，属于下辽河坳陷的海域部分，整体呈NE走向，其形成明显受郯庐断裂带控制。

1）辽东凸起

辽东凸起位于辽东湾地区的东部，形状狭长，呈条带状，面积为444km²，为NNE

走向。它由两块组成，北块狭长，由辽中 2 号和辽东 2 号控制形成；南块略显宽，呈长菱形，东侧和西侧分别被辽东 1 号和辽中 1 号夹持。辽东凸起上仅有部分新近系分布。

2）辽西凸起

辽西凸起位于辽东湾地区的西部，形状也为条带状，面积为 1047km²，走向为NNE。它的西侧被辽西 1 号、辽西 2 号、辽西 3 号、秦南 1 号四条大断裂控制，东侧被新生代地层超覆。在辽西凸起的南端，秦南 1 号断裂作为西边界断裂，控制凸起的形成，其中沉积的地层较新，只被新近纪的地层覆盖；中段主体的西侧由辽西 1 号断裂控制，且从东至西沉积地层变老，除新近系外，还有东营组和沙河街组；辽西凸起北段继续分为东西两支，其中西支西侧由辽西 2 号断裂控制，而东支西侧则由辽西 3 号控制，凸起北段基岩顶部发育有沙河街组及其以上地层，南段则大部分由新近系所覆盖。

若按本节所列的凸起划分标准，至今在渤海海域通常界定的辽西凸起的范围显然是扩大化了，从严格概念上讲，其最南部所示的古近系缺失区，才是真正凸起部分。而向东北延伸以及包括 SE36-1 大型油田在内，应属凹陷区。但由于在勘探初期，将这一部分统称为辽西凸起区，并一直沿用至今。

3）辽西南凸起

辽西南凸起位于辽东湾地区的西南部，也呈狭长的条带状，面积为 304km²，走向为NNE。凸起东侧被新生代的地层超覆。弯曲的辽西 2 号断裂控制了辽西南凸起的形状，其形状为中间粗两头细的长梭形。凸起顶部被馆陶组等新地层覆盖。

4）辽东凹陷

辽东凹陷位于辽东湾地区的东部，形状为长条带状，面积为 2725km²，走向为 NNE向，它是一个西断东超的凹陷，其西侧断裂为辽东 1 号断裂和辽东 2 号断裂，东侧为盆地边缘，沉积了较薄的新生代地层，其中沙河街组和东营组超覆在东斜坡上。

5）辽中凹陷

辽中凹陷位于辽东湾地区的中部，形状也为长条带状，面积为 4308km²，走向为NNE向，其东侧和西侧分别为辽东凸起与辽西凸起。它是一个东断西超半地堑式的凹陷，沉积了巨厚的新生代地层，厚度超过 6km。控凹断裂为辽中 1 号、辽中 2 号、旅大2 号断裂，它们都属于郯庐断裂带，在它所控制的辽中凹陷内具有走滑性质和走滑反转特点，该凹陷是辽东湾地区主力生烃凹陷。

6）辽西凹陷

辽西凹陷位于辽东湾地区的西部，整体为长条带状，走向为 NNE 向，面积为3830km²。其南末端向西发生弯曲，包括了原秦南凹陷的东次洼。辽西凹陷是一个东断西超的凹陷，沉积的新生代地层较厚，可达 4km。控制凹陷的断层都为铲式正断层，凹陷的箕状特征非常清楚。此凹陷内发育 4 个次洼，北部两个次洼、中洼和南洼都有较强的生烃能力。

4. 济阳坳陷（海域）

渤海海域南部地区属于济阳坳陷的向海域延伸部分，主要包括潍北凸起、垦东 – 青坨子凸起、莱北低凸起、莱南凹陷、青东凹陷、莱州湾凹陷和黄河口凹陷。

1）潍北凸起

潍北凸起被莱南凹陷分为南、北两块，分别为潍北凸起（S）和潍北凸起（N）。潍北凸起（N）走向为 EW 向，南边界为断裂，北边界为地层超覆线；潍北凸起（S）跨海域和陆地，南边界也是断裂，北边界为地层超覆线。潍北凸起在海域面积为 1189km²，顶部被明化镇组覆盖。

2）垦东—青坨子凸起

该凸起虽然大部分地区处于海域范围，但至今矿区使用权归陆上胜利油田。本凸起亦受大断层控制，全凸起范围内，只有沉积不全的新近系所覆盖，并发现了一些新近系油田。

3）莱北低凸起

严格地讲，莱北低凸起并非典型的低凸起类型。因它所涉及的范围内，新生代地层较全，古近系的沙一、二、三段全有（尽管三者加起来总厚度仅 200～300m）。显然在古近系沙河街组沉积时它呈"水下低隆"的态势，但由于兼顾历史的原因，长时期保持这一称号。海域内渤东低凸起的命名也同样如此。

莱北低凸起受郯庐断裂东西两支控制，南北均以边界断裂与莱州湾凹陷、黄河口凹陷相接。

4）莱南凹陷

莱南凹陷位于潍北凸起内部，形状为菱形，走向为 EW 向，面积为 875km²，凹陷结构与莱州湾凹陷相似，具有北断南超的结构，沉积中心在凹陷北部。

5）青东凹陷

青东凹陷东临潍北凸起，北接垦东—青坨子凸起，郯庐断裂西支作为其边界断层。青东凹陷与莱南凹陷整体上是一个较为统一的凹陷，只是其内部被一个具有隆起形态的小型构造带分隔。

6）莱州湾凹陷

莱州湾凹陷位于渤南地区，形状为矩形，走向为 EW 向，面积为 1500km²。其东边界和西边界分别是郯庐断裂的东支和西支。此凹陷具有典型的北断南超的结构，北临莱北低凸起，边界控凹断层是莱北断裂，向南超覆在潍北凸起（N）上，其中部发育一个EW 走向的中央构造带。该凹陷中沉积非常厚的沙河街组和东营组，凹陷内发育的次洼主要有 5 个，基底最大埋深达 7km。

7）黄河口凹陷

黄河口凹陷东部相对窄小，西部宽大，面积为 3591km²。它北接渤南凸起，南邻莱北低凸起与垦东—青坨子凸起，西端与陆地中的沾化凹陷相连接。凹陷北部的控凹断裂是黄北断裂，东南缘边界断层是莱北 1 号断裂。郯庐断裂对此凹陷的影响很大，郯庐断裂东支作为其东边界断层，郯庐断裂西支从凹陷中心穿插而过。黄河口凹陷是非常富的生烃凹陷，主要的生烃次洼有 4 个，黄河口 2 号断裂和黄河口 3 号断裂控制的南次洼与北次洼面积较大，而郯庐断裂带附近的东次洼面积较小。基底埋深最大，约为 6km，沙河街组和东营组沉积较厚。

5. 黄骅坳陷（海域）

渤海海域的西北部分属于黄骅坳陷的范畴，面积较小，主要包括歧口凹陷、北塘凹陷和南堡凹陷。

1）歧口凹陷

歧口凹陷海域面积为 1783km²，北边界和东边界为海河断裂，东南缘边界断裂为 NE 向的海 1 断裂、海 4 断裂和羊二庄断裂，它们呈 NE 向的雁行排列，组成歧南断阶带。凹陷内部发育的次洼主要有两个，海 1 断裂控制的东南次洼较大，中部的次洼稍微小一点，但基底埋深达 10000m 以上，是一个典型的小而富生烃洼陷。

2）北塘凹陷

北塘凹陷海域部分面积为 670km²，东接南堡凹陷，南临歧口凹陷，海河断裂是它与歧口凹陷的分界，凹陷北高南低，基底埋深达 4km，基本不具生烃能力。

3）南堡凹陷

南堡凹陷海域面积为 1763km²，西接歧口凹陷和北塘凹陷，东临渤中凹陷，南北都连接凸起，主要以地层超覆的形式与沙垒田凸起相连接。凹陷中央发育两组 NE 向断裂，倾向都为 NW 向，而在凹陷的东部和西部则发育两条 NW 向断裂，倾向为 WS 向。该凹陷古近纪地层沉积很厚，在凹陷东部和西部发育两个次洼，东部次洼最大基底埋深达 8km，西部次洼最大基底埋深达 5km。

第二节　盆地构造演化与动力学特征

渤海湾盆地是发育在华北克拉通上的新生代裂陷盆地，其基底经历了太古宙至中生代复杂的构造演化过程。渤海是一个第四纪陆表海，新生代时它是华北东部渤海湾盆地的一部分。

渤海海域前新生代构造演化史可分为七个阶段：（1）太古宙—古元古代变质结晶基底形成阶段（>1800Ma）；（2）中—新元古代拗拉槽发育阶段（1800—600Ma）；（3）早古生代被动大陆边缘海盆发育阶段［600—440（?）Ma］；（4）晚古生代石炭纪—二叠纪前陆盆地发育阶段（320—248Ma）；（5）中生代三叠纪印支构造运动阶段（248—213Ma）；（6）中生代早、中侏罗世内陆盆地（挠曲盆地）发育阶段（213—157Ma）；（7）晚侏罗世—白垩纪走滑裂陷盆地发育阶段（157—65Ma）（表 4-3）。

一、太古宙—古元古代变质结晶基底形成阶段

1. 动力学背景

太古宙是中国地壳发展的早期阶段，是出现陆核和形成初始陆块的阶段。古、中、新太古代分别由曹庄运动、阜平运动（铁堡运动）及五台运动所分割。华北太古宇的演化是一部硅铝壳逐步扩大，古陆不断增生的历史。华北地区古太古代末的硅铝壳已初具规模，形成华北板块的雏形——华北陆核。随着太古宙陆核的不断增生，古元古代末吕梁运动，使陆核经历了从拉张裂陷—闭合抬升及大量花岗岩体侵入，使地壳进一步固结，逐渐形成了原始板块——华北板块。

古元古代末 1850—1700Ma 的吕梁或中条运动不整合，将变质基底形成阶段与上覆沉积盖层发育阶段分开。

表 4-3 渤海海域前新生代沉积—构造演化综合简表（据任志勇，2006，修改）

地质年代			同位素年龄/Ma	沉积特征		构造特征		
				沉积环境	沉积类型	大地构造背景和盆地类型	主要构造变动	构造线方向
中生代	白垩纪	K_{2-3}				受西太平洋板块俯冲构造域控制和影响的裂陷盆地发育阶段	燕山运动晚期	NE向或NNE向为主
		$K_1^{上}$		河湖（沼）	暗色泥岩，火山岩			
		$K_1^{下}$	137±5	火山岩	火山岩，杂色碎屑岩夹泥岩		燕山运动早期	
	侏罗纪	J_2		河流	碎屑岩，少量火山岩	板块碰撞期后，拉张、挤压、走滑调整的内陆盆地发育阶段		主要构造线NWW向，或由NE向斜列成NWW向或近EW向分布
		J_1	208±5	河湖	碎屑岩含煤			
	三叠纪	T_3				扬子板块与华北板块碰撞，渤海区域造山隆升，遭受剥蚀		
		T_2						
		T_1	250±10				印支运动	
古生代	二叠纪	P_2		河湖	红色、杂色碎屑岩（含煤）	受西伯利亚板块和扬子板块俯冲、碰撞作用产生的（弧后）前陆盆地控制和影响的不稳定克拉通盆地发育阶段		
		P_1	285±10	河流、三角洲、河湖	碎屑岩（含煤）			
	石炭纪	C_2		海陆交互	泥岩夹碳酸盐岩（含煤），底部铝土铁质岩			近EW向
		C_1	320±10					
	泥盆纪	D	362±10			区域拉张向挤压转化的沉积间断期	秦皇岛运动	
	志留纪	S	405±10					
	奥陶纪	O_3	440±10					
		O_{1-2}	470?	浅海台地	碳酸盐岩	主要受周边伸展，拉张被动陆缘海盆控制的稳定克拉通盆地发育阶段		
	寒武纪	$\in_{2-3}$	500±15	浅海台地	碳酸盐岩			
					白云岩型蒸发岩			
		$\in_1$	570±19	台地边缘	碎屑岩（红色单陆屑）			
元古宙	新元古代	震旦纪 Z		浅海	碳酸盐岩、碎屑岩	陆缘伸展拉张断陷盆地开始发育，华北主体隆升剥蚀	蓟县运动	NE向
		青白口纪 Qb	800±	滨浅海	碎屑岩（杂色复陆屑）、碳酸盐岩	大陆裂谷（拗拉槽）盆地发育期	渤海主体隆升	
	中元古代	蓟县纪 Jx	1000±				芹峪运动	
		长城纪 Ch	1400±					
	古元古代	滹沱纪 Ht	1800±		变质砾岩、砂岩、板岩、大理岩、石英岩等	变质基底岩系的形成和不同类型的变质地体（古陆碎块？）的拼贴增生期	吕梁运动	近EW向，NNW向和NE向，不同的地体构造线方向不一
		五台纪 Wt	2500±		变粒岩、片麻岩、片岩、绿岩、石英岩等		五台运动	
太古宙		AR			麻粒岩、片麻岩、变粒岩、少量大理岩、石英岩等		阜平运动	

2. 结晶基底类型与分布

华北的太古宙—古元古代结晶基底的形成过程经历了若干次构造热事件，主要由灰色片麻岩（英云闪长岩—奥长花岗岩—花岗闪长岩组成的 TTG 组合）、花岗—绿岩带和变质火山—沉积岩系组成。变质程度从麻粒岩相至绿片岩相。太古宇在冀东燕山地区称迁西群、单塔子群和双山子群；太行—五台山区称阜平群、五台群；鲁西称沂水群、泰山群；鲁东称胶东群；辽东称鞍山群。常见的岩石类型有（紫苏）花岗岩、英云闪长岩、麻粒岩、多种片麻岩、斜长角闪岩、变粒岩、片岩、磁铁石英岩等。测得的最老岩石年龄为冀东古太古代的迁西群斜长角闪岩 Sm—Nd 等时线年龄 3520Ma±11Ma（江博明，1983）。

渤海海域在 JZ20-2-5 井、CFD8-1-1 井、CFD18-2E-1 井、CFD18-1-1 井、BZ28-1-1 井和 BZ26-2-1 井利用锆石 U—Pb 法获得的较可靠的最古老的岩石年龄为 2956Ma±34Ma—2451Ma±17Ma，为新太古代的产物。古元古代在冀东燕山地区称朱杖子群；太行—五台山区称甘陶河群、东焦群；鲁西称济宁群；鲁东称粉山子或荆山群；辽东称辽河群、榆树砬子群。常见的岩石类型有角闪石至绿片岩相（二云母）的角闪石片岩、变粒岩、板岩、千枚岩、大理岩、变质石英岩等。

渤海海域钻遇的新太古代—古元古代变质杂岩仅见于郯庐断裂以西，而郯庐断裂以东由于较厚的新元古界震旦系的发育，相应的太古宇—古元古界仅在辽东和鲁东的局部露头区见及。

渤海海域及其邻区可分为燕山、太行—五台、鲁西、辽东、鲁东五个具不同特征的结晶基底构造单元，其间均有深大断裂分割，有学者称之为"地体"（图 4-3）。虽然现今位置的结晶基底构造格局并不能完全代表其形成时的古构造面貌，但华北的结晶基底是由多个不同的"地体"经复杂的构造演化拼贴而成（蔡东升等，1997）。有意义的是，这些"地体"的拼贴交会部位就位于现在的渤海中部地区，这无疑为渤中新生代越来越成为整个渤海湾盆地的构造活动中心奠定了最初的重要物质基础。

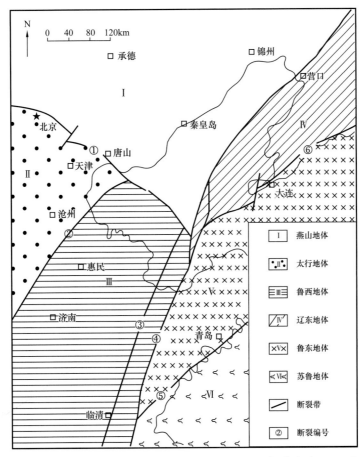

图 4-3 渤海及其邻区结晶基底地体拼贴构造图（据蔡东升，1999）

① 石家庄—唐山—柏各庄—海中断裂；② 兰聊—埕西断裂；③ 郯庐断裂营潍段西支；④ 郯庐断裂营潍段东支；

⑤ 青岛—日照断裂；⑥ 旅大—丹东断裂

二、中一新元古代拗拉槽发育阶段

1. 动力学背景

华北中一新元古代从早至晚分为"长城""蓟县""青白口"和"震旦"4个纪，对应的同位素地质年龄分别为1800—1200Ma、1200—1000Ma、1000—800Ma、800—600Ma。

长城系为碎屑岩夹火山沉积岩及碳酸盐岩沉积；蓟县系为大套石灰岩、白云岩夹碎屑岩沉积；青白口系则主要是一套向上变粗的碎屑岩夹少量碳酸盐岩沉积。从长城系至青白口系构成了一套完整的裂谷盆地沉积序列，其沉积厚度中心位于华北克拉通成北东向展布并向北东敞口的狭长带内，其最大沉积厚度上万米，为典型的大陆内部裂谷盆地。这个大陆裂谷盆地，多数学者研究后认为属拗拉槽性质（孟祥化，1993），本卷称之为"燕山裂陷槽"，且可能与当时华北南部的"豫陕裂陷槽"相通（马杏垣等，1987），是中一新元古代板块裂离三叉谷的一个残支，并于青白口系沉积时期逐渐闭合消亡。

中元古代末的芹峪运动，是一个重要的构造转换运动，郯庐断裂带西侧的燕山裂陷槽由盛转衰继而隆升剥蚀，新元古代青白口系沉积之后逐渐封闭，而郯庐断裂带东侧的大连—复州—浑江南北向转入大规模裂陷沉降，形成胶辽裂陷槽。胶辽裂陷槽沉积了一套海相碎屑岩及碳酸盐岩，包括细河群以及震旦系的五行山群、金县群，而燕山裂陷槽缺失了震旦系。震旦系沉积之后，华北板块发生了一次重要的构造运动，即蓟县运动，它标志着华北板块裂陷阶段的结束，完成了板块构造演化史上两大阶段的转变，由中一新元古代裂陷沉降的似盖层沉积阶段，转化为一个新的早古生代全域同步沉降、稳定的面式盖层沉积阶段。

2. 残留地层分布特征

新元古代的"燕山裂陷槽"仅波及渤海的西北部，当时渤海郯庐断裂带以西的渤海主体部分基本处于隆起状态（张文佑，钱祥麟等，1986）。渤鲁隆起纵贯渤海，在磁力异常图上为北东向高值带，其西为燕山海槽，渤海海域于BZ8-1井钻遇青白口系龙山组海绿石石英砂岩26m，主要为滨岸相，可见渤海海域仍然处于剥蚀隆升状态。其东为胶辽海槽，主要发育新元古代震旦系，已于BD2井钻遇56.3m（未穿）灰色、粉红色粉晶质叠层石藻灰岩，以局限台地相为主。

而在郯庐断裂以东的海域和陆区则根本不发育中元古界。因此冀中坳陷内任丘潜山油田的储集岩——蓟县系雾迷山组的碳酸盐岩在渤海海域地区不存在。

渤海海域中一新元古代拗拉槽发育期的一个重要特征就是以郯庐断裂为界，中元古代时西侧裂陷沉降、东侧抬升剥蚀，而新元古代时则转变为东侧裂陷沉降、西侧抬升剥蚀，这也为辽河油田的钻探所证实（侯贵廷等，1998）。由此可见，现今活动强烈的郯庐断裂带，在较早地史时期已经作为一个重要的构造活动边界。

三、早古生代海相克拉通发育阶段

1. 动力学背景

早古生代，华北陆块发育寒武系和中—下奥陶统，持续时间从距今570Ma至440Ma（？），当时华北陆块南北两侧分别为秦岭海槽、兴蒙海槽，华北陆块整体沉降，表现为稳定的克拉通坳陷，发育披盖式碳酸盐岩沉积。陆块边缘先后经历了由离散边缘—地体拼贴、边缘增生—转化为会聚边缘复杂的多旋回演化，早寒武世—中奥陶世，华北陆块边缘主要表现为被动大陆边缘海盆。

2. 原型盆地特征

研究表明，渤海海域郯庐断裂西侧广泛发育寒武系、奥陶系，现今石臼坨凸起、沙垒田凸起、埕北低凸起、渤南凸起西段、辽西凸起、辽东凸起上均有寒武系、奥陶系残留，寒武系在渤海地区 BZ4 井钻遇垂直地层厚度 585m，奥陶系在 BZ17 井钻遇垂直地层厚度 604m。渤海海域早古生代沉积中心在渤西和渤中地区，渤西地区寒武系、奥陶系厚度在 800~1000m 之间，渤中地区寒武系、奥陶系厚度在 1000~1400m 之间。

早古生代，渤海海域寒武—奥陶系的发育应归结于华北盆地的海侵事件。海侵首先起源于新元古代产生的裂谷盆地中，渤海海域由南向北、由北向南，具有明显的超覆现象。早古生代，华北板块北部的兴蒙海槽海水侵入到渤海海域辽东湾地区，南部的秦岭海槽海水侵入渤海南部。

BZ28-1-1 井钻遇寒武系府君山组深灰色、紫红色白云岩、灰质白云岩、灰色白云质泥晶灰岩夹薄层暗紫红色白云质泥岩，CFD30-1-1 井钻遇寒武系张夏组鲕粒灰岩，BZ4 井钻遇寒武系灰色、暗紫红色石灰岩、泥岩、泥质灰岩夹暗紫红色砾屑灰岩—竹叶状石灰岩、鲕粒白云质灰岩及紫红色粉砂质泥岩薄层，BZ17 井、BZ12 井奥陶系下马家沟组的白云岩具角砾屑，角砾屑具干裂纹，属潮上带准同生白云岩。

早古生代，渤海海域渤鲁隆起潜入海域成为水下隆起，接受早寒武世—中奥陶世浅海沉积，沉积相以局限台地、开阔台地、蒸发台地及潮坪相为主，发生了几次海进、海退事件。渤海海域在寒武纪张夏组沉积时期达到寒武纪海侵的顶峰时期，此时华北盆地已经完全转为被动大陆边缘的大陆架，表现在张夏组发育的鲕粒浅滩相，并且为不含陆源碎屑的碳酸盐岩沉积，厚度分布也比较均匀。郯庐断裂西侧广泛发育寒武系、奥陶系；郯庐断裂东侧辽东地体在复州湾出现寒武系、奥陶系；鲁东地体未发现寒武系、奥陶系。

中奥陶世晚期，在进一步的南北向挤压下，华北盆地整体抬升，海水逐渐退出全区。北部及南部抬升最快，中部地区保存了华北盆地最高的奥陶系层位——峰峰组。渤海海域也见少量残余峰峰组。

晚奥陶世—早石炭世长达 130Ma 的地史阶段，秦皇岛运动（段吉业等，2002）使华北整体抬升，渤鲁隆起遭受强烈剥蚀，在高部位下寒武统—中奥陶统已经被剥蚀殆尽。

四、晚古生代石炭纪—二叠纪海相克拉通发育阶段

1. 动力学背景

华北板块上奥陶统至下石炭统普遍缺失，直至上石炭统接受海陆交互相沉积，并与下伏地层平行不整合接触，这是一个重要事件。这一重要的构造运动长期以来未与冠名，段吉业等将其命名为秦皇岛运动（段吉业等，2002 年），本卷采用此名。从整个古生代华北周边的板块构造环境演化特征来看，这应该是早古生代华北周边以伸展拉张环境为主向晚古生代挤压收缩俯冲—碰撞环境转化的重要标志。证据是从晚古生代开始首先是北部古亚州洋的关闭，西伯利亚板块与华北板块发生碰撞，结束时间在二叠纪。因

此晚古生代华北总体是受南北俯冲活动大陆边缘产生的前陆盆地控制的不稳定克拉通盆地演化阶段。

华北板块东部，自中奥陶世末期上升成陆，遭受近130Ma的长期剥蚀，达到准平原状态。直到晚石炭世开始，受华北板块北部天山—内蒙裂谷系和古特提斯东段拉张的影响，华北地台重新缓慢沉降，总体呈向东倾斜的滨海地台，海水先后从北东方向（晚石炭世早期）、东南方向侵入。由于地势平坦，地壳稍有下降，就成为一片浅海；当地壳稍微上升，迫使海水很快退出，成为一片沼泽，这样就形成了晚石炭世—早二叠世早期华北独特的海陆交替相含煤建造夹石灰岩薄层。中晚二叠世为河湖相的杂色碎屑岩沉积。

2. 原型盆地特征

石炭纪华北的古地貌景观总体表现为平坦、宽缓，北部较高，向南逐渐降低的特点。这一特点明显是受北部兴蒙洋活动大陆边缘俯冲造山的影响。所以，石炭纪冲积扇主要分布在北部阴山山前地带，向南变为三角洲、潟湖、潮坪沉积环境。渤海辽东湾地区可能处于冲积相带，渤海中南部主要处于三角洲、滨岸、潮坪相带。

CFD22-1-1井上石炭统岩性为深灰色团藻灰岩、含泥质条带、燧石条带泥晶灰岩夹薄层灰色泥岩，H20井上石炭统岩性主要为灰色砂岩、深灰色泥岩、生物灰岩及黑色灰质白云岩互层，BZ8-1井岩性以深灰色泥岩为主，夹石灰岩及煤层、少量沉凝灰岩。上石炭统沉积的是一套海陆交互相的含煤地层，沉积相以准碳酸盐岩台地和三角洲—潟湖相带为主。

华北地台的二叠系为典型的海退型陆源碎屑夹煤沉积，碳酸盐岩及海相化石少见，主要为内陆冲积相、湖泊及分流平原沉积环境。下部岩性为砂岩、泥岩夹煤，上部为砂岩、含砾砂岩夹泥岩。

渤海海域在BZ20井及BZ8井钻遇二叠系，岩性主要为棕褐色白云质长石砂岩、棕红色泥岩夹灰色铝土质泥岩及灰绿色含砾砂岩，深灰色、灰黑色泥岩夹砂岩、碳质页岩及煤层，有霏细岩侵入。沉积环境主要为三角洲相，并向河流相过渡。

受海西运动影响，晚石炭世西伯利亚板块与华北板块发生碰撞，古亚洲洋闭合。华北板块北部不断造山抬升，海水不断由北向南退却。

晚石炭世—早二叠世早期，华北地台内坳陷分布在本溪、天津、石家庄、旅大和河淮地区，呈东西向展布，其位置与早古生代坳陷基本重叠。华北陆块与西伯利亚板块对接、碰撞完成，阴山—燕山古陆不断隆升、剥蚀，南部边缘东段（大别山一带）被剥蚀夷平，古地势北高南低，海水由东南方向侵入，和北方海水会合，形成广阔的陆表海，沉积中心在山东兖州、临沂一带，渤海辽东湾地区处于冲积相带，渤中—莱州湾地区以三角洲相带、滨海相带为主。

早二叠世晚期，华北地台总体上升，与海基本隔绝，接受陆相碎屑沉积，但与周围上升的山系相比，相对沉降幅度加大，沉积厚度最大超过千米，其内部差异升降亦加剧，形成较多的分散小型坳陷和相对隆起。

渤海海域所在地也同样形成了分散的小型坳陷和相对隆起，具有前陆盆地性质。渤西地区和渤中地区西侧是沉积中心，其四周是相对隆起区。从残留厚度图可以看出上石炭统、下二叠统主要呈东西向展布，当时沙垒田凸起、渤南凸起已经初现雏形。

五、中生代三叠纪印支构造运动发育阶段

1. 动力学背景

早—中三叠世，印支早期运动使华北板块南部的秦岭—大别洋关闭，扬子板块与华北发生碰撞（杨森楠等，1982），此时以秦岭—昆仑山为界的南海北陆的古地理构造格局依然存在。扬子板块与华北板块的碰撞是从东部开始向西逐渐剪刀式闭合的，因此最终海水从华北的西南缘撤出。

中—下三叠统在华北东北部基本缺失。仅在太行山以西的鄂尔多斯盆地、山西宁武盆地较发育，主要发育陆相沉积，沉积范围广，沉积厚度和岩性相对均一（张功成，1997），反映出前陆盆地逐渐消亡的特点。

晚三叠世晚期，印支运动导致古特提斯洋最终闭合，中国南方普遍海退，古中国大陆形成，中国东部地区南海北陆的古地理格局从此结束，北东向的滨太平洋构造带的影响开始明显。

由于南、北板块的强烈挤压，华北内部发生轴向近东西的褶皱冲断构造活动，渤海及其周边地区受其影响产生了近东西向展布的所谓"承德—太子河复向斜""山海关—营口复背斜""开平—复州复向斜"构造。济阳坳陷孤北潜山的钻探也证明二叠系沉积后华北有一次逆断、褶皱构造运动（宗国洪等，1998），即印支运动。

2. 原型盆地特征

通过地震剖面的解释和钻井资料研究，渤海海域未见三叠系沉积，推测三叠纪时期，渤海海域基本处于隆升剥蚀的状态，三叠纪末期，渤海呈现剥蚀夷平的地貌。

但是受印支运动的影响，华北地台东部形成了若干大型近东西向的背斜隆起，包括马兰峪复背斜、复平—定州—河涧背斜等。

该阶段渤海海域以南北挤压应力为主，北东向的左旋走滑应力为辅，是基底近东西向断裂形成和活动的主要时期，同时受太平洋构造域影响的郯庐断裂带开始走滑活动，因此该阶段渤海海域发育的断裂以逆冲和走滑为主。

六、中生代早—中侏罗世内陆盆地发育阶段

1. 动力学背景

早—中侏罗世，受早期燕山运动的影响，中国大陆总体处于陆地环境，沉积环境复杂，盆地类型多样，气候条件潮湿，是又一个成煤期。

从大地构造环境来看，本阶段一方面受扬子板块碰撞后持续效应的影响，南华北在秦岭—大别山前发育褶皱—冲断的前陆挠曲盆地，而向大陆内部则发育与冲断褶皱有关的背驮盆地（薛爱民，1993）；另一方面由于北东向太平洋构造域的控制作用增强，沿边界大断裂发生扭动剪切，形成走滑拉分盆地，如华北北部的北票—建昌、滦平—承德、下花园—后城等盆地，成近东西向雁列排列，并有不同程度的火山岩活动。此外，该阶段对华北来说也是受近东西向古亚洲板块碰撞构造域控制和影响，向受北东向太平洋板块俯冲构造域控制和影响的转换阶段，区域应力调整复杂。该阶段为河、湖相砂岩、砂砾岩、泥岩夹煤沉积，部分盆地有火山—沉积岩发育，各盆地厚度差异很大。

2. 原型盆地特征

早—中侏罗世，北东向的郯庐断裂带活动性增强，随着郯庐断裂的左行走滑，先存的近东西向断层由挤压逆冲反转成为张剪性拉分沉降，剖面上呈单断式箕状断陷。渤海湾盆地主要发育在郯庐断裂西侧，南起济南—莱芜，北到宁河—滦南，西至固安—通县，走向北西，受郯庐断裂左旋剪切应力场的影响，发育了拉分沉降断陷（图4-4）。

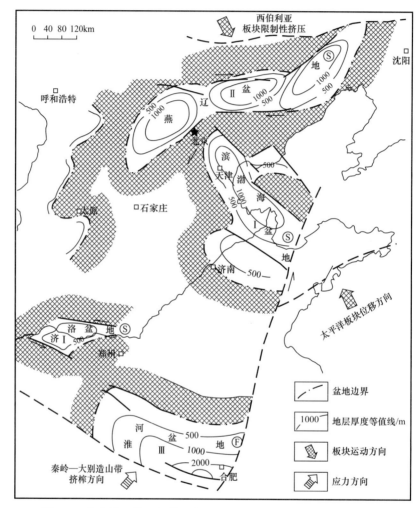

图4-4　华北地区早、中侏罗世原型盆地分布（据孙明珠等，1996）
走滑拉分盆地、挤榨前渊：Ⅰ—煤系地层区；Ⅱ—煤系—火山岩区；Ⅲ—粗碎屑岩区

早—中侏罗世，渤海总体上处于挤压背景下的挠曲盆地和压陷盆地（漆家福，2003），大部分处于隆升剥蚀状态，只有渤西地区挠曲沉降，接受沉积，形成早—中侏罗世"渤西湖"。歧口地区为沉积中心，厚度约1000m；埕北地区残留厚度约800m。歧口凹陷在早—中侏罗世就已经形成，并且一直是中生界和新生界的沉积中心，这是由于华南板块与华北板块剪刀式闭合碰撞有关，碰撞从东部开始，导致西部发生挠曲沉降。

渤海海域歧口凹陷QK17-9-2井钻遇中—下侏罗统，岩性主要为粗砂岩夹煤层、灰绿色及紫红色泥岩；海5井下部以杂色凝灰岩为主，夹深灰色泥岩、煤层及碳质页岩。沉积相主要为冲积扇、河流沼泽、湖泊三角洲相及火山岩相。

七、中生代晚侏罗世—早白垩世走滑裂陷盆地发育阶段

1. 动力学背景

晚侏罗世以来,太平洋板块活动完全取代了扬子板块、西伯利亚板块活动对华北地区构造演化的控制地位,由此中国东部发生了又一次重大的构造转折(刘建明等,2001),沉积盆地展布已不再受逆冲推覆构造所形成的坳陷的控制,而由 NE—NNE 向和 NW—NWW 向两大断裂系统的控制,沉积物来源和组成也受上述断裂系统的控制(曹高社等,2006),沉积建造由含煤碎屑岩建造演变为火山碎屑岩建造(李洪革等,1999)。

晚侏罗世至早白垩世中国东部出现强烈的火山活动标志着华北进入受太平洋构造域控制的裂陷盆地发育阶段,并以裂陷作用和火山活动不断增强表现出来。随着伊泽奈崎—库拉板块以约 30cm/a 的速率向北及北北西运动(Maruyama et al.,1986;Moore,1989;徐嘉炜,1992)俯冲挤压亚欧板块,郯庐断裂左行走滑到达高峰。此时华北克拉通的大规模南北向挤压环境基本消失,取而代之的是以北东、北北东向的走滑扭动。在这样的构造背景下,形成了郯庐断裂带西侧华北中生代盆地及鲁西南中生代盆地的基本构造格局:以北东向左旋走滑为主,近北西向断层进一步走滑拉分,形成伸展型断陷盆地。

2. 残留地层分布特征

渤海海域地震剖面反射特征表明,现今沙垒田凸起、石臼坨凸起、渤南凸起、辽西凸起上,均有上侏罗统、下白垩统缺失区。渤中地区也见大面积的上侏罗统、下白垩统缺失区,这可能是因为该区位于渤海郯庐断裂带莱州湾段与辽东湾段的转折处,渤海郯庐断裂带莱州湾段走向为北北东向,辽东湾段断层走向为北东向,郯庐断裂带强烈的左旋走滑使渤东段逆冲走滑,渤东低凸起西侧的渤中地区逆冲隆起遭受剥蚀。

晚侏罗世和早白垩世,沉积中心在石南凹陷,厚度为 3000~4000m,秦南凹陷厚度为 2000~2500m,黄河口凹陷厚度为 2500~3000m,渤东凹陷厚度为 1500~2000m,埕北凹陷厚度为 1000m,辽中凹陷厚度为 1000~1500m。

上侏罗统和下白垩统残留厚度明显受断裂控制,残留厚度等值线长轴与基底断裂方向一致。

郯庐断裂带渤东段残留厚度明显大于莱州湾段和辽东湾段,可能是由于中段火山喷发作用更强烈的缘故;且郯庐断裂带内上侏罗统和下白垩统岩性以火山岩为主,火山岩的厚度明显大于郯庐断裂西侧凹陷内火山岩的厚度,这是由于晚侏罗世—早白垩世郯庐断裂带的活动强度远大于近东西向的断层所致。

3. 原型盆地特征

晚侏罗世—早白垩世,渤海海域主要为中性、中基性火山岩夹碎屑岩,海域西部为一套红色碎屑岩建造。

渤海海域郯庐断裂带控制区域形成了长条状地堑,发育了厚层的火山角砾岩、火山集块岩、玄武岩、安山岩夹砂岩堆积在地堑中,其上又沉积了河流相红色碎屑岩建造。在石臼坨及辽东湾地区有黑色湖泊沉积地层出现。

渤海海域郯庐断裂带东侧基底主要为古元古界,早白垩世发育一套火山熔岩、火山

碎屑岩夹砂岩。渤东低凸起地区，以 PL7-1-1 井为代表，下白垩统上部为灰绿色、灰褐色安山岩、安山质角砾岩、凝灰岩与灰色钙质泥岩及黄褐色钙质粉砂岩互层；中部以英安岩、凝灰岩为主，夹薄层褐色泥岩、粉砂岩；下部为深灰色橄榄玄武岩。莱北低凸起地区，在 13B5-1 井下白垩统钻遇中基性火山岩系，岩性为安山岩、粗面安山岩、安山质凝灰岩、角闪安山岩夹少量火山碎屑岩及泥岩薄层。辽东湾地区在 JZ16-1-1 井钻遇下白垩统，岩性表现为下部是火山岩系，上部为河湖相暗色泥质火山碎屑岩夹薄层火山岩系。

上述地层的分布特征与断裂活动和盆地原型密切相关。晚侏罗世—早白垩世，郯庐断裂左行走滑到达高峰。渤海海域主要受到郯庐断裂强烈左旋走滑的影响，盆地原型为走滑拉分盆地。在郯庐断裂带强烈活动的影响下，东部火山相非常发育，以火山溢流相为主，火山喷发相次之。

渤海海域郯庐断裂西侧，主要受北东向左行走滑应力和近北西向张剪性断裂控制，先存的近北西向断层进一步走滑拉分，形成伸展型断陷盆地。早—中侏罗世已具雏形的沙垒田凸起进一步隆升遭受剥蚀，渤西地区进一步断陷接受沉积；埕北低凸起作为一个水下高地存在，其南侧的埕北断裂开始活动，该断层在喜马拉雅期活动最强烈；渤南凸起南侧的黄北断裂强烈活动，形成渤南凸起、黄河口凹陷，同时郯庐断裂的活动将黄河口凹陷分成东洼和西洼；石臼坨凸起南侧的石南断裂强烈活动，形成石臼坨凸起和石南凹陷；秦南断层也开始活动，形成秦南凸起和秦南凹陷。

渤海海域郯庐断裂带渤东段的渤东 1 号、渤东 3 号、渤中 1 号断层，在晚侏罗世—早白垩世为逆断层，位于莱州湾段和辽东湾段的转折位置，受到郯庐断裂左旋走滑应力的挤压，使渤中部分地区隆起接受剥蚀，渤东低凸起上推测沉积了 500～1000m 的中生界，渤东凹陷推测发育了近 1500m 的中生界，应该是火山喷发的结果，渤东 1 号、渤东 3 号、渤中 1 号断层在古近纪和新近纪表现为正断层，据此推测，渤东低凸起和渤东凹陷的形成应该是在新生代。辽东湾地区的辽西 1 号、辽西 2 号、辽西 3 号断层，辽中 1 号、辽中 2 号、辽中 3 号断层强烈活动，形成了辽西凹陷、辽西南凸起、辽西凸起、辽中凹陷和辽东凸起。

渤海海域西部埕北凸起及歧南断裂带地区，在 H17 井钻遇下白垩统岩性主要为紫红色、灰色泥岩，火山碎屑岩与凝灰岩；在 H8 井、H20 井下白垩统钻遇玄武岩和安山岩互层。石臼坨地区 BZ6 井下白垩统上部以深灰色、灰黑色泥岩为主，夹薄层钙质泥岩、白云岩、砂质灰岩、凝灰质砂砾岩，夹有 10（1～2m）层以上的火山岩层。这些火山岩层以凝灰岩、强烈碳酸盐化的凝灰岩为主，次之为安山岩及玄武岩。沉积相主要为湖相，兼有火山岩相。

八、前新生代构造对新生代盆地的控制和影响

白垩纪晚期（距今 110Ma 以上），随着库拉板块的俯冲消减殆尽，库拉—太平洋板块的洋中脊与欧亚大陆东缘发生碰撞并俯冲（约 110Ma；王良书，1989），洋脊的俯冲挤压效应，使华北弧后的扩张停止并产生挤压，造成所谓的"燕山晚期运动"，使渤海海域及其邻区晚白垩世至古新世早期遭受区域隆升剥蚀，基本缺失上白垩统和古新统，形成了古新世夷平地貌，并在此基础上开始了随后新生代的裂陷作用。

总结华北尤其是渤海海域及其邻区的前新生代构造演化特征，其中最重要的有两点，一是变质基底的拼贴构造；二是古生代末至中生代早期定型的近东西向"古亚洲—特提斯构造域"和中生代中—晚期发育的北东向"太平洋构造域"的叠加复合，从而奠定了新生代盆地发育的基础。在渤海海域含油气区，前新生代先存构造对盆地的形成、演化的控制和影响主要表现在以下两个方面：

（1）新生代渤海湾盆地新近纪和第四纪的沉积沉降中心、地幔隆起中心与早期变质结晶地体的构造拼贴交会中心重合，均位于渤中地区。这不应被看作是偶然的巧合，只能说明早期变质结晶地体的构造拼贴交会位置控制了渤海含油气区的盆地活动中心。此外，深部 25km 地震层系成像研究结果也证明渤中地区处于不同方向断裂交会的位置（蔡东升等，1999）。因此，推测渤中之所以最终发展成为整个渤海湾盆地的活动中心是受渤中所处的特殊深部（地幔隆起的最高部位约 29km）和基底构造位置控制的。这一特殊位置决定了该处地壳的非均一性极强，易于伸展破裂和岩石圈构造的卸压局部熔融并导致岩浆上侵。

（2）先存断裂对盆地结构发育的明显控制。渤海新生代盆地内显著发育的北东向或北北东向、北西向和近东西向三组断裂大多是在继承或部分继承改造了前新生代断裂系统基础上发育起来的。其中近东西向断裂最早主要于古生代末至中生代初在南北向强烈挤压作用下造就的，由于其后曾被中生代中、晚期北西和北东向断裂改造，因而新生代再活动时表现出短而不连续的特征；而北西和北东向断裂则主要是中生代中、晚期造就发展的，因而对新生代的成盆作用的控制更加明显。表现在渤海含油气区东部控盆断裂走向主要是北东或北北东向，受中生代业已存在的北东向郯庐断裂构造方向控制；而在含油气区中、西部北西向断裂的控盆作用则明显加强，与中生代的北西向断裂有关（蔡东升等，1999）。

九、新生代构造演化

1. 新生代盆地的基本结构特征

在古近纪强烈的断陷作用下，渤海海域一系列箕状半地堑得以形成。它们一般长 30～70km，宽（古近系分布范围）20～30km，深（古近系厚度）3000～7000m，与基底掀斜断块一起构成古近系的"盆—岭"结构。一些箕状半地堑内还常常发育许多低序次断裂，相应分出许多小盆、小岭，从而构成复杂的多重"盆—岭"构造。这些"盆—岭"构造自北向南从辽东湾至渤东地区成北北东或北东走向，然后向西转为北西向，至歧口凹陷区又转为北东向。而在渤南地区则成近东西向，并被北北东向的断裂所分割，形成复杂的断裂构造图形。

就整个盆地结构而言，剖面上自下而上一般由四个不同结构的构造层叠置而成。它们分别是：（1）前新生代盆地基底构造层；（2）由始新统孔店组—沙三段组成的盆地下部构造层；（3）由渐新统沙二段—东营组组成的盆地中部构造层；（4）由新近系和第四系组成的盆地上部构造层。基底岩系的强烈断裂变形，形成上述所说的一系列半地堑—半地垒（地垒）构成的基底块断系统。受基底块断系统控制的盆地中、下部构造层呈楔状、或交错楔状充填在半地堑中，并卷入基底断裂变形且形成盖层断裂系统。中、下部构造层之间有继承性叠置和非继承性叠置两种情形，反映了盆地复杂的构造变形历史。

非继承性叠置情形主要发育在含油气区东部营滩走滑断裂带中（图 4-5），从剖面图中显示沙二段与下伏地层的角度不整合，说明中、下构造层之间的非继承性叠置关系。而上构造层则总体成"牛头状"披盖在整个盆地区的下伏构造层之上，形成整体坳陷格局。与一般裂谷盆地不同的是，在上构造层中仍有断距不大但却十分密集的断裂组系。

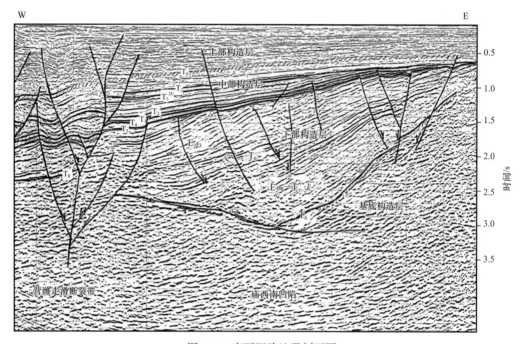

图 4-5　庙西凹陷地震剖面图

平面上，按构造线主体走向可将渤海含油气区分为两大构造区，即辽东湾—渤东—莱州湾一线的以北北东、北东向构造线为主体的东部构造区和石臼坨凸起—埕子口凸起一线及其以西的以北西向构造线为主的西部构造区（西部歧口凹陷一带已发生北西向构造线向北东向构造线方向的转折，为简单起见，仍将它划为西部构造区内）。东部构造区内有两条北西向隐伏断裂：秦皇岛—老铁山断裂和柏各庄—渤中—蓬莱断裂为界又可分为北段的辽东湾、中段的渤东和南段的渤南三个构造亚区；西部构造区内又可分为石臼坨凸起—埕子口凸起一线为主体和以歧口凹陷—南堡凹陷为主体的两个亚区。每个区或亚区内的盆地结构特征均有一定差异。

辽东湾地区是辽河坳陷的海域自然延伸，"堑—垒"呈北东走向。总体表现为"三堑三垒"相间的构造特征。"三垒"分别是辽西南凸起、辽西凸起（半地垒）和辽东凸起（地垒）；"三堑"分别是辽西凹陷（半地堑）、辽中凹陷（地堑）和辽东凹陷（半地堑）。但这个三堑和三垒的结构实际是由两期构造变形产生的，在中部构造层东营组沉积前，"辽东凹陷"和"辽东凸起"还不存在，只是到了东营组三段沉积时才由于营滩走滑断裂的活动使辽中凹陷中、南部发生反转，且同时在辽中凹陷北段东部隆起区分离出一个新的半地堑（辽东凹陷），从而形成"辽东凸起"。正如陈义贤（1985）曾指出的那样：辽东凹陷也曾属于东断西翘的辽中凹陷的一部分，只是在盆地东部走滑构造形成和演化过程中产生了辽东凸起，使它们分隔开来并各自成为相对独立的沉积凹陷。新形成的辽东凹陷具有"窄而深"的特点，主要为厚的东营组所充填，并且具有"西断东超"的特点；而走滑断裂以西控制孔店组—沙河街组沉积的，在辽中凹陷和辽西凹陷皆为"东断西超"型的半地堑（图4-6）。

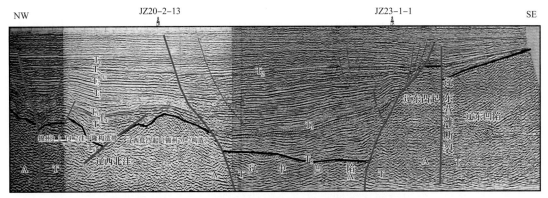

图4-6　辽东湾地区北西—南东向地震剖面图

标有 A/T 符号的断裂为具有走滑性质的断裂，A 表示离读者而去，T 表示向读者而来

渤东地区是孔店组—沙河街组沉积时期"东断西超"的半地堑与东营组沉积时期因营滩走滑断裂活动形成的"西断东超"的半地堑的叠加复合区，现清楚的"堑—垒"面貌基本是东营组沉积时期定型的。沙河街组沉积时形成的"渤东半地垒"在东营组沉积时被走滑断裂改造为"渤东地垒"，并成北北东走向；而沙河街沉积时期形成的"东断西超"的"渤东半地堑"已为东营组沉积时期走滑拉分形成的"西断东超"的半地堑—半地垒结构所掩盖，这些由于走滑拉分形成的以东营组沉积充填为主的半地垒—半地堑多呈与东部盆外隆起相连的三角形状，从北向南依次有庙西北凸起（半地垒）、庙西北凹陷（半地堑），庙西南凸起（半地垒）、庙西南凹陷（半地堑）等，均成北东走向。

渤南地区以近东西向的构造线被北北东向的构造线交切为特征。近东西向的主断裂控制了凹陷或洼陷的发育，形成"北断南超"半地堑结构，并被相应形成的半地垒（局部地垒）所分隔。北北东向的构造线为营滩断裂的组成部分，在这里分为清楚的东、西两支，并对上述半地堑和半地垒形成分割或改造之势（参见图4-2）。

西部的石臼坨—埕北地区总体是在埕宁—"海中隆起"（沙垒田至石臼坨凸起带）的背景上由于北西向断层的拉张活动而解体形成的"半地堑—半地垒"结构。半地堑具有"北断南超"的特征，且相对于半地垒来说所占面积较小，断陷也较浅。

西部的歧口地区是陆上黄骅坳陷海域的自然延伸，是一个由北东向、北西向和近东西向三组断层控制的特殊地堑单元。在东西向剖面上，海域北东走向、北西倾正断的歧南断阶带与陆上北大港、南大港北东走向、南东倾正断的断层系组成对称地堑式结构，但北大港、南大港凸起（半地垒）在其北东延伸的海域方向却不再存在，而且发育的断层也表现相反倾向，所以推断大致沿现在的渤海湾西海岸线一带可能发育一条隐伏的北北东向走滑大断层。该走滑断层的形成时间还没有充分的判断依据，推测可能也是渐新世东营组沉积时期形成。南北向剖面上，却可以发现一个有趣的现象，这就是沙河街组具有南厚北薄的楔状特征，而东营组却转而表现为北厚南薄。这一特征一方面说明从沙河街组至东营组该亚区的沉积沉降中心具有由南向北迁移的特征；另一方面也说明南部的歧南断阶带控制了沙河街组的沉积沉降，而东营组的沉积沉降则更多受北部的新港—

海河断裂控制。

总之，北东或北北东、北西和近南北向三组断层共同控制了渤海含油气区的基本构造格局，并形成"东西分带、南北分块"的特点。该特点一方面受基底先存断裂构造的控制，另一方面也受新生代盆地形成阶段复杂的构造变形所制约。三组断层互相调节，互为转换，造就了盆地的基本构造格局。

2. 构造演化与旋回发展历程

新生代渤海海域构造演化如果用一般的陆内裂谷盆地的演化模式（Mckenzie D，1978）宏观分析可分为前裂谷期（前新生代）、裂谷期（古近纪）和裂后热沉降期（新近纪—第四纪）三大阶段。然而，通过详细分析盆地内部不同阶段构造几何学、运动学特征、构造—沉积演化特征、构造沉降史等重要信息发现，无论在新近纪的裂谷期还是在其后的裂后热沉降期，盆地演化实际具有鲜明的多旋回性叠加特征，大致经历了五个构造演化阶段、三个构造演化旋回。这五个阶段分别是：（1）始新世孔店组—沙三段沉积时期的伸展拉张裂陷阶段（65—38Ma）；（2）渐新世沙一、二段沉积时期的盆地第一裂后热沉降坳陷阶段（38—32.8Ma）；（3）渐新世东营组沉积时期再次裂陷阶段（裂陷Ⅱ幕，32.8—24.6Ma）；（4）馆陶组至明下段沉积时期的第二裂后热沉降阶段（24.6—5.1Ma）；（5）明上段沉积以来的构造再活动阶段（5.1Ma至今）（表4-4）。其中（1）和（2）构成一个旋回，（3）和（4）构成又一个旋回，（5）属于新构造演化旋回，还在进行中。

表 4-4　渤海含油气区构造演化阶段划分

地层	年龄 / Ma	盆地构造演化幕	构造沉降速率（以渤中为例）/m/Ma	层序地层序列		盆地成因动力学机理
				层序组	层序	
Qp	2.0	新构造活动幕	60	Ⅵ	Ⅵ–B	新构造近东西向挤压伴随右旋走滑扭动
N_2m_1	5.1		40		Ⅵ–A	
N_1m_2	12.0	第二裂后热沉降幕	30	Ⅴ	Ⅴ–C	岩石圈热沉降
N_1g^U	20.2		50		Ⅴ–B	
N_1g^L	24.6		50		Ⅴ–A	
E_3d_1	27.4	裂陷Ⅱ幕	100	Ⅳ	Ⅳ–D	右旋走滑拉分伴随幔隆和上、下地壳的非均匀不连续伸展
E_3d_2	30.3		100		Ⅳ–C、B	
E_3d_3	32.8		190		Ⅳ–A	
E_2s_{1+2}	38.0	第一裂后热沉降幕	80	Ⅲ	Ⅲ–B、A	岩石圈热沉降
E_2s_3	42.0	裂陷I_2幕	220	Ⅱ	Ⅱ–C、B、A	北北西—南南东方向的拉张伸展伴随幔隆
$E_2s_4—E_{1-2}k$	65.0	裂陷I_1幕	150	Ⅰ	Ⅰ–C、B、A	
Pre-Pal.		前古近系基底				

图 4-7 是渤海海域部分已钻井的构造沉降史分析曲线，从图中可以看出渤海海域古近纪裂陷期经历了两个快速沉降裂陷幕和一个夹于其间的缓慢热沉降坳陷幕。第一裂陷

幕发生孔店组至沙三段沉积时期（65—38Ma），可以再分为孔店组至沙四段沉积时期和沙三段沉积时期两个裂陷亚幕 I_1 幕与 I_2 幕，随后是沙二段至沙一段沉积时期的裂后热沉降坳陷幕（38—32.8Ma）。第二裂陷幕发生于东营组沉积时期（32.8—24.6Ma），接着是更大强度的区域热沉降和新构造再活动。这种多幕裂陷的盆地演化特征在沉积充填演化和断层活动的旋回性上同样表现得十分清楚。

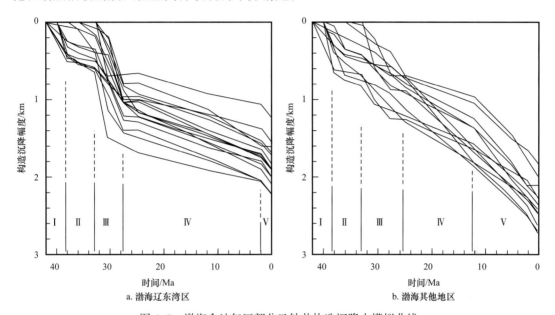

图 4-7　渤海含油气区部分已钻井构造沉降史模拟曲线

Ⅰ—裂陷阶段；Ⅱ—裂后热沉降阶段；Ⅲ—裂陷阶段；Ⅳ—裂后热沉降阶段；Ⅴ—裂后构造再活动阶段

第一裂陷幕的两个亚幕 I_1 与 I_2 之间有地层缺失现象，地震剖面上见地层超覆和局部削截不整合。第一裂陷幕结束，上覆的沙二段与沙一段与下伏地层之间以区域不整合面为界，这一不整合面可看作盆地内发育的第一个破裂不整合（Break-up Unconformity，简称 BU 面）。需要说明的是将沙一、二段沉积时期划分为裂后热沉降幕，除上述构造沉降资料和沙一、二段与下伏地层间存在区域性不整合证据外，还包括如下几方面依据：（1）沙一、二段无论是沉积厚度变化还是岩性变化均很小，特别是沙一段以泥岩夹白云岩、生物灰岩为特征的特殊岩性段，全盆地可以追踪对比；（2）沙一、二段沉积时期的盆地分布范围较下伏沙三段沉积时盆地分布范围广得多，湖盆以"水浅面广"为特征；（3）沙一、二段沉积时期断裂活动微弱；（4）沙一、二段沉积前的裂陷一幕与其沉积后的裂陷二幕在盆地形成动力学体制上有显著变革，裂陷二幕走滑拉分的动力学机制十分强烈，而裂陷一幕上、下地壳的非均匀不连续伸展作用突出。

第二裂陷幕东营组沉积后的区域性不整合是渤海古近纪的又一 BU 面，标志着古近纪裂陷期的结束，新近纪裂后热沉降坳陷期的开始，图 4-7 中表现为 24.6Ma 以来大规模缓慢热沉降作用的发生。但注意到在热沉降的中晚期大约起始于 5.1Ma 渤海又进一步快速沉降，而且辽东湾地区较渤海其他地区被波及的时间相对要晚。因此，在时间上将渤海新近纪以来的构造演化又划分为两个阶段，即 24.6—5.1Ma（馆陶组—明下段沉积时期）的裂后稳定热沉降阶段和 5.1Ma 以来（明上段—第四系沉积时期）的新构造叠加再活动阶段。后者的动力来源分析主要与印度次大陆和欧亚大陆碰撞后仍以每年5cm的速度向北推挤有关，由此造成5.4Ma青藏高原开始大规模隆升（叶洪，1999），同时向东挤出，产生的滑线场（Molnar P et al.，1977），并使华北地区处于近北东东向的水平挤压应力场中，同时伴随郯庐断裂的右旋走滑运动，产生典型的花状构造，并伴随上新统明上段以及第四系的地层沉积厚度中心的迁移变化。这一运动使渤海海域浅层断裂十分发育，油气得以向浅层运移聚集成藏。

第三节 断裂系统的分布与演化

渤海湾盆地构造发育与坳陷演化史都与断裂系统有着不可分割的紧密联系。海域内发育不同尺度、不同产状、不同性质的断层，与被它们切割的地质体一起组成复杂的断裂体系。海域断裂发育，局部密度达5条/km^2，断层以伸展性正断层为主，并发育有走滑断层。整个渤海海域断裂的发育具有多期性、分段性和分区性，又以前古近系断裂系统为先导。其宏观分布格局可划分为东西两区：在海域的东部为近NE走向的断裂组合即大型郯庐断裂走滑断裂带（渤海段），海域西部为以NW走向为主体，兼有近EW走向的断裂组合。其各级断裂组合形式多种多样，在平面上有雁列式、平行式或相交叠合式，在剖面上有阶梯状、地堑、地垒式、花状、"Y"字形等。

渤海海域在强烈、多期的断陷作用下，形成复杂的盆—岭构造。这些"盆—岭"构造自北向南从辽东湾至渤东地区呈北北东向或北东向，然后向渤海西部海域转为北西向。而在渤南地区则为近东西向，并被北北东向的断裂分割，形成复杂的构造面貌（图4-8）。

一、断裂的分级

渤海海域断裂的分级（任志勇，2007）是依据断裂的强度及对构造单元的控制作用为原则划分的。整个渤海海域断裂可划分为三级：

一级断层：深大断裂及控制渤海海域二级构造单元的边界断层；

二级断层：控制各构造带（三级构造单元）断层；

三级断层：使三级构造单元或局部构造复杂化的断层及其他小断层。

任志勇等（2007）对渤海海域内落实程度较高的一、二级断层进行了研究和统计。其统计如下：一级断层39条（包括深大断裂），二级断层52条，三级断层数量较多、较密，没有进行统计。经统计，在这91条一、二级断裂中，断层最长的达285km，最短为5km，垂向断距最大达8000m（表4-5）。

二、深大断裂

深大断裂的分布：海域中深大断裂共12条，其展布特征见表4-5，断裂规模较大，其中延伸长度均超过47km，延伸最长的为辽中1号断层，达285km，最短的近50km；深大断裂平面延伸方向以北东向或北北东向为主，其次为北西向。这些深大断裂均是渤海海域活动较强、切割地层较深的一级断层。它们的产生和发展对构造格局、地层沉积以及成藏等基本地质条件都有明显的控制作用。

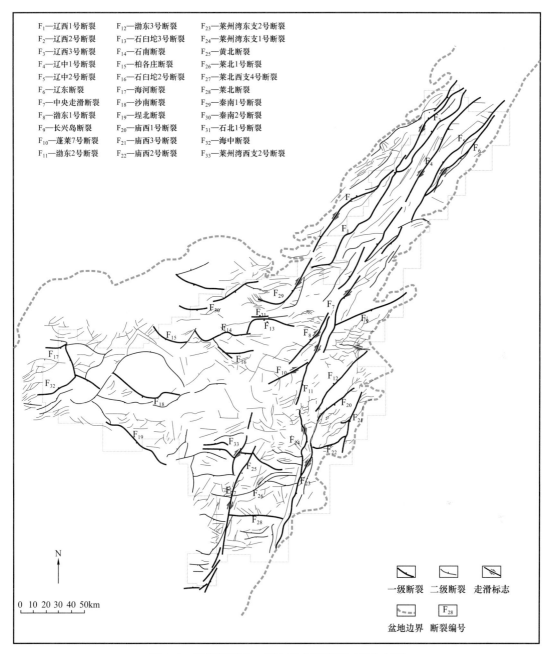

图 4-8 渤海海域中—新生代主要断裂系统分布图

图例（断裂编号说明）：

F₁—辽西1号断裂　　F₁₂—渤东3号断裂　　F₂₃—莱州湾东支2号断裂
F₂—辽西2号断裂　　F₁₃—石白坨3号断裂　　F₂₄—黄北断裂
F₃—辽西3号断裂　　F₁₄—石南断裂　　　　F₂₅—黄北1号断裂
F₄—辽中1号断裂　　F₁₅—柏各庄断裂　　　F₂₆—莱北1号断裂
F₅—辽中2号断裂　　F₁₆—石白坨2号断裂　　F₂₇—莱北西支4号断裂
F₆—辽东断裂　　　　F₁₇—海河断裂　　　　F₂₈—莱北断裂
F₇—中央走滑断裂　　F₁₈—沙南断裂　　　　F₂₉—秦南1号断裂
F₈—渤东1号断裂　　F₁₉—埕北断裂　　　　F₃₀—秦南2号断裂
F₉—长兴岛断裂　　　F₂₀—庙西1号断裂　　F₃₁—石北1号断裂
F₁₀—蓬莱7号断裂　　F₂₁—庙西3号断裂　　F₃₂—海中断裂
F₁₁—渤东2号断裂　　F₂₂—庙西2号断裂　　F₃₃—莱州湾西支2号断裂

一级断裂　二级断裂　走滑标志　盆地边界　F₂₈ 断裂编号

深大断裂与火成岩的关系：渤海海域内古近纪＋新近纪钻遇火山岩的岩性主要为玄武岩及安山岩，厚度最薄的仅有 0.19m，最厚的达 1336m，跨越时间较长，分布的层位较多，从中生界、古近系的沙三段到新近系的馆陶组均有，这些火成岩都有规律地沿着深大断裂分布，而中基性岩浆体一般都是从地下深处的岩浆沿断裂运移上涌、溢流、喷发形成的；这说明深大断裂断裂较深，强度较大，至少穿过了上地壳甚至达到地幔。

深大断裂与非烃气的关系：一般油气田的 CO_2 含量仅有百分之零点几或百分之几，而在蓬莱 19-3 油田馆陶组的伴生气中发现 CO_2 含量达 18.3%～21.2%，渤中 13-1-3 井中东营组三段的气层含 32.9% 的 CO_2，也就是说蓬莱 19-3 油田及渤中 13-1-3 显示井明显存在二氧化碳的异常区，它恰好就分布在深大断裂附近，前人对二氧化碳的成因进行许多分析，显示这些二氧化碳气是从地下深处（地幔或接近地幔）沿深大断裂运移上来的。

表 4-5 渤海海域区域性深大断裂统计表

序号	断裂名称	走向	长度 /km
1	秦东 1	北东	50
2	秦东 2	北东	75
3	绥中东	北东	77.5
4	辽西 1 号	北东	157.5
5	辽西 2 号	北东	105
6	辽中 1 号	北东	285
7	莱州湾东支	北北东	187.5
8	莱州湾西支	北北东	172.5
9	石南断裂	北西西	47.5
10	柏各庄断裂	北西	67.5
11	北堡断裂	北东东	85
12	海河断裂	北西	127.5

注：表中序号非断裂编号。

三、断裂及构造组合形式

深部断裂构造组合形式多种多样：在平面上主要有平行式、雁列式及斜交式三种组合形式，在剖面上常呈现阶梯状、地堑、地垒、"Y"字形及花状等五种断裂组合类型。

根据断层产状、被断开地层产状及地质体（构造）形态的相互关系与组合，渤海海域大概可分下列几种和断层密切相关的构造组合类型：由拉分成因形成的地堑（半地堑）、地垒（半地垒）、翘倾（掀斜）断块或单斜；由压扭成因形成的挤压背斜和挤压断裂背斜；由走滑成因形成的逆冲断块；由同向正断层形成的断块等。其中以反向正断层形成的翘倾（掀斜）断块较多，这是整个渤海海域普遍存在的现象。

四、盆地内两大断裂系统

1. 渤海海域西部

渤海海域西部断裂平面延伸方向主要为北西向断裂及近东西向断裂，少量为其他方向的断裂。

一级断裂有海河断裂等 10 条，二级断裂有羊二庄断层等 17 条，其断层性质为伸展型的正断层，此区断裂的延伸长度13～45km，垂向断距达250～3000m不等。从现今状况看，渤海西部的一、二级断层多以北断南超为特点，构造走向多为与一、二级断层相关的东西向半地堑样式。这些断裂对沙垒田凸起、埕北低凸起、石臼坨凸起、沙南凹陷、秦南凹陷、渤中凹陷的形成及发育起主导作用。

中生代一级断裂活动较强，受其控制所形成的构造样式较多，有地堑式断层形成的挤压背斜、挤压断裂背斜、地堑及地垒、断裂向斜等，中生代已可见凸起、凹陷的雏形。

2.渤海海域东部（即郯庐断裂带渤海段）

郯庐断裂带渤海段根据其断裂在平、剖面上的延伸特点及组合关系将其分为三段，渤海北段即辽东湾段，断裂为北东走向并以平行排列为主；渤海中段，为断裂交会段，以北东向断裂为主，见有少量北西向断裂；渤海南段，为相交叠合段，北北东向断裂与近东西向断裂在此叠合、相交。

1）渤海北段（断裂平行、并列段）

郯庐断裂渤海北段在平面上是由两组平行并列的东、西两支断裂系组成，其中一级断裂有辽东1号、辽西1号等12条，二级断裂有12条。断裂密集，现今状况表现为垒堑相间的构造格局。

东支由辽中1号—辽中3号、辽东1号、辽东2号及旅大1号、旅大2号等一级断层组成，这些断层以伸展走滑为主（图4-9），由东支控制的辽东低凸起在平面上表现为南、北两段，呈"香肠状"。西支由辽西1号—辽西4号断层及秦南1号断层等5条一级断裂组成，这些断层以伸展拉张为主，所控制的辽西低凸起呈"山脉状"，绵延170km，辽西1号断层（图4-10）为控制辽西凹陷及辽西低凸起的边界断层，其断层性质为走滑型伸展正断层，辽西和辽中凹陷具有东断西抬的特点，这一特点在古近系沉积前就明显存在，其构造样式是由辽西2号、辽西1号及辽中1号等3条反向正断层（阶梯状断层组合）形成的典型的两个半地堑夹一个单斜断块（翘倾块）结构，箕状凹陷已经形成。而东支断层所控制辽东凸起及辽东凹陷在古近系沉积前无明显的构造形态。

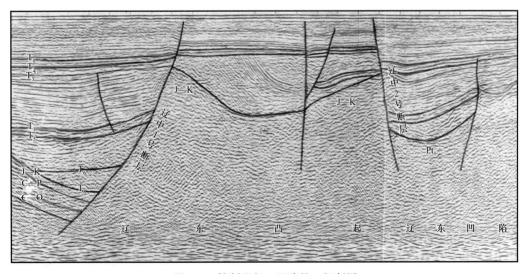

图4-9 控制凸起、凹陷的一级断层

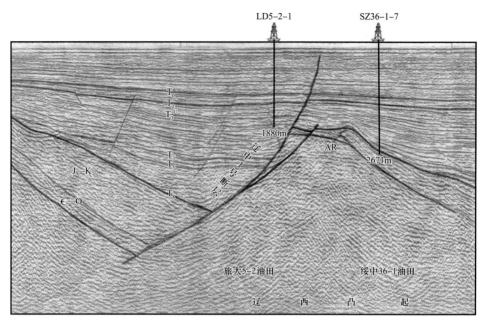

图 4-10　过郯庐断裂带渤海北段走滑断层地震剖面

2）郯庐断裂带渤海中段（断裂交会反转段）

郯庐断裂渤海中段是郯庐断裂东西两支在此交会地段，并与北西向的断裂叠合。在平面上为"人"字形结构，主要由渤东 1 号—渤东 3 号断层及渤中 1 号断层等 4 条一级断层组成，二级断层有庙北 1 号—庙北 3 号等 3 条断层。一级断裂所控制的渤东低凸起呈"豆荚"状断续分布，加上东西向构造的叠合，形成了该段北部的构造反转。旅大 22—旅大 27 构造带在新生代为一个典型的反转构造，古近系沉积前它处于上升阶段，在沙河街组沉积时构造带下降，接受沉积，而到东营组沉积时因与东西向构造的叠合受挤压作用反转上升，形成反转构造。

在古近系沉积前，以逆断层为主，在剖面上其构造样式以走滑逆冲断层形成的断块、垒块为主（图 4-11 至图 4-13）。

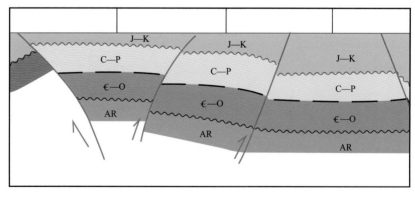

图 4-11　走滑逆冲垒块

3）郯庐断裂带渤海南段（相交叠合段）

郯庐断裂在此分为东西两支，并与近东西向的断裂相交叠合，在平面上为斜交式。近东西向正断层与北北东向断层相互作用形成走滑拉分式的地堑、地垒。本段范围内一

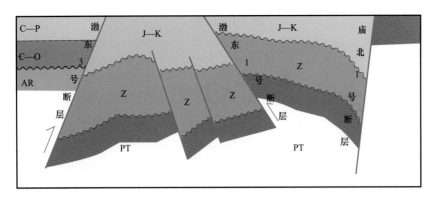

图 4-12 渤东 1 号、渤东 3 号逆断层形成的垒块

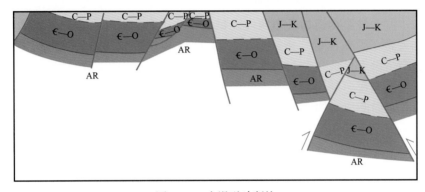

图 4-13 走滑逆冲断块

级断裂有 13 条，二级断裂 20 条。东支主要由莱州湾东支 1 号—莱州湾东支 3 号等 3 条一级断裂组成，西支主要由莱州湾西支 1 号—莱州湾西支 5 号等 5 条一级断裂组成。断裂以走滑挤压性质为主，莱州湾东支 1 号（图 4-14）及莱州湾西支 2 号（图 4-15）就属于典型的走滑断层，并且受挤压作用控制。

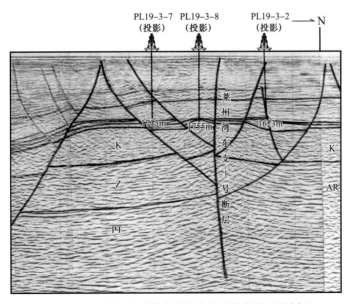

图 4-14 过郯庐断裂带莱州湾东支走滑断层地震剖面

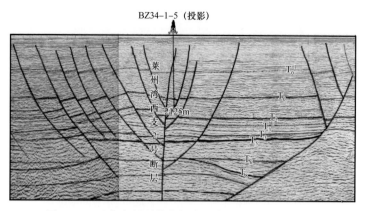

图 4-15　过郯庐断裂带莱州湾西支走滑断层地震剖面

此段的"盆—岭"构造为近东西向,被北(北)东向的断裂分割、错动,并在东西向的凹陷内发育了北东向的二级构造带,如 BZ34 构造带,就是东西向断裂,与后来北东向郯庐断裂带叠合而成;莱州湾凹陷内的北北东向的 KL12/17 构造带也是在东西向断裂与后来近南北向郯庐断裂带叠合而成的。这说明东西向断裂是控制构造单元形成的主导因素,而北东向断裂对构造形态进行了改造。

在古近系沉积前其构造样式有花状构造、地垒、地堑、走滑楔形断块及反向正断层形成的断块等,并以走滑拉分形成的花状构造、断块为主。

五、渤海海域断裂活动强度分析

通常对断层的活动性定量分析主要采用三个参数,即断层生长指数、断层落差、断层的活动速率参数。并以断层的活动速率这个重要参数为重点。

断层的活动速率(v_f)为某一地质时期内的断层落差与时间跨度的比值。其计算公式为

$$断层活动速率 v_f = (上盘厚度 - 下盘厚度) / 时间$$

当断层的活动速率 $v_f > 0$ 时为正断层;当 $v_f = 0$ 时,断层不活动;当 $v_f < 0$ 时为逆断层。

任志勇等(2007)对渤海海域全区近 20 条一级断层从中生界到东营组的活动速率进行了统计、分析(图 4-16,图 4-17)表明:整个渤海海域断层的活动高峰期出现在沙三段和东营组沉积时期,主要为 E_2s_3,其次为 E_3d。

东西向及北西向断层(图 4-18,图 4-19)不管在什么时期断层的活动速率(v_f)均大于零,为正断层,而北(北)东向断层(图 4-16,图 4-17)在中生界部分断层(渤东地区比较明显)的活动速率小于零,为逆断层,到了古近系活动速率大于零转换为正断层。

六、断裂发育的期次

从断裂规模、大小及强度上看:一级断裂形成较早,二级次之,三级最晚。从组合方式上看,北西向及近东西向断裂的形成比北东向及北(北)东向断裂早。从地震的反射特征及接触关系上看:同一断层的活动时期有长有短,并且不同时期活动强度不一样。如秦南 2 号断层(图 4-20)地震剖面上根据其不同的特点至少可以分出 5 个活动期次。其中 1、3 为强活动期,2、5 为弱活动期,4 介于二者之间。

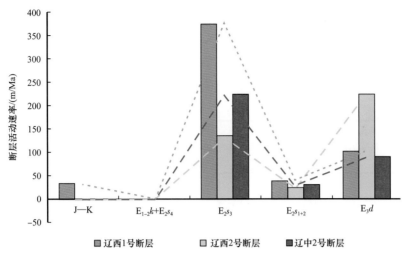

图 4-16 郯庐断裂渤海中段北东向断层活动速率随时间变化对比图

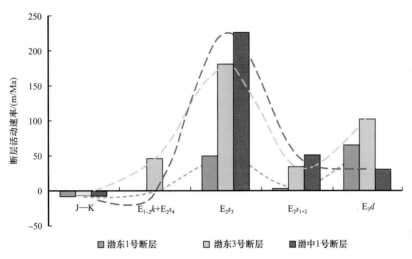

图 4-17 郯庐断裂渤海北段北东向断层活动速率随时间变化对比图

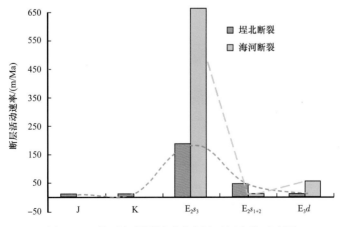

图 4-18 北西向断层活动速率随时间变化对比图

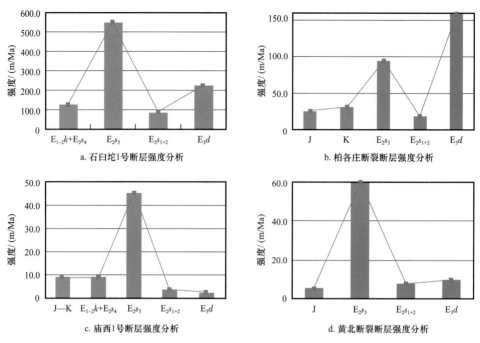

图 4-19　近东西向或北西向断层活动强度分析图

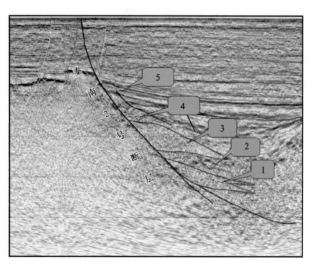

图 4-20　2004qn2d175 地震剖面—断层活动期次分析

七、渤海海域前新生代断裂演化

　　从晚三叠世开始，板块边缘的构造活动引起了陆内变形、变位。特提斯和太平洋板块的联合作用，在华北形成印支—早燕山期、晚燕山—早喜马拉雅期和晚喜马拉雅期三次变格运动（朱夏，1986）。这三次运动在强烈改造古生代构造盆地的同时，形成了中生代—新生代多种原型盆地及其并列、叠加关系，造就了中—新生界的"断裂繁荣"。

　　晚侏罗世—早白垩世，华北板块受到太平洋板块北北西方向的俯冲、挤压，又由于受到西伯利亚板块的阻挡和制约，渤海湾盆地产生左旋剪切应力场，形成以郯庐断裂为代表的北东、北北东向走滑断裂系统和北西、北西西方向的张性断裂系统，同时形成了受这两组断裂系统控制的大小断陷，这是裂谷盆地第一次形成发育期。

晚白垩世—新近纪，太平洋板块对华北板块的俯冲、挤压方向由北北西转向北西西运动，同时印度板块继续向北向东推动，使这一时期渤海湾地区产生右旋剪切应力场，形成第二次裂谷盆地发育期，形成以北北东为主、北西西为辅的两组断裂系统。

1. 渤海海域东部郯庐断裂带的演化

郯庐断裂带是中国东部的一条重要的深大断裂，对渤海湾盆地的形成和演化起着决定性的作用。郯庐断裂带具有分期、分段形成的特点。就渤海郯庐断裂带而言，在不同时期、不同地区，表现为不同断裂性质、不同的活动强度，所伴生的陷落、封闭、挤压、岩浆活动是因时间、地点、条件而异的。

在地史的演变过程中，渤海海域的郯庐断裂带早在中元古代时期就开始了明显活动，但是断裂未见明显的走滑性质，整体表现为东侧抬升、西侧沉降，郯庐断裂西侧沉积了青白口系；直到新元古代末期，断裂两侧转变为西侧抬升、东侧沉降，郯庐断裂东侧发育震旦系；古生代，渤海海域郯庐断裂带西侧沉降，接受了寒武系、奥陶系沉积，其东侧只有辽东半岛见及寒武系和奥陶系沉积。

三叠纪的印支运动使渤海海域东西向断层活动强烈，发育逆冲断层，郯庐断裂走滑强度弱，渤海郯庐断裂带南段（莱州湾段）可能被东西向断层切割。晚侏罗世—早白垩世，燕山晚期运动郯庐断裂左行走滑达到高峰，对渤海西部近东西向断裂进行改造，使近东西向断裂伸展断陷，形成中生代的盆岭结构，同时郯庐断裂带内发育走滑拉分盆地。

根据渤海海域郯庐断裂带构造特征，可以将其分为三段：

（1）北段即辽东湾段，表现为两组平行并列的东、西两支断裂。该段郯庐断裂主要沿燕山地体和辽东地体的拼贴线分布，晚侏罗世—早白垩世，郯庐断裂左行走滑拉分形成凹陷和凸起，"两隆三凹"的盆岭结构初步形成，这种盆岭形态在新生代得到了很好的继承。

（2）中段即渤东段，渤海郯庐断裂带的北段和南段在此交会，渤东段是燕山地体、鲁西地体、鲁东地体的交会处，由于基底性质的不同，使郯庐断裂的左行走滑受阻，中生代形成逆断层，渤东地区断层平面形态呈现"入"字形，具有走滑拉分的特征。直到古近纪中—晚期，郯庐断裂强烈右行走滑，渤东地区才开始走滑断陷，形成渤东低凸起。

（3）南段即莱州湾段，晚侏罗世—早白垩世，北北东向的郯庐断裂带对近东西向的断裂进行改造，形成菱形拉分盆地，并在郯庐断裂新生代右行走滑时期得到了很好的继承。

2. 渤海海域西部断裂带的演化

渤海西部断裂带，以北西、近东西走向的断裂为主体。

渤海西部有些近东西向大断裂在古生代就已经存在，如柏各庄—海中断裂带是鲁西地体和燕山地体的拼贴带。印支时期，由于华北板块与华南板块碰撞，渤海海域近东西向断裂活动强烈，该时期渤海的近东西向断裂如柏各庄断裂、石南断裂、海河断裂、沙南断裂、黄北断裂、莱北断裂强烈活动，并对郯庐断裂带产生影响。沙南凹陷北部发现印支时期以逆冲形式存在的断层，推测印支期渤海海域近东西向的逆断层发育，渤海海域整体隆升遭受剥蚀。黄北断裂、莱北断裂与郯庐断裂相交，燕山期和喜马拉雅期郯庐断裂强烈的走滑作用对近东西向的断层进行改造，形成渤海西部的伸展断陷盆地和渤海东部的菱形拉分盆地。

燕山期，近东西向的断层活动减弱，郯庐断裂的强烈左行走滑作用促使近东西向的断层伸展断陷，形成渤西凹陷、沙南凹陷、渤中凹陷、黄河口凹陷，同时形成北东向凸起和凹陷的雏形；喜马拉雅期的构造运动，主要是北东向的断裂强烈活动，并对近东西向断裂进行改造，基本继承了燕山期构造单元的格局。

八、断裂与地层沉积的关系

从中生界的残留厚度与断裂的关系来看，控制新生代凹陷、凸起的一级断裂大部分对中生界的沉积起控制作用，北西向及近东西向断裂的下降盘沉积的中生界地层相对较厚一些，其中黄北断裂控制的黄河口凹陷附近（厚度达 3000 多米）及沙南断裂控制的沙垒田凸起及石臼坨凸起中间的石南洼陷区（厚度达 4000 多米）最为明显，北东向（北北东向）的郯庐断裂对其也有控制作用，沿着郯庐走滑断裂带存在着晚侏罗世—早白垩世火山岩及火山沉积岩增厚的趋势。

经实际钻探和地震等资料证实，沿着郯庐断裂带的东边有震旦系的沉积，而断裂带西部没有，显然北东向的郯庐断裂对凸起、凹陷的沉积和发育有着显著的控制作用。

第五章 烃 源 岩

评价与选择任何一个沉积盆地实施油气勘探，最重要的是首先要落实其沉积地层中有无一定规模的烃源岩和生烃能力大小，这都是陆上、海洋油气勘探前期工作中要解决的地质问题。且随着油气勘探的进展，还要进行反复多次的油气资源评价研究工作。

第一节 烃源岩有机质丰度及类型特征

一、烃源岩分级评价标准

国内外学者曾先后提出过许多烃源岩的评价标准（黄第藩等，1984，1991；梁狄刚等，2001；Baskin，1997）。表 5-1 是在黄第藩等建立的陆相生油层评价标准的基础上修订后由中国石油天然气总公司 1995 年发布的行业标准。表 5-2 是国外学者 Baskin（1997）在 Peters 和 Cassa（1994）研究基础上概括出的烃源岩有机质数量的评价参数。中国海洋石油总公司 1987 年借鉴前人的研究成果，在生油专业会议上拟定出中国海域烃源岩评价参数（表 5-3），以此来判别中国近海盆地湖相烃源岩优劣的统一标准。

表 5-1 陆相烃源岩有机质丰度评价指标（SY/T 5735—1995）

指标	湖盆水体类型	非生油岩	生油岩类型			
			差	中等	好	最好
TOC/%	淡水—半咸水	<0.4	0.4~0.6	>0.6~1.0	>1.0~2.0	>2.0
	咸水—超咸水	<0.2	0.2~0.4	>0.4~0.6	>0.6~0.8	>0.8
氯仿沥青 "A" 含量 /%		<0.015	0.015~0.05	>0.05~0.10	>0.10~0.20	>0.20
总烃含量 /（μg/g）		<100	100~200	>200~500	>500~1000	>1000
S_1+S_2/（mg/g）			<2	2~6	>6~20	>20

表 5-2 烃源岩有机质数量评价参数（据 Baskin D K，1997）

烃源岩类别	TOC/%	S_2/mg/g	氯仿沥青 "A" /%	总烃含量 /μg/g
极好	>4	>20.0	>0.4	>2400
很好	2.0~4.0	10.0~20.0	0.20~0.40	1200~2400
好	1.0~2.0	5.0~10.0	0.10~0.20	600~1200
中等	0.5~1.0	1.0~5.0	0.05~0.10	300~600
差	<0.5	<1	<0.05	<300

表 5-3　中国海域湖相烃源岩级别划分标准（据黄正吉等，2011）

烃源岩级别	TOC/%		氯仿沥青 "A" /%	总烃含量 / μg/g	生烃潜量 S_1+S_2/ mg/g
	淡—半咸水湖盆	咸水湖盆	不分	不分	淡—半咸水湖盆
很好	>2.0		>0.2	>1000	>10
好	1.0~2.0	>0.6	0.1~0.2	500~1000	6~10
较好	0.6~1.0	0.4~0.6	0.05~0.1	200~500	2~6
差	0.4~0.6	0.2~0.4	0.01~0.05	100~200	0.5~2
非	<0.4	<0.2	<0.01	<100	<0.5

煤系烃源岩有机质以陆生植物为主，类脂组含量低，富碳贫氢，虽然有机碳含量高，但生烃潜量并不一定高，所以不宜用湖相烃源岩的评价标准来评价煤系烃源岩。采用表 5-4 和表 5-5 的评价标准来评价煤系烃源岩较为合适。

表 5-4　中国煤系泥岩生烃潜力评价标准（据陈建平，1997）

油源岩类型及级别		HI/ mg/g	S_1+S_2/ mg/g	氯仿沥青 "A" /%	HC/%
煤系泥岩	非	<0.75	<0.50	<0.15	<0.05
	差	0.75~1.50	0.50~2.00	0.15~0.30	0.05~0.12
	中	1.50~3.00	2.00~6.00	0.30~0.60	0.12~0.30
	好	3.00~6.00	6.00~20.00	0.60~1.20	0.30~0.70
	很好	3.00~6.00	>20.00	>1.20	>0.70

表 5-5　煤系碳质泥岩生烃潜力评价标准（据陈建平，1997）

油源岩级别	评价指标			有机质类型
	HI/（mg/g）	S_1+S_2/（mg/g）	TOC/%	
非	<60	<10	6~10	III_2
很差	60~110	10~18	6~10	III_2
差	110~200	18~35	6~10	III_1
中	200~400	35~70	10~18	II
好	400~700	70~120	18~35	I_2
很好	>700	>120	35~40	I_1

关于海相烃源岩有机质丰度的评价标准，不同学者持不同的看法（表5-6）。法国学者Tissot（1984）将碳酸盐岩烃源岩有机碳丰度的下限值确定为0.3%，我国学者黄第藩认为碳酸盐岩烃源岩有机碳丰度的下限值为0.1%更合适。Tissot（1984）将海相泥质岩烃源岩有机碳丰度的下限值确定为0.5%，黄第藩（1995）认为海相泥质岩烃源岩有机碳丰度的下限值为0.4%更合适。

表5-6　海相烃源岩有机质丰度评价标准（据任志勇等，2006）

学者	碳酸盐岩烃源岩有机碳丰度下限/%	泥质岩烃源岩有机碳丰度下限/%
Hunt（1967，1979）	0.3	0.4~1.0
Placas（1983）	0.4	—
Tissot（1984）	0.3	0.5
傅家谟等（1986）	0.1~0.2	—
陈丕济（1986）	0.1	—
刘宝泉（1985）	0.05	—
郝石生（1989）	0.2	—
黄第藩（1995）	0.1	0.4

二、有机质丰度及分布

有机质是油气生成的物质基础，其丰富程度通常用总有机碳（TOC，%）、氯仿沥青"A"（%）、总烃（μg/g）和生烃潜量（S_1+S_2，mg/g）的实验测定值来表示。总有机碳TOC是指单位质量的岩石中有机碳的质量分数；氯仿沥青"A"是岩石中的可溶有机质；总烃是氯仿沥青"A"族组分中饱和烃与芳香烃之和；生烃潜量是通过岩石热解分析得到的游离烃（S_1）和有机质的热解烃（S_2）之和。

1. 新生代烃源岩

1）有机质丰度

（1）孔店组。

渤海湾盆地裂陷I期形成的优质烃源岩在黄骅坳陷和濮阳坳陷都有发现。黄骅坳陷沧东、南皮凹陷发现的孔二段属内陆闭塞湖相咸水沉积，处于还原环境，湖生生物发育，其烃源岩为油页岩和暗色泥岩。油页岩系以黑色泥岩为主，油页岩和钙质页岩为泥质岩类，该岩系有机质十分富集，属很好级别的烃源岩。

渤海海域的孔店组是盆地裂陷初期的充填沉积，整体偏粗，但也存在孔二段湖相暗色泥岩，具有较高有机质含量。以黄河口凹陷某井为例，孔店组泥岩多数样品有机碳含量TOC大于1%，烃含量大于500μg/g，部分样品生烃潜量S_1+S_2大于6mg/g，属较好—好级别的生油岩。

（2）沙四段。

在渤海海域钻遇的沙四段烃源岩，在莱州湾凹陷和辽东湾地区有机质丰度高，其中莱州湾凹陷钻井揭示的沙四段烃源岩有机碳含量TOC最高达3.75%，热解生烃潜量

S_1+S_2 最高达 32.81mg/g；辽东湾地区沙四段烃源岩有机碳含量最高达 3.11%，热解生烃潜量 S_1+S_2 最高达 18.99mg/g，这两个地区均发育好—很好级别的沙四段湖相烃源岩（图 5-1）。

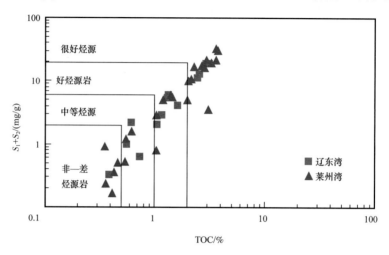

图 5-1　渤海海域沙四段烃源岩有机碳含量与热解生烃潜量关系图

（3）沙三段。

渤海海域沙三段烃源岩有机质丰富，以沙南凹陷最为富集。沙三中亚段烃源岩多数分析样品 TOC 大于 2%，S_1+S_2 值大于 10mg/g，该值普遍为 20～40mg/g，最大者大于 50mg/g，烃源岩热解氢指数（HI）多数大于 500mg/g（HC/TOC），总烃含量均大于 1000μg/g，转化率值（HC/TOC）多数样品大于 10%（图 5-2）。

沙三段烃源岩有机质富集凹陷依次为沙南、黄河口、莱州湾、渤中、辽中、歧口和辽西凹陷。

渤海海域沙三段烃源岩有机碳含量平均为 2.12%，热解生烃潜量 S_1+S_2 平均为 10.14mg/g，氯仿沥青"A"含量平均为 0.33%，总烃含量平均为 1905μg/g，各项分析指标均可达到很好烃源岩的级别。

（4）沙二段。

渤海海域沙二段为湖盆收缩期沉积，湖水普遍较浅，以粗碎屑岩沉积为主，烃源岩一般不太发育。据统计，沙二段烃源岩有机碳含量平均为 0.92%，热解生烃潜量 S_1+S_2 平均为 3.56mg/g，氯仿沥青"A"含量平均为 0.17%，总烃含量平均为 1008μg/g（表 5-7），按评价标准衡量属于较好级别的烃源岩。

（5）沙一段。

在渤海海域沙一段沉积早期部分继承了沙二段的沉积特征，但随着湖盆发生再次湖侵，湖水迅速向隆起区扩展，水域面积扩大，在温湿气候条件下，水生生物发育，在此环境下形成了沙一段优质烃源岩。

沙一段烃源岩有机碳含量平均为 2.03%，热解生烃潜量 S_1+S_2 平均为 10.08mg/g，氯仿沥青"A"含量平均为 0.29%，总烃含量平均为 1489μg/g（表 5-7），属于很好级别的烃源岩。各凹陷比较发现，歧口、渤中、辽中南和辽西凹陷均属很好级别烃源岩，黄河口和辽中北注属好烃源岩，莱州湾凹陷沙一段烃源岩有机质含量低，仅为差—较好级别的烃源岩。

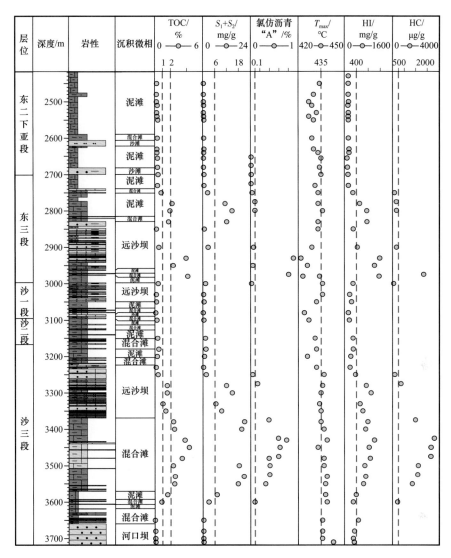

图 5-2　CFD16-3-1 井烃源岩综合地球化学剖面

表 5-7　渤海海域烃源岩有机质丰度统计表

层段	有机碳含量 /%	热解生烃潜量 /（mg/g）	氯仿沥青"A"/%	总烃含量 /（μg/g）
东一段	0.35（46）	0.62（46）	0.02（7）	278（6）
东二上亚段	0.58（77）	1.56（77）	0.08（41）	318（380）
东二下亚段	1.25（447）	3.93（551）	0.09（294）	447（284）
东三段	1.55（562）	5.97（553）	0.20（324）	1111（324）
沙一段	2.03（160）	10.08（155）	0.29（77）	1489（68）
沙二段	0.92（43）	3.56（43）	0.17（36）	1008（34）
沙三段	2.12（196）	10.14（196）	0.33（78）	1905（78）

注：2.12（196）代表平均值（样品数）。

（6）东三段。

在渤海海域东三段烃源岩有机碳含量平均为1.55%，热解生烃潜量S_1+S_2平均为5.97mg/g，氯仿沥青"A"含量平均为0.20%，总烃含量平均为1111μg/g（表5-7），属于好级别的烃源岩。

东三段烃源岩有机质最为富集的地区是沙南凹陷、渤中凹陷的南部和庙西凹陷。沙南凹陷东三段下部有机碳含量稳定大于2%，热解生烃潜量S_1+S_2稳定大于10mg/g，热解氢指数大于500mg/g，属于很好级别的烃源岩。渤中凹陷的南部和庙西凹陷的北洼东三段烃源岩也属很好级别的烃源岩。辽中、歧口和黄河口凹陷的东三段烃源岩为好烃源岩，莱州湾凹陷东三段有机质含量低，属非烃源岩。

（7）东二段。

在渤海海域东二下亚段烃源岩有机质含量最高者是庙西凹陷，上部有机碳多数样品大于1%，热解生烃潜量值多数样品大于6mg/g，下部样品多数有机碳大于2%，热解生烃潜量S_1+S_2大于10mg/g，总体为好—很好级别的生油岩。其次是渤中、歧口、辽中、辽西、黄河口凹陷有机碳介于1%～2%，热解生烃潜量S_1+S_2介于2～6mg/g，为较好—好生油岩。东二下亚段在沙南和莱州湾凹陷有机质含量低，均为差—非级别的生油岩。

东二上亚段烃源岩有机质含量显著降低，有机碳含量平均为0.58%，热解生烃潜量S_1+S_2平均为1.56mg/g，氯仿沥青"A"含量平均为0.08%，总烃含量平均为318μg/g（表5-7），属于差级别的烃源岩。

（8）东一段。

在渤海海域东一段烃源岩有机质含量更低，属于差级别的烃源岩。

总体来看，渤海海域沙三段和沙一段烃源岩属于好—很好级别的烃源岩；东三段和东二下亚段属于较好—好级别的烃源岩，也存在很好级别的烃源岩；沙二段也有较好级别的烃源岩；东二上亚段和东一段烃源岩总体较差，仅局部地区有较好级别的烃源岩发育。

2）有机质的分布特征

有机质在盆地中的分布受沉积环境所制约，各时期沉积相带的展布控制了各烃源层有机质的富集与保存（图5-3，图5-4）。

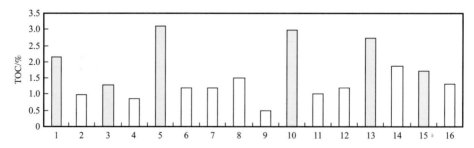

图5-3　渤海海域沙河街组各沉积相带中有机碳含量分布图（据黄正吉等，2011）

1—渤西沙一段中深湖相；2—渤西沙一段滨浅湖相；3—渤西沙二、三段中深湖相；4—渤西沙二、三段滨浅湖相；5—渤中沙一、二段中深湖相；6—渤中沙一、二段滨浅湖相；7—渤中沙一、二段扇三角洲相；8—渤中沙一、二段浅水台地相；9—渤中沙一、二段河流相；10—渤中沙三、四段中深湖相；11—渤中沙三、四段滨浅湖相；12—渤中沙三、四段扇三角洲相；13—辽东湾沙一段中深湖相；14—辽东湾沙一段滨浅湖相；15—辽东湾沙二、三段中深湖相；16—辽东湾沙二、三段滨浅湖相

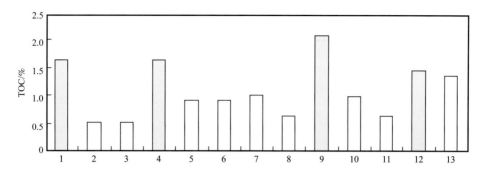

图 5-4 渤海海域东营组下段各沉积相带中有机碳含量分布图（据黄正吉等，2011）

1—渤西东下段中深湖相；2—渤西东下段滨浅湖相；3—渤西东下段三角洲前缘相；4—渤中东二段中深湖相；
5—渤中东二段滨浅湖相；6—渤中东二段滩坝相；7—渤中东二段三角洲相；8—渤中东二段扇三角洲相；
9—渤中东三段中深湖相；10—渤中东三段滨浅湖相；11—渤中东三段扇三角洲相；12—辽东湾东下段中深湖相；
13—辽东湾东下段滨浅湖相

沙三、四段沉积时期，渤中地区中深湖相区烃源岩有机碳含量平均值为 2.98%，滨浅湖相区则减少至 1%。

沙二、三段沉积时期，辽东湾和渤西地区中深湖相区烃源岩有机碳含量平均值分别为 1.71% 和 1.28%，二者滨浅湖相区有机碳含量平均值分别为 1.31% 和 0.87%。

沙一段沉积时期，渤中地区中深湖相区烃源岩有机质最富集，有机碳含量达 3.1%，滨浅湖相区为 1.2%；辽东湾和渤西地区中深湖相区烃源岩有机碳含量分别为 2.72% 和 2.15%，滨浅湖相区分别为 1.87% 和 0.98%。

东下段沉积时期，渤中地区中深湖区烃源岩有机碳含量介于 1.64%～2.07%，滨浅湖相区为 0.90%～0.99%；辽东湾和渤西地区中深湖相区烃源岩有机碳含量分别为 1.45% 和 1.64%，滨浅湖相区分别为 1.35% 和 0.51%。

可见，各时期中深湖相区是有机质最为富集的地区，也是油气生成的主要地区。

2. 前新生代烃源岩

渤海海域前新生代在太古宇与元古宇的结晶基底之上发育的震旦系、寒武系—奥陶系、石炭系—二叠系、侏罗系、白垩系的煤层、泥岩系列，理论上都可以为各类油气藏的形成做出贡献。

1）震旦系

震旦系在渤海海域仅在部分井中（LD28-1-1 井、BD2 井等）钻遇，其地层有机质丰度很低。泥页岩类烃源岩 TOC 值分布在 0.10%～0.26% 之间，S_1+S_2 平均值分布在 0.12～0.15mg/g 之间；石灰岩类烃源岩有机质含量更低，TOC 值分布在 0.07%～0.17% 之间，S_1+S_2 平均值分布在 0.06～0.12mg/g 之间；泥页岩类烃源岩和石灰岩类烃源岩的氯仿沥青"A"和总烃含量都很低（表 5-8）。

2）古生界

渤海海域地区下古生界主要发育有寒武系和中—下奥陶统，岩性以碳酸盐岩为主夹泥岩。已钻探井主要分布在辽西凸起南部、石臼坨凸起和渤南凸起上，寒武系地层揭露较厚，在 BZ4 井，钻遇地层垂直厚度 585m；在 BZ17 井奥陶系揭露较厚，垂直厚度为 604m。

表5-8　辽东凹陷LD28-1-1井震旦系烃源岩有机质丰度表（据任志勇等，2006）

深度 / m	岩性	TOC / %	S_1+S_2 / mg/g	氯仿沥青 "A" / %	HC / μg/g	评价
3099～3102	石灰岩（岩屑）	0.070	0.11	0.010	50.625	差
3150～3153	石灰岩（岩屑）	0.12	0.06	0.010	31.381	差
3198～3201	石灰岩（岩屑）	0.17	0.12	0.012	81.427	差
3252～3258	泥岩（岩屑）	0.16	0.12	0.007	39.134	差
3258～3267	泥岩（岩屑）	0.14	0.12	0.013	85.250	差
3369～3372	页岩（岩屑）	0.23	0.15	0.023	130.310	差
3381～3384	泥岩（岩屑）	0.26	0.13	0.011	60.480	差
3393～3399	泥岩（岩屑）	0.10	0.12	0.010	41.838	差

上古生界主要是石炭系—二叠系含煤地层。所钻遇井主要分布在埕北低凸起、歧口凹陷和石臼坨凸起。以埕北低凸起的CFD22-1-1井钻遇上古生界的厚度较大，主要是以深灰色泥岩、粉砂岩为主，夹生物碎屑灰岩及煤层，煤层的厚度达12m，泥岩的厚度为284m，泥岩含量占41.7%。

渤海海域古生界烃源岩的分析资料表明，其有机质丰度统计结果见表5-9。寒武系烃源岩有机质含量很低，其中碳酸盐岩TOC平均值为0.15%，S_1+S_2平均值为0.2mg/g；泥岩有机质含量略高，TOC平均值为0.5%。奥陶系烃源岩有机质含量更低，TOC平均值仅为0.09%。现有资料证实：寒武系—奥陶系除曹妃甸2-1油田有生烃能力外，其他地区可能生烃潜力较差。另外在埕北及海域西部地区石炭系—二叠系也有一定的生烃能力。石炭系—二叠系泥岩的有机质含量相近，TOC平均值分别为0.24%和0.25%，从海域石炭系—二叠系烃源岩分析研究结果看，总体上生烃能力有限。如位于埕北低凸起东南端的H20井，其石炭系—二叠系以泥页岩为主，有机碳含量均小于0.4%，含量偏低，从生烃潜力来说，绝大部分生油指数S_1+S_2值小于0.05mg/g，生烃潜力较低；而CFD22-1-1井的石炭系—二叠系含黑色泥岩和煤，有机碳含量除了泥质灰岩是0.82%，其余均大于1%，有机质丰度较高，生烃指数在0.5～2之间，具有一定的生烃潜力。

3）中生界

相比之下，中生界烃源岩的有机质含量高于古生界。渤西地区钻遇的中—下侏罗统烃源岩TOC平均值为0.81%，S_1+S_2平均值为2.14mg/g，氯仿沥青 "A" 平均值为0.1449%，总烃含量平均值为568μg/g，属于较好级别的烃源岩。渤中和辽东湾地区钻遇的下白垩统烃源岩，TOC平均值分别为0.99%和0.5%，S_1+S_2平均值分别为2.46mg/g和2.01mg/g，氯仿沥青 "A" 平均值分别为0.1146%和0.0956%，总烃含量平均值分别为538μg/g和650μg/g（表5-10）。渤中地区分布的下白垩统烃源岩比辽东湾地区钻遇的下白垩统烃源岩有机质略丰富，二者都属于较好级别的烃源岩。

表 5-9　渤海海域古生界有机质丰度统计表（据朱伟林等，2009）

层位	岩性	TOC/%		S_1+S_2/（mg/g）		氯仿沥青 "A" /%	
		范围值	平均值	范围值	平均值	范围值	平均值
奥陶系	碳酸盐岩	0.02～0.66	0.09				
寒武系	泥岩	0.28～0.69	0.5				
	碳酸盐岩	0.02～0.38	0.15	0.03～1.88	0.2	0.071～0.414	0.274
二叠系	泥岩	0.04～0.61	0.25	0.35	0.35	0.0025～0.02	0.0084
石炭系	泥岩	0.03～1.0	0.24	0.23	0.23		
	煤	26.22	26.22	2.3	2.3		

表 5-10　渤海海域中生界烃源岩有机质丰度统计表（据朱伟林等，2009）

地区及层位	TOC/%	S_1+S_2/（mg/g）	氯仿沥青 "A" /%	HC/（μg/g）
辽东湾下白垩统	$\dfrac{0.23～1.18}{0.5}$	$\dfrac{0.14～3.61}{2.01}$	$\dfrac{0.0114～0.2078}{0.0956}$	$\dfrac{60～1513}{650}$
渤中下白垩统	$\dfrac{0.11～3.73}{0.99}$	$\dfrac{0.3～9.37}{2.46}$	$\dfrac{0.0274～0.3266}{0.1146}$	$\dfrac{128～728}{538}$
渤西中—下侏罗统	$\dfrac{0.22～2.38}{0.81}$	$\dfrac{0.02～4.71}{2.14}$	$\dfrac{0.0524～0.3082}{0.1449}$	$\dfrac{240～1175}{568}$

注：$\dfrac{0.23～1.18}{0.5}$ 代表 $\dfrac{数值范围}{平均值}$。

（1）侏罗系。

经钻探证实，渤海海域的中—下侏罗统在歧口凹陷区揭示的是一套陆相含煤碎屑岩地层，与下伏地层不整合接触。代表井为 QK17-9-2 井，下部为粗砂岩夹煤层，泥岩呈灰绿色及紫红色；上部为砂岩、含砾砂岩，砂砾岩、砾岩及部分粉砂岩为主夹泥岩及薄层煤层，钻遇厚度为 572m，泥岩含量占 34.3%。

① 有机质丰度。中—下侏罗统的页岩及煤层在 QK17-9-2 井、歧口 18-2-1 井以及歧口 17-9-1D 井有机碳含量都比较高，最高的 QK17-9-2 井页岩达到了 1.94%，煤是 38.97%，具有比较好的生烃潜力（表 5-11）。

表 5-11　中—下侏罗统有机质丰度表

井号	深度/m	岩性	TOC/%	S_1+S_2/mg/g	氯仿沥青 "A" /%	HC/μg/g	评价
QK17-9-2	2015～2030	泥岩（岩屑）	0.75	1.17	0.0316	150.51	较好
	2225～2240	泥岩（岩屑）	0.70	0.54	0.0318	165.36	较好
	2240～2245	煤	38.97	41.75	0.7546	3287.03	好
	2245～2255	泥岩（岩屑）	1.94	1.39	0.0326	130.73	好

② 有机质类型。室内分析中—下侏罗统的显微组分中腐泥组含量很低，QK17-9-2井壳质组含量部分仅20%，镜质组和惰质组含量较高，有机质类型属于Ⅱ$_2$—Ⅲ型（表5-12）。

表5-12 中—下侏罗统镜质组反射率表

井号	井深/m	岩性	镜质组反射率 R_o/%
QK17-9-2	2015~2030	泥岩	0.55
	2225~2240	泥岩	0.54
	2240~2245	煤	0.57
	2245~2255	泥岩	0.62

③ 有机质成熟度。中—下侏罗统 R_o 值都在0.5%~0.6%范围内，属于低成熟带。

总的来说，歧口地区有机碳含量较高，大都处于成熟阶段。总烃含量比较大，具有较好的生烃潜力。

（2）白垩系。

白垩系主要发育于石臼坨凸起、辽东湾地区以及秦南凹陷区，代表井为渤中6井、渤中14井和JZ16-2-1井，渤中6井岩性以深灰色、灰黑色泥岩为主，夹薄层钙质泥岩、白云岩、砂质灰岩、凝灰质砂砾岩，还夹有10（1~2m）层以上的火山岩层，钻遇厚度891m，泥岩含量27%；渤中14井钻遇厚度135.24m（未穿），主要是凝灰质泥岩，还含有凝灰岩和少量白云岩，凝灰质泥岩含量37.7%；锦州16-2-1井主要以泥岩为主，夹少量细砂岩，泥岩含量为93.2%（表5-13）。

表5-13 下白垩统有机质丰度表

井号	深度/m	岩性	TOC/%	S_1+S_2/mg/g	氯仿沥青"A"/%	总烃/μg/g	评价
BZ6	3180~3190	泥岩（岩屑）	0.98	3.04	0.1631	745.53	较好
	3190~3200	泥岩（岩屑）	0.65	1.13	0.1450	696	较好
	3233~3239	泥岩（岩屑）	0.82	2.25	0.0666	375.62	较好
	3241~3245	泥岩（岩屑）	0.88	3.01	0.0658	346.50	较好
JZ16-2-1	3188~3204	泥岩、页岩（岩屑）	1.66	8.11	0.2909	1644.75	好
	3208~3218	泥岩、页岩（岩屑）	1.78	8.98	0.3622	1941.39	好
	3240~3268	泥岩、页岩（岩屑）	0.42	0.95	0.1109	614.16	差
BZ14	2472~2481	砂岩	0.92	1.65	—	—	较好
	2485~2496	凝灰质泥岩	0.72	1	—	—	较好
	2540~2544	凝灰质泥岩	0.63	0.42	—	—	较好
	2570~2580	凝灰质泥岩	0.52	0.34	—	—	差
	2584~2594	凝灰质泥岩	0.58	0.3	—	—	差

① 有机质丰度。下白垩统有机质丰度见表5-13。

② 有机质类型。下白垩统泥质岩类的显微组分中腐泥组含量很低，BZ6井和JZ16-2-1井壳质组含量偏高，所以有机质类型都属于II_1—II_2型（表5-14）。

表5-14 下白垩统干酪根显微组分及类型

井号	井深/m	腐泥组	壳质组	镜质组	惰质组	有机质类型
BZ6	3180~3190	20	70	7	3	II_1
	3190~3200	10	70	7	3	II_1
	3233~3239	15	73	9	3	II_1
	3241~3245	20	65	11	4	II_1
JZ16-2-1	3188~3204	10	75	11	4	II_2
	3208~3218	10	76	9	5	II_2
	3240~3268		86	9	5	II_2

③ 有机质成熟度。下白垩统R_o值有70%以上在0.5%～0.6%范围内，属于低成熟带，还有30%左右R_o值小于0.5%，属于未成熟带。

虽然辽东湾地区镜质组反射率测点较少，但整体上看下白垩统的生烃潜力优于中—下侏罗统和石炭系—二叠系地层。石臼坨凸起东端BZ6井区附近下白垩统烃源岩有机质丰度较高，主要处于低成熟阶段（表5-15）。

表5-15 白垩系镜质组反射率表

井号	井深/m	岩性	镜质组反射率 R_o/%
BZ6	3180~3190	泥岩	0.50
	3190~3200	泥岩	0.50
	3233~3239	泥岩	0.58
	3241~3245	泥岩	0.55
JZ16-2-1	3188~3204	泥页岩	0.57
	3208~3218	泥页岩	0.46
	3240~3268	泥页岩	0.46

4）前新生代烃源岩的贡献

对于前新生代而言，整体上烃源岩条件较好的应该是石炭系—二叠系、中—下侏罗统、下白垩统三套地层。

已发现的油气藏中，位于秦南凹陷东缘的秦皇岛30-1油气藏有比较充足的证据表明，该油气藏的形成有白垩系烃源岩的贡献（任志勇，2006）。QHD30-1N-1井和QK17-9-2井的油源对比结果表明（表5-16，表5-17），QK17-9-2井的原油来自歧口凹陷成熟度较高的沙三段及中生界烃源岩，属于混合油。QHD30-1 凝析油和岩屑对比关系表明，沙一段凝析油来自中生界烃源岩，这都说明前新生代的烃源岩对古近系油气藏是有贡献的。

表 5-16　QHD30-1N-1 井油源对比结果

样品	甾烷 α，$\alpha RC_{27}/C_{29}$	γ- 蜡烷 / $C_{30}\alpha\beta$ 藿烷	Σ 4- 甲基 C_{30} 甾烷 / Σ C_{29} 甾烷	甾烷 $C_{29}\alpha\alpha S/$ ($S+R$)	原油或岩石抽提物中的碳同位素	Pr/Ph
凝析油（E_2s_1）	0.64	0.50	0.11	0.20	—	0.92
岩屑（K_1）	0.63	0.51	0.13	0.20	—	—

表 5-17　歧口地区油源对比结果

样品	甾烷 α，$\alpha RC_{27}/C_{29}$	γ- 蜡烷 / $C_{30}\alpha\beta$ 藿烷	Σ 4- 甲基 C_{30} 甾烷 / Σ C_{29} 甾烷	甾烷 $C_{29}\alpha\alpha S/$ ($S+R$)	原油或岩石抽提物中的碳同位素	Pr/Ph
QK17-9-2（原油，E_2s_2）	1.01	0.23	0.34	0.33	—	1.30
QK17-9-1D（原油，J）	1.20	0.15	0.35	0.26	−27.1	1.29
QK18-1-1（岩屑，E_2s_2）	1.55	0.13	0.24	0.39	−27.04	1.37
QK17-9-1D（岩屑，J）	1.06	0.21	0.15	0.17	—	0.47

三、新生代烃源岩有机质类型特征及生源构成

1. 浮游藻类

浮游藻类的相对丰度是反映古湖泊生产力的有效标志，高生产力的古湖泊具有缺氧的湖底环境，则利于有机质的保存与富集，形成良好的油源条件。孔店组沉积时就有局部的小湖形成，由 BZ28-1-1 井孔店组样品的浮游藻类分析结果表明，其值占孢粉型有机质的 30%～57%，其中球藻居多，沟鞭藻次之，绿藻很少。沙四段沉积时藻类含量剧增，KL10-2-1D 井沙四段样品浮游藻类含量最高可达 60%。LD22-1-1 井沙三段样品浮游藻类十分丰富，主要类型是沟鞭藻类的渤海藻和副渤海藻属，部分层段为属于疑源类的球藻（图 5-5）。沙二段到东营组下部浮游藻类含量也很高，大多超过 50%。沙一、二段中的浮游藻类大多数为球藻，绿藻在东营组下部占优势。

可见，从孔店组至沙河街组浮游藻类的含量逐渐增加，主要类型是沟鞭藻和球藻，反映了半咸水的特征。东营组地层沉积时也有丰富的浮游藻类，除球藻外绿藻含量骤增，反映了水体淡化的特征。

2. 干酪根显微组分及元素组成

干酪根是岩石中的不溶有机质，通过对其形态及光学特征的研究及元素组成分析，来识别有机质生源构成，评价成烃能力和类型特征。

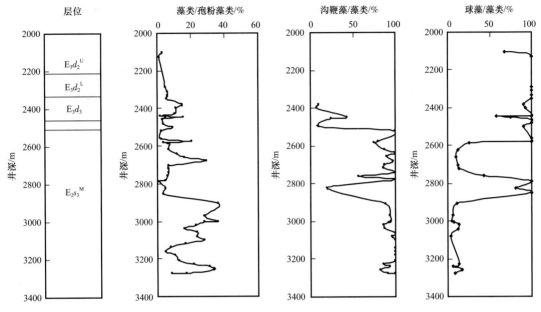

图 5-5　旅大 22-1-1 井古近系烃源岩中的藻类组成及含量变化

1）孔店组

黄河口凹陷的孔店组烃源岩干酪根显微组分中以壳质组含量为主，平均值为 57%，其次为腐泥组，占比为 26%，镜质组占 15%，惰质组含量仅占 2%。干酪根类型的总体特征是以 II_2 型为主，其次是 II_1 型和 III 型。

2）沙四段

烃源岩干酪根元素测定结果表明，莱州湾凹陷的沙四上亚段部分分析样品氢含量很高，在范氏图解中分析数据点处在 I 型演化线附近，存在 I 型干酪根，多数为 II_1 型（图 5-6a），沙四下亚段干酪根多为 II_2 型。

辽中凹陷南洼沙四段烃源岩干酪根显微组成中以镜质组为主，其次是壳质组和腐泥组，惰质组含量小于 10%，其类型以 II_2 型为主，其次是 II_1 型和 III 型。

3）沙三段

干酪根显微组成中腐泥组和壳质组含量普遍高，镜质组含量低，惰质组含量更低。其中，渤中凹陷北缘和歧口凹陷干酪根腐泥组含量在 50%～55% 之间，壳质组含量在 20%～30% 之间，镜质组含量在 10% 左右，惰质组含量很低。辽西凹陷、辽中凹陷北洼和黄河口凹陷以壳质组为主，腐泥组含量偏低。

干酪根元素分析资料（图 5-6b）表明，烃源岩有机质中氢含量普遍高。渤中、歧口、辽中凹陷沙三中亚段分析数据点多分布在 II 型演化线两侧，表现出 II_1 型母质的特征。辽西、辽中凹陷北洼和黄河口凹陷元素分析为 II_1—II_2 型。莱州湾凹陷和沙南凹陷的沙三段烃源岩干酪根元素分析，部分样品的分析数据点处于 I 型演化线附近，另一些样品的分析数据点处于 II 型演化线附近，表明 I 型和 II 型干酪根同时存在，II_1 型者居多。

两种方法的分析结果相近，说明各凹陷沙三段烃源岩 I 型和 II 型干酪根同时存在，以 II_1 型为主。莱州湾和沙南凹陷沙三段烃源岩干酪根类型略好于其他凹陷。

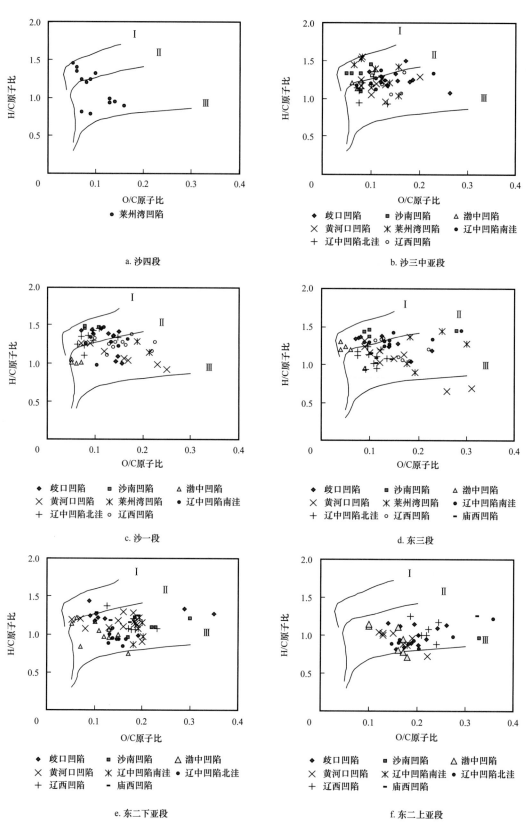

图 5-6　渤海海域古近系烃源岩干酪根的元素组成（据黄正吉等，2011）

4）沙一段

干酪根显微组分组成中除黄河口凹陷外，其余凹陷腐泥组含量均很高，渤中凹陷南缘分布范围为70%～80%，歧口和辽中凹陷北洼为60%～65%，其次含量者为壳质组，镜质组和惰质组含量均很低。

干酪根元素分析资料表明，沙一段烃源岩有机质中氢含量仍然很高，各凹陷分析数据点多处在Ⅱ型演化线两侧，母质类型以Ⅱ$_1$型为主。沙南和歧口凹陷的部分数据点更靠近Ⅰ型演化线，干酪根类型更好些。黄河口凹陷分析数据点很分散，一些分布在Ⅱ型演化线附近，另一些接近Ⅲ型演化线，表现为Ⅱ$_1$—Ⅱ$_2$型的分布特征，Ⅱ$_2$型者偏多（图5-6c）。

5）东三段

渤中凹陷南部东三段烃源岩干酪根腐泥组含量在70%以上，壳质组含量大于20%，镜质组和惰质组含量之和不足5%；歧口和辽中凹陷的北洼腐泥组含量在50%左右，壳质组含量为30%～40%，表现出混合型母质的特征；黄河口和辽中凹陷南洼腐泥组含量在降低，而镜质组含量在增加，反映出陆源有机质在增加；庙西凹陷多数样品腐泥组含量大于40%，最高者达67%，部分样品壳质组含量较高。沙南、渤中凹陷东三段烃源岩干酪根氢含量很高，表现出Ⅰ—Ⅱ$_1$型的特征，其他凹陷以Ⅱ$_1$型为主，黄河口凹陷为Ⅱ$_2$—Ⅲ型干酪根（图5-6d）。

6）东二段

与东三段烃源岩相比，东二段烃源岩陆源有机质明显增加，干酪根腐泥组分含量显著减少。渤中和歧口凹陷的东二下亚段烃源岩及庙西凹陷的东二下亚段的下部多数样品的腐泥组含量比东三段有所减少，但仍然在40%以上，壳质组和镜质组含量在增大；辽中凹陷东二下亚段烃源岩干酪根腐泥组分含量在30%～40%之间，壳质组含量大于腐泥组含量；黄河口凹陷东二下亚段烃源岩干酪根显微组分以壳质组为主。东二上亚段烃源岩干酪根腐泥组分含量各凹陷均低，主要组分者是壳质组，其次是镜质组。干酪根元素分析资料显示，各凹陷东二下亚段烃源岩母质为Ⅱ$_1$—Ⅱ$_2$型（图5-6e），东二上亚段为Ⅱ—Ⅲ型，以Ⅱ$_2$型居多（图5-6f）。

可见，渤海湾盆地古近系烃源岩母质类型的基本特征是：在沙一、三、四段和东营组下段烃源岩中都有Ⅰ型干酪根存在，但广泛分布者为Ⅱ$_1$型干酪根，其他类型者位居其次。

3. 特征生物标志物

1）沙三段烃源岩

湖相区烃源岩甾烷系列组成中有高含量的C$_{27}$甾烷，并含甲藻甾烷，C$_{27}$R、C$_{28}$R、C$_{29}$R甾烷呈"V"形分布，近物源区者C$_{29}$甾烷略高。该烃源岩中4-甲基甾烷普遍呈中高含量（图5-7），但也有少数样品4-甲基甾烷为低含量，究其原因可能与烃源岩沉积时湖盆中藻类发育的属种变化有关。前已述及，沙三段烃源岩沉积时期，湖盆中浮游藻类生物繁盛，其中属于甲藻类的渤海藻和副渤海藻属十分丰富，部分层段富集属于疑源类的球藻。可能是这些繁盛的甲藻类生物为4-甲基甾烷的形成提供了生源基础。萜烷系列组成中伽马蜡烷含量很低。

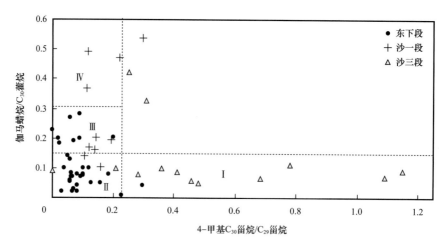

图 5-7 渤海海域古近系烃源岩 4-甲基 C_{30} 甾烷与伽马蜡烷相对含量关系图（据黄正吉等，2011）

Ⅰ—中高 4-甲基 C_{30} 甾烷低伽马蜡烷分布区；Ⅱ—低 4-甲基 C_{30} 甾烷低伽马蜡烷分布区；Ⅲ—低 4-甲基 C_{30} 甾烷中伽马蜡烷分布区；Ⅳ—低 4-甲基 C_{30} 甾烷高伽马蜡烷分布区

可见，沙三段烃源岩有机质中 4-甲基甾烷普遍呈中高含量，伽马蜡烷含量很低是生物标志物分布的基本特征。

2）沙一段烃源岩

沙一段烃源岩是沙二段沉积时期湖水变浅之后水域范围又一次扩大，但水体浅、水质略有咸化所形成的烃源岩，生物标志物分布特征是伽马蜡烷普遍高含量，甾烷系列组成中 C_{27} 甾烷含量最高，C_{28} 甾烷也具高含量特征，含有甲藻甾烷。

3）东下段烃源岩

东下段烃源岩是湖盆水域再次扩大、湖水加深、水质淡化形成的烃源岩，其生物标志物分布的基本特征是：4-甲基甾烷含量低，大部分样品的伽马蜡烷含量低，不含甲藻甾烷。

四、前新生代烃源岩有机质的类型特征

对海域前新生代烃源岩作了干酪根显微组分相对含量的分析测试（任志勇等，2006），结果如图 5-8 所示。

震旦系和古生界寒武系、奥陶系烃源岩干酪根显微组分测试结果相近，有微含量的腐泥组分，镜质组 + 惰质组亦为低含量，壳质组含量高，分析数值达 75% 以上，属于混合型有机质。二叠系烃源岩干酪根显微组分测试结果亦具有微含量的腐泥组分，镜质组 + 惰质组分含量低，壳质组含量高的特征，其类型属于混合型。部分石炭系—二叠系烃源岩样品干酪根显微组分中有微含量的腐泥组分，镜质组 + 惰质组有较高含量，分析数值大于 50%，壳质组含量小于 50%，属于腐殖型有机质。

中生界中—下侏罗统的部分样品显微组分中腐泥组和壳质组含量都低，镜质组 + 惰质组含量较高，有机质类型属于腐殖型有机质，还有部分样品有较高含量的壳质组，有低含量的腐泥组分，属于混合型有机质。下白垩统的泥质岩类的显微组分中腐泥组含量低，壳质组含量偏高，属于混合型有机质。

总体来看，前新生代烃源岩有机质类型为 Ⅱ₂—Ⅲ 型，属于有利于成气的有机质。

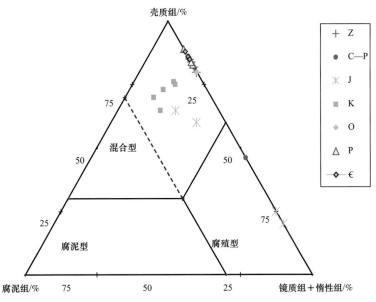

图 5-8　渤海海域前新生代烃源岩干酪根显微组分相对含量分布图（据任志勇等，2006）

第二节　烃源岩中有机质的热演化

一、现今地温场的变化

　　油气生成的主要控制因素是温度和时间（Tissot B P et al.，1984），因此，了解盆地地温场的变化对研究油气生成至关重要。

　　据研究（朱伟林，2014），渤海海域现今地温场分布存在差异，莱州湾凹陷地温梯度最高，主要分布在 28～32℃/km 之间，黄河口凹陷、歧口凹陷、秦南凹陷、辽东湾凹陷大部以及渤中凹陷周边地区地温梯度分布近似，主要在 26～30℃/km 之间，渤中凹陷与辽中凹陷北洼新近纪沉降幅度最大，凹陷地温梯度也最低，一般低于 26℃/km（图 5-9）。

　　莱州湾凹陷地温高，可能预示该凹陷成油门限深度相对浅一些，渤中凹陷与辽中凹陷北洼地温最低，可能成油门限深度相对深一些，其他凹陷的成油门限深度可能介于二者之间。

　　从纵向上看，渤海海域在 1000m、2000m、3000m 及 4000m 深度地温分布特征也是不一样的，主要有以下四个特点：

　　（1）全海域在 1000m 深度的温度为 40～55℃。辽东湾地区地温普遍不高，与前面地温梯度分布表现的三个局部高温异常区相似。石臼坨、沙垒田、渤南和垦东凸起一带是高温分布区，地温在 50℃以上，而歧口凹陷、沙南凹陷及渤中凹陷等凹陷区大部分在 45℃左右（图 5-10）。

　　（2）全海域在 2000m 深度的温度为 60～90℃。沙垒田和垦东凸起 90℃以上的高温异常区已经形成，渤南和石臼坨凸起局部也达 90℃以上，辽东湾南部也表现出一个

90℃以上的局部高温异常区。整个辽东湾地区地温普遍不高，在70℃以下，但依然显示出三个地温相对偏高区域。歧口、沙南及渤中凹陷温度在70～80℃之间。

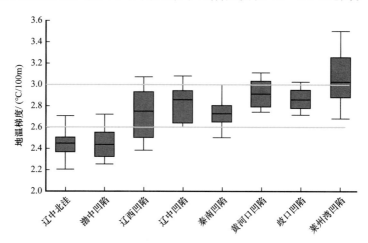

图5-9　渤海海域重点凹陷地温梯度分布略图（据朱伟林等，2014）

（3）全海域在3000m深度地温升高到90～140℃之间，基本上都处在生油的"液态窗"之中。辽西凸起除三个热高异常区外，大多在90℃左右。沙垒田、垦东、渤南和石臼坨四个凸起都形成了120℃以上的高热区，歧口、沙南、渤中等凹陷大多在100℃左右。

（4）全海域在4000m深度温度在120～160℃之间。沙垒田、垦东、渤南和石臼坨四个凸起及辽西凸起三个异常区出现了160℃以上的高热区域。歧口凹陷、沙南凹陷及黄河口凹陷约为140℃，渤中大部地区在120～140℃之间，而辽东湾地区大部分区域仅在120℃左右。

二、有机质成熟的门限深度

在热变质过程中，由于镜煤（镜质组）反射光的能力随变质程度增大而增强这一过程的不可逆性，使得镜煤反射率能够成功地记录岩石的变质过程。因此，镜煤反射率获得了地质温度计的美称。

渤中地区部分处于较高部位的钻井井深2500m处R_o大于0.5%进入有机质成熟门限，同时还有一些处于凹陷内部钻井井深达3500m处R_o才大于0.5%进入成熟门限（图5-11a），可见渤中地区有机质成熟门限的上限深度为2500m，下限为3500m，平均门限深度为3000m。

歧口凹陷烃源岩镜质组反射率随深度的变化特征是：深度2600m处部分样品R_o大于0.5%进入有机质成熟门限，同时另一部分样品深度3300m处R_o才进入成熟门限（图5-11b），说明歧口凹陷成熟门限的上限深度为2600m，下限为3300m，平均门限深度为2950m。

辽中凹陷烃源岩镜质组反射率大部分样品开始大于0.5%的深度是2600m左右，完全大于0.5%的深度是3300m（图5-11c），因此，成烃门限的上限深度在2600m左右，下限深度在3300m左右，平均门限深度在2950m左右。

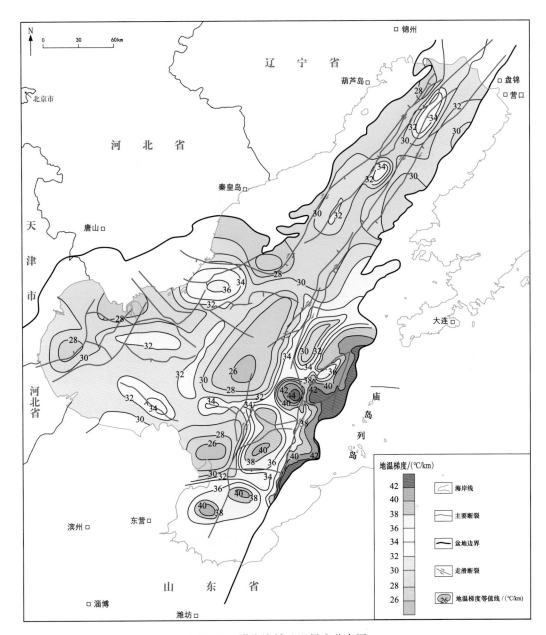

图 5-10　渤海海域地温梯度分布图

　　黄河口凹陷烃源岩镜质组反射率数据点比较分散，开始大于 0.5% 的深度在 2700m 左右，3000m 左右多数样品大于 0.5%（图 5-11d），剔除异常点，可以确定成烃门限的上限深度在 2700m 左右，下限深度在 3000m 左右，平均门限深度在 2850m 左右。

　　由单井烃源岩有机质热演化综合分析来看，黄河口凹陷渤中 25-1 构造烃源岩有机质成熟生烃的门限深度为 2900m 左右，此结果与上述多井烃源岩镜质组反射率与深度关系的分析结果是基本吻合的。

　　各凹陷不同部位有机质成烃门限深度不同，凹陷内部成油门限相对较深，最深者可达 3500m，凹陷边缘或隆起部位成油门限相对较浅，最浅者仅 2500～2700m；渤中凹陷成烃门限最深，其次为辽中凹陷北洼，然后是辽中凹陷、歧口凹陷和黄河口凹陷。莱州湾凹陷地温梯度最高，成油门限深度可能比其他凹陷更浅一些。

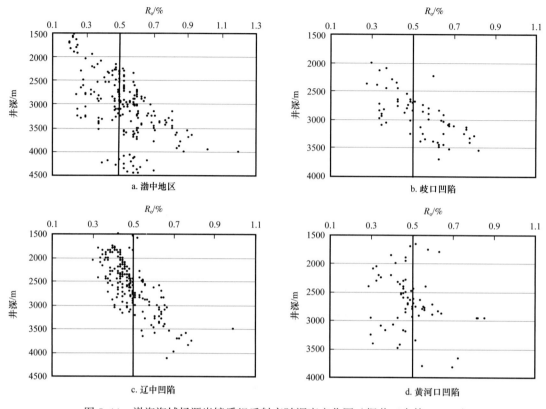

图 5-11　渤海海域烃源岩镜质组反射率随深度变化图（据黄正吉等，2011）

三、有机质热演化阶段

可以用盆地模拟技术恢复盆地的沉积埋藏史，用正演法和 EasyR$_o$ 法结合实测 R$_o$ 值模拟恢复盆地的热史和有机质成熟历史，在此基础上，计算各烃源层的热演化史，编绘各凹陷烃源岩热演化史图及各地质时期镜质组反射率的平面变化等值线图（图 5-12，图 5-13）。

图中可见渤中凹陷沙三、四段烃源岩在早渐新世晚期进入成熟门限，有机质成熟生烃，现今已达高成熟—过成熟阶段；沙一、二段烃源岩在晚渐新世晚期进入成熟阶段，现今达高成熟阶段；东营组三段烃源岩在晚渐新世末进入成熟阶段，现今亦达成熟—高成熟阶段；东营组二段烃源岩在中新世末进入成熟阶段，现今仍处在生油窗阶段（图 5-12）。

歧口凹陷沙二、三段烃源岩在早渐新世晚期进入成熟门限，有机质成熟生烃，现今已达高成熟—过成熟阶段；沙一段烃源岩在晚渐新世末进入成熟阶段，东营组下段烃源岩在中新世末进入成熟阶段，现今均处在生油窗阶段（图 5-12）。

辽中凹陷沙二、三段烃源岩在早渐新世晚期进入成熟门限，有机质成熟生烃，现今已达成熟—高成熟阶段，凹陷腹部达过成熟阶段；沙一段烃源岩在晚渐新世末进入成熟阶段，东营组下段下部烃源岩在中新世末进入成熟阶段，现今都处在生油窗阶段，东下段上部及东上段烃源岩尚未成熟（图 5-12）。

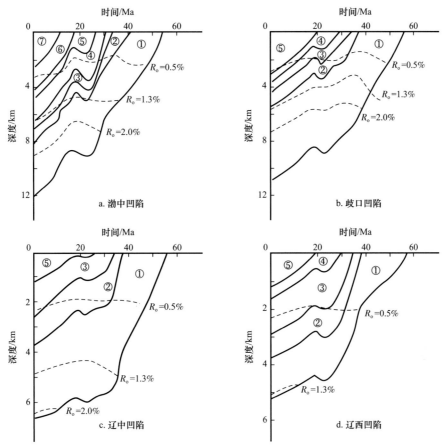

图 5-12 渤海海域各凹陷烃源岩埋藏史与热演化史

渤中凹陷：①沙三、四段，②沙一、二段，③东三段，④东二段，⑤东一段，⑥馆陶组，⑦明化镇组—第四系；

歧口凹陷：①沙二、三段，②沙一段，③东下段，④东上段，⑤馆陶组—第四系；

辽中凹陷：①沙二、三段，②沙一段，③东下段，④东上段，⑤馆陶组—第四系；

辽西凹陷：①沙二、三段，②沙一段，③东下段，④东上段，⑤馆陶组—第四系；

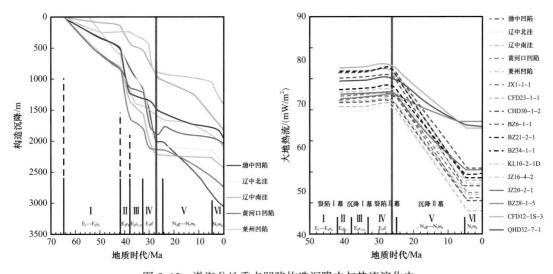

图 5-13 渤海盆地重点凹陷构造沉降史与热流演化史

辽西凹陷沙二、三段烃源岩亦在早渐新世晚期进入成熟门限，有机质成熟生烃，沙一段烃源岩在中新世早期进入成熟阶段，沙河街组烃源岩现今大部仍处在生油窗阶段；东营组下段下部烃源岩进入低成熟阶段，东下段上部及东上段烃源岩尚未成熟（图5-12）。

四、有机质成熟度的平面变化

从热史的模拟结果来看，渤中地区在渤中凹陷腹部沙三、四段烃源岩现今 R_o 值已超过2.0%，局部地区已超过3.0%为过成熟区，在环过成熟区的大部地区仍处在成熟—高成熟窗阶段，有利于石油与天然气的生成；凹陷腹部的沙一、二段烃源岩 R_o 值超过1.3%为高成熟区，大面积区域为成熟区；东营组三段烃源岩在凹陷腹部的局部地域 R_o 值也超过了1.3%，达高成熟，大部分地域为成熟烃源岩分布区。

渤西地区在歧口凹陷的主体部位沙二、三段烃源岩现今 R_o 值已超过2.0%，为过成熟区，其余地区为成熟—高成熟烃源岩分布区，沙南凹陷的沙二、三段烃源岩正处在生油窗阶段；沙一段烃源岩在歧口凹陷腹部局部地域达高成熟阶段，歧口凹陷大部及整个沙南凹陷为成熟烃源岩分布区；东下段烃源岩在歧口凹陷和沙南凹陷都处在生油窗内，是成熟烃源岩分布区（图5-14至图5-16）。

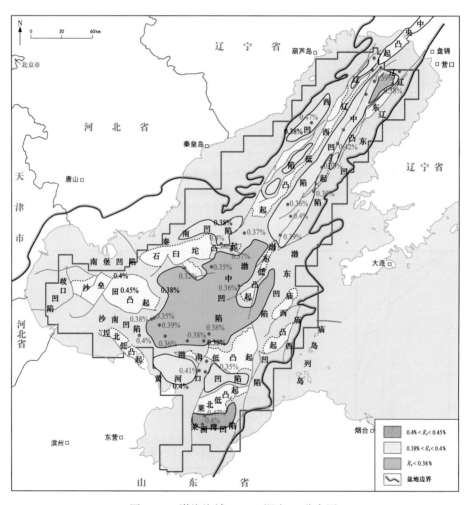

图5-14　渤海海域2000m深度 R_o 分布图

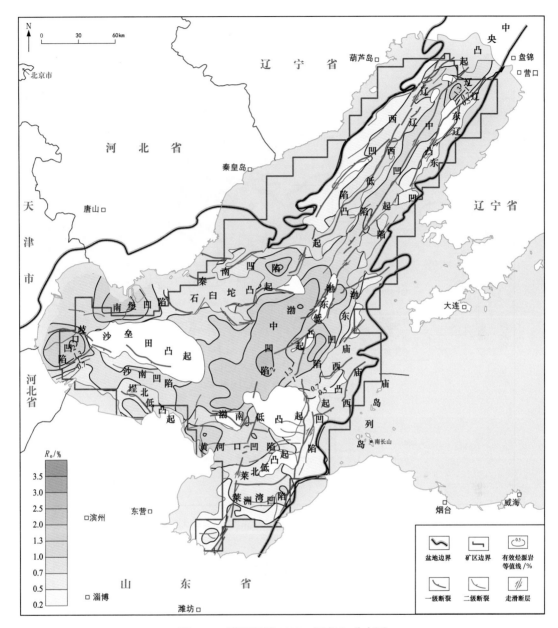

图 5-15 渤海海域 3000m 深度 R_o 分布图

辽东湾地区在辽中凹陷南洼、辽东凹陷北洼陷腹部沙二、三段烃源岩都有过成熟区分布，其余地域为成熟—高成熟烃源岩分布区；辽西凹陷与辽中凹陷相比成熟度低一些，是沙二、三段成熟烃源岩分布区；沙一段烃源岩在辽中凹陷的腹部有面积不大的高成熟分布区，大部分区域为成熟烃源岩分布区；东下段的成熟烃源岩主要分布在辽中凹陷，辽西凹陷的东下段烃源岩除凹陷腹部的局部地方外大部分尚未成熟。

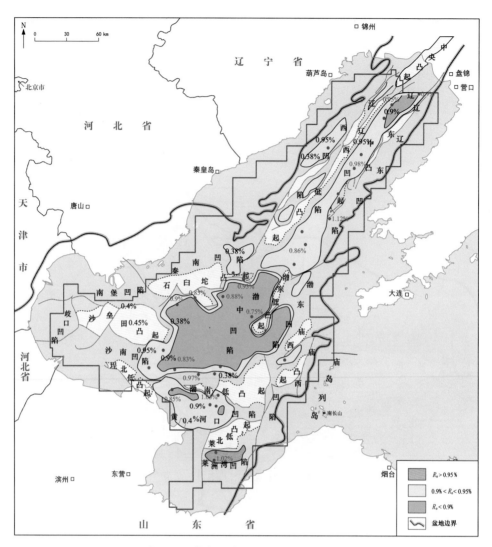

图 5-16　渤海海域 4000m 深度 R_o 分布图

第三节　油气源对比

一、五种类型的原油及油源分析

1. 原油中生物标志物分布特征

原油的生物标志物测试结果表明，渤海海域所发现的原油都含有丰富的甾、萜类化合物。依据特征生物标志物分布可以将发现的原油分为五种类型（图 5-17），即分布在 I 区的中高 4- 甲基 C_{30} 甾烷低伽马蜡烷型原油、分布于 II 区的低 4- 甲基 C_{30} 甾烷低伽马蜡烷型原油、分布于 III 区的低 4- 甲基 C_{30} 甾烷中等伽马蜡烷型原油、分布于 IV 区的低 4- 甲基 C_{30} 甾烷高伽马蜡烷型原油和分布于 V 区的中高 4- 甲基 C_{30} 甾烷中高伽马蜡烷型五种类型的原油，各类原油中的生物标志物分布与其母岩有机质中的生物标志物有着继承性的联系。

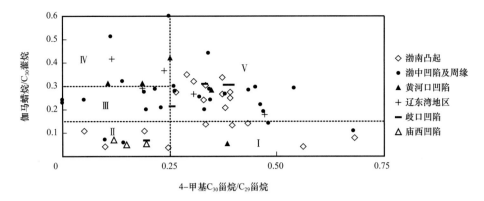

图 5-17　渤海海域原油 4- 甲基 C_{30} 甾烷与伽马蜡烷相对含量关系图（据黄正吉等，2011）

Ⅰ—中高 4- 甲基 C_{30} 甾烷低伽马蜡烷分布区；Ⅱ—低 4- 甲基 C_{30} 甾烷低伽马蜡烷分布区；Ⅲ—低 4- 甲基 C_{30} 甾烷中伽马蜡烷分布区；Ⅳ—低 4- 甲基 C_{30} 甾烷高伽马蜡烷分布区；Ⅴ—中高 4- 甲基 C_{30} 甾烷中高伽马蜡烷分布区

2. 油源分析

1）中高 4- 甲基 C_{30} 甾烷低伽马蜡烷型原油

前已述及，沙三段烃源岩有机质中 4- 甲基甾烷普遍呈中高含量，伽马蜡烷含量很低。中高 4- 甲基 C_{30} 甾烷低伽马蜡烷型原油的生物标志物分布与沙三段烃源岩有机质中的生物标志物分布相近，说明该原油与沙三段烃源岩具有亲缘关系。已发现的此类原油主要分布在黄河口凹陷、渤南凸起、渤中凹陷及其周缘（图 5-17）。

2）低 4- 甲基 C_{30} 甾烷低伽马蜡烷型原油

东营组下段烃源岩有机质中 4- 甲基甾烷含量很低，大部分样品的伽马蜡烷含量也很低。低 4- 甲基 C_{30} 甾烷低伽马蜡烷型原油的生物标志物分布与东营组下段烃源岩有机质中的生物标志物分布相近，说明该原油与东营组下段烃源岩有亲缘关系。此类原油主要分布在庙西凹陷、渤中凹陷及其周缘、渤南凸起和歧口凹陷（图 5-17）。

3）低 4- 甲基 C_{30} 甾烷中伽马蜡烷型原油

东营组下段烃源岩有机质中 4- 甲基甾烷含量很低，部分样品的伽马蜡烷具中等含量。部分沙一段烃源岩样品也具有 4- 甲基甾烷含量很低，伽马蜡烷具中等含量的特征。因此，低 4- 甲基 C_{30} 甾烷中等伽马蜡烷型原油属过渡性原油，东营组下段烃源岩和沙一段烃源岩对此类原油的形成都做出了贡献。此类原油主要分布在渤中凹陷及其周缘（图 5-17）。

4）低 4- 甲基 C_{30} 甾烷高伽马蜡烷型原油

沙一段烃源岩有机质中生物标志物分布具有低 4- 甲基 C_{30} 甾烷高伽马蜡烷的特征，此特征与低 4- 甲基 C_{30} 甾烷高伽马蜡烷型原油的生物标志物分布一致，说明原油源自沙一段烃源岩。此类原油主要分布在黄河口凹陷、渤中凹陷及其周缘和辽东湾地区（图 5-17）。

5）中高 4- 甲基 C_{30} 甾烷中高伽马蜡烷型原油

中高 4- 甲基 C_{30} 甾烷中高伽马蜡烷型原油具有沙三段烃源岩的生物标志物分布特征，又有沙一段烃源岩的生物标志物分布特征，显然是沙三段烃源岩和沙一段烃源岩共同提供烃源的结果，属于二者混源型原油。此类原油在渤海海域广泛分布，在渤中凹陷及其周缘、渤南凸起、歧口凹陷、辽东湾地区和黄河口凹陷均有分布（图 5-17）。

二、三种类型的天然气及气源分析

渤海海域已发现了多个天然气气藏，这些气藏中天然气均属有机成因。从研究天然气气源的角度也可分为原生烃类气、次生烃类气和混合型烃类气三种类型。

1. 原生烃类气

有机成因的原生烃类气体的碳同位素系列为正碳系列，即 $\delta^{13}C_1 < \delta^{13}C_2 < \delta^{13}C_3 < \delta^{13}C_4$；无机成因的原生烃类气体的碳同位素系列为负碳系列，即 $\delta^{13}C_1 > \delta^{13}C_2 > \delta^{13}C_3$（戴金星，1990）。渤海海域发现的天然气组分碳同位素系列的变化除了部分气样的某些组分呈现倒转之外，总体呈现正碳系列的变化特征（图 5-18），说明所发现的天然气均为有机成因的烃类气。

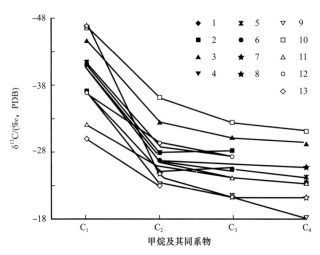

图 5-18　渤海海域天然气甲烷及其同系物碳同位素组成系列对比图（据黄正吉等，2001）

1—CFD18-1，AR；2—CFD18-1，E_2d_2—AR；3—BZ13-1，E_2s_1；4—BZ13-1，E_2s_1；5—渤南缓坡构造带，E_2s_1—Mz；6—427，Pz；7—427，E_3d_2；8—QHD30-1，N_1g；9—QHD30-1，E_2s_1；10—鄂尔多斯盆地华 11-32 井油型气；11—鄂尔多斯盆地色 1 井煤成气；12—鄂尔多斯盆地牛 1 井油型气；13—准噶尔盆地彩参 1 井煤成气（鄂尔多斯盆地和准噶尔盆地资料据戴金星，1993）

原生烃类气又可分为生物气、油型气和煤型气三种亚类。生物气尚未获得产能，但从钻探过程中，在浅层遇到的高气测异常和发生的井涌现象推断，该类天然气在渤海海域可能是存在的。所发现的原生烃类气主要为油型气。

为了直观类比天然气的成因类型，黄正吉等引用了戴金星等（1993）的研究成果，将鄂尔多斯盆地和准噶尔盆地的部分已知成熟度的煤成气和油型气资料与渤海海域天然气资料编绘于同一图上进行类比。结果是渤海气样的甲烷碳同位素的数据点均分布在鄂尔多斯盆地华 11-32 井油型气（R_o 值平均为 1.038%）与牛 1 井油型气（R_o 值为 1.90%）之间。重烃气碳同位素的分布情况是部分气样的数据点分布在上述两口井油型气之间，另一些样分布在牛 1 井油型气和鄂尔多斯盆地色 1 井煤成气（R_o 值为 1.04%）之间，这部分天然气成气物质中偏腐殖型的混合型成分多一些，有人称其为偏腐殖型天然气。在秦南凹陷东南缘边界大断裂的上升盘发现秦皇岛 30-1 构造上的天然气很特别，其重烃组分的碳同位素比鄂尔多斯盆地色 1 井煤成气还重，这一独特现象表明煤型气在渤海海域有存在的迹象（黄正吉等，2001）。

有学者认为，乙烷等重烃气的碳同位素值比甲烷碳同位素值具有较强的稳定性和母质类型继承性，虽然也受热演化程度影响，但更主要的是反映了成烃母质类型（戴金星等，1995，1999）。

图 5-19 是渤海海域天然气乙烷与烃源岩干酪根碳同位素组成分布特征对比图，可以看出，渤中 13-1 气藏的天然气乙烷碳同位素与沙垒田凸起沙东南构造带和渤南低凸起钻遇的东营组二段和三段烃源岩干酪根的碳同位素值十分相近，说明二者具有亲缘关系。

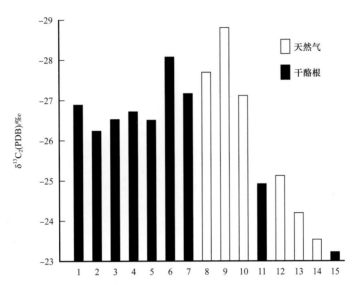

图 5-19　渤海海域天然气乙烷与烃源岩干酪根碳同位素组成分布特征对比图（据黄正吉等，2001）
1—沙东南构造带，E_3d_2 干酪根；2—沙东南构造带，E_3d_3 干酪根；3—渤南缓坡构造带，E_3d_2 干酪根；4—渤南缓坡构造带，E_3d_3 干酪根；5—BZ13-1，E_2s_1 天然气；6—沙东南构造带，E_2s_1 干酪根；7—渤南缓坡构造带，E_2s_{1+2} 干酪根；8—CFD18-1，E_3d_2—AR 天然气；9—CFD18-1，AR 天然气；10—BZ28-1，Pz 天然气；11—BZ25-1，E_2s_3 干酪根；12—渤南缓坡构造带 E_2s_1—Mz 天然气；13—QHD30-1，N_1g 天然气；14—QHD30-1，E_2s_1 天然气；15—C 干酪根

沙垒田凸起东南缘的曹妃甸 18-1 构造东营组至前寒武系储层中的天然气乙烷碳同位素与沙东南构造带和钻遇的沙河街组一、二段烃源岩干酪根碳同位素值相近，说明天然气源自凹陷中的沙河街组一、二段烃源岩。

位于渤南凸起上的渤中 28-1 构造古生界储层中的天然气乙烷碳同位素与渤南缓坡构造带上钻遇的沙一、二段烃源岩干酪根的碳同位素值极为接近，说明渤中 28-1 构造的天然气源自凹陷中的沙河街组一、二段烃源岩。

渤南凸起缓坡构造带上的天然气乙烷碳同位素与沙河街组三段烃源岩干酪根碳同位素值相近，说明天然气源自凹陷中的沙三段烃源岩。

秦皇岛 30-1 构造沙一段储层中的天然气为凝析气，天然气乙烷碳同位素比沙三段烃源岩干酪根碳同位素值重，而比前新生代烃源岩干酪根碳同位素值轻，因此，该天然气与这两个层系烃源岩都有成因联系，考虑到该天然气重烃碳同位素值比鄂尔多斯盆地色 1 井煤成气组分碳同位素值还重，与准噶尔盆地彩参 1 井煤成气接近，推断其成因与前古近纪烃源岩的关系更密切。

由上述对比分析可见，渤海海域既存在源自东营组烃源岩的天然气，也存在源自沙河街组烃源岩的天然气，还有源自前古近纪烃源岩的天然气。就气源层而言，既存在东营组气源层，也存在沙一、沙二、沙三段气源层，还存在前古近纪气源层。因此，渤海海域天然气的形成具有多源复合、多期成气、连续成气的特征。

2. 次生烃类气

次生烃类气在渤海海域主要为细菌降解的烃类气，该类天然气多储集在较浅层位（图5-20），其组分特征为湿度"干"、甲烷富集。浅部储层由于微生物降解作用，烃类中的重烃组分受到细菌降解，导致残留物富集甲烷，同时细菌的代谢产物贡献了大量的甲烷，使天然气中甲烷富集。

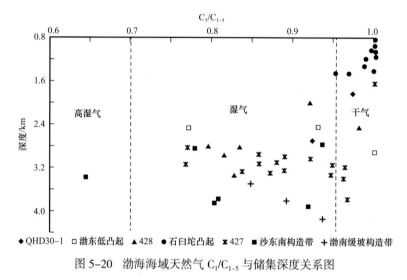

图 5-20　渤海海域天然气 C_1/C_{1-5} 与储集深度关系图

以秦皇岛30-1构造的QHD30-1-1井天然气组分变化为例，该井于1400m以上的三套储层中分布的天然气全是干气（$C_1/C_{1-5} > 0.95$），相同储层中的原油生物标志化合物特征明显，从三层原油的GC-MS分析重建总离子流图可以看出，正构烷烃被细菌所消耗，所保留下来的多是高碳数部分的环状化合物。可见，在三套储层中存在生物降解作用。因此，三层天然气变干也是生物降解的结果。

浅部储层中的微生物降解作用在渤海海域普遍存在。渤中凹陷周缘分布在1800m以上的干气主要为生物降解成因；辽东湾地区发现的干气也多储集在1800m以上的储层中，其成因亦与生物降解作用有关；渤南凸起和黄河口凹陷生物降解成因形成的干气存在界线也在1800m以上。可见，1800m左右是生物降解作用消失的一个界线，此界线在渤海海域具普遍意义（黄正吉等，2001）。

3. 混合型烃类气

混合型烃类气存在两种类型，一是原生烃类气与次生烃类气相混合形成的天然气，二是不同期次不同成熟度原生烃类气相混合形成的天然气。混合气在渤海海域普遍存在，例如，前已述及的秦皇岛30-1构造沙一段储层中产出的天然气碳同位素值十分特别，乙烷、丙烷和丁烷碳同位素值都很重，乙烷碳同位素值为 –24.2‰～–23.5‰，丙烷碳同位素值为 –21.3‰～–21.1‰，丁烷碳同位素值为 –21.1‰～–18.1‰，而甲烷碳同位素值又偏轻，其值范围是 –47.1‰～–37.1‰，表现出不同成熟度与不同母质类型天然气相混合的综合特征。

第四节 烃源岩评价

一、新生代烃源岩评价

1. 沙河街组烃源岩是主力烃源岩

1）沙三段烃源岩

沙三段烃源岩形成在湖盆鼎盛发育时期，该时期盆地沉降速率大，湖盆水体深，气候温暖潮湿，有利于水生生物的生长发育，其中藻类十分发育，为烃源岩的形成提供了很好的物质基础；同时，这一时期湖泊类型为微咸水湖，有利于形成稳定的水体分层，造成湖底的缺氧环境，有利于有机质的沉积与保存。富集的有机质和缺氧的还原环境为沙三段烃源岩的形成创造了条件。分析资料揭示，沙三段烃源岩有机质丰富，有机碳含量平均为 2.12%，热解生烃潜量 S_1+S_2 平均为 10.14mg/g，氯仿沥青"A"含量平均为 0.3282%，总烃含量平均为 1905μg/g，母质类型为 Ⅰ—Ⅱ$_1$ 型，以 Ⅱ$_1$ 型为主。沙三段烃源岩中的有机质具备热成熟条件，已大量降解生烃。渤海海域发现的油气田大多数都为沙三段烃源岩所做的贡献。可见，沙三段烃源岩属于海域主力优质烃源岩是没有争议的。

2）沙一、二段烃源岩

沙一段烃源岩是在沙二段盆地抬升之后再次下陷，发生湖侵的背景下形成的烃源岩。沙一段沉积时期水域面积扩大，气候温湿，水生生物很发育，尤其是球藻类繁盛。沙一段沉积时期湖水咸化，湖底强还原环境，有利于有机质的堆积与保存。沙一段烃源岩有机质十分丰富，有机碳含量平均为 2.03%，热解生烃潜量 S_1+S_2 平均为 10.08mg/g，氯仿沥青"A"含量平均为 0.2884%，总烃含量平均为 1489μg/g，属于很好级别的烃源岩。沙一段烃源岩母质类型以 Ⅱ$_1$ 型为主。油源对比结果，在盆地广泛分布的混源油中都有沙一段烃源岩的贡献，沙一段烃源岩也属于优质烃源岩。

3）沙四段烃源岩

沙四段烃源岩是盆地裂陷二期的沉积产物，烃源岩的质量各凹陷有较大差别。渤中地区沙四下亚段岩性以红色粗碎屑为主，中、上亚段出现"黑"段（灰褐色）。黄河口凹陷和辽东湾地区钻井揭示的沙四上亚段岩性组合以泥岩为主，夹薄层泥质粉砂岩、粉砂岩及细砂岩。莱州湾凹陷的沙四段岩性为褐色、深灰色泥岩、盐岩、碳酸盐岩夹薄层砂岩，属盐湖沉积。盐湖盆地由于水体封闭，还原性强，有利于有机质的保存，有利于形成优质烃源岩。

沙四段烃源岩有机质最为富集者为莱州湾凹陷和辽东湾地区。莱州湾沙四段烃源岩有机碳含量 TOC 最高达 3.75%，热解生烃潜量 S_1+S_2 最高达 32.81mg/g；辽东湾沙四段烃源岩有机碳含量最高达 3.11%，热解生烃潜量 S_1+S_2 最高达 18.99mg/g，莱州湾凹陷和辽东湾地区均发育了好—很好级别的沙四段湖相烃源岩。

2. 东营组下段烃源岩

东营组烃源岩是在沙一段地层沉积之后，盆地拉张裂陷作用再度加强，裂陷再次扩张，沉降速度增大，湖盆水体加深，较深水湖沉积发育背景下形成的湖泊沉积。

东三段烃源岩和东二段下部烃源岩合称为东下段烃源岩。其中东三段烃源岩有机碳含量平均为1.55%，热解生烃潜量S_1+S_2平均为5.97mg/g，氯仿沥青"A"含量平均为0.1951%，总烃含量平均为1111μg/g，属于好级别的烃源岩。沙南凹陷东三段下部有机碳含量稳定大于2%，热解生烃潜量S_1+S_2稳定大于10mg/g，热解氢指数大于500mg/g（HC/TOC），属很好级别的烃源岩。渤中凹陷的南部和庙西凹陷的北洼东三段烃源岩也属很好级别的烃源岩。辽中、歧口和黄河口凹陷的东三段烃源岩为好烃源岩。

东二下亚段烃源岩有机质含量最高者在庙西凹陷，上部有机碳多数样品大于1%，热解生烃潜量S_1+S_2值多数样品大于6mg/g，下部样品多数有机碳大于2%，热解生烃潜量S_1+S_2大于10mg/g，总体为好—很好级别的生油岩。其次是渤中、歧口、辽中、辽西、黄河口凹陷有机碳含量介于1%～2%，热解生烃潜量S_1+S_2介于2～6mg/g，为较好—好生油岩。

沙南、渤中凹陷东三段烃源岩干酪根氢含量很高，表现出Ⅰ—Ⅱ₁型的特征，其他凹陷以Ⅱ₁型为主，黄河口凹陷为Ⅱ₂—Ⅲ型干酪根。各凹陷东二下亚段烃源岩母质类型为Ⅱ型。

东营组下段烃源岩成熟条件具备，已有油气大量生成。油源对比研究表明，东营组下段烃源岩是渤中地区渤中13-1构造油气、曹妃甸18-2和蓬莱14-3构造原油的烃源岩层，也是我国近海最大油田蓬莱19-3油田的烃源岩层之一。分布于蓬莱19-3油田北部的PL19-3-4井原油生物标志物的分布特征与蓬莱14-3构造原油和东营组下段烃源岩的生物标志物的分布极为相似（图5-21），4-甲基C_{30}甾烷含量很低，伽马蜡烷含量也很低，二者原油和东营组下段烃源岩的生物标志物的分析数据点分布在同一点群范围，表明二者原油与东营组下段烃源岩具有亲缘关系。换言之，东营组下段烃源岩也是蓬莱19-3油田原油的烃源岩层，以东营组烃源为主源的油气由蓬莱19-3油田北部向油田主体部位注入成藏（黄正吉等，2002）。

原油和烃源岩单体烃碳同位素分析为东营组下段烃源岩有油气大量生成并聚集成藏提供了新的证据。由图5-22所示，储集于BZ25-1-5井3660m井段储层中的原油单体烃碳同位素偏重，其分析数据点与本井沙三段烃源岩单体烃碳同位素分析数据相伴分布，说明二者具亲缘关系。CFD18-2E-1井和PL14-3-1井原油单体烃碳同位素偏轻，其分析数据点与沙三段烃源岩单体烃碳同位素分析数据相距较远，而与PL14-3-1井东三段烃源岩单体烃碳同位素分析数据相伴分布，说明CFD18-2E-1井和PL14-3-1井原油源自东三段烃源岩。

二、前新生代烃源岩评价

由于渤海海域前新生代烃源岩分析资料不多，就部分分析资料来看，元古宇震旦系、下古生界寒武系和奥陶系烃源岩有机质含量偏低，生烃潜力有待进一步研究。然而分布在埕北低凸起的上古生界石炭系—二叠系、歧口17-9区和歧口18-2区的中生界中—下侏罗统和分布在石臼坨凸起东端BZ6井区附近的中生界下白垩统烃源岩有机质含量较高，可以达到较好级别的烃源岩，具有较好的生烃潜力，具备商业性油气藏形成的物质基础（任志勇等，2006）。

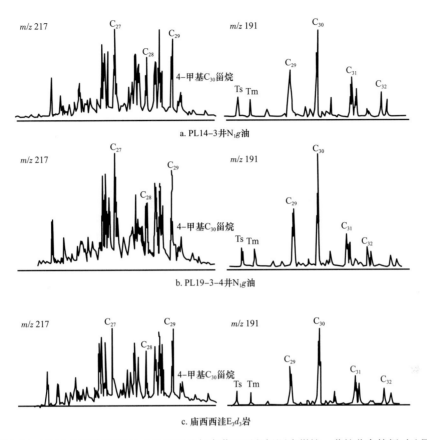

图 5-21 PL14-3 构造和 PL19-3 油田原油与东营组下段烃源岩甾烷、萜烷分布特征对比图
（据黄正吉等，2002）

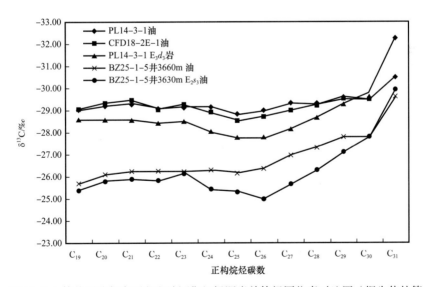

图 5-22 PL14-3-1 等井原油与东下段和沙河街组烃源岩单体烃同位素对比图（据朱伟林等，2009）

　　研究结果证实，前新生代烃源岩的质量和生烃能力似乎远不如新生代烃源岩优越，加之海上勘探开发的昂贵成本（据统计，海上油田的勘探开发成本大约是陆地的 8～10 倍），因此，就渤海海域油气勘探开发而言，寻找"新生古储"和"新生新储"油气藏

比寻找"古生古储"或"古生新储"油气藏更为现实（朱伟林等，2009）。

三、优质烃源岩分布预测

1. 烃源岩的沉积有机相

自有机相概念（Rogers，1979）提出以来，烃源岩有机相分析在油气勘探中得到了广泛应用。采用表 5-18 的划分标准对古近系烃源岩的沉积有机相作了系统分析，划分出了如下五类有机相（朱伟林，2009）。

表 5-18　渤海海域古近系烃源岩沉积有机相类型划分标准（据朱伟林，2009）

有机相类型		深湖湖源藻质相（A）	浅湖至中深湖混源母质相（B）	浅潮陆源母质相（C）	湖沼陆源母质相（D）	河流陆源母质相（E）
沉积环境		深水湖	浅水—较深水湖	浅水湖	沼泽	泛滥平原、河道漫滩等
氧化还原条件		强还原	还原	弱还原—弱氧化	弱还原—弱氧化	氧化
有机质来源		主要为水生低等生物	藻类、无定形陆源物质缺乏较少	陆源有机质较多，有部分水生低等生物	陆源有机质为主，藻类少	主要为陆源有机质，极少量水生低等生物
TOC/%	范围	2～8	15～4	0.7～2	>3	0.3～0.8
	平均	3.33	1.92	1.13	3.64	0.42
$S_1+S_2/$（mg/g）	范围	10～60	5～15	2～8	1～15	<2
	平均	22.42	9.07	4.01	14.42	0.61
HI/（mg/g）	范围	>450	300～450	130～300	50～250	<130
	平均	580	364	236	225	100
干酪根类型		Ⅱ₁（Ⅰ）	Ⅱ₁（Ⅱ₂）	Ⅱ₂（Ⅲ）	Ⅱ₂（Ⅲ）	Ⅲ
主要产物		油为主	油为主，少量气	油气兼生	凝析油/气	以气为主

1）深湖湖源藻质相（A）

深湖湖源藻质相形成于富营养性深水湖泊，该湖泊藻类生物繁盛，湖底有缺氧的强还原环境，有利于有机质的沉积与保存。因此，该有机相有机质丰度高，有机质来源主要为水生生物，母质类型主要为 Ⅰ 型和 Ⅱ₁ 型，以 Ⅱ₁ 型为主。深湖湖源藻质有机相带中的烃类形成以液态烃为主，该相带是优质烃源岩最发育的相带，也是石油勘探最有利的相带。

2）浅湖至中深湖混源母质相（B）

浅湖至中深湖混源母质相发育在浅湖—较深水湖，湖底具有缺氧的还原环境，含有一定量的黄铁矿，藻类体较发育，也含有一定的陆源有机质。具有较高含量的有机碳、氯仿沥青"A"和总烃含量，有机质类型主要为 Ⅱ₁ 型。烃源岩生烃潜力大，以产油为主。

3）浅湖陆源母质相（C）

浅湖陆源母质相形成于浅水湖环境，地球化学相为弱还原—弱氧化。有机质含量中等，有机质既有水生生物，又有较多的陆源有机质。有机质类型主要为Ⅱ₂型，具有中等的产烃能力，烃类形成油气兼生。

4）湖沼陆源母质相（D）

湖沼陆源母质相形成于沼泽沉积环境，属于弱还原—弱氧化地球化学相。有机质含量丰富，但多为陆源有机质，水生生物含量低。母质类型以Ⅱ₂型为主。在烃源岩的干酪根组成中镜质组含量很高，壳质组含量较丰富，主要为壳屑体、孢子体、角质体和树脂体等组分，含有较多的矿物沥青基质，反映出有机质主要来源是高等植物。该相带有机质成烃能力强，主要生成凝析油和天然气。

5）河流陆源母质相（E）

河流陆源母质相形成于泛滥平原、河道漫滩等沉积环境，属于氧化相。有机质含量低，主要为陆源有机质，水生生物少见。母质类型以Ⅲ型为主。在烃源岩的干酪根组成中镜质组和惰质组含量高，无定形体含量低，有机质主要来源是高等植物。该相带有机质成烃能力很差，主要生成天然气。

2. 优质烃源岩分布预测

1）沙三段优质烃源岩的分布

确切地讲，好烃源岩分布在好的有机相带中。

沙三段优质烃源岩形成在富营养性深水湖泊和浅水—较深水湖泊，该时期的湖泊藻类生物繁盛，湖底有缺氧的还原环境，保存了富集的有机质，形成了沙三段优质烃源岩。

沙三段沉积时期的深湖湖源藻质相（A）主要分布在各凹陷的腹部地域，其中分布范围最大者为渤中、辽中和沙南凹陷，其次依次为莱州湾、渤东、南堡、黄河口、辽西和庙西等凹陷；在深湖湖源藻质相（A）的外围环抱分布的是深湖湖源藻质相（A）—浅湖至中深湖混源母质相（B）（A—B型）；A—B型有机相外围环抱分布的是浅湖至中深湖混源母质相（B），A—B型有机相和B型有机相在各凹陷均有分布（图5-23）。沙三段优质烃源岩主要分布在A型、A—B型和B型有机相带中。

辽东湾地区是渤海海域沙三段构造沉降幅度较大的地区，也是暗色泥岩发育较厚的地区，其中辽中凹陷JX1-1E-1井沙三段暗色泥岩厚度达1000m以上，歧口凹陷中心部位也达到了800m，渤中凹陷、辽西凹陷和黄河口凹陷暗色泥岩厚度达到了600m，秦南凹陷中心部位约500m，渤东凹陷和庙西凹陷暗色泥岩厚度较薄，为200～300m（朱伟林，2014）。

2）沙一、二段优质烃源岩的分布

沙二段为湖盆收缩期沉积，湖水普遍较浅，沉积相对较粗，形成的烃源岩属于较好级别。沙一段烃源岩是在盆地再次下陷，水域面积扩大背景下形成的烃源岩。该时期气候温湿，球藻类生物繁盛。由于湖水咸化，湖底具强还原环境，大量有机质得以堆积与保存，形成了沙一段优质烃源岩。

沙一、二段沉积时期的深湖湖源藻质相（A）仍然分布在各凹陷的腹部地域，其中分布范围最大者为渤中、辽中、沙南和渤东凹陷，其次依次为歧口、黄河口、庙西、辽

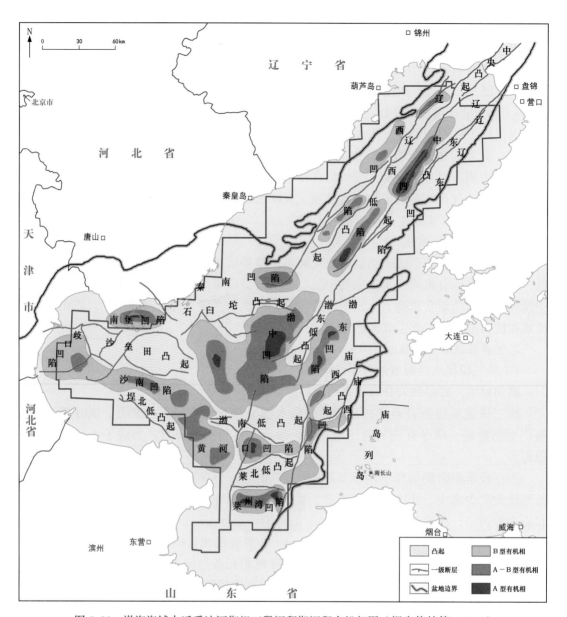

图 5-23 渤海海域古近系沙河街组三段沉积期沉积有机相图（据朱伟林等，2015）

西、秦南和莱州湾等凹陷；在深湖湖源藻质相（A）的外围环抱分布的是深湖湖源藻质相（A）—浅湖至中深湖混源母质相（B）（A—B 型）；A—B 型有机相外围环抱分布的是浅湖至中深湖混源母质相（B），A—B 型和 B 型有机相在各凹陷都有分布（图 5-24）。沙一、二段优质烃源岩主要分布在 A 型、A—B 型和 B 型有机相带中。

　　与沙三段烃源岩相比，渤海海域沙一、二段暗色泥岩厚度较薄，各主要生烃凹陷暗色泥岩厚度为 100～200m。歧口凹陷中心部位超过 400m，是渤海海域沙一、二段暗色泥岩发育最厚的地区，渤中凹陷和莱州湾凹陷部分地区暗色泥岩厚度也达到了 300m，其他主要凹陷中心暗色泥岩厚度不超过 300m，辽中、辽西、秦南、黄河口凹陷和渤东凹陷暗色泥岩厚度多在 100～200m 之间，庙西凹陷暗色泥岩厚度较薄，不足 100m（朱伟林，2014）。

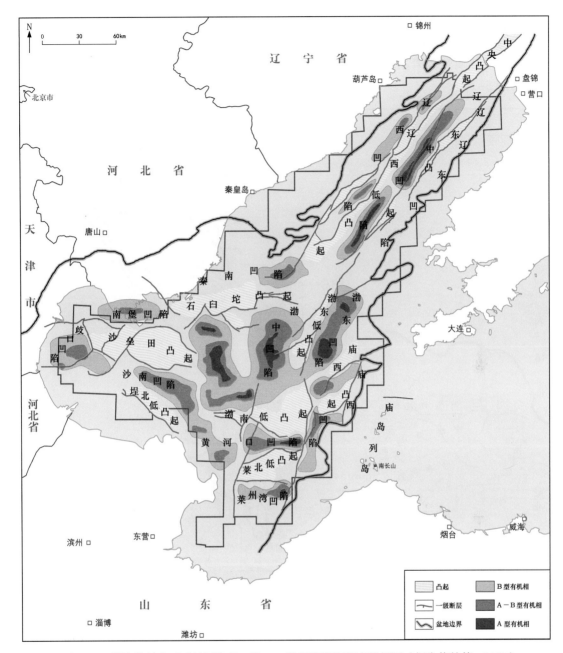

图 5-24　渤海海域古近系沙河街组一段、二段沉积期沉积有机相图（据朱伟林等，2015）

3）东营组三段优质烃源岩的分布

东营组地层是在沙一段地层沉积之后，盆地拉张裂陷作用再度加强，裂陷再次扩张，湖盆水体加深，较深水湖沉积发育的背景下形成的湖泊沉积。东营组烃源岩主要分布在东三段和东二段下部，东三段是烃源岩的主要分布段。

东三段烃源岩的沉积有机相面貌与沙三段沉积时期的有机相面貌明显不同，深湖湖源藻质相（A）只在歧口和辽中凹陷南次洼的腹部有分布。深湖湖源藻质相（A）—浅湖至中深湖混源母质相（B）（A—B 型）的分布也远不如沙三段沉积时期广泛，只在沙南、歧口、辽中、庙西和南堡凹陷有分布。在各凹陷广泛分布的是浅湖至中深湖混源母质相

（B），此类有机相分布范围最大者依次为渤中、沙南、歧口、辽中、辽西、渤东、黄河口、庙西、莱州湾、南堡和秦南等凹陷。

东三段优质烃源岩主要分布在东营组三段沉积时期的A型、A—B型和B型有机相带中（图5-25）。

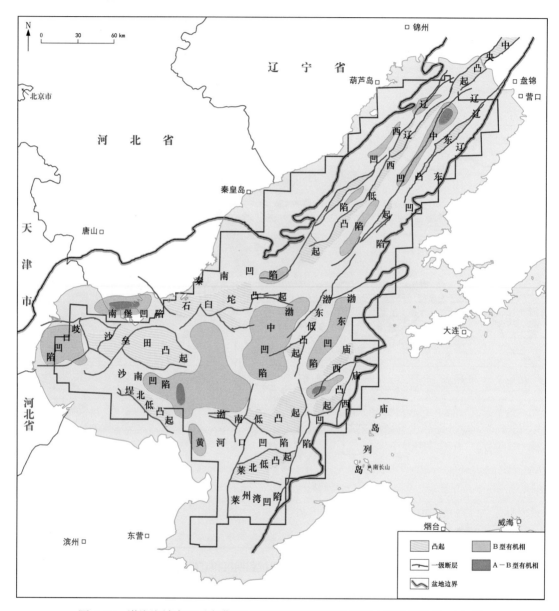

图5-25　渤海海域古近系东营组三段沉积期沉积有机相图（据朱伟林等，2015）

东三段暗色泥岩厚度在各主要凹陷腹部多在400m以上，辽中凹陷各次洼暗色泥岩厚度超过600m，本区内JX1-1-3井达到800m以上；渤中凹陷腹部暗色泥岩厚度超过700m；辽西和庙西凹陷暗色泥岩厚度在400m左右，渤东、黄河口和歧口凹陷腹部暗色泥岩厚度大约300m；秦南凹陷暗色泥岩厚度较薄，大约200m（朱伟林，2014）。

第六章　储层及储盖组合

储层和盖层是油气聚集成藏所必需的两个基本要素。储层和盖层的类型、特征、分布范围以及变化规律等问题的研究，不仅是在勘探阶段，而且在油气田开发全过程中。针对储层进行改造，变低产油气层为高产油气层以及井位调整等，仍然需要以此项内容的研究成果为依据。

第一节　储层类型与特征

渤海海域的储层具有多层系、多类型的特点，即有中生界、新生界的碎屑岩类，也有古生界碳酸盐岩以及中生界和太古宇、元古宇的混合岩、花岗岩等。

一、古近系储层

渤海海域四大坳陷中，古近系地层广布且沉积厚度较大。北部辽河坳陷（浅海部分）由辽西凹陷、辽中凹陷、辽东凹陷、辽西南凸起、辽西凸起、辽东凸起六个二级地质单元组成，其中又以辽中凹陷的规模较大，充填的古近系相对最厚；西南部的黄骅坳陷（大港油田）由西向海域延伸的歧口凹陷、北塘凹陷、南堡凹陷等组成，其中歧口凹陷位于黄骅坳陷的中央，是黄骅坳陷最大的生油凹陷，总勘探面积 7000km²，古近系沉积厚度同样较大。南部的济阳坳陷（胜利油田）由南向海域延伸的青东凹陷、莱州凹陷、黄河口凹陷等负向单元中，古近系也比较发育。渤中凹陷作为渤海湾盆地面积最大的生烃凹陷，也是渤海最大的供烃区。本节以古近系地层沉积厚度大和储层相对发育程度高的渤中凹陷、辽中凹陷、歧口凹陷和黄河口凹陷四个负向地质单元区为代表，分别阐述渤海海域储层特征。

1. 渤中凹陷区

渤中凹陷是渤海海域内面积最大的一个凹陷，新生代地层沉积巨厚，最大厚度超过 11000m，其四周与凸起相邻，东、南、西、北依次是渤东低凸起、渤南低凸起、沙垒田凸起和石臼坨凸起，凹陷呈近东西走向，面积 8660km²，凹陷区和临近凸起区储层都比较发育。

1）储层岩性特征

渤中凹陷区古近纪地层自下而上分为孔店组、沙河街组和东营组，周缘发育的凸起上其物源区岩性特征具有明显的差异，由于古近系的沉积演化总体上从内源沉积向外源沉积的转变，进而导致不同区域储层分布与岩性特征的差异。

石臼坨凸起古近系沙河街组三段以长石砂岩、岩屑长石砂岩、长石岩屑砂岩为主；沙河街组一、二段主要以岩屑砂岩为主；岩屑成分复杂，有喷出岩、侵入岩、沉积岩和变质岩等，与石臼坨凸起基岩岩体相似，且岩屑含量可达 38.2%，反映了该区沙河街组近源沉积特征。东营组二段以岩屑长石石英砂岩、长石砂岩、岩屑长石砂岩为主，岩屑成分为酸性和中基性喷出岩、侵入岩、变质岩和沉积岩；岩石类型及组分的多样性反映东营组二段层序远源与近源混合的沉积特征（图 6-1）。

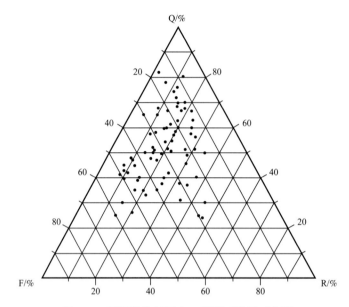

图 6-1　石臼坨凸起区东二段岩石类型三角图

沙南凹陷沙河街组砂岩类型主要为长石砂岩和岩屑长石砂岩，岩屑类型以酸性喷出岩、沉积岩及少量变质岩为主，反映物源主要来自埕北凸起。沙垒田凸起东南端，东营组以长石砂岩、岩屑长石砂岩为主；垂向上东营组二段较东营组三段的石英含量明显增大，反映东三段到东二段沉积时期物源的变化由近源转为较远源。

渤南地区沙河街组砂岩类型为岩屑长石砂岩、岩屑长石石英砂岩、长石砂岩（图 6-2）；岩屑为花岗质侵入岩、中酸性喷出岩、石英岩、砂泥岩及片岩等，与渤南凸起的基岩岩体类似，具近源沉积特点。东一段、东二段砂岩类型主要为长石砂岩、长石石英砂岩，岩屑成分主要为侵入岩、酸性喷出岩、石英岩，反映其较远源沉积的特征。

渤东地区东营组以岩屑长石石英砂岩为主，岩屑以中酸性喷出岩、变质岩、沉积岩为主，成分复杂。从碎屑组分特征看，PL7-1-1 井成熟度较高，BD1、BD2 井的成熟度较低（岩屑含量较高），说明前者较后者物源可能更远。

2）储层物性特征

（1）储层物性的垂向分布特征。

渤中凹陷不同地区由于构造特征、沉积环境的差异性，导致在渤中凹陷周边的石臼坨、沙垒田凸起、渤东低凸起以及渤南凸起地区储层溶蚀作用发生的深度也不同。渤中凹陷古近系储层在垂向上发育了三个以上的次生孔隙发育带。

将实际孔隙度与深度对比，与正常孔隙度—埋深变化曲线对照研究发现，在渤中凹陷的不同地区，由溶蚀作用导致的次生孔隙发育带的深度也不相同（表 6-1）。

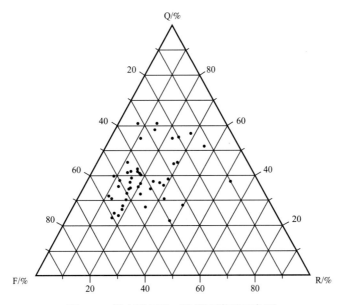

图 6-2　渤南地区沙三段岩石类型三角图

表 6-1　渤中凹陷古近系次生孔隙发育带深度范围

次生孔隙带	深度 /m				成岩阶段
	沙垒田	渤南	渤东	石臼坨	
第一次生孔隙发育带	1900～2150	—	2300～2550	1900～2400	早成岩 B 期—中成岩 A₁ 亚期
第二次生孔隙发育带	2300～2750	2550～3400	2700～2950	2650～3150	中成岩 A₁ 亚期
第三次生孔隙发育带	3100～3500	3700～4200	3150～3500	3450～4050	中成岩 A₁、A₂ 亚期
第四次生孔隙发育带	3700～4000	4300～4600	—	—	中成岩 A₂ 亚期、中成岩 B 期

① 第一次生孔隙发育带。第一孔隙带主要分布在沙垒田、渤东以及石臼坨凸起边缘地带，地层埋深浅，碎屑岩储层埋深小于 2500m，成岩阶段为早成岩 B 期—中成岩 A₁ 亚期，储层主要发育弱压实成岩相，原生孔隙所占比例大，孔隙度较高。由于有机质未达到成熟阶段，长石等不稳定组分溶蚀程度相对较低，次生孔隙发育规模小。孔隙类型主要是残余粒间孔隙以及次生孔隙，孔隙度最大可以达到 40%，一般砂岩孔隙度在 15%～30%。

② 第二次生孔隙发育带。渤中凹陷不同地区第二次生孔隙发育带深度范围存在差异性，分别是石臼坨地区 2650～3150m，渤东地区 2300～2550m，渤南地区 2550～3400m 以及沙垒田地区 2300～2750m，成岩阶段主要为中成岩 A₁ 亚期，受胶结作用及压实作用的改造，原生孔隙含量已经很少。该阶段有机质达到成熟阶段，大量排烃，形成的有机酸溶蚀长石、岩屑等组分以及粒间少量的黏土杂基，次生孔隙大量发育，孔隙度一般为 15%～25%。

③ 第三次生孔隙发育带。第三次生孔隙发育带深度范围存在显著的差异性，石臼坨地区 3450～4050m，渤东地区 2700～2950m，渤南地区 3700～4200m 以及沙垒田地区 3100～3500m，成岩阶段主要为中成岩 A₁、A₂ 亚期，该阶段铁白云石、铁方解石胶结物

大量出现，石英次生加大级别为Ⅱ—Ⅲ级，压实作用强烈，靠近断裂带长石溶蚀相仍比较发育，储层孔隙主要是粒间溶孔，孔隙度一般为10%～20%。石臼坨地区该层段发育大规模滩坝砂体，生物碎屑溶孔发育，孔隙度最高可达35%以上。

④ 第四次生孔隙发育带。第四次生孔隙发育带主要分布在渤南、沙垒田地区深部层段，由于深部高压层段的存在，物性较好。但因钻井取心资料较少，数据量不多。

（2）储层孔隙平面分布特征。

① 沙三段。

渤中凹陷沙三段主要发育辫状河三角洲和扇三角洲沉积相，储层埋深大，除沙垒田凸起狭窄边缘处于中成岩 A_1 亚期外，绝大部分处于中成岩 A_2 亚期和中成岩 B 期，靠近凹陷中部处达到晚成岩阶段。沙三段储层在垂向上主要处于第三和第四次生孔隙发育带，孔隙度主要在10%～20%之间。

石臼坨凸起南侧、渤东低凸起东、西两侧均处于陡坡带，主要发育扇三角洲，砂体埋深较大，一般为3500～4500m，主要处于中成岩 A_2 亚期、中成岩 B 期阶段，少量为晚成岩阶段，孔隙度一般为10%～20%，较差到中等储层。而在渤东地区西南侧埋深可达4000～5500m，主要处于中成岩 B 期和晚成岩阶段，孔隙度一般为5%～15%，为较差储层。

缓坡带主要分布在沙垒田凸起的东侧以及渤南低凸起的北侧，主要发育辫状河三角洲，西部沙南凹陷及沙垒田凸起东侧，储集体埋深相对较浅，一般为2800～3500m；主要处于中成岩 A_1、A_2 亚期，少量为中成岩 B 期，处于第二、第三次生孔隙发育带，推测孔隙度一般为15%～25%，为中等储层。

② 沙一、二段。

渤中凹陷沙一、二段发育多种沉积相类型，包括冲积扇、辫状河三角洲、扇三角洲以及部分凸起边缘的滩坝砂和碳酸盐混积滩。古近系储层埋深较大，处于中成岩和晚成岩阶段，孔隙度范围主要在10%～30%之间。

石臼坨凸起南侧、渤南低凸起北坡以及渤东低凸起东北侧等陡坡带，主要发育扇三角洲，埋深为3300～4500m，主要处于中成岩 A_2 亚期和中成岩 B 期，孔隙度为10%～20%。沙垒田凸起南侧、西北侧发育冲积扇，砂体虽然埋深较浅，但是塑性组分含量很高，物性较差。

缓坡带主要处于沙垒田凸起东侧与渤南凸起东北侧，发育辫状河三角洲相，砂岩储层埋深相对较浅，一般为2500～3500m，主要处于中成岩 A_1、A_2 亚期，孔隙度一般为15%～30%。石臼坨凸起东南端以及北侧发育滩坝砂体，部分层段生物碎屑含量很高，生物碎屑溶孔非常发育，孔隙度可达35%以上。

③ 东三段。

东三段储层埋深较大，主要发育辫状河三角洲及扇三角洲，储层主要处于中成岩 A 期，总的沉积特点是近源、快速堆积，物性较差，孔隙度范围主要在10%～25%之间。

石臼坨凸起西南侧、渤南凸起南侧以及渤东低凸起东西两侧，主要发育扇三角洲，砂体埋深较大，一般为3300～4500m，主要处于中成岩 A_2 亚期、中成岩 B 期阶段，少量为晚成岩阶段，孔隙度一般为10%～20%。

石臼坨凸起东北侧、沙垒田凸起东侧和北侧以及渤南凸起东北侧处于缓坡带，发育辫状河三角洲，储集体埋深相对较浅，一般为2300～3500m，主要处于中成岩A_1、A_2亚期，孔隙度一般为15%～25%，为中等储层。

④ 东二段。

渤中凹陷东二段主要为盆地的充填期，主要发育曲流河三角洲以及辫状河三角洲相，埋深为2000～4500m，基本上处于中成岩A期，孔隙度范围在15%～30%之间，为古近系储层最发育的层段。

整体上看，渤中凹陷东二段的三角洲砂体平面上展布面积很大。从凸起边缘向凹陷中心部位，埋深相差大，凸起边缘处埋深一般为2000～3000m，砂体埋深相对较浅，主要处于中成岩A_1、A_2亚期，孔隙度一般为15%～30%；靠近洼陷处砂体主要为三角洲前缘，砂体厚度薄，深度可达4500m以上，受到的压实作用强，孔隙度一般为10%～25%。

⑤ 东一段。

东一段主要发育辫状河三角洲和扇三角洲，埋深浅，发育弱压实成岩相，储层物性普遍较好，一般为中—好储层。

2. 辽中凹陷区

辽中凹陷主体位于辽西凸起和辽东凸起之间，辽中凹陷古近系沉积厚度达6000m，生油条件好，是主要供油区。尤其辽中凹陷中深层沙河街组及东营组发育近岸水下扇、扇三角洲、三角洲、湖底扇及重力流水道等沉积体系，加上丰富的油源及断裂、砂体、不整合等输导系统，中深层油气勘探潜力巨大。

1）储层岩性特征

东三段储层以岩屑长石砂岩为主（图6-3），其中岩屑体积分数为20.00%～43.00%，平均为28.96%，主要为酸性喷出岩和变质岩；长石体积分数为28.00%～55.00%，平均为41.33%；石英体积为15.00%～39.00%，平均为29.51%。填隙物中杂基的体积分数为1.00%～26.00%，平均为4.86%，杂基以泥质为主；胶结物体积分数为1.00%～37.00%，平均为7.79%，胶结物主要为碳酸盐和高岭石，其中菱铁矿占胶结物总体积分数的49.25%，白云石（铁白云石）占25.47%，方解石（铁方解石）占6.93%，高岭石占17.23%，胶结类型以孔隙—接触式钙质为主。储层岩石粒度整体上以中砂岩及细砂岩为主，平均粒度中值为0.21mm，多呈次圆—次棱角状，颗粒接触关系以点—线接触为主，颗粒分选为中—好，分选因数为1.51～4.26，平均为2.16。储层整体上具有较低的成分成熟度及中—低结构成熟度特征。

东二段最主要的岩石类型为岩屑长石砂岩（84.0%）、长石砂岩（14.7%）。辽中凹陷南洼东二段的岩石组分主要有石英、长石、岩屑和少量其他杂质成分（图6-4，图6-5），其中，长石颗粒含量为17.4%～43.2%，平均含量值为39.8%，石英颗粒含量范围值为17.4%～48.9%，平均含量为42.3%，岩屑含量的范围值为10.5%～27.6%，平均值为17.9%，长石含量和石英含量相当，总体表现为高长石含量、低石英含量、中等岩屑的特征。

辽中凹陷中部地区主要的储集体类型为辫状河三角洲、曲流河三角洲、浊积扇、滨浅湖滩坝。东营组储层的岩石学特征主要表现为长石和岩屑的含量相对较高，长石含量一般都在25%～50%之间，岩屑含量一般在10%～40%之间，其中以火山岩岩屑和变质

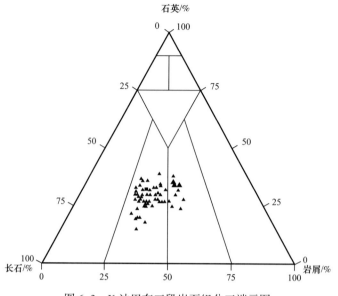

图 6-3　X 油田东三段岩石组分三端元图

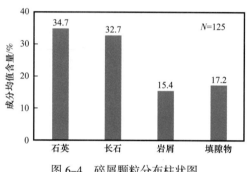

图 6-4　碎屑颗粒分布柱状图

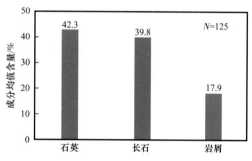

图 6-5　岩石骨架颗粒分布柱状图

岩岩屑为主。

2）储层物性特征

从孔隙度和渗透率与埋藏深度之间的关系图（图 6-6）上可以看出，在辽东湾 JZ9-3 井区一带次生孔隙主要发育在 1650~3300m 之间，其中在 1650~1900m 和 2100~2400m 的深度范围，存在两个很明显的高孔高渗带，孔隙度和渗透率与深度的拟合关系曲线明显偏离正常压实曲线。最大孔隙度和渗透率段大约在 1700m 和 2250m，前者平均孔隙度可达 28% 左右，最高可达 42.1%；平均渗透率在 995mD，最高可达 9472mD；后者平均孔隙度 30% 左右，最高可达 38.5%；平均渗透率 1271mD，最高可达到 8730mD。砂岩铸体薄片、普通薄片和扫描电镜等资料表明，在这两个深度范围发生了强烈的碳酸盐胶结物和长石及部分岩屑成分的溶蚀。

在绥中地区，也有类似现象。由于渗透率数据有限，所以主要从孔隙度方面分析次生孔隙的发育规律（图 6-7）。次生孔隙开始发育的深度浅于锦州地区，1400m 就可见明显的次生孔隙，一直到 2700m 孔隙度都偏高，平均孔隙度为 27%，最高可达 37.7%。该区域原生孔隙发育，次生孔隙以扩大的粒间孔隙为主。

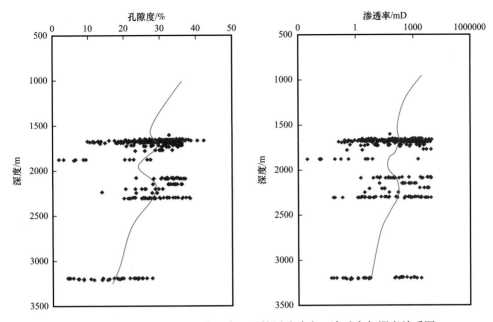

图 6-6　辽东湾地区 JZ9-3 井区古近系储层孔隙度、渗透率与深度关系图

在旅大地区，由于古近系埋深多浅于 2000m。将样品的孔隙度、渗透率与埋深进行拟合，实际孔隙度渗透率—深度关系变化曲线从 1600m 开始偏离正常压实曲线（图 6-8），这种偏离一直延续到 2000m，此深度范围为次生孔隙发育带，平均孔隙度为 28.5%，最大孔隙度达 35.5%；平均渗透率为 431mD，最大渗透率达 4885.4mD。

辽西凸起次生孔隙的分布与辽西凹陷有些相似，基本上也可分为两段，但深度范围要比辽西凹陷浅一些。

锦州地区 1500m 开始出现明显的次生孔隙，并一直延续到 3500m，在 1500～1750m 和 2070～2500m 深度次生孔隙相对较发育（图 6-9）。前者平均孔隙度为 30%，最大可达 38.9%；平均渗透率为 157mD，最大渗透率为 393mD。后者平均孔隙度为 20%，最大可达 36.3%；平均渗透率为 40mD，最大可达 1353mD。同辽西凹陷的锦州 9-3 地区相比，次生孔隙发育程度减弱，分布不均匀。

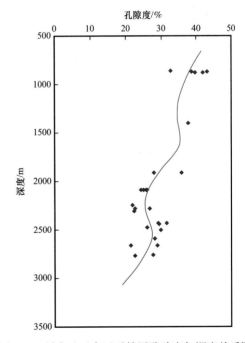

图 6-7　绥中地区古近系储层孔隙度与深度关系图

绥中地区次生孔隙也从 1450m 开始发育，直到 2500m（图 6-10）。较为发育的深度段为 1450～1700m，平均孔隙度为 29.5%，最大为 42.6%；平均渗透率为 694mD，最大可达 8896mD。

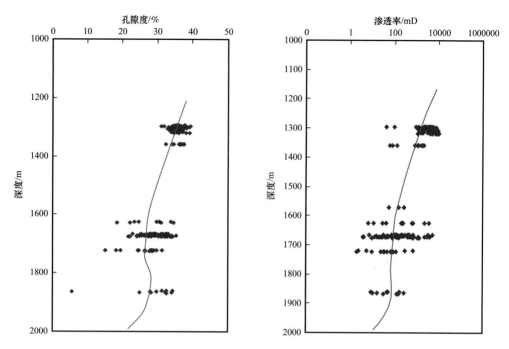

图 6-8　旅大地区古近系储层孔隙度、渗透率与深度关系图

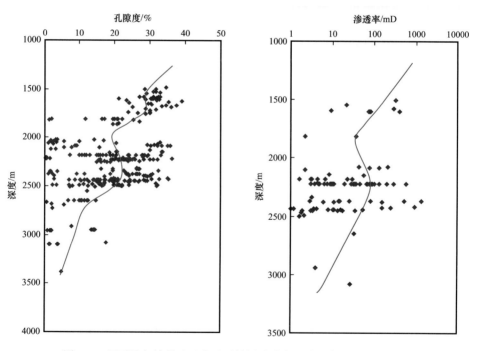

图 6-9　辽西凸起锦州地区古近系储层孔隙度、渗透率与深度关系图

旅大地区储层孔渗数据较少，次生孔隙主要发育在 1400～1900m 的深度范围内，在 1600m 左右，孔隙度平均为 31.5%，渗透率平均为 2611mD，次生孔隙发育（图 6-11）。

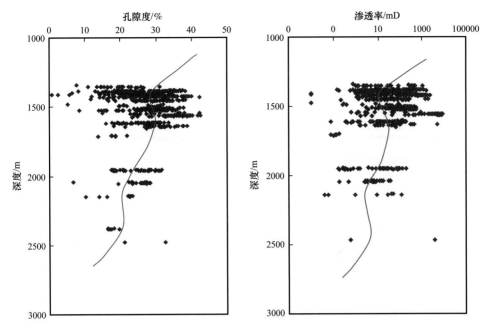

图 6-10　辽西凸起绥中地区古近系储层孔隙度、渗透率与深度关系图

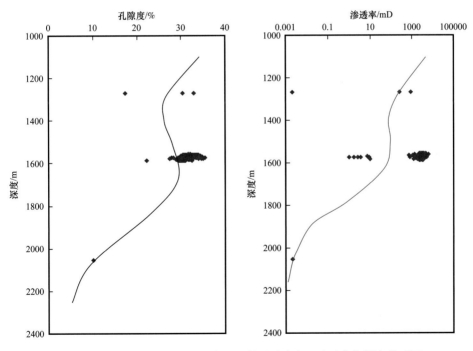

图 6-11　辽西低凸起旅大地区古近系储层孔隙度、渗透率与深度关系图

辽中凹陷同辽西凹陷、辽西凸起具有相似性，但是锦州地区次生孔隙开始出现的深度较深，2000m 开始出现较为明显的次生孔隙，一直延续到 3800m，次生孔隙最为发育的深度段为 2000～2500m（图 6-12），平均孔隙度为 21.4%，最大为 36.3%；平均渗透率为 85mD，最大可达 1353mD。JX1-1-1 地区次生孔隙形成的深度较低，1300m 就见到明显的次生孔隙发育，一直延续到 3000m。

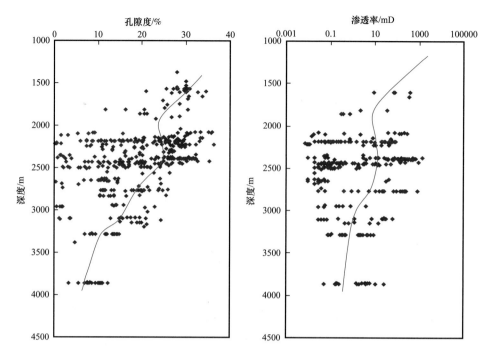

图 6-12　辽中凹陷锦州地区古近系储层孔隙度、渗透率与深度关系图

旅大地区孔渗数据较少，主要集中在 2600～3000m，平均孔隙度为 17.8%，最大为 24%；平均渗透率为 24mD，最大可达 114mD。本地区靠近烃源岩，酸性液体供给较为充分，因此预测上部次生孔隙也发育。

3.歧口凹陷区

歧口凹陷为渤海湾盆地黄骅坳陷的一个二级负向构造单元，主体位于渤海海域西部。受歧口主凹持续、强烈沉降的影响，各次凹向凹陷中心倾伏，形成大面积分布的斜坡构造，造成歧口凹陷内次洼数量多、斜坡大范围分布的地质特点，各类斜坡区占全凹陷总面积 70% 以上。斜坡—次凹区砂体主要为扇三角洲和辫状河三角洲前缘—远岸水下扇成因砂体，尤其是前缘相带与重力流砂体广布，这些大型砂体发育带与斜坡匹配，其充足的碎屑物质为斜坡区中深层有效油气储层的形成奠定了良好的物质基础。

1）储层岩性特征

歧口凹陷斜坡区中深层主要发育古近系沙河街组，从下到上依次沉积了沙三段（E_2s_3）、沙二段（E_2s_2）及沙一段（E_2s_1），为一套陆相砂泥岩（含湖相碳酸盐岩）组合。

储层岩性特征受控于沉积环境和物源区性质。歧口凹陷歧南斜坡沙三段受埋宁隆起和孔店—羊三木凸起物源体系的影响，并以埋宁隆起物源为主，其砂岩以石英含量高、长石含量低和岩屑含量中等为特征；孔店—羊三木凸起物源（波及范围主要为歧南西斜坡与歧北斜坡）的砂岩以石英含量低、长石含量高和岩屑含量中等为特征。依据砂岩分类标准，结合歧南斜坡沙三段样品的岩心观察和砂岩薄片鉴定结果，主要发育灰色、灰绿色、浅灰色中—细粒岩屑长石砂岩和长石岩屑砂岩（图 6-13）。其组分特征为：石英含量为 40%～73%，平均为 52%；长石含量为 8%～35%，以钾长石为主，斜长石次之；岩屑主要为沉积岩岩屑，平均含量为 15%，石灰岩和岩浆岩岩屑平均含量为 5%；变质岩岩屑平均含量为 2%。胶结物以钙质为主，含量为 5%～10%，方解石和白云石占胶结物含量的93%。胶结类型以孔隙式胶结为主，碎屑颗粒呈次圆状和次棱角—次圆状；颗粒之间常见线接触和凹凸接触，成分成熟度和结构成熟度均较低。

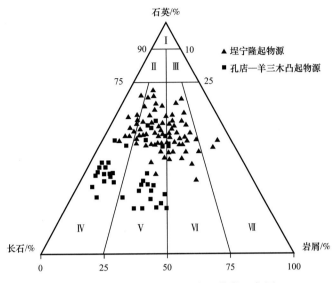

图 6-13 歧南斜坡沙三段岩石分类三角图

碎屑岩是歧口凹陷的主要储集岩，包括在扇三角洲、辫状河三角洲、滩坝、湖底扇等沉积环境中形成的砂岩和砂砾岩储层。通过大量岩石薄片的观察与统计可知，歧口凹陷沙河街组碎屑岩储层的成分成熟度低。板桥次凹、歧北次凹及滨海地区沙河街组碎屑储集岩中长石含量较高，岩石类型以岩屑长石砂岩为主，次为少量长石砂岩和长石岩屑砂岩；而歧南次凹及埕北断坡带发育的储集岩则岩屑含量较高，以长石岩屑砂岩为主。

碎屑颗粒以石英、长石为主，岩屑次之，其中岩屑又以中酸性喷出岩和碳酸盐岩岩屑为主，常见燧石、变质石英岩及少量泥岩、板岩岩屑。沙一段碎屑岩组分中石英含量为35%～68%，平均47%，长石含量10%～53%，平均33%，岩屑含量7%～48%，平均20%；沙二段石英、长石、岩屑平均含量分别为54%、25%、21%；沙三段石英、长石、岩屑的平均含量分别为55%、21%、24%。大量不稳定组分的存在，为矿物溶解产生次生孔隙提供了物质基础。

歧口凹陷沙河街组湖相碳酸盐岩主要见于凹陷西南缘沙一下亚段地层中，沙三段及沙二段中也有少量发育，主要位于凸起区缓坡一带，为以生物屑灰岩为主的灰质滩坝沉积。湖相碳酸盐岩成分复杂，结构多变，往往与陆源碎屑混合沉积，形成过渡性的岩石类型。结合张国栋等（1987）提出的用碎屑物质、方解石和白云石三端元组构进行分类的方案（图 6-14），对歧口凹陷湖相碳酸盐岩进行了分类，主要发育有泥晶、微晶白云岩、粒屑灰（云）岩、灰质云岩、云质灰岩及砂质（泥质）云岩。

2）储层物性特征

（1）沙三段。

歧口凹陷沙三段砂岩储层孔隙度空间变化比较大，本区孔隙度在8%～20%之间的样品占总数的84%，其中孔隙度在10%～18%之间的样品最多，占总数的66%，属于低孔储层；其次为孔隙度在18%～26%之间的样品，占总数18%，属于中孔储层；孔隙

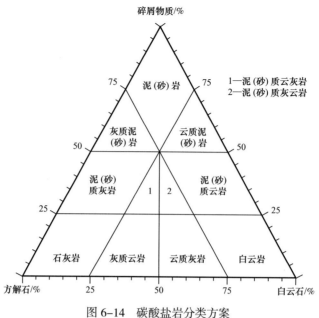

图 6-14　碳酸盐岩分类方案

度小于 10% 的样品占总数的 11%，属于特低孔储层；孔隙度大于 26% 的样品占总数的 5%，属于高孔储层。

沙三段砂岩储层渗透率在 0.13～16mD 之间的样品占总数的 84%，其中渗透率在 0.5～8mD 之间的样品最多，占总数的 68%，属于特低渗超低渗储层；渗透率在 8～64mD 之间的样品占总数的 9%，属于低渗储层；渗透率在 64～512mD 之间的样品占总数的 5%，属于中渗储层；渗透率大于 512mD 的样品占总数的 5.5%，属于高渗储层。从统计分析结果看，歧口凹陷沙三段砂岩储层大都表现出明显的中低孔低渗特低渗特征（图 6-15）。

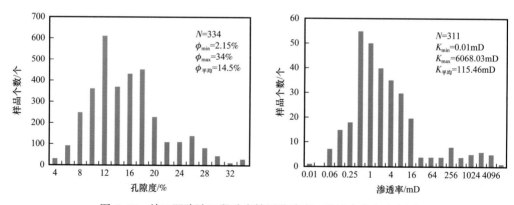

图 6-15　歧口凹陷沙三段砂岩储层孔隙度、渗透率分布直方图

（2）沙二段。

歧口凹陷沙二段砂岩储层孔隙度、渗透率分布也有一定的特点，孔隙度在 8%～24% 之间的样品占总数的 89%，其中孔隙度在 10%～16% 之间的样品最多，占总数的 56%，属于低孔储层；其次为孔隙度在 16%～24% 之间的样品，占总数的 27%，属于中孔储层；孔隙度小于 10% 的样品占总数的 11%，属于特低孔储层；孔隙度在 24%～30% 之间的样品最少，占总数的 6%，属于高孔储层。

渗透率集中分布在0.13～128mD之间，其中渗透率小于8mD的样品最多，占总数的74%，属于特低渗储层；次为渗透率在8～64mD之间的样品，占总数的18%，属于低渗储层；渗透率在64～512mD之间的样品占总数的6%，属于中渗储层；渗透率大于512mD的样品占总数2%，属于高渗储层。从统计分析结果看，歧口凹陷沙二段砂岩储层亦为中低孔低渗特低渗储层（图6-16）。

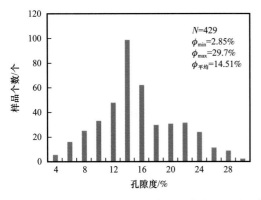
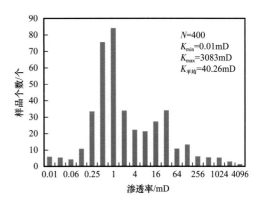

图6-16 歧口凹陷沙二段砂岩储层孔隙度、渗透率分布直方图

（3）沙一段。

沙一段碎屑岩储层孔隙度、渗透率分布较为集中，孔隙度主要分布在8%～24%之间，其中孔隙度在14%～24%之间的样品最多，占总数的62%，属于中孔储层；其次为孔隙度在8%～14%之间的样品，占总数的25%，属于低孔储层；孔隙度小于8%的样品占总数的10%，属于特低孔储层；孔隙度大于24%的样品占总数的3%，属于高渗储层。渗透率集中分布于0.13～512mD之间，其中渗透率小于8mD的样品最多，占总数的75%，属于特低渗储层；次为渗透率在8～64mD之间的样品，占总数的15%，属于低渗储层；渗透率在64～512mD之间的样品占总数的9%，属于中渗储层；渗透率大于512mD的样品占总数的1%，属于高渗储层。显然歧口凹陷沙一段砂岩储层与同一凹陷的沙二、三段物性特征基本一致（图6-17）。

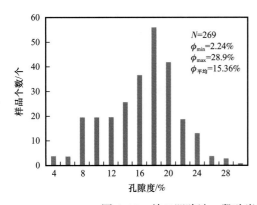
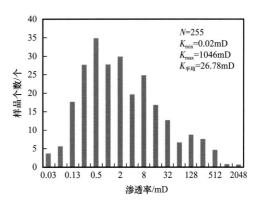

图6-17 歧口凹陷沙一段砂岩储层孔隙度、渗透率分布直方图

3）储层物性分布规律

（1）储层物性垂向分布规律。

储层物性的分布受多种因素的控制，其在纵向上的分布，主要反映了成岩作用的影

响，而其在平面上的分布则主要反映了沉积作用的影响。

从岩心孔隙度、渗透率与埋藏深度的关系图中，可以看出歧口凹陷沙河街组碎屑岩和碳酸盐岩储集物性，随埋藏深度增加整体上呈逐渐变差的趋势，但在某些深度带上出现异常，这些异常带往往成为有利储层的发育带。

沙河街组碎屑岩储层高孔渗带主要发育在2200~2700m之间，孔隙度平均为17.7%，渗透率平均为338.2mD，孔隙以混合孔为主。另外，在3500~4000m深度，由于受深部酸性流体控制，发育次生孔隙带，其孔隙度平均为14.5%，渗透率平均为14.6mD。

碳酸盐岩储层高孔渗带主要发育在1700~1900m、2300~2400m和2600~2800m三个带内，孔隙度平均为13.8%，渗透率平均为26.4mD。另外在3100~3300m受深部酸性流体控制，发育次生孔隙带，孔隙度平均为4%，渗透率平均为0.39mD。

（2）储层物性平面分布规律。

通过对歧口凹陷沙河街组不同层位物性资料的统计，发现储集物性具有明显的区带性，沿盆缘及盆内凸起周缘孔渗性较好，向凹陷中心孔渗性逐渐变差。沙三段物性高值区主要分布在港西凸起北坡、歧北斜坡、埕北断坡带和滨海地区，其次为板桥陡坡带，向凹陷中心物性变差；沙二段物性高值区主要分布在凹陷西南缘和埕北断坡带，次为板桥陡坡带和滨海地区，向凹陷中心物性变差；沙一段物性高值区主要分布在孔店凸起周缘、埕北断坡带及滨海地区，次为港西凸起北坡和板桥陡坡带，凹陷中心物性较差。

4. 黄河口凹陷区

黄河口凹陷位于渤海海域南部，属济阳坳陷范畴，北部为渤南低凸起，东部为庙西凹陷，东南部为莱北低凸起，西部与沾化凹陷相通，凹陷总面积3300km²。黄河口凹陷在构造演化上具有典型的断—坳叠置的特征，可划分为古近纪裂陷期形成的半地堑和新近纪裂后期形成的坳陷，二者之间为区域性不整合。沙三段、沙一、二段和东二下亚段—东三段烃源岩形成于古近纪裂陷期的深湖—半深湖的沉积环境中。黄河口凹陷基底最大埋深约7000m，古近系、新近系发育齐全，古近系厚3500m左右。

1）储层岩性特征

砂岩储层由骨架颗粒和填隙物组成。骨架颗粒成分主要为石英、长石和岩屑，见少量重矿物。长石以正长石为主，岩屑以侵入岩岩屑为主。填隙物分为两大类：一类为杂基（基质），为与骨架颗粒同时以机械方式沉积的细小（＜0.005mm）的石英、长石、岩屑和黏土矿物；另一类是胶结物，是骨架颗粒沉积后，在埋藏成岩过程中以化学沉淀方式在孔隙中形成的新生矿物，主要有黏土矿物、泥晶碳酸盐、亮晶碳酸盐、自生石英和长石。

2）储层物性特征

黄河口凹陷储层的孔隙度和渗透率随着埋藏深度增加，呈减小的趋势。古近系沙河街组三段储集性能明显好于沙河街组一、二段，为高孔高渗储层，沙河街组一、二段为高孔—低渗储层；东营组一段为低—中孔隙度、低—特低渗透率储层；东营组二段为高—特高孔隙度、高—特高渗储层；东营组三段为中—低孔隙度、低—特低渗储层。

全凹陷的孔隙度与渗透率交会图中整体孔隙度与渗透率呈较好的正相关，相关系数

R 为 0.75（图 6-18）。当孔隙度小于 10%，数据点明显位于拟合曲线的下方，孔隙度与渗透率的相关性变差，表现为同一渗透率对应更多的孔隙度值，同时与拟合曲线的趋势相比相同孔隙度比拟合值对应更高的渗透率值，可能由于深部低孔隙度储层裂缝发育使得深部储层比总体趋势线保持更高的渗透率。

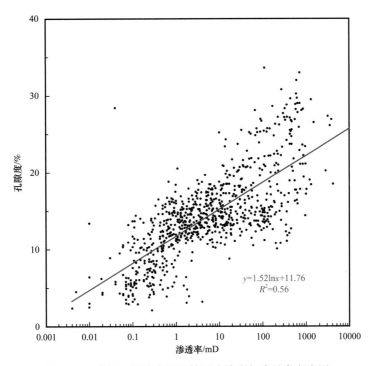

图 6-18　黄河口凹陷古近系储层孔隙度与渗透率交会图

二、新近系储层

鉴于渤海湾盆地新近系沉积中心在渤海海域渤中坳陷，故其沉积相变化和储层特征在整体上有着自己的特色。下面以该坳陷北、西南、东南三个方向的 QHD32-6-1 井、NB35-2-1 井、CFD11-1-1 井、BZ25-1-5、PL19-3-1 井、PL9-1-2 井、PL15-2-2 井等为例阐述渤海新近系储层特征。

1. 储层岩性特征

渤中坳陷北部和西部地区新近系地层以辫状河沉积为主，其中馆陶组总的特征是砂岩含量高（60%~90%）、单层厚度大、结构和成分成熟度较差、泥质胶结疏松。而明化镇组下段储层以曲流河砂体为主，河道、点沙坝和决口扇砂体呈垂向间互叠置，砂岩含量在 25%~60% 之间，单层最大厚度一般在 10~50m 之间。

渤海中南部，即渤中凹陷、黄河口凹陷和渤南凸起—庙西凹陷的广泛区域，馆陶组发育曲流河、三角洲和湖泊沉积。明化镇组下段为浅湖相的沉积，储层厚度较薄。该范围内砂岩含量小于 25%，普遍发育厚层泥岩，如 PL19-3-1 井明化镇组下段储层以细砂岩为主，累计 33.5m，单层 1~6m，含量仅为 12%，泥岩单层厚 25~75m。

位于渤南凸起东端的蓬莱 19-3 油田馆陶组发育辫状河沉积，心滩岩性以中细砂岩、含砾中细砂岩、中粗砂岩为主，正粒序。分选中—较差，磨圆度为次棱角—次圆状，粒度中值一般为 10～795μm。矿物成分主要为石英、长石、岩屑，石英含量一般大于 20%，长石含量大于 30%，岩屑含量 40% 左右（表 6-2）。

表 6-2　蓬莱 19-3 油田馆陶组辫状河砂岩储层岩矿特征表

井号	样品深度 / m	岩石定名	分选	磨圆度	接触方式	孔隙发育及连通性
6ST	1562.3	中—粗粒长石岩屑砂岩	中	次棱角—次圆状	点接触	较好
	1568.2	含砾粗粒岩屑砂岩	中	次棱角—次圆状	点接触	较好
	1570.1	细—中粒岩屑长石砂岩	中	次棱角—次圆状	点接触	较好
	1571.2	中—粗粒岩屑长石砂岩	中	次棱角—次圆状	点接触	较好
	1571.6	中粒岩屑长石砂岩	好	次棱角—次圆状	点接触	较好
	1580.3	中—粗粒长石岩屑砂岩	中	次棱角状	点接触	较好
8ST	1500.1	含砾粗粒岩屑砂岩	中	次棱角—次圆状	游离—点接触	好
	1498.6	砂砾岩	中	次棱角—次圆状	游离—点接触	好
	1495.1	细粒长石砂岩	好	次棱角状	点接触	好
	1492.3	细—中粒岩屑长石砂岩	差—中	次棱角状	支架状接触	好
	1427.1	中—粗粒岩屑长石砂岩	差—中	次棱角状	线—支架状接触	较好
	1426.1	含砾中—粗粒长石岩屑砂岩	差	次棱角状	点接触	较好
	1355.7	含泥细粒长石砂岩	好	次棱角—棱角状	线—支架状接触	差
	1350.3	含泥砂岩砾岩	差	次棱角—次圆状	—	差
	1251.2	砂质砾岩	差	次棱角—次圆状	支架状接触	较好
	1184.1	粗粒长石岩屑砂岩	中	次棱角—次圆状	支架状接触	好
	1179.5	砂质砾岩	差—中	次棱角—次圆状	线—点状接触	好

蓬莱 19-3 油田明化镇组下段发育曲流河沉积，河道底部发育滞留沉积，边滩沉积侧向加积作用明显，岩性为含砾中细砂岩、中细砂岩、细砂岩为主，正粒序。分选中—较差，磨圆度为次棱角—次圆状，粒度中值一般为 60～200μm。矿物成分主要为石英、长石、岩屑，石英含量一般大于 39%，长石含量平均 36%，岩屑含量 20% 左右。

又如蓬莱 15-2 构造位于渤海东部海域庙西北凸起东侧边界断层下降盘，为一个复杂断块圈闭。该构造整体埋深较浅，构造内次生断层发育。

PL15-2-2 井明化镇组 1009.5～1441.5m 见油气显示，井段厚度 432.0m，井段中泥岩与细砂岩呈不等厚互层，夹薄层灰质粉砂岩。泥岩为绿灰色、灰色及黄褐色，质纯、性软，岩屑呈团块；灰质粉砂岩为灰白色，致密；粉砂岩为浅灰色，泥质胶结，疏松；细砂岩为浅灰色，成分以石英为主，次为长石及暗色矿物，部分粉粒，次棱角—次圆状，分选好，泥质胶结，疏松。钻井取心段显示为富含油细砂岩及油浸细砂岩。油浸细砂岩为灰褐色，成分以石英为主，少量长石及暗色矿物，部分粉粒，分选中等，次棱角—次圆状，泥质胶结，疏松。

PL15-2-2 井馆陶组 1710.5～1954.0m，厚 243.5m，泥岩与细砂岩不等厚互层，见薄层灰质粉砂岩。泥岩为绿灰色、黄褐色，质纯，性软，岩屑呈团块状；灰质粉砂岩为灰白色，致密，与稀盐酸反应中等；细砂岩为浅灰色，成分以石英为主，次为长石及暗色矿物，部分粉粒，次棱角—次圆状，分选好，泥质胶结，疏松。

渤中 25-1 构造位于渤南低凸起西端，其北邻渤中凹陷，南接黄河口凹陷，西北与沙南凹陷相通，属于凹中隆构造。生、储、盖组合配置良好。BZ25-1-5 井录井油气显示在新近系明化镇组明下段、馆陶组及古近系东营组东上段、沙河街组沙二段、沙三段均有分布。BZ25-1-6 井明化镇组 1640.0～1911.0m，厚 271.0m，井段内泥岩与粉砂岩互层。上部泥岩为灰色，下部泥岩为紫褐色，质纯，性中—硬。粉砂岩为灰色，泥质胶结，疏松。其明化镇组 1780.0～1771.0m，为灰色油斑细砂岩，泥质胶结，疏松。测井解释泥质含量为 13%。馆陶组 1911.0～2142.5m，厚 231.5m，厚层砂岩夹泥岩层。泥岩为灰色，质纯，性中硬—性硬；砂岩为灰色，细粒，部分含砾，成分以石英为主，长石次之，砾石粒径 2～4mm，次圆状，分选中等，泥质胶结，疏松—较疏松。

在渤中坳陷北部的石臼坨凸起区所发现的 QHD32-6 新近系大型油田和 NB35-2 中型油田，其储层岩性与特点很具代表性。NB35-2 构造位于石臼坨凸起的西部，NB35-2-1 井位于 NB35-2 背斜构造高点上，东距 QHD32-6 油田约 24km，在大沽灯塔 89° 方向约 82km 处。NB35-2-1 井明化镇组下段 873～1165m，厚 292m，以泥岩及粉砂质泥岩为主，与泥质粉砂岩、粉砂岩及细砂岩呈不等厚互层。泥岩以红褐色为主，局部见黄褐色花斑，质纯，性软—中硬；顶部为绿灰色，质不纯，含粉砂质较重，性中硬。粉砂质泥岩为绿灰色，含粉砂质不均，性软。泥质粉砂岩为浅绿灰色，偶见细粒，泥质胶结，较疏松。明化镇组下段 1165～1365m，厚 200m，以泥岩及粉砂质泥岩为主，与泥质粉砂岩、粉砂岩及细砂岩呈不等厚互层。泥岩以红褐色为主，质纯，性中硬；中部少量为灰绿色。粉砂质泥岩为绿灰色，局部含少量红褐色，含粉砂质不均，性软。泥质粉砂岩为浅绿灰色，泥质分布不均，泥质胶结，疏松。馆陶组 1365～1446.5m 井段，厚 81.5m，泥岩与砂岩及含砾砂岩呈不等厚互层。泥岩自上而下为绿灰色、红褐色、褐色、紫褐色，质纯，性中硬。泥质粉砂岩为绿灰色，泥质分布不均，疏松。含砾砂岩为浅灰色，以中细—中粒为主，部分粗粒，成分以石英为主，含少量暗色矿物，分选差，次棱角状，泥质胶结，疏松，砾石成分主要为石英，偶见燧石，占碎屑 5%～10%，砾径 2～3mm。

QHD32-6 油田位于石臼坨凸起的中部，预探井 QHD32-6-1 井位于 QHD32-6 构造的较高部位。该井明化镇组下段 1124～1445m，厚 321m，本段为厚层砂岩和泥岩交互层段，局部为薄层砂岩和粉砂岩。砂岩为浅灰色，局部为灰褐色，大部分层段以细粒为主，部分为中粒，局部层段以中粒为主，部分为细粒，成分主要为石英，次为长石，细粒为主的层段分选好，中粒为主的层段分选中等，次棱角—次圆状，胶结差，松散。粉砂岩为浅灰色，泥质胶结，胶结中等。泥岩为浅绿灰色，软，质纯，易水化。而馆陶组 1445～1519m，厚 745m，以砂岩为主，夹粉砂岩及泥岩。砂岩以浅灰色，部分褐灰色，细粒—粗粒，上细下粗，成分以石英为主，次为长石及暗色矿物，次棱角—次圆状，分选上好下差，泥质胶结，松散。粉砂岩为灰色，含细粒石英，泥质胶结，胶结中等。泥岩为绿灰色，少量灰色，软—中硬，质不纯，含粉砂。在1519～1636m，井段厚117m，以厚层砂砾岩和含砾砂岩为主，夹泥岩。砂砾岩为浅色，部分为杂色，中—极粗粒，成分以石英为主，次为暗色矿物及长石，次棱角—次圆状，分选差，胶结差，松散，砾石以石英为主，少量火山岩块，砾石含量为35%，砾径2～5mm，最大7mm。含砾砂岩为浅灰色，中—粗粒，部分极粗粒，成分以石英为主，次为长石及暗色矿物，次棱角—次圆状，分选差，松散，粒径2～4mm。泥岩为绿灰色，软—中硬，质不纯，含粉砂。在馆陶组1876.5～1903m，井段厚26.5m，以砂岩、含砾砂岩和泥岩互层。含砾砂岩为黄褐色，成分以石英为主，次为暗色矿物及长石，次棱角状，分选胶结差，松散，粒径2～4mm，部分见黄褐色油斑。砂岩为浅灰色，细—中粒，成分以石英为主，次为长石及暗色矿物，次棱角—次圆状，分选中—差，疏松。泥岩为绿灰色，软—中硬，质不纯，含粉砂。

2. 储层物性特征

渤海海域同样岩性较粗的馆陶组储层孔渗条件好，如蓬莱19-3油田馆陶组砂岩和含砾砂岩孔隙度在15%～30%之间，渗透率最大为4200mD，基本在15～1400mD之间，属高孔高渗储层，构成了浅层油气成藏最重要的输导层。而凸起区明化镇组下段储层物性也很好，孔隙度在22%～38%之间，渗透率在43～7490mD之间，均属高孔高渗储层。

蓬莱19-3油田铸体薄片显示，辫状河心滩砂体储层孔隙发育，连通性好。储集空间以原生粒间孔为主，其次是粒间缝，并见少量粒内溶孔等次生孔隙。原生粒间孔隙占总孔隙的80%以上。

曲流河边滩砂体储层孔隙度发育，分布均匀，连通性好。储集空间以原生粒间孔为主，见少量粒间溶孔等次生孔隙。原生粒间孔隙占总孔隙的90%以上。

心滩储层孔隙度在20.1%～37.5%之间，渗透率在33.8～8418.3mD之间，储层孔隙性较好，渗透率高，孔隙度和渗透率具有一定的相关性，储层具有中高孔渗的储层特征（图6-19）。

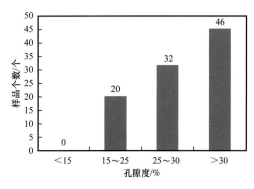 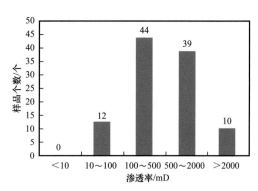

图6-19　蓬莱19-3油田辫状河心滩砂体储层特征评价图

边滩储层孔隙度为27.9%～42%，平均值为34.34%，渗透率为8.5～2246.3mD，平均值为684.8mD。储层孔隙性好，渗透率中等，分布均匀，储层具有中高孔中渗的储层特征，储层物性及含油性均较好（图6-20）。

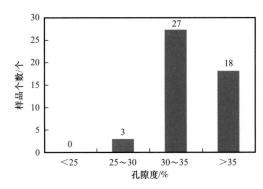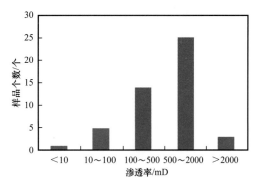

图 6-20　蓬莱 19-3 油田曲流河边滩微相砂体储层特征评价图

蓬莱 19-3 油田馆陶组沉积微相对储层质量的控制作用明显，心滩沉积以砂岩为主，以中粗砂岩为优，分选好，泥质含量低，为中高孔、高渗储层，含油性好。

明化镇组下段边滩沉积以中细砂岩、细砂岩为主，分选中—好，泥质含量低，为中高孔、中高渗储层，含油性较好。

处于庙西凹陷北次洼的 PL15-2 构造，紧靠庙西北凸起南部断裂的下降盘，其探井 PL15-2-2 井在明化镇组上段砂岩储层中，储层物性良好，经测井解释孔隙度在 29.0%～32.4% 之间，渗透率在 614.9～965.2mD 之间；明化镇组下段测井解释孔隙度在 21.5%～35.5% 之间，渗透率在 210.5～1456.6mD 之间；馆陶组测井解释孔隙度在 17.6%～23.0% 之间，渗透率在 66.5～231.6mD 之间。

在渤南凸起西端的渤中 25-1 油田的代表井 BZ25-1-5 井，根据测井解释明化镇组孔隙度在 26.5%～31.5% 之间，馆陶组孔隙度在 20.0%～31.0% 之间。PL9-1-2 井明化镇组下段测井解释孔隙度在 2.9%～34.9% 之间，馆陶组测井解释孔隙度在 14.3%～35.9% 之间。同样显示出良好的物性。

在渤中坳陷北面石臼坨凸起的 QHD32-6 新近系大油田代表井 QHD32-6-1 井，明化镇组下段测井解释中子孔隙度在 28%～34% 之间，中子密度孔隙度在 30%～37% 之间。馆陶组测井解释中子孔隙度在 22.5%～31% 之间，中子密度孔隙度在 22.0%～36.0% 之间。同样该凸起西端的 NB35-2 油田的代表井 NB35-2-1 井，明化镇组测井解释中子孔隙度在 30%～36% 之间，中子密度孔隙度在 30%～36.5% 之间。馆陶组测井解释中子孔隙度在 28.5%～30% 之间，中子密度孔隙度在 25.5%～30% 之间，均显示出很好的物性。

三、基岩潜山储层

渤海潜山储层岩性多样，包括碳酸盐岩、火成岩、碎屑岩、变质岩。潜山储层主要受风化淋滤和构造应力的控制。溶蚀孔隙和裂缝是潜山储层的主要储集空间。就海域所发现的潜山油气田资料来看，潜山储层主要有碳酸盐岩、碎屑岩和花岗岩三种岩石类型，其储层特征如下。

1. 储层岩性特征

1）碳酸盐岩

渤海海域下古生界碳酸盐岩储层岩石类型多样，根据其岩性进行大类归类见表 6-3。显微镜下常见各种颗粒类云（灰）岩、晶粒类云（灰）岩、泥晶云（灰）岩、亮晶灰岩等，颗粒类包含了鲕粒、砂屑、生屑、砾屑，晶粒类包含粉晶、细晶、细—中晶、中晶、粗晶，在各类云（灰）岩中，通常会含有灰（云）质，其含量从 0～50% 分布不等。其中晶粒云岩含量最高，35.64% 的样品为各类晶粒云岩（细晶云岩、中—细晶云岩、中晶云岩、粉晶云岩等）；其次为泥晶灰岩类，含量为 32.81%，泥晶灰岩类成分中通常会含有白云石、生物碎屑等；其他类型的岩石含量均较少，根据含量从多到少分别为泥晶云岩类、颗粒灰岩类、晶粒灰岩类、颗粒云岩类（图 6-21）。根据录井和岩心资料，部分钻井层段还发育有大量的角砾岩，特别是在奥陶系或寒武系靠近不整合面区域较为育。

表 6-3　渤海碳酸盐岩潜山岩石类型分布表

碳酸盐岩组构分类命名	分类	碳酸盐岩组构分类命名	分类	碳酸盐岩组构分类命名	分类	碳酸盐岩组构分类命名	分类
泥—粉晶云质灰岩	泥晶灰岩	泥—粉晶灰质云岩	泥晶云岩	晶粒颗粒含云灰岩	颗粒灰岩	晶粒云岩	晶粒云岩
泥晶含云灰岩		泥—粉晶云岩		晶粒颗粒灰岩		颗粒晶粒灰质云岩	
泥—粉晶含云灰岩		颗粒泥—粉晶灰质云岩		晶粒颗粒云质灰岩		颗粒晶粒云岩	
泥—粉晶灰岩		泥—粉晶灰质云岩		亮晶颗粒含云灰岩		晶粒含灰云岩	
颗粒泥—粉晶云质灰岩		泥—粉晶云岩		亮晶颗粒灰岩		晶粒灰质云岩	
颗粒泥晶含云灰岩		泥晶含灰云岩		泥晶颗粒灰岩		晶粒泥质云岩	
颗粒泥晶灰岩		泥晶灰质云岩		亮晶颗粒云质灰岩		晶粒灰岩	
颗粒泥晶云质灰岩		泥晶云岩		颗粒含云灰岩		晶粒云质灰岩	
泥—粉晶含云灰岩		泥—粉晶含灰云岩		颗粒灰岩		颗粒晶粒灰岩	
泥—粉晶云质灰岩		泥—粉晶含灰云岩		晶粒颗粒含云灰岩	颗粒云岩	颗粒晶粒云质灰岩	晶粒灰岩
泥晶灰岩		颗粒泥晶云岩		晶粒颗粒灰质云岩		晶粒含云灰岩	
泥—粉晶灰岩		颗粒泥—粉晶云岩		晶粒颗粒云岩		颗粒晶粒含云灰岩	
泥晶云质灰岩		泥晶云岩		泥晶颗粒含云灰岩		晶粒含泥云质灰岩	
颗粒泥—粉晶灰岩				泥晶颗粒云岩		火成岩	
颗粒亮晶灰岩	亮晶灰岩			颗粒云岩		蚀变岩	
颗粒亮晶含云灰岩				亮晶颗粒云岩			

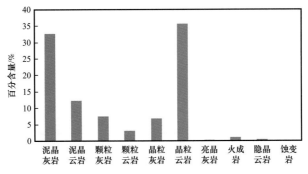

图 6-21　下古生界碳酸盐岩岩石类型分布柱状图

渤海海域碳酸盐岩潜山主要发育于下古生界，各类碳酸盐岩在下古生界各个地层中具有下列分布特征：除了奥陶系上马家沟组、峰峰组岩性是以石灰岩为主之外，寒武系和奥陶系其他层组均是以晶粒云岩为主（图 6-22 至图 6-24）。泥晶灰岩主要分布在毛庄组、崮山组、徐庄组、下马家沟组、上马家沟组，其中上马家沟组以泥晶灰岩为主，含量超过 55%，其他组段的泥晶灰岩含量多分布于 15%～20% 之间；泥晶云岩主要分布在寒武系毛庄组、徐庄组、下马家沟组、上马家沟组，但含量较低，多分布于 10%～15% 之间；颗粒灰岩主要分布在寒武系馒头组、毛庄组、张夏组，在馒头组中的含量超过了 25%。其他岩石类型在各组含量分布均较少。

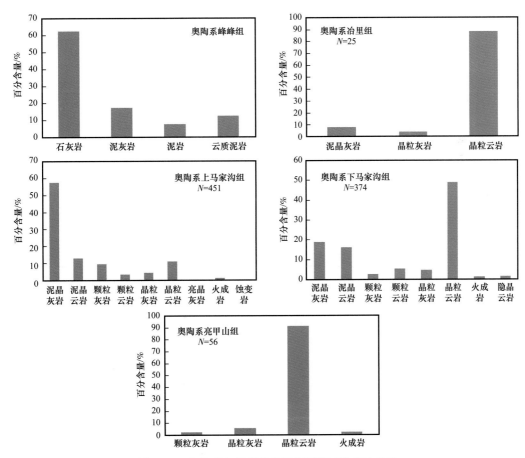

图 6-22　奥陶系各组碳酸盐岩岩石类型分布柱状图

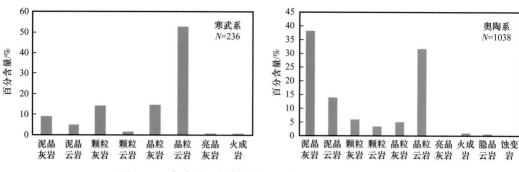

图 6-23　寒武系、奥陶系碳酸盐岩岩石类型分布柱状图

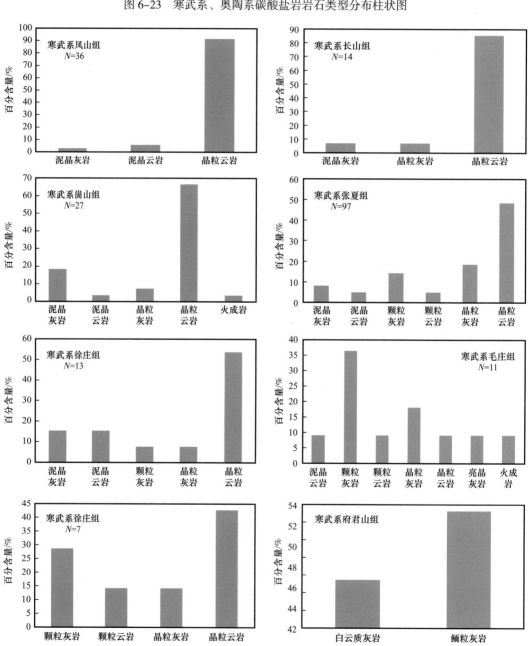

图 6-24　寒武系各组碳酸盐岩岩石类型分布柱状图

例如在石臼坨凸起南部，钻遇奥陶系亮甲山组、上马家沟组、下马家沟组，其主要岩性为泥晶灰岩，含量接近50%，主要分布在上马家沟组和下马家沟组，含量分别为56.98%和34.02%，且为这两个组的主要岩石类型。其次为晶粒云岩19.52%，晶粒云岩主要分布在下马家沟组中，含量高达32.99%，其他各组均有分布；亮甲山组中晶粒云岩含量也较高，达到20%，上马家沟组中含量仅为13.13%。泥晶云岩在石臼坨凸起南部的奥陶系中含量为13.96%，主要分布在下马家沟组，含量为15%左右，其次分布在上马家沟组，含量为12%左右。其他岩石类型含量较低（图6-25）。

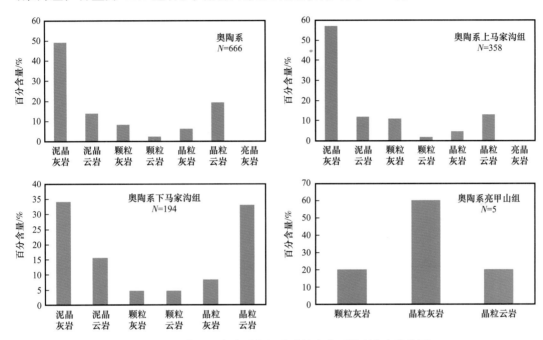

图6-25　石南地区奥陶系各组碳酸盐岩岩石类型分布柱状图

又如处于南堡凹陷的CFD2-1油田区钻遇的包括上马家沟组、下马家沟组、冶里组和上寒武统部分地层，根据取心样品资料显示，仅有上马家沟组和下马家沟组薄片资料，该地区中奥陶统以泥晶云岩为主（图6-26），含量超过了40%，其在上马家沟组、下马家沟组中均为主要岩性，含量分别为31.25%和45.45%；其次为晶粒云岩，占样品总数的21.33%，晶粒云岩主要分布在下马家沟组中，属于次要岩性，含量占该组岩性的27.27%；而颗粒云岩发育更少，仅有14.67%。此外还发育泥晶灰岩和晶粒灰岩，其含量较少，泥晶灰岩主要分布在上马家沟组，含量相对较多，占18.75%。

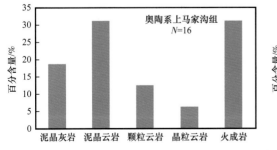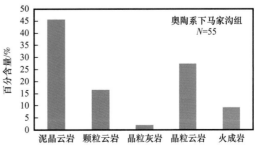

图6-26　奥陶系上马家沟组、下马家沟组碳酸盐岩岩石类型分布柱状图

渤中凹陷西南斜坡带钻遇的奥陶系地层包含上马家沟组、下马家沟组和亮甲山组。岩石类型主要为泥晶灰岩（图6-27），含量占样品总数的49.57%，泥晶灰岩主要分布在上马家沟组，属于该组的主要岩性，含量高达68.42%，而在下马家沟组含量较少，仅占下马家沟组的13.16%；其次为泥晶云岩和晶粒云岩，含量分布为19.13%、16.52%；晶粒云岩、泥晶云岩主要分布在下马家沟组，含量分别占下马家沟组总含量的47.37%、31.58%，而在上马家沟组中，晶粒云岩、泥晶云岩含量极少，仅占1.32%和13.16%；其他岩石类型含量较少（图6-28）。

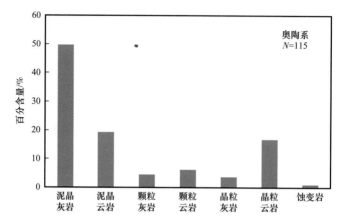

图6-27　渤中凹陷西南斜坡带奥陶系碳酸盐岩岩石类型分布柱状图

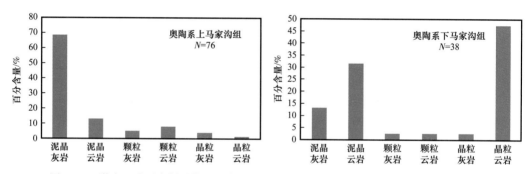

图6-28　渤中凹陷西南斜坡带上马家沟组、下马家沟组碳酸盐岩岩石类型分布柱状图

2）碎屑岩

对比部分井（QK17-9-3井侏罗系，QK18-2E-1D井侏罗系，CFD22-1-1井石炭系，QK17-3S-1D井二叠系，JZ28-1-1井、QHD30-1N-1井白垩系）岩性特征及部分取心井段显微镜下薄片资料表明，潜山碎屑岩主要岩石类型包含了泥页岩、粉砂岩、砂砾岩和中、细砂岩，分别占到了总岩石含量的52.66%、15.84%、10.44%和11.18%，且泥页岩占到一半以上；此外还含有少量的火山角砾岩、凝灰岩、煤（图6-29）。整体上表现出较低的结构成熟度和成分成熟度，以及含有较多的火山碎屑物质和煤，可以作为部分地层的标志层段。

在以碎屑岩为主的各套潜山地层中，泥岩在各个层位分布均占有较大比例，特别是在歧口凹陷的二叠系石盒子组（QK17-3S-1D井）、侏罗系海房沟组（QK18-2E-1D井、QK17-9-3井）中分布较多，分别占到了各套地层的74.45%、47.76%，厚度都超

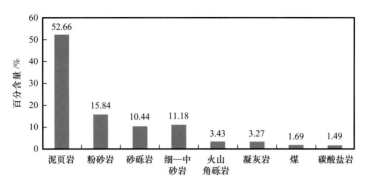

图 6-29　渤海海域碎屑岩潜山岩石类型分布柱状图

过 250m，颜色以红褐色、褐灰色等氧化色居多，其侏罗系还分布较多的灰绿色凝灰质泥岩。

砂岩在埕北低凸起石炭系（CFD22-1-1 井）、歧口凹陷侏罗系海房沟组（QK18-2E-1D 井、QK17-9-3 井）中分布较多，分别占到了总地层厚度的 34.34%、30.76%，其中侏罗系砂岩中普遍含凝灰质、煤、凝灰岩，砂砾岩在歧口凹陷的侏罗系海房沟组中分布比较稳定，其煤系地层与之上的暗色泥岩以及砂砾岩可作为歧口凹陷侏罗系的分层标志。在侏罗系、白垩系分布少量的火山角砾岩（图 6-30）。

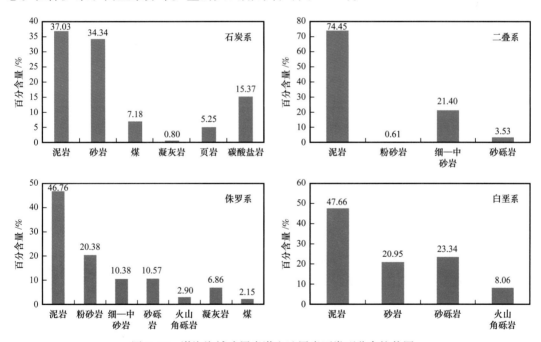

图 6-30　渤海海域碎屑岩潜山地层岩石类型分布柱状图

砂岩在侏罗系、二叠系中发育多种砂岩岩石类型（图 6-31）。侏罗系砂岩的岩石类型主要为岩屑长石砂岩、凝灰岩，分别占 35.34%、18.1%；其次为长石岩屑砂岩和砾岩、砂砾岩，含量分别为 16.38%、15.52%；凝灰质砂岩、长石砂岩和岩屑砂岩相对较少，含量在 5% 左右，火山碎屑物质含量高是其最大特征，大部分砂岩中均含有不同数量的火山碎屑物质。二叠系主要的岩石类型为岩屑长石砂岩、长石岩屑砂岩及长石砂岩，分别占 47.62%、15.24%、13.33%。这三类富含长石的砂岩占全部岩石的 76.19%；而其他砂岩类型（富含石英类砂岩、凝灰岩、岩屑砂岩和砂砾岩）仅占全部岩石的 23.81%。

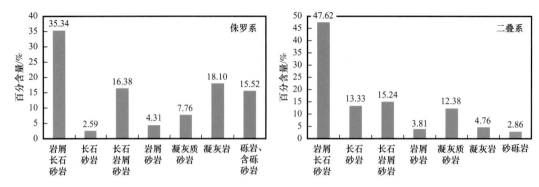

图 6-31　渤海海域碎屑岩潜山砂岩主要类型分布柱状图

3）花岗岩

以花岗岩为储层的潜山油气勘探在渤海海域东北部的辽东湾地区和东南部的庙西地区都有油气藏（田）发现，其储层地质年代有所不同，但其储层特征大同小异。

于 2010 年在渤海东部海域所发现的 PL9-1 油田，其潜山油气藏便是中生界的花岗岩储层。蓬莱 9-1 构造位于渤海东部海域庙西北凸起之上，潜山长期遭受风化剥蚀，其中鞍部岩性为中生界花岗。蓬莱 9-1 构造主体整体埋深较浅，构造区内次生断层发育，且紧邻渤东凹陷与庙西北洼，成藏条件非常有利。潜山花岗岩溶孔、裂缝型储层主要位于鞍部，南、北以两条北西向断层控制岩性边界。

蓬莱 9-1 构造侵入体的岩性较均一，主要为灰色、浅灰色二长花岗岩、花岗闪长岩，具有中粗粒、中细粒等粒结构和块状构造。主要矿物成分为石英、斜长石、碱性长石，其次为黑云母、角闪石和绿帘石。二长花岗岩中石英占 15%～45%，斜长石占 27%～50%，钾长石占 21%～30%，黑云母占 1%～5%，角闪石占 1%～7%；花岗闪长岩中石英占 13%～37%，斜长石占 33%～62%，钾长石占 18%～25%，黑云母占 0～8%，角闪石占 0～6%，绿帘石占 0～3%，按 1972 年国际地科联推荐的矿物成分定量分类方案，潜山花岗岩定名为二长花岗岩和花岗闪长岩。

锦州 25-1 南油气田位于辽东湾海域辽西凸起中段，属于典型的潜山披覆复合油气藏。元古宇花岗岩储层裂缝较为发育，FMI 测井资料显示，整个花岗岩段发育 2～3 组裂缝，部分井段由于裂缝十分发育而形成破碎带，测井孔隙度变化在 5%～10%。

2. 储层物性特征

碳酸盐岩地层主要分布在下古生界，且普遍具有低孔低渗特征，实钻资料表明，其储层孔隙度最大值为 27.24%，最小值为 0.03%，平均值为 3.05%；储层渗透率最大值为 120.7mD，最小值为 0.0006mD，平均值为 2.34mD（图 6-32），超过 75% 的样品孔隙度小于 4%，80% 以上的样品渗透率小于 1mD，孔渗峰值偏向于低孔渗值，且孔渗相关关系差，属于低孔渗储层类型。

奥陶系碳酸盐岩在渤海湾地区分布广泛。根据渤南低凸起区奥陶系现有碳酸盐岩物性分析成果统计分析，渤中凹陷区均发育有孔隙度较好的碳酸盐岩储层，石南地区奥陶系孔隙度低，南堡凹陷渗透率很低，相对渤南低凸起区渗透率较好（图 6-33）。

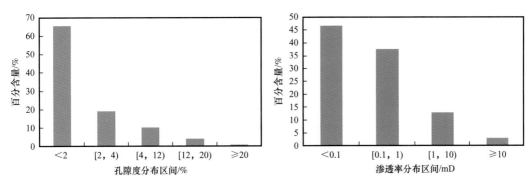

图 6-32　渤海海域下古生界碳酸盐岩地层物性分布直方图

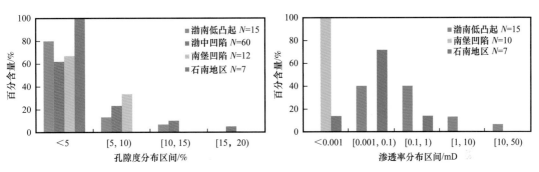

图 6-33　渤海海域奥陶系碳酸盐岩孔渗分布直方图

1）歧口凹陷侏罗系碎屑岩储层物性

从侏罗系砂岩的孔隙度、渗透率分布直方图可见（图 6-34），孔隙度分布跨度大，主要分布范围在 10%～15%、15%～25% 之间，分别占总样品数的 28.81%、56.78% 左右，有约 60% 的样品孔隙度大于 15%，孔隙度平均值为 16.59%；渗透率主要分布在 0.1～1mD 之间，约占总样品数的 64.79%。总体显示侏罗系砂岩以中孔低渗为主。

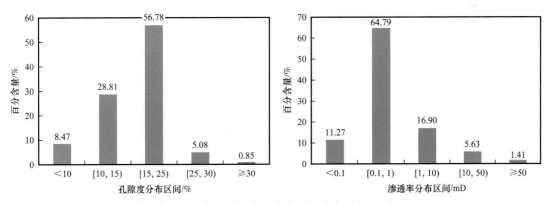

图 6-34　侏罗系砂岩孔隙度、渗透率分布直方图

从孔渗关系来看，侏罗系储层具有较差的孔渗关系，相关系数只有 0.18，反映出孔隙与喉道的连通性较差，可能与砂岩中较多含砾并发育砾缘缝、部分层段砂岩中的溶蚀孔隙特别发育有关，砾缘缝的发育极大提高了储层的渗透率，但孔隙度变化不大，而溶蚀孔隙虽然贡献了较多孔隙，但对喉道的贡献有限，因此孔渗关系较差。

2）渤南下古生界碳酸盐岩储层物性

根据渤南低凸起潜山碳酸盐岩的岩心物性分析数据统计，孔隙度最大为27.24%，最小为0.08%，平均值为2.66%（图6-35），绝大多数孔隙度小于4%，占总样品的83.33%；渗透率分布区间为0.006～120.7mD，平均值为1.97mD，主要集中于小于1mD的范围内（图6-36），该区间样品所占比例为84.15%，以低孔渗储层为主。无论是寒武系和奥陶系的碳酸盐岩，其孔渗均主要分布在低孔隙度和低渗透率区间，同时也发育少量的高孔隙度和高渗透率的储层，孔渗关系差（图6-37），其主要原因是碳酸盐岩中的储渗空间主要为溶蚀孔洞和裂缝，前者主要改善储层的储集空间，对渗流能力的改善相对较小，而后者主要是改善储层的渗流能力，而对储集能力贡献不大，因此导致孔渗关系差。

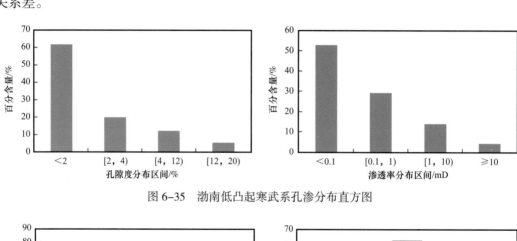

图 6-35　渤南低凸起寒武系孔渗分布直方图

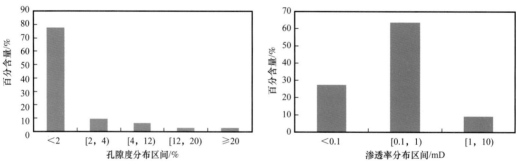

图 6-36　渤南低凸起奥陶系孔渗分布直方图

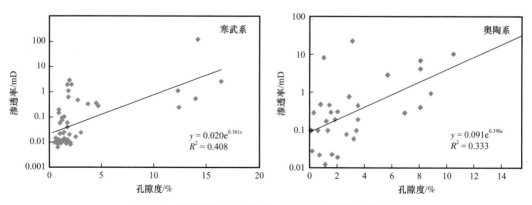

图 6-37　渤南低凸起寒武系、奥陶系孔渗关系散点图

3）花岗岩储层物性

花岗岩储集空间类型主要为孔隙型和裂缝型两大类，以孔隙型为主。花岗岩暗色矿物含量少，质硬，构造活动容易导致裂缝的形成，一般大型节理发育。蓬莱9-1地区位于郯庐断裂走滑消失、改变方向的部位，构造活动强烈而复杂，有利于花岗岩裂缝型储层的发育，常见破碎粒间孔和裂缝。长期风化溶蚀形成良好的溶孔、裂缝—溶孔型储层，具体表现为斜长石溶蚀、角闪石溶蚀。在野外花岗岩露头考察中花岗岩节理和顶部风化壳泥非常普遍。由表入里，风化程度逐渐减弱，储层空间类型有孔隙型转变为裂缝型。

综合潜山岩石矿物含量、元素含量、录井显示、储层空间类型及物性特征，按花岗岩风化程度，纵向划分为4个带：（1）极强风化带、强风化带、次级风化带和弱风化带。极强风化带长石风化最为严重，斜长石含量10%～20%，厚度3～15m，原岩结构被破坏，长石已经全部风化呈土状，仅剩余少量石英颗粒，泥质含量高，孔隙和渗透性差；（2）强风化带发育稳定，斜长石含量40%～50%，风化、淋滤强烈作用，储集空间以孔隙型为主，其次为裂缝型，物性最好，厚度45～170m；（3）次级风化带斜长石含量50%～55%，溶蚀孔较少，以裂缝为主，物性较好，厚度35～180m；（4）弱风化带斜长石含量55%～60%，溶蚀孔不发育，裂缝较发育，物性最差，致密带厚度增加，厚度30～85m。

第二节　储层成岩演化及物性主控因素

一、储层成岩演化

成岩作用是极其复杂的物理化学过程，其影响因素的多变和过程的复杂性主要体现在岩石成分的复杂性，流体来源的广泛性，温度、压力等成岩环境条件的多变性等方面，同时还受到沉积体系、古气候、盆地沉降与折返等多因素的作用和影响。沉积作用奠定了砂岩的碎屑成分与结构基础，而成岩作用会改变岩石的矿物成分和内部孔隙结构与构造，并形成许多自生矿物，而使砂岩的孔隙度和渗透率发生重大改变。

1. 成岩作用类型

1）压实作用和压溶作用

砂质沉积物沉积下来后随着埋藏深度增加，压实作用使碎屑颗粒之间的接触逐渐变得紧密，压实作用分为机械压实作用和化学压实作用。辽东湾地区古近系以机械压实为主。

辽东湾地区机械压实作用中等，压实作用主要表现在：（1）颗粒多呈点或线状接触，部分井可见颗粒碎裂的现象；（2）部分岩屑被挤压变形，甚至被挤进孔隙假杂基化；（3）云母等片状矿物弯曲变形，并顺层排列。

压实作用受岩性和碳酸盐胶结早晚的影响比较大。在杂基、塑性矿物颗粒以及塑性岩屑含量低的部位，由于碳酸盐胶结物大量形成的缘故，支撑起上覆的压力，压实作用不强烈。相反，由于软岩屑、塑性矿物颗粒以及杂基很容易被挤压变形，压实作用就比较强烈。

辽东湾地区古近系的沙三段和沙二段因为以扇三角洲沉积为主，为近源沉积，砂岩的成分、结构成熟度均较低，压实作用明显。而沙一段和东营组的沉积离物源较远，以三角洲相为主，成分和结构成熟度均比沙二段和沙三段高，碳酸盐胶结相对于沙二段较高，压实作用较弱。同一沉积相不同的亚相和微相之间的压实作用差别又很大，如三角洲河口坝砂体比三角洲远沙坝杂基含量低，压实作用弱；湖底扇中扇辫状沟道砂体比湖底扇内扇沟道砂体和漫溢砂体杂基含量低，压实作用弱。但沉积相仅仅是影响岩性的一个方面，岩性在不同深度上变化很大，甚至同一个深度段泥质杂基的含量相差也很大，例如LD4-1-1井，在1853.3～1870m井段为河口坝微相，其泥质含量变化很明显，压实作用有一定差异。

根据孔隙度和渗透率在纵向上的变化特征和镜下颗粒的堆积特点，不同凹陷和凸起压实作用的强度和对储层孔隙度、渗透率的主要影响深度不同。辽西凹陷压实作用中等，压实作用对储层的影响表现在浅于1300m。辽西凸起压实作用强，压实作用主要表现在浅于1500m的范围里。辽中凹陷压实作用中—强，压实作用主要表现在浅于1400m。

压实作用随着地层深度的加大而不断加强，颗粒接触方式由点接触（图6-38）、向线接触（图6-39）、凹凸接触甚至缝合线接触（图6-40，图6-41）变化。

图6-38　颗粒点接触
CFD12-1S-1井，2100m

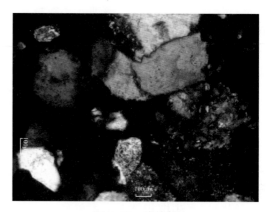

图6-39　线接触
QHD34-4-1井，2995.45m

图6-40　凹凸接触
CFD18-1-2D井，3201.64m

图6-41　缝合线接触
CFD18-1-2D井，3213.67m

渤中凹陷古近系储层经历强烈的压实作用，主要表现为颗粒接触紧密，定向排列（图6-42），塑性组分弯曲变形（图6-43，图6-44），刚性颗粒（如石英、硅质岩岩屑，长石等）破裂，有时可见混杂于碎屑颗粒中的砂屑、泥岩屑，因挤压变形，形成假杂基（图6-45）。

图6-42　颗粒定向分布
QHD34-2-1井，3772m

图6-43　白云母被压弯
BZ2-1-2井，2995.45m

图6-44　泥岩岩屑
BZ2-1-2井，3340.49m

图6-45　砂屑被挤压变形
QHD35-2-2井，2592.5m

2）胶结作用

经过观察分析辽东湾地区薄片和扫描电镜资料，发现本地区胶结作用包括碳酸盐胶结、石英（长石）次生加大、黏土矿物胶结和极少的硫酸盐胶结，其中最主要的是碳酸盐胶结。

（1）碳酸盐胶结。

碳酸盐胶结物是辽东湾地区古近系碎屑岩中最主要的胶结物，包括方解石、白云石、铁方解石、铁白云石和菱铁矿等，其中以前四种为主。辽东湾地区碳酸盐的胶结作用具有以下几个特点。

① 本区 $CaCO_3$ 胶结程度不等，多口井都很少见到 $CaCO_3$ 的连片胶结，在同一口井的同一个深度，可见到截然不同的含量，这同溶解作用有很大的关系。在 LD4-1-1 井 1861.82m 的铸体薄片中可看到薄片的一部分碳酸盐被完全溶蚀，次生孔隙很发育，达到40%，而一部分碳酸盐很少被溶蚀，次生孔隙不发育，仅为5%左右。

② 碳酸盐胶结主要呈孔隙充填的方式胶结，包括亮晶方解石和泥晶方解石胶结两种，以亮晶方解石为主，泥晶方解石胶结较少。JZ22-1-1 井 2268m 为亮晶铁方解石孔隙式胶结，方解石含量达到 20%。但也有部分井碳酸盐胶结物含量较高，形成基底式胶结，成为致密储层，例如在辽西凸起南部完钻的 LD4-1-1 井（1615m）其碳酸盐方解石含量达到 45%。

③ 碳酸盐胶结物是使储层的孔渗性降低的主要因素。储层的孔隙度与碳酸盐胶结物含量成负相关关系，在多口井都可以看到此现象（图 6-46）。早期碳酸盐胶结物虽然使原生孔隙遭受充填，但另一方面，早期胶结作用可使早期压实、压溶作用受到抑制，同时也为溶蚀作用准备了易溶物质。本地区的次生孔隙主要为碳酸盐胶结物被溶蚀形成。

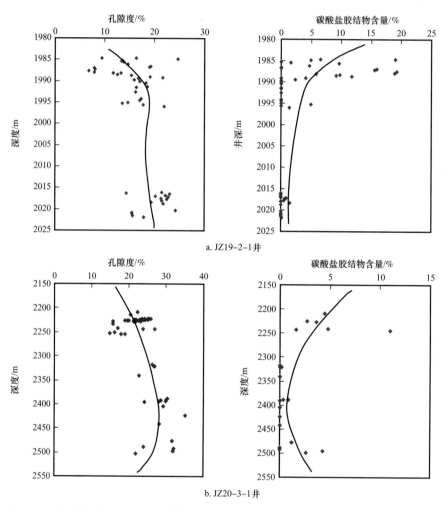

图 6-46　辽东湾地区 JZ19-2-1 井、JZ20-3-1 井孔隙度与碳酸盐胶结物含量对比图

④ 在不同的地区，碳酸盐的胶结作用也存在一定差异。在辽西凹陷，碳酸盐胶结致密带出现在 1650～2100m 之间，辽中凹陷出现在 2200～3200m 之间（图 6-47）。

渤中凹陷古近系储层中的碳酸盐胶结物可发育多个期次，随着埋深的增大，自生碳酸盐胶结物有规律地出现，通常方解石最先出现，接着是白云石、铁白云石，而铁方解石大多出现在埋深大于 3000m 的层位。

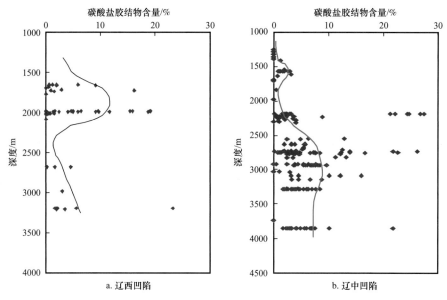

图 6-47　辽东湾不同地区碳酸盐胶结物含量纵向分布特征

方解石胶结物在储层中最早出现，主要形成于埋藏作用的早期阶段，连晶状分布，压实作用较弱，颗粒基底式胶结（图 6-48）。铁方解石出现的深度晚于方解石和白云石，大多斑块状分布，交代颗粒（图 6-49）。

图 6-48　方解石胶结
BZ2-1-2 井，3337.95m

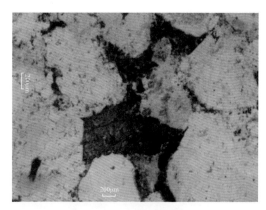

图 6-49　铁方解石胶结
QHD35-2-1 井，3699m

渤中凹陷古近系储层中的白云石出现的深度与方解石大致相当，主要为粉—细晶结构（图 6-50）。铁白云石比白云石晚，大多呈自形晶粒状，团块状分布于粒间，交代颗粒（图 6-51），含量介于 2%～23% 之间。

（2）石英（长石）次生加大胶结。

辽东湾地区古近系碎屑岩储层石英次生加大胶结不发育。在 28 口井的薄片分析中，有 5 口井有显著的石英次生加大现象，次生加大开始出现的深度在不同的凹陷和凸起上有不同，辽西凹陷在 2200m 左右，如 SZ29-4-1 井；辽西凸起在 1800m 左右，如 JZ25-1S-3 井和 JZ20-2-5 井；辽中凹陷出现的深度比较深，为 2500m 左右，如 JZ16-1-1 井和 JZ16-4-2 井；而辽东凸起的 JZ27-6-1 井在 1200m 即见到明显的石英次生加大现象。

图 6-50　白云石胶结　　　　　　　　　　图 6-51　铁白云石胶结
QHD35-2-1 井，3393m　　　　　　　　　　CFD1-1-2 井，3367m

在 10 口井的薄片观察中，仅 JZ25-1S-3 井石英次生加大较为明显，1800m 开始见到次生加大现象，80% 的石英颗粒都具有次生加大，部分长石也有明显加大现象。

石英加大不发育同该区杂基含量高、成岩环境可能偏碱性有一定的关系。杂基含量高抑制了氧化硅的供给，阻碍了石英次生加大的发育。另一方面，碱性环境有利于石英的溶解，而不利于石英沉淀，从后面的黏土矿物分析可以看出，伊利石含量高，高岭石含量低，说明成岩环境可能偏碱性。

渤中凹陷古近系储层成岩演化过程中，长石的蚀变、石英的压溶作用及黏土矿物的转化，都会产生 SiO_2，含量达到一定程度时，会在粒间发生沉淀。据薄片鉴定结果，渤中凹陷碎屑岩储层中石英次生加大和长石次生加大普遍发育，可造成原生孔隙减少及孔隙间的喉道变窄。

渤中凹陷古近系储层常见石英的次生加大，级别随深度增加而加大。总体上讲，渤中凹陷自生石英含量不高，对孔隙的破坏作用很小。扫描电镜下，石英次生加大主要为 Ⅱ—Ⅲ 级（图 6-52），自生石英以孔隙充填的形式出现，单晶大小一般为 4～14μm。另外，渤中凹陷深部储层可见长石次生加大（图 6-53）。

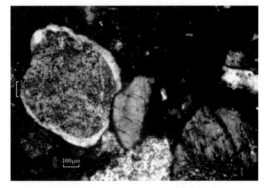

图 6-52　石英次生加大　　　　　　　　　图 6-53　长石环边次生加大
QHD35-2-1 井，3435m　　　　　　　　　　QHD35-2-2 井，2607m

（3）黏土矿物胶结。

辽东湾古近系主要有伊利石、伊/蒙混层、高岭石、绿泥石和蒙皂石胶结等。

① 伊利石胶结主要呈针状和丝絮状，或以膜状分布在粒表。例如在 LD5-2-1 井 1299.70m 见到因长石表面溶蚀形成的蚀变伊利石和钠长石，在 LD4-2-1 井 1318.80m 见到片状伊利石。

伊利石在 1000m 附近开始出现，说明主要为孔隙水沉淀来源，而不是黏土矿物转化来源。随着埋藏深度的增加，含量逐渐增高。不同的地区伊利石含量随深度增加的快慢是不同的，而辽中凹陷和辽东凹陷增加的速度变化不大，只是分别在 2400m 和 2300m 以下速度稍微增加一点。

② 伊/蒙混层黏土矿物（I/S）多以膜状包裹在粒表，例如 LD5-2-1 井 1295.59m 处在粒表呈膜状分布。伊/蒙混层含量随深度的增加而减少，凸起比凹陷减少的速度要快，说明凸起上的成岩演化要比凹陷里的快。

③ 高岭石含量比较低，而伊利石含量高、石英次生加大不发育，这说明多处于碱性成岩环境，不利于高岭石的生成。同时也同本区的岩性有关。

高岭石胶结物的形成和砂岩的溶蚀作用有一定关系，高岭石含量高处，溶孔发育，其孔隙度和渗透率也高，因此可以认为高岭石的大量出现是次生孔隙发育的一个标志。虽然本区高岭石含量较低，但依然存在两个高值深度段，分别为 1400～1700m 和 1900～2800m，与次生孔隙发育带相对应（图 6-54）。

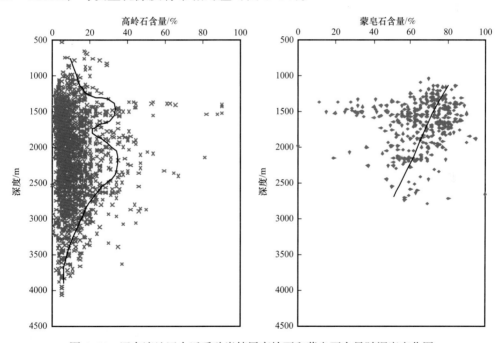

图 6-54　辽东湾地区古近系砂岩储层高岭石和蒙皂石含量随深度变化图

④ 在本区绿泥石含量较低，平均在 10% 左右（图 6-55），只有辽西凸起含量较高，平均达到 20%。辽西凹陷 JZ9-3-5 井绿泥石含量很高，在 1668～1700m 井段，平均含量达到 72%，同其他井差别很大。

⑤ 蒙皂石主要分布于 1000～2500m 的深度范围内（图 6-54），随着深度的增加，蒙皂石逐渐转化为伊/蒙混层。

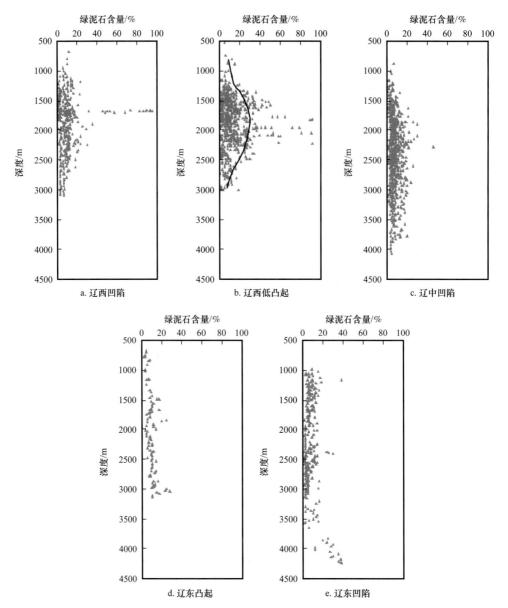

图 6-55　辽东湾地区古近系砂岩储层绿泥石含量随深度变化图

渤中凹陷储层中的黏土矿物主要包括高岭石、绿泥石、伊/蒙混层和伊利石等，随着埋藏深度的增加，黏土矿物不断发生转化。

古近系砂岩储层中高岭石普遍存在，尤其是在东二段、东三段储层含量最高。自生高岭石主要分布于2500～4000m的层段，含量随着埋藏深度加大而逐渐减少。在扫描电镜下，高岭石多呈蠕虫状和书页状（图6-56）分布于粒间孔隙中。

在扫描电镜下，绿泥石大多以叶片状或针叶状分布于粒间或附着在岩石颗粒表面（图6-57）。早期绿泥石主要呈薄膜状，紧贴颗粒，使得后期胶结物难以进入粒间形成沉淀。因而，对于低渗透储层而言，绿泥石含量高的储层物性相对较好。

在扫描电镜下，渤中凹陷伊/蒙混层主要以衬垫状充填孔隙，大多为蜂巢状（图6-58）。蒙皂石在浅层含量较高，随着地层深度的加大，蒙皂石逐渐向伊利石转化，

图 6-56　高岭石充填孔隙
CFD18-1-1 井，2726m

图 6-57　树叶状绿泥石
BZ19-2-1 井，3519m

伊/蒙混层（I/S）比发生变化。渤中凹陷储层在垂向上主要分布着三个伊/蒙混层转化带：第一转换带出现在 2500m 左右，伊/蒙混层由 60%～80% 下降到 20%～50%；第二迅速转化带在 3200m 左右，伊/蒙混层下降到 20%～30%；第三转换带出现在 3700m 以下，伊/蒙混层低于 15%。

在扫描电镜下，储层中的伊利石大多呈毛发状和卷曲片状（图 6-59）。一般来说，伊利石含量随地层埋深的加大而增加。渤中凹陷古近系储层中的自生伊利石主要来源于伊/蒙混层和部分高岭石的成岩转化。

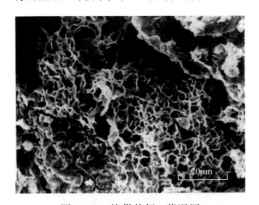
图 6-58　蜂巢状伊/蒙混层
BZ3-1-1 井，2960m

图 6-59　伊利石
CFD18-2-2D 井，4124m

3）溶解作用

辽东湾地区的溶蚀作用主要表现为碳酸盐胶结物、长石颗粒和部分岩屑的溶蚀。对储层性质影响最大的主要是碳酸盐胶结物的溶蚀，而长石颗粒和岩屑溶蚀形成的次生孔隙是次要的。

碳酸盐胶结物的溶蚀深度范围很广，在 SZ29-4-1 井，从 864m 到 2764m 都可以看到此现象。在 864～1400m，碳酸盐胶结物溶蚀较强烈，基本完全溶蚀；1900～2764m 压实作用较强，且碳酸盐胶结物溶蚀不均匀，因此次生孔隙没有上面层段发育；在 2283～2310m 有后期的方解石胶结，也降低了次生孔隙。在其他井，也常见碳酸盐胶结物被溶蚀的现象，如 LD4-1-1 井、JZ22-1-1 井等。

碳酸盐胶结物的溶蚀主要形成大量的粒间溶孔，长石的溶蚀形成粒内溶蚀孔和粒缘溶蚀孔，常形成粒内溶孔和铸模孔。在 LD4-2-1 井 1673.32m 的扫描电镜中可以看到长石被溶蚀成蜂窝状，在 1669.32m 见到长石颗粒因为淋滤溶蚀作用产生粒内孔隙，在 LD10-1-1 井 1580m 的薄片中也可以看到明显的长石被溶蚀的现象，但总体上对次生孔隙的贡献不大。

碳酸盐胶结物的溶蚀作用很大程度上受到岩屑含量、塑性颗粒含量、杂基含量和颗粒分选的影响。在岩屑和塑性颗粒含量高的薄片中，由于压实作用堵塞了孔隙，次生孔隙不发育，例如 LD4-1-1 井 1615m 岩屑含量较高，方解石溶蚀少见，在 1863.20m 可以看到同一个薄片中云母含量高的地方，碳酸盐胶结物溶蚀弱，而含量低的地方溶蚀强烈。泥质含量高和分选差的地方，也由于孔隙容易被堵塞，溶解不易发生，次生孔隙不发育，如 LD10-1-1 井 1477m 同一个薄片中泥质杂基含量高的地方碳酸盐胶结物溶蚀不强烈，次生孔隙不发育，反之则次生孔隙较发育。因此溶解程度变化很大，即使在同一口井的同一个深度段，此现象也很明显，这在辽东湾地区古近系碎屑岩储层中具有普遍性。

溶蚀作用在垂向上形成了两个次生孔隙发育带，不同的地区次生孔隙的深度段不同。产生溶蚀作用的原因主要是有机质在埋藏过程中形成的有机酸和碳酸所致，黏土矿物脱水可能促使了溶蚀作用的进行。

渤中凹陷溶蚀作用在各个层段均有发育，主要是长石、火成岩岩屑等不稳定组分的溶解，其中长石溶解最为常见。长石的溶解多沿解理进行，往往形成粒内蜂窝状溶孔（图 6-60，图 6-61）。除长石外，石英、火山碎屑溶解程度弱（图 6-62），对改善储层物性贡献不大。

图 6-60　长石粒内溶孔　　　　　　　图 6-61　长石粒内溶孔
BZ1-1-3 井，3383.12m　　　　　　QHD35-2-1 井，3375.5m

早期形成的碳酸盐胶结物未完全充填孔隙时，有机酸可以进入颗粒间，对胶结物进行溶蚀（图 6-63），而后期形成的碳酸盐胶结物多呈斑块状分布，完全充填孔隙，交代颗粒，岩石致密，很难被溶蚀形成次生孔隙。泥质杂基较高，杂基被挤压且完全填充孔隙，难以被溶蚀；而泥质杂基含量较低，并且当酸性流体充足时，常与颗粒骨架发生共溶产生扩大孔或超大孔，对储集性能改善更为重要。

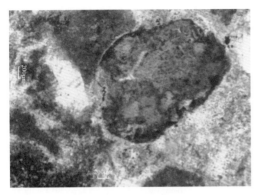

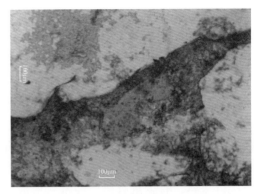

图 6-62　岩屑粒内溶孔
QHD35-2-1 井，3442m

图 6-63　碳酸盐胶结物溶孔
QHD35-2-1 井，3394m

4）交代作用

长石的绢云母化现象是辽东湾地区分布最普遍的交代现象，在不同的凹陷和凸起都有分布，而且深度范围变化很大，随深度的增加交代越明显。在 JZ25-1S-3 井 1726m 可以看到长石的表面被绢云母所交代。

另一个显著的交代现象是碳酸盐交代石英。由于温度的升高和 pH 值的增加，有利于碳酸盐矿物的沉淀，同时造成石英颗粒的表面被交代，因此随着地层深度的增加，碎屑颗粒碳酸盐化增强。在 JZ22-1-1 井 2410m 可见到方解石交代石英颗粒表面。

因为交代作用没有改变孔隙的体积，所以对储层的影响不大。渤中凹陷古近系储层交代作用常常发生在靠近断层附近，孔隙流体沿着断层运移，沉淀下来的矿物交代颗粒。例如 QHD35-2 区块东三段—沙二段常见硬石膏交代作用（图 6-64），BN5 井可见片钠铝石交代长石等颗粒（图 6-65）。

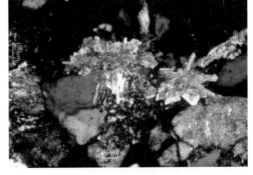

图 6-64　硬石膏交代长石
QHD35-2-1 井，3622.5m

图 6-65　片钠铝石交代长石
BN5 井，3042m

2. 成岩阶段划分

1）辽中凹陷

根据黏土矿物混层比随深度的变化和镜质组反射率随深度变化分析，辽东湾地区古近系砂岩储层从浅到深的成岩阶段可分为早成岩 A 期、早成岩 B 期和中成岩 A 期。中成岩 A 期又分为中成岩 A_1 亚期和 A_2 亚期。本地区镜质组反射率偏低，这种镜质组反射率"抑制"现象主要是由于在生油带内的镜质组残存有少量的沥青质所致，此现象在辽东湾地区不同的凹陷和凸起上普遍存在。

（1）早成岩 A 期。埋藏深度小于1200m，R_o 小于0.35%，有机质未成熟。蒙皂石含量高，在伊/蒙混层中，蒙皂石层占70%以上，见少量自生高岭石。岩石弱固结—半固结，原生粒间孔隙发育。砂岩中未见石英次生加大，长石溶解少，有少量的方解石胶结。

（2）早成岩 B 期。埋深在1200~2200m之间，R_o 为0.35%~0.46%，有机质半成熟。蒙皂石开始向伊/蒙混层黏土转化，黏土矿物以无序混层为主，蒙皂石层在混层中占50%~70%。岩石处于半固结—固结状态，孔隙出现原生—次生混合孔隙。孔隙水为碱性，碳酸盐矿物大量形成，主要为方解石和含铁方解石，碳酸盐矿物交代石英、岩屑等碎屑颗粒的现象已出现。砂岩中可见石英次生加大现象，加大边窄。该阶段晚期，有机质接近成熟，有少量有机质经水解形成有机酸并进一步脱羧基释放 CO_2，使环境逐渐向酸性转化，长石和碳酸盐胶结物都出现溶蚀现象。

（3）中成岩 A_1 亚期。埋深在2200~2600m之间，R_o 为0.46%~0.5%，有机质成熟。黏土矿物为有序混层，混层比为35%~50%。孔隙类型除部分保留的原生孔隙外，以次生孔隙为主。砂岩中可见晚期含铁碳酸盐类胶结物，见铁白云石晶粒。溶蚀作用为主要的成岩作用，碳酸盐胶结大量被溶蚀形成粒间、晶间孔隙，长石、岩屑等碎屑颗粒也常被溶解。

（4）中成岩 A_2 亚期。埋深大于2600m，岩石进入中成岩 A_2 亚期，R_o 为0.5%~1.0%，混层比为15%~35%，孔隙仍以次生为主，成岩作用主要有长石的溶蚀、晚期碳酸盐胶结、石英次生加大、伊利石胶结等。

辽东湾地区不同凹陷和凸起由于古地温梯度和古埋藏史的差异造成砂岩进入各成岩阶段的时间（或深度）不同，上述成岩阶段的划分在深度上只是一种平均值。总体上凸起进入各成岩阶段的深度比凹陷要浅（表6-4）。

表6-4 辽东湾不同地区成岩阶段划分对比

成岩阶段深度	辽西凹陷	辽西低凸起	辽中凹陷	辽东凸起	辽东凹陷
早成岩 A 期/m	1200	1200	1300	1200	1200
早成岩 B 期/m	2200	2000	2250	2000	2200
中成岩 A_1 亚期/m	2750	2500	2800	2350	2600
中成岩 A_2 亚期/m	>2750	>2500	>2800	>2350	>2600

2）渤中凹陷

（1）早成岩 B 期。渤中凹陷早成岩 B 期古近系储层主要分布在沙垒田和石臼坨凸起倾没端一带，尤其是东一段和东二段上部发育明显（深度2600~2900m）。该阶段有机质只达到半成熟，R_o 小于0.5%，热解最高温度 T_{max} 小于435℃。

早成岩阶段颗粒接触关系主要以点—线接触为主，可见方解石结晶状胶结，原生孔隙含量较高，主要为大量的残余粒间孔，次生孔隙发育规模相对较小，储层主要为混合型孔隙。泥岩中的蒙皂石开始向伊/蒙（I/S）混层转化，混层中 S 层占50%~70%，属无序混层，砂岩中零星可见蒙皂石或无序混层矿物，自生高岭石常见而自形程度较低，伊利石主要来源于早期沉积的黏土杂基。砂岩中石英次生加大主要为 I 级加大，石英加大边窄，只出现在颗粒接触处，扫描电镜下可见石英小雏晶，零星分布于颗粒间，晶面不完整。

（2）中成岩 A 期。渤中凹陷古近系储层主要处于中成岩 A 期，镜质组反射率为

0.5%～1.3%，有机质热演化到低成熟—成熟阶段，根据 R_o 和热解最高温度 T_{max} 的不同，可进一步分为 A_1 和 A_2 亚期。

渤东和沙垒田地区由于地温梯度相对较低，古近系储层主要处于中成岩 A_1 亚期，靠近沙垒田凸起处该成岩阶段埋深为 2000～3800m，而渤东低凸起处埋深为 2400～4500m，石臼坨凸起区地温梯度较高，中成岩 A_1 亚期储层埋深为 2500～3500m，渤南低凸起区地温梯度更高，地层埋深 2300～3200m 处于中成岩 A_1 亚期。中成岩 A_1 亚期，泥岩中的蒙皂石进一步向伊/蒙混层混层转化，呈部分有序混层，伊/蒙混层（I/S）中 S 层占 30%～50%，有机质开始进入成熟阶段，R_o 为 0.5%～0.7%，T_{max} 为 435～440℃。该成岩阶段，水白云母经重结晶作用，呈纤维状充填于粒间。方解石、白云石发生重结晶作用，大多交代颗粒，偶见含铁白云石。自生高岭石和石英次生加大在中成岩 A_1 亚期普遍存在，石英次生加大级别多为 Ⅱ 级加大。

渤中凹陷次生孔隙在中成岩 A_1 亚期开始大规模发育，主要是由于成熟的有机质大量生成有机酸，对长石、岩屑等不稳定颗粒组分及早期碳酸岩胶结物进行溶解，形成粒间溶孔和粒内溶孔。

中成岩 A_2 亚期在石臼坨凸起处的储层埋深为 3400～4500m，渤南地区该阶段储层埋深为 3200～4000m，伊/蒙混层为有序混层，S 层占 20%～30%，R_o 为 0.7%～1.3%，有机质进入成熟阶段，T_{max} 为 440～460℃。石英次生加大普遍发育，大多为 Ⅱ—Ⅲ 级加大，部分层段自生石英含量最高可达到 3%。该阶段，有机质已经成熟，并大量生烃，有机酸生成量减少，溶蚀作用主要发育在物性好的砂体中。

（3）中成岩 B 期。镜质组反射率 R_o 为 1.3%～2.0%，地层埋深普遍超过 3800m。伊/蒙混层中 S 层小于 20%，伊利石在黏土矿物含量比重最大。有机质演化进入高成熟阶段，有机酸生成量减少，使孔隙水介质中的 pH 升高，铁方解石、铁白云石等胶结物不断沉淀，斑块状交代颗粒。伊利石不断生长，充填储层孔喉，储层孔隙度、渗透率降低。胶结作用在中成岩 B 期占有主导地位，储层变得非常致密，但是某些层段由于欠压实造成异常高压，仍能保留较高的孔隙度。

由于凹陷各构造单元的构造特征的不同，导致渤中地区不同的构造位置进入成岩阶段的深度不同。根据各井 R_o、温度、黏土矿物来进行的渤中地区各井区成岩阶段划分结果来看，渤中凹陷古近系同一成岩阶段的深度从凹陷边缘向近凹陷中心位置逐渐变深。

3）黄河口凹陷

（1）早成岩 A 期。机械压实开始，同时伴有碳酸盐包壳和微（泥）晶碳酸盐孔隙沉淀胶结作用，以原生粒间孔为主。孔隙水继承了沉积时弱酸性特征，长石及不稳定岩屑开始发生少量溶解（图 6-66）。

（2）早成岩 B 期。以早期方解石胶结并交代碎屑颗粒为特征。以原生孔隙为主，并可见少量次生孔隙。石英次生加大程度较低为 Ⅰ 级，扫描电镜可见石英雏晶，书页状自生高岭石较普遍（图 6-67）。

（3）中成岩 A 期。成岩作用强烈，有机质开始成熟产生大量有机酸，使得长石、岩屑及碳酸盐胶结物强烈溶蚀，孔隙类型以次生孔隙为主，为次生孔隙产生带。石英次生加大属 Ⅱ 级，并有部分长石颗粒具次生加大。黏土矿物可见自生高岭石、丝发状自生伊利石、I/S、C/S 混层黏土矿物等（图 6-68）。

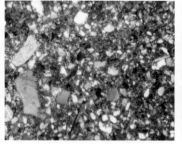

BZ28-2-1井，3079.5m，东二下亚段，压实作用使云母挤压变形，正交偏光，×100

BZ28-2-1井，3078.9m，东二下亚段，泥晶方解石胶结，正交偏光，×40

BZ34-4-5井，3323m，石英颗粒的白云石包壳，白云石发橘红色光

图6-66 早成岩A期主要的成岩序列

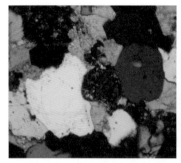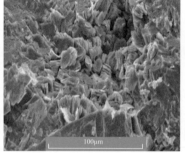

BZ28-2-1井，3079m，东二下亚段，方解石胶结，石英溶蚀，正交偏光，×100

BZ27-2-1井，3696m，书页状高岭石混乱堆积充填粒间孔隙，扫描电镜

BZ29-4-5井，2353.19m，碳酸盐溶蚀残余孔，260×100μm

图6-67 早成岩B期主要的成岩序列

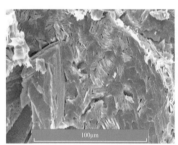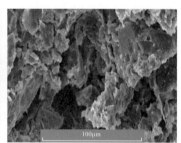

BZ34-4-5井，3360m，长石溶蚀向高岭石转化，扫描电镜

BZ27-2-1井，3915m，碳酸盐晶体表面溶蚀强烈

BZ34-4-5井，3326m，长石颗粒溶蚀成铸模孔

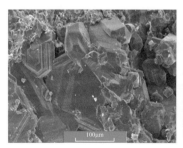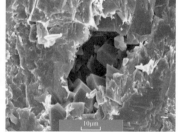

BZ27-2-1井，3887.5m，自生次生石英加大晶体

BZ28-2-1井，3814m，书页状高岭石和次生石英加大充填粒间孔隙

BZ28-2-1井，3772m，破碎的碳酸盐晶体充填粒间孔隙

图6-68 中成岩A期主要的成岩序列

（4）中成岩 B 期。这一阶段有机质高成熟、混层黏土进入超点阵有序混层带，以含铁碳酸盐（铁方解石、铁白云石）的胶结、交代作用为特征。颗粒线状—缝合接触，岩石致密，有裂缝发育（图 6-69）。

 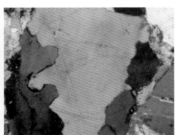 

| BZ34-4-5井，3249m，发亮蓝色光的钾长石被发橘黄—橘红色光的铁方解石交代 | BZ28-2-1井，3845.1m，孔店组，石英颗粒缝合接触，正交偏光，×100 | BZ27-2-1井，3814m，裂缝发育，正交偏光 |

图 6-69　中成岩 B 期主要的成岩序列

黄河口凹陷古近系储层在早成岩阶段压实作用、泥晶方解石胶结作用等最先发生；之后，中成岩 A 期强烈溶蚀作用、石英加大、自生黏土矿物等相继发生；最后产生的是，中成岩 B 期铁白云石胶结、交代作用，裂缝发育等。

二、储层物性主控因素

储层物性主要受沉积、成岩和构造作用等因素的影响。其中沉积作用不仅控制着砂岩的成分、结构，还决定储层原始孔隙度；成岩作用决定储层的最终物性；而构造作用控制了形成砂岩储层的原始沉积环境和沉积体系。

碎屑岩储层质量常常受多种因素控制，如沉积条件（即颗粒成分、粒度、分选、磨圆、颗粒间杂基含量），岩石在埋藏过程中所经历的一系列成岩作用如压实、胶结、溶解和交代等作用。然而在这些沉积和成岩因素之间又存在一些相互影响，比如压实作用的强弱除了受埋藏深度影响外，还与岩石颗粒的成分、粒度和胶结物类型有关。岩石含塑性颗粒（如泥岩岩屑）越多、粒度越细、泥质胶结物含量越多，则压实作用越强，反映岩性岩相对成岩过程的控制。同样，溶蚀作用除了与地下水介质的溶蚀能力和活跃程度有关以外，还与岩石本身所含易溶组分（如碳酸盐、硫酸盐组分）的多少以及岩石所处的成岩演化阶段、孔隙连通性、地层温度、烃类注入状况、盆地沉降方式、裂缝、断层、不整合面发育状况等有关。因此，砂岩储层物性的影响因素是非常复杂的。但是，具体到某一个盆地或地区，砂岩物性的影响因素可能只有为数不多的几种，而且各自所影响的程度也是不同的。

1. 辽中凹陷储层发育的控制因素

辽东湾地区古近系砂岩储层主要形成于三角洲、扇三角洲、近岸水下扇、滨浅湖环境。根据铸体薄片、扫描电镜、岩石物性、碳酸盐含量等结合断裂构造演化史、成岩作用等资料，就能够分析总结出该区储层物性的主要控制因素。

1）沉积条件对储层物性的控制

（1）沉积相类型对储层物性的影响。沉积相类型是影响储层储集性的最重要因素之一。根据对不同沉积成因砂岩储层物性数据的统计发现，不同成因类型储集砂体也具有不同的物性特征（表 6-5），储层质量最好的是（扇）三角洲前缘水下分流河道、河口坝、三角洲平原分支河道、近岸水下扇等类型的砂体，而浊积扇砂体的物性较差。但这种差异不完全是由沉积条件引起的，在很大程度上是由成岩演化程度控制。比如，埋藏深度一般浅于2700m的（扇）三角洲前缘水下分支河道物性好，因为其大部分处于次生孔隙发育带内，但埋深大于2700m的水下分支河道砂体因埋深大、碳酸盐胶结作用强、成岩演化程度高，物性仍然很差（图6-70）。如果把不同的沉积微相放在大致相同的埋深条件下来讨论，它们的物性实际上差异是不大的。沉积相的规模对储层储集性也有一定影响。

表6-5　辽东湾地区古近系不同沉积砂体的物性差异

沉积相类型		孔隙度 /%	渗透率 /mD	深度 /m	代表井
三角洲平原	分支河道	$\dfrac{32.7\sim43.1}{39}$		864～879	SZ29-4-1 井（E_3d_1）
三角洲前缘	水下分支河道	$\dfrac{27.4\sim33.7}{31}$	7～1870	1576.72～1976	JX1-1-1 井（E_3d_3）
	河口坝	30.4～34.5		1564～1600	JZ17-3-1 井（E_3d_1）
扇三角洲前缘	水下分支河道	$\dfrac{24\sim38.9}{30}$	17.2～821.3	1595～1756	JZ25-1S-3 井（E_2s_2）
	河口坝	$\dfrac{15.5\sim24.2}{20}$	1～110	2016～2021	JZ19-2-1 井（E_2s_2）
近岸水下扇外扇		$\dfrac{21.4\sim28.8}{26}$		2594～2658	SZ29-4-1 井（E_2s_3）
浊积扇中扇	浊积水道	$\dfrac{6.7\sim24}{19}$	1～114	2621～2628	LD16-3-1 井（E_3d_3）

注：$\dfrac{32.7\sim43.1}{39}$ 代表 $\dfrac{数值范围}{平均值}$。

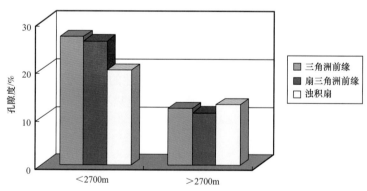

图6-70　辽东湾地区古近系沉积砂体不同埋深与孔隙度关系图

（2）岩石学特征对储层物性的影响。辽东湾地区古近系碎屑岩类型丰富，包括砾岩、砂岩、粉砂岩、泥岩以及火山碎屑岩。本地区的显著特征是长石和岩屑的含量较高，长石含量一般在25%～50%之间，岩屑以火山岩岩屑和变质岩岩屑为主，包括石英岩、片麻岩、安山岩、酸性喷出岩以及粉砂岩、泥岩、千枚岩、片岩等，一般含量为

10%～40%。高的长石含量会延缓孔隙被化学致密作用破坏的程度，长石的压溶性比石英低，而且还由于高的长石含量会减少石英增生的场所，长石的淋滤还有利于次生孔隙的形成。岩屑在压实过程中容易被挤压变形，堵塞孔隙，使孔隙不发育。同样在泥质含量高的地方，孔隙也不发育，尤其发育泥质条带时。颗粒的分选性对储层物性的影响也较大，分选差的地方，物性相对不发育。

2）成岩作用对储层发育的控制

（1）压实作用对储层物性的影响。根据对辽东湾地区不同沉积微相（河流、三角洲、滨浅湖、冲积扇等）、不同岩石类型（含砾砂岩、粗砂岩、中砂岩、细砂岩和粉砂岩）储层物性随埋藏深度的变化研究可以清楚看出，无论哪个地区、哪种相带、哪种岩石类型，无论是否处于次生孔隙发育段，其储层随着埋藏深度增加，孔隙度和渗透率都是不断下降的，只是在不同的地区、不同的深度段、不同的地质背景条件下，下降速度不同而已，早期压实影响较大，后期较小。这一现象说明压实作用对储层性质的影响是绝对的、永恒的。辽东湾不同地区压实作用的强度不同，总体上由南到北压实作用逐渐增强。

（2）胶结作用对储层物性的影响。胶结作用包括碳酸盐胶结、石英（长石）次生加大、黏土矿物胶结和极少的硫酸盐胶结，其中最主要的是碳酸盐胶结，从浅至深成分上表现为方解石、白云石—含铁方解石、含铁白云石—铁方解石、铁白云石的规律变化。

碳酸盐含量与物性两者之间具有非常明显的负相关关系（图6-71），碳酸盐胶结作用越强，物性越差。反映碳酸盐的胶结作用对储层性质有重要影响。大量的、连片的碳酸盐胶结，不论是早期还是晚期，对储层孔隙均是一种重要的破坏，很难被重新开启；而少量碳酸盐胶结虽然使砂岩物性降低，但它能有效地阻止压实作用的继续进行，保持较大粒间体积，而且这种胶结物又是易溶组分，因而成为后期形成次生溶蚀孔隙的重要物质基础之一。

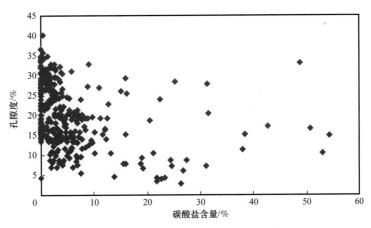

图 6-71　辽东湾地区古近系孔隙度—碳酸盐含量关系图

（3）溶蚀作用对储层质量的影响。溶蚀作用主要表现为碳酸盐胶结物和长石与部分岩屑的溶蚀，对储层物性有重要改善作用的主要是碳酸盐胶结物及长石的溶蚀作用。碳酸盐胶结物的溶蚀主要形成大量的粒间溶孔，长石的溶蚀包括粒内溶蚀和粒缘溶蚀，常形成粒内溶孔和铸模孔。

辽东湾地区在辽西凹陷、辽西凸起和辽中凹陷都有次生孔隙分布，其中南部次生孔隙发育深度浅，范围小。垂向上次生孔隙主要有两个次生孔隙发育带，分别为1500～1900m 和 2000～2500m。

辽东湾地区砂岩储层物性主要受压实、碳酸盐胶结和溶蚀作用以及沉积条件四大因素控制，且各因素之间存在一定相连关系。压实作用对物性的影响表现在孔隙度的降低，但在不同深度段、不同碳酸盐胶结程度下减少量不同，埋藏早期或碳酸盐胶结程度越低，压实减孔率越高。胶结作用对储层性质的影响与成岩演化阶段有关，成岩演化程度越高，胶结对物性的影响越大。当碳酸盐含量小于 15% 时，砂岩的物性一般维持在20% 以上，超过 15% 后物性很快变差。溶蚀作用对储层性质有很大改善，溶蚀作用在宏观受酸性水分布范围的控制，微观上受岩石的粒度、分选、杂基含量控制，粒度中—细、分选好、杂基少的中—细粒砂岩溶蚀作用最强。沉积条件对物性的影响主要表现在对原生孔隙的发育程度、进一步对溶蚀、胶结等成岩作用的控制。

2. 渤中凹陷储层发育的控制因素

1）岩石学特征对储层孔隙发育的影响

渤中凹陷发育大规模近源扇体，泥质杂基含量较高。杂基塑性强，容易挤压变形，填充粒间孔隙。因此，当泥质杂基含量超过 10%，受压实作用杂基被挤压，易于填充于粒间孔隙（图 6-72）。渤中凹陷古近系储层地层埋深较大，随着温度升高，早期沉积的黏土矿物会发生重结晶作用，形成丝状的水白云母（图 6-73），可进一步堵塞孔隙和喉道，降低储层孔隙度、渗透率（图 6-74）。古近系储层中黏土杂基含量高的储层，压实作用对砂岩的孔隙破坏作用较强，成岩早期就被压实成致密砂岩，后期也难被流体充注，难以被溶蚀形成次生孔隙。

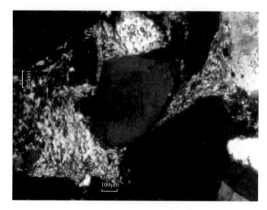 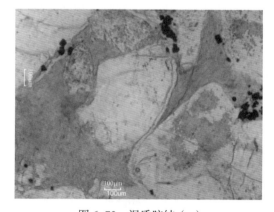

图 6-72　泥质胶结（-）　　　　　　　图 6-73　泥质胶结（+）
QHD35-2-1 井，3632m　　　　　　　QHD35-2-1 井，3632m

粒径是控制砂岩原始孔隙结构的重要因素，影响着砂岩的物性。渤中凹陷古近系砂岩储层粒径主要为粉砂—中砂，颗粒支撑方式对孔隙影响较明显，表现为残余粒间孔主要发育在中粒砂岩中，多为三角形，孔中干净，边缘整齐。由于长石类组分溶蚀会生成大量硅质矿物，硅质胶结作用强烈，粒度较细的砂岩中由于颗粒支撑形成孔隙空间小，容易被自生硅质胶结物填充。

总之，粒径小的储层，孔隙受压溶作用的破坏更明显，颗粒间表现为凹凸接触。而砂岩储层颗粒粒级在中粗砂范围时，刚性颗粒多，抵抗压实、压溶作用的能力往往较强，因此，渤中凹陷储层孔隙度随粒级的增大而升高。

2）成岩作用对储层孔隙发育的影响

（1）压实作用。渤中凹陷古近系储层埋深普遍较大，压实作用是造成储层物性变差的最主要因素。古近系储层经历压实、压溶作用的改造，颗粒间接触关系主要是线接触、凹凸接触，使储层物性大大下降。

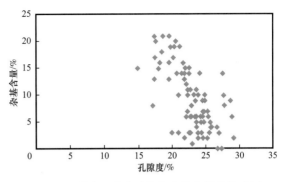

图 6-74　渤中凹陷孔隙度与杂基含量的关系图

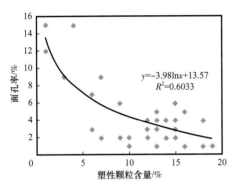

图 6-75　渤中凹陷面孔率随塑性颗粒含量的变化关系图

压实作用往往受岩石组分的影响，渤中凹陷部分层段储层泥质杂基、塑性颗粒（泥岩岩屑、部分泥化的变质岩岩屑）含量较高，容易受到挤压变形而完全填充孔隙，后期有机酸流体很难进入粒间而发生溶蚀作用，物性较差（图 6-75）。

（2）胶结作用。渤中凹陷的胶结物主要包括碳酸盐胶结物和自生黏土矿物。

碳酸盐胶结物多分布在靠近断层处，尤其在陡坡带附近断裂带含量最高。总体上来说，碳酸盐含量与面孔率成负相关关系，即随着方解石含量的增加，面孔率降低（图 6-76）。

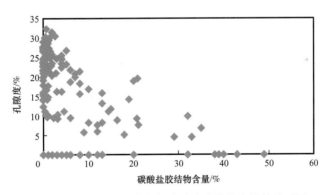

图 6-76　渤中凹陷孔隙度与碳酸盐胶结物含量的关系图

渤中凹陷碳酸盐胶结物发育多个期次，早期碳酸盐胶结物以方解石为主，往往对砂岩形成部分胶结，使得砂岩快速成岩，能够有效抵抗压实作用，部分残留粒间孔可以得到保存。另外，有机酸来源充足时，部分方解石胶结的砂岩容易被酸性流体所进入，胶结物被溶蚀，形成次生孔隙。而后期的碳酸盐胶结物主要是铁白云石、铁方解石，胶结物多呈斑块状分布，交代颗粒，完全充填孔隙，很难被酸性流体溶蚀。

渤中凹陷自生黏土矿物主要包括高岭石、绿泥石、伊利石以及伊/蒙混层等。自生高岭石作为长石溶蚀的产物，大多以蠕虫状、书页状填充于孔隙（图 6-77），发育大量的晶间孔，自生高岭石很少出现完全堵塞孔隙的情况，其晶体间常存在大量的残余粒间孔隙以及溶蚀孔隙（图6-78）。因此，渤中凹陷储层自生高岭石含量与孔隙度呈正相关关系（图6-79）。

图6-77 蠕虫状高岭石
CFD1-1-2井，2665m

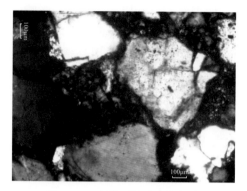

图6-78 高岭石间残余粒间孔
CFD18-1-1井，2726

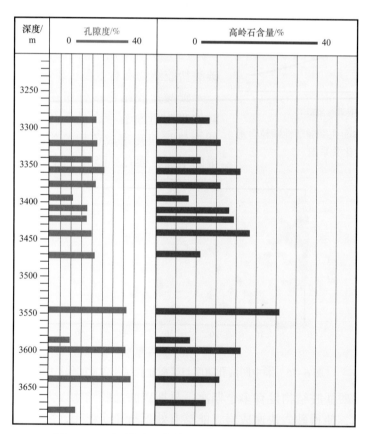

图6-79 石臼坨地区高岭石含量与孔隙度的关系图

绿泥石主要是以衬垫式产出，包壳状发育在颗粒表面，在次生孔隙较发育的储层中，绿泥石往往可以大量沉淀在孔隙周围，绿泥石的衬边胶结会降低储层的渗透率。

伊利石和蒙皂石成岩早期多以衬边式胶结产出，随着地层深度的加大，伊/蒙混层中蒙皂石逐渐减少，伊利石含量升高（图6-80）。伊利石的产状由针状、片状变为丝带和丝网状，分布于粒间和粒表，有时呈搭桥状切断孔隙喉道，堵塞孔隙，最终造成岩石孔隙度和渗透率的大幅度下降。

（3）溶解作用。尽管有利的沉积条件可为深部储层储集性提供了前提，但对于渤中凹陷深部储层的成岩作用而言，溶蚀作用是形成次生孔隙，改善储层物性的关键因素之一。

深层酸性流体的形成主要来源于干酪根降解、石油裂解和黏土矿物转化所产生的有机酸，有机酸在砂岩的溶蚀作用及次生孔隙的形成中起着重要作用。渤中凹陷古近系储层长石、岩屑含量较高，容易被有机酸溶蚀形成次生孔隙，次生孔隙往往发育在低石英、高长石含量砂岩储层中。

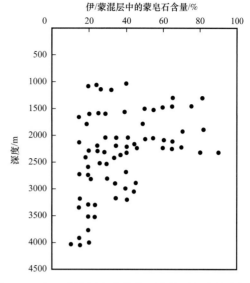

图 6-80　伊 / 蒙混层中的蒙皂石含量随深度的变化图

渤中凹陷溶蚀作用发生在成岩作用的各个阶段，最主要是中成岩 A 期，该阶段有机质进入成熟阶段，有机酸大量产生，酸性流体沿着断层等通道进入砂体，溶蚀长石等不稳定组分，形成多个次生孔隙发育带。

3）沉积相对储层孔隙发育的控制

渤中凹陷孔隙度在平面上的分布主要受沉积相的控制，其中曲流河三角洲、滩坝砂物性较好，而辫状河三角洲、扇三角洲物性相对较差。

渤中凹陷古近系不同沉积环境下所形成的砂体，碎屑成分、粒度、分选、厚度等方面有明显差异，也决定了不同沉积相类型具有不同的原始储集条件。一般来说，原始储集条件越好，越有利于原生孔隙的保存和后期形成次生孔隙。渤中凹陷沉积相带类型不同，孔隙的发育程度往往也会不同。比如三角洲前缘席状砂的薄层砂体及泥质含量高的砂体易被胶结或充填，形成致密砂层。

渤中凹陷深层储集物性优劣与砂体类型有明显的关系，孔隙度平面上展布受沉积相控制。曲流河三角洲分流河道砂和河口沙坝砂体由于厚度大、粒度粗，经压实作用后残留的原生孔隙较多，有利于酸性水的渗流交替，进行溶解作用，形成次生孔隙。滩坝砂物性变化大，与砂体位置、成分密切相关，靠近断层处部分砂体，碳酸盐胶结物含量较高，发育碳酸盐胶结相，储层较致密，物性较差；但是沙河街组部分层段，储层中生物碎屑含量较高，次生孔隙大规模发育。辫状河三角洲砂岩储层中泥质含量较高，压实作用强，物性相对较差（图 6-81）。

4）构造因素对储层物性的影响

渤中凹陷构造特征对储层物性的影响主要包括：在渤中凹陷边界大断裂带处，深部流体运移活跃，对优质储层的分布起着重要作用；渤中凹陷构造背景控制沉积相的类型和分布，决定了储层岩石组分、结构特征，影响后期的成岩演化过程，最终导致储层物性的差异性。

（1）大断裂带控制流体运移，影响储层物性。渤中凹陷边界深大断裂带处，流体运移活跃，烃类、有机酸、幔源的 CO_2 流体等其他热流体沿着断层运移，改造储层物性。

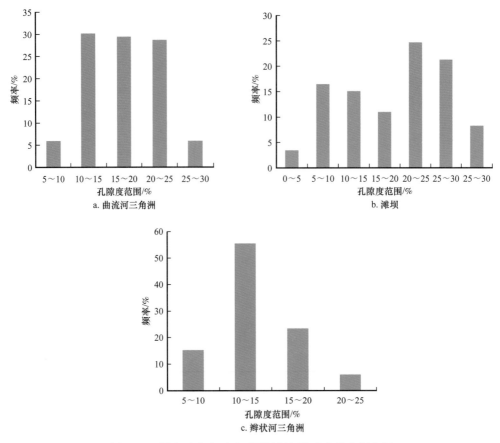

图6-81 渤中凹陷古近系不同沉积相孔隙度分布频率图

根据渤中凹陷岩心以及薄片资料，可以找到深大断裂带流体运移的证据。例如钻于石臼坨凸起西部边缘的 QHD35-2-3 井，沙河街组紧邻凹陷边界大断层，在沙河街组层段岩心中可以发现沥青、泥质钙质、充填裂缝（图6-82）。

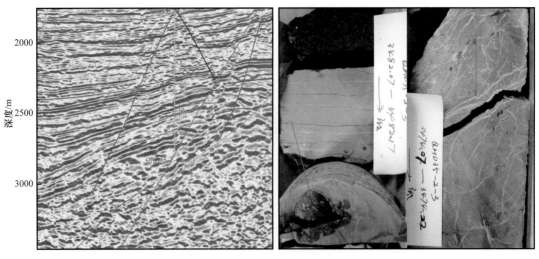

图6-82 QHD35-2-3 井 3474～3482m 段岩心与剖面对比图

另外，在秦皇岛35-2、29-2区块沙二段、沙三段地层可见硬石膏的分布（表6-6，图6-83，图6-84），但是含量较少，对应的层段为良好的储油层（图6-85，图6-86），应该是沙四段硬石膏出现较晚，随孔隙流体沿断层向上至沙二、三段砂层，胶结物发生沉淀。

表 6-6　渤中凹陷硬石膏分布层位

井号	地层	深度 /m	构造带
QHD29-2E-4	E_2s_2	3448.34	石北 1 号断层
QHD29-2E-4		3452.30	石北 1 号断层
QHD29-2E-4		3454.80	石北 1 号断层
QHD29-2E-4		3457.10	石北 1 号断层
QHD35-2-1	E_2s_2	3342	石白坨 3 号断层
QHD35-2-1		3409.5	石白坨 3 号断层
QHD35-2-1		3422	石白坨 3 号断层
QHD35-2-1		3440	石白坨 3 号断层
QHD35-2-1	E_2s_3	3471.5	石白坨 3 号断层
QHD35-2-1		3622.5	石白坨 3 号断层
QHD35-2-1		3708	石白坨 3 号断层

图 6-83　团块状硬石膏
QHD29-2E-2 井，3448.1m

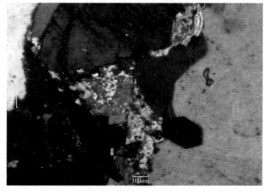

图 6-84　硬石膏胶结
QHD35-2-2 井，3342m

（2）构造带对孔隙发育的影响。渤中凹陷古近系构造带类型主要包括缓坡带、陡坡带。不同构造带类型决定了储层的沉积环境、水动力条件、岩石组分、结构等方面的差异性，使其具有不同的成岩作用特征及成岩演化过程，最终决定了储层物性的差异性。

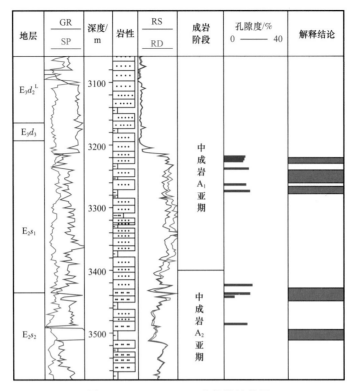

图 6-85　QHD35-2-1 井物性柱状图

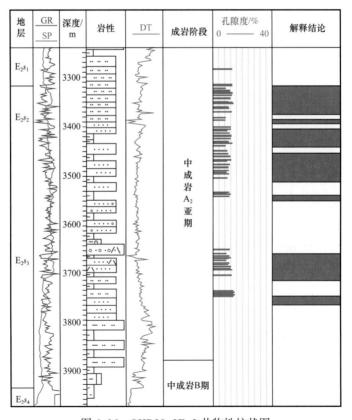

图 6-86　QHD29-2E-2 井物性柱状图

陡坡带：渤中凹陷的陡坡带主要受控于边界控盆断层，在靠近边界大断裂带处，地层经历多起期次活动，有利于流体运移，导致陡坡带孔隙水更容易为偏酸性。渤中凹陷陡坡带主要发育扇三角洲沉积相（东二段可发育辫状河三角洲）。陡坡带砂岩碎屑岩中塑性组分含量高，压实作用强度大。但由于靠近大断裂带，流体运移活跃，同样也容易发生胶结与溶蚀作用。

根据薄片鉴定分析，渤中凹陷陡坡带主要发育强压实成岩相、早期碳酸盐胶结成岩相以及溶蚀成岩相。强压实成岩相主要发育于富含塑性组分的岩屑砂岩或长石岩屑砂岩中，主要以强压实、弱溶解为特征，溶蚀相在陡坡带普遍发育，次生孔隙是改善深部储层物性的重要因素。陡坡带早期碳酸盐胶结成岩相往往交替出现于溶蚀成岩相地层中，砂体厚度很薄，主要以方解致密胶结为特征，溶蚀作用极不发育，储集性能较差。

缓坡带：渤中凹陷缓坡带主要发育在周边凸起坡度较缓的一侧，断层发育规模小，活动较弱。由于缓坡的坡度不大，渤中凹陷缓坡带主要发育辫状河三角洲和曲流河三角洲相。另外，在沙河街组常见滩坝砂体分布。由于缓坡带主要物源是近源与远源物源相结合，决定砂岩岩屑、杂基等塑性组分含量较低，岩性以长石砂岩、石英砂岩为主。

渤中凹陷缓坡带主要发育压实成岩相、碳酸盐胶结相以及方解石胶结—溶蚀成岩相。由于缓坡带储层岩屑、杂基含量较低，压实作用程度相比陡坡带要弱，多为弱压实—中压实成岩相。渤中凹陷缓坡带分布深度范围要比陡坡带要大，碳酸盐胶结相按胶结物的形成期次可分为早期与晚期两种类型：早期胶结物以连晶状方解石为主，储层较致密；晚期碳酸盐胶结物主要以斑块状分布于粒间，交代颗粒，随着深度的增加，中成岩阶段形成的铁白云石、铁方解石含量增加。缓坡带断层活动不强，但是在靠近湖盆中心的深部地层，由于砂体和泥岩的大面积接触，烃源岩的生烃作用会产生大量的有机酸，溶蚀砂体中长石等不稳定组分，因此次生孔隙带分布范围要大于陡坡带，在4500m以下仍可形成较高的次生孔隙带。

5）超压对孔隙的控制作用

根据渤中地区地层压力测试资料，渤中凹陷古近系深部储层超压段普遍存在（表6-7）。超压对渤中凹陷储层物性的影响主要包括以下方面：异常高压减缓对超压层段的压实作用，原生孔隙可以得到有效保护；深层超压系统延缓有机质热演化过程，相比同一深度地层，成岩阶段偏低，容易形成次生孔隙带。

表6-7 渤中凹陷中深层砂岩储层超压层段与物性关系表

井号	井深/m	地质年代	孔隙度/%	渗透率/mD	温度/℃	压力系数	成岩作用阶段
BZ2-1-2	3646～3690	E_3d_3	20.5	17	132	1.67	中成岩 A_2 亚期
BZ13-1-1	3868	E_3d_3	17	8～20	129.7	1.54	中成岩 A_1 亚期
BZ13-1-2	3932	$E_3d_2^L$	18.5	17.2	133	1.52	中成岩 A_2 亚期
BZ25-1-3	3990	$E_2s_3^M$	10～17	14.3	126	1.34	中成岩 A_2 亚期
BZ25-1-5	3323～3339	E_2s_2	16	13.5	130.5	1.43	中成岩 A_1 亚期
QHD35-2-1	3406～3434	E_2s_2	11.16	7.8	133.1	1.28	中成岩 A_2 亚期
BZ19-2-1	3547～3556	$E_3d_2^L$	15.5	9.8	134.2	1.298	中成岩 A_1 亚期

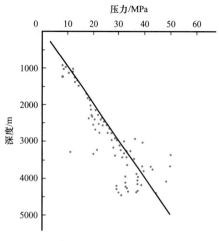

图 6-87　渤中地区测压数据与深度关系图

渤中凹陷地层 DST 测压数据可知，渤中凹陷超压层段主要出现在 3000m 以下（图 6-87）。以石臼坨凸起边界大断裂下降盘的 BZ2-1 油田为例，其 BZ2-1-2 井测试成果表明，东三段 3646～3690m 为超压段，具有 17%～24% 的孔隙度，平均孔隙度可达到 20.5%，高于同一深度正常压力储层（图 6-88），说明超压带的发育有利于抑制压实作用，改善储集性能。另外钻于沙东南地区的 BZ19-2-1 井东二下亚段的 3910m 处镜质组反射率 R_o 为 0.89%，低于同一深度其他井区，反映出有机质演化程度较低，温度均在 130℃ 左右，仍然处于生烃窗口范围，主要是由于高异常压力减缓了干酪根有机质生烃演化过程。

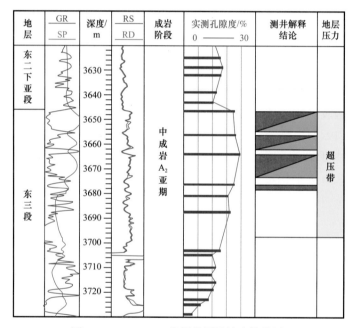

图 6-88　BZ2-1-2 井部分层段综合柱状图

渤中凹陷多口井测试资料表明，深层异常高压带高孔隙发育带与其含油气性有明显的关系，主要表现在高压异常带之中和之下的砂岩储层往往具有较高的孔隙度，并往往有较好的含油气性。

3. 黄河口凹陷储层发育的控制因素

黄河口凹陷为陆相断陷湖盆沉积，储集砂体类型多、相变快，加之成岩改造经历的差别，因此储层物性变化较大。

沉积作用是最基本的先天控制因素，它既决定了原始沉积物的成分、粒度、分选性及泥质含量等初始特征，又决定了后期成岩作用的类型和强度，主要表现为优质粗粒砂体和生物碎屑白云岩沉积；成岩作用，特别是起破坏性作用的早成岩阶段强烈的压实和碳酸盐胶结作用，及其中成岩阶段的溶蚀作用和破裂作用，对储层物性及非均质性起了决定性作用；外部流体对储层特征的影响主要表现在有机酸的溶蚀作用等，对储层物性的改善作用显著。

1）沉积作用是优质储层形成的先天控制因素

（1）优质粗砂体成因机理。粗颗粒砂颗粒接触面积小、压溶作用较弱、颗粒支撑作用强、孔喉大，孔隙大的胶结过程中孔隙易保留。早期流体运移活跃，有利于渗透率保持。

在中深层，渗透率是制约储层质量和产能的最主要因素。粒度、杂基含量、刚性颗粒含量是影响渗透率的最主要因素。以中深层岩心的分析化验数据为基础，通过对比同井不同砂岩层、不同井砂岩及同砂岩层不同砂岩段，表明较粗颗粒控制了相对高渗透率砂岩段，较细的颗粒控制了低渗段。如位于凹陷中东部的BZ34-4构造，其中深层渗透率超过50mD的较优质储层中，中—粗砂岩占72.7%；渗透率低于1mD的较差储层中，极细砂占73.4%，可见粒度对渗透率的控制作用非常显著（图6-89）。另外，粒度中值与渗透率也呈现明显的正相关关系（图6-90）。

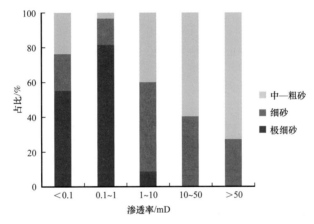

图6-89　BZ34-4构造储层粒度与渗透率关系图

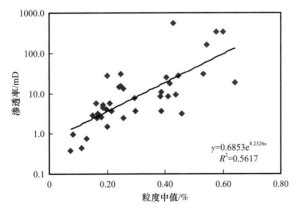

$y = 0.6853e^{8.2326x}$
$R^2 = 0.5617$

图6-90　BZ34南构造粒度中值与渗透率关系图

（2）生物碎屑白云岩成因机制。同沉积时期在大气水影响下，文石及高镁方解石选择性溶蚀，形成生屑铸模孔，是重要的孔隙类型；由于生屑极发育，以破碎状为主，保存了较多的生物体腔孔，铸体试验表明这些体腔孔多数可以与其他孔隙很好连通。

黄河口凹陷，湖相碳酸盐岩主要分布在沙一段和沙二段，储层段主要为浅滩沉积相，纵向上表现为与扇三角洲砂体的间互，全岩分析表明碳酸盐岩以白云石为主。孔隙类型以铸模孔、生物体腔孔为主。

组构选择性溶蚀主要表现在生屑和鲕粒的铸模孔；溶蚀主要发生在同沉积时期，是在大气水的影响下，文石及高镁方解石的选择性溶蚀造成的。这类孔隙是最主要的孔隙类型。

X 射线衍射资料表明，储层段白云石含量较高，白云石化作用强，白云石含量与孔隙度和渗透率都呈明显的正相关关系，反映了白云石发育对孔渗的贡献，白云石化对物性贡献主要有以下原因：白云石形成在沉积早期，早期白云石抑制了压溶作用；储层成岩阶段处在中成岩 B 期，白云石重结晶作用较强，晶间孔的发育，有利于物性改善；后期白云石交代方解石增加孔隙，改善物性。

2）成岩作用是优质储层形成的另一关键因素

（1）溶蚀型优质储层成因机制。随深度增加，孔隙度及渗透率呈下降趋势，但存在多个异常高孔渗带（图 6-91），在深度 2200m 附近，孔隙度趋势值在 25% 左右；深度 3000m 附近，孔隙度趋势值在 18% 左右；深度为 4000m 附近，孔隙度趋势值在 10% 左右。但是同时，在 2100m、2600m、2900m、3300m、3600m 深度附近存在异常高孔隙带，这主要是次生孔隙的贡献。

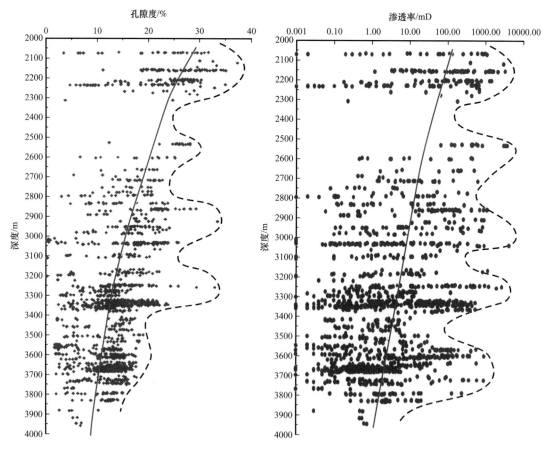

图 6-91　黄河口凹陷的次生孔隙发育带图

（2）破裂作用形成的优质储层。古近系地层埋藏深、压实强，为裂缝储层发育提供了条件，尤其沙三段及其下部地层，成岩阶段已达中成岩 B 期，利于破裂作用的发生。裂缝的存在不仅控制了储层中油气的产出，也是影响油气富集的重要因素。不同尺度裂缝的发育不仅为本区提供油气运移的通道，而且大大改善了储层物性，是中深部优质储层的成因机制之一。

3）外部流体对优质储层物性的改善作用

所谓外部流体作用，主要是指有机酸和热流体对储层矿物的溶蚀作用、矿物改造和转化作用，是次生孔隙形成的主要作用；保护性影响是长期性作用，包括超压作用、抑制伊利石生长作用、抑制石英次生加大作用。

统计表明，储层物性与含油饱和度呈较明显的正相关关系，含油砂岩物性好于不含油砂岩（图 6-92）。

数据表明油层段孔渗性明显好于干层，这显示了即使在碳酸盐胶结物含量较高，油气晚期成藏的背景下，油气侵位仍能显著改善储层

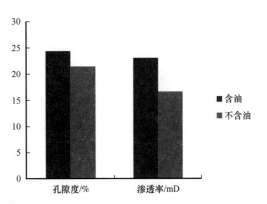

图 6-92　BZ27-5-1 井沙一、二段岩心物性对比图

物性，形成中深部优质储层。如 BZ27-2-1 井受油气侵位影响的油层—差油层，其孔隙度明显高于未受油气侵位影响的干层。此外 BZ27-2-1 井孔隙度与碳酸盐含量呈明显的负相关关系，相关系数 R 为 0.81，若不受油气侵位的影响，碳酸盐含量 40% 对应的孔隙度约为 5%，而受油气侵位的影响，其孔隙度可达 17%。图中也可明显看出，相同碳酸盐含量的油层孔隙度显著高于干层（图 6-93）。

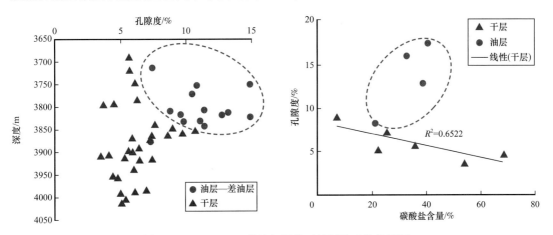

图 6-93　BZ27-2-1 井油气侵位对储层的改善作用图

第三节　储盖组合

油气运聚成藏，需要生、储、盖等多种因素的有机配合。不同热体制下的盆地（坳陷）成因类型及地层充填构成了各具特色的多种生、储、盖组合形式。在已证实具备

生烃能力的凹陷及其邻区，储层和盖层两个条件的特征和组合形式，则需要更深入的研究。

在包括渤海海域在内的渤海湾盆地的部分裂陷中，裂陷面积的变化，从裂陷Ⅰ至裂陷Ⅲ期沉降幅度加大，发育了一定面积和一定厚度的湖相泥岩和海相泥岩，具有生烃条件及盖层作用条件。由于裂陷Ⅱ—Ⅳ期沉降速率高，发育了多种类型的湖泊相地层，形成了巨厚的烃源岩与多种类型的储集体或多种形式的生、储、盖组合类型。

对于渤海海域而言，在早已明确烃源岩分布状况的情况下，则储层和盖层这两个条件及其二者之间组合的研究在实施勘探的过程中，就成为重要的课题。

一、盖层评价标准

盖层封盖能力除与盖层的突破压力、孔隙度、渗透率等各项微观参数有关外，还受盖层的岩石类型、盖层的厚度和分布的连续性等因素的制约，而突破压力、孔隙度、渗透率等各项微观参数受构造运动、沉积环境及成岩作用等因素的影响。在盖层评价中，应把微观和宏观各项主要参数作为一个整体来考虑，来评价盖层的性质和其实际封盖能力。

渤海湾盆地陆上油区的研究成果相对比较系统，如冀中坳陷东部上古生界泥岩盖层参数的测试结果，以盖层岩石的渗透率为横坐标，以饱含空气条件下的突破压力为纵坐标，渗透率与突破压力在双对数坐标上为反向线性相关关系，突破压力的大小受控于岩石的渗透率，当岩石的突破压力大于 5MPa 时，二者相关系数变低；以盖层岩石的孔隙度为横坐标，以饱含空气条件下的突破压力为纵坐标，随着孔隙度的减小，盖层突破压力明显增大，当岩石的突破压力大于 5MPa 时，二者之间相关性降低。

不仅盖层的渗透率、孔隙度及突破压力等是评价盖层质量的微观参数，还与盖层的厚度、分布的连续性等宏观参数有关，表 6-8 为国内主要的前古近系盖层的岩性、厚度与封盖油气藏的气柱高度的统计，根据统计结果分析，泥页岩作为气藏的区域盖层，其厚度一般应大于 150m，也有少数气藏的盖层厚度偏小。铝土岩作为盖层的厚度差别较大，分析可能与沉积环境的不同造成的沉积厚度的差异有关，最小厚度的铝土岩盖层是靖边气田石炭系底部的铝土岩盖层，厚 5m。膏岩作为盖层厚度一般大于 50m，最小厚度 30m。

厚度是盖层评价的一个重要参数，因为统计油气藏的最小盖层厚度仅代表已发现的最小厚度，而在盖层厚度小于最小统计值的区域也有油气成藏存在的可能，相关研究人员根据盖层的实际测试结果和统计数据，将突破压力、孔隙度、渗透率等微观参数及泥质岩厚度、铝土岩厚度等宏观参数作为盖层封盖能力评价的参数，建立了盖层综合评价标准（表 6-9），并根据该标准对渤海湾盆地前古近系的主要盖层进行了评价。

海域就已发现的各类油气藏而言，新生代古近系尤其是广而分布的东营组，其泥岩盖层厚度和质量明显强于新近系。加之海域内沙一段泥岩分布面积也比较广，且和东营组为连续沉积，将东营组泥岩最集中发育的下"细段"（包括 $E_3d_2^L$—E_3d_3）沙一段统称为古近系的优良区域性盖层。经过对全海域探区多数潜山油气流探井资料的统计对比分析（张国良，1998），发现各类潜山气藏和油气藏的平均区域盖层厚度都大于 200m。而且大体遵循一个明显的规律：即凝析气藏区域盖层最厚，平均 466.4m，带凝析气顶的油气藏，区域盖层厚度次之，平均厚度为151m（图6-94）。可见，气藏的形成需要更严格的封盖条件。

表6-8　我国某些气田盖层数据表

油气田（藏）	产气层	气柱高度/m	盖层层位	岩性	厚度/m
威远气田	震旦系	240	寒武系	页岩	200.00
卧龙河气田	三叠系	1330	三叠系	石膏夹泥岩	60.00
中坝气田	三叠系	370	三叠系	泥页岩	100.00
相国寺气田	石炭系	750	二叠系	泥页岩	350.00
苏桥气田	奥陶系	120	二叠系	泥页岩	250.00
文密气田	沙四段	400	沙三段	膏岩	350.00
文东气田	沙三段	150	沙一段	膏岩	30.00
靖边气田	奥陶系	450	石炭系	铝土岩	5.00
宋家场气田	二叠系	460	二叠系	泥页岩	100.00
福成寨	二叠系	650	三叠系	泥页岩	100.00
自流井	二叠系	400	二叠系	泥岩	100.00
纳西	二叠系	1030	三叠系	铝土岩	150.00
九龙山	三叠系	180	三叠系	页岩	32.00
老翁场	二叠系	400	二叠系	铝土岩	100.00
永安场	三叠系	270	三叠系	膏盐岩	100.00
苏4井	奥陶系	500	石炭系	铝土岩	29.00
文23井	二叠系	160	二叠系	泥岩	200.00
苏1	奥陶系	650	石炭系	泥岩	150.00
苏4井	奥陶系	600	石炭系	泥岩	150.00
苏6	奥陶系	600	石炭系	泥岩	150.00
苏49	奥陶系	600	石炭系	泥岩	150.00
苏16	奥陶系	325	石炭系	泥岩	150.00
苏60	奥陶系	350	石炭系	泥岩	150.00
苏20	二叠系	300	二叠系	泥岩	240.00

表 6-9　华北地区东部盖层评价标准表

微观参数			宏观参数		综合评价
突破压力 /MPa	孔隙度 /%	渗透率 /mD	泥岩厚度 /m	铝土岩厚度 /m	
>8	<2.5	$<10^{-8}$	>50	>5	I
3~8	2.5~6	10^{-8}~10^{-6}	20~50	3~5	II
<3	>6	$>10^{-6}$	<20	<3	III

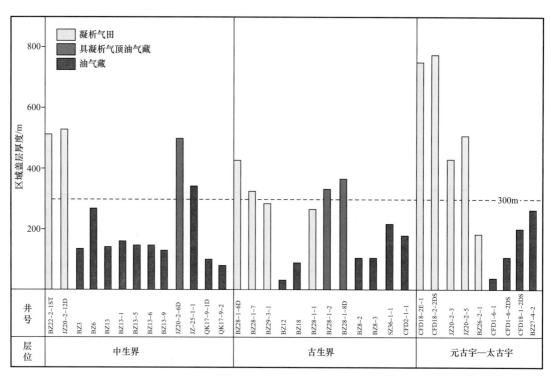

图 6-94　渤海海域潜山油气藏区域盖层对比图（据张国良，1998）

二、盖层岩石类型

从渤海海域实际钻探结果表明，海域油气藏（田）的盖层岩石类型主要有：泥页岩类、铝土质岩类及海相致密碳酸盐岩。

1. 泥页岩类

影响泥质岩封盖能力的主要因素有泥质含量、矿物成分及孔隙结构等。随泥质含量增加，岩石中粒度变细，碎屑减少，渗透率变低（表 6-10）。当泥质含量相近时，结构粗、孔隙结构单一的泥岩封盖能力差。矿物成分直接决定岩石膨胀性和可塑性，以蒙皂石和伊利石为主的泥质岩，可塑性强，吸水后膨胀，故具有较强的封闭性，高岭石次之，绿泥石含量高时，岩性变脆，影响其封闭能力。对上石盒子组泥岩实验测定表明，在饱含煤油条件下，突破压力为 6.2~13.8MPa，具有较强的封盖能力。

表 6-10　泥质含量与渗透率关系表

渗透率 /D	泥质含量				样品层位	主要岩性
	最大 /%	最小 /%	平均 /%	样品数		
$10^{-4} \sim 10^{-3}$	19	10	14	9	上石盒子组	泥质细—中砂岩
$10^{-5} \sim 10^{-4}$	25	17.5	21.5	8	上石盒子组	灰色泥质细砂岩
$10^{-6} \sim 10^{-5}$	33	25	29	4	下石盒子组	泥质粉—细砂岩
$10^{-7} \sim 10^{-6}$	42	36	38	3	太原组	深灰色粉砂质泥岩
$10^{-8} \sim 10^{-7}$	80	46	62	6	水溪组	铝土质黏土岩
$10^{-9} \sim 10^{-8}$	73	38	42	2	太原组	紫灰色页岩

2. 海相致密碳酸盐岩

碳酸盐岩封盖（隔）能力与岩石的结晶程度、含泥质程度及内碎屑颗粒的含量等因素有关，特别是成岩作用的改造，使其渗透性变化很大。当致密的碳酸盐岩未发育微裂隙时，一般具有很强的封盖能力，渗透率多低于 10×10^{-3} mD，最小为 4.5×10^{-7} mD；突破压力在饱和空气时为 $1.5 \sim 8$ MPa，饱和煤油时均大于 13 MPa，可以作为油气藏的盖层。如渤中凹陷北缘的石臼坨凸起东部的 427 潜山。第一口预探井 BZ12 井，于 1977 年 6 月 17 日开钻，其钻探的主要目的是探索下古生界潜山油气藏。该井在打穿新近系 2336.5 m 后，钻至古近系沙河街组，但沙河街组只有 241.5 m。在 3191 m 进入下古生界潜山的中奥陶统碳酸盐岩，但地层岩性有着明显的变化，既有裂缝发育、物性较好、油气显示十分活跃的纯石灰岩、白云岩地层，也有隐晶质结构、岩性致密的白云质灰岩，甚至还有含泥质的泥灰岩、豹皮灰岩，均具有隔（盖）层的作用。尤其是上马家沟组、下马家沟组的下部，在渤海海域内，许多地区常发育有几十米厚的泥灰岩集中段，其封盖作用更为明显。

从渤海海域各层系总的来看，古近系的泥岩、中生界的泥岩夹层及上古生界的泥页岩均可作为古潜山油藏的盖层。

沙三段的深灰色泥岩厚度大、分布广，既是好的生油层也是区域性的好盖层。沙二段砂砾岩中的泥岩夹层及中上部的泥岩段可作为盖层，但分布局限。沙一段的"特殊岩性"段为沙河街组生油层之一，同时又可作为盖层，分布范围较沙三段广，厚度较稳定。

东营组下段厚层暗色泥岩分布广，是较好的生油层又是好的区域性盖层。东上段砂岩较发育，其中的泥岩夹层对局部圈闭有一定盖层作用。

馆陶组大套粗碎屑岩，一般缺少盖层，但砂泥岩互层段中所夹泥岩在局部地区能作为盖层。总的来看，馆陶组泥岩夹层薄，盖层条件差，往南泥岩夹层增多，盖层条件变好。

明化镇组为砂泥岩互层，盖层条件优于馆陶组。

三、不同领域盖层特征

在渤海湾盆地对于新生代盖层的识别和研究，海陆两个领域都投入了相当长的时间和精力，其研究成果也比较突出，认识和观点也大同小异。但对海域前新生代基岩潜山盖层研究显得有些薄弱，本节则以基岩潜山三套层系的盖（隔）层特点为例进行分述。

1.中生界盖（隔）层

1）下白垩统上部盖（隔）层

在石臼坨凸起 BZ-6 井、BZ-14 井钻遇，以 BZ-6 井为代表，岩性以深灰色、灰黑色泥岩为主，夹薄层钙质泥岩，泥岩厚度为 234.5m，最大单层厚度为 24.5m；BZ14 井钻遇 235.24m（未穿），其中泥岩厚度为 51.5m，最大单层厚度 11.5m。另外，在渤海海域西部地区，下白垩统的泥岩也较为发育，如海 5 井，泥岩总厚为 84.5m，最大单层厚度为 12.5m（表 6-11），均可成为下白垩统的泥岩盖（隔）层。

表 6-11　渤海地区中生界泥岩含量统计表

地区	井号	层位	总厚度 /m	泥岩		
				总厚度 /m	泥岩百分比 /%	单层最大厚度 /m
石臼坨凸起	BZ6	K_1	332	80	24	10.5
	BZ14	K_1	135.24	51.5	38	11.5
	QHD30-1-1	K_1	524	25.5	5	10
莱北低凸起	13B5-1	K_1	1536.4	14	1	10
埕北凸起及歧南断裂带地区	CFD30-1-1	K_1	327	144	44	34.5
	H5	K_1	213.5	84.5	40	12.5
		J	528.82	144.25	27	10
	QK18-9-1	J	207	94.5	46	19
辽东湾地区	JZ25-1-1	K_1	1041	15.5	1	11.5

2）中—下侏罗统盖（隔）层

在渤海西部地区，中—下侏罗统中部沉积了约 70m 的泥岩，顶部也发育一层泥岩；下白垩统上部发育约 200m 的以泥岩为主的地层，以上的泥岩层均可以作为较好的盖（隔）层。

渤海东部地区，晚侏罗世—早白垩世火山岩较为发育，如果火山岩覆盖面积大，也有形成局部盖（隔）层的可能。

2.上古生界盖（隔）层

1）泥岩

石臼坨凸起和埕北低凸起地区已有许多井钻遇石炭系—二叠系，其中埕北低凸起上的 H20 井泥岩百分比近 30%，单层厚度为 14.5m；相比来说，石臼坨凸起上的泥岩发育更好：BZ2、BZ8、BZ20 三口井的平均泥岩百分比近 50%，单层泥岩厚度也大，为 22.5m（表 6-12）。

表 6-12　石臼坨凸起、埕北低凸起石炭系—二叠系泥岩含量统计表（据张国良，1998）

井号	层位	总厚度/m	泥岩		
			总厚度/m	泥岩百分比/%	单层最大厚度/m
H20	二叠系	738	210.5	29	14.5
	石炭系	238.68	68	28	10.5
BZ2	二叠系	138	61.5	45	10
BZ20	二叠系	440	214.5	49	15
	石炭系	183	68	37	10
BZ8	二叠系	359.5	160.5	45	22.5
	石炭系	12	7	58	4

2）铝土层

晚奥陶世—早石炭世的秦皇岛运动，使渤海海域隆升遭受剥蚀，碳酸盐岩经过风化淋滤，可形成致密的铝土层，是很好的盖（隔）层。此套铝土层在渤海分布并不稳定，仅在 CFD22-1-1 井、BZ8 井等少数几口井见有近 20m 的铝土质泥岩。

3. 寒武系盖（隔）层

渤海湾盆地寒武系馒头组以泥质岩类为主，是一套紫红色灰质泥质白云岩、白云岩、泥质灰岩、石灰岩与紫红色白云质泥岩互层。渤南凸起地区渤中 28-1 构造，泥岩百分比为 20% 左右，但最大单层厚度达到 55.5m，属于优质盖层；渤中 29-1 构造泥岩百分比也达到近 40%。石臼坨凸起地区紫红色白云质泥岩较为发育，BZ4 井泥岩百分比为 27%。另外，辽东湾地区寒武系白云质泥岩较为发育，百分比含量近 40%，可以成为较好的盖（隔）层（表 6-13）。

除此以外，海域的歧口凹陷，埕北低凸起中、北段，渤南凸起中、西段，以及沙垒田凸起东南斜坡带，和其西侧石臼坨凸起的 427、428 构造带，以及渤中凹陷和辽中凹陷的中深层等地区均发育有好或较好的盖（隔）层。

表 6-13　渤海地区寒武系泥岩含量统计表（据张国良，1998）

区块	井号	层位	总厚度/m	泥岩		
				总厚度/m	泥岩百分比/%	单层最大厚度/m
渤南凸起	BZ28-1-1	寒武系	332	80	24	10.5
	BZ29-1-1	寒武系	135.24	51.5	38	11.5
	BZ28-1-8D	寒武系	440	71	16	55.5
石臼坨凸起	BZ4	寒武系	585.5	156.5	27	10
辽东湾地区	SZ36-1-2D	寒武系	266	97	36	22.5
	JZ33-1-1	寒武系	104.5	55	53	13

四、储盖组合类型

就渤海海域有别于陆地油区的石油地质条件和几十年油气勘探成果来看，其储盖组合系统主要可归纳为三大系统：即新生界自身的储盖组合系统，基岩（潜山）体内储盖（或称隔层）组合系统，以及新、老（新生界与潜山）合二而一的储盖组合系统。

1. 新生界储盖组合

在渤海湾盆地新生界有五套质量好的区域性盖层（E_2s_4、E_2s_3、E_2s_{1+2}、E_3d、$N_{1-2}m$）。但由于渤海海域渐新世中后期，即东营组沉积时期及其以后，海域坳陷期发育程度强于盆地陆上任何一个地区，所以，东营组和新近系明化镇组由厚层泥岩组成的区域性盖层最为发育且以东营组区域盖层为最佳。

对于新生界整体而言，其储盖组合类型又可分新近系和古近系两个亚类。

1）新近系储盖组合类型

新近系发育多套储盖组合，就其组合形式来讲，又可分为以下六种形式。

（1）明上段底部储盖组合。以海域南部 PL15-2-2 井为例，该井明上段厚层泥岩做盖层，明上段底部（986.0～1009.5m）砂岩做储层，构成了一套完整的储盖组合。泥岩质纯，单层厚度最厚 20.0m，平均单层厚度 6.1m，封盖能力好。中上部粉砂岩储层物性一般，底部细砂岩储层物性较好。明上段底部储盖组合是较好的储盖组合。综合解释油层 1.5m/1 层，水层 9.5m/1 层。

（2）明下段上部储盖组合。明下段顶部（1009.5～1039.0m）厚层泥岩做盖层，明下段上部（1039.0～1141.0m）砂岩做储层，构成了一套完整的储盖组合。泥岩质纯，顶部厚层泥岩单层厚度 29.5m，封盖能力好；层间泥岩单层厚度 0.5～9.0m，封盖能力一般。储层岩性为细砂岩，物性较好。明下段上部储盖组合是较好的储盖组合。综合解释油层 28.5m/11 层，水层 4.0m/2 层。

（3）明下段中部储盖组合。明下段中部（1178.0～1237.0m）厚层泥岩做盖层，明下段中部（1237.0～1289.0m）砂岩做储层，构成了一套完整的储盖组合。泥岩质纯，单层厚度最厚 24.5m，平均单层厚度 12.5m，封盖能力好；层间泥岩单层厚度 1.5～13.5m，封盖能力一般—较好。储层岩性为细砂岩，物性较好。明下段中部储盖组合是较好的储盖组合。综合解释油层 2.5m/2 层，含油水层 4.0m/1 层，水层 10.0m/2 层。

（4）明下段下部储盖组合。明下段下部（1441.5～11557.0m）厚层泥岩做盖层，明下段下部（1484.5～1614.0m）砂岩做储层，构成了一套完整的储盖组合。泥岩质纯，单层厚度最厚 43.0m，封盖能力好；层间泥岩单层厚度 2.5～8.5m，封盖能力一般。储层岩性为细砂岩，物性较好。明下段下部储盖组合是较好的储盖组合。综合解释含油水层 10.0m/2 层，水层 27.5m/3 层。

（5）明下段底部—馆陶组顶部储盖组合。明下段底部（1685.5～1710.5m）厚层泥岩做盖层，馆陶组顶部（1710.5～1782.5m）砂岩做储层，构成了一套完整的储盖组合。泥岩质纯，明下段底部厚层泥岩单层厚度 25.0m，封盖能力好；层间泥岩单层厚度 2.0～30.5m，封盖能力较好。储层岩性为细砂岩，物性中等。明下段底部—馆陶组顶部储盖组合是中等的储盖组合。综合解释油层 2.5m/2 层，含油水层 3.5m/1 层，水层 12.0m/1 层。

（6）馆陶组中部储盖组合。馆陶组中部（1782.5～1829.5m）厚层泥岩做盖层，馆陶组中部（1829.5～1917.5m）砂岩做储层，构成了一套完整的储盖组合。泥岩质纯，单层厚度12.5～32.5m，封盖能力好；层间泥岩单层厚度2.5～14.0m，封盖能力一般—较好。储层岩性为细砂岩，物性中等。馆陶组中部储盖组合是中等的储盖组合。综合解释油层5.5m/2层，含油水层13.0m/3层，水层3.5m/2层。

上述六套储盖组合中：明上段底部储盖组合、明下段上部储盖组合、明下段中部储盖组合、明下段下部储盖组合，储层、盖层配置合理，是较好的储盖组合；明下段底部—馆陶组顶部储盖组合、馆陶组中部储盖组合，因受储层物性中等影响，储盖组合较差。

2）古近系储盖组合类型

渤海海域古近系储层和盖层都十分发育，尤其是东营组泥岩地层的发育程度，优于盆内陆上任何一个油区。如辽中北洼东营组—沙河街组发育了600～2000m区域性巨厚超压优质泥岩盖层，压力系数达1.3～1.8，与古近系优质储层构成了一套理想油气成藏的储盖组合。

以绥中36-1油田为例，该油田东营组储层沉积体沿构造轴向由两个三角洲朵叶状砂体连接，南朵叶体水流力向近东西向，以河口坝为主，伴随少量水下分流河道，并且水下分流河道多为河道末梢；北朵叶体水流方向近北西向，以水下分流河道为主，伴随少量河口坝砂体。储层以岩屑长石砂岩为主，结构为细砂和粉砂状，偶见中粉砂，胶结物为伊/蒙混层和高岭石。常规岩心分析，大部分样品孔隙度分布在26%～37%，渗透率分布在20～5000mD。孔隙类型以粒间孔为主，其次为溶蚀孔。

SZ36-1-1井1255～1385m为盖层，岩性主要为泥岩及粉砂质泥岩，含泥质粉砂岩夹层，泥岩及粉砂质泥岩厚度为130m，局部泥质粉砂岩厚度为3m，盖层条件较好。

SZ36-1-1井东营组主要含三套储层，1391～1402m为第一套储层，厚度为11m，上段岩性为粉砂岩，底部岩性为砂岩；1412～1417m为第二套储层，厚度为5m，岩性为砂岩；1451～1457m为第三套储层，厚度为6m，岩性为砂岩。储、盖二者自然配置，成为古近系中常见的有效组合形式。

2. 新、老地层合二而一的储盖组合系统

因在渤海海域断裂构造的发育过程中，以翘倾（或称掀斜）运动为特色，构造演化造成了海域基底前新生代的基岩出露情况比较复杂，它与新生代地层常常形成由新生代发育的优良盖层直接覆盖在基岩潜山顶部，主要发育三种组合模式（图6-95）。

1）新盖、古储的储盖组合

在渤海海域已发现多个潜山油气藏，其储盖组合形式大都如图6-95a所示，如沙南凹陷东部的CFD18-2东前古生界潜山油气藏（图6-96）和渤中凹陷南部的BZ28-1古生界潜山油气藏均属此类储盖组合形式。

2）新盖、新古共储的储盖组合

此类模式（图6-95b）在渤海海域也有油气藏被发现，其中蓬莱9-1大型潜山油气藏最为典型，蓬莱9-1是至今渤海海域油气储量最高的大型潜山油田，位于渤海海域东部庙西北凸起上，其新近系直接覆盖在基岩地层之上。

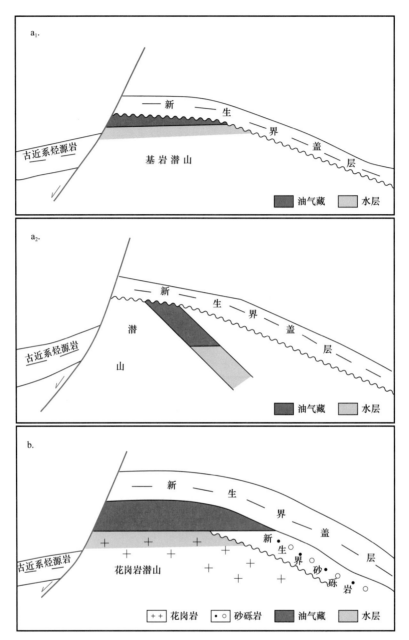

图 6-95　基岩潜山储盖组合模式图

尽管从宏观上蓬莱 9-1 大型油田中的潜山储油层（包括中生界花岗岩侵入体和元古宇片岩）和上覆新近系的明化镇组、馆陶组砂岩储油层与新近系的泥岩盖层可共同构成一个大的储盖组合单元，但其中新近系的明上段、明下段和馆陶组各自发育多个自盖自储的次一级储盖组合单元。

若馆陶组底部砾岩地层与潜山相接相通，即可形成具统一油水系统、统一压力系统的一个油气藏。

3. 基岩（潜山）体内（内幕）储盖组合系统

经实际钻探证实，在渤海海域内，前新生代基岩由下而上发育有多套储盖组合系

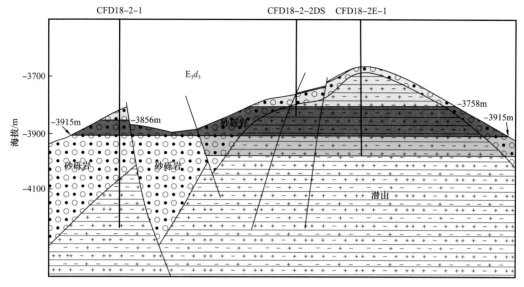

图 6-96　CFD18-2 潜山油气藏剖面图

统，它们相互叠置、有机配合，接受新生代的烃源岩。已发现多个潜山油气藏，尤其是在近年来，出现了比较喜人的勘探新形势。

对于潜山体自身来讲，主要是以自盖自储的形式出现，具体是由上古生界的泥岩、碳质泥岩及煤层为盖（隔）层和 C—P 系碳酸盐岩、砂岩等组成的储盖组合（图 6-97）。

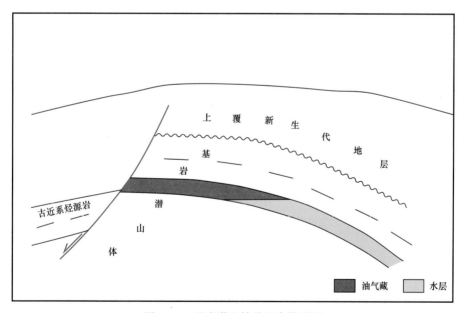

图 6-97　基岩潜山储盖组合模式图

由下古生界寒武系—奥陶系碳酸盐岩为储层和自身发育的泥岩、页岩以及致密性很强的泥灰岩、竹叶状石灰岩作为盖层，共同组成多套储盖组合（图 6-98）。海域西南部的 CFD30-1 潜山油气藏其储层和盖层全部出于潜山体内部，还有钻于石臼坨凸起东南倾没端的 427 潜山油气藏亦属此例（图 6-99）。

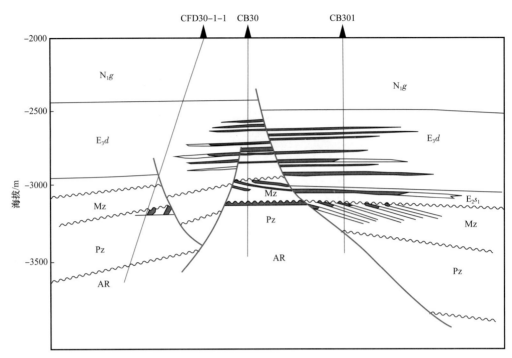

图 6-98 埋北 30 潜山油藏剖面图（据张国良，1995）

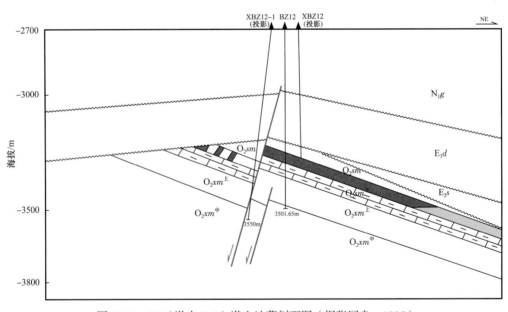

图 6-99 427（渤中 3-1）潜山油藏剖面图（据张国良，1995）

在中生界，由于和上覆古近系具有相近的岩性地层，一般都是由泥岩为盖层、以砂岩为主要储层的储盖组合。如秦皇岛 30-1 中生界潜山（内幕）油气藏便是一个典型的案例。即预探井 BZ6 井进入潜山体后，并未发现好的储层和油气显示，而是钻穿了一段致密地层（内幕盖层）后才发现油气层（图 6-100）。

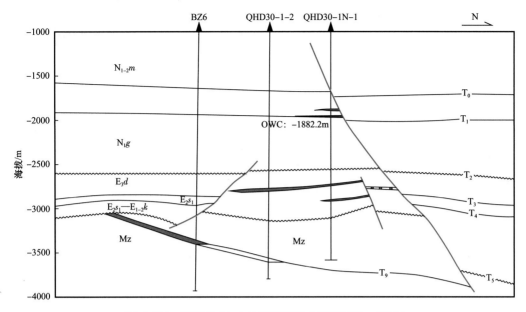

图 6-100　秦皇岛 30-1 油藏剖面图（据张国良，1995）

第七章　天然气地质

渤海湾盆地天然气勘探是伴随油的勘探而进行的，截至 2015 年，渤海海域乃至全盆地，还未发现大型的天然气田，但是从渤海海域几轮油气资源评价结果，结合近些年来渤海海域油气勘探成果来看，发展渤海海域的天然气勘探，仍具备十分雄厚的物质基础和大型天然气田形成的有利条件。

第一节　渤海海域天然气勘探现状与分布

一、天然气勘探简况

长期以来大多数地质家认为，渤海湾盆地为典型的油型盆地。已发现的气田大都为中小型，按油气当量折算，现今已发现的原油与天然气探明地质储量按标准统一折算后的气油比为 1∶15 左右，原油的探明地质储量占 93%，天然气探明地质储量仅占 4%。截至 2015 年，渤海海域所发现的众多油气藏（田）主要还是以油藏为主，而在辽东湾地区所发现的锦州 20-2 中型凝析气田，仍有"油环"存在。但随着油气勘探程度和对潜山领域的勘探力度不断加大，尤其是对海域天然气成藏条件研究的加深，逐渐认识到在渤海海域新的大型油气藏甚至大型气藏发现的概率仍在不断提高。

二、天然气气藏空间分布

受盆地地质结构与演化历史差异性影响，渤海海域天然气气藏类型和空间分布具有明显的不均衡性。

1. 天然气气藏平面分布

就渤海海域天然气勘探的现状来看，主要沿郯庐断裂带的辽中—渤中—黄河口凹陷一带分布。尤其是轴向与走滑断裂带走向近似平行或交角很小的坳（凹）陷中天然气相对富集，而近于垂直或交角较大的坳陷则相对贫气，如济阳坳陷。由于这些具扭动性质的深大断裂控制了盆地的发育和地质结构，因而控制着盆地的成烃环境和成藏背景。气藏主要围绕着生烃中心呈条带或环带展布，取决于坳（凹）陷地质结构。一般而言，近凹陷生烃中心的次级构造带最富集，凹陷中央构造带优于斜坡带；缓坡带较陡坡带富集，构造倾没端优于主体，低凸起高于高凸起。

2. 天然气气藏纵向分布

纵向上，海域已探明的天然气主要分布在古近系，约占 70%，其中沙河街组占 51%，尤以辽东湾地区最突出；其次为潜山和新近系，其中渤南地区主要分布在该套层系中，渤西和渤中也有相当比例；新近系比例很小，但在控制 + 预测储量中比例最高，一经评价证实将提高其所占比例。

渤海海域天然气产出层位多，共有 8 套含气层系，分别为明下段、馆陶组、东营组、沙河街组、中生界、古生界、元古宇、太古宇。全区范围内沙河街组为主要产气层，但不同地区天然气产出层位的分布不尽相同，辽东湾地区主要产气层为东营组、沙河街组，渤中、渤西地区的主要产气层为沙河街组，而渤南地区则以明下段为主要产气层。

近些年来，渤海海域潜山领域的天然气勘探成果呈现上升的趋势，受到渤海石油人的高度重视，并加大了研究力度和相应的勘探部署。

第二节　渤海海域天然气地球化学特征

天然气绝大多数是由多种气体化合物组成的混合体，常见的气体化合物有：烷烃气（通常指 C_{1-4}，有时也包含 C_5）、二氧化碳、氮气、硫化氢与稀有气体等。天然气地球化学主要研究气体的形成、演化、运移、聚集以及破坏等地球化学作用过程。

天然气组分与同位素蕴含着丰富的地球化学信息，其分布特征既能反映生源信息同时又受到次生作用的影响，因此需要综合组分与同位素的特征来分析天然气的成因，同时轻质烃等参数也是辅助判识的标志之一。

一、烃类气体的组分特征

渤海海域现今已发现的天然气主要为烃类气体，根据天然气中烃类气甲烷所占的比例，将天然气分为干气与湿气。从图 7-1 中可以看出，随埋藏深度的变浅，生物降解作用变得明显，表现为丙烷碳同位素变重，天然气组分变干，干燥系数多在 97% 以上。

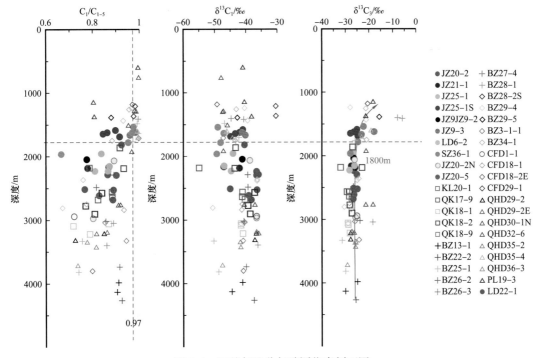

图 7-1　天然气组分与碳同位素剖面图

由于正构烷烃比异构烷烃更容易遭受生物降解，表现 $i\text{-}C_4/n\text{-}C_4$、$i\text{-}C_5/n\text{-}C_5$ 的增大。从各凹陷区组分数据的剖面来看，埋藏在 1800m 以上的天然气样品多遭受生物降解的影响；辽东湾地区生物降解现象发生在深度约 2000m 左右。埋藏深度大于 1800m，天然气整体表现为湿气特征（图 7-2 至图 7-5）。

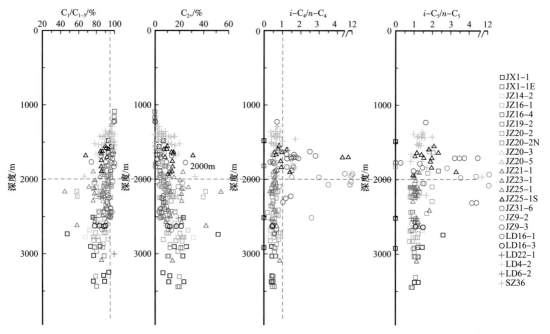

图 7-2　辽东湾地区天然气组分参数剖面图

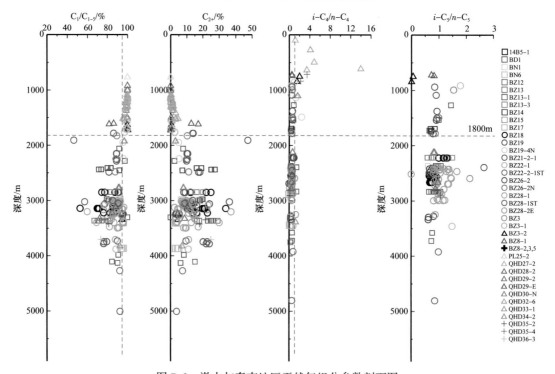

图 7-3　渤中与秦南地区天然气组分参数剖面图

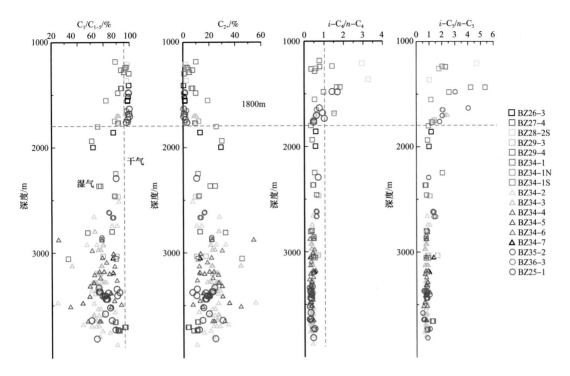

图 7-4　黄河口地区天然气组分参数剖面图

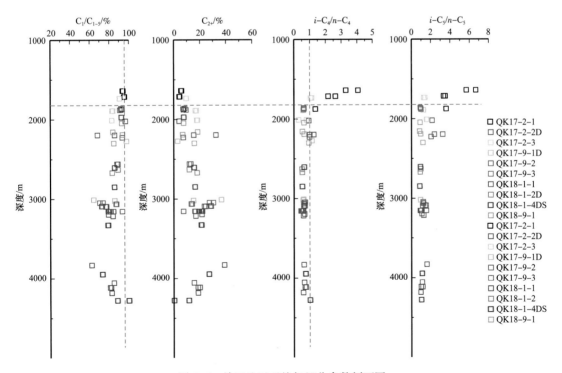

图 7-5　歧口地区天然气组分参数剖面图

二、烃类气体的碳同位素特征

从图 7-6 中可知，渤海海域的天然气 $\delta^{13}C_1$ 主要分布在 $-50‰ \sim -35‰$ 之间，绝大部分样品 $C_1/(C_2+C_3)$ 值小于 70（深度较浅，并且受生物降解显著的样品未列在图版中，典型井例外）。天然气基本都属于热成因气，且演化程度均不太高。其中位于辽中凹陷中部 JZ31-6 气藏的天然气为生物成因气，而渤中凹陷西南缘的 BZ21-2 气藏的天然气为热成因气。热成因气按母质来源又可以分为油型气与煤型气，这主要根据乙烷（丙烷做参考对比分析）的碳同位素值来判识。

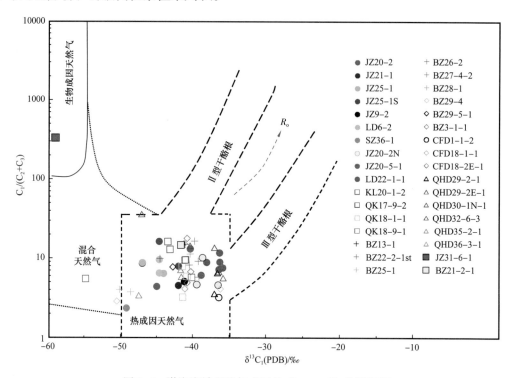

图 7-6　渤海海域天然气成因的"Bernard"分类图版

在充分考虑生物降解和散失作用等次生变化的前提下，主要根据天然气的乙烷碳同位素的分布情况以及参考丙烷的碳同位素值，可以大致将渤海海域热成因的天然气分为两种类型（图 7-7）。

第一种类型主要分布在 BZ13-1、BZ25-1、BZ27-4、BZ29-4、BZ34-1、BZ35-2、CFD18-1、JZ21-1、JZ25-1、JZ25-1S、JZ9-2、JZ9-3、KL20-1、LD22-1、LD6-2、QHD35-2、QHD35-4、QHD36-3、QK17-9、QK18-1 和 QK18-9 等油气田，这类天然气 $\delta^{13}C_2$ 分布在 $-36.40‰ \sim -27.38‰$ 之间，属于典型油型气，这类天然气主要与该地区含 $Ⅱ_1$ 型有机质的烃源岩相关；第二种类型主要分布在 BZ21-2、BZ22-2、BZ26-2、BZ28-1、BZ29-4、BZ3-1、CFD18-2、JZ20-2、JZ20-2N、JZ20-5、QHD30-1N 等油气田，这类天然气的 $\delta^{13}C_2$ 主要分布在 $-26.90‰ \sim -23.50‰$ 之间，个别样品偏重可能由于埋深较浅遭受生物降解作用改造所致。从 $\delta^{13}C_2$ 来看，这种类型的天然气既不属于典型的油型气，又与典型的煤型气有显著区别，对于这种类型的天然气，黄汝昌等称之为偏腐殖型气（图 7-8），这种类型天然气主要与该地区含偏 $Ⅱ_2$ 型有机质的烃源岩相关。

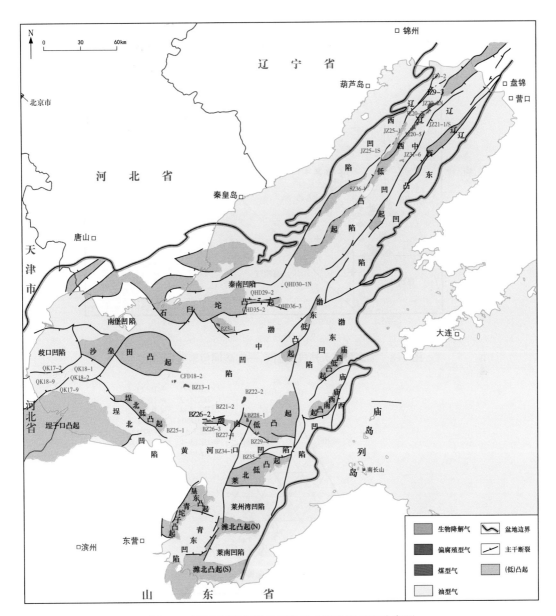

图 7-7　渤海海域典型井天然气成因类型平面分布图

　　轻烃具有多种异构体，其中部分化合物在结构上与母质结构保持一致，可提供天然气母质类型等信息，如 C_7 轻烃中，甲基环己烷（MCC_6）主要来自高等植物，是煤成气中轻烃的特点；正庚烷和二甲基环戊烷分别来源于藻类、细菌和水生生物，是油型气中轻烃的特征。常以甲基环己烷含量 50% 为界划分天然气的成因，甲基环己烷含量大于50% 为煤型气，小于 50% 为油型气。其中当该值小于 35% 时，可以判定当时的沉积环境为深湖相；当为 35%～50% 时，沉积环境为滨浅湖—半深湖。

　　渤中地区 MCC_6 相对含量多分布于 40%～51% 之间，按照图版判定为油型气，来自滨浅湖—半深湖沉积环境的烃源岩，与济阳坳陷煤型气有显著的差别（图 7-9）。同时在油型气的范围内，渤海海域天然气轻烃参数更加靠近煤型气区域，综合考虑沉积环境的母源特征，显示渤海海域天然气主要为偏腐殖型气的结论，得到多数人的认可。

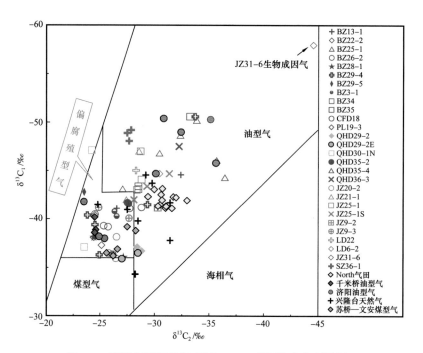

图 7-8　渤海海域天然气成因 C_1—C_2 碳同位素鉴别图版

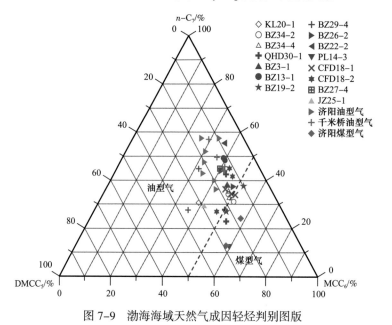

图 7-9　渤海海域天然气成因轻烃判别图版

三、烃类气体的成熟度

渤海海域已发现的天然气，无论是油型气还是偏腐殖型气，均表现为相对较低的成熟度（$0.5\% < R_o < 1.3\%$），而且主要油气田尤其是主要气田天然气的成熟度 R_o 主要介于 $0.9\% \sim 1.3\%$，这也意味着 R_o 大于 0.5% 的烃源岩均可生成天然气。

四、初次裂解气与二次裂解气

郭利果等（2009，2011）分别对济阳坳陷东营凹陷的一块未成熟的湖相 I 型烃源岩作了族组分的抽提与分离、配分的实验方法合成了来源于同一母质的合成油（S-油）与似干酪根（P-干酪根）样品，分别代表储层原油裂解气与仅由干酪根裂解生成的气。利用黄金管限定体系模拟两种样品的生气特征，并测定了两种来源的热解气体的碳同位素值。干酪根裂解气乙烷与丙烷的碳同位素值差异不大，而原油裂解气的乙烷与丙烷同位素差值随着成熟度增加而变大。

天然气整体表现为烃源岩初次裂解气，黄河口与歧口地区的天然气呈初次裂解气的趋势，仅在渤中与秦南凹陷的部分井（BZ28-1井、BZ19井、QHD30-1N-1井）以及辽东湾地区JZ20-2井（部分数据呈现二次裂解趋势），这些呈现二次裂解气趋势的井位于成熟度高的洼陷附近，至今没有发现储层油藏裂解气，这可能为可溶有机质的二次裂解气。因此，综合渤海海域天然气的组分与碳同位素特征可知，没有发现典型的原油二次裂解气，天然气的成因类型则主要为干酪根初次裂解气，部分地区少见可溶有机质二次裂解气。

第三节　渤海海域天然气成因类型

渤海海域已发现的天然气，就其生源可分为有机成因气、无机成因气和有机与无机的混合成因气。有机成因气又按其母质类型和外生营力的特点分为腐泥型气和腐殖型气两大类和生物气、腐泥型热成因气、腐殖型热成因气、腐泥型裂解气、腐殖型裂解气及生物降解气六个亚类。其中生物降解气又分为原油生物降解和气藏生物改造气两个小类。这里要说明的是，比较典型的生物气和腐泥、腐殖型高温裂解气尚没有发现，但从理论上和地质条件上具有或在一定程度上具有形成这类成因类型气藏的客观地质条件，这也是本卷分类列入的出发点。

一、无机成因气与有机和无机混合成因气

已在蓬莱19-3新近系油田伴生气和BZ13-1-3井的沙一段天然气中发现无机成因的CO_2气体。其特点如下：首先，天然气组分上CO_2气体的含量在18%～32.89%之间，明显高于通常的有机成因气（＜5%）；再者，CO_2气体稳定碳同位素也明显较有机成因CO_2气体重，其中BZ13-1-3井的CO_2气体趋向为壳源气，蓬莱19-3油田CO_2气体更趋向于幔源气。由于没有测氦气或者氩气的同位素资料，尚不能直接界定。但从地质条件上看，通过蓬莱19-3地区的郯庐断裂正是制约渤海乃至整个渤海湾盆地形成、演化发展的深大断裂，具备沟通幔源无机成因气的先天条件；而BZ13-1-3井区沙一段产层段上方则紧靠生物碎屑灰岩，从温度上已满足碳酸盐岩分解的条件。另外，从与其共生的烃类气体稳定碳同位素的资料看，以有机成因气为主。严格地讲，上述两个地区有无机CO_2气体发现的地区，天然气应是有机和无机的混合成因气。典型的无机成因的独立成藏在渤海地区尚未发现。

二、生物—热催化过渡带气

所谓过渡带气，有人也称生物热复合作用气。是指烃源岩处于沉积成岩演化特定阶段的产物，是在温度不高，压力相对较小，而构造应力及黏土矿物等催化作用活跃的条

件下，有机质极性分子通过以正碳离子方式脱羧和脱基团作用、不溶有机质芳环结构的缩合作用形成的小分子烃类。组分上，干、湿气都有，前者更为常见；同位素组成上，介于生物气和热成因气之间，此类天然气在黄骅坳陷和辽河坳陷都有较多发现，其中黄骅坳陷为最。渤海海域辽东湾地区锦州21-1油气田东二上亚段的天然气样品和SZ36-1-7井气样呈现出较为典型的过渡带特征。

三、腐泥型热（解）成因气

简称腐泥型热成因气，指 I —Ⅲ型烃源岩母质在正常热演化阶段形成的天然气。该类天然气通常以原油伴生气或凝析油气的形式存在，组分上表现为湿气和高湿气；稳定碳同位素较腐殖型热成因气轻。该类型是渤海海域主要天然气成因类型之一。如曹妃甸18-2、锦州21-1凝析油气田、歧口18-1、歧口18-9等油气田中的天然气。

四、腐殖型热（解）成因气

简称腐殖型热解成因气，又可分偏腐殖型气和煤层气，前者母质系指Ⅱ₂—Ⅲ型干酪根烃源岩，后者母质特指煤系地层。因此，渤海海域已发现的腐殖型热成因气主要是偏腐殖型热成因气，组分上表现为湿气；偏腐殖型热成因气稳定碳同位素较腐泥型热成因气重，又较煤层气轻。该类型天然气是渤海海域另一类非常重要的天然气成因类型。如锦州20-2凝析气田、渤中26-2凝析气田和渤中28-2油气田等。渤海海域尚无典型的煤层气藏发现。

五、生物降解气

生物降解气又分为原油生物降解气和气（藏）生物改造气。前者是原油受到微生物降解过程中的伴生物，其特点与稠油油田伴生；后者为独立气藏受到微生物改造的结果。它们共同的特点是，组分上以干气为主（C_2H_6—C_4H_{10}），稳定碳同位素通常具有反序列特征。晚期构造活动强、稠油油田多是渤海湾盆地两个比较典型的特点。渤海海域尤其是"浅层油气勘探战略"的实施，发现了一大批大、中、小各种类型的浅层油气田，生物降解成因气在油气藏数量上明显增加，是渤海海域天然气成因类型中非常另类的一种。但气藏或含气规模一般较小，很少受到重视，因而很多油田伴生气因缺少样品或取样不规范没能纳入分析之列。原油生物（降解）气典型代表有绥中36-1、秦皇岛32-6、南堡35-2油田伴生气等；气藏生物改造气的代表有渤中29-4及蓬莱25-2气藏等。

第四节 渤海海域天然气成藏主控因素

相对于石油而言，天然气成藏的主控因素主要有：一是充足的气源岩条件；二是天然气成藏更严格的保存条件。

一、气源岩条件

渤海海域自下而上发育有沙四段、沙三段、沙一段和东三段四套主要烃源岩（第五章已详细描述）。将各套烃源岩的生气强度进行垂向叠加，即可显示出渤海海域平面上不同部位气源条件的差异（图7-10）。从图中可以看到辽东湾地区生气中心主要位于辽中北洼和辽中中洼，最大生气强度超过 $100 \times 10^8 m^3/km^2$，其次是辽中南洼和辽西中洼，最大生气强度也达到 $50 \times 10^8 m^3/km^2$；渤中凹陷烃源岩埋藏深度大、演化程度高，拥有海域最大的生气强度（$>400 \times 10^8 m^3/km^2$），生气中心位于凹陷偏东一侧，向西生气强度缓慢减弱；黄河口凹陷拥有三个生气中心，自东向西分布于凹陷东洼、西洼和 BZ25-1 油田区域，其中东西两个生气中心生气强度最大，可以达到 $50 \times 10^8 m^3/km^2$ 以上。另外，秦南凹陷、歧口凹陷和莱州湾凹陷也具有很大的生气能力，尤其是歧口凹陷，其新生代地层沉积厚度、烃源岩埋深与渤中凹陷相差无几，最大生气强度都超过 $50 \times 10^8 m^3/km^2$。显然，渤海海域拥有充足的气源条件，为大中型气田的形成提供了较雄厚的物质基础，生气能力不可低估。

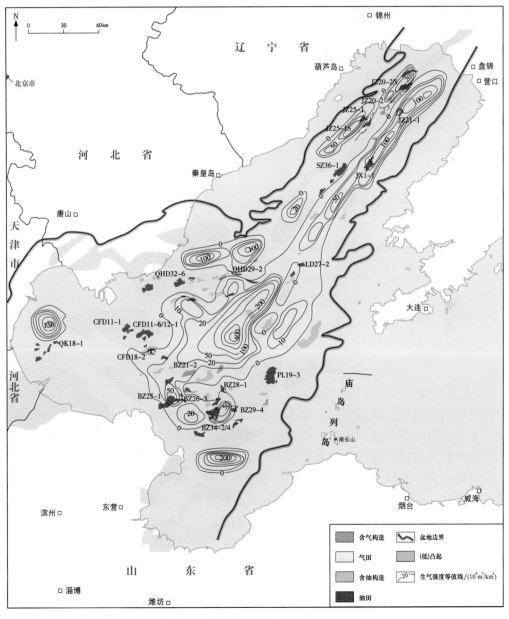

图 7-10　渤海海域总生气强度等值线图

二、渤海海域天然气藏保存条件

1. 天然气藏保存条件评价标准

通常情况下，石油天然气的成藏主控因素基本一致，但从二者的性质和流动能力的角度看，天然气藏的保存条件则相对更加严格，除断层外，盖层的质量和封盖能力对天然气的成藏具有更重要的作用。

1）断层活动强度与天然气保存

油气充注史的分析表明，渤海海域油气的充注时间主要为晚期，即新构造运动期。为更好地揭示断裂活动强度与油气输导和保存有着十分密切的关系，选取了渤海海域晚期发育（含继承性发育）的 54 条有代表性断层进行了分析和统计。通过分析将各区带的断裂分为输导通道和聚集保存两种类型，进而计算出它们在晚期的活动速率。从图7-11 可以看到，起输导通道作用断层的活动速率一般都大于 25m/Ma，而起控制油气汇聚作用的一般都明显小于 25m/Ma。

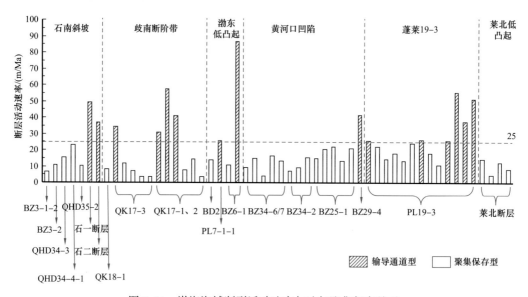

图 7-11　渤海海域断裂活动速率与油气聚集保存关系

2）盖层毛细管封闭与天然气保存

若泥质岩盖层为正常压实，内部不存在异常高孔隙流体压力，那么其对游离相运移的油气主要具有毛细管封闭作用。排替压力是研究毛细管封闭作用的重要参数。研究表明，盖层排替压力值的获得主要有实验和计算两种基本方法。由于受泥岩取心数量的局限，以及泥岩岩心在保存过程中易发生膨胀产生裂缝，从而对排替压力值的实验获取产生影响。为此，必须采用计算法来间接获取盖层的排替压力值。

大量统计资料表明，泥岩孔隙度与声波时差之间存在着明显的线性关系。声波时差越大，泥岩孔隙度越大；反之则越小。渤海海域泥岩孔隙度与声波时差之间正相关（图7-12），泥岩孔隙度与排替压力之间具有明显的反比关系，孔隙度越大，排替压力越小；反之则越大。因此，泥岩声波时差与排替压力之间也具有明显的反比关系，即声波时差越大，排替压力越小；反之则越大。通过对渤海泥岩样品的排替压力与孔隙度的实验测试，得出泥岩排替压力与孔隙度之间关系（图7-13）。

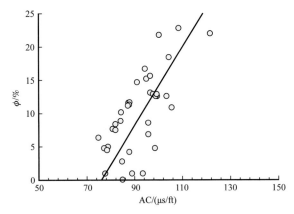 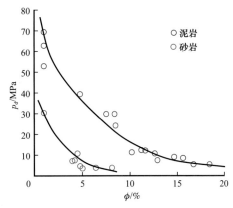

图 7-12　渤海海域泥岩孔隙度与声波时差　　　图 7-13　渤海海域砂泥岩排替压力与孔隙
　　　　　关系图　　　　　　　　　　　　　　　　　　　度关系图

盖层的毛细管封闭能力通常用盖层与储层之间的排替压力差来表示，因为它直接决定了所能封闭的天然气最大气柱高度。为进行盖储排替压力差的计算必须清楚储层砂岩的排替压力，通过与泥岩类似的办法对砂岩的实验值进行数据拟合，可以获得储层排替压力与声波时差之间关系。

3）盖层超压封闭与天然气保存

超压封闭是盖层封闭天然气的又一重要机理，它虽然不像毛细管封闭在盖层中那样普遍存在，但它却对天然气的聚集成藏和保存起到重要的作用。其封闭能力的大小主要取决于其异常孔隙流体压力的大小，异常孔隙流体压力越大，超压泥岩盖层的超压封闭能力越强，反之则越弱。综合毛细管封闭作用的盖储排替压力差和超压封闭的盖储流体剩余压力差，则可以定量的对盖层封闭能力进行评价。

2. 渤海海域天然气藏保存条件

1）断层的发育特征

渤海海域自中生代末期以来，受郯庐断裂以及地幔热活动的影响，在不同时期断裂的发育表现出不同的特征；即使在同一时期不同的区带，断裂的发育情况也存在很大的差异。尤其在油气发生大规模充注的新构造运动期（5.1Ma 至今），断裂再次活化，活动强度在平面上的差异控制了油气在空间上的分布。

辽东湾地区在新构造运动期间断裂发育强度和密度较低，为 0.04 条 /km²；剖面上大中型断层主要发育于古近系，垂向上为一套断裂系统（图 7-14a）；新近纪以来断裂停止活动，或活动强度很弱，天然气主要分布在古近系及基底。

渤中地区受新构造运动的影响，晚期断层发育密集，每平方千米约 0.13 条；垂向上，除凹陷 / 凸起边界断层主要为继承性发育外，整体发育两套断裂系统（图 7-14b）；新近纪以来控凹一、二级断层活动强烈，活动速率普遍＞25m/Ma，浅层次级断裂活动中—微弱（活动速率＜25m/Ma）。原油（及溶解气）主要通过砂体发生侧向运移，之后在活动断裂的作用下运移到新近系，在中等（活动速率 10～25m/Ma）或微弱（活动速率＜10m/Ma）活动断裂附近聚集成藏，主要分布于远源凸起带，如 PL19-3、QHD32-6、CFD11-1 等油藏；天然气则主要分布于古近系和基底潜山断层相对不发育或活动强度微弱部位，如 CFD18-2、BZ21-2 等气藏。

黄河口凹陷新近系断层发育密度很大，为 0.29 条 /km²；剖面上断裂整体为一套断裂系统，切穿古近系和新近系，为有效的通源断裂；新近纪以来断裂活动强度中等（活动速率 10～25m/Ma），天然气主要分布在新近系。

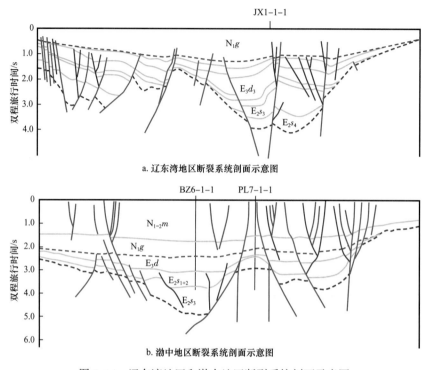

图 7-14　辽东湾地区和渤中地区断裂系统剖面示意图

2）盖层的发育特征

油气藏直接盖层的厚度、质量与和压力差（排替 + 剩余）的不同对天然气的分布具有重要影响。新近系油气藏直接盖层厚度相对较薄，油田盖层都分布在 25m 以下，BZ26-3 和 BZ29-4 明化镇组气藏盖层略厚，但总体也都低于 100m。盖储（排替 + 剩余）压力差也较小，除 PL19-3 外，油田的排替压力差都小于 2MPa，不利于天然气的保存。总体而言，新近系不利于天然气的大规模富集，但在个别临近生气中心，直接盖层厚度较大，盖储压力差也较大的圈闭也会出现一定量的天然气聚集。

就渤海海域所发现的众多天然气藏（田）来看，海域古近系及潜山油气田总体直接盖层厚度较大，其中 JZ20-2、JZ25-1S、CFD18-2 以及 BZ21-2 都超过 300m，尤其是 JZ20-2 凝析气田盖层厚度达 400 多米，从而使得盖储（排替 + 剩余）压力差较大，一般都大于 9MPa，可以有效封盖天然气，有利于大量天然气的保存。

第五节　渤海海域天然气气藏类型与划分

一、天然气气藏类型

渤海海域天然气气藏类型以凝析气藏为主，从天然气的碳同位素特征来看，海域天然气多具有混源的特征。但天然气碳同位素变化较大，不同气藏和含气构造各不相同。

整个渤海海域天然气藏都与油藏伴生，仅少数纯气藏。油气在空间上的分布趋势具有自凸起向凹陷、从浅层至深层，呈现由凸起区的浅层稠油＋生物气，至斜坡区的中深层的轻油＋溶解气，再至凹陷区的深—超深层的凝析油＋凝析气的湿气的展布规律。这是受盆地地质构造和演化历史、成烃演化序列与成藏序列所控制。

二、气藏类型划分方案

当今国内外对油气藏类型划分的原则及方案众多，其划分依据概括起来有：圈闭属性、油气藏成因、油气相态性质、圈闭类型、油气储量丰度、油气层埋深、油气层岩石物性、压力及驱动类型等。

作为渤海湾盆地一部分的渤海海域，与陆上油区在气藏类型划分方面通常也是以普遍采用的圈闭成因和天然气的成因为主对气藏进行分类。

1. 渤海湾盆地天然气气藏成因分类

根据渤海湾盆地已发现天然气的成因类型统计及相态分析和所处的地质环境特征，把渤海湾盆地气藏归纳为五大类十几个亚类，各类气藏的主要特点分述如下：

1）生物成因气藏

该大类气藏分为两个亚类，即生物化学作用气藏和生物降解气藏。生物化学作用气藏又可细分为持续生成生物化学作用气藏和后生式生物化学作用气藏两个小类。

渤海湾盆地新生界的主要生烃层系形成于快速沉积环境中，原始沉积后所经历的生物化学作用时间很短，且现今新近系及第四系的厚度一般都在1000m以上，这造成生物化学作用气藏的形成条件不佳；即使沙一段及东营组现今埋深在1000～1900m之间的范围内，而绝大多数烃源岩在新生代经历过热演化产油气阶段，所以生物作用产气的物质基础条件一般。因此，该盆地在陆地部分难以有较大的生物化学作用气藏形成，但可形成小型生物气藏。但渤海海域内或其周围的新近系很可能有烃源层，微生物对偏腐泥型有机质也有化学作用，所以不能排除在上述区域寻找到由于生物作用而形成的较高丰度气藏的可能。该盆地是富含偏腐泥型油气的盆地，所以生物降解气藏的物源很丰富，在有机质丰度高的较深生烃凹陷内部或相邻的埋藏浅的构造带上，在有利于微生物生存的环境中生物降解气有较高的富集程度。

因该盆地的中北部属温暖、潮湿气候带，所以该类气藏应主要分布在盆地中北部。在长条状凹陷内主要分布在凹陷边部呈带状。如辽河西部凹陷带的欢喜岭—曙光—高升气藏带，海外河—大洼—小洼气藏带，东部凹陷的牛居—茨榆坨—青龙台—热河台—于楼气藏带，进入海域内后，在辽西凸起、辽中凸起亦将是该类气藏的富集带。近似圆形凹陷内，该类气藏在次一级洼陷边部也可能呈环带状分布，如济阳坳陷的东营凹陷、沾化凹陷、惠民凹陷，黄骅坳陷的歧口凹陷最为典型，另外冀中坳陷的廊固凹陷也略具此特点。

2）生物—热成因气藏

生物低温气藏是指烃源岩受生物化学作用为主，同时伴随有机质热降解作用生成的气而形成的气藏。其特点是：（1）甲烷碳同位素值较轻，介于生物化学作用气与生物降解气之间；（2）以干气为主，湿气为辅；（3）常常是作用带内的较深部为轻质油，向上过渡为干气。该类气藏的典型代表是辽河坳陷大民屯凹陷的大民屯气田、边台气田等，基本是沙三上亚段为气层、沙三及沙四段为油层的正常油气分布组合，1600~2100m 的油层为轻质油或常规油（密度 0.810~0.865g/cm³），反映了较浅层低熟轻质油的特点，但在构造西部的原油都为较重质油，这是由于东营组沉积末期成藏后抬升生物降解及氧化的结果。

生物催化热气藏是指混合型有机质早期在微生物作用下，发生有机质分解，且微生物残体又构成生烃有机质的一部分，使有机质类型向腐泥化发展，再经过深埋，有机质经受热降解作用而产生大量凝析气及轻质油聚集形成的气藏。该类气藏发育的特殊条件是烃源岩在生物作用带内停留较长历史时期后再较快速下降热演化。该类气藏的典型特征是：（1）甲烷碳同位素较重，一般为 –46.2‰~–38.5‰；（2）都是凝析气，其与轻质油（密度<0.82g/cm³）伴生；（3）埋深较适中（一般为 2000~3500m）；（4）往往是生物—低温气藏与生物催化热气藏在纵向上的逐渐过渡。在渤海湾盆地 2000~2800m 凝析气藏的烃源岩埋深一般浅于 4500m，几乎都属于该类成因气藏，最典型的要属板桥—大张坨气田区，其沙一段及东营组沉积较薄，在东营组沉积末构造抬升期，沙河街组烃源岩大部分在生物作用带内，新近系沉积时开始热演化成凝析油气。廊固凹陷西部、南部1800~3000m 的气都为凝析气，也属该类成因较典型的气藏。

3）热成因气藏

该大类气藏的成藏条件及天然气生成机理与油藏基本相同，研究较为深入，不同的气藏类型主要是由原始母质类型及演化程度决定的。高温热解气藏的特点是气与轻质油伴生，埋藏较深，甲烷碳同位素较重，湿气藏比凝析气藏热演化程度要高一些。高温热解凝析气藏典型实例为海域辽东湾地区辽西凸起上的 JZ20-2 凝析气藏。

盆地中的渤海海域继承性沉降、埋深大、沉积范围广，是热成因气藏富集的主要地区。如辽中凹陷西部的辽西凸起区，天然气一般分布在含油气层系上部或以气顶形式存在（如热降解气、生物热成因气、生物气、次生气藏等）。而古近纪有一次成油气期，新近纪及第四纪又二次为高成熟油气成藏期，油气分布十分复杂，常常是高温热解气藏在下部，早期成藏的油藏在上部。

4）分异成因气藏

油气在二次运移或储层抬升的过程中，天然气从原生油气中分异出来并聚集成藏的气藏，称为分异气藏，又细分为泄压析出气藏及运移分离气藏两个亚类。

在渤海湾盆地，泄压析出气藏的形成地质条件相当充分。东营组沉积时期形成的油藏，都经历过东营组沉积末期的抬升泄压、析出溶解气的过程，并且很多油藏在新近纪的继承性断裂活动中遭受破坏使原油沿断裂上运泄压，由于断层及不整合的发展，新生成的油气上运条件也较好，这样具备泄压析出气的气源条件的地区分布广泛，如果上覆地层保存条件好，即可形成气藏。该类气藏的特点是与其相邻的油藏具饱和压力低、但地饱压差较小的特征，天然气以油型湿气为主。

运移分离气藏的典型特征是无油藏伴生，烃类组分以甲烷为主，一般是干气的特点，且氮气含量较高，因其分子直径比甲烷分子还小四分之一，所以容易与甲烷一同分离出来。区域盖层为明化镇组中部的大套泥岩，气层分布在较高凸起背景下，主要受岩性控制。

渤海海域新生代构造变动较多，且油气成藏期也较多，所以分异成因气藏的形成条件较优越，但由于构造期多，其聚集成较大储量气藏的条件欠佳。泄压析出气藏主要分布在东营组沉积末期抬升幅度较大但原始油气藏保存条件较好的油气区内，运移分离气藏是较现实的勘探目标，其主要分布在生烃凹陷周围的较高凸起上，储集体一般岩性较细，也具环带状分布的特点。

2. 渤海湾盆地天然气气藏圈闭成因分类

就全盆地来讲，天然气圈闭类型可划分为三大类七亚类。在渤海海域一般都沿用陆上油区的分类方式。

1）渤海湾盆地天然气气藏圈闭类型

从气藏圈闭成因可将气藏大体分为构造气藏、地层气藏、复合气藏三大类。通过对已知气藏圈闭成因类型的划分可知，在初步确定的三大类七亚类气藏类型中，已发现气藏在岩性气藏、断块气藏、断裂背斜、构造—岩性气藏占较大比例。

2）渤海湾盆地气藏圈闭以断层遮挡成因为主

渤海湾盆地的含气圈闭划分为三大类多个亚类。其中背斜圈闭、断鼻圈闭及构造岩性圈闭的含气量各占天然气总储量的约四分之一。受断层发育遮挡而形成的圈闭有断块圈闭、断鼻圈闭、断块潜山圈闭等。另外，构造岩性圈闭大部分都是在断块构造背景上形成的，所以，渤海湾盆地气藏圈闭类型以断层遮挡成因为主，该类型圈闭聚集的天然气储量约占总储量的一半以上。

各亚类圈闭类型可再细分为众多小类，从中可以看出渤海湾盆地气藏圈闭类型的多样性，其中，背斜圈闭气田（藏）主要分布在凹陷内的中央隆起（或断裂）带、较大断裂下降盘的深洼陷构造带及基岩略有上拱的新近系区域内，总体来看以沙河街组为主，较典型的如东濮凹陷的文中、濮城、卫城气田，黄骅坳陷板桥凹陷的板南气田，海域辽东湾地区的 JZ20-2 凝析气田；断块圈闭气田（藏）主要分布在洼陷向凸起过渡的斜坡断阶带或中央断裂带的围斜部位，如辽河坳陷的欢喜岭、曙光气田，济阳坳陷的义东、临盘气田，东濮坳陷的文南气田等；断鼻圈闭气藏在上述各地区都较富集，如辽河坳陷的双台子、茨榆坨气田，黄骅坳陷板桥凹陷的板中气田，东营凹陷的永安气藏等；地层圈闭气藏主要分布在洼陷上倾斜坡部位的不整合发育区，如东营凹陷的草桥气藏，济阳坳陷沾化凹陷的义东气藏；岩性圈闭类气藏主要分布在洼陷内或上倾地带，如下辽河西部凹陷带的高升气藏，沾化凹陷的渤南气藏等；构造—岩性气藏主要分布在新近系披覆构造带上，如沾化凹陷的孤岛气田，黄骅坳陷歧口凹陷的港中气田等。

从 $N_{1-2}m$、N_1g、E_2d 圈闭类型来看，以岩性圈闭气藏为主，其次为与断层面有关的构造—岩性复合圈闭气藏和与地层不整合面有关的地层圈闭气藏及地层—岩性复合圈闭气藏；从储层岩性来看，几乎全部属砂岩气藏，偶见花岗片麻岩气藏；从天然气在地下的存在方式来看，绝大部分为气层气藏，偶见气顶气藏；从天然气成因来看，以腐泥型有机质生成的油型气气藏为主（包括经后期生物改造的生物降解型油型气气藏），偶见生物气与油型气混合的气藏。

从 E_2s_1—E_2s_3 圈闭类型来看，大部分属构造圈闭气藏，其次为与地层不整合面有关的地层—构造型复合圈闭的气藏；从储层性质来看，一般是砂岩和碳酸盐岩气藏；从天然气在地下的存在方式来看，主要是气顶气藏，其次是气层气藏；从天然气成因来看，主要是由腐泥型有机质生成的油型气气藏，偶见无机二氧化碳与有机油型气混合的气藏。

从 E_2s_4 以下地层圈闭类型来看，主要是岩性圈闭和潜山圈闭中的下储式地层圈闭气藏；从储层岩性来看，主要是砂岩，其次是碳酸盐岩气藏；从天然气在地下的存在方式来看，主要是气层气藏（包括凝析气藏），偶见气顶气藏；从天然气成因来看，主要是由偏腐殖型有机质生成的偏腐殖气气藏和由腐殖型有机质生成的煤成气气藏，其次为演化程度较高的油型气气藏和油型气与煤成气的混合气藏。

3. 渤海湾盆地气藏的油气相态类型

渤海湾盆地不同凹陷的天然气性质存在一定差异，干气主要分布于埋藏较浅的大民屯、沾化、东营、惠民、沧东—南皮凹陷及东濮凹陷的沙四段盐下；湿气主要分布在辽河东部、歧口、廊固凹陷及东濮和辽河西部凹陷的沙二段；凝析气主要分布在辽河西部凹陷沙三、四段，辽中、黄河口、南堡、板桥、廊固凹陷及东濮凹陷的沙三段盐下，凝析气是渤海湾盆地天然气的主要类型。非烃类气体在多处发现，二氧化碳气田主要分布在济阳坳陷的滨南、高青、阳信地区及黄骅坳陷的港西—大中旺地区；氮气主要分布在中生界及孔店组发育地区，如德州凹陷的德 2 井、辽河东部凹陷的界 3 井，但没有获工业性气流；硫化氢气在冀中坳陷的晋县凹陷赵兰庄地区获得了工业气流。

第六节　盆地海陆气藏对比与海域天然气勘探前景

渤海湾盆地海域和陆地天然气藏具有一定程度的异同点。首先从储量层系及深度上，辽河坳陷陆地部分（辽河油田）以沙三段、沙一段、东营组为天然气主要层系，并且绝大多数气藏的埋深小于 2000m。黄骅坳陷陆地部分（大港油田）以沙一段、沙二段、东营组为天然气主要层系，并且绝大多数气藏的埋深在 2000~3500m 之间。济阳坳陷陆地部分（胜利油田）以新近系为天然气主要层系，并且绝大多数气藏的埋深小于 2000m。

而渤海海域气藏在平面上的分布具"两竖、一横、一圆圈"的势态，"两竖"是指从辽中北洼到渤东低凸起、渤中 28、渤中 34 的郯庐断裂东支构造带，另一竖是指辽西低凸起到石臼坨的西部富气带；"一横"是指渤南凸起及其倾覆端，一横分布着渤中 28-1、渤中 26-2 一线气藏；"一圆圈"是指渤中凹陷的天然气藏分布具环带结构，西半环发现了渤中 13-1、曹妃甸 18-2 等气藏。随着勘探程度的提高必将会在整个环带上有新的收获。

一、渤海湾盆地海陆天然气气藏异同点

1. 气藏类型及产状对比

从天然气的干湿来分，除胜利油田外，其余的油区均以凝析气为主，而且在四个油区中排名在前十名的气藏大多为凝析气藏，而胜利油田的凝析气藏只占 3.5%，这可能是四个油气区中，胜利油区气层气最贫的原因之一。这是因为在油型盆地中由于缺少Ⅲ型干酪根型烃源岩，因此油型盆地中找气要依靠烃源岩的成熟度，所以高成熟到过成熟的

凝析气甚至裂解气是油型盆地找气的主要方向。值得注意的是渤海海域凝析气占绝对优势，说明海域具备特殊的天然气地质条件，更利于烃源岩的高—过成熟生气，因此海域能找到更多更大的气藏。

从产状上讲，油型盆地的天然气资源以溶解气为主，胜利油田突出地表现了这一特征。而大港和辽河气层气占天然气资源的 42.3%～43.5%。可见，即使在陆上气层气的贫富也存在着差异。在气层气中有伴生的气顶气、重油生物降解气以及溶解气分异形成的次生气藏。但是在辽河和大港凝析气是气层气的主要类型。因此在渤海海域及周缘并不是每个油气区都贫气，它们之间存在着差异，彼此之间也有贫富之别，胜利油田天然气资源最为贫乏，辽河油田和大港相对富集，而渤海海域天然气资源最为丰富。

2. 气源岩类型对比

气源岩的类型不同，其生气能力也不相同，在生成的烃类中气、油所占的比率也不同。在油型盆地中没有典型的Ⅲ型干酪根烃源岩，但据黄汝昌研究，Ⅱ₂型干酪根的烃源岩其生气能力也比较强，它是油型盆地中重要的气源岩。其生成的气为陆源有机气，陆源有机气（又称偏腐殖型天然气）是渤海湾盆地的一大特色（黄汝昌，1990）。海域与周缘的 3 个油区的气源岩也存在着一定的差异。胜利油田以Ⅰ—Ⅱ₁型干酪根烃源岩占绝对优势，同时烃源岩埋深又不大，这是胜利油田气层气贫乏的主要原因。而四个油气区中超过百亿立方米的气藏均位于Ⅱ₂型干酪根气源岩丰富的区域。

另外气源岩演化程度高、地热流值高是盆地中找气的另一个重要因素，渤海湾盆地的五个过百亿立方米的气藏均位于热流值大于 1.8 的区域，渤海海域的大部分地区处于热流值大于 1.8 的区域，而东部裂陷带（辽中、渤中、黄河口凹陷）的大部分区域热流值大于 2.0，存在大面积的凝析气与裂解气区，因此渤海海域找气应比周缘陆上有更大的潜力。

3. 天然气组分对比

渤海湾盆地的天然气大多为烃类气，在胜利油田存在 CO_2 气藏，CO_2 含量最高可达 99.5%，最大的平方王气藏 CO_2 含量为 68.9%～79.2%。在海域的气藏以烃类气为主，其中甲烷含量在 62.3%～98.2% 之间，CO_2 的含量在 0～10.17%，在渤南凸起的 PL19-3-2 井的 DST 测试中 CO_2 的含量超过 50%，可见在海域的郯庐断裂带内也有可能存在 CO_2 气藏。N_2 的含量在 0.26%～9.65% 之间。但总体上讲渤海海域以烃类气为主，甲烷又占绝对优势。

二、渤海海域天然气勘探前景

截至 2015 年，无论是陆上油区还是渤海海域，天然气勘探成果一直不尽人意。因此，在石油地质界，该盆地实属"油盆"（贫气区）的观点，长期成为认识领域的主流。但随着近些年在海域中深层古近系和潜山领域的勘探力度加大，天然气的勘探接连获得新的可喜发现，使渤海海域可能是渤海湾盆地中天然气最为富集的区域的观点，得到更多学者的共识，尤其是渤海海域发育有多个富气的生烃凹陷，天然气勘探的潜力不可低估。总体上看，在渤海海域内发育有多个生气量很强的凹陷，尤以下面四个最为有利。

1. 渤中凹陷

渤中凹陷的天然气资源量近 $8000 \times 10^8 \text{m}^3$，占整个渤海海域资源量的 63.5%。1995

年以前渤中凹陷勘探程度很低，但近两年由于勘探程度的提高，在渤中凹陷陆续发现了多个气藏（有的可能会成为大型气田），将使渤中凹陷成为渤海海域天然气储量的主要增长点。与其他三个凹陷相比，渤中凹陷有以下更有利于生气的地质条件，理应成为下步天然气勘探部署中的重中之重：

（1）东营组沉积巨厚，为东营凹陷的 3～4 倍，新近系及第四系为整个渤海湾盆地的沉积中心，沉积最厚。新生界沉积最大厚度超过 11500m。

（2）渤中凹陷位于三大块体（鲁西、燕山、胶辽）的交会处，郯庐断裂纵贯其中。这两者都使得本区地热场较活跃，如 PL7-1-1 的地温梯度高达 3.7℃ /100m。这对于烃源岩成熟十分有利。

（3）渤中凹陷烃源岩陆源有机质丰富，这对生气十分有利，渤海海域烃源岩中有机质并非全部来自湖泊水生生物。在局部次洼及凹陷边部，陆源有机质十分丰富，在新生界的某些层段也存在陆源有机质十分丰富的情况。如 BZ19-2-1 井在 3546～3549m 井段，腐殖无定形高达 91.7%，壳质组高达 92.67%。源于这种有机质的烃源岩以生气为主。沙垒田凸起东南倾没端已发现了 CFD18-2 及 BZ13-1 两个气藏，与它们相邻的渤中凹陷的陆源有机质丰富、生气能力强有关。

（4）渤中凹陷东下段泥岩为分布稳定质量较好的天然气区域盖层，CFD18-2E-1、12B13-1 井的东下段泥岩百分比分别高达 97.7%、98.1%。而且，东下段泥岩多为超压，这将使东下段泥岩对天然气的封盖能力大大增强。发现的多个气藏均是以东下段泥岩为盖层，其下的潜山变质岩、碳酸盐岩、沙河街组生物灰岩和砂岩为储层的下组合。

2. 辽中凹陷

渤海海域中型凝析气田 JZ20-2 位于辽中凹陷北洼，此外 JZ21-1、JZ27-6，JZ31-1 等小型气藏也均位于辽中凹陷北洼，已被勘探实践证实为富生气洼陷，为凝析气富集区。

辽中凹陷的南洼还没有发现凝析气，其气层气均为生物降解气，如 SZ36-1、LD16-1，生物降解气为重油的伴生品。造成这种状况的原因主要是南北洼天然气地质条件的差异，北洼埋藏深度大，地温梯度高，热演化程度高，因此其高演化程度的凝析气丰富，南洼与北洼相比却较差。南洼的重油生物降解气较多，但 SZ36-1 油田向洼陷的较低部位的井却打到了轻质油，如 SZ36-1-7 井在 DST 测试的东下段的原油密度为 0.833g/cm^3。是否再向洼陷深处会找到凝析气仍是进一步探讨的问题。

3. 歧口凹陷

歧口凹陷天然气资源量也很可观，但勘探揭示歧口凹陷天然气以油田伴生气为主，溶解气为其最主要形式。值得一提的是，在歧口凹陷浅层由于压力的降低一部分溶解气从油中分离出来，在浅层形成了次生气层气藏。

另外，歧口凹陷也是新生界沉积达万米的深断陷，与渤中凹陷有相近的地质条件，而且在大港探区的歧口凹陷部分已发现了凝析气藏，因此海域范围内的歧口凹陷高成熟气是存在的，相信随着勘探程度的提高会有更新的发现。

4. 黄河口凹陷

黄河口凹陷为海域非常独特的凹陷，虽不及渤中、辽中、歧口凹陷深，但也是海域发现凝析气藏的凹陷之一，1984 年钻探的 BZ34-1-1 井在明化镇组测试中获日产

$33.79 \times 10^4 \text{m}^3$ 的产能。另外在 BZ27-4、BZ27-5 到 BZ34-1 都发现了凝析气，而 BZ27-4、BZ27-5 及 BZ34-1 均位于郯庐断裂带内。可见郯庐断裂带内的凝析气较为丰富，这可能与断裂切割深把深部的热流带到浅部有关系。在渤南凸起上发现的 BZ28-1、BZ26-2 的天然气为混源，显然有黄河口凹陷所做的贡献。

在渤海海域，除了拥有四个最有利的生气凹陷外，还在多个凹陷区内发育无数个利于天然气成藏的断裂构造带，均可作为今后天然气勘探的重要方向。

第八章 油气藏形成与分布

盆地内油气藏的形成，不但需要具备有利的区域地质背景，还必须具备多条利于油气成藏的石油地质条件（或主要控制因素）及其相应的有机配置关系，且不同地区、不同类型油气藏的空间分布都有一定的规律可循。

渤海海域油气成藏与分布规律的认识，与其勘探史一样，经历了艰难漫长而曲折的探索之路。20世纪60—90年代的三十年中，由于资金投入有限，勘探工作量少，加上海洋勘探技术水平低，人们对渤海海域油气地质条件认识不够深入；20世纪90年代之后，经过了长期探索总结，发现了海域油气成藏条件与周围陆地的差异和自身的特殊性。随着勘探工作量的增加，油气藏形成与分布规律的认识日臻丰富与清晰。

第一节 渤海海域油气藏分类

油气藏类型的划分是石油地质研究工作的一项重要内容，其对某一盆地内（或地区）油气藏的具体划分，都有一个研究与认识的过程。现今中国海域各盆地，乃至全国石油地质界对油气藏类型的划分并没有一个统一的意见。其划分标准包括以油气藏的圈闭类型、成因、形态、规模、烃类相态、油气藏产状特征、驱动类型等作为主要因素进行划分，方案也比较多。

鉴于渤海湾盆地的渤海海域油气勘探程度总体上低于陆上油田，故大都采用以油气藏最关键的几个形成条件为依据的综合分类方案，尽管这种"粗线条"的分类有些简单，但它很实用。在不同的构造、地层及岩性条件下，圈闭的成因及类型不同，则油气藏的类型和特点也就不一样。因此，只有把圈闭成因和类型作为主要参考因素对油气藏进行分类，才能够充分反映各种不同类型油气藏的形成条件，充分反映各种类型油气藏之间的区别和联系。在此基础上，本卷划分油气藏类型时，遵循以下两条最基本的原则。分类的科学性：即分类应能充分反映圈闭的成因，反映各种不同类型油气藏之间的区别和联系；分类的实用性：即分类应能有效地指导油气藏的勘探及开发工作，并且比较简便实用。这就要求分类不能任意过细，过于繁琐；更不能随意命名，难于鉴别。而是应体现概念的准确性、科学的概括性。

基于上述原则，结合渤海海域圈闭多类型、多层系的特点，本卷对渤海海域油气藏类型划分采用两种分类方案：

（1）以圈闭成因和类型为主，辅以圈闭形态和储集岩类型等标准，将渤海海域油气藏共划分为三个大类（图8-1）。

大类	类型	亚类	模式图	典型油气藏（田）
构造型油气藏	背斜构造油气藏	披覆背斜油气藏	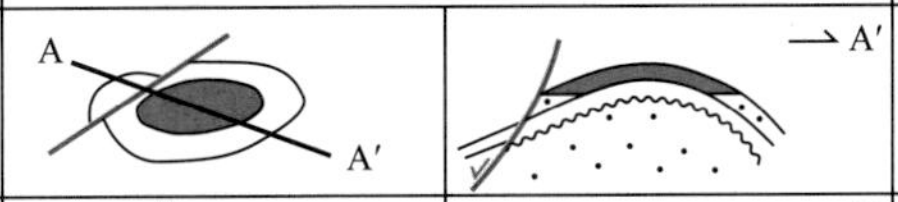	QHD32-6油田
		逆牵引背斜油气藏	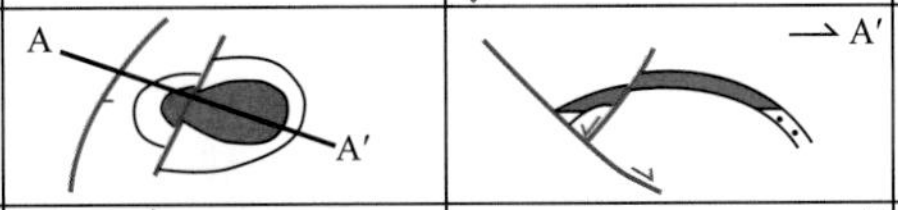	KL11-1油藏
		扭压背斜油气藏	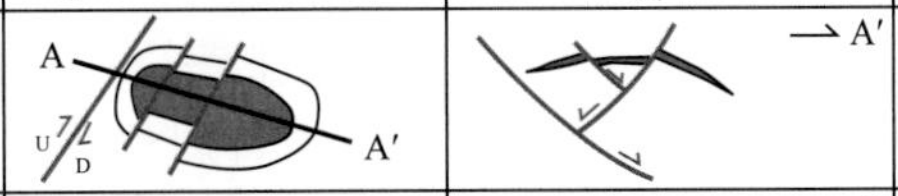	BZ34-2油田
		反转背斜油气藏	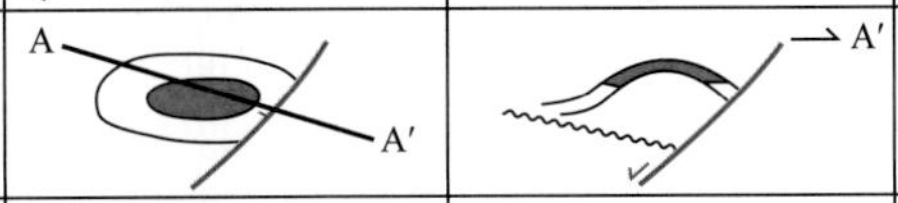	JZ23-1油藏
	非背斜构造油气藏	断鼻构造油气藏	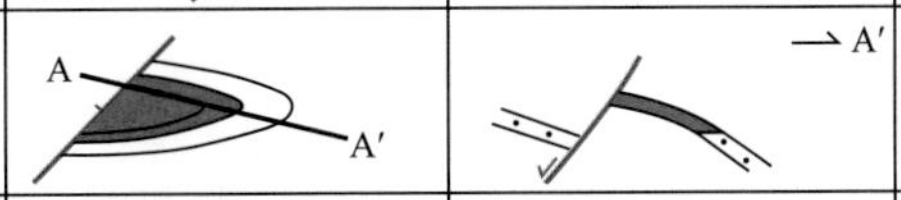	QK18-1油田
		断块构造油气藏	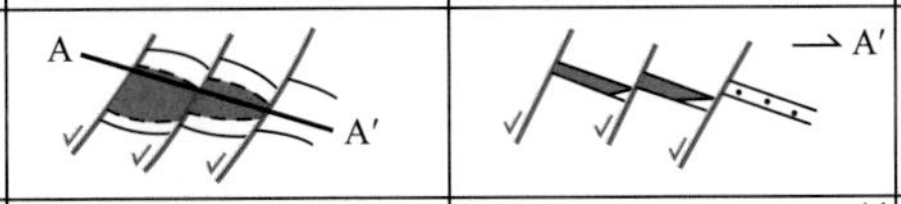	CFD14-2油藏
		地垒构造油气藏	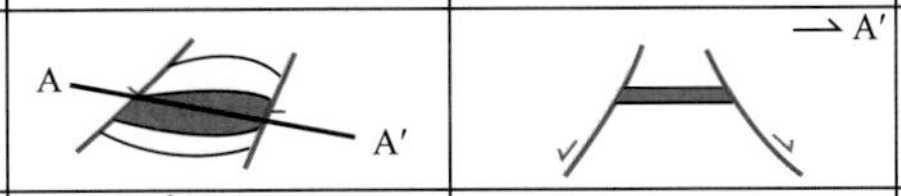	QK18-5油藏
非构造型油气藏	岩性油气藏		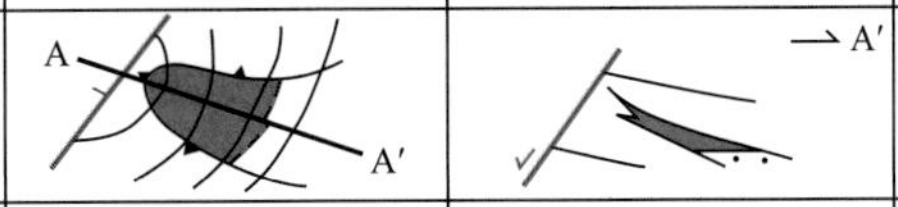	LD28-1油藏
	地层油气藏	碳酸盐岩潜山油气藏	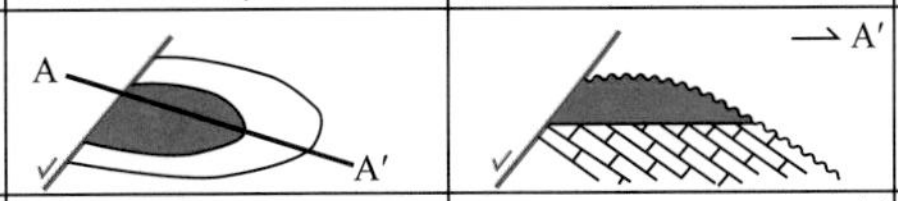	BZ28-1油田
		变质花岗岩潜山油气藏	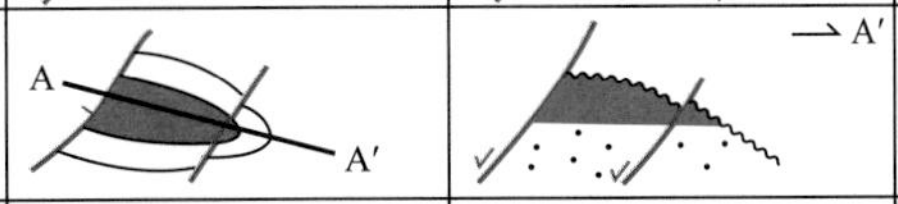	JZ25-1S油田
		火成岩潜山油气藏	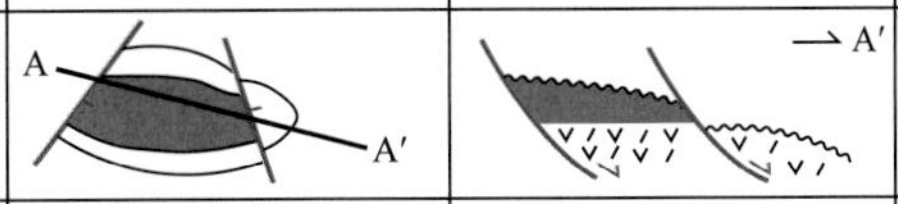	BZ22-2油藏
		碎屑岩潜山油气藏	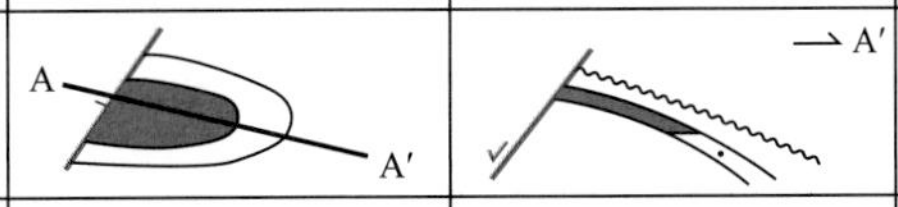	QK17-9油藏
复合型油气藏	地层—构造油气藏		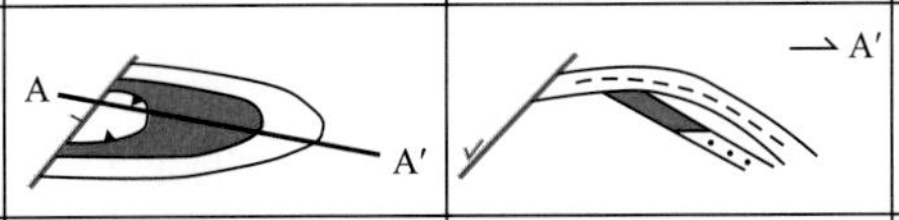	CFD2-1油田
	岩性—构造油气藏		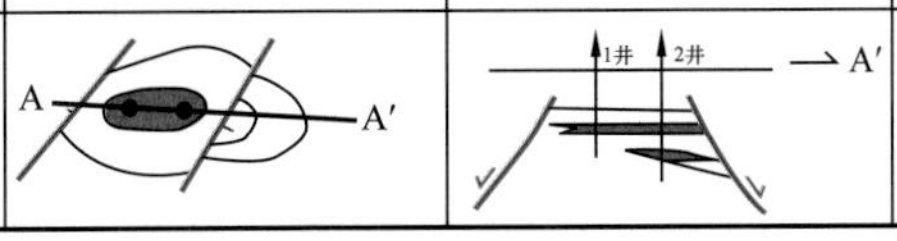	BZ25-1南油田

图 8-1 渤海海域主要油气藏类型及模式图

（2）以渤海海域郯庐断裂的多段性和差异演化特点，导致不同区段的油气富集规律和成藏模式的差异。多年来通过对郯庐断裂带一系列大中型油气田精细解剖，对其"时、空"动态成藏过程认识，总结出渤海郯庐断裂带控制大中型油气田成藏模式，并根据成藏模式划分油气藏类型。

一、以圈闭成因和类型为主的分类方案

1. 构造型油气藏

海域各种类型成藏圈闭的形成，总体上与拉张断裂活动、断块翘倾、地层岩性变化及其地层不整合有关。突出的特点是，海域每一个圈闭单元几乎都受断裂控制或被其复杂化，并在平面上具有沿断裂两侧集中分布的趋势。

从渤海海域实际钻探结果来看，渤海海域主要以构造型油气藏居多，又可分为背斜构造油气藏和非背斜构造油气藏两大类，其中背斜构造油气藏包括有披覆背斜油气藏、逆牵引背斜油气藏、扭压背斜油气藏、反转背斜油气藏 4 个亚类；非背斜构造油气藏包括断鼻构造油气藏、断块构造油气藏、地垒构造油气藏 3 个亚类。

1）披覆背斜油气藏

披覆背斜型油藏一般分布于凸起或低凸起上。渤海海域凸起上的大中型背斜型油气藏从构造成因和运移机制上可分为两类。第一类是披覆背斜油气藏，这类油气藏的圈闭特点是构造幅度一般都较低，且被几条或多条断裂所复杂化。如秦皇岛 32-6 油藏、曹妃甸 11-1 油藏等。这类油藏以控凹断层、区域不整合面及馆陶组砂砾岩层为油气运移通道，埋藏浅，原油多为重油，在统一的背斜圈闭内，由多套砂岩或砂砾岩为储层，形成多个层状边水或小型块状底水油气藏，垂向上叠置在一起，单个油藏构造形态较简单，但油水系统较复杂。第二类是位于凸起倾没端或主断裂边缘的断裂背斜型油气藏。如辽西低凸起上的绥中 36-1 油气藏。绥中 36-1 构造是一个受一条主断裂为主，配以其他次级断裂所控制的断背斜构造，前古近纪是一个较高的石灰岩隆起区，沙河街组沉积时仍露出水面，局部低凹处沉积了较薄的沙一段生物灰岩、油页岩及泥岩，东营组沉积早期大面积接受沉积，因此在古隆起背景上形成了一个潜山—披覆构造；还有一种属于断裂活动扭压应力共同作用的反转构造，称为后期改造披覆背斜型，幅度较前者高，油气运移与凸起或倾没端边缘主断裂活动密切相关。如蓬莱 19-3 油藏，其构造发育于渤南低凸起东端，又位于郯庐断裂带上，圈闭面积约 60km^2。该构造从东西向地震剖面上看，构造的西侧部分属渤南凸起上的披覆背斜，东侧部分为郯庐断裂控制的反转构造。另外的披覆背斜型油气藏还有锦州 9-3（凹中隆披覆背斜）、渤中 25-1 等。

2）逆牵引背斜油气藏

逆牵引背斜油气藏一般分布在凸起边界大断层下降盘，如紧邻黄河口凹陷的渤中 25-1S 和渤中 28-2S 主体油藏就是大断层下降盘的逆牵引背斜油气藏。逆牵引构造在剖面中由简单的或复杂的"Y"字形（或反"Y"字形）正断层组成，其中主正断层为犁式或平面状，犁式正断层面上陡下缓，它与分支正断层为对向倾斜。它们也称滚动背斜，或者称包心菜状背斜构造。在逆牵引构造的下方为单个控凹主正断层，逆牵引构造一般不发育。

3）扭压背斜油气藏

如位于南部海域的渤中 34-2、蓬莱 25-6 油气藏是由于郯庐断裂带的走滑挤压作用形成的典型扭压背斜油气藏，深、浅层均发育构造圈闭且继承性好。该类构造油气充注充分，多层含油，油层累计厚度大，一般为 100～200m。如渤中 34-2 油藏，其断裂系统主要沿东—西向和北东—南西向展布，受到走滑挤压作用将背斜构造复杂化。实际上断层对于油气具有双重作用，既可以阻挡油气运移，形成油气圈闭，也可以成为油气的运移通道。断层的封闭性对油水分布、含油高度和含油面积具有明显的控制作用，而决定断层封闭性的主要原因表现为断层两盘的岩性组合及接触关系，由于不同层段泥岩层发育程度不同，同一断层在纵向上的封闭性也可能存在差异。根据现有油藏资料分析，表现为部分断层封隔性不强，虽然形成多个断块，但依然具有统一的油水系统；有的断层封闭性较好，明显封隔了断层上下盘的油藏。

4）反转背斜油气藏

渤海海域反转构造主要分布在郯庐断裂附近。如渤南低凸起以南的黄河口凹陷、莱州湾凹陷，渤东凹陷中的渤东潜山带，以及辽东湾地区的辽东潜山带都发育有多个具反转特征的构造。如蓬莱14-3、旅大27-2、金县1-1等。以金县1-1油气藏为例，金县1-1构造带整体表现为一个近NE走向的断背斜构造，其形成和演化明显受到了金县1-1反转构造带和辽中1号走滑断裂带的控制。金县1-1反转构造带北部在地震剖面上整体表现为翘倾断块特征，地层西倾明显。在反转构造带内部，由于受断层活动的影响，次一级断层较发育，并被一系列走滑派生断层切割成不同的断块，形成了大量的断块圈闭。金县1-1反转构造带南部，剖面形态呈现主断裂陡，断深较大，单条断层呈铲状或板状，组合形态呈负花状，从而形成了复杂构造圈闭。在古近系沙河街组沉积前，金县1-1地区受到辽中1号大断层走滑作用影响较小，并且位于辽中凹陷的中心部位，到了沙河街组沉积末期，伴随活动强度的增大，金县1-1地区表现为右行压扭作用占主导地位，在其应力作用下发生了反转，形成良好的背斜构造背景。由于金县地区反转作用适中，也为后期发育不同幅度的反转背斜提供了有利的条件。

5）断鼻构造油气藏

断鼻构造油气藏在渤海海域也比较发育，其中也不乏大中型圈闭。如石臼坨凸起上的南堡35-2油气藏，其构造主力含油层系为新近系明化镇组下段的砂岩地层，它披覆在基底为古生界石灰岩的地层之上，整体上为复式鼻状构造，并受北东—南西向断层切割，使得构造更加复杂化，并具有继承性披覆特征。此类油藏构造的形成和油气聚集过程中，断裂的作用非常突出，且构造的高点均在断裂上倾方向的断棱处。

6）断块构造油气藏

渤海海域所发现的断块油气藏主要分布在新生代地层中，如歧口18-2、锦州25-1、曹妃甸14-2、秦皇岛27-3等油气藏，圈闭的形成可直接因断层掀斜运动产生，也可能是断层与基底高、底辟等多种地质因素作用的产物。

以歧口18-2油藏为例，该油气藏位于渤海西部歧口凹陷南侧的歧南断阶带海四断层的下降盘，是一个典型的断块构造，走向近南北向，东侧以海四断层为界，西侧呈斜坡向凹陷倾没。海四断层近北北东向，延伸较远，最大断距达450m，对歧口18-2圈闭的构造演化起控制作用。断裂系统比较复杂，平面上可以解释出多条近东西向和北东向的次生断层，整个构造被近东西向的断层切割，自南向北节节下掉，整个构造可分为北、中、南三块，同时，歧南断阶带紧邻歧口富生油凹陷，且发育良好的储盖组合，因此是油气聚集的良好场所。

以秦皇岛27-3油藏为例，该油藏位于石臼坨凸起中段，北邻秦南凹陷，西距秦皇岛33-1油藏约8km，距秦皇岛33-1南油藏约6km，构造范围内平均水深约为25m。秦皇岛 27-3 构造明化镇组受到一系列新构造活动时期北东走向及近东西向断层的影响，划分为 N 块、M 块和 S 块，其中 N 块发育断块及断鼻圈闭，整体表现为相对平缓的构造背景。M 块和 S 块地层产状总体较陡，为掀斜断块。钻井证实，秦皇岛 27-3 油藏具有以下特征（图 8-2）：（1）油藏埋深浅 930～1370m，与秦皇岛 33-3 油藏相似，油层主要集中于明下段；（2）原油性质主要为常规原油（密度 0.924g/cm³），测试产能 118.0m³/d，明显高于围区其他探井；（3）纵、横向油水系统较复杂，油藏类型以构造层状油气藏为主，也发育构造块状油气藏和岩性油气藏；（4）探明叠合含油面积 2.1km²，探明地质储量丰度较高，超过 150×10^4t/km²。

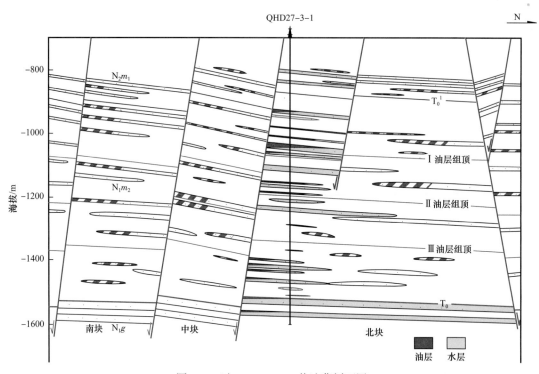

图 8-2　过 QHD27-3-1 井油藏剖面图

7）地垒构造油气藏

因渤海海域断裂系统比较发育，在不同级别断裂的作用下，断裂背斜、断鼻、断块构造比比皆是。也不乏断垒（地垒）构造圈闭。从烃源岩和油气运移渠道的角度来讲，断入凹陷深部烃源岩地层内的大型断裂（又称油源断裂）至关重要。由掉向相反的两条大断裂（或一大一小）所形成的断垒构造圈闭，油气运移聚集渠道畅通，容易形成地垒油气藏。若某一地垒圈闭中的两条断裂只有一条沟通烃源岩和储层，即油气聚集成藏的概率将会明显降低。若地垒圈闭两侧均为次级断裂所夹持，且不能和"油源断裂"相近相通，则很难形成油气藏。

如辽东湾地区中南部的旅大 21-2 构造，处于旅大 22-27 反转构造带上，其从新近系至古近系发育有多层继承性的断垒构造。控制断垒构造的南北近东西向的小型断裂与东面油源断裂相接，构造圈闭内的储层与古近系烃源岩相通，使该圈闭由上而下形成多个相互叠加的油气藏（图 8-3）。

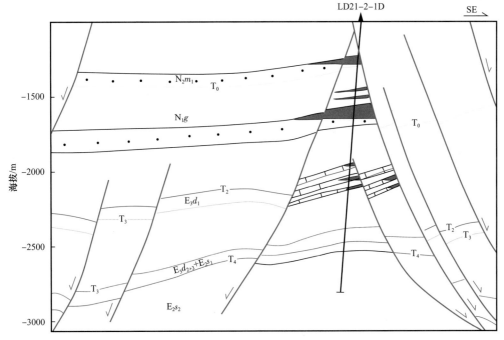

图 8-3 旅大 21-2 构造油藏剖面图

该地垒构造存在三个方面的优势：一是此构造是利用三维地震资料综合解释成图，圈闭落实程度高；二是本区储层发育，储盖组合条件好；三是紧邻油源断裂，利于油气的运移，具备多层成藏的可能性，将会与相邻的旅大 27-2 油藏联合开发，具有较好的勘探价值和开发效益。

钻在高部位的预探井 LD21-2-1D 井，于 2012 年 2 月 29 日开钻，2012 年 3 月 27 日完钻，完钻井深 2831.00m（⊥2795.12m）。完钻层位古近系沙三段。本井在新近系的明化镇组下段、馆陶组、古近系东营组一段、沙河街组二段共发现油气显示 73 层 409m。测井解释结果为油层 26 层 166.4m，通过 LD21-2-1D 井钻探可以得出以下结论：

（1）旅大 21-2 构造明化镇组下段、馆陶组以及东一段都能成藏。证明其圈闭有效，也显示了三维地震优于二维地震勘探。

（2）表明旅大 21-2 构造明下段与馆陶组区域性泥岩盖层好，与砂岩形成较好的储盖组合，东营组的砂泥岩互层的三角洲沉积，亦可形成好的储盖组合。

（3）多层油气藏的发现为旅大 27-2/32-2 开发体系的形成提供了油气后备储量的支持。

（4）本井所揭示的沙河街组的辫状河三角洲砂体的储层相对较差，又多为薄层砂体，这可能是未能成藏的主要原因之一。同时也启示我们，寻找和落实有利沉积相带的砂体，仍可发现更多的油气藏。

2. 非构造型油气藏

渤海海域非构造型油气藏分为岩性油气藏、地层油气藏和复合型油气藏三种类型，其中渤海海域地层油气藏主要以潜山油气藏为代表。渤海潜山油气藏从储层的角度来看，有太古宙、元古宙及中生代火成岩（花岗岩、安山岩），元古宙、早古生代碳酸盐岩，中生代砂砾岩三类岩石，故本卷又将地层油气藏细分为碳酸盐岩潜山油气藏、火成岩潜山油气藏、碎屑岩潜山油气藏三个亚类。

1）岩性油气藏

渤海海域已发现的岩性油气藏大都分布在凸起区浅层及其围斜领域，以石臼坨凸起区浅层秦皇岛 33-1 南油气田（群）为例。总体来看，石臼坨凸起东段主要发育近东西向的伸展断裂，并与石臼坨凸起主体区呈近垂直交接，发育类型多样的坡折体系，受构造背景和沉积地层控制，形成三种类型的油气藏。

（1）走向斜坡型地层油气藏。

走向斜坡型地层油气藏主要发育在两条同向正断层之间的构造转换带上，构造高部位为剥蚀区，也是主要的物源供给区，在坡折带附近地形高差大，有利于砂体卸载沉积，容易形成地层超覆型圈闭（图 8-4a）。这种类型的圈闭主要发育在沙河街组，为自生自储或下生上储成藏模式，并且储层发育程度影响油气富集程度，在坡折带中下部，储层厚度大，相应的油层厚度也较大。

（2）深断近岸厚扇型岩性油气藏。

深断近岸厚扇型岩性油气藏主要发育在单断式陡坡坡折和墙角型陡坡坡折附近，深大断裂主要表现为板式断层的特征，因其坡度陡、高差大，近物源沉积物在断层下降盘快速卸载退积，形成近岸扇体，发育构造—岩性圈闭（图 8-4b）。这种类型圈闭也同样在沙河街组比较发育，为自生自储或下生上储成藏模式。储层发育程度控制了油气富集程度，从钻井资料分析来看，储层厚度比较大；但储层的含油气性与物性好坏相关，从钻井的对比统计来看，一般孔隙度大于 9% 的储层含油性比较好。

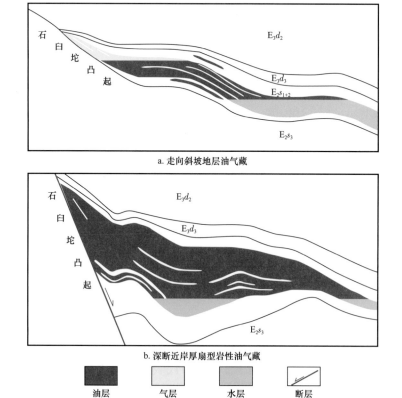

图 8-4　石臼坨凸起东段地层岩性油气藏类型

（3）三角洲上倾尖灭型岩性油气藏。

三角洲上倾尖灭型岩性油气藏，其圈闭主要是沉积物在向湖推进过程中，发育多期向盆内方向进积的前积体，侧向和上倾方向被泥岩所封堵，形成上倾尖灭的岩性体，进而形成岩性圈闭，这种类型圈闭主要发育在东三段，为下生上储油气成藏模式。岩性体的纵向演化和平面展布控制了油气的富集范围，已有钻井揭示，秦皇岛29-2油气田东三段的三期三角洲前积体中均有油气分布。

2）地层油气藏

渤海海域发现多个基岩潜山油气藏，从广义上讲都可归为地层油气藏一类。从储层岩性的角度，有以下三种类型。

（1）碳酸盐岩潜山油气藏。

下古生界寒武系—奥陶系碳酸盐岩在渤海海域分布比较广，且不乏好储层分布，但常常在局部山头部位储层物性横向变化较大。而元古宙碳酸盐岩主要分布在郯庐断裂带以东，属胶辽元古宇，石灰岩中含泥质重，其岩性为杂色泥质灰岩，一般储层物性差。渤海区域还没有钻遇到元古宙白云岩优质储层。

在渤海海域已经发现不少此类潜山油气藏，如渤中28-1、渤中26-2、427油气藏等。以渤南低凸起东段的渤中28-1油气田为例，其西侧和南侧发育边界大断层，控制了潜山构造的发育，使之成为内部地层产状向北东倾没的单斜构造，潜山上覆地层主要缺失古近系沙河街组，还缺失了中生界和上古生界，主要储层为奥陶系和寒武系的白云岩和石灰岩。渤中28-1潜山被黄河口和渤中两个富烃凹陷所夹持，南有边界大断层，北有基底不整合面斜坡倾入凹陷内，油气源条件优越，潜山内既有高成熟天然气，还有轻质油。

（2）火成岩潜山油气藏。

渤海油区的潜山基岩以太古宙、元古宙和中生代花岗岩为主，花岗岩的矿物成分以长石、石英、角闪石、云母为主，这些矿物不易溶蚀，所以花岗岩潜山中溶孔、溶洞不及石灰岩、白云岩发育。

一般情况下，近断裂系统附近，潜山体裂缝比较发育，使变质花岗岩储层物性变好，如锦州25-1S混合花岗岩潜山油气田。锦州25-1S潜山为元古宙二长片麻岩、斜长片麻岩组成，易于风化。锦州25-1S潜山圈闭西面以大断层与辽西凹陷相连，东、南、北三面是风化面下倾，其上覆盖的是沙河街组—东营组约1000m厚的湖相泥岩，稳定的泥岩覆盖在潜山之上，其圈闭形态类似于背斜，为油气藏的形成提供了有利条件。锦州25-1S潜山圈闭东面以斜坡倾没于辽中富生烃凹陷内，潜山顶不整合面是长期连续性运移通道。

又如庙西北凸起上发现的蓬莱9-1潜山油藏，具有不少独特的石油地质特征，其圈闭、储层、盖层条件别具一格。凸起东、西两个山头基底高，中间是鞍部。东、西两个山头是元古宇石英岩，非常致密，且不含油气。而中间鞍部是中生界混合花岗岩，风化淋滤作用强，小断层多，储层物性好。蓬莱9-1潜山南东向是大断层，与庙西凹陷新生界泥岩对接，北东和南西向是混合花岗岩与石英岩相接触，石英岩封堵，北西方向潜山面下倾，潜山顶圈闭面积132km²，幅度440m，缺失古近系。

（3）碎屑岩潜山油气藏。

渤海海域的中生代河流相砂砾岩潜山储层因分选较差，成岩后生作用强，一般储层物性较差，非均质性强，但在某些局部地区断裂发育，形成孔隙—裂缝双重介质中等储层，也可形成小型潜山油气藏。

歧口 17-9 构造位于渤海西部渤西凹陷南缘的歧南断阶带上，东部距歧口 17-3 油藏和歧口 18-5 油藏 6km 左右，为羊二庄断裂下降盘的断块构造。西、北、东三面地层下倾，南靠羊二庄断裂上升盘地层封隔。构造中部发育一条与羊二庄断裂相交的近南北走向西倾的次级正断层，又把构造分成东西两块（其西块属大港油田管辖）。

1974 年在该构造东北部钻探了海 12 井，因构造不落实，井位未钻在有效圈闭范围内，录井中仅见低程度的油气显示。22 年后，在重新评价和落实的基础上，于 1996 年 7 月 9 日又钻探了 QK17-9-1 井。

当时该井钻探的原主要目的层为古近系沙二段。而中生界和新近系明化镇组只列为次要目的层。QK17-9-1 井是一口斜井，在井深 2300m（垂深）中生界地层中完钻。并在 1732～2187m 的 455m 井段中发现十分活跃的油气显示。测井解释结果，在中生界发现油层和差油层共 11 层 47.9m。因限于当时测试技术、储层物性等原因，其结果只获低产油流（图 8-5）。

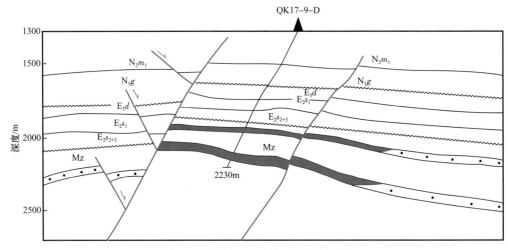

图 8-5 过歧口 17-9 构造油藏剖面图

该井中生界为一套河流沼泽相的沉积产物，中上部为泥岩，单层厚度有的高达 40 多米，但所夹砂岩比较致密。下部为厚层砂岩夹厚层泥岩及煤层。其中，砂岩单层厚度高达 35m，但多为凝灰质含砾、中粗粒砂岩，火山岩岩屑含量最高可达 50% 以上。虽然岩石颗粒分选和磨圆度较好，但由于压实作用致使原生孔隙保存较差。

根据测井和测试资料，此井中生界油层可分为 Ⅰ、Ⅱ 两个油层组。参照试井、圈闭条件、储层特点等资料预测该构造石油储量为 $858 \times 10^4 \sim 1082 \times 10^4$t，储量规模较可观。值得说明的是，该层测试未采取改善产能的有效措施，而且井眼附近污染严重，是造成该井未获商业性油气流的重要原因。

显然，对于一个有效圈闭，能不能获得有商业价值的发现，受多种因素所制约。尤其是对于物性不均一的储层，钻前评价和储层物性的改造至关重要。

3. 复合型油气藏

渤海海域复合型油气藏可分为地层—构造（或构造—地层）油气藏和构造—岩性（或岩性—构造）油气藏两大类。此类油气藏两条主要控制因素常常以某一因素为主。

如岩性—构造油气藏，应是以构造为主，岩性条件为辅，反之亦然。

1）地层—构造油气藏

南堡凹陷西南地区的沙北断层下降盘发育古近系丰富的地层—构造复合圈闭，以曹妃甸2-1油藏为例，南邻沙垒田凸起为南堡凹陷和沙垒田凸起之间断阶带上的一个局部断块。曹妃甸2-1构造的基底为前古近系的断块潜山，潜山内幕由奥陶系碳酸盐岩地层组成，古近系沙河街组生屑灰岩直接覆盖在潜山风化面之上，两套油层就发育在沙河街组生屑云岩和奥陶系碳酸盐岩中，属于古潜山背景上发育起来的被断层复杂化了的地层—构造油气藏（图8-6）。

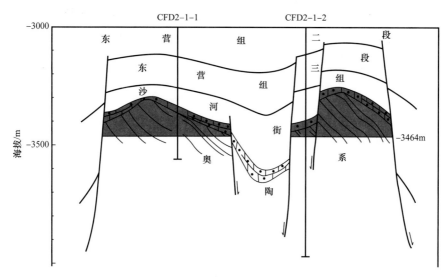

图8-6 曹妃甸2-1油藏剖面图

2）构造—岩性油气藏

构造—岩性油气藏是指在具有一定构造背景之上的岩性圈闭，该构造背景主要指构造脊、局部构造高点、凸起区的翼部、斜坡等，渤海海域发现了不少构造—岩性或岩性—构造油气藏，如秦皇岛33-1S、曹妃甸11-6/12-1、秦皇岛33-2、渤中34-3、渤中34-1E等油藏。以曹妃甸11-6油藏为例，曹妃甸11-6构造为发育于沙垒田凸起背景上的断裂背斜。受基底古地貌的控制，构造呈北东走向。从图8-7可以看出，该区 N_2m_1 的岩性特征为泥包砂，含油砂层呈不连续状分布，它们分布在明下段砂岩输导层的上部，处于渤中和沙南凹陷之间的沙垒田凸起上，是一个具有构造背景条件的构造—岩性油藏。

二、以成藏模式为主的油气藏分类方案

针对渤海海域具有自身特点的成藏环境和主控因素，相关石油地质人员还提出了依据成藏模式结合断裂系统为主的新的油气藏分类方案，并将渤海海域划分为八种类型的油气藏。

1. 盆缘披覆早期汇聚型

绥中36-1油藏是典型的"盆缘披覆早期汇聚型"油藏，圈闭在凸起背景下圈闭定型早、东西受辽中和辽西两大富烃凹陷夹持、双向供油，油气的运移通道主要为断裂—不整合—砂体复式输导系统，使得绥中36-1油藏具备了得天独厚的油气富集条件。

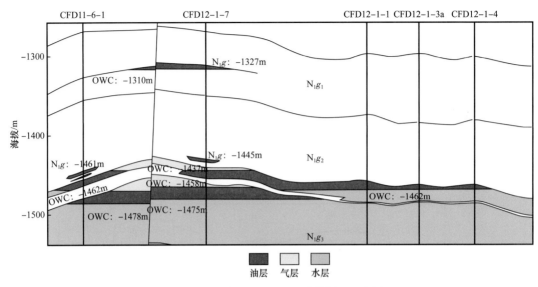

图 8-7 曹妃甸 11-6 明下段油藏剖面示意图

2. 盆缘走滑早期充注型

锦州 25-1 油藏是典型的盆缘走滑早期充注型油藏，在走滑断层和走滑转换带的控制下，油藏区发育了高效输导体系和高效聚集体系，凹陷沙河街组沉积早期生成的油气通过断层—砂体输导体系运移至圈闭成藏。

3. 盆缘披覆晚期汇聚型

沙垒田凸起上的曹妃甸 11-1 油藏是典型的盆缘披覆晚期汇聚型油藏，大型披覆构造背景以及被渤中凹陷、沙南凹陷、南堡凹陷三面环绕，奠定了该油藏良好成藏背景。油气的运移通道主要为断裂—不整合—砂体复式输导系统，凹陷中生成的油气沿馆陶组厚层砂岩运移至油藏区，然后通过 NE 向晚期右旋走滑雁列断层运移至新近系地层中成藏。

4. 盆缘走滑反转汇聚型

渤南低凸起东端发现的蓬莱 19-3 油气藏是典型的盆缘走滑反转汇聚型油藏，构造圈闭受郯庐断裂双走滑压扭反转作用所形成，圈闭形成时间较早，为后期油气聚集奠定基础。油藏南北紧邻渤中凹陷和庙西凹陷，油源充足，两个凹陷烃源岩晚期大量排烃并通过断裂—砂体向油藏区输导，加上走滑断裂及其派生断裂长期活动，能将油气纵向通畅沟通至浅层，多源、多向晚期快速充注形成了渤海海域探明石油地质储量最大的油气藏。

5. 盆缘伸展晚期强注型

秦皇岛 29-2 油气藏是典型的盆缘伸展晚期强注型油藏，油藏构造形成与石臼坨凸起东倾没端北部边界大断层长期活动有关，油藏紧邻凸起物源区，储层发育，与生油洼槽中烃源岩耦合较好，具有近源汇聚油气的优势，成藏背景优越。油气的运移通道主要为断裂—砂体复式输导系统，凹陷中烃源岩晚期大量生排烃，油气向深层充注同时，边界张性断裂晚期活动强烈，将油气分配至多层系成藏（图 8-8）。

6. 盆缘潜山晚期汇聚型

在庙西北凸起上发现的蓬莱 9-1 油藏为典型的盆缘潜山晚期汇聚型油藏，在中侏罗世（165Ma）左右，岩浆沿 NE 向和 NW 向断裂处同时发生侵位，晚侏罗世—古近纪凸起区整体处于剥蚀状态，造成数千米地层的剥蚀量，形成今天潜山储层和古地貌形态，新近系馆陶组浅湖沉积超覆在潜山之上形成了良好储盖组合，油藏区南北夹持于渤东凹

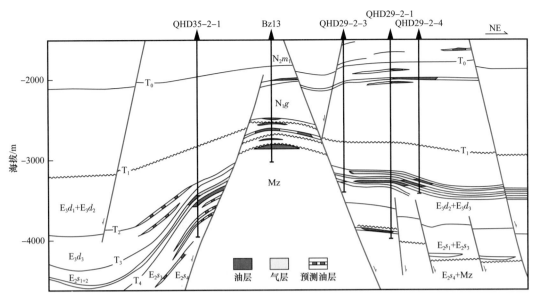

图 8-8 秦皇岛 29-2 油气藏剖面图

陷和庙西凹陷之间，凹陷晚期生成的油气沿断裂—不整合—砂体复式输导系统向油藏区运移聚集成藏。

7. 盆内走滑贯穿晚期强注型

渤中 34-1 油气藏是典型的盆内走滑贯穿晚期强注型油藏，油藏位于黄河口凹陷区中央构造带上，具有良好构造背景，长期发育的两条油源大断层控制构造整体格局并成为沟通烃源岩与储层的油气运移通道，晚期断层多贯穿整个新近系，在其活动时期可作为较好的油气垂向运移通道，致使成藏层位较浅。油藏区馆陶组储层砂岩含量较高，可作为油气运移通道，油气沿大断层垂向运移到馆陶组储层后，在馆陶组通过储层与断层进行阶梯状运移至泥岩盖层更发育的明下段砂岩储层中聚集成藏（图 8-9）。

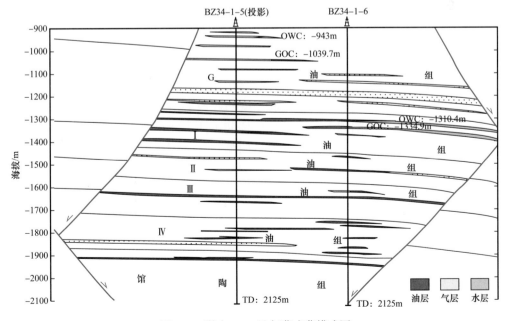

图 8-9 渤中 34-1 油气藏成藏模式图

8. 盆内压扭调节幕式充注型

金县 1-1 油藏是典型的盆内压扭调节幕式充注型油藏，油藏位于辽中凹陷中洼活动断裂带，该构造为北东走向的大型洼中反转背斜。辽中一号走滑断层控制该构造的形成与展布，并将构造分成东、西两盘，西盘陡，东盘缓。由于辽中一号走滑断层与东侧的辽东一号走滑断层以及西侧的辽西一号相互作用，于东营组沉积时期发育一系列近东西向的走滑调节断层，新近纪基本不活动，调节断层为油气垂向运移提供了良好的通道，同时广泛分布的砂体可形成油气侧向运移通道，两者的相互耦合是油气富集成藏的必然。

第二节　油气藏形成主控因素

任何类型油气藏的形成，都无一例外的受多种地质条件（因素）所控制。在一个有利成藏地质背景的基础上，只要圈闭这一控制因素落实后，则油源、运聚系统、储集条件等成了油气最终成藏的主要控制因素。然而对于不同领域内的油气藏形成，既有共同之处，也有各自的差异。研究和掌握这些因素，从而采用不同的勘探策略和技术手段，对提高油气勘探成功率具有现实重要的意义。

一、新近系油气成藏主控因素

新近系多属于河流沉积，不具备生油条件，其油气来自古近系，属于下生上储成藏组合。油气成藏的主控因素有以下几个方面：

1. 众多的富生烃凹陷为油气藏形成奠定了雄厚的物质基础

渤海海域是渤海湾盆地的重要组成部分，渤海湾盆地由近 60 个凹陷组成，其中渤海海域占了 18 个，大都被证实为生烃凹（洼）陷或富生烃凹（洼）陷，更重要的是比周边陆区多了一套东营组烃源岩。如 PL14-3-1 井 2700～3700m 井段发育近千米厚的东营组烃源岩，其干酪根以 II_2—III 型为主，TOC 为 2%～5%，S_1+S_2 为 8～16mg/g，HC 含量为 6009μg/g，属于好烃源岩，并处于成熟阶段（详见第五章），这都使海域范围内有更大的油气资源量。

2. 早期控凹（洼）断层和晚期断层为油气向浅层运移提供了良好通道

渤海海域和周边陆区一样，一些凸起、低凸起或潜山构造都与古近纪控凹（洼）断层相伴生。例如，渤中凹陷周围的凸起均以控凹（洼）断层与生烃凹（洼）陷相接，渤南低凸起南界以控凹断层与富生烃的黄河口凹陷相接，沙垒田凸起南界以控凹断层与富生烃的沙南凹陷相接，石臼坨凸起南界以控凹断层与石南凹陷相接，庙西凸起南界以控凹断层与"小而肥"的庙西凹陷相接，环渤中凹陷 4 个凸起的控凹（洼）断层侧均为富生烃凹（洼）陷，这些控凹（洼）断层均为油气垂向运移的良好通道。

渤海海域晚期（新近纪）断层十分发育，在地震剖面上可以看出，这些晚期断层常呈"似花状""耙状""树枝状"等形态特征，如明化镇组沉积晚期断层发育程度更高，其数量约为馆陶组的两倍。尽管晚期断层的数量向深部减少，但仍有相当数量的晚期断层与深部断层连通，这就保证了在断层活动时油气在压力作用下由深部高势区向浅层低势区运移。渤海晚期断层的发育可能与郯庐断裂的活动有关。地震资料显示，郯庐断裂从南至北贯穿整个渤海，大致以渤中凹陷为界，以南郯庐断裂分为两支，以北为单支或双支，到辽东湾为单支。在郯庐断裂附近，晚期断层数量多并以斜列方式与之相交。在纵向上，郯庐断裂的断面近于直立，有时很难确定其上、下盘，表现为平错、走滑性质。此外，郯庐断裂本身对油气运移、成藏也起了重要作用。

晚期的断裂活动是有期次的，表现在浅层油气藏的油气充注史有所差异。如QHD32-6-3 井，1077～1107m 井段明化镇组存在正常原油和高程度生物降解原油，可能是早期充注的原油已严重降解，晚期充注的原油仍保存完好的正、异构烷烃（图8-10a）；又如 BZ25-1-5 井，3803～3829m 井段沙河街组原油为正常原油（图8-10b），而 1750～1771m 井段明化镇组原油为生物降解原油（图8-10c），说明浅层油藏中的原油是通过晚期断层从深部运移而来的，在运移过程中遭受了不同程度的生物降解。

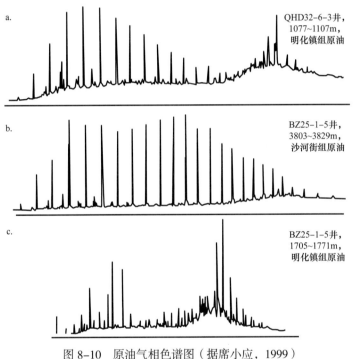

图 8-10 原油气相色谱图（据席小应，1999）

3. 众多浅层构造圈闭为油气聚集提供了良好场所

渤海海域浅层构造圈闭十分发育，其形成与上新世末期（4.8—2Ma）发生的渤海运动密切相关，这一构造运动在郯庐断裂附近表明尤为明显，郯庐断裂至今仍在活动，在地震剖面上可见断裂已延伸到海底。这一巨型断裂带的活动产生了众多派生断层，并在明化镇组形成了众多构造圈闭。在这些数量可观的浅层构造圈闭中，反转构造和披覆构造是油气勘探的重要目标。反转构造主要分布在郯庐断裂附近，如渤南低凸起以南的黄河口凹陷、莱州湾凹陷，渤南凸起以北的渤东凹陷、渤东潜山带、辽东潜山带。反转特征最明显的构造有蓬莱 14-3、渤中 25-1、旅大 22-1、旅大 27-2、金县 1-1 等，特别是蓬莱 14-3 正反转构造，明显表现出由对偶断层的作用而形成。

披覆构造大多分布在凸起、低凸起及潜山构造上，它们的共同特点是深部有古地形高，其上披覆浅层构造。如沙垒田凸起及埕北低凸起上发育诸多披覆构造，深部的油气沿构造陡坡控凹（洼）油源断层和缓坡不整合面向上运移，再经晚期断层运移至构造圈闭中。这种构造形成时间早，与油气运移期匹配好，具备形成大型油气藏的构造条件。

4. 良好的泥岩盖层对油气保存起了重要作用

渤海海域新近系大中型油气田（藏）均发育有良好的泥岩盖层，油藏盖层中泥岩占60%～80%，泥岩单层厚度一般为 5～15m，特别是渤中凹陷及其周围地区，馆陶组—明化镇组广泛发育湖相泥岩，该类泥岩厚度大，品质好，对油气封盖能力强，这是盆地内陆上油区所不具备的。实际上盖层对油气的封盖是相对的，油气特别是天然气突破盖层向上渗漏（运移）是普遍现象，但只要有充足的油气补给，仍能形成油气藏，这就是油气运聚的动平衡。我国南海莺歌海盆地中央底辟带一些天然气藏的形成均与油气运聚动平衡有关。与莺歌海盆地类似，渤海海域也存在"气烟囱"，其在地震剖面反射特征上表现为"模糊带"，如位于郯庐断裂附近的渤中 9-4、蓬莱 19-3 等构造，"气烟囱"已延伸至海底；海底取样发现大量气苗，表明天然气已渗漏到海底。如 BZ29-4 构造在深度 1012m 以下存在天然气藏，说明该构造所在地区具有丰富的气源，天然气通过郯庐断裂不断注入气藏，弥补了因渗漏造成的损失。这是油气运聚动平衡的典型实例之一。

二、古近系油气成藏主控因素

古近系油气藏具有自生自储的特点，与其他两类油藏有所不同。新构造运动作为渤海海域最晚一期构造运动，对渤海海域古近系油气成藏与分布所起到的关键作用不能忽视。优质储层、生油岩与区域性盖层三者的时空配置关系，是古近系原油聚集成藏的关键。

1. 沙河街组与东三段活跃生油岩发育、油气源充足

在古近系沉积的各个时期，深陷区以深水湖沉积为主，众多的富生烃凹陷为油气藏形成奠定了雄厚的物质基础。地质人员依据大量实测镜质组反射率数据，以及一维和二维数值模拟求取的镜质组反射率数据，对该区主要生烃凹陷烃源岩有机质成熟度进行了研究，并编制了各个生烃凹陷沙三段烃源岩顶界面（即沙一、二段底界面）现今 R_o 等值线图，以及东三段烃源岩底界面（即沙一、二段顶界面）现今 R_o 等值线图。再根据利用 R_o 确定生烃阶段标准，划出生烃凹陷烃源岩生油窗（0.6%< R_o <3%）与生气窗（R_o >3%）的范围。把新构造运动期进入生油窗、生气窗的烃源岩，即在新构造运动期能够持续提供原油和天然气的烃源岩分别称作活跃生油岩与活跃气源岩。

新构造运动期不同生烃凹陷烃源岩成熟度存在较大差别。辽中凹陷沙三段与沙一、二段主要为活跃生油岩，其北部与中部较窄范围发育活跃气源岩；东三段在凹陷中心区域发育活跃生油岩。辽西凹陷沙河街组在凹陷中部发育活跃生油岩，而东三段烃源岩没有成熟。辽东凹陷埋藏深度浅，不发育活跃生油岩。辽东湾地区油藏分布于活跃生油岩发育的辽中、辽西凹陷及其间的辽西凸起区，而活跃生油岩不发育的辽东凹陷仅在南部发现几个零星的小油藏。

渤中凹陷与渤东凹陷的沙河街组与东三段烃源岩在凹陷中部均已进入了生气阶段，成为活跃气源岩；两个凹陷周边区域发育活跃生油岩，新构造运动期可以提供油源。该区已发现的油藏主要分布于凹陷周缘（低）凸起带，凹陷中部活跃气源岩范围内还没有

发现油藏。

黄河口凹陷主体发育沙河街组与东三段活跃生油岩，尤其是沙河街组烃源岩成熟度高于东三段，进入了生油高峰，可以提供充足的油源。黄河口凹陷及其周缘凸起先后发现了多个油藏。

庙西凹陷与莱州湾凹陷在凹陷中部发育沙河街组活跃生油岩，东三段烃源岩在庙西凹陷北部进入生油阶段外，其他区域没有成熟。这两个凹陷及其周缘凸起都发现了油藏。

2. 深层储层规模与储层物性的好坏是深部油气富集高产的主导因素

古近系深部储层由于埋藏深度大和处于晚成岩作用阶段，普遍低孔低渗。因此，在深部努力寻找和落实存在次生孔隙发育带或高孔高渗段是油气富集高产的主导因素。

（1）沉积相带和物源碎屑矿物组分为深部储层次生孔隙的发育提供了良好的"先天"条件。不同沉积亚（微）相的砂体，颗粒矿物成分、粒度、分选等方面有明显的差异，从而具有不同的原始储集条件。原始储集条件越优越，越利于保持和形成深层高孔隙发育区带。

在物源碎屑矿物组分中，石英作为最稳定的轻矿物组分，在岩石中被溶蚀的程度很小，而长石被溶蚀的程度很高。在岩石薄片中，不难见到长石被溶蚀后，形成的粒缘和粒内溶孔。因此，高孔隙带基本对应于长石和不稳定岩屑的高含量带以及低碳酸盐胶结物含量带和富含长石砂岩中的硅质增生带。

（2）成岩作用对深部砂体储集性能有很大的后期改造作用。深部次生孔隙的形成主要是干酪根产生的有机酸对可溶性物质溶解的结果。异常高压的出现对孔隙在深部保存起重要作用。

烃源岩开始大量生排烃的时期，大量有机酸使介质环境呈酸性，对碳酸盐胶结物和长石等不稳定碎屑颗粒的溶解作用显著，从而形成大量粒间和粒内溶孔。

3. 新构造运动期通源断裂活动速率小

渤海海域新生代以来经历了两期裂陷与新构造运动，断裂十分发育。在断裂如此密集、新构造运动地震或断裂活动如此频繁，而且主要断裂尤其是凹陷边界断裂活动速率快的情况下，油气大都会运移至新近系。因此，新构造运动期通源断裂活动速率小，能构成原油向上运移的垂向通道，是新近系油气富集成藏的一个重要保证。

渤海海域一些地区古近系油气不能聚集成藏的主要原因是由于该构造在新构造运动期断裂活动强烈，原油沿断裂发生了再运移甚至散失。与此同时，古近系烃源岩成熟度达到超生油阶段，不能继续为圈闭提供油源，最终导致古油层原油贫化。

三、潜山油气成藏主控因素

潜山油气藏作为一种主要以新生古储为成藏模式的基岩油气藏，其形成需具备一些独特的条件。渤海海域的地质条件复杂而特殊，断层多、活动时间长，晚期活动强烈，新近纪沉降快，可形成潜山顶部盖层，这些地质特征对潜山油气藏的形成既有正面作用，有的又具负面效应。渤海海域潜山圈闭的落实程度、储层岩性物性、油源和盖层条件是成藏的四大主控因素（图8-11）。

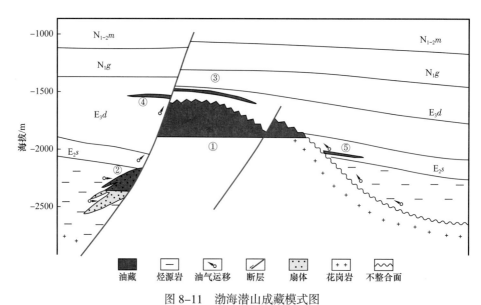

图 8-11　渤海潜山成藏模式图

① 潜山油藏；② 岩性油藏；③ 披覆背斜型油藏；④ 滚动背斜型油藏；⑤ 地层超覆型油藏

1. 紧邻富生烃凹陷是潜山成藏的必要条件

潜山圈闭的位置决定了其是否能得到充足的油气源供给，在富生烃凹陷内或紧邻富生烃凹陷是潜山成藏的必要条件，大量实践证明"源控"最重要，只要生成了油气必定能富集成藏。若缺少构造圈闭，油气可在地层、岩性圈闭富集，若缺少优质储层，也可在致密储层内聚集，甚至在烃源岩内聚集形成页岩油或页岩气，所以说"源控"最重要。在渤海海域两个富生烃凹陷之间的潜山、富生烃凹陷内的潜山，以及凸起倾没端的潜山最利于形成潜山油气藏，如锦州 25-1S、蓬莱 9-1 两个潜山油藏就位于富生烃凹陷之间。锦州 20-2、曹妃甸 18-2 潜山气藏位于凸起倾没端，其都得到了充足的油气供给。

2. 渤海海域基岩潜山可形成大中型油气藏

从圈闭成因分类来看，潜山属地层圈闭的范畴，可细分为残丘山、背斜潜山、断背潜山、单断潜山、断阶潜山、断垒潜山等多种类型。从供油和聚油条件来看，渤海海域基岩潜山具备形成大中型油气藏的基本地质条件，尤其是因为四面下倾的基岩潜山体汇油面积大，更能得到充足的油气供给，其上被新生代泥岩覆盖，封盖条件好，易于富集形成高丰度油气藏。

3. 花岗岩是渤海海域重要的潜山储层

渤海海域基岩潜山储层有太古宙、元古宙及中生代混合花岗岩，元古宙、下古生代碳酸盐岩，中生代安山岩，中生代砂砾岩 4 类岩石。从勘探实践来看，这 4 类储层中，混合花岗岩储层物性好，分布较稳定，形成了锦州 25-1S 和蓬莱 9-1 两个大型混合花岗岩潜山油气藏。锦州 25-1S 潜山为元古宙二长片麻岩、斜长片麻岩组成，易于风化，尤其是基岩断层多，断层与岩性耦合形成了好储层。蓬莱 9-1 潜山为侏罗纪二长花岗岩侵入体，二长花岗岩中的斜长石易于风化形成好储层。侵入体东、西两个高山头基岩是元古宙非常致密的石英岩，虽然比中生代花岗岩高 380～740m，但未见任何油气显示，仅起到了封堵作用，可见岩性对潜山成藏的重要性。

渤海海域基岩潜山的太古宙、元古宙和中生代的花岗岩，其矿物成分以长石、石英、角闪石、云母为主，这些矿物不易溶蚀，所以花岗岩潜山中溶孔、溶洞不及石灰岩、白云岩发育。盆地冀中坳陷、黄骅坳陷内的潜山油气藏的储层主要以白云岩、石灰岩为主，如著名的任丘大油田储层就是元古宙的藻屑白云岩。20世纪70—90年代，渤海海域潜山油气藏勘探屡屡失利，当时的结论是储层太差，不发育元古宙的藻屑白云岩好储层。从岩性方面来看，渤海潜山储层不及中国西部陆地油区。但渤海海域断层非常多，持续活动时间长，著名的郯庐大断裂纵贯渤海，促使了这些断层附近裂缝系统的形成。裂缝本身是储集空间，尤其是渗透率高，并且断裂、裂缝使脆性的花岗岩破碎，破碎的花岗岩易风化，就形成了风化壳储层，所以断层的发育弥补了渤海基岩岩性的先天不足，断层—岩性耦合可形成好的花岗岩潜山储层。在渤海海域，基岩断层发育的花岗岩潜山，取心时收获率很低（17%～70%），岩心呈碎块，测试时产量高（120～410m³/d）；而基岩断层不发育的花岗岩潜山，取心时收获率高（90%～100%），为完整岩柱，测试时产量很低（0～20m³/d），充分说明了基岩断层对潜山储层的改造作用。

渤海海域的元古宙碳酸盐岩主要分布在郯庐断裂带以东，其岩性为杂色泥质灰岩，储层物性差。渤海油区没有钻遇元古宙藻屑白云岩优质储层，寒武系—奥陶系碳酸盐岩在局部山头上有好储层分布，但横向变化较大。

中生代安山岩、凝灰岩潜山储层物性较差，横向变化也大，形成了一些差油层或小型潜山油气藏（如锦州25-1N、428W油气藏）。中生代河流相砂砾岩潜山储层因分选较差，成岩后生作用强，储层物性较差，非均质性强，局部地区断层、裂缝发育，形成孔隙—裂缝双重介质中等储层，也可形成小型高产潜山油气藏（如歧口17-9油气藏）。

4. 优质的盖层是潜山成藏的重要条件

优质的盖层是潜山成藏的重要条件，因为潜山上部风化壳通常是一个储层连通体，如果有局部的漏失点或开了"天窗"，油气就散失到上部地层中，潜山不能成藏。过去有一个共识，即渤海湾盆地的潜山面之上必有一套稳定的古近纪半深湖—深湖相泥岩沉积，以此为盖层才能封盖住油气。但近些年勘探实践证明，在渤海海域新近系的湖相泥岩也是有效的盖层，同样可作为大中型潜山圈闭的有效盖层。

第九章 油气田各论

渤海海域经过数十年的油气勘探，发现的油气田数量和总探明地质储量均位列我国近海各油气区之首。油气田规模和类型丰富多彩，特色鲜明，现将具有代表性的油气田分述如下。

第一节 大型油气田

一、绥中 36-1 油气田

1. 油气田概况

绥中 36-1 油气田位于渤海海域东北部的辽东湾地区（即下辽河坳陷的南部），是中国海洋油气勘探发现的第一个大型油气田，其发现时间是 1987 年。油气田西北距辽宁省葫芦岛市绥中县 50km，距河北省秦皇岛市 102km，平均水深 30m。油气田位于辽西凸起中段，油气田构造形态为北东走向的断裂背斜，西侧以辽西 1 号断层为界与辽西凹陷相接，东侧以斜坡形式逐渐向辽中凹陷延伸。

2. 油气田地质特征

1）地层与沉积相

（1）地层。

油气田范围内钻井揭示的地层自下而上有古生界的寒武系、奥陶系，新生界的古近系、新近系、第四系。其中古近系（主要为东营组）与下伏古生界接触，而沙河街组大部缺失，部分井还残留有不厚的沙一段。

1987 年，根据 8 口已钻井资料，将地层自下而上分为寒武系，奥陶系，古近系东营组下段、东营组上段，新近系馆陶组、明化镇组，第四系平原组。

寒武系下统为厚层深灰褐色细晶云岩，底部浅褐灰色细晶灰质云岩。

寒武系中统以紫灰色、蓝灰色泥岩为主，夹薄层土黄色粉砂岩及灰色泥细晶鲕状灰岩。

寒武系上统为浅灰色、浅灰褐色微细晶灰岩夹薄层紫红色钙质泥岩及灰色生物碎屑灰岩，顶部为淡白色、土黄色钙质泥岩。

奥陶系下统底部为灰色、褐灰色中细晶云岩，中、上部夹薄层浅灰绿色含钙泥岩。

奥陶系中统上部为浅灰褐色白云岩、砂屑云岩、石灰岩夹泥质粉砂岩及一薄层鲕状灰岩；中部为球粒泥晶云岩夹褐黑色泥晶粉晶灰岩、白云岩，灰绿色粉砂岩、泥岩；底部为浅灰色泥微晶角砾状云岩。

东营组下段下部以大套褐灰色泥岩、绿灰色钙质泥岩为主，夹浅灰色石英砂岩、泥质砂岩和泥质粉砂岩；中部为灰白色砂岩，粉砂岩与橄榄灰色粉砂质泥岩、泥岩不等厚互层；上部为大套灰绿色泥岩夹薄层灰白色混质粉砂岩。

东营组上段砂岩和泥岩不等厚互层，灰白色中细粒砂岩与灰绿色泥岩交互。

馆陶组底部为厚层杂色砂砾岩，其上为厚层灰白色含砾砂岩，顶部以泥岩或砂岩与明化镇组接触。

明化镇组底部为一厚层砂砾岩；中部为灰白色含砾砂岩夹绿灰色泥岩，含粉砂质泥岩薄层；上部过渡为岩性较细的砂岩、泥岩，并以泥岩与第四系平原组接触。

第四系平原组为浅灰白色含砾砂层，夹厚层浅绿灰色黏土层，向上过渡为以黏土为主。

（2）沉积相。

油气田范围内主要发育有河道、天然堤、分流间湾、河口坝、远沙坝、滨滩、滨外坝、浅湖和碳酸盐岩台坪等九个沉积亚相。

① 河道：以中细砂岩为主，个别见粗砂岩，分选好，胶结疏松，具平行层理、块状层理和槽状交错层理，与上下围岩呈突变接触，自然伽马曲线呈箱状或钟形，单层厚度为2～17m。

② 天然堤：岩性为含混质粉细砂岩及粉砂质泥岩，具水平波状层理，自然伽马曲线呈微齿状，厚度为0.1～5m。

③ 分流间湾：以粉砂质泥岩及粉细砂岩为主，具水平波状层理，自然伽马曲线显示低平特征，厚度为0.5～20m。

④ 河口坝：以粉细砂岩为主，粒度自下而上变粗，具平行或低角度交错层理，自然伽马曲线为漏斗形，厚度为5～15m。

⑤ 远沙坝：粉砂岩与泥质粉砂岩互层，上粗下细，见波状及透镜状交错层理，自然伽马曲线呈微齿状低幅漏斗状，厚度为5～10m。

⑥ 滨滩：以粉细砂岩为主，分选好，发育大型交错层理，自然伽马曲线呈指状，单层厚度为2～5m。

⑦ 滨外坝：以粉细砂岩为主，具波状交错层理，自然伽马曲线呈短指状，单层厚度为1～3m。

⑧ 浅湖：岩性为粉砂质泥岩泥质粉砂岩，具水平波状层理，自然伽马曲线显示低平特征，单层厚度为1～30m。

⑨ 碳酸盐岩台坪：岩性以生物碎屑灰岩和泥晶灰岩为主，自然伽马曲线呈尖刀状。

其沉积特征如图9-1所示，纵向上表现为两个沉积旋回，在Ⅰ油层组和Ⅱ油层组沉积时期，分别形成两个三角洲砂体沉积发育阶段。Ⅱ油层组沉积时自三角洲沉积以砂泥岩间互为特征，砂层相对较少。Ⅰ油层组沉积时，三角洲范围扩大，分布更广，沉积厚度更大，砂岩更发育。

平面上，由于砂体叠合连片，在油气田范围内，沿构造走向呈不规则的朵状分布。南北发育两个朵叶体，每个朵叶体即为一个河道发育区。

2）构造特征

油气田构造是一个受辽西1号大断层控制、呈北东向展布的断裂背斜构造，构造顶部较缓，翼部较陡。构造主体上次级断层不发育，仅在东南的斜坡部位被一条断距为15～25m的次级小断层一分为二。该断层平行于西部的边界断层，未破坏构造的完整性，但开发井钻井及评价井 DST 测试证实，这组次级断层对两侧 II 油层组储层的油水系统有一定的控制作用。此外，在试验区西边界断层附近和油气田北部还分布着几条零星的小断层。总体上呈北北东走向，长 31.0km，宽 1.2～2.4km，以 1350m 圈闭等深线统计，圈闭面积 53.6km²，闭合幅度 110m；在背斜构造背景上，发育 5 个局部高点，其中的南高点（5 号高点）和北高点（72 号高点）圈闭面积较大，其余 3 个高点面积很小（图 9-2）。

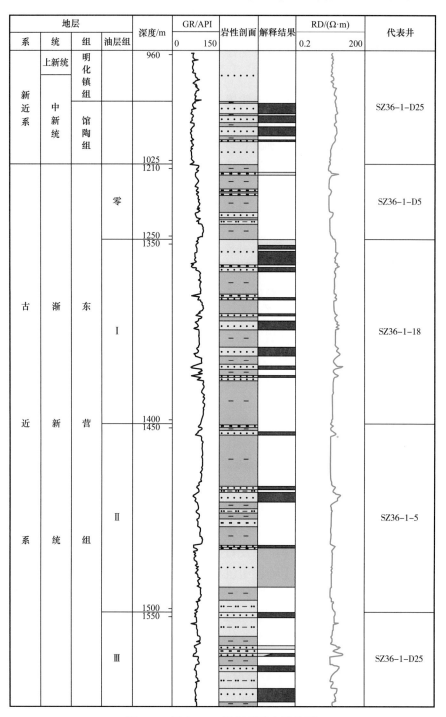

图 9-1　绥中 36-1 油气田综合柱状图

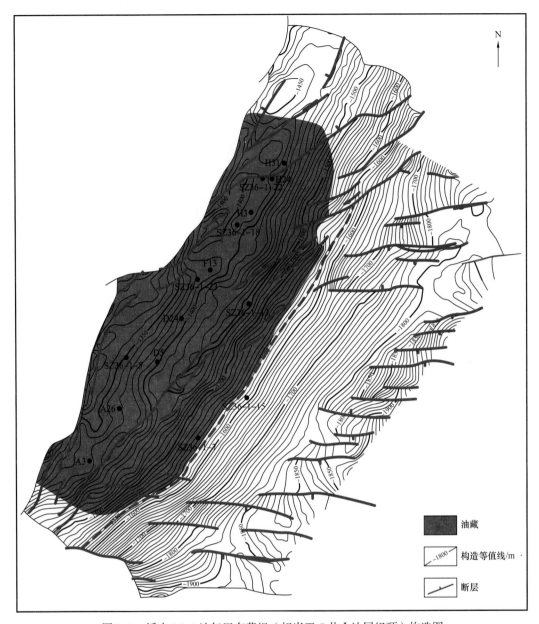

图 9-2　绥中 36-1 油气田东营组（相当于 5 井 I 油层组顶）构造图

油气田上、下油层组的顶底面构造形态为西北侧受辽西 1 号大断层控制的断背斜，构造呈北东走向，与基底潜山断块走向一致。辽西大断层两侧地层从明化镇组至古近系断距随深度不断加大，表明断块潜山在古近系—新近系沉积时期间不断翘起上升，成为长期继承性的水下隆起，使得披覆其上的东营组下段具有同沉积背斜顶薄翼厚的特点。

3）储层特征

（1）储层岩性与物性。

油气田目的层为东营组下段，埋深 1175～1640m，储层为湖泊三角洲沉积。纵向上划分为 4 个油层组（零、I、II、III 油层组），I、II 油层组是油气田的主力油层，可细分为 14 个小层，其中 1～8 小层为 I 油层组，9～14 小层为 II 油层组。I 油层组细分

为 $I_上$ 油层组（1～3 小层）和 $I_下$ 油层组（4～8 小层）。

绥中 36-1 油气田储层岩石成分以岩屑长石砂岩为主，分选中等，磨圆度为次棱角—次圆状，结构为细砂和粉砂状，偶见中—粉砂状，粒级在 0.02～0.75mm 之间，胶结物为伊/蒙混层和高岭石。主力油层东营组的储层物性较好，孔隙度分布在 26%～37% 之间；渗透率变化范围很大，为 0.001～5000mD，大于 100mD 的样品占 50%。

基于油气田发现井 SZ36-1-2D 井 80 多块样品常规物性分析，储层物性主要采用测井综合解释的成果，即储层疏松、胶结不好、大孔隙、中高渗透率、非均质性严重。

根据测井资料分析，I 油层组上部井点平均有效厚度 14m，单井最大有效厚度达 22.4m，孔隙度分布在 28%～35% 之间，90% 以上的井点分布在 30%～33% 之间，井点平均孔隙度 32%；渗透率分布在 100～9000mD 之间，大部分分布在 1000～5000mD 之间，井点平均渗透率 2290mD。

I 油层组下部平均有效厚度 24.7m，单井最大有效厚度达 70.8m；孔隙度多数井在 28%～35%，平均孔隙度 32%；渗透率一般在 300～12000mD 之间，平均渗透率 2805mD。

II 油层组平均有效厚度 13.3m，单井最大有效厚度达 47.2m；孔隙度分布在 27%～35% 之间，80% 以上的井点在 29%～34% 之间，平均孔隙度 31%；渗透率分布在 21～11141mD 之间，80% 的井点分布在 100～5000mD 之间，平均渗透率 1891mD。

III 油层组有十几口井钻遇，平均有效厚度 7.7m，单井最大有效厚度达 24.3m；孔隙度分布在 28%～33% 之间，80% 以上的井点分布在 29%～32% 之间，平均孔隙度 31%；渗透率分布在 55～5769mD 之间，80% 的井点分布在 50～2000mD 之间，平均渗透率 1651mD。

（2）孔隙结构。

扫描电镜和铸体薄片资料表明，油气田东下段储集空间类型主要有两种：一种是粒间孔隙，直径 30～250μm 左右，是本区储层最主要的储集空间，由于颗粒分选程度低，黏土矿物等泥质成分含量高，加上石英矿物次生加大作用，使孔隙空间形态各异，局部为胶结物和黏土矿物充填；另一种是溶蚀孔隙，以粒内溶孔为主，个别可见粒间溶孔，粒内溶孔多见于长石中，直径 5～100μm 不等，主要在 10～30μm 之间，往往与粒间孔相连。

根据压汞所获得的毛细管压力曲线特征，综合岩性、常规物性和储集空间类型，将东营组下段储层分为四类（表 9-1）。

表 9-1 绥中 36-1 油气田储层分类表

储层类型	岩性	孔隙类型	渗透率/mD	孔隙度/%	排驱压力/10^5Pa	饱和度中值压力/10^5Pa	>1μm孔喉体积/%	孔喉半径/μm
I	中—细砂岩	粒间孔、溶孔	>400	>33.8	<0.5	<10	43～82	>10
II	细砂岩—细粉砂岩	粒间孔、粒内粒间孔	100～400	31.5～33.8	0.5～1	10～20	36～69	1.6～10
III	粉细砂岩—泥质粉砂岩	粒间孔（黏土矿物堵塞严重）	20～100	29.0～31.5	1～4	20～40	10～44	0.63～1.6
IV	粉砂质泥岩—泥质粉砂岩	粒间孔（黏土矿物几乎完全堵塞）	<20	<29.0	>4	>40	0～25	<0.63

4）油气藏类型与特征

（1）油气藏类型。

早期储量评价阶段，认为油气田东营组下段是一个受岩性控制的构造层状油藏。此后，随着开发井的增加和研究的深入，以及对流体界面的解释，逐渐认识到主力油层组Ⅰ、Ⅱ油层组储层分布比较稳定，油层呈层状分布，油气分布受构造控制，局部区域同时也受岩性影响，为受构造控制、岩性影响的具有多个油气水界面的复式油气藏；零油层组是受构造、岩性共同控制的层状气藏；Ⅲ油层组多为块状油气藏。

综上所述，绥中36-1油气田在纵向上、横向上存在多个油气水系统，为受岩性影响的构造油气藏（图9-3）。油气田驱动类型为弹性溶解气驱和边水驱动为主。

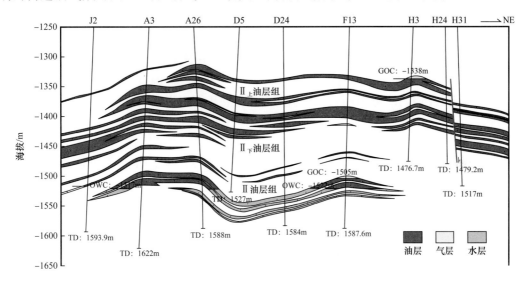

图9-3 绥中36-1油气田油藏剖面图

（2）流体性质。

①原油性质。

绥中36-1油气田原油具有密度大、黏度高、胶质沥青质含量高、含硫量低、含蜡量低、凝点低等特点，属重质稠油。

Ⅰ期地面原油密度为 $0.941\sim0.997g/cm^3$，平均为 $0.966g/cm^3$；地面稠油黏度为 $41.0\sim7787.4mPa\cdot s$，平均为 $1111.5mPa\cdot s$；含蜡量平均 2.76%，含硫量平均 0.36%，沥青质含量平均 7.80%，胶质含量平均 33.88%。

Ⅰ期地层原油黏度（饱和压力下）介于 $37.4\sim154.7mPa\cdot s$，平均 $95mPa\cdot s$；饱和压力介于 $12.05\sim14.79MPa$，平均 $13.42MPa$；原始溶解气油比介于 $23\sim38m^3/m^3$，平均 $30m^3/m^3$；体积系数（地层压力下）介于 $1.093\sim1.113$，平均 1.083。

Ⅱ期地面原油密度介于 $0.909\sim0.993g/cm^3$，平均为 $0.973g/cm^3$；地面原油黏度介于 $23.4\sim11355.0mPa\cdot s$，平均为 $1849.4mPa\cdot s$；含蜡量平均 2.3%，含硫量平均 0.37%，沥青质含量平均 10.18%，胶质含量平均 11.87%。

Ⅱ期地层原油黏度（饱和压力下）介于 $23.5\sim452.0mPa\cdot s$，平均 $176mPa\cdot s$；饱和压力介于 $5.00\sim13.70MPa$，平均 $9.72MPa$；原始溶解气油比介于 $10\sim35m^3/m^3$，平均 $24m^3/m^3$；体积系数（地层压力下）介于 $1.050\sim1.101$，平均 1.073。

② 天然气性质。

绥中 36-1 油气田气层气相对密度介于 0.581～0.595，甲烷含量大于 95%，二氧化碳含量 0.66%～1.08%。

根据分析化验结果，两期溶解气性质差别小，和气层气性质也较相近，二氧化碳含量偏低。Ⅰ期溶解气相对密度为 0.601，甲烷含量 94.79%，二氧化碳含量 0.38%；Ⅱ期溶解气相对密度为 0.600，甲烷含量 94.66%，二氧化碳含量 0.39%。

③ 地层水性质。

在油气田主体区块所取到东营组下段多口井的水样分析，其总矿化度介于 4481～7154mg/L，平均 6071mg/L，水型均为 $NaHCO_3$ 型。

（3）温度与压力。

在油气田范围内 5 口评价井的 RFT 压力测试资料表明，压力系数均接近于 1。

根据 23 井 DST 试井解释资料（井段 1413.0～1430.0m），该测试层（中部深度 1414.0m）静温为 59.8℃，其油层中部深度按 1414.0m 计，温度梯度约为 3.22℃ /100m （地面平均温度 15℃），与 2D 井计算的温度梯度值基本相当。该油气藏属正常压力、温度系统。

（4）储量。

已开发探明含油面积 42.5km²，石油地质储量 $29788 \times 10^4 m^3$（$28935 \times 10^4 t$），技术可采储量 $7388.9 \times 104 m^3$（$7177.3 \times 10^4 t$）；探明天然气含气面积 5.7km²，地质储量 $6.30 \times 10^8 m^3$，可采储量 $4.72 \times 10^8 m^3$。

3. 油气田勘探开发简况

1987 年，中法合作合同终止后，我国开始自营勘探。1986 年 5 月，在辽西低凸起中段绥中 36-1 构造北部高点钻了第一口探井 SZ36-1-1 井，经测试在前新生界潜山风化壳获日产油 142.7m³，在东营组下段地层中获日产 $19.7 \times 10^4 m^3$ 的高产天然气流。1987 年 4 月 2 日在距 1 井南 11.3km 的南高点钻了 2D 井，该井在东营组下段钻遇近 200m 油层，DST 测试获得重大突破。该井在东营组下段地层测试 4 层，均获得了工业油流。其中，在井深 1462.9～1504.4m 段，用 7.94mm 油嘴进行求产，日产原油达 93.52m³，从而发现了绥中 36-1 油气田。

自 1987 年 4 月油气田发现后，进行了多次储量再评价。绥中 36-1 油气田分Ⅰ期和Ⅱ期两期开发，Ⅰ期开发于 1993 年，1997 年陆续投产。Ⅱ期开发于 2000 年，2001 年投产。至今油气田仍处于正常的开发阶段。

二、秦皇岛 32-6 油气田

1. 油气田概况

发现于 1995 年的渤海海域新近系第一个大型油气田——秦皇岛 32-6（QHD32-6）处于渤中坳陷石臼坨凸起中西部，凸起周边被渤中、秦南和南堡三大富油凹陷所环绕，构造圈闭面积 110km²，含油面积 36.6km²。油气田范围内平均水深 20m；风速年平均 6.7m/s，最大 27.5m/s；夏季平均浪高 0.4～0.8m，冬季、秋季风浪大，平均浪高 0.8～1.2m，最大浪高 2.5～6.4m；常年最高气温 33.5℃，最低气温 14.5℃。

2.油气田地质特征

1）地层与沉积相

（1）地层。

秦皇岛32-6油气田自上而下钻遇的地层分别为新生界的第四系平原组，新近系明化镇组、馆陶组，古近系东营组，中生界，古生界和前寒武系（图9-4）。主要含油层为新近系明化镇组下段和馆陶组上段，其中明化镇组含油井段长达300～400m，划分为 $N_{1-2}m0$、$N_{1-2}mⅠ$、$N_{1-2}mⅡ$、$N_{1-2}mⅢ$、$N_{1-2}mⅣ$、$N_{1-2}mⅤ$ 共6个油层组28个小层；馆陶组划分 $N_1gⅠ$、$N_1gⅡ$ 两个油层组。

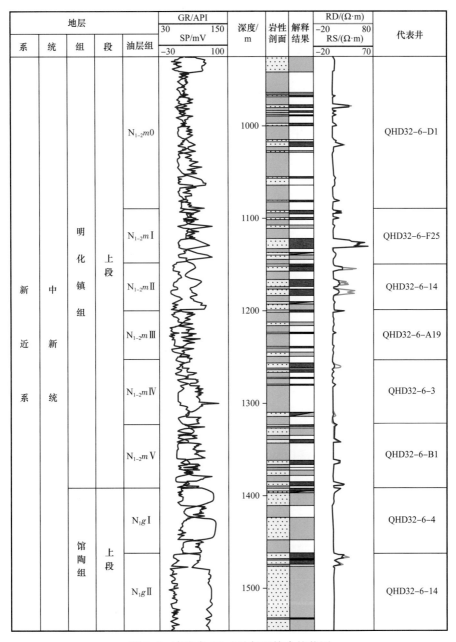

图 9-4　秦皇岛 32-6 油气田综合柱状图

（2）沉积相。

秦皇岛 32-6 油气田明下段为曲流河沉积，总体水流方向为北西—南东向，是一套以下粗上细为主的正韵律沉积，由下而上层理规模变小；可进一步细分出 3 种沉积微相，即点沙坝、天然堤、泛滥平原微相。其中曲流河沉积的点沙坝砂体，岩性主要为长石岩屑中—细砂岩、细砂岩，储集物性好，是油气田的主要含油砂体。馆陶组的两个油层组为辫状河沉积，水流总体流向和明下段总体水流方向一致；馆陶组岩性偏粗，也是一套以下粗上细为主的正韵律沉积，可分出泛滥平原和心滩两个微相，其中心滩是该组的主要含油砂体。

根据油气田地质建立的秦皇岛 32-6 油气田沉积微相模式，明下段曲流河相的点沙坝砂体，剖面形态表现为透镜状，平面呈弯曲带状。结合开发地震的描述结果认为，由于沉积时期河床摆动、砂体叠置，明下段曲流河相砂体宽度一般为 1000~1500m，钻井证实单砂层厚度主要变化于 5~15m 之间。钻井及地震储层预测结果显示，明下段随河流砂体平面上叠合连片，纵向上不同油层组含油砂体有各自的油水系统，特别是油气田主体部位的 $N_{1-2}m$ II 油层组测试证实，具有大体相近的油水界面，显示了砂体纵向上不同程度的叠置连通。但是，各井钻遇油水界面有所差异（3~5m），也不能排除一些砂体纵向连通程度差自成系统的可能性。开发地震储层描述提供的砂体展布显示，明下段 $N_{1-2}m$ I 油层组砂体分西、东两个带。$N_{1-2}m$ II、$N_{1-2}m$ II$_1$、$N_{1-2}m$ IV 油层组砂体总体呈东西向展布。$N_{1-2}m$ II 油层组全区分布较广泛，分带性不明显，是油气田的主力油层组之一。该油层组砂岩厚度大，横向砂体叠置、连通性较好；纵向上砂层发育，砂岩含量高，泥岩隔层较薄且不稳定，砂岩与泥岩呈不等厚互层；平面上，砂体呈近东西向连片分布，全区较稳定。单纯的曲流河沉积难以形成 $N_{1-2}m$ II 油层组如此可观的砂体，经油气田沉积相综合研究后推断，$N_{1-2}m$ II 油层组砂体是曲流河上游介于曲流河与辫状河之间的产物，它具有辫状河或高弯度曲流河的沉积特征。$N_{1-2}m$ III 油层组砂体，零星分布；$N_{1-2}m$ IV 油层组砂体的分布特点介于 $N_{1-2}m$ II 油层组与 $N_{1-2}m$ III 油层组之间，各油层组砂体的展布规律与沉积时期的古水流方向一致。

2）构造特征

秦皇岛 32-6 构造基本上是一个在凸起顶部基岩潜山（局部残留有古近系东营组和中生界）背景上发育起来的被断层复杂化的大型低幅度披覆背斜构造，其构造长轴近北东—南西走向，南北宽 12km，东西宽 13km，构造圈闭面积近 110km²。馆陶组构造高点主体部位的构造特征与古近系潜山构造面貌相近，明下段各油层组构造高点自下而上逐步向西北方向迁移（图 9-5）。

南北两组北东东向断层构成了构造的南北边界，并在构造主体发育浅层次级断层。这些断层向上可通达海底，向下消失于明化镇组或馆陶组下部。构造解释结果表明，秦皇岛 32-6 构造除南北两组基底边界断层以外，构造主体主要发育 5 条断层，断距在 30m 左右，自北向南把构造分隔成堑垒相间的构造格局，控制了构造带上油气的再运移和再分配，形成 5 个含油区块。但经过油气田地质综合评价，也有人认为断块高部位的两条断层断距很小，不足以对油藏起分割作用（图 9-6）。

秦皇岛 32-6 油气田明下段各油层组各小层间构造继承性较强，整体上受近东西向断层夹持，只是开发井较多，各层的构造细微特征略有不同。北区构造相对比较复杂：

明下段各油层组各小层间构造具有一定继承性，整体是南北受近东西向断层夹持、向东西倾伏的断裂背斜，发育两个局部高点，高部位沿断层东西展布，两高点间为宽缓的鞍部，东西两翼受断层切割；平面延伸短，断距中间大、两头小。各油层组小层间构造特征大体一致，只是鞍部大小略有变化。

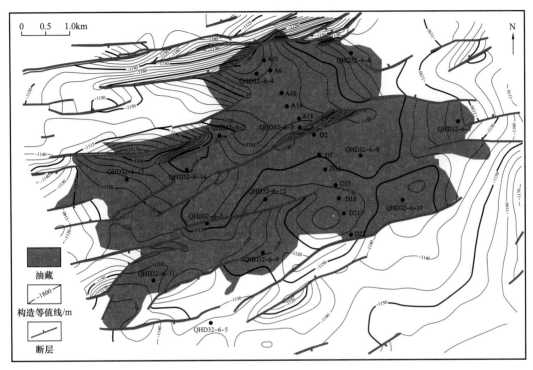

图 9-5　秦皇岛 32-6 油气田明化镇组顶面构造图

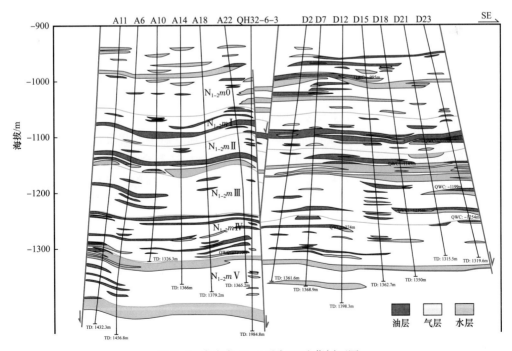

图 9-6　秦皇岛 32-6 油气田油藏剖面图

秦皇岛 32-6 油气田的断层按其活动性质与对油气运移的作用可分为三个级次：第一级次的断层是油气田南北两侧的近东西向基底断裂带，该组断层形成早，发育时间长，成为秦皇岛 32-6 构造主体的边界，也是油源断层；第二级次的断层是油气田内部发育的近北东东向的一组断层，该组断层活动时期晚，断距具有上大下小的特点，一般为 30～50m，该组断层将油气田主体部位分割成几个区块，形成垒、堑相间的构造格局，同时控制着油气的再运移和再分配，并与河流相储层形成各种复杂的配置关系，构成本油气田的多断块、多油水系统的油藏地质特征；第三级次的断层是由次级断层派生出来的近东西向小断层，该组断层可将储层砂体断开，从而不同程度地影响着砂岩储层的横向连通性。

3）储层特征

油层主要发育在明化镇组下段和馆陶组上段。明下段主要含油层段厚 300～400m，为一套由不同粒级的砂质岩、泥岩互层，横向分布较稳定。在 ODP（Overall Development Plan，整体开发方案）阶段，按旋回对比、分级控制的原则，结合油层段的岩性、电性组合特征，把含油层段分为 $N_{1-2}mⅠ$、$N_{1-2}mⅡ$、$N_{1-2}mⅢ$、$N_{1-2}mⅣ$ 4 个油层组，每个油层组包含若干套单砂层，整个含油层段包括 17～20 个单砂层。其中 $N_{1-2}mⅠ$、$N_{1-2}mⅡ$ 油层组砂层较厚，砂层多、砂岩含量高，砂层在全区分布较稳定，是油气田的主力含油层组。馆陶组含油层段为一套含砾砂岩、砂砾岩夹泥岩组合。自上而下分为 $N_1gⅠ$、$N_1gⅡ$ 油层组，包括 5 个单砂层，油层集中分布在 $N_1gⅡ$ 油层组的顶部。

4）油气藏类型与特征

（1）油气藏类型。

秦皇岛 32-6 油气田是在潜山披覆构造上以明下段和馆陶组河道砂岩为储层形成的砂质岩油藏，受沉积环境和构造因素的控制，主要油藏类型包括构造油藏、岩性油藏、构造—岩性复合油藏和岩性—构造复合油藏 4 类。不同类型的油藏，其油气控制因素、油气分布规律和油藏的含油产状各具特色。岩性油藏含油范围受砂体分布的控制，这类油藏只在 $N_{1-2}mⅠ$ 油层组多见。构造—岩性复合油藏含油范围主要受砂体分布的控制，油气沿储层的上倾尖灭方向分布，下倾方向常可见油水界面，$N_{1-2}mⅠ$、$N_{1-2}mⅢ$、$N_{1-2}mⅣ$ 各油层组均可见这类油藏。岩性—构造复合油藏由于不同时期河道摆动，曲流河砂体纵向叠置、平面连片，油气分布主要受构造控制，全区具有大体一致的油水系统，局部可能由于少数砂体纵向连通差，含油自成体系，造成个别井点油水界面的深度差异。本区以高弯度曲流河沉积的 $N_{1-2}mⅡ$ 油层组就是典型的岩性构造复合油藏。构造油藏以 $N_1gⅡ$ 油层组大套的砂砾岩油藏为代表，油气分布在各局部断块的高部，钻探证实每个含油断块具有各自的油水界面。

（2）流体性质。

① 原油性质。

ODP 阶段，油气田明下段地面原油特征为：密度高，为 0.943～0.965g/cm³，平均 0.958g/cm³；黏度高，为 229～1357mPa·s，平均 818mPa·s；胶质、沥青含量高，为 22.17%～49.18%，平均 35.63%；含蜡量中等；含硫量低，为 0.23%～0.37%，平均 0.30%；凝点低，为 −4～12℃，平均 −7℃；属重质稠油。

ODP 阶段，油气田明下段原油具有轻质组分含量低（C_1 为 16.17%）、饱和压力低

（5.40～9.70MPa）、溶解气油比低（13～22m³/m³）、地饱压差大（2～5MPa）、地层原油黏度偏高等特点。

由此可见，馆陶组原油性质好于明下段。整个油气田原油性质具有纵向上从上到下变好，平面上具有从油气田中部到边部变差的趋势。

钻后评价及储量评价阶段，油气田地面脱气原油性质具有密度高、黏度高、胶质沥青质高、含蜡量低、含硫量低的特点。密度：明下段0.941～0.967g/cm³，平均为0.956g/cm³，馆陶组为0.935～0.958g/cm³，平均为0.941g/cm³。黏度：明下段平均为678mPa·s；馆陶组介于95～242mPa·s的范围内，平均为138mPa·s。胶质沥青质含量：明下段平均为37%；馆陶组平均为28%。含蜡量：明下段平均为3.84%；馆陶组平均约5.4%。凝点：明下段平均为-10.9℃；馆陶组平均为-26.8℃。含硫量：明下段和馆陶组的平均含硫量分别为0.3%和0.38%。可以看出：一般随深度的增加，秦皇岛32-6油气田地面脱气原油物性有逐渐变好的趋势；馆陶组原油比明下段原油物性好。

油藏内饱和压力中等，明化镇组4.06～9.94MPa，平均为7.80MPa，馆陶组4.60MPa；地饱压差中等，明化镇组2.46～7.26MPa，平均3.60MPa，馆陶组9.98MPa；溶解气油比低，明化镇组8～25m³/m³，平均为18m³/m³，馆陶组11m³/m³；体积系数小，明化镇组1.035～1.096，平均为1.059，馆陶组1.057；密度高，明化镇组0.882～0.936g/cm³，平均为0.911g/cm³，馆陶组0.944g/cm³；原油黏度高，明化镇组28～260mPa·s，馆陶组22mPa·s。地层原油性质的分布规律与地面脱气原油性质相似。从纵向上看，随深度的增加，密度和黏度逐渐降低。从平面上看，南区的原油黏度普遍优于北区和西区的原油黏度。

② 天然气性质。

据ODP阶段分析，天然气主要以溶解气的形式存在，明下段天然气以轻组分为主，甲烷含量为95%～99%，平均97%，不含硫化氢，相对密度变化于0.56～0.58，属干气范畴；馆陶组天然气甲烷含量稍低，平均93.5%，相对密度0.609。

据储量复算阶段分析，明下段原油的溶解气中甲烷含量平均为96.97%，乙烷含量平均为0.5%，气体相对密度为0.571；馆陶组原油的溶解气中甲烷含量平均为94%，乙烷含量平均为2.14%，气体相对密度平均为0.60。

③ 地层水性质。

据ODP阶段分析，明下段与馆陶组地层水性质相近，总矿化度为2630～7941mg/L，矿化度不高，明下段与馆陶组地层水矿化度平均约4500mg/L，两者的pH值均在7左右。水型为NaHCO₃型。

（3）储量。

经2009年核算，秦皇岛32-6油气田探明叠合含油面积38.69km²，探明原油地质储量18028×10⁴t，探明溶解气地质储量31.09×10⁸m³。

3. 油气田勘探开发简况

早在1976年10月，在秦皇岛32-6构造南部高点曾钻探BZ4井，完钻井深2716.69m，钻遇新近系馆陶组—明化镇组、古近系东下段、下古生界，至前寒武系花岗岩完钻。在明下段和馆陶组共5个层段内见油气显示，其中明下段1224.8～1235.2m，综合解释为油层10.4m/1层，1359～1367.4m为油水同层8.4m/1层，但当时并未引起大家的重视。

曾经有 4 家外国石油公司参与该凸起的研究，但投入的工作量较少，也没有新的发现，一直到 1994 年我国重新开始自营勘探。1995 年 6 月，在秦皇岛 32-6 构造东端较高部位以明下段和馆陶组为目标，钻探了 QHD32-6-1 井，第一个新近系大油田才被发现。而后又新布 450m×500m 高分辨率二维地震资料，进行了油气田早期油藏预评价，同时还采集了渤海海域的第一块高分辨率三维地震，此后依据这片三维地震资料完成了油藏评价。结合开发地震和油藏跟踪研究，及时进行了随钻调整，编制了开发井射孔方案和油气田投产方案等工作。

油气田从 2002 年正式转入开发阶段，历经了油气田建产、产量递减后，经过一系列综合调整，于 2004 年实现稳产。

三、渤中 25-1 南油气田

1. 油气田概况

渤中 25-1 南油气田是新近系油气田，位于渤海南部海域，西北距天津市滨海新区约 150km，东南距山东省龙口市 127km。油气田范围内，平均水深 17m，年平均气温 13.6℃。区域构造处于渤南低凸起西端渤中凹陷与黄河口凹陷的交界处，北与以古近系沙河街组二、三段为产油层的渤中 25-1 油气田相连。两者以渤中 25-1 南主断裂为界。

2. 油气田地质特征

1）地层与沉积相

（1）地层。

渤中 25-1 南油气田主要目的层段为明化镇组下段，根据区域沉积环境、岩心观察、分析化验资料、录井资料以及测井资料的研究成果进行的综合分析表明，该油气田岩性特征为一套泥岩与砂岩的不等厚互层，砂岩单层厚度 2～20m 不等。

明下段储层油藏埋深在 1650～1850m 之间，以馆陶组顶部的砂砾岩或中—细砂岩顶和明下段高伽马段地层顶作为主要对比标志层。依据沉积相、沉积旋回性和流体分布特征，将明下段油层由下至上划分为Ⅵ、Ⅴ、Ⅳ、Ⅲ、Ⅱ、Ⅰ 6 个油层组（图 9-7）。

明化镇组下段Ⅳ、Ⅴ油层组的砂体厚度相对较小，含砂率较低，平均在 27% 左右，平面上受河道方向影响，横向分布范围有限。ODP 阶段认为，Ⅳ、Ⅴ两个主力油层组连续分布且稳定，厚度大。但实钻后发现，Ⅳ油层组砂体个数增多，单砂体厚度变薄，横向变化较大，砂体之间连通性也不一样；Ⅴ油层组横向变化大，表现为河道砂体叠加体（图 9-8）。

（2）沉积相。

ODP 阶段的认识认为，本区明化镇组下段Ⅰ、Ⅱ、Ⅲ油层组发育典型的曲流河砂体，多呈透镜状，而Ⅳ、Ⅴ油层组是曲流河上游介于曲流河与辫状河之间的沉积物，粒度偏粗、砂岩含量高、单层厚度较大，地震反射可追踪性强，砂体纵向上叠置，平面上连片，分布范围大。明下段主要含油层段Ⅳ、Ⅴ油层组沉积相类型属于浅水三角洲沉积。

2）构造特征

渤中 25-1 南构造位于渤中 25-1 构造南界大断层下降盘，是一个被北东、北西及近东西向三类断层复杂化了的断裂背斜，三维工区内圈闭面积为 60km²。该断裂背斜由北、中、南 3 个断块构成，北块包括两个高点，南块包括 3 个高点（图 9-9）。

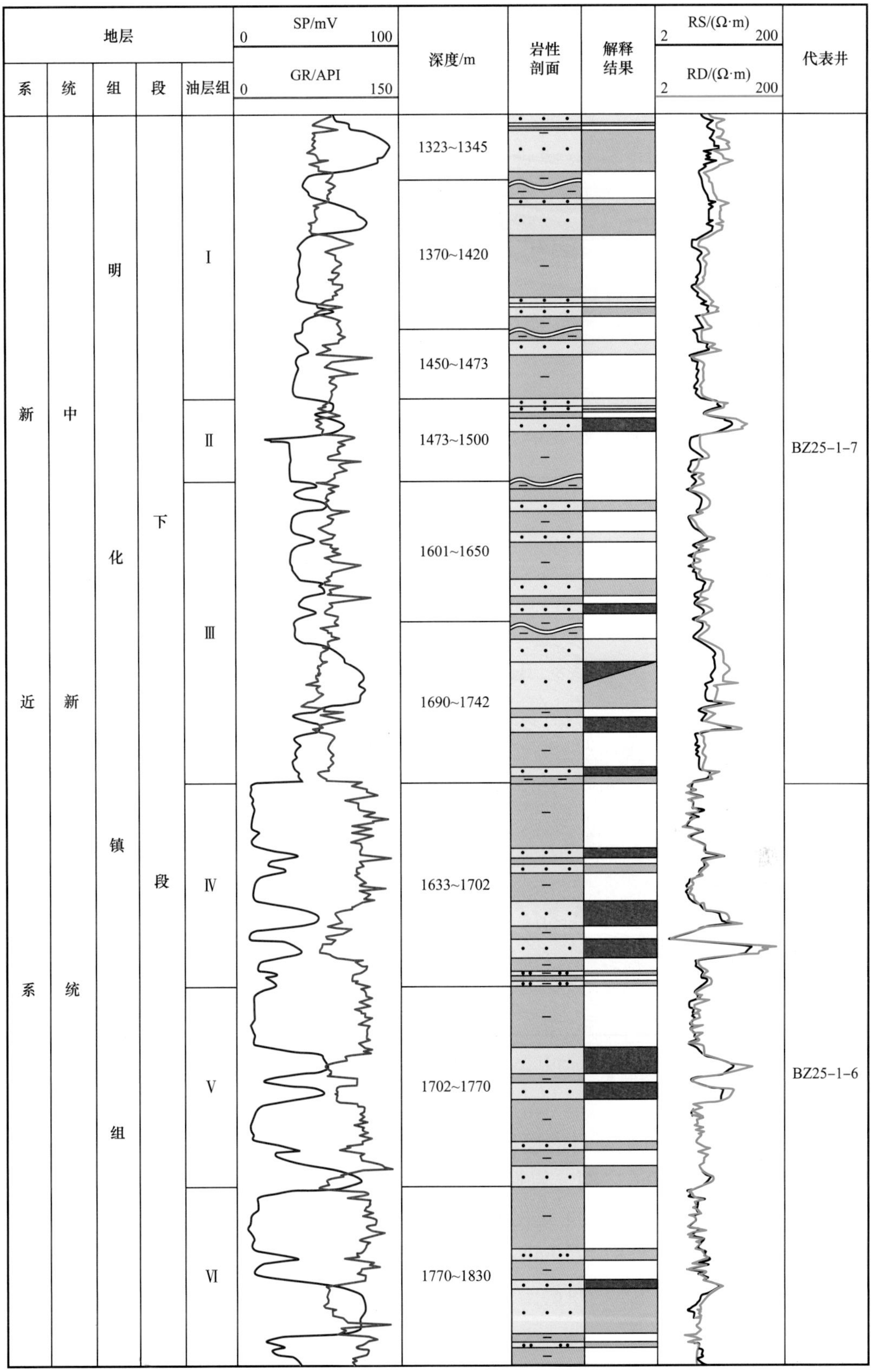

图 9-7　渤中 25-1 南油气田综合柱状图

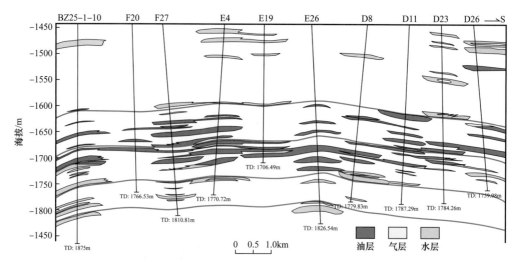

图 9-8　渤中 25-1 南油气田东西向油藏剖面图

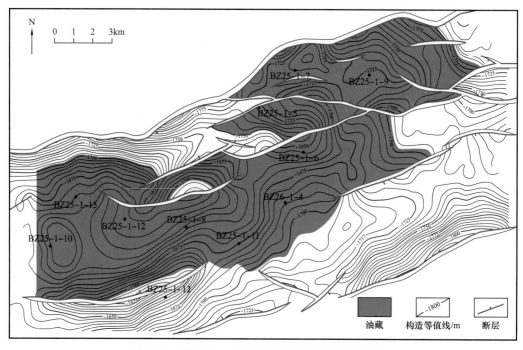

图 9-9　渤中 25-1 南油气田明化镇组下段构造图

3）储层特征

渤中 25-1 南油气田主要目的层段明下段为河流—极浅水三角洲平原沉积，油气层埋深主要在 1650～1850m 之间。岩性特征为一套泥岩与砂岩的不等厚互层，砂岩单层厚度 2～20m 不等。储层孔隙度变化在 20%～40% 之间，平均 30%；渗透率主要介于300～6000mD 范围内，平均 1750mD。明下段储层埋藏浅，成岩程度低，具有粒间孔发育、连通喉道大、连通性好的特点。

4）油气藏类型与特征

（1）油气藏类型。

渤中 25-1 南油气田明下段Ⅰ、Ⅱ、Ⅲ油层组油气藏类型以岩性油气藏为主；Ⅳ、

Ⅴ油层组受岩性和断层分割作用的影响，不同断块或同一断块的不同油层组之间均具有独立的油水系统，其油藏类型包括岩性—构造油藏、构造—岩性油藏以及岩性油藏等。油气田驱动类型主要为弱边水驱动。

（2）油气成藏模式。

渤中25-1南构造紧邻黄河口凹陷西洼，油气供应充足、运移渠道通畅，成藏条件十分优越。其北部渤中25-1构造沙河街组发育扇三角洲沉积，砂体与湖相泥岩互层构成了理想的储盖组合，良好的沉积环境为形成大中型油气田提供了条件。早期边界断层与派生断层活动强烈，为油气运移提供了良好的通道，油气通过断层、砂体、不整合面向陡坡带运移，在沙河街组背斜圈闭中聚集成藏，属于自生自储型油藏。浅层油藏是以"他源断控"垂向运移为主的成藏模式。明化镇组油气藏主要分布于渤中25-1构造南部区块，储层物性较好，胶结疏松，连通性强。明化镇组下段的厚层泥岩为良好的区域性盖层。长期继承性活动的基底大断层沟通了沙河街组烃源岩与明化镇组下段储层，配以新构造运动时期形成的次生张扭性断层，构成了明化镇组油藏的主要输导通道。超压作用在一定程度上驱动了油气沿断层的垂向运移。此外，基底断层及与之近似平行的次级断层将储层切割为多个复杂断块，断块内部油气仅发生短距离的侧向运移即可在构造与岩性配置的复合圈闭中聚集成藏。

（3）流体性质。

渤中25-1南油气田明下段地面原油具有密度高、黏度高、胶质沥青质含量中等、含蜡量低、凝点低的特点，属常规稠油。原油密度（20℃）为0.9175～0.9659g/cm^3，平均为0.946g/cm^3；原油黏度（50℃）为48.28～934.8mPa·s，平均397.2mPa·s；凝点为 –15～12℃；含蜡量为2.03%～11.51%，平均5.83%；含硫量为0.185%～0.306%；胶质沥青质为10.08%～20.95%。

（4）温度与压力。

油藏压力为11.45～16.24MPa，压力系数0.999～1.009。油藏温度在60～75℃之间，地温梯度2.38℃/100m，为正常的温度、压力系统。

（5）储量。

渤中25-1南油气田含油面积58.1km^2，基本探明石油地质储量15303.00×10^{4}m^3（14491.00×10^{4}t），溶解气地质储量44.84×10^{8}m^3，天然气地质储量5.70×10^{8}m^3，可采石油储量2601.60×10^{4}m^3（2463.60×10^{4}t），可采溶解气储量7.62×10^{8}m^3。另外，该油气田还计算了石油控制地质储量1486.00×10^{4}m^3（1413.00×10^{4}t），溶解气控制地质储量5.20×10^{8}m^3，石油预测地质储量4381.00×10^{4}m^3（4107.00×10^{4}t），溶解气预测地质储量15.33×10^{8}m^3。

3. 油气田勘探开发简况

受渤海众多新近系油气田（秦皇岛32-6、歧口17-2、南堡35-2等油气田）发现的启发，在渤南低凸起西倾没端以明下段、馆陶组、沙河街组为主要目的层钻探BZ25-1-5井，于1998年11月完钻，在明下段、馆陶组、东营组及沙河街组皆见到油气显示。经DST测试，在明下段、沙二段获得高产油气流，在沙三段获得低产油气流。该井的钻探成功，尤其是明化镇组下段油层的发现，标志着渤中25-1南油气田的发现，实现了渤南地区浅层勘探的又一新突破。

为了进一步搞清楚该构造的储量规模，为开发提供可靠的地质依据，于1999年部署了 350km² 的高分辨率三维地震采集工作。针对该区实际情况，以明下段为主要目的层，又钻探了 10 口评价井，获取了储量评估所需的基础数据。在此基础上，完成储量评价上报国土资源部，油气田即转入开发生产阶段。

四、蓬莱 19-3 油气田

1. 油气田概况

蓬莱 19-3 油气田位于渤海海域的中南部，东经 120°01′—120°08′，北纬 38°17′—38°27′，西北距天津市滨海新区约 216km，东南距山东省蓬莱市约 80km，油气田范围内平均水深 27～33m。

区域上，蓬莱 19-3 构造位于渤南低凸起的东北端郯庐断裂带上，为一受南北向两组走滑断层控制的断裂背斜，构造走向近南北，圈闭面积约 68.6km²，构造的主体夹持在两组走向近平行的走滑断裂带之间，构造西翼较为平缓，东翼较陡。四周被渤中凹陷、渤东凹陷、黄河口凹陷、庙西凹陷所包围，具有优越的油气成藏条件。

2. 油气田地质特征

1）地层与沉积相

（1）地层。

蓬莱 19-3 油气田自上而下共揭示了 4 套地层：第四系平原组（Qp）、新近系明化镇组（$N_{1-2}m$）和馆陶组（N_1g）、古近系东营组（E_3d）和沙河街组（E_2s）、中生界白垩系（K）；新近系明化镇组下段和馆陶组是蓬莱 19-3 油气田的主要含油层段（图 9-10）。

根据本地区砂岩发育特征以及油气分布规律，结合已开发区块地质研究成果，以明下段顶部的稳定泥岩和馆陶组顶、底部厚层砂岩作为标志层，则新近系主要含油气层段由上至下划分为 13 个油层组，其中明化镇组下段发育 5 个油层组，馆陶组发育 8 个油层组。

（2）沉积相。

区域沉积古环境研究表明，新近纪开始，本地区已进入准平原化时期，形成了一套以河流相为主的沉积体系。根据岩心及壁心描述、古生物鉴定、粒度分析、测井曲线分析等，馆陶组和明化镇组下段广泛发育交错层理、斜层理及平行层理等沉积构造，泥岩及粉砂质泥岩中常见植物碎屑。本区明化镇组为曲流河沉积，馆陶组为辫状河沉积，砂体北东向展布。

馆陶组中下部：岩性为中—细砂岩、含砾中—粗砂岩与泥岩的互层，正粒序。旋回底部发育底砾岩，沉积构造中见代表强水流的块状层理、板状交错层理、平行层理等，粒度中值 4～700μm，分选中等到差，泥岩颜色为灰绿—灰褐色，砂岩含量相对较高。属较典型的辫状河沉积。

馆陶组上部：岩性为含砾砂岩、中—细砂岩与泥岩的互层，正粒序。旋回底部发育底砾岩，沉积构造中见代表强水流的块状层理、板状交错层理、平行层理等，砂岩较发育，主力砂层平面上连续性较好，纵向上呈砂泥岩互层特征。粒度中值 10～500μm，分选中等到较差。属辫状河—曲流河沉积。

明化镇组下段：砂岩粒度较细，砂层相对不发育，纵向上呈"泥包砂"特征。主要岩性为灰绿或灰褐色细砂岩、中—细砂岩、泥质粉砂岩，灰绿色杂色泥岩，正粒序。沉积构造有槽状交错层理、平行层理等，测井曲线形态呈钟形或指状，砂岩含量较低，横向连续性较差，不同砂体的叠置发育。粒度中值 10～100μm，分选中等。属曲流河沉积。

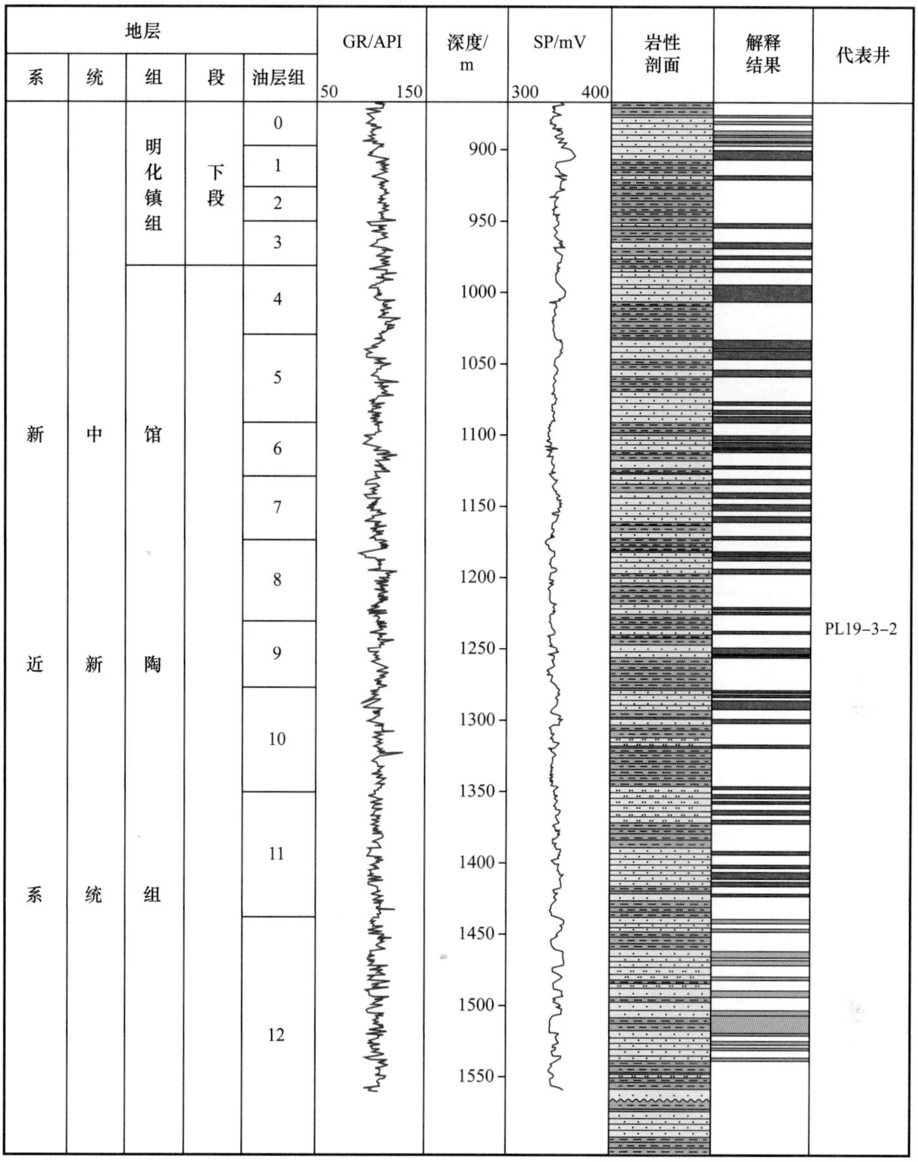

| 地层 | | | | | GR/API | 深度/ | SP/mV | 岩性 | 解释 | 代表井 |
系	统	组	段	油层组	50　　150	m	300　　400	剖面	结果	
新	中	明化镇组	下段	0		900				
				1						
				2		950				
				3						
		馆		4		1000				
				5		1050				
	新			6		1100				
				7		1150				
		陶		8		1200				
近				9		1250				PL19-3-2
				10		1300				
	统	组		11		1350				
						1400				
系						1450				
				12		1500				
						1550				

图 9-10　蓬莱 19-3 油气田综合柱状图

2）构造特征

蓬莱 19-3 构造处于郯庐断裂带上，为一个在基底隆起背景上发育起来的、受两组近南北向走滑断层控制的断裂背斜。构造走向近南北，向东、西两个方向倾伏，长约 12.5km，东西宽 4.0～6.5km，总面积约 68.6km^2。

近南北走向的两组走滑断裂带是蓬莱 19-3 构造的主控断层，东支走滑断裂带延伸数十千米，西支走滑断裂带延伸十几千米，油气田主体夹持在两组走滑断裂带之间。两条主控走滑断层的派生断层多为北东—南西走向、呈羽状分布的正断层，在油气田主体区共解释出 60 多条，断层延伸长度 0.1～4.4km，断距 10～300m。主控走滑断层及派生的北东—南西向正断层，使蓬莱 19-3 构造的形态进一步复杂化，由北至南分割为 10 多个垒、堑相间的断块（图 9-11）。

图 9-11　蓬莱 19-3 油气田馆陶组顶面构造图

3）储层特征

蓬莱19-3油气田主力含油层系发育于新近系明化镇组下段及馆陶组。储层岩性为河流沉积的陆源碎屑岩，含油层段厚度105.2～653.0m，单井钻遇油层厚度33.6～171.8m，最大含油砂体单层厚度可达30m以上。

（1）储层岩性特征。

根据粒度、岩石薄片以及扫描电镜资料分析，蓬莱19-3油气田储层岩性为细、中细、含砾中粗砂岩，胶结较为疏松，岩石学定名为岩屑长石砂岩和长石砂岩。石英含量一般大于40%，长石含量大于28%，分选中—较好，磨圆度为次棱角—次圆状，粒度中值一般10～700μm。

（2）储层物性特征。

蓬莱19-3油气田明化镇组和馆陶组储层埋藏浅，连通性较好。

据岩心和壁心分析结果，蓬莱19-3油气田明化镇组孔隙度分布在22%～35%之间，平均30%；渗透率主要分布范围为1～2200mD，平均558mD，为高孔—中高渗储层；馆陶组上段孔隙度分布在16%～33%之间，平均27%；渗透率分布范围为1～2330mD，平均625mD，为中高孔—高渗储层；馆陶组下段孔隙度分布在15%～30%之间，平均22%；渗透率分布范围为0.89～5800mD，平均480mD，为中孔—中渗储层。

4）油气藏类型与特征

（1）油气藏类型。

蓬莱19-3油气田的油藏类型为被郯庐断裂系统复杂化的背斜油藏，由多个断块组成。钻井证实，构造主体区块含油井段长、含油高度大（500～600m），满断块含油，靠近翼部含油高度小（E05区块位于翼部，含油高度仅105m）。

测井、测压、测试、流体分析等资料证实，蓬莱19-3油气田区纵、横向上存在多套流体系统，不同断块、同一断块的不同油层组具有不同的压力系统和油水界面。油层分布主要受构造控制，局部受岩性因素影响，油藏类型主要为构造油藏和岩性—构造油藏（图9-12）。

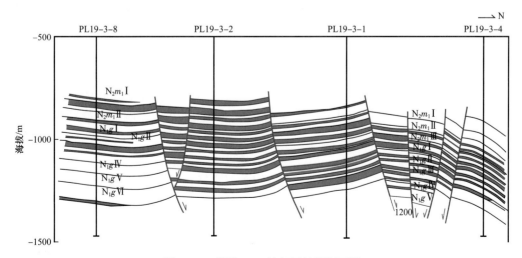

图9-12 蓬莱19-3油气田油藏剖面图

（2）流体性质。

① 原油性质。

蓬莱 19-3 油气田原油密度（20℃）分布于 0.904～0.991g/cm³，平均 0.935g/cm³，为中、重质油；原油黏度（50℃）为 25.160～3957.000mPa·s；含蜡量 0.46%～8.83%；凝点 -35～2℃；含硫量 0.21%～0.47%；胶质沥青质含量 0.36%～25.05%。整体来看，该油气田原油具有密度大、黏度高、胶质含量高、凝点低、含蜡量低以及含硫量低等特点。

平面上，蓬莱 19-3 油气田各断块之间原油性质变化较大、分区性较强，整体呈现主体区油品好于翼部的趋势。纵向上，在各井区内部，地面原油密度呈现随深度的增加而变小、油品变好的趋势，但从整个油气田角度来看，纵向上的变化规律并不明显。

蓬莱 19-3 油气田从探井、评价井和开发井中共获得 32 个地下原油样品，经分析统计，地层原油密度 0.844～0.964g/cm³；地层原油黏度 9.100～944.000mPa·s；体积系数 1.043～1.142；溶解气油比 15～48m³/m³；地层压力 9.480～14.480MPa；饱和压力 6.810～13.720MPa。根据地下原油 PVT 分析，认为蓬莱 19-3 油气田地下原油具有饱和压力高（平均饱和压力 10.250MPa）、地饱压差较小（平均地饱压差 1.740MPa）、溶解气油比低（平均气油比 26m³/m³）、黏度变化大等特点。

蓬莱 19-3 油气田整体的地下流体变化规律与地面流体规律一致。从平面上看，主体区（1 井区、A24 井区、A03 井区、4 井区）原油性质明显好于东西两翼及南部区域；纵向上，随深度增加，原油性质总体变好。

② 天然气性质。

蓬莱 19-3 油气田区域内非烃类气体 CO_2 分布广泛、含量高，变化范围大，最高值为 24.8%，导致整个油气田的平均含量超过 5%。其中 CO_2 含量较大（超过 5%）区域集中在 1 井区的东北和西南部、A24 井区的南部和 D08 井区。D08 井区由于 CO_2 含量较大，变化范围较宽。

全油气田在 1 井区区北部、A24 井区和 4 井区发现 9 口井气样有 H_2S 气体存在，其中 1 井区的 C18 井和 A24 区的 B31 井含量较高，分别为 1.32% 和 0.73%，其他 7 口井的 H_2S 含量微小。

相关组分含量：CH_4 含量 69.37%～98.64%，平均 85.35%；C_2H_6～C_6H_{14} 含量 0.74%～9.69%，平均 5.29%；N_2 含量 0～4.05%，平均 0.23%；CO_2 含量 0.13%～24.8%，平均 9.12%；H_2S 含量 0～1.3%，平均 0.0009%。

③ 地层水性质。

蓬莱 19-3 油气田为人工注水开发油气田，注入水为生产污水和海水。从探井、评价井及开发井中共取得水样 100 多个，受钻完井液和注入水源影响，很难取得合格的地层水样。

（3）温度与压力。

根据 MDT 测压和 DST 测试资料，蓬莱 19-3 油气田地层压力系数 1.0，压力梯度 0.97MPa/100m，温度梯度 2.8℃/100m，属正常温压系统。

（4）储量。

蓬莱 19-3 油气田分别于 2000 年申报了 1、2 井区（Ⅰ期开发区）的石油地质储量；2004 年申报了 4 井区（4 区）、A24 井区（2 区）、A03 井区（3 区）、5 井区（8 区）、8

井区（5区）、7井区（13区）、6井区（11区）（Ⅱ期开发区）的石油地质储量；2006年进行了储量套改，套改前后没有变化；2010年申报了油气田南部和西部共7个区块的新增和复算储量。

截至2010年底，蓬莱19-3油气田总的含油面积38.42km², 三级石油地质储量68802.30×10⁴m³，溶解气地质储量213.10×10⁸m³。其中，探明石油地质储量41105.53×10⁴m³，探明溶解气地质储量130.67×10⁸m³；控制石油地质储量23075.03×10⁴m³，控制溶解气地质储量69.44×10⁸m³；预测石油地质储量4621.74×10⁴m³，预测溶解气地质储量12.99×10⁸m³。

3. 油气田勘探开发简况

蓬莱19-3油气田的勘探和开发评价工作主要经历了三个阶段：早期评价阶段、油气田发现阶段、滚动勘探开发阶段。

1）早期评价阶段

20世纪80年代初，在完成2km×2km测网二维地震普查的基础上，对蓬莱19-3构造的形态和圈闭规模进行了初步解释，并预测了前景资源量，受地震资料精度的限制，当时认为蓬莱19-3构造属于一个小型的断块构造。20世纪90年代中期，在"渤海新近系晚期成藏"规律性认识的指导下，对渤南凸起进行了综合石油地质评价研究，指出了蓬莱19-3构造有利的含油气远景，为蓬莱19-3构造的油气勘探建立了信心。

2）油气田发现阶段

1994年12月，中国海洋石油总公司与菲利普斯石油国际亚洲公司签订中国渤海11/05合同区石油合同。1995年起双方合作在该地区进行了二维地震及三维地震采集和解释，重新落实构造类型及圈闭规模，确认蓬莱19-3构造为一个大型的断裂背斜。

1999年5月，在蓬莱19-3构造主体部位完钻探井PL19-3-1井。该井完钻井深1686.0m，完钻层位古近系沙河街组。依据测井资料，在新近系明化镇组下段和馆陶组解释出油层147.2m，从而发现了蓬莱19-3油气田。

3）滚动勘探开发阶段

因蓬莱19-3油气田面积大，且为复杂断块，开发具有一定的风险，经合同双方多次交流，在开发规划中达成了共识，对蓬莱19-3油气田实施滚动评价和开发。

油气田Ⅰ期（油气田主体1、2井区）已于2000年5月完成储量申报，2002年12月正式投产，共设计24口开发井，包括21口生产井、2口注水井和1口岩屑回注井，其中2口开发兼评价井（A24、A03）分别位于蓬莱19-3油气田的地堑区和楔形区，并相继获得成功。

油气田Ⅱ期由北至南主要包括4井区、地堑区、5井区、楔形区、8井区、6井区和7井区共计7个区块的储量评价和综合开发。2004年10月，国土资源部矿产资源储量评审中心审批通过了该7个区块的储量申报。2005年1月，国家发展和改革委员会批准了蓬莱19-3（Ⅱ期）及蓬莱25-6油气田联合开发总体开发方案。

五、曹妃甸11-1油田

1. 油田概况

曹妃甸11-1油田位于渤海西部海域，西距天津滨海新区约90km，西北距河北省的京塘港约 60km。区域构造位于沙垒田凸起东半区的中部，四周为南堡凹陷、渤中凹陷、沙南凹陷和歧口凹陷所环绕，成藏条件十分有利（图9-13）。

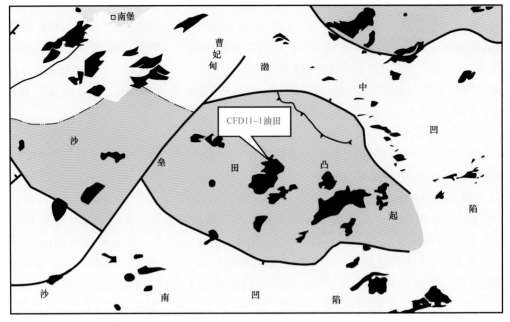

图 9-13　曹妃甸 11-1（CFD11-1）油田区域位置图

2. 油田地质特征

1）地层与沉积相

（1）地层。

钻井证实，曹妃甸 11-1 油田所处位置基本上缺失古近系，部分井仅保存少量的东营组。整体上是新近系明化镇组和馆陶组地层直接覆盖在基岩地层之上（图9-14）。

（2）沉积相。

通过薄片、X 射线衍射、扫描电镜资料分析，明上段和明下段储层为细—中砂岩，含极少的钙质、泥质胶结。骨架岩石成分：明上段石英含量为 24%，长石含量为 34%，岩屑含量为 32%；明下段石英含量为 30%，长石含量为 28%，岩屑含量为 42%，主要岩石类型为长石砂岩。

馆陶组是中—粗砂砾岩，骨架颗粒磨圆呈次棱角状。石英占 36%，长石占 28%，岩屑占 36%。石英为单晶—多晶状，来自火成岩；长石由正长石和斜长石组成，母岩包括火成岩（花岗岩和火山岩）、变质岩（片麻岩、碎片云母）和沉积岩（粉砂岩、泥岩），定名为长石砂岩。

砂岩中自生矿物包括黏土矿物、方解石和黄铁矿。馆陶组部分薄层中可见明显的方解石胶结，但分布局限。明化镇组黏土矿物以伊利石、伊/蒙混层、高岭石、绿泥石为主。原生黏土矿物（X 射线衍射分析含量可达 20%）以泥质碎片形式存在砂岩中。

馆陶组和明化镇组储层在岩性剖面上为正韵律沉积特征。明化镇组是典型的曲流河沉积砂体，馆陶组是典型的辫状河沉积砂体。其亚相及微相特征相类似：依据岩心、化验、测井资料，可划分出 3 个沉积亚相和 6 个沉积微相。

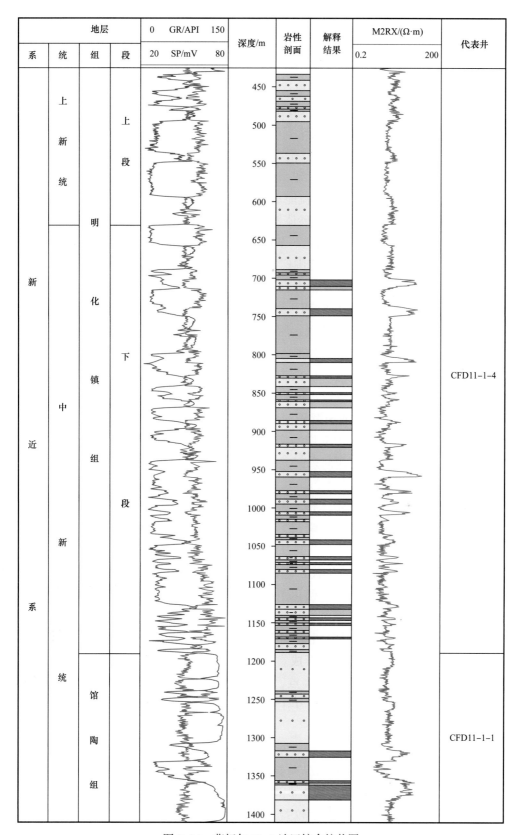

图 9-14 曹妃甸 11-1 油田综合柱状图

河道上部（天然堤和决口扇）以粉砂岩、粉砂质泥岩互层为主，单层厚度较薄（1.2～3.3m），常发育于点沙坝顶部。岩心可见波纹交错层理和水平层理，水流能量较弱。自然伽马曲线以指状、齿状和漏斗形为主。该亚相平面上沿河道边缘呈条带状或扇形分布，分布范围局限，构成较差的储层。

河道沉积（点沙坝，包括B、C、D微相）以细—中砂岩为主，单层厚2.3～11.9m，多期点沙坝叠置厚度可达20m，从上至下可分为B、C、D三个微相：B微相位于点沙坝顶部，岩性略细，岩心见交错层理；C微相岩性略粗，发育大型槽状交错层理、板状交错层理和块状层理；D微相位于点沙坝底部，岩心常见冲刷面，含有泥砾，直径2～20mm不等，局部可见30～40mm的泥砾，水流能量较强。自然伽马曲线以钟形、箱形和复合箱形为主。平面上点沙坝侧向加积，形成砂体发育带。该亚相构成较好的储层。

泛滥平原（E、F微相）以红褐色、灰绿色、杂色泥岩为主，厚度变化较大。自然伽马曲线是平直段。该亚相平面分布范围广，构成局部或区域盖（隔）层。

三种亚相不同的空间演化配置，构成了馆陶组和明化镇组河流沉积体系。

区域研究认为，馆陶组沉积时期，渤西地区总体水流由西北向东南。曹妃甸11-1油田靠近馆陶组区域水流转折的位置，所在地区水流由北东向西南向东南转变，水流能量较强，物源充足，以辫状河沉积为主。

在明化镇沉积时期，曹妃甸11-1油田沉积环境又发生了较大的变化，由高弯度曲流河演变为低弯度曲流河，明下段水流能量有较大增加，砂体较为发育。

综上所述，曹妃甸11-1油田沉积演化从下至上水流能量经过多次强弱变化，剖面上显示为砂包泥—泥包砂—砂泥互层的特点；平面上，馆陶组砂体叠合连片分布，明化镇组始终有两至三条河道由北西向东南，在油田主体范围内摆动沉积。

2）构造特征

沙垒田凸起前新生代基底主体是元古宇花岗岩，局部残留古生界石灰岩。该凸起自古生代以后一直是一个长期继承性隆起，古近纪仍是剥蚀区，晚期相对下沉，凸起边缘地带接受部分东营组沉积；新近纪凸起基岩广泛被馆陶组、明化镇组所覆盖。

曹妃甸11-1油田是在前新生代古隆起背景之上发育起来的新近系大型披覆背斜构造，构造走向近南北向。馆陶组和明化镇组沉积时期主要发育了东部和西部两个北东向走向的右旋走滑断裂带，走滑雁列断层延伸短（1.2～5.6km），断距较小（5～15m），剖面上常呈"Y"字形，断距上大下小，向下逐渐消失于馆陶组内部，向上至明下段顶部较发育，控制了新近系构造圈闭的形成。馆陶组构造与潜山形态相似，分为南北两个高点，南高点的面积和幅度均大于北高点，明化镇组沉积时期构造的背斜形态依然存在，但南北两个高点演化为一个高点（图9-15）。

3）储层特征

曹妃甸11-1油田含油层位为新近系明下段和馆陶组。馆陶组沉积时期发育辫状河沉积，储层发育，在同一区域内纵向叠置程度好，呈"砂包泥"，平面上表现为大型河道的特点；主力含油层位明下段沉积时期发育曲流河沉积，河道窄、摆动频繁，造成储层在同一区域内纵向叠置程度较差，呈"泥包砂"，平面上呈"带状河道"的特点。明化镇组和馆陶组储层埋藏浅，岩性较疏松，具高孔高渗的特征，纵向储层物性变化不大。明化镇组储层孔隙度主要分布在 32%～36% 之间，平均 32.7%；渗透率在 100～5000mD 之间，平均 2600mD。馆陶组储层孔隙度在 28%～34% 之间，平均孔隙度 29.3%；渗透率在 100～3000mD 之间，平均为 1600mD。

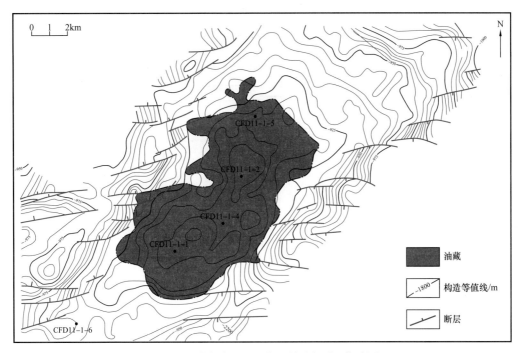

图 9-15　曹妃甸 11-1 油田明下段顶面构造图

4）油藏类型与特征

（1）油藏类型。

曹妃甸 11-1 油田虽然构造简单，但储层横向变化大，油水系统受构造和岩性双重因素控制。丰富的钻井资料也证实，该油田具有多油水系统，油水关系比较复杂。油藏类型以构造背景下的构造油藏和岩性—构造油藏为主。其中，馆陶组 3 个油层组砂层发育，平面上分布较稳定，为构造油藏；明下段 6 个油层组储层横向变化较大，但总体受构造控制，油藏类型以岩性—构造油藏为主（图 9-16）。

曹妃甸 11-1 油田明化镇组原油密度大，黏度较高；明上段原油物性较差，密度 0.977～0.983g/cm³，地层原油黏度 350.40～425.20mPa·s；明下段原油性质相对较好，密度 0.960～0.975g/cm³，地层原油黏度 38.00～42.90mPa·s。馆陶组原油性质较好，密度 0.834～0.956g/cm³，地层原油黏度 2.10～30.00mPa·s，具有由南向北变好的规律。馆陶组和明化镇组地层水差异不大，氯离子含量 2700～3500mg/L，矿化度介于 5122～6660mg/L，平均 5849mg/L，平均 pH 值 7.4，水型为 NaHCO₃ 型。

（2）储量。

2009 年该油田进行了储量复算，落实叠合含油面积 31.80km²，探明已开发储量 17696.39×10⁴m³（17128.38×10⁴t），技术可采储量 2676.79×10⁴m³（2572.57×10⁴t），经济可采储量 2570.12×10⁴m³（2471.52×10⁴t）。受油田的油藏类型和流体性质及其分布规律影响，油田初期综合含水较高，含水上升速度较快。

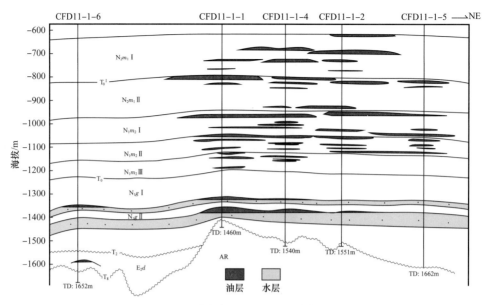

图 9-16 曹妃甸 11-1 油田油藏剖面图

3. 油田勘探开发简况

1）合作勘探，发现油田

1994 年中国海洋石油总公司与科麦奇中国石油有限公司及莫菲太平洋地区有限公司签订了 04/36 石油合同。沙垒田凸起的勘探进入对外合作阶段。

经过几年的研究，1998 年科麦奇中国石油有限公司在沙垒田凸起上新采集的二维地震资料的基础上重新解释落实了曹妃甸 11-1 含油构造，并于 1999 年 11 月 19 日在海中 1 井以北约 100m 处钻探了 CFD11-1-1 井。该井共钻遇油层 88.5m，其中包括馆陶组油层 35.0m、明下段油层 28.4m、明上段油层 25.1m；钻杆地层测试（DST）5 层并在馆陶组和明下段均获商业油气流，至此发现了曹妃甸 11-1 大型油田。

2）开发实施，全面投产

2003 年 5 月，该油田开发井钻井工作启动，2006 年 5 月全面投产。在 ODP 实施过程中，不但落实了原储量评价阶段明下段控制级别的砂体，还钻遇了部分新的含油砂体，将大部分控制储量升级为具有开发价值的探明地质储量。

六、蓬莱 9-1 油田

1. 油气田概况

蓬莱 9-1 油田位于渤海东部海域的庙西北凸起上，东经 120°20′—121°40′，北纬 38°35′—38°45′ 范围内，西北距旅大 32-2 油田约 45km，西南距蓬莱 19-3 油田约 45km。蓬莱 9-1 油田依附于庙西 1 号断层，新近系圈闭整体为依附于边界断层的断鼻构造，被次级断裂复杂化为多个断块。油田范围内平均水深 28.0～33.0m。

2. 油田地质特征

1）地层与沉积相

（1）地层。

蓬莱 9-1 油田自上而下钻遇的地层依次为：第四系平原组，新近系明化镇组（上段、下段），馆陶组和中生界（未穿）。

（2）沉积相。

蓬莱9-1油田存在两类沉积相储层。一类为中生代侵入元古宇的花岗岩体，后经剥蚀出露成潜山体的一部分，现今位于潜山鞍部，其储集能力主要受岩性和构造作用控制。另一类为新近系砂岩和砂砾岩储层，馆陶组、明下段为浅水三角洲前缘沉积，明上段为辫状河沉积。

2）构造特征

（1）断裂特征。

蓬莱9-1地区位于郯庐走滑断裂带附近，断裂活动强烈而复杂。按形成时间和力学机制，此断裂系统大体上分为3类。第1类为长期活动断层，呈NE走向，平面延伸较远，控制区域沉积和构造格架，如庙西北凸起东侧长期活动的大断层即控制庙西北洼的形成，也控制庙西北凸起的形成。第2类为早期活动断层，走向以SN向、NWW向为主，除花岗岩体南、北两侧的深大边界断层平面延伸较远外，花岗岩体内部的早期活动断层平面延伸普遍较短（<2km），导致花岗岩潜山顶面形态复杂化，形成多条古冲蚀沟，对花岗岩储层的形成有着至关重要的作用。第3类为晚期活动断层，断层发育密度大，多为NE向，平面上呈雁列状排列；南侧少数为NW向，平行排列，依附于长期活动的东侧边界大断层上。这些晚期活动断层为区域构造应力下的派生断层，使浅层构造进一步复杂化，有些诱导早期断裂再次活动。

（2）圈闭特征。

蓬莱9-1地区潜山的圈闭发育受中生代花岗岩岩体分布和构造高低共同控制，有利圈闭区位于潜山鞍部，存在多个构造高点，其中北侧花岗岩体埋深最浅，高点海拔-1000m。圈闭的南、北上倾方向为元古宇致密变质岩遮挡，东侧上倾方向为断层遮挡，为地层—岩性复合圈闭，闭合幅度为500m，圈闭面积为80.2km^2。蓬莱9-1地区新近系是在潜山背景上继承性发育的大型复杂断鼻构造，上倾方向受庙西北凸起东侧边界大断层控制。圈闭主要为依附于庙西北凸起东侧边界大断层上升盘的断鼻、断块圈闭，中—北侧被一系列近NE向的断层复杂化，南侧被一系列NW向的断层切割、分解。该圈闭群的累计圈闭面积为64.6km^2，高点最浅埋深655m（图9-17）。

3）储层特征

（1）中生界花岗岩储层。

蓬莱9-1油田区中生界花岗岩主要为花岗闪长岩和二长花岗岩，呈浅灰—灰白色、浅红色，以中粗粒等粒结构为主；造岩矿物大多为浅色矿物，以石英、钾长石和斜长石为主；暗色矿物含量均低于10%，为黑云母和角闪石，见少量磁铁矿、绿帘石、锆石和白云母。据岩心、壁心、铸体薄片及成像测井等资料综合分析，蓬莱9-1潜山花岗岩为裂缝型、孔隙型和孔隙—裂缝混合型储层。花岗岩潜山由表及里，随着风化强度的逐渐减弱，储集空间由孔隙型→裂缝—孔隙型→孔隙—裂缝型→裂缝型逐步演化，孔隙型、裂缝—孔隙型储层经过强烈风化、淋滤作用，局部溶蚀孔发育，可见晶内和晶间溶蚀孔，其中晶内溶孔以斜长石和角闪石溶孔为主。潜山计算的储量主要分布于孔隙型和裂缝—孔隙型储层带内，该储层段的厚度为13.5~174.0m，其中纯孔隙型储层段的厚度为7.5~29.0m，裂缝—孔隙型储层段的厚度为0~166.5m。储层平面厚度存在较大差异，可能受古地貌和断裂活动影响，但该带横向连续分布，储集物性好，横向连通性强，平均孔隙度为8.5%，致密隔层厚度一般小于10m。孔隙—裂缝型、裂缝型储层风化、淋滤作用变弱，溶蚀孔较少，主要为裂缝，成像测井解释的裂缝以中、低角度缝偏多。该储层段厚度为28.0～185.0m，物性相对较差，横向非均质性增强，平均孔隙度为7.4%，厚度大于10m的致密隔层较多。测井解释花岗岩有效储层的孔隙度为4.0%～22.4%，平均为8.3%，为中孔储层级别。利用花岗岩的压力测试资料，试井解释的有效渗透率为65～1180mD。潜山之上发育馆陶组80m左右的大套厚层湖相泥岩，作为连续稳定的区域盖层，与潜山花岗岩储层形成良好的储盖组合，为油气的富集提供了可靠保障。

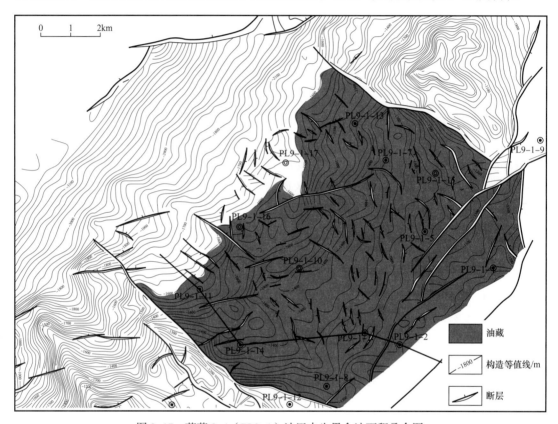

图9-17 蓬莱9-1（PL9-1）油田中生界含油面积叠合图

（2）新近系砂岩储层。

蓬莱9-1油田新近系明化镇组和馆陶组储层主要为曲流河和浅水三角洲河道砂岩，岩性主要为中、细粒岩屑长石砂岩，分选中—好，次棱角—次圆状，岩心观察中底部冲刷构造常见，自然伽马曲线呈齿化箱形或钟形与箱形的复合形，粒度概率曲线呈两段式，以跳跃组分为主。明化镇组下段（简称明下段）、馆陶组砂岩处于早成岩B期，储集空间类型主要为粒间孔，孔隙连通性强，局部孔隙在扫描电镜下见高岭石和伊/蒙混层等黏土矿物填充。砂岩储层物性好，孔隙度分布范围为28.5%～37.8%，平均值为33.8%；渗透率分布范围为52.1～9172.7mD，平均值为3495.4mD，属于特高孔、特高渗储层级别。垂向上，这种河道砂岩储层与河道间湾泥岩频繁互层，构成良好的储盖组合。馆陶组泥岩普遍发育，单层泥岩最大厚度为85m，含砂率小于10%，单砂体的成藏概率最高；明化镇组下段单层泥岩最大厚度为45m，含砂率约28%，储盖组合比较理想，新近系近一半的储量位于该段；明化镇组上段（简称明上段）整体富含砂，含砂率约为70%，南部8井区附近该段中部发育一套近20m的泥岩，形成良好的局部盖层，3井、8井、2井均在明上段有油层发现。

4）油气藏类型与特征

（1）烃源岩与油气运移。

区域构造格局决定了蓬莱9-1油田是油气运聚优势指向区。针对高降解稠油，优选芳香烃中 C_{27}—C_{29} 甲基三芳甾烷新指标进行油源对比。4-甲基三芳甾烷和4-甲基-24-乙基三芳甾烷反映了沟鞭藻类的繁盛程度，其相对丰度越高，表示沙河街组三段（简称沙三段）油源特征越明显；4，23，24-三甲基三芳甲藻甾烷反映水体的盐度，其相对丰度越高，表示沙河街组一段（简称沙一段）油源特征越明显；甲基三芳甾烷丰度低则是东营组油源的特征。由于3-甲基三芳甾烷分布较稳定，4-甲基-24乙基三芳甾烷与3-甲基三芳甾烷的比值以及三芳甲藻甾烷与3-甲基三芳甾烷的比值可以用来区分不同烃源岩生成的原油。对比结果表明，蓬莱9-1油田原油具有双油源特征，主体区油源主要来自渤东凹陷沙一段和沙三段，具体表现为4-甲基-24乙基三芳甾烷与3-甲基三芳甾烷的比值介于1.1~2.6，三芳甲藻甾烷与3-甲基三芳甾烷的比值介于2.4~3.8；蓬莱9-1构造东南侧3井区附近局部新近系的油源来自庙西凹陷北洼沙一段和东营组，具体表现为4-甲基-24乙基三芳甾烷与3-甲基三芳甾烷的比值介于0.3~1.4，三芳甲藻甾烷与3-甲基三芳甾烷的比值介于1.3~4.5。

庙西北凸起两侧长期活动的深大断裂沟通生油凹陷的成熟烃源岩，生成的大部分油气沿断层和不整合面运移进入花岗岩储层中，在馆陶组底部大套湖相泥岩覆盖下聚集成藏；还有部分油气沿断层和不整合面运移进入上覆新近系馆陶组、明化镇组储层中聚集成藏，从而形成了蓬莱9-1油田纵向具有多套含油层系的复式油藏，即新近系明化镇组、馆陶组和中生代花岗岩潜山上下叠置。实钻井中，新近系和花岗岩中的流体包裹体分析显示，1100~1400m的捕捉深度内温度较高，为60~80℃，反映了现今晚期快速成藏的特点。

（2）油藏模式。

新近系油藏主要受构造控制，油层富集在构造高部位呈条带状展布（图9-18）。2井位于构造高部位，300m含油井段内连续含油，未见水；构造稍低部位的1井、8井等钻井证实油、水间互；更低部位7井、11井等明化镇组、馆陶组基本为水层。钻井、测井及测压资料证实，纵向上发育多套油水系统，平面上不同断块油水界面不同。明化镇组和馆陶组上部主要为构造层状油藏模式。馆陶组下部油层厚度薄，砂体横向变化大，表现为岩性油藏模式。

花岗岩潜山油藏主要受储层条件控制，为地层—岩性油藏。潜山顶部孔隙型、裂缝—孔隙型储集带内油层均连续发育，井间横向连续性好，致密层厚度大都小于10m。在该储集带内，油层主要分布于潜山面以下71~232m的范围内，整体随构造埋深的增大油底不断加深，呈层状分布在潜山顶部，为"似层状"油藏模式。5井、8井等5口井在花岗岩潜山中下部孔隙—裂缝型和裂缝型储层中经测井解释有一定厚度的油层，该储层段内油层横向变化较大，零星分布，为岩性油藏模式，局部还存在孤立水层。分析认为可能受裂缝性储层非均质性强、连通性差等影响，在油气成藏时储层内的水处于相对封闭的环境，不能排出，造成孔隙—裂缝型、裂缝型储层段内油、水分布复杂，难以形成一个统一的油水界面。

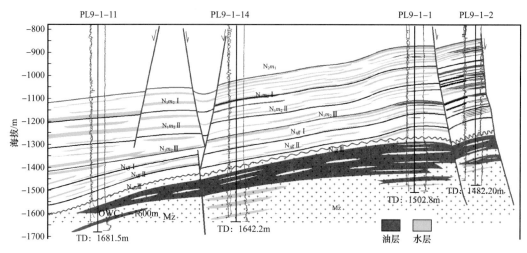

图9-18　蓬莱9-1油田连井剖面图

（3）温度与压力。

蓬莱9-1油田地层流体压力系数为1.00，压力梯度为0.98MPa/100m，温度梯度为3.6℃/100m，属正常压力和温度系统。由于油藏埋深浅，受高强度降解影响，蓬莱9-1油田原油为重质稠油。花岗岩体中原油密度（20℃）为0.950～0.978g/cm³，地层原油黏度为100～200mPa·s，单井测试最高日产油量约110m³；新近系原油密度（20℃）为0.987～0.995g/cm³，地层原油黏度在1000mPa·s以上，单井测试最高日产油量约为32m³。

（4）储量。

最终该井测井解释油气层厚度153.2m。利用新解释的相当于明下段Ⅱ油层组顶面构造图以及明下段顶面、馆陶组顶面构造图、潜山顶面构造图圈定油气分布范围，明下段顶部、明下段Ⅱ油层组、馆陶组及潜山顶面含油面积分别为10.5km²、7.9km²、25.6km²、45.2km²。新近系按照构造层状模式、潜山块状成藏模式计算石油基本探明地质储量2.23×10⁸m³，溶解气近50×10⁸m³。

3.油气田勘探开发简况

蓬莱9-1构造位于庙西北凸起之上，为一具有披覆性质的断背斜构造。圈闭具有形态好、面积大、埋藏浅的特点，而且构造紧邻渤东和庙西两个生烃洼陷，油源充足，油气成藏条件非常优越。

2000年4月在该构造上钻探PL9-1-1井，在明下段、馆陶组和潜山均发现一定的油层，但是由于新近系油层少，油质较稠，产能低，认为没有经济效益，而暂停了对该构造进一步评价。

后经过精心研究，于2009年底在蓬莱9-1构造高部位又钻探了PL9-1-2井（距离PL9-1-1井约12km）。该井完钻井深1505m，完钻层位为元古宇潜山。该井同样在明下段、馆陶组和潜山均见到良好油气显示，油气显示厚度累计达 320m。井壁取心在新近系和潜山都获得良好的油气显示，并进行三次 DST 测试，均获得油流，但油质较稠，从而发现了这一大型潜山油田。

七、秦皇岛 29-2 油气田

1. 油气田概况

秦皇岛 29-2 油气田处于石臼坨凸起东倾没端北侧边界断裂下降盘的断坡带上，南依石臼坨凸起，北临秦南生油凹陷。秦皇岛 29-2 构造为一受控于石臼坨凸起东倾没端北侧边界断裂的断鼻构造。

2. 油气田地质特征

1）地层与沉积相

（1）地层。

秦皇岛 29-2 油气田钻井揭示的地层，自上而下依次为第四系平原组，新近系明化镇组、馆陶组，古近系东营组、沙河街组。油气田的主要含油层系发育于新近系馆陶组和古近系东营组。

① 第四系平原组：地层厚度 500～577m，岩性主要为黄褐色泥岩与浅灰色粉砂岩互层。

② 新近系明化镇组上段（明上段）：地层厚度 559～715m，岩性主要为厚层浅灰色细砂岩夹薄层灰色泥岩。

③ 新近系明化镇组下段（明下段）：地层厚度 686.2～722.7m，岩性主要为灰色细砂岩、粉砂岩与灰绿色泥岩、灰色泥质粉砂岩不等厚互层。

④ 新近系馆陶组：厚度 919.8～991.6m，岩性主要为灰色、浅灰色细砂岩、含砾细—中砂岩夹绿灰色、浅灰色、灰色泥岩，是本区的含油目的层之一。馆陶组底部砂砾岩是本区重要的标志层，与下伏东营组呈角度不整合接触。

⑤ 古近系东营组：QHD29-2-1 井揭示的东营组地层，厚度 631.4m。区域上将一般东营组分为三段，自上而下分别为东一段、东二段和东三段，其中东二段又细分为上、下两个亚段。本油气田东营组受区域构造运动的影响遭受抬升剥蚀，仅残余东三段、东二下亚段和部分东二上亚段。

东二上亚段地层厚度 104.3～121.5m，岩性主要为细砂岩夹薄层灰绿色泥岩；东二下亚段地层厚度 249.3～293.7m，岩性主要为厚层深灰色、灰色泥岩夹薄层灰色、浅灰色粉砂岩，是本区的优质盖层，也是区域地层对比标志之一；东三段（QHD29-2-1 井）地层厚度 269.0m，岩性主要为灰色、浅灰色细砂岩、含砾中—粗砂岩夹薄层深灰色、浅灰色泥岩，是本油气田的主要含油气目的层。

东营组与下伏沙河街组地层呈整合接触。

⑥ 古近系沙河街组：区域上将沙河街组细分为四段，本油气田 QHD29-2-1 井钻遇沙河街组的沙一段、沙二段、沙三段和沙四段，其余评价井大都没有钻遇沙河街组。其中沙一、二段地层厚度 206m，岩性为灰色细砂岩和泥岩不等厚互层，夹灰质页岩、泥灰岩；沙三段地层厚度 205m，上部为厚层灰色、深灰色泥岩夹薄层粉砂岩、灰质粉砂岩，下部为泥岩与泥质粉砂岩、灰质粉砂岩不等厚互层；沙四段地层厚度 146m，岩性

为灰褐色、紫红色泥岩、深紫色凝灰质泥岩、细砂岩、灰色沉凝灰岩呈不等厚互层，底部为一套厚层紫灰色沉凝灰岩。

（2）沉积相。

该油气田东三段储层岩性以中—粗粒砂岩、含砾中砂岩为主；颗粒分选较好，单砂层反粒序特征发育；常见楔状交错层理、斜层理、波状层理、块状层理、变形构造和生物扰动；自然电位和自然伽马曲线形态多为漏斗形、箱形和钟形，结合区域沉积背景综合分析认为本区主力含油气层东三段物源主要来自工区西部和南部的石臼坨凸起，沉积体系为辫状河三角洲沉积，油气田位于辫状河三角洲前缘亚相，其优质的三角洲前缘砂体与上覆的东二段大套泥岩形成了良好的储盖组合，且在构造范围内，多期砂体相互叠置，储层发育。

油气田范围内主要钻遇辫状河三角洲前缘亚相，根据单井相主要细分为水下分流河道、水下分流河道间、河口坝等微相，各微相特征如下：

水下分流河道微相：岩性主要以细砂岩、中砂岩、含砾中粗砂岩为主，具正粒序特征；底部见冲刷面，主要发育楔状交错层理和斜层理；自然电位和自然伽马曲线以箱形为主，部分顶部过渡为钟形。物性较好，孔隙度6.3%~30.2%，渗透率0.05~6088.1mD。

河口坝微相：位于水下分流河道河口处，为向上变粗的反粒序特征，向上岩性由粉砂岩渐变为中—细砂岩；发育楔状交错层理，自然电位和自然伽马曲线为漏斗形，物性较好，孔隙度9.8%~28.3%，渗透率0.19~5423.6mD。

水下分流河道间微相：岩性主要为泥岩、粉砂质泥岩，颜色为深灰色；发育小型波纹交错层理，见生物扰动变形构造；自然电位和自然伽马曲线为低幅齿形。

2）构造特征

秦皇岛29-2构造钻探成果表明，该构造内圈闭类型为典型的构造—岩性复合圈闭，并且是一复式油气聚集带，其主要含油目的层为东营组和馆陶组。东营组油层主要发育在东三段（图9-19），为带油环的凝析气藏，受构造、岩性双重因素控制，为岩性—构造油气藏，油气藏埋深3050~3318m，单井揭示油气层厚度28.1~76.2m。东三段共划分4个油层组，探明地质储量主要分布在Ⅰ、Ⅱ、Ⅲ油层组。馆陶组分为4个油层组，即Ⅰ、Ⅱ、Ⅲ、Ⅳ油层组，油藏为层状构造油藏，油藏埋深1903~2086m。

3）储层特征

本油气田主力含油气层东三段物源主要来自西部的石臼坨凸起，沉积体系为辫状河三角洲沉积。油气田位于辫状河三角洲前缘亚相，其优质的三角洲前缘砂体与上覆的东二段大套泥岩形成了良好的储盖组合，且在构造范围内，近源三角洲前积特征非常清楚，多期砂体相互叠置。取心证实储层岩性主要为含砾中砂岩，有明显沉积旋回，局部可见溶蚀孔隙，最大单砂层厚度59.6m。油气层段平均孔隙度19.2%，平均渗透率273.5mD；储层具有中孔、中渗的物性特征。馆陶组为辫状河沉积，储层岩性为含砾中—粗砂岩，储层岩性较为疏松，颗粒分选中等，磨圆度呈次棱角—次圆状，孔隙发育，连通性好，孔隙类型以粒间孔为主，少量颗粒溶蚀孔油层段平均孔隙度27.7%，平均渗透率465.8mD，储层具有中高孔、中渗的特征。

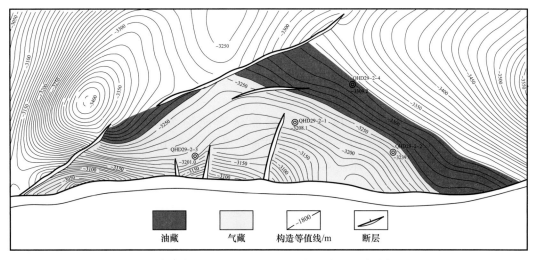

图 9-19　秦皇岛 29-2（QHD29-2）油气田东三段含油气面积图

4）油气藏类型与特征

（1）油气藏类型。

秦皇岛 29-2 油气田馆陶组油藏主要受构造和断层控制（图 9-20），纵向上发育多套流体系统，具有不同的流体界面，油藏埋深 1903～2086m。东营组整体表现为受构造、岩性双重因素控制的带油环的凝析气藏和带边水的凝析气藏，油气藏埋深3050～3318m。

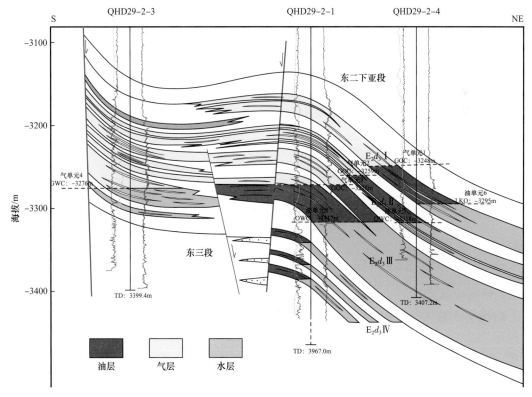

图 9-20　秦皇岛 29-2（QHD29-2）油气田东三段连井剖面图

（2）流体性质。

该油气田东三段为带油环的凝析气藏，凝析气中二氧化碳含量43.93%～90.61%，凝析油密度0.778g/cm³，地面原油密度0.853～0.862g/cm³，地层原油黏度0.69mPa·s，属于轻质油。馆陶组地面原油密度0.951g/cm³、地层原油黏度84.5mPa·s，属于重质稠油。

（3）温度与压力。

秦皇岛29-2油气田东三段油气层段测试产能均为高产。生产压差0.588～0.875MPa，日产气18.067×10⁴～25.470×10⁴m³；生产压差0.212～0.508MPa，日产油202.5～401.1m³。馆陶组生产压差4.873MPa，日产油72.1m³。

（4）储量。

秦皇岛29-2大型油气田是由秦皇岛29-2东（沙二段）油气藏为主体与秦皇岛29-2西（馆陶组、东二段）、秦皇岛35-1（中生界、馆陶组、东二段）、秦皇岛36-1（古生界）、秦皇岛35-2（沙二段）和秦皇岛36-3（沙二段）6个油气藏5套含油层系组成，总探明石油地质储量超过9600×10⁴m³（包括501.5×10⁴m³凝析油），天然气地质储量超过220×10⁸m³（包括溶解气112.8×10⁸m³）。

3. 油气田勘探开发简况

秦南凹陷的勘探历时已达20余年，钻井10口，但未获理想发现。2009年1月以秦皇岛35-2油气田发现为契机，对石臼坨凸起东段的多个构造展开整体评价，在秦皇岛29-2构造首钻QHD29-2-1井。该井完钻井深3991m，完钻层位沙四段，该井在明化镇组、馆陶组、东营组及沙河街组均有不同程度的油气显示。全井测井解释油气层104.6m，其中明化镇组解释油层2.2m，馆陶组解释油层19.7m，东营组解释油气层75.5m，并对主要含油层系东营组和馆陶组进行了四层DST测试，三层获得油气流，从而发现了秦皇岛29-2大型油气田。

为了进一步探索储层横向变化规律及成藏模式，以落实规模和升级储量级别为目的，同年在该构造相继钻探了QHD29-2-2、QHD29-2-3、QHD29-2-4井等3口评价井，均完钻于东三段，并钻遇油气层。其中，QHD29-2-2井全井测井解释油气层73.3m；QHD29-2-3井测井解释气层45.9m；QHD29-2-4井测井解释油层45.8m，完成了该构造的油藏早期评价工作。

第二节　中、小型油气田

一、锦州9-3油气田

1. 油气田概况

锦州9-3油气田位于辽东湾北部海域，距辽宁省葫芦岛市约53km，距锦州20-2凝析气田约22km（图9-21）。油气田范围内水深6.5～10.5m，常年最高温度34℃、最低温度-23℃，结冰期约90天。12月中旬至来年3月初有流冰出现。海况条件一般，海流较大，流向为北东—南西向。夏季多南或西南风，秋、冬季多为西北或东北风，7—10月主要受西南风影响，10—12月受北、西北或东北风影响。

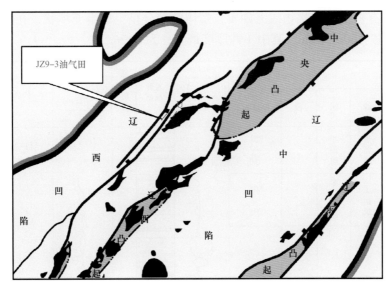

图 9-21　锦州 9-3（JZ9-3）油气田区域位置图

2.油气田地质特征

1）地层与沉积相

（1）地层。

经锦州 9-3 油气田区的钻井资料证实，该油气田地层层序与特点（图 9-22）如下。

① 第四系平原组：为一套上细下粗的正韵律沉积。上部为厚层黏土夹薄层散砂层，见少许白色蚌壳碎片及少量褐色轻变质木屑；下部为砂砾层夹黏土及厚层砂砾岩层，厚度 250～400m。

② 新近系明化镇组上段：顶部以泥岩为主，夹薄层含砾砂岩；中、下部以厚层含砾砂岩为主夹薄层泥岩。厚度 283～430m。

③ 新近系明化镇组下段：上部为厚层含砾砂岩与中厚层泥岩，呈不等厚交互层，自西向东泥岩厚度减薄，间夹少量薄层砂岩；下部为厚层砂砾岩，含砾砂岩间夹薄层泥岩，自西向东泥岩层逐渐加厚。厚度 292～350m。

④ 新近系馆陶组：以杂色砂砾岩与含砾砂岩为主，夹薄层泥岩。砾径 2～15mm，含砾量 40%～75%，部分小于 30%，成分主要为石英，次为长石、燧石、火山岩块等，次棱角—次圆状。厚度 290～350m。

⑤ 古近系东营组上段：上部以灰绿、暗灰绿、绿黑色泥岩为主，与砂岩互层；下部以灰白色、浅灰色、中灰色细粒砂岩为主，局部钙质胶结，与泥岩互层。厚度 157～350m。主体区略厚，东块略薄。

⑥ 古近系东营组下段（简称东下段）：顶、底部以厚层泥岩为主夹薄层砂岩；中部为砂泥互层段，其中中上部为油层段，钻井取心和壁心见油砂层。厚度 224～500m。

⑦ 古近系沙河街组一段（简称沙一段）：褐黑色泥页岩，橄榄灰色、灰褐色片状泥岩和中褐色至暗黄褐色隐晶质白云岩，偶见薄层砂岩。厚度 39～160m 不等，东块略薄。

⑧ 古近系沙河街组二、三段（简称沙二、三段）：上部发育有生物碎屑白云岩，隐晶质，砂状断口或不规则断口，粒屑含量不均，以棕黄色为主，其次为深灰色、浅灰色砂岩、泥岩等，螺、介形虫及一些难以定名的化石极为丰富，部分成礁块状，在螺体腔

内含有丰富的有机质和粒状物或泥砂质，螺体腔部分呈空或半充填状，孔隙极发育。见荧光显示。厚度160～542m，其中1井厚度最大，为542m。

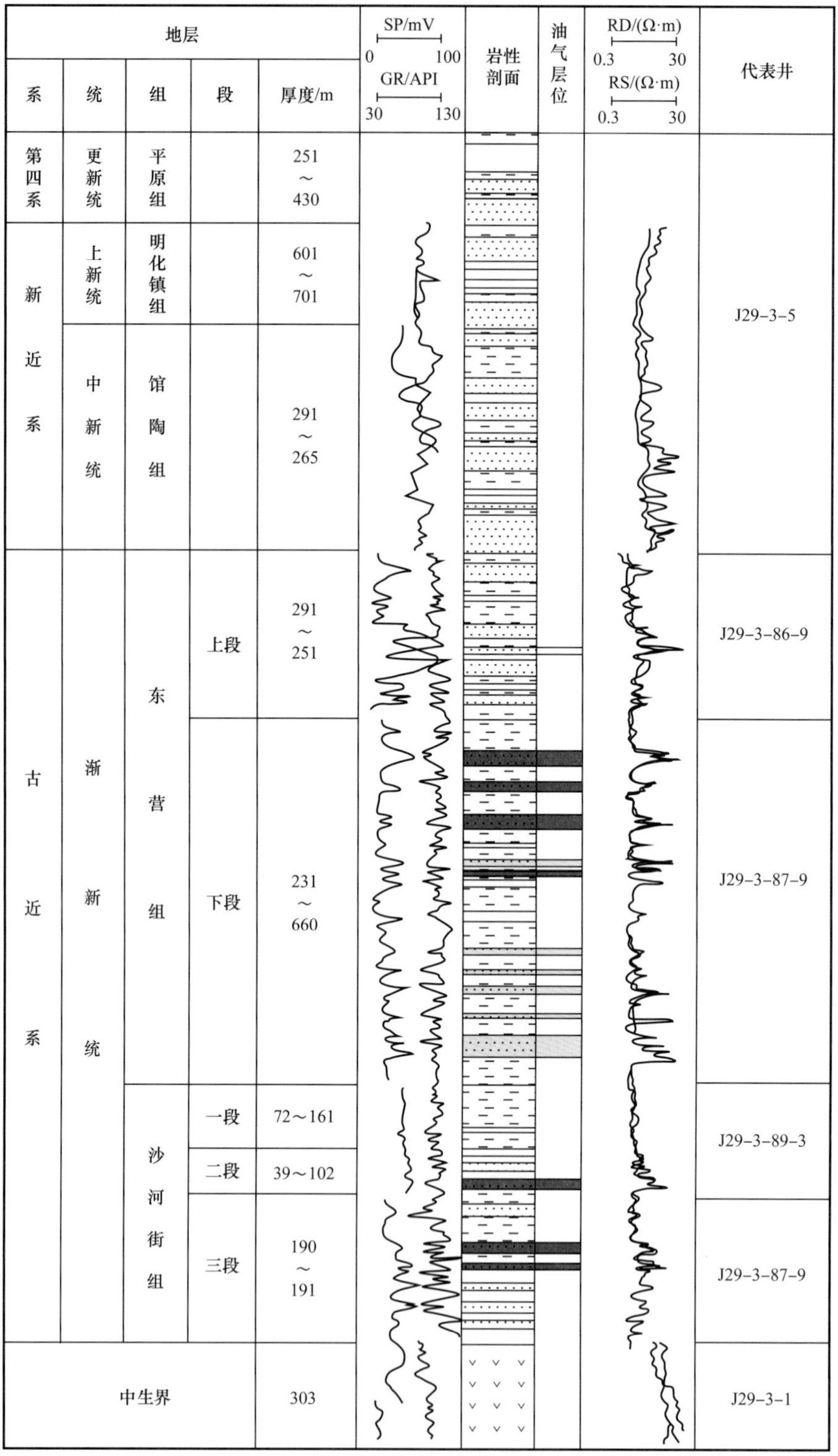

地层					SP/mV 0——100 GR/API 30——130	岩性剖面	油气层位	RD/(Ω·m) 0.3——30 RS/(Ω·m) 0.3——30	代表井
系	统	组	段	厚度/m				
第四系	更新统	平原组		251～430				J29-3-5
新近系	上新统	明化镇组		601～701				J29-3-5
新近系	中新统	馆陶组		291～265				
古近系	渐新统	东营组	上段	291～251				J29-3-86-9
			下段	231～660				J29-3-87-9
		沙河街组	一段	72～161				J29-3-89-3
			二段	39～102				
			三段	190～191				J29-3-87-9
中生界				303				J29-3-1

图9-22 锦州9-3油气田综合柱状图

⑨ 太古宇：为灰白色、灰色（少量肉红色）花岗岩，成分为石英、长石、少量黑云母及角闪石，细晶结构，块状构造，致密。风化较重，易碎。见荧光显示。厚度 56m。

锦州 9-3 油气田含油层属古近系。共有 10 个油层组。Ⅰ—Ⅹ 油层组均属东下段地层。油层组均为砂泥互层沉积，其中Ⅰ—Ⅲ 油层组砂岩分布较为稳定。

（2）沉积相。

早期研究认为，东营组下段沉积时期，锦州 9-3 地区存在两个方向的沉积作用，即北东向和正北向。第五到第三砂层组沉积时期水体较深，水域开阔，存在重力流沉积。第一、二砂层组沉积时期，辽东湾地区由于抬升和沉积充填作用，水体变浅，湖面开始收缩，三角洲异常发育。

通过对 1 井、2 井、5 井 100 多米岩心的深入分析，确定东下段第二、三砂层组由一套三角洲沉积物构成。结合测井、录井等有关资料，划分出三角洲前缘和前三角洲两个亚相，进一步将三角洲前缘亚相划分为水下分流河道、河口坝、远端沙坝和水道间湾 4 个微相，认为古水流方向为北偏东方向，在本区浅水中，形成向南西延伸的多期三角洲沉积，所形成的复砂层由下向上分布范围逐渐扩大。对单一砂层，由北东至南西，砂层变薄甚至尖灭，砂岩变细，泥质有所增加。其中主力油层特别是Ⅲ油层组岩性明显变粗，为含砾砂岩甚至砾岩，分选极差，大小不一，混杂在一起。结合测井、录井资料及岩心分析结果，认为所钻遇的储层应属扇三角洲沉积环境。经过与类似油气田储层对比，初步确定钻遇的砂砾岩为扇三角洲前缘亚相中的水道及前缘砂。

第二、三砂层组的古水流方向为北东—南西向，表明沉积体物缘方向为北东向，但在 7 井和 8D 井区，砂层有效厚度有自北向南变薄的趋势，说明整个区域总体上受北东—南西向水流控制，但 7 井和 8D 井局部受南北水流控制。两种沉积背景下形成的储集体叠置于主力油层段内，一类为三角洲沉积，另一类为扇三角洲沉积。其中，以三角洲储集体为主，该类储层主要分布于Ⅰ、Ⅱ 油层组及Ⅲ 油层组第一小层；以扇三角洲为辅，该类储集体主要分布在Ⅲ 油层组的 2、3 小层，其平面分布模式有待于进一步研究。主要储集体展布方向为北东—南西向，即由北东至南西储层厚度逐渐变薄，小层数也由多变少（图 9-23）。

沙三段储层为浊积扇沉积，该井主要发育扇中亚相的辫状沟道微相和滑塌重力沉积。

2）构造特征

锦州 9-3 构造位于辽西凸起北端，为北东向展布的狭长状断背斜构造。西北侧以一条北东走向的正断层为界，东南侧成斜坡状向辽西凹陷逐渐过渡，整个构造长 17km，宽 2.5km。构造东南侧发育一条北东走向的南掉正断层。构造顶部靠近西侧边界发育若干条平行于边界断层的次级小断层。

深、浅层构造特征基本一致。它的北西面是一条向北西下掉的正断层，与清水沟洼陷（属辽河油田）相接。该断层自西向东，由北东走向逐渐转为近东西向，复又转为北东东向，形成反"S"形。构造南面为斜坡向洼陷过渡，在斜坡部位有一顺向正断层，在断层下降盘形成滚动构造（锦州 15-4）。锦州 9-3 构造东段的 5 井区是一个被断层复杂化的断块区。

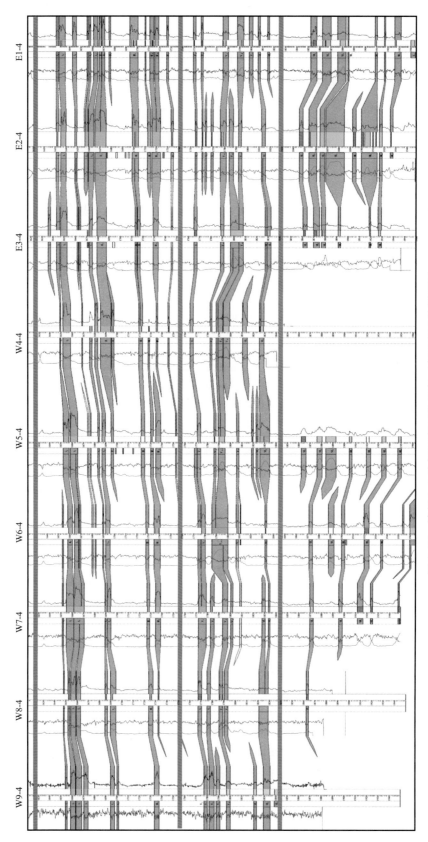

图 9-23 锦州 9-3 油气田东下段北东—南西向连井剖面图

锦州 9-3 油气田西北侧边界断层是一条形成于前新生界，至馆陶组及明化镇组沉积时期仍在活动的同生断层。断层活动强烈期为沙河街组沉积时期及东营组沉积时期。受主断层影响，主断层上升盘形成若干条与主断层斜交的次生断层。平面上形成若干个菱形小断块，使边界断层附近构造特征复杂化。因此，边界断层一定程度上控制着锦州 9-3 油气田的形成。

平面上，边界断层附近仍然是构造的最高部位。向东南方向，构造主体呈斜坡状向凹陷逐渐过渡。纵向上，由于潜山构造形态对东下段深层（Ⅹ、Ⅸ、Ⅷ、Ⅶ、Ⅵ、Ⅴ油层组）构造影响较大，油气田主体构造变化幅度相对较大，出现多个局部构造高点，使各构造层平面形态差异化，在东下段深层形成有利于油气聚集的局部圈闭。构造发育晚期（Ⅲ、Ⅱ、Ⅰ油层组发育时期），本区沉积水体逐渐变浅，由于受大规模的三角洲、扇三角洲沉积充填补偿以及构造活动双重因素影响，浅层构造平面均一化，局部高点基本消失（图 9-24）。

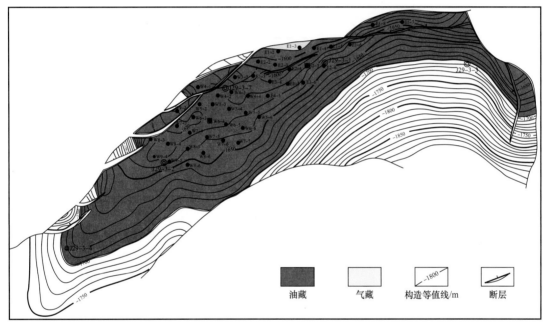

图 9-24　锦州 9-3 油气田东下段 Ⅰ 油层组顶面构造图

3）储层特征

通过铸体薄片鉴定和扫描电镜观察，发现东下段油层的储集空间可分为 4 类 8 种，即粒间孔、颗粒溶孔、胶结物溶孔和裂缝，以粒间孔为主。粒间孔包括原生粒间孔和次生粒间孔。原生粒间孔具有孔隙较大、连通性好、数量多等特点，是主要的储集空间。

样品分析结果表明，物性分布范围较广，孔隙度值较高，主要集中在 27%～31% 之间；渗透率中等偏低，在 100～500mD 间形成高峰，在 1～5mD 间形成一个小峰。经回归分析，孔隙间具有相关性（图 9-25），但由图上可见孔隙度一定时，渗透率变化较大。东下段砂岩毛细管压力曲线形态具分选较好、歪度中等偏粗的特征。排驱压力（0.02～2.5MPa）和饱和度中值压力（0.08～10MPa）大多偏小，进汞量（70%～90%）

较高。孔喉分布范围较广，从 100μm 到 0.02μm 均有分布。分布特征常为单峰状，主峰多在 10μm 到 1μm 间，少数双峰状。

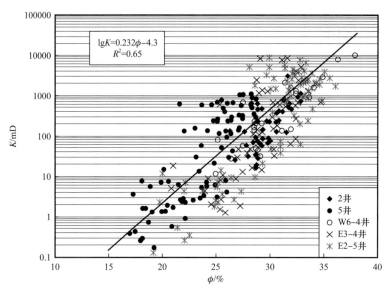

图 9-25　锦州 9-3 油气田东下段孔隙度、渗透率关系图

4）油气藏类型与特征

（1）油气藏类型。

油气田主体范围内，Ⅰ、Ⅱ油层组为构造油藏，Ⅲ、Ⅳ油层组为受岩性和构造共同控制的油藏，Ⅴ油层组为受储层分布控制的岩性油气藏，Ⅵ油层组是受构造控制的块状油气藏，Ⅶ油层组推测是受岩性和构造共同控制的气藏。按油水关系和流体性质分，Ⅰ—Ⅳ油层组为多油水系统、未饱和重质油藏，Ⅴ、Ⅵ油层组为带气顶的重质油藏，Ⅷ油层组为气藏。综上所述，锦州 9-3 油气田主体范围内，Ⅰ—Ⅳ油层组为多油水系统、受构造控制、断层和岩性影响的层状砂岩、未饱和重质油藏（图 9-26）。东块为复杂断块油藏。

（2）油气水系统。

锦州 9-3 油气田具有多个油气水系统。主力油层组Ⅰ、Ⅱ油层组和Ⅲ、Ⅳ油层组分属两个油水系统，油水界面海拔分别为 -1700m 和 -1760m。Ⅴ油层组内油层，推测是多个小砂体叠合连片的产物，分布于 1 井和 7 井之间的区块，确切的油水界面尚不清楚。Ⅵ油层组内油气层，在 8D 井中钻遇，是一独立的油气水系统，其中，气油界面为海拔 -1795m，油水界面为海拔 -1803m，油气层主要分布于 8D 井和 7 井之间的构造高部位。Ⅶ油层组内气层，受岩性和构造共同控制，流体界面尚不清楚，主要分布在 8D 井附近的构造高部位。

（3）流体性质。

①地面原油性质。

锦州 9-3 油气田原油为低凝点、中等黏度的重质原油。在油气田主力油层（Ⅰ—Ⅳ油层组），地面原油密度为 0923～0951g/cm³，地面原油黏度为 41.9～181.5mPa·s，原油凝点为 -35～-22℃。

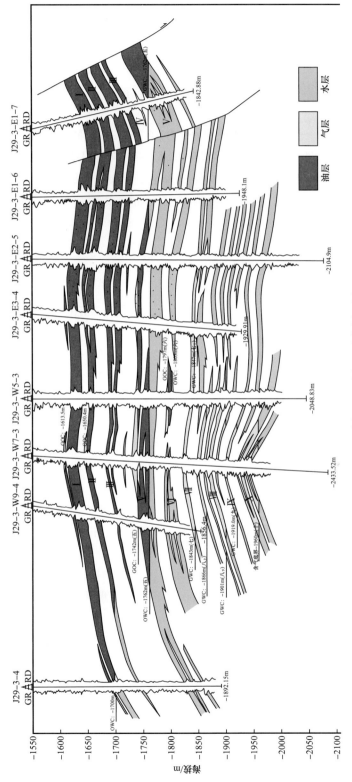

图 9-26 锦州 9-3 油气田油藏剖面图

从平面上看，8D井的地面原油性质比1井和2井的好；从各井所处的构造位置上看，8D井高于1井和2井；从所钻遇的储层埋深与脱气原油的密度和黏度的关系可明显看出，在相同油层组下，构造高部位的原油性质好于构造低部位的原油性质。

② 地下原油性质。

在不同油层组中，8D井均取有PVT样。与1井和2井的分析结果相比较，8D井的地下流体性质也好于1井和2井，主要表现在溶解气油比、原油体积系数相对较高，地下原油黏度低等方面。

锦州9-3油气田Ⅰ—Ⅳ油层组地层压力为16.26～16.83MPa，饱和压力为13.30～15.10MPa，地饱压差较小，为1.75～3.13MPa，是一个未饱和油藏。油藏地下黏度较低，其范围在7.0～26.0mPa·s之间，平均值为16.9mPa·s，油气田溶解气油比变化范围较大，从2井区的35m³/m³变化到8D井区的4335m³/m³，相对应的体积系数分别为1.091和1.100。

③ 天然气性质。

天然气以轻组分为主，甲烷含量在90%以上。

④ 地层水性质。

地层水总矿化度变化范围在6401～9182mg/L，水型为$NaHCO_3$型。

（4）温度和压力。

据1井、2井、7井、8D井试油时地层测试所取得的压力数据与静水柱压力比较，可以看出油层压力与静水柱压力相当，属于正常压力系统。油层温度梯度为3.1℃/100m，属正常的温度系统。

（5）储量。

1990年向国家储量委员会申报含油面积18.9km²，基本探明石油地质储量3080×10⁴t，并获得批准。

3. 油气田勘探开发简况

锦州9-3油气田开发方案于1997年11月启动，1999年5月完成开发井的钻井工作，共建设生产平台2座，共钻井47口，其中生产井34口、注水井9口、气源井2口、水源井2口。

1999年11月油气田正式投产，产油井41口，其中7口注水井先期排液，注水井2口准备注水。油气田采用注水方式开发，2000年第一口注水井注水，截至2007年12月，油气田共有生产井33口，核实年产油57.1×10⁴m³。

二、锦州20-2凝析气田

1. 气田概况

该气田位于渤海东北部辽东湾海域，北距辽宁省锦州市80km，距最近海岸50km。该气田所处的海域范围，水深16～20m，最大流速3.5kn，流向35°～215°；6级以上的大风期每年150天，最大风速32～41m/s，常风向SSW，强风向N和SSW；每年结冰期90天，冰厚1.2m，最大流冰速度1.9m/s。一到冬天，本区为冰封区，海上供应、维持平台作业和生产都会遇到许多困难（图9-27）。

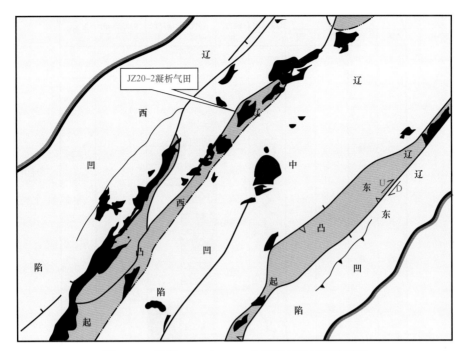

图 9-27　锦州 20-2（JZ20-2）凝析气田区域位置图

2. 气田地质特征

1）地层和沉积相

（1）地层。

锦州 20-2 构造钻井揭示的地层自上而下为第四系平原组，新近系明化镇组、馆陶组，古近系东营组、沙河街组，中生界及元古宇（图 9-28）。地层层序及特征如下：

① 第四系平原组：黄褐色、灰色黏土夹砂层，底部为砾岩层。厚 391～421m。

② 新近系明化镇组：灰绿色泥岩与灰白色砂岩不等厚互层，以砂岩为主，砂岩含砾。厚 607～662m。

③ 新近系馆陶组：厚层砂砾岩夹薄层泥岩，底部为砾岩层。与下伏地层呈不整合接触。测井曲线显示为明显的高阻段。厚 320～407m。

④ 古近系东营组上段：绿灰色泥岩与浅灰色砂岩不等厚互层。全段大致可分为上、中、下三个砂层组，其中下部砂层组最稳定，各井间对比性好，是主要含油层段之一，厚 307～381m。

⑤ 古近系东营组下段：岩性单一，以绿黑色泥岩为主。富含介形类和孢粉化石，与区域古生物资料可对比。藻类化石含量高达 19%，说明这一时期沉积环境为半深湖。厚 324～530m。

⑥ 古近系沙河街组一段：上部为灰色、褐灰色泥岩及油页岩夹薄层白云岩，下部为粒屑白云岩，富含生物化石。该段是重要含气层，厚 27～57m。

⑦ 古近系沙河街组二段：上部为粒屑白云岩，白云质砾岩，含生物化石；下部为砾岩层。该段是主要含油气层之一。岩性变化大，分布不均匀，局部缺失。厚 0～67m。

⑧ 古近系沙河街组三段：上部为灰色泥岩和粉砂质泥岩，底部为砾岩，砾石成分以玄武岩为主。钻遇厚度 0～51m。

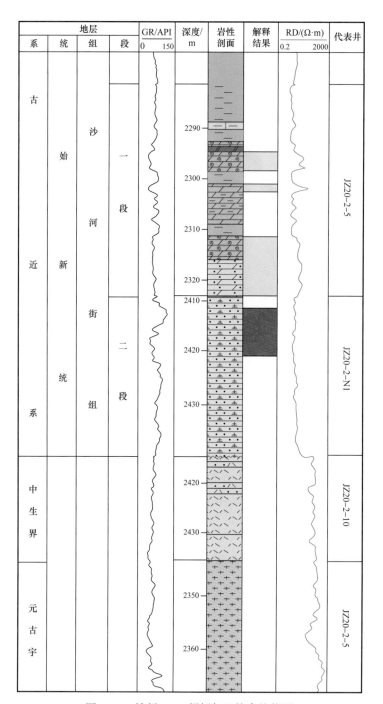

图 9-28　锦州 20-2 凝析气田综合柱状图

⑨ 中生界：为玄武岩、泥岩、凝灰岩和安山岩等复杂岩性组合，与上覆地层为区域性不整合接触。中生界岩性复杂，岩性变化大，局部剥蚀严重，造成不同岩性与古近系地层接触。

⑩ 元古宇：肉红色及灰黑色花岗片麻岩，镜下鉴定为混合岩。混合岩中见基性火山岩脉穿刺现象，地层未钻穿。元古宇仅在西高带 3 井及 5 井区出露；中生界火山岩主要分布于东高带，在西高带构造低部位也有分布，但厚度不大；沙二段主要分布于构造的

低洼处；沙一段分布相对稳定，范围广；东上段在构造范围内分布稳定。

（2）沉积相。

锦州20-2凝析气田基底由元古宇混合花岗岩和中生界火山岩组成，上覆新生界，主要含油气储层为发育于沙河街组二段和一段的生物碳酸盐岩。沙河街组和东营组的沉积特征与渤海地区具有统一性，沙河街组二段和沙河街组三段地层特征与其邻区及辽河陆地油气田则有较大差别，这个时期锦州20-2地区有其独特的沉积特征。沙河街组的沉积环境为凸起上受地貌制约、以浅湖为主且具有一定程度半封闭条件的碳酸盐岩盆，相对两侧凹陷而言，又具备台地特征；沉积物为由外来陆屑、盆内碳酸盐岩碎屑和少量火山碎屑构成的具充填性质的重力流沉积；物源来自凸起暴露于水体之上的基岩风化产物。

沙河街组三段分布局限。沙三段沉积早期，在重力作用下，沉积物以密度流形式搬运入湖，在搬运沉积过程中侵蚀、干扰了正常碳酸盐岩沉积，属主水道沉积；后期以细粒级的正常碳酸盐岩类沉积告终。

沙河街组二段沉积时期，区域整体下沉，锦州20-2地区大部分接受了沙二段的沉积。沙二段沉积主要为正常沉积与非正常沉积即静止期与活动期的交替更迭，所形成的储层岩性较复杂，静止期形成低能碳酸盐岩沉积，活动期则形成较强侵蚀能力的密度流体，在能量衰减时堆积下来。

沙河街组一段沉积早期是沙二段沉积环境的继续，具充填性质的重力流沉积一直延续到沙一段沉积中期结束，形成了区域上的浅湖或湖相台地，后期以生物灰岩、油页岩等特殊岩性沉积而告终。

东营组自下而上经历了"半深湖—滨浅湖—河流相"的演化过程。

沙河街沉积时期（渐新世）具有台地沉积特征，沉积建造包括碎屑砾岩相、碳酸盐岩相和泥岩相。沙三段沉积时期，台地大部为水上剥蚀区，湖水逐渐浸漫到台地边部和台内低洼地带，早期形成重力流水道沉积，晚期出现湖相泥岩沉积；沙二段沉积时期，台地大部置于浅至极浅水中，少数岛丘露出水面，受区域性构造运动控制，形成正常碳酸盐岩沉积与碳酸盐岩条件下重力流沉积的频繁交替；沙一段沉积早期，台地全部没于浅水之中，趋于台坪化，沉积了一套典型的台坪相碳酸盐岩，中后期台坪向坳陷演化，出现泥坪相。

2）构造特征

锦州20-2构造为在潜山背景上发育起来的古近系披覆背斜构造，构造呈北东走向，有南、中、北三个高点。潜山由中生界和元古宇地层组成。构造西部依附了辽西凸起西侧大断层。构造范围内还发育有多条与构造走向近似平行的次级断层（图9-29），然而这些次级断层一般对气藏不起分割作用。

3）储层特征

锦州20-2凝析气田储层由4种地层和多种岩性组成，涉及沉积岩、火山岩和变质岩，沉积岩中既有碎屑岩，也有碳酸盐岩。

储集性质差别大，储集空间类型多，既有原生孔隙，也有次生孔隙，还有构造裂缝。储层物性以高—中孔隙度和中—低渗透率为特征。综合以上特点，把储层分成3类，其中Ⅰ类为好储层，以东上段和沙上段储层为主；Ⅱ类储层中等，多分布在沙二段；Ⅲ类最差，主要为中生界和元古宇基质。

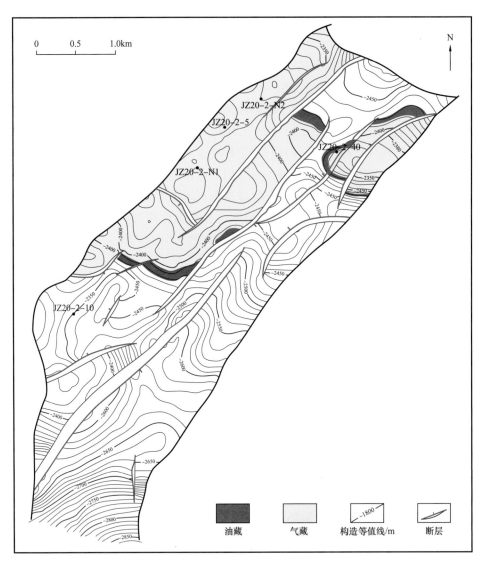

图 9-29 锦州 20-2 凝析气田沙河街组构造图

东营组上段储集岩主要为长石细粉砂岩，孔隙度平均值达 31.2%，平均渗透率为 198mD。

沙河街组储层岩性为陆屑、生物屑白云岩、白云质砾岩和砂砾岩，储集空间主要是溶蚀孔隙和晶间孔。生物屑白云岩储层较好，富含螺等化石，发育生物体腔孔，主要分布在沙一段，有时在沙二段也能遇到，如 6D 井区，岩心分析孔隙度平均值为 24.9%，平均渗透率为 149mD。陆屑白云岩或白云质砾岩储层性质明显变差，这类储层主要分布在沙二段。

中生界储层岩性为安山岩、玄武岩、凝灰岩和凝灰质角砾岩，储集空间以裂缝和溶蚀孔洞为主，平均孔隙度为 11.2%，平均渗透率为 0.21mD。

元古宇混合岩的储集空间主要是裂缝、溶蚀孔洞和溶蚀缝。岩心分析孔隙度和渗透率都很小。根据 3 井和 5 井压力恢复曲线资料，求得有效渗透率值分别为 93mD 和 0.72mD，说明混合岩本身储层性质很差，但在裂缝发育的地方仍可以成为好储层。

东上段砂层分布稳定，井间对比关系好。沙一段储层在中高点东侧较大范围内缺失，预测北部沙一段分布较广。沙二段分布较局限。中生界储层与风化壳关系密切，物性表现为孔隙度中等，渗透性极低。整个气田孔隙度变化大，为 0.1%～35%，渗透率偏低，大多数低于 100mD，各套储层的物性差别较大。储层微观特性表现为孔隙度结构较差。毛细管压力曲线形态多数为细歪度、分选差的情况，特征参数具有"两高一低"的特点，即高排驱压力、高饱和度中值压力和低最大进汞量。

4）油气藏类型与特征

（1）流体性质。

锦州 20-2 凝析气田凝析油密度为 0.75～0.76g/cm³，50℃黏度小于 1mPa·s，凝点 -6～2℃，胶质和沥青质含量 0.65%～1.47%，含硫量 0.01%～0.05%。

凝析气藏油密度 0.842～0.846g/cm³，黏度 4.95mPa·s，含蜡量 9.6%～13.6%，凝点 17～26℃。

东营组原油密度 0.883～0.919g/cm³，黏度 14.8～40.4mPa·s，凝点 0～6℃，含蜡量 7.9%～15%。

凝析气干气相对密度为 0.649～0.6123，甲烷含量 83.7%～90.6%。

油层溶解气相对密度为 0.6022，甲烷含量 91.5%。

地层水属 $NaHCO_3$ 型，总矿化度 2646～11031mg/L。

油藏地层流体性质分析表明，东营组原油密度和黏度比较大，气油比低；元古宇和中生界油层则相反，它们的饱和压力都接近于地层压力；中高点元古宇油层和中生界油层流体性质非常接近，推测它们处于同一个油藏内。

沙河街组气藏是一个典型的凝析气藏。露点压力接近于地层压力，推断是一个具有油环的凝析气藏，钻井证实了油环的存在。分析各井的井流物含量，C_1 的含量为 80%～86%，从南高点到北高点逐渐增加；C_{7+} 含量为 2.47%～4.26%，凝析油含量 172～251g/m³，由南高点到北高点逐渐减少。气油比 2852～4275m³/m³，从南高点到北高点逐渐增加。

（2）储量。

锦州 20-2 凝析气田于 1987 年向全国矿产储量委员会申报基本探明地质储量（Ⅲ类）天然气 135.4×10⁸m³、凝析油 332.7×10⁴t，原油 452×10⁴t 和溶解气 5.93×10⁸m³ 并获得批准。

3. 气田勘探开发简况

锦州 20-2 凝析气田发现于 1984 年，1987 年完成储量评价并向国家申报基本探明地质储量后转入开发，可划分为以下 3 个阶段。

1）第一阶段（1980—1985 年）：发现阶段

辽东湾地区在 1980 年已先后开展了航磁、重力及地震工作，并钻区域探井 1 口（辽 1 井），基本搞清了新生代沉积盆地的范围、次一级构造单元的分布规律以及区域地质演化特征，证实辽东湾是一个油气资源十分丰富的有利勘探领域。1984 年以前锦州 20-2 地区完成了测网为 2km×2km 24 次叠加的二维地震采集、处理和解释工作，初步掌握了构造轮廓。为进一步落实构造细节，1984 年进行了 1km×1km 48 次叠加的地震采集工作并部署钻探 JZ20-2-1 井。

2）第二阶段（1985—1988年）：滚动评价阶段

为进一步落实气田构造内幕并开展细致的油藏评价工作，从1985年至1988年，相继部署了5700km²的三维地震并钻了9口评价井。

1985年，完成了构造范围内的二维地震解释，同时采集三维地震资料，新钻评价井3口（2、3和4井）。在东营组、沙河街组、中生界及元古宇等多套地层中获得油气流，从而确认锦州20-2凝析气田是一个多含油气层位、多油气藏类型、以凝析气为主同时又有原油的复式油气田。

1987年，通过5700km的三维地震资料解释，对气田的构造特征开展了进一步的研究，新钻4口评价井（5、6D、7D和9D井）。根据三维地震解释结果，结合8口探井和评价井资料，对气田进行了全面评价，同年8月向全国矿产储量委员会申报了天然气的基本探明级地质储量。

3）第三阶段（1989年至今）：开发生产阶段

1989年气田总体开发获得中华人民共和国能源部批准，第二年开工建设。新钻6口开发井，加上3口探井回接成生产井，气田投产后，气井生产能力旺盛，单井平均日产气$20 \times 10^4 m^3$。1997年实施二期工程，中南平台于当年建成投产。2005年三期工程实施，北高点钻2口开发井，北平台投产。

三、锦州25-1/锦州25-1南油气田

1.油气田概况

锦州25-1/锦州25-1南（JZ25-1/JZ25-1S）油气田位于渤海辽东湾中部海域，东经120°55′—121°15′，北纬40°09′—40°30′，油气田范围内平均水深23.0～26.4m，所处海域在冬季有海冰覆盖。区域上，锦州25-1/锦州25-1南构造主体位于辽西凸起中北段，西侧紧邻辽西凹陷中洼，东南呈缓坡向凹陷过渡，毗邻辽中凹陷中、北洼，处于油气富集的有利位置。

2.油气田基本特征

1）地层与沉积相

（1）地层。

钻井在锦州25-1地区主要揭示的地层自上而下依次为：第四系平原组，新近系明化镇组、馆陶组，古近系东营组、沙河街组，太古宇（图9-30）。含油层系主要发育于古近系沙河街组和太古宇片麻岩裂缝及溶蚀孔洞中。

（2）沉积相。

区域沉积相研究认为，古近系沙二段沉积时期，在辽东湾地区主要以辫状河三角洲沉积为主，局部发育扇三角洲沉积。锦州25-1南/锦州25-1地区沙河街组沉积古物源主要受古绥中水系影响，发育辫状河三角洲前缘沉积。

根据岩心描述、地质化验、地震相分析、测井相分析，砂岩以中—细砂岩为主，颗粒分选中—好，磨圆度为次棱角—次圆状，岩石成分成熟度较低；砂体中发育丰富的层理类型，包括楔状交错层理、平行层理、斜层理和波纹交错层理、粒序层理；泥岩颜色较深，多呈灰—褐灰色。

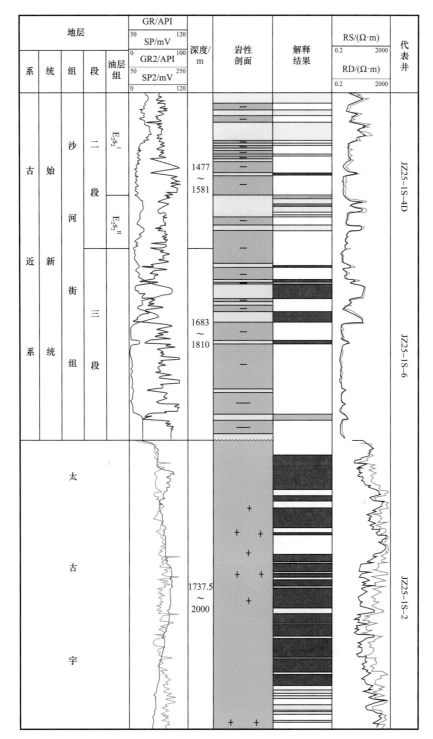

图 9-30　锦州 25-1 南油气田综合柱状图

综合上述特征可见，锦州 25-1/ 锦州 25-1 南油气田沙二段为辫状河三角洲前缘沉积。油气田范围内，主要有来自西南、西、北三个方向的物源，沉积受古地貌与物源的双重控制，主要发育水下分流河道、水下溢岸、水下分流间湾、河口坝、席状砂等微相类型。

2）构造特征

（1）断裂特征。

锦州 25-1 构造处于辽西凸起北部倾没端。辽西 1 号断层将该构造分为东西两盘，西盘断层发育，东盘断层不发育。北东向的辽西 1 号断层纵穿该构造区，西盘受其影响形成了一系列近东西向伴生断层，致使构造区内断裂较为发育。锦州 25-1 南构造范围内主要发育伸展构造活动成因的正断层。

锦州 25-1 南 / 锦州 25-1 油气田断层大体可以分为三个级别：油气田边界大断层、油气田主体区分块断层、小断层（沙河街组内部小断层）。油气田边界大断层为长期继承性发育大断层，对油气田构造形成具有控制作用，构成了油气田的边界；油气田主体区分块断层为早期形成的断层，在构造活动晚期没有进一步的发育，部分断层断距较大，具有封堵性，控制了油气田形成多个断块；小断层主要为沙河街组内部发育的小断层，对储层没有控制作用，主要为层间小断层。

（2）圈闭特征。

锦州 25-1 构造沙河街组主体区位于辽西 1 号断层的西盘，局部包含多个构造高点（图 9-31）。6、11 井区构造总体为被断层复杂化的、地层向南倾的断鼻圈闭；10D、14 井

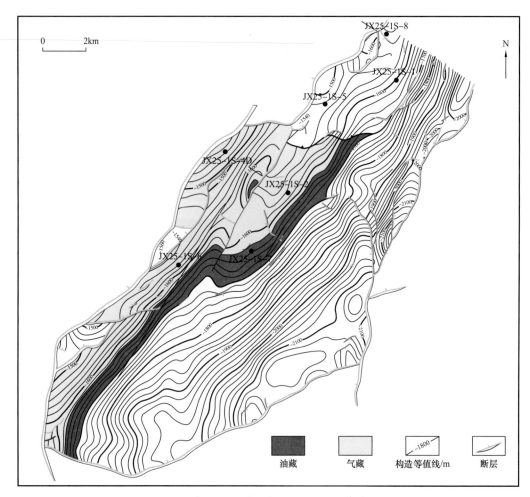

图 9-31　锦州 25-1 南油气田沙河街组二段构造图

区构造总体为控圈断层上升盘的断背斜圈闭，地层东倾；3、15 井区构造总体为辽西 1 号断层下降盘的断背斜圈闭，地层西倾。16 井区为辽西 1 号断层上升盘的一个断背斜构造。

锦州 25-1 南构造为一个被断层复杂化的断背斜，走向近北东向，构造圈闭面积较大，被断层分割为东、西两个高带，而两个高带内发育的多条小断层又分别把东、西两个高带分割为多个断块圈闭。沙河街组西高带被断层分割为三个断块，分别为 3 井区、6 井区和 4D 井区，而沙河街组东高带为一受构造和岩性双重控制的构造岩性圈闭。太古宇潜山同样被断层分为东、西高带，西高带被断层分割为 3 井区、6 井区和 4D 井区，而东高带被断层分割为 4 个断块，分别为 2/7 井区，5 井区、5 井东区及 1/8 井区。

3）储层特征

（1）储层岩性。

沙河街组：根据岩心、壁心描述及薄片鉴定，沙河街组储层主要为细—中粗粒长石岩屑砂岩或岩屑长石砂岩，颗粒分选中—好，磨圆度为次棱角—次圆状。岩石成分成熟度较低，石英含量 8%～45%，平均 26.7%；长石含量 5%～49%，平均 36.8%；岩屑含量 15%～47%，平均 33.1%。填隙物主要为菱铁矿及高岭石，含量一般小于 10%。X 射线衍射分析显示，储层黏土矿物以伊 / 蒙混层和高岭石为主，另有少量伊利石和绿泥石（图 9-32）。

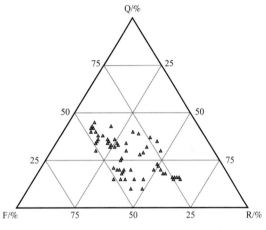

图 9-32　锦州 25-1 油气田沙二段岩石分类三角图

太古宇：对锦州 25-1 南太古宇潜山油藏 8 口评价井钻井取心和旋转井壁取心的 144 块岩石薄片鉴定分析表明，该区太古宇变质岩油藏储层由一套区域变质岩和受构造作用改造的碎裂变质岩组成。岩性以片麻岩和碎裂岩为主，夹少量二长花岗岩、黑云母花岗岩、片麻状花岗岩等岩脉。

主要矿物成分包括斜长石（25%～55%）、钾长石（25%～50%）和石英（10%～35%），次要矿物为黑云母和角闪石（1%～25%），副矿物以磷灰石最为常见。薄片定名常见黑云二长片麻岩、角闪黑云二长片麻岩、黑云斜长片麻岩等，具有明显碎裂结构的为碎裂岩。片麻岩多呈浅灰色、深灰色、中—粗粒片状、粒状变晶结构及弱片麻状构造。储集空间主要是裂缝、溶孔和微裂缝。其中构造裂缝最为发育，其次为碎裂质的粒间孔隙和溶蚀孔隙。孔隙度变化较大，渗透性非均质性强，储层具有明显的双重孔隙介质特征。

（2）储层物性。

潜山储层物性的特征主要受到半风化壳结构的控制，半风化壳上段和下段所受到的影响因素不同，导致了半风化壳上段与下段之间储集物性的差异。半风化壳上段和下段裂缝储层的发育同时受到物理风化与构造作用的影响。

半风化壳上段受到风化作用强，形成的风化产物主要是黏土矿物，以及方解石、白云石、黄铁矿、菱铁矿和硬石膏等，风化产物在原地堆积充填裂缝，使得半风化壳上段储层物性变差。而半风化壳下段由于埋藏较深，风化作用较弱，原来开启的构造裂缝保存，从而形成物性良好的有利储层。

对半风化壳上段的储集物性分析表明，锦州 25-1 南 / 锦州 25-1 油气田各井半风化壳上段的测井解释的孔隙度约为 10%，而渗透率变化大，显示出很强的非均质性，JZ25-1S-4D 井和 JZ25-1S-8 井渗透率大部分数值在 0.1mD 左右，JZ25-1S-2 井和 JZ25-1S-7 井部分层段可达到 100mD 以上。半风化壳下段主要为裂缝，孔隙度略小于上段，测井解释平均孔隙度为 5.9%，渗流性较好，试井渗透率在 97～927mD（图 9-33）。

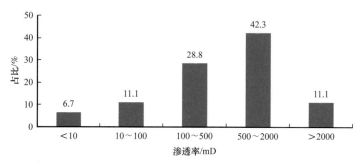

图 9-33　锦州 25-1 南油气田沙河街组渗透率分布特征

4）油气藏类型与特征

（1）油气藏类型。

沙河街组油气藏类型以层状构造油气藏为主，局部发育岩性—构造油气藏和岩性油（气）藏。太古宇潜山各高带内部具有统一的流体系统，整体为一块状体，结合储层发育特征，通过与相似油气田类比，综合判断太古宇潜山油藏类型为块状油藏（图 9-34）。

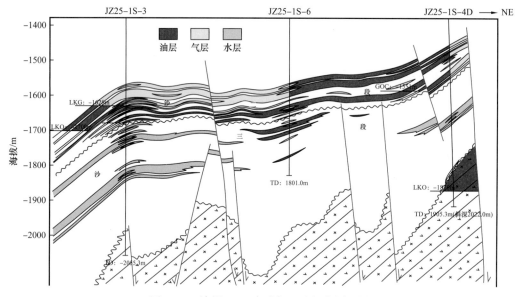

图 9-34　锦州 25-1 南油气田油气藏剖面图

（2）流体性质。

沙二段地面原油为轻—中质原油，具有黏度低、胶质沥青质含量中等、含硫量低的特点，其中沙二段Ⅰ油层组原油凝点及含蜡量相对较高，Ⅱ、Ⅲ油层组原油凝点低、含蜡量低。在 20℃条件下，地面原油密度为 0.840～0.922t/m³，锦州 25-1 油气田相对更好；在50℃条件下，地面原油黏度为3.65～36.39mPa·s，含硫量为0.08%～0.24%，含蜡量为1.23%～16.76%，胶质为4.91%～18.48%，沥青质为1.38%～10.31%，凝点为–35～23℃。

太古宇潜山地面原油性质具有密度中等、黏度低、胶质沥青质含量中等、凝点低、含蜡量及含硫量低等特点。在20℃条件下，地面原油密度为0.864～0.901t/m³；在50℃条件下，地面原油黏度为6.50～16.00mPa·s，含硫量为0.13%～0.18%，含蜡量为1.57%～8.69%，胶质为5.17%～8.15%，沥青质为1.45%～6.01%，凝点为–35～4℃。

（3）温度与压力。

根据FMT测压和DST测试资料，锦州25-1南油气田油藏压力梯度为0.7～0.9MPa/100m，气藏为0.1～0.2MPa/100m；压力系数油藏1.016～1.028，气藏1.023～1.128；地温梯度3℃/100m，为正常温压系统。锦州25-1油气田压力系数1.01，压力梯度为1.03MPa/100m，温度梯度为3.3℃/100m，亦为正常温压系统。

（4）储量。

锦州25-1南/锦州25-1油气田原油三级地质储量16188.77×10⁴t；天然气三级地质储量186.51×10⁸m³。其中探明地质储量原油12610.26×10⁴t、天然气168.13×10⁸m³、凝析油127.91×10⁴t、溶解气119.22×10⁸m³；控制地质储量原油3089.14×10⁴t，溶解气23.17×10⁸m³、天然气18.38×10⁸m³，凝析油12.4×10⁴t；预测地质储量原油605.66×10⁴t、溶解气3.39×10⁸m³。锦州25-1南/锦州25-1油气田是一个油藏埋深相对集中、原油密度低、低含硫、高产能、中等储量丰度的大型海上油气田。

3. 油气田勘探开发简况

锦州25-1地区的油气勘探工作始于20世纪50年代末，至今勘探与开发评价工作大致经历了5个阶段：

1）第一阶段（1959—1986年）：区域勘探阶段

1959—1977年，该区主要进行了重磁和模拟地震勘探，1978—1980年进行了测网密度为2km×2km的数字地震勘探。

1986年，完成2620km二维地震资料采集（测网密度1km×1km）。在此资料基础上，对古近系沙一段底（T₀）和新生界底（T₀）进行了手工解释成图，结合油气田地质研究成果，确定沙河街组与太古宇具有形成大中型油气藏的优越石油地质条件。

2）第二阶段（1986—2003年）：预探阶段

2001年12月至2002年1月，对1986年采集的二维地震资料进行了重新处理，方法为叠前时间偏移。根据处理后的二维资料，对该构造进行了重新解释，编绘了比例尺为1:25000的古近系沙一段底和新生界底的深度构造图。

2002年7月中旬，在构造的东北部完钻第一口探井JZ25-1S-1井。该井完钻井深1960m，完钻层位太古宇。根据测井资料，在沙二段及太古宇潜山分别解释油层20.3m和76.1m。经DST测试，太古宇潜山获日产油365.8m³，日产气19664m³，从而发现了锦州25-1南油气田。

2003年3月在东高带JZ25-1S-1井西南侧约5km处完钻评价井JZ25-1S-2井。该井完钻井深2024m，完钻层位太古宇，在沙二段及太古宇潜山分别钻遇16.0m气层和114.1m油层，经DST测试，在上述两个含油层系分别获最高日产气256353m³及日产油

357m³。同年5月在西高带完钻评价井JZ25-1S-3井，在沙二段钻遇较厚油气层（33.7m气层和8.6m油层），并获得较高油气产量。两口评价井进一步证实了古近系沙河街组沙二段及太古宇是本油气田的主力含油气层系。

3）第三阶段（2003—2005年1月）：评价阶段

为了进一步落实油气田构造形态及储量规模，2003年6—12月在该区进行了433.30km²三维地震资料的采集和处理，并对沙一段底、沙二段底、新生界底3个地震反射层进行了精细解释。在此基础上，2004年4—8月又先后在该构造主体区完钻了5口评价井，即JZ25-1S-4D、JZ25-1S-5、JZ25-1S-6、JZ25-1S-7、JZ25-1S-8井，5口井均有油气发现。

2004年6月，在2003年采集处理的三维地震资料的基础上，结合以上8口井的钻井成果，精细描述了沙二段Ⅰ油层组、Ⅱ油层组两个油层组顶面，沙二段底面及新生界底面的构造形态和断层发育特征；利用各类基础资料综合分析了油气田地质模式和油气藏特征，系统地确定了各项储量参数。锦州25-1南油气田于2005年1月完成储量评价。

4）第四阶段（2005年1月—2008年2月）：油气田ODP编制阶段

2007年6月完成了锦州25-1南油气田总体开发方案。锦州25-1南油气田ODP方案共建三座（A、B、C）平台，分三期投入开发。以全面动用探明地质储量为开发原则，定向井加水平井、分三套层系进行开发，其中沙河街组油气藏以衰竭方式开发，太古宇潜山油藏注水开发，设计总井数61口，其中油井41口、气井8口、注水井8口、水源井兼生产水回注井1口、开发兼评价井3口。为了加快完善锦州25-1南油气田的开发方案编制工作，ODP方案提出尽早实施位于B平台（JZ25-1S-3井区）范围内的两口开发兼评价井，以落实西高带沙二段Ⅰ油层组油环的储量规模。

2007年年中，完成了锦州25-1南油气田西高带开发兼评价井JZ25-1S-9井的井位设计。该井于2007年9月完钻，未钻遇油层，经向高部位侧钻后，JZ25-1S-9s井钻遇油层，证实了西高带沙二段Ⅰ油层组油环的存在。2007年10月申报西高带3井区沙二段Ⅰ油层组新增探明含油面积3.58km²，探明原油地质储量409.23×10⁴t。2008年2月完成B平台补充方案申报工作，新增加6口油井和1口水源井，同时将B平台实施时间提到一期与A平台一起实施。

5）第五阶段（2008年2月—2012年10月）：ODP方案实施和调整阶段

2008年2月至2009年6月为钻前ODP方案优化阶段，2009年6月开始实施ODP方案，同年12月油气田陆续投产，至2012年12月底ODP开发方案基本实施完毕。截至2012年12月底油气田共完钻64口井，包括53口生产井、9口注水井及2口水源井。其中沙河街组生产井44口、注水井4口，太古宇潜山生产井9口、注水井5口。

随着油气田钻井、生产资料的不断丰富，对锦州25-1南油气田的构造特征、油气藏类型、流体及产能等有了更深入的认识，在此基础上，开展了锦州25-1南油气田的储量复算工作。

四、金县1-1油气田

1. 油气田概况

金县1-1油气田位于渤海辽东湾海域，辽中凹陷中洼反转构造带上（图9-35），被郯庐走滑断裂带的辽中1号大断层分为东、西两块，主力含油层系为东二下亚段、沙一段以及沙二段。

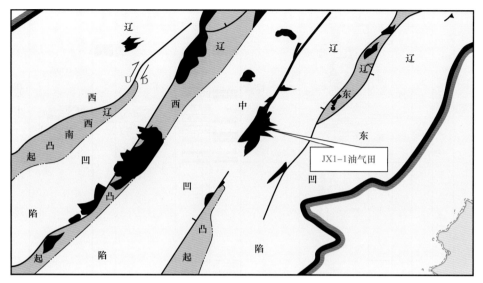

图 9-35　金县 1-1（JX1-1）油气田区域位置图

2. 油气田地质特征

1）地层与沉积相

（1）地层。

金县 1-1 油气田钻井揭示的地层自上而下分别为第四系平原组，新近系明化镇组和馆陶组，古近系东营组的东二段、东三段与沙河街组的沙一段、沙二段和沙三段（图 9-36）。

馆陶组地层西块厚东块薄，中上部地层以厚层中砂岩、粗砂岩为主，夹泥岩，底部为厚层杂色砂砾岩，是本区的标志层，与下伏东营组地层呈角度不整合接触。受郯庐走滑断裂及东营组末期地层抬升影响，走滑断层两侧东营组东二段和东三段地层厚度及岩性组合特征不同，东营组与下伏沙河街组地层整合接触。沙河街组是本区的主要含油目的层，分为沙一段、沙二段、沙三段（沙三段未穿）。沙二段储层发育，为大套厚层灰色砂岩，夹薄层灰色泥岩。

（2）沉积相。

金县 1-1 油气田主要含油气层系发育于东二段、东三段和沙一段、沙二段及沙三段。东二段发育三角洲相，东三段发育辫状河三角洲相和深湖—半深湖相。沙河街组以扇三角洲相和深湖—半深湖相为主。西盘由于受辽中1号走滑大断层右行活动的控制，沉积体系沿走滑断层横向迁移，使得由北向南砂体富集层位由深变浅，砂岩含量由低变高。东盘由于受古地貌的影响，砂体发育程度明显低于西盘。

2）构造特征

金县 1-1 油气田被近北东走向的走滑断层（辽中1号大断层）分为东西两个构造区块，西陡东缓，构造自下而上具有继承性。西块整体表现为一个被断层复杂化的长条形断背斜构造；东块是受主走滑断层和一系列南掉的近东西走向断层控制的复杂断块。由于金县 1-1 油气田处于郯庐断裂的走滑带上，构造的形成受走滑断裂控制，所以该地区断裂活动非常强烈，断层数量多（图 9-37）。

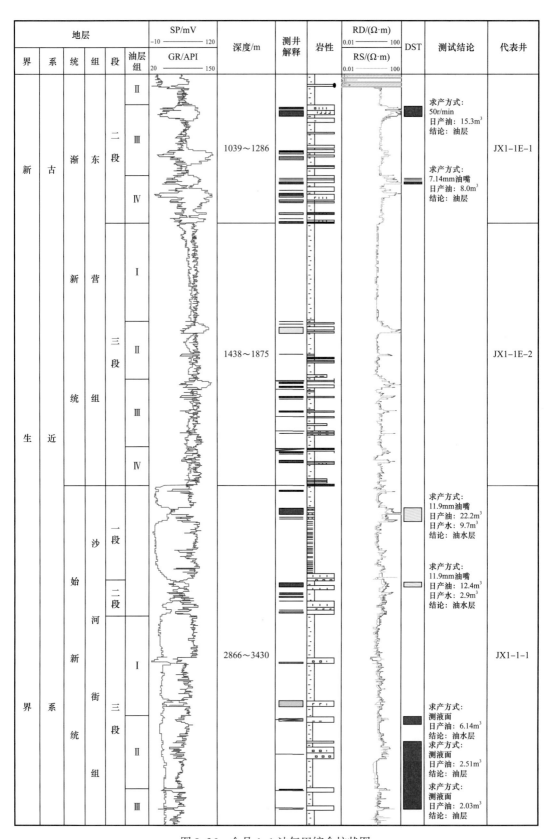

图 9-36 金县 1-1 油气田综合柱状图

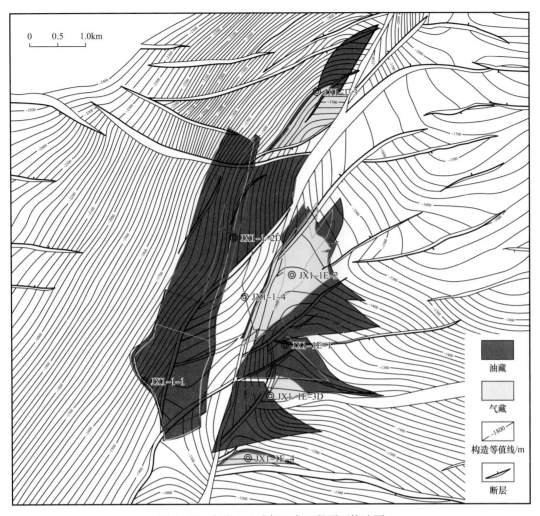

图 9-37 金县 1-1 油气田东三段顶面构造图

金县 1-1 油气田各层圈闭形态基本一致，西块受走滑断层的挤压，逐渐拱起，整体形态为一长条形断背斜圈闭，地层西倾明显，地层倾角 13°～35°，该断背斜圈闭长轴平行于走滑断层，被多条次级断层切割成不同的断块。东块古近系沉积早期地层平稳充填沉积，凹陷比西块相对浅，构造幅度也比西块缓，地层倾角 5.2°～17.4°。至古近系沉积晚期—东营组沉积时期，逐渐形成南高北低的构造形态。走滑断裂派生的近东西走向的平行的次级断层把东块又分为多个小断块。

3）储层特征

沙三段储层以岩屑长石中砂岩为主，岩石成分成熟度较低，颗粒紧密、均匀略显定向分布，次棱角—次圆状，点接触为主。可见溶蚀外形，分选磨圆较差—中等，孔隙不发育。黏土矿物以伊利石为主，其次为伊/蒙混层，另有少量高岭石和绿泥石。西块沙三段储层孔隙度分布范围 7.4%～18.9%，油层平均孔隙度 13.8%，渗透率分布范围 0.3～21.0mD，油层平均渗透率 4.0mD。整体评价认为西块沙三段为低孔、特低渗储层。

沙二段储层为中—粗粒岩屑长石砂岩，岩石成分成熟度较低，颗粒分选、磨圆中等，点接触为主，孔隙式胶结。孔隙分布均匀，连通性较好，以粒间孔为主。黏土矿物以伊/蒙混层为主，其次为伊利石，另有少量高岭石和绿泥石。沙二段西块储层孔隙度分布范围14.4%～19.1%，平均孔隙度16.1%，渗透率分布范围1.6～20.4mD，平均渗透率8.0mD；东块储层孔隙分布范围14.4%～26.3%，平均孔隙度21.6%，渗透率分布范围1.2～487.6mD，平均渗透率122.5mD，其主要储层段为中—粗砂岩，储层毛细管压力曲线以粗歪度为主，排驱压力0.023～0.053MPa，饱和度中值压力0.282～0.446MPa，平均孔喉半径5.357～8.471μm；整体评价认为西块为中孔、低渗储层，东块为中孔、中渗储层（图9-38）。

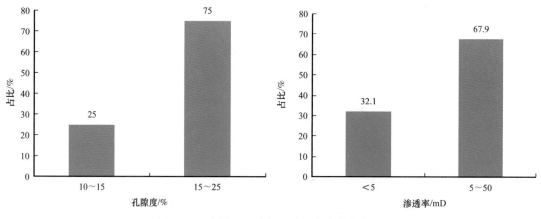

图9-38　金县1-1油气田沙二段孔渗分布图

沙一段储层以细—中粒岩屑长石砂岩和长石岩屑砂岩为主，岩石成分成熟度较低，颗粒分选、磨圆中等，点接触为主，孔隙式胶结，孔隙分布均匀，连通性较好，以粒间孔为主。黏土矿物以伊/蒙混层为主，其次为伊利石和高岭石，另有少量绿泥石。西块储层孔隙度分布范围13.5%～19.3%，平均孔隙度16.2%，渗透率分布范围2.5～23.5mD，平均渗透率8.8mD；东块储层孔隙分布范围15.4%～26.3%，平均孔隙度20.0%，渗透率分布范围2.5～229.6mD，平均渗透率58.4mD；整体评价西块为中孔、低渗储层，东块为中孔、中渗储层（图9-39）。

东三段储层以细粒岩屑长石砂岩为主，颗粒分选、磨圆中—好，点接触为主，孔隙式胶结，岩石孔隙发育，连通性较好，以粒间孔为主。黏土矿物以伊/蒙混层为主，其次为伊利石和高岭石，另有少量绿泥石。西块储层孔隙度分布范围10.2%～32.0%，平均孔隙度20.0%，渗透率分布范围1.3～3714.5mD，平均渗透率145.0mD；东块储层孔隙分布范围12.6%～30.0%，平均孔隙度20.0%，渗透率分布范围0.6～777.1mD，平均渗透率53.9mD；整体评价认为西块东三段储层较东块发育，储层均为中孔、中渗储层。

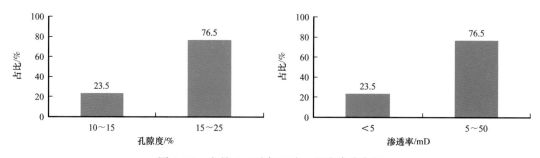

图9-39　金县1-1油气田沙一段孔渗分布图

东二段储层岩性为细砂岩、中砂岩、粗砂岩、含砾砂岩等。岩性较为疏松，孔隙发育，点接触为主，孔隙式胶结，岩石孔隙连通性较好，以粒间孔为主。黏土矿物以伊/蒙混层为主，其次为伊利石和高岭石，另有少量绿泥石。西块储层孔隙度分布范围13.3%～32.8%，平均孔隙度26.1%，渗透率分布范围4.2～3264.0mD，平均渗透率620.0mD；东块储层孔隙分布范围11.7%～34.4%，平均孔隙度25.0%，渗透率分布范围0.2～6363.8mD，平均渗透率893.3mD；整体评价认为东二段为中高孔、高渗储层。

4）油气藏类型与特征

（1）油气藏类型。

金县1-1油气田含油层段较长（1047～3380m），为复杂的断块油气藏。油层分布主要受构造和断层控制，同一油层组的不同断块具有不同的油水界面；同时该区储层受沉积环境的影响，在西块的东营组底部及沙河街组大套砂层横向分布稳定，但单砂层横向难以对比。综合研究认为是不同砂体的叠加连片，并且东块东二段顶部遭受剥蚀，因此油藏又受岩性、地层等多重因素影响（图9-40）。

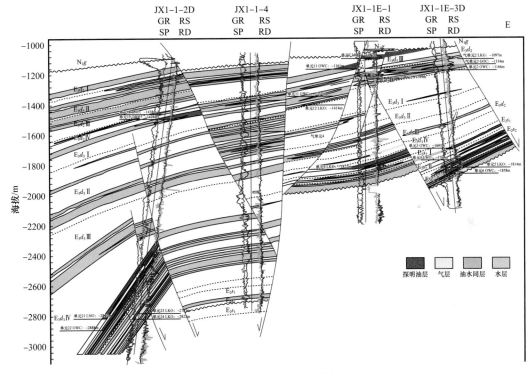

图9-40　金县1-1油气田油藏剖面图

东二段油气藏属构造油藏类型，因东块东二段顶部遭受剥蚀，所以还发育有地层油藏，既有油藏、纯气藏，也有带气顶的油藏。东块油气藏埋深1047～1414m。西块东二段油藏埋深1320～1491m。

东三段油气藏为层状油藏。在东块油气层主要发育在JX1-1E-2井断块的Ⅱ、Ⅲ、Ⅳ油层组，油藏埋深1570～1813m。西块的油气层主要发育在东三段的Ⅰ油层组和Ⅳ油层组，东三段Ⅰ油层组为构造油气藏，油藏埋深1526～1553m。东三段Ⅳ油层组油藏为不同砂体叠合连片的岩性—构造油藏，油藏埋深2708～2802m。

东块沙河街组油藏同样表现为构造油藏。沙一段油层在JX1-1E-1、JX1-1E-2井最为富集，沙二段油层只有JX1-1E-3D井钻遇，油层厚度达36.1m。西块沙河街组为多个砂体的叠合连片，表现为岩性—构造油藏。

（2）流体性质。

地面原油性质：金县1-1油气田（东二段）地面原油为重质原油，在20℃条件下，东块地面原油密度为0.983g/cm³，黏度为4875mPa·s；西块地面原油密度为0.940g/cm³，黏度为197.8mPa·s，整体具有高密度、高黏度、低凝点、低含硫量及低含蜡量等特点；东三段和沙河街组油气藏地面原油为中轻质原油，在20℃条件下，东块沙河街组地面原油密度为0.912g/cm³，黏度为52.43mPa·s；西块沙河街组地面原油密度为0.840～0.877g/cm³，黏度为4.47～21.49mPa·s，西块东三段地面原油密度为0.856g/cm³，黏度为9.63mPa·s，具有低密度、低黏度、低含硫量、高含蜡量及高凝点等特点。

地层原油性质：PVT分析结果表明，金县1-1油气田东二段为稠油，JX1-1-2D井东二段Ⅳ油层组地层原油密度为0.893g/cm³，黏度为50.9mPa·s。

西块东三段上部与下部原油性质差异较大。JX1-1-3井东三段Ⅰ油层组的原油属于稠油，地层原油密度为0.900g/cm³，黏度为86.70mPa·s。JX1-1-2D井东三段Ⅳ油层组原油为低黏油，地层原油密度为0.642g/cm³，黏度为0.33mPa·s。

西块沙河街组原油为低黏油，JX1-1-2D井PVT分析表明，沙三段油藏地层原油密度为0.697g/cm³，黏度0.43mPa·s。东块沙河街组地层原油为中黏油，JX1-1E-1井区PVT分析表明，该区块地层原油密度为0.831g/cm³，黏度7.05mPa·s；而东块沙河街组JX1-1E-3D井区地层原油为高黏油，地层原油密度为0.885g/cm³，黏度42.10mPa·s。

地层水性质：金县1-1油气田东营组地层水（具有代表性的水样）氯离子含量7453.4mg/L，总矿化度14661.0mg/L，为NaHCO₃水型。沙一段地层水氯离子含量3403.0～3651.0mg/L，总矿化度12189.0～12445.0mg/L，为NaHCO₃水型。沙二段地层水氯离子含量3510.0～3935.0mg/L，总矿化度12469.0～13745.0mg/L，为NaHCO₃水型。

（3）温度与压力。

金县1-1油气田西块东二段为正常压力系统，压力系数约1.03，压力梯度1.0MPa/100m；沙河街组为异常高压，且沙三段与沙二段为不同的压力系统，沙二段压力系数1.24～1.31，压力梯度0.998MPa/100m，沙三段压力系数1.34～1.44，压力梯度0.968MPa/100m。西块地温梯度为3.0℃/100m，属正常温度系统。东块压力系数约1.0，压力梯度1.0MPa/100m，温度梯度为3.4℃/100m，属正常压力、温度系统。

（4）储量。

经2014年复算，金县1-1油气田探明叠合含油面积13.25km²，探明原油地质储量3667×10⁴t；探明溶解气地质储量14.77×10⁸m³。该油气田是一个油藏埋深跨度大、原油密度中—高、低含硫、高产能、储量丰度高的中型海上油气田。

3.油气田勘探开发简况

该区油气勘探工作始于20世纪50年代末期，1970年起先后进行了多轮的地震资料的采集、处理及解释工作。1987年，在金县1-1油气田西块钻探第一口预探井JX1-1-1井，在东三段和沙河街组均获得油流，从而发现了金县1-1油气田。2005年，在二维地震资料重新处理解释的基础上，通过研究认为，金县1-1油气田西块圈闭面积大，东块地质条件好，利于油气成藏，具有一定的储量规模，在西块部署了 JX1-1-2D 井，在东块部署了 JX1-1E-1 井。两口井在东营组和沙河街组均钻遇厚层油层，测试获油流。

2006 年，该区完成三维地震的采集和处理工作，在重新落实构造和地质综合评价的基础上，于 2006 年在该区部署钻探了 5 口评价井，即 JX1-1-3、JX1-1E-2、JX1-1E-3D、JX1-1-4 及 JX1-1E-4 井，进一步明确了该区的油气分布规律及储量规模。

2007 年，该区又先后完钻了 5 口评价井，各井均在东二段和东三段钻遇油层，最终完成了油气田整体评价。

油气田 2011 年投产，截至 2016 年，累计产油量已突破 $500 \times 10^4 m^3$，平均每年贡献量达到近 $100 \times 10^4 m^3$。

2016 年，油气田从多方面入手，总结了以精细剩余油研究指导油气田优化注水、产液结构调整、油井提液、开关层等一系列高效、低成本的挖潜措施，成功实现了金县 1-1 油气田产量的零递减。

五、旅大 5-2 油气田

1. 油气田概况

旅大 5-2 油气田位于辽东湾海域辽西凹陷中段，东侧紧靠辽西凸起，属于辽西 1 号断层下降盘上的一个断块构造。

2. 油气田地质特征

1）地层与沉积相

（1）地层。

钻井在本区揭示的地层自上而下有：第四系平原组、新近系明化镇组和馆陶组，以及古近系东营组。其中，东营组东二段为该油气田的主要含油层系（图 9-41）。

油田地质研究人员依据"旋回对比、分级控制"的原则，根据砂层发育情况，结合流体分布特征，以馆陶组底部砂砾岩和东二下亚段上部厚层稳定泥岩段为区域对比标志层，将东营组含油层段划分为 6 个油层组，其中，东二上亚段和东二下亚段各分为 3 个油层组。各油层组分布较稳定，对比关系较好，且底部均有稳定的泥岩段相隔。

（2）沉积相。

油气田范围内主要钻遇三角洲前缘和前三角洲两个亚相。其中，三角洲前缘亚相又包括水下分流河道、分流河道间、河口坝及远沙坝等四个微相。

2）构造特征

旅大 5-2 构造为一复合断块，构造走向近南北，其东侧和北侧均以辽西 1 号断层为界，西侧呈斜坡向凹陷倾没，构造南北长 5.5km，东西宽 3.5km。

辽西 1 号断层形成时间早，规模比较大，对构造和沉积起一定的控制作用，在本区该断层分为两支即南支和北支。南支近北东走向，为旅大 5-2 构造和绥中 36-1 构造的分界断层，东二段平均断距达 200m，延伸长度较远；北支近东西转北东走向，是旅大 5-2 构造的北边界，东二段平均断距达 300m，延伸长度也较远。受辽西 1 号断层影响，还派生出一系列近东西向和北东向次生断层，主要有 12 条，延伸长度 0.7～3.8km，断距15～100m，这些断层和辽西1号断层相接，把整个构造自北向南分为3个断块（图9-42）。

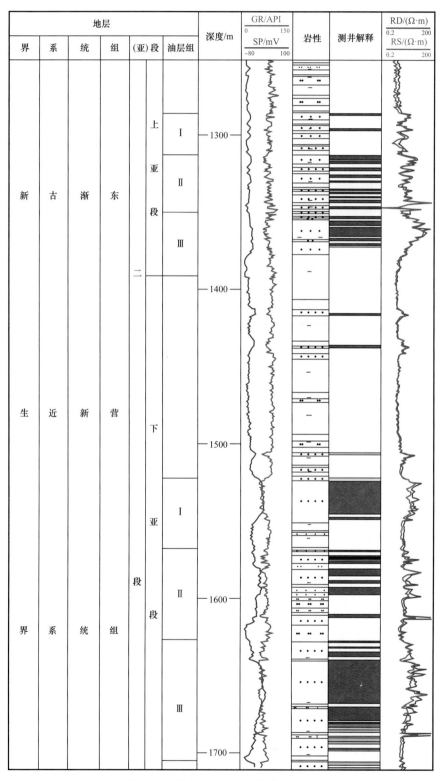

图 9-41　旅大 5-2 油气田综合柱状图

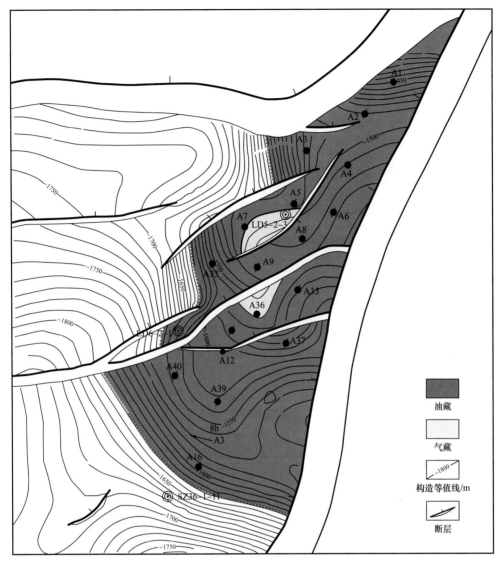

图 9-42　旅大 5-2 油气田东二上亚段Ⅲ油层组顶面构造图

图例：
油藏
气藏
—1800— 构造等值线/m
断层

3）储层特征

常规物性分析样品统计表明：东二上亚段物性较好，孔隙度主要分布在 32%～40% 之间，渗透率一般大于 1000mD；东二下亚段孔隙度主要分布在 30%～36% 之间，渗透率分布范围 10～1320mD，主要集中在 100～1000mD 之间（图 9-43）。

根据铸体薄片和扫描电镜分析，东二段储层孔隙十分发育，连通性较好，部分孔隙被泥质充填。储集空间以粒间孔为主，约占总有效孔隙的 90% 以上，其次为颗粒溶孔。

根据压汞资料，毛细管压力曲线特征表现为分选中—好，粗—略细歪度。排驱压力 0.003～0.2MPa，饱和度中值压力 0.02～9.5MPa，最大进汞量 60%～97%，平均孔喉半径为 0.8～27μm。

4）油气藏类型与特征

（1）油气藏类型。

旅大 5-2 油气田储层分布相对较稳定，但油水系统较复杂，油气分布主要受断层和泥岩隔层控制，油藏类型属于由多个断块组成，在纵向和横向上存在多套油气水系统的构造层状油气藏（图9-44）。

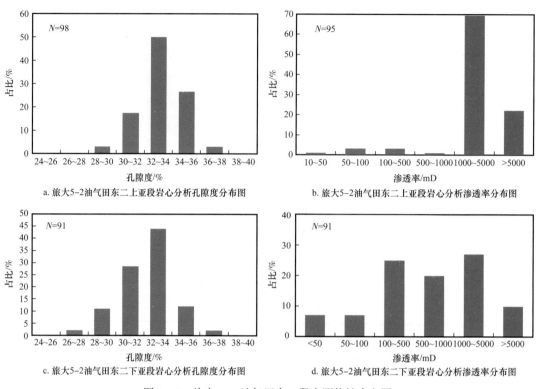

a. 旅大5-2油气田东二上亚段岩心分析孔隙度分布图

b. 旅大5-2油气田东二上亚段岩心分析渗透率分布图

c. 旅大5-2油气田东二下亚段岩心分析孔隙度分布图

d. 旅大5-2油气田东二下亚段岩心分析渗透率分布图

图 9-43　旅大 5-2 油气田东二段实测物性直方图

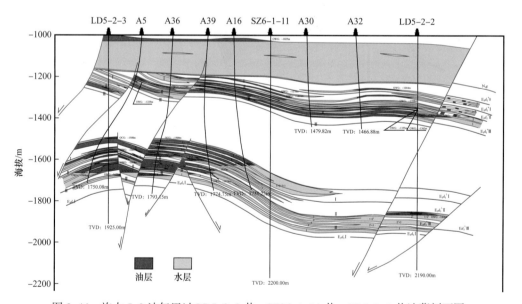

图 9-44　旅大 5-2 油气田过 LD5-2-3 井—SZ36-1-11 井—LD5-2-2 井油藏剖面图

（2）流体性质。

通过多井次的油、气、水取样分析化验，对流体性质及分布规律进行了细致的分析。东二上亚段和东二下亚段原油属于重质油，东二下亚段的原油性质好于东二上亚段；同一断块内部相同层位的构造高部位原油性质要好于构造低部位。

地面原油性质：馆陶组经分析化验证实原油性质较差，地面原油密度 0.990g/cm³（20℃条件下），地面原油黏度为 9036mPa·s（50℃条件下）。东二上亚段地面脱气原油密度为 0.968～0.993g/cm³（20℃条件下），地面原油黏度 755.9～8161.0mPa·s（50℃条件下），含硫量 0.30%～0.40%，含蜡量 0.57%～1.39%，胶质沥青质含量 21.16%～28.45%，凝点 -12～12℃。东二下亚段地面脱气原油密度为 0.949～0.988g/cm³（在 20℃条件下），地面原油黏度为 226.0～4462.0mPa·s（在 50℃条件下），含硫量 0.31%～0.43%，含蜡量 0.89%～3.90%，胶质沥青质含量 19.22%～25.52%，凝点 -25～9℃。

地层原油性质：东二上亚段原始溶解气油比 24m³/m³；地层原油黏度 210mPa·s；东二下亚段原始溶解气油比 28～37m³/m³；地层原油黏度 36.1～75.9mPa·s。

天然气性质：东二上亚段溶解气中甲烷含量介于 95.11%～98.86%，平均 96.35%；乙烷及以上烃类（C_2H_6—C_6H_{14}）含量低，介于 0.86%～3.76%，平均 2.78%；溶解气中含有少量 CO_2，含量为 0.01%～0.91%；气体平均相对密度为 0.585，属于干气。东二下亚段溶解气中甲烷含量介于 77.87%～96.22%，平均 92.11%；乙烷及以上烃类（C_2H_6—C_6H_{14}）含量低，介于 2.04%～20.41%，平均 6.65%；溶解气中含有少量 CO_2，含量为 0～1.00%；气体平均相对密度为 0.628，属于湿气。

地层水性质：东二上段地层水总矿化度为 10826～10854mg/L，水型为氯化钙型（$CaCl_2$），东二下亚段地层总矿化度为 3421～5491mg/L，水型为碳酸氢钠型（$NaHCO_3$）。

（3）温度与压力。

根据 DST、地层温度和地层压力测试资料，旅大 5-2 油气田压力梯度约 1.0MPa/100m，温度梯度约 3.3℃/100m，为正常的温度和压力系统。

（4）储量。

旅大 5-2 油气田油藏埋深较浅（1220～1660m），石油地质储量 4150×10⁴m³，储量丰度 488×10⁴m³/km²。按储量规范标准，该油气田属埋藏较浅、丰度较高、产能较高的中型油气田。

3. 油气田勘探开发简况

本区的油气勘探工作始于 1959 年，先后完成了航磁、重力、模拟地震和数字地震等物探工作，并对地震资料进行了多轮解释，基本搞清了该区的构造格局。

1988 年 6 月在旅大 5-2 构造上钻探井 SZ36-1-11 井。该井完钻井深 2200m，完钻层位古近系东营组三段，在东营组东二上亚段钻遇 29.4m 油层，东二下亚段钻遇 1.5m 油层，并在东二上亚段 1286～1372m 油层段进行 DST 测试，用 11.91mm 油嘴求产，日产原油达 26m³，从而发现了旅大 5-2 油气田。同年 8 月在油气田西侧边部钻评价井 SZ36-1-16 井，该井仅在东二上段钻遇一含油水层。油气田发现后，对该油气田进行了初步评价，评价结果认为该油气田储量规模较小，且油质较重。基于当时的生产条件及油气田认识，认为该油气田开发效益不佳，暂时停止了对该油气田的进一步评价。

2001—2002 年，为了给绥中 36-1 油气田寻找替补储量，研究人员对旅大 5-2 油气田进行了重新落实，认为该油气田为一复合断块构造，辽西 1 号断层和一系列次生断层把整个构造自北向南分为 3 个断块，除 SZ36-1-11 井所钻遇的 2 号块含油性已证实以外，1 号和 3 号块也存在较有利圈闭，且储盖组合较好，有必要对旅大 5-2 油气田进行重新评价。

为落实油气田的储量规模，2002年5—7月，先后完钻了LD5-2-1、LD5-2-3和LD5-2-2井，这3口井均钻遇到较厚油层，单井油气层厚度分别为31.8m、116.2m和25.1m。评价井的钻探，不仅搞清楚了东二上亚段油层的分布情况，同时还发现了东二下亚段新的油气藏，为该油气田的开发奠定了物质基础。

2005年10月，油气田第一批7口井陆续投产。截至2007年12月，共有39口开发井、2口水源井。日产油1982m³，年产油86.88×10⁴m³，累计产油141.63×10⁴m³。

六、旅大27-2油气田

1. 油气田概况

旅大27-2油气田地处渤海东部海域渤东低凸起北端，位于北纬39°13′00″—39°17′00″，东经120°23′00″—120°27′00″，油气田范围内水深23.0～27.0m，区域构造上位于郯庐断裂在下辽河坳陷和渤中坳陷的过渡带，处在渤东低凸起向东北方向延伸的倾没端，其东西毗邻渤东和渤中两个生油凹陷，北为辽中生油凹陷（图9-45）。旅大27-2油气田深层及围区位于旅大22-27走滑压扭构造带。该走滑压扭构造带油气成藏条件优越，形成一个多层系含油的复式油气聚集带，明下段、馆陶组、东营组均含油，含油层段长达1400m。

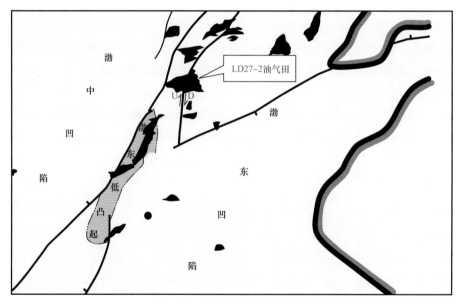

图9-45　旅大27-2（LD27-2）油气田区域位置图

2. 油气田地质特征

1）地层与沉积相

（1）地层。

旅大27-2油气田主要钻遇新生界地层，根据岩性、电性及古生物特征，自上而下可划分为第四系平原组（Qp）、新近系明化镇组（N_1m_2）和馆陶组（N_1g）、古近系东营组（E_3d）。其中明化镇组下段、馆陶组和东营组为本油气田3套含油层系（图9-46）。

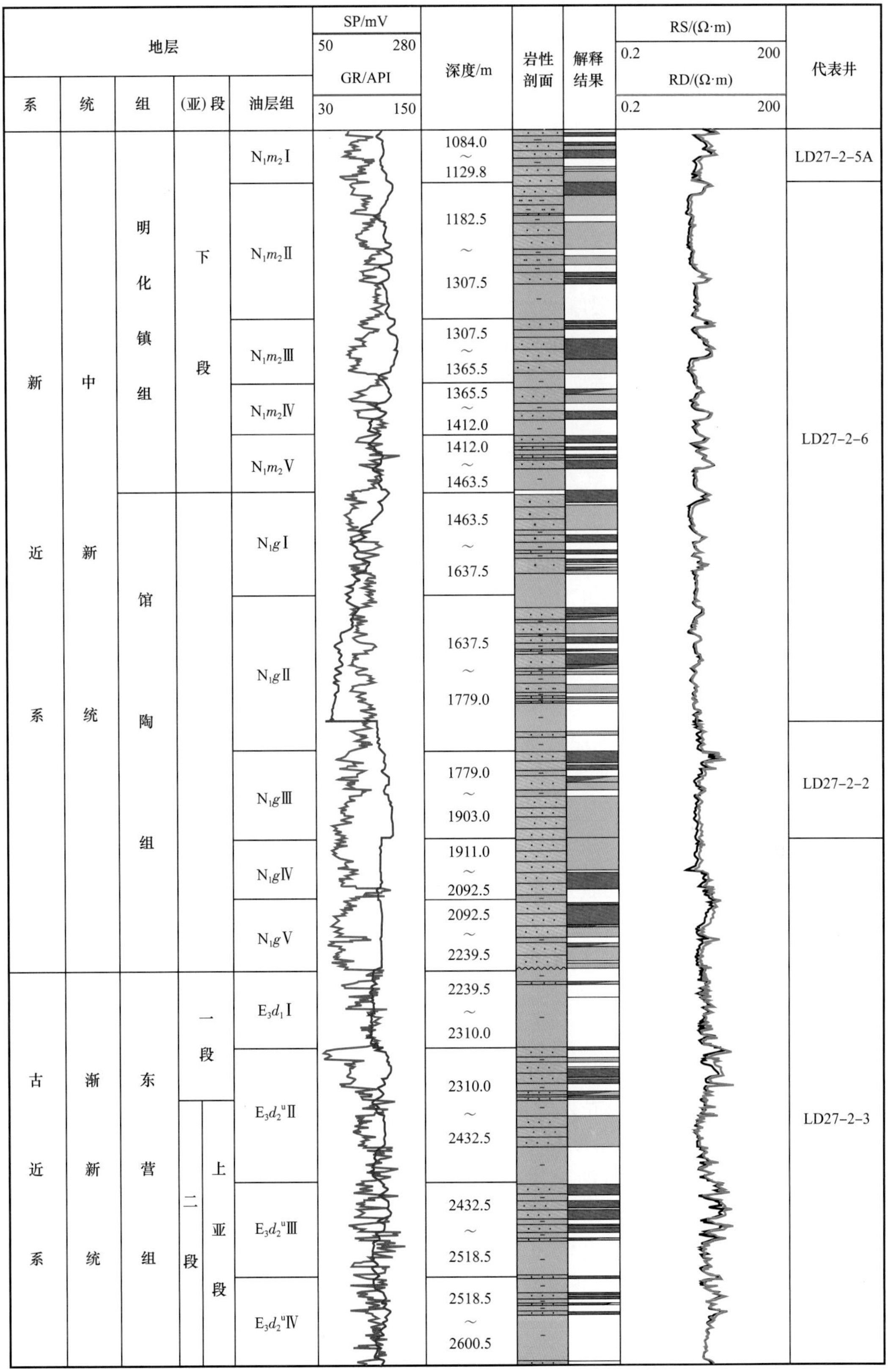

图 9-46 旅大 27-2 油气田综合柱状图

明化镇组下段为本油气田第一套主要含油层系，地层厚度260～450m，岩性为灰色、灰绿色泥岩与浅灰色粉细砂岩、中砂岩的不等厚互层。砂岩分选中等，磨圆度为次棱角—次圆状，泥质胶结，疏松。

馆陶组为本油气田第二套主要含油层系，地层厚度760～800m，与明下段相比，砂岩明显增厚且粒度变粗。岩性主要为浅灰色砂砾岩、含砾中细砂岩、细砂岩夹薄层泥岩。砂砾岩分选差、成分杂，多为石英。

区域上将东营组分为东一、东二和东三共3段，其中东二段又细分为上、下两个亚段。东一段和东二上段为本油气田第三套主要含油层系。

东一段和东二上亚段地层厚度为370～400m，岩性主要为灰—深灰色、褐色泥岩与浅灰色、浅橄榄灰色粉砂岩、极细—中粗粒砂岩不等厚互层；另外，在东二上亚段顶部发育一层厚10m左右的砂砾岩，砾石分选中—差，磨圆度为次棱角—次圆状，部分磨圆较好，成分以石英为主。

东二下亚段（厚度约200m）与东三段主要为大套粉砂质泥岩、泥岩夹薄层砂岩和粉砂岩。

（2）沉积相。

根据岩心描述、地质化验、测井相及区域沉积相研究成果、新增加的钻井、录井资料，认为E_3d Ⅳ、E_3d Ⅲ油层组为曲流河三角洲前缘沉积、E_3d Ⅱ油层组为辫状河三角洲平原沉积、E_3d Ⅰ油层组为曲流河三角洲平原沉积。砂体平面上呈朵叶状分布，由于水下分支河道的加积作用、河口坝砂体前积作用各不相同，导致各砂体在垂向上延伸距离和展布范围不同；馆陶组沉积与渤海区域沉积特点一致，以辫状河沉积为主，局部地区发育低弯度曲流河沉积；明下段展现了明显的浅水三角洲沉积的特点，水下分支河道发育，砂体形态呈沙坝型或条带状。

2）构造特征

（1）断裂特征。

旅大27-2构造的断层比较发育，主要原因是处于郯庐断裂的走滑带上，它的形成受郯庐断裂控制，油气田区的断层是走滑断裂在晚期发生右旋作用后的产物。断层呈雁列式排列，单条断层的延伸距离不很长，油气田范围内长0.2～7.2km，大多数断层的走向呈北东向或近北东方向。多口探井及开发井在不同层位均钻遇断点。

（2）圈闭特征。

旅大27-2构造为一继承性发育的构造圈闭，表现为一个垒块上的断背斜—断块，它的形成受南北两条边界大断层控制；该圈闭为近南北走向，长轴约6.8km，短轴约2.7km，其间发育有数条断层。圈闭的类型比较好，面积较大，幅度适中，具备形成较大规模油藏的基本石油地质条件。东营组、馆陶组和明下段的圈闭特征具体如下：

东营组：构造形态呈现出较完整的背斜形态，为一受南北两条断层控制的长轴背斜，向四周倾没，背斜的走向近南北向，轴部被13条断层切割，使圈闭形态复杂化。

馆陶组：馆陶组构造形态深浅有所不同。深部构造形态为断背斜，与东营组一致，轴部被断层切割，形成局部高点，向四周倾没，走向近南北。从地层的产状看，东西方向较陡，南北方向相对变缓。而浅层构造形态是受南北边界断层控制的断块构造，构造高点位于油气田主体附近。

明下段：构造形态也是受南北两个边界断层控制的断块构造，断层主要依附于南北边界断裂，在两边界断裂附近比较发育，边界断裂之间则基本无断层。该构造的轴向同样为近南北向，形态简单，地层平缓，构造高点在边界断层附近（图9-47）。

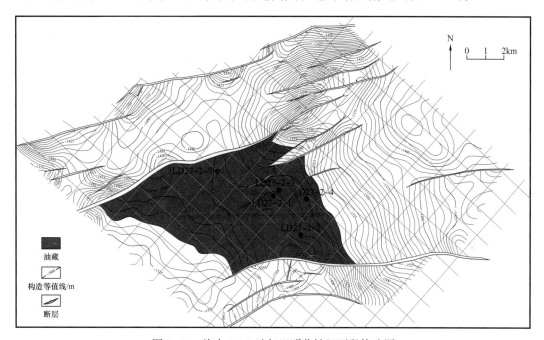

图 9-47　旅大 27-2 油气田明化镇组下段构造图

3）储层特征

（1）岩石学特征。

旅大 27-2 油气田明化镇组、馆陶组和东营组储层岩石学特征相似，主要为结构和成分成熟度中等的岩屑长石砂岩或砂质砾岩。

明下段储层主要为细—中粒岩屑长石砂岩，颗粒分选中—好，磨圆度为次棱角—次圆状。岩石成分成熟度较低，石英含量33%～45%，平均37.5%；长石含量37.5%～45%，平均40.6%；岩屑含量16%～28%，平均21.9%，岩屑成分以火成岩和变质岩岩块为主，另有少量沉积岩块。填隙物以泥质杂基为主，含量多小于5%。X射线衍射分析显示，储层黏土矿物以伊/蒙混层为主，高岭石、伊利石和绿泥石次之。

馆陶组储层主要为中—粗粒岩屑长石砂岩，颗粒分选中等或中—好，磨圆度为次棱角—次圆状。岩石成分成熟度较低，石英含量28%～55%，平均41.9%；长石含量24%～42%，平均32.6%；岩屑含量14%～41.5%，平均25.5%，岩屑成分以火成岩和变质岩岩块为主，另有少量沉积岩块。填隙物以高岭石胶结物为主，含量6%～20%，平均13.5%，泥质和菱铁矿次之，含量多小于2%。X射线衍射分析显示与明下段储层相同。

东营组储层主要为极细—中粒岩屑长石砂岩，颗粒分选中—好，磨圆度为次棱角—次圆状。岩石成分成熟度较低，石英含量28%～51%，平均42.8%；长石含量26.5%～42%，平均34.9%；岩屑含量13%～39%，平均22.2%，岩屑成分以火成岩和变质岩岩块为主。填隙物以泥质杂基、高岭石和菱铁矿胶结物为主，部分含钙砂岩方解石含量大于10%。X射线衍射分析显示与明化镇组和馆陶组相似，储层黏土矿物以伊/蒙混层为主，高岭石、伊利石和绿泥石次之。EdⅡ油层组顶部普遍发育有10.0m左右的砾岩和砂质砾岩储层，砾石成分主要为变质石英砂岩、石英岩、花岗岩及酸性喷出岩岩块，磨圆较好，大者可达11mm×7mm。砾石间为少量中—粗砂颗粒及泥质、长英质杂基，偶见少量孔隙。

（2）孔隙结构及毛细管特征。

明化镇组储层岩性较为疏松，孔隙发育，连通性好，储集类型以原生粒间孔为主，粒内溶孔次之。粒间孔面比率18%～31%，粒内溶蚀孔面比率为1%～4%。

馆陶组储层孔隙比较发育，连通性较好，储集类型以原生粒间孔为主，粒内溶孔次之。粒间孔面比率1%～15%，粒内溶蚀孔面比率为1%～4%。

东营组储层岩性相对较细，孔隙发育情况及连通性均较明化镇组和馆陶组差，储集类型仍以原生粒间孔为主，粒内溶孔次之。粒间孔面比率8%左右，粒内溶蚀孔面比率2%左右。

（3）储层物性。

明下段储层岩心分析覆压孔隙度分布在24.8%～38.8%之间，平均34.4%；覆压渗透率主要集中在330.0～11116.9mD之间，平均3786.5mD。因此，明下段储层主要属于高孔高渗型储层（图9-48）。

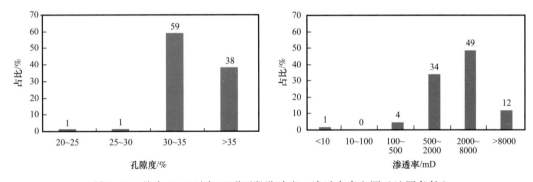

图9-48　旅大27-2油气田明下段孔隙度、渗透率直方图（地层条件）

馆陶组储层岩心分析覆压孔隙度分布在13.8%～29.8%之间，平均21.7%；覆压渗透率多大于10.0mD，最高可达3582.5mD，平均466.5mD。馆陶组储层主要属于中—高孔、中—高渗型储层（图9-49）。

东营组砂岩储层岩心分析覆压孔隙度多分布在15.1%～24.4%之间，平均16.9%；覆压渗透率多分布于0.8～65.6mD之间，东营组砂岩储层主要属于中孔—中低渗型储层。EdⅡ油层组砂砾岩储层段的测井解释孔隙度集中在10%～20%之间，渗透率多分布于0.7～30mD之间，属于低—中孔、低渗型储层（图9-50）。

4）油气藏类型与特征

（1）油气藏类型。

旅大27-2油气田在区域构造上位于油气聚集的有利场所，钻井证实为明化镇组、馆陶组、东营组多层系含油的复式油聚集带。

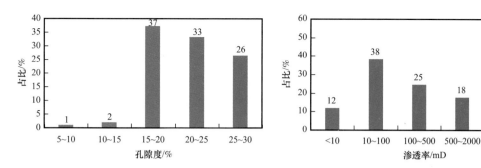

图 9-49 旅大 27-2 油气田馆陶组孔隙度、渗透率直方图（地层条件）

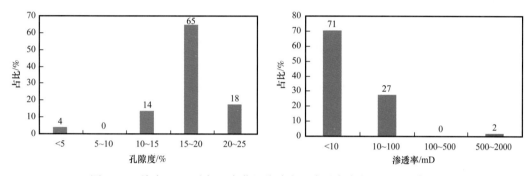

图 9-50 旅大 27-2 油气田东营组孔隙度、渗透率直方图（地层条件）

测井、测压、流体等资料证实，旅大 27-2 油气田纵向上存在多套流体系统，油层分布主要受构造和岩性控制。东营组油层沿砂体呈层状分布，不同油层组以及同一油层组的不同含油砂体分属于不同压力系统，并且油层分布明显受岩性、构造控制，因此油藏类型属于具多套油水系统的构造层状油藏、岩性—构造和岩性油藏；馆陶组以块状底水油藏、边水层状油藏为主；而明化镇组由于受岩性、构造等多重因素制约，以岩性—构造和构造—岩性油藏为主（图 9-51）。

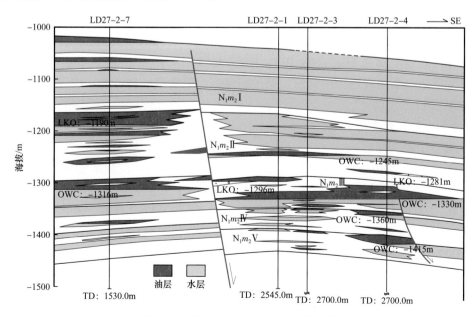

图 9-51 旅大 27-2 油气田油藏剖面图

（2）流体性质。

旅大27-2油气田地面原油性质由浅层到深层逐渐变好。浅层稠化作用较强，轻质组分散失较多；深层保存条件好，油品性质较好。

明化镇组地面原油具有密度大、黏度高、胶质沥青质含量高、凝点中等、含蜡量中等以及含硫量低的特点，属于重质稠油。原油密度0.968～0.989g/cm³（20℃），黏度1052.00～5369.20mPa·s（50℃），胶质沥青质含量14.31%～45.36%。

馆陶组地面原油不同油层组间原油性质有所差异。馆陶组上部地面原油具有密度大、黏度高、胶质沥青质含量中等、含蜡量低、凝点低以及含硫量低等特点，属于重质稠油。原油密度0.942～0.978g/cm³（20℃），原油黏度132.50～3308.00mPa·s（50℃）。

馆陶组下部地面原油具有密度中等、黏度低、胶质沥青质含量中等、含蜡量高、凝点高以及含硫量低等特点，属于中质油。原油密度0.855～0.913g/cm³（20℃），原油黏度5.90～36.90mPa·s（50℃）。

东营组地面原油具有密度小、黏度低、胶质沥青质含量低、含蜡量高、凝点高以及含硫量低的特点，属于正常油。原油密度0.846～0.853g/cm³（20℃）。原油黏度4.80～6.00mPa·s（50℃）。

在旅大27-2油气田开发过程中，对油气田地层水进行分层取样分析，证明明化镇组地层水氯离子含量6603～7799mg/L，总矿化度11196～12636mg/L，属于$CaCl_2$水型。馆陶组地层水氯离子7532～10346mg/L，总矿化度12284～17203mg/L，属于$CaCl_2$水型。东营组上部和下部的水型不同，上部氯离子6259～11061.46mg/L，总矿化度10485～18293mg/L，属于$CaCl_2$水型；下部氯离子231～1469mg/L，总矿化度4657～6303mg/L，属于$NaHCO_3$水型。

（3）温度与压力。

根据MDT/FMT测压和DST测试资料，旅大27-2油气田属于正常的温度和压力系统。油藏压力梯度为1.000MPa/100m，压力系数为1.0，地温梯度为2.70℃/100m。

（4）储量。

旅大27-2油气田油气藏埋深1022～2586m，油藏类型以构造层状及构造—岩性为主，探明石油地质储量5027.37×10⁴t，溶解气15.91×10⁸m³。从储量规模来看，旅大27-2油气田是一个油藏埋深中到浅、原油密度高、低含硫、高产能、中等储量丰度的中型海上油气田。

3. 油气田勘探开发简况

1）油气田勘探历程

旅大27-2油气田1996年经模拟磁带地震和重力普查，在基本圈定渤东低凸起范围、构造形态和周边凹陷分布的基础上自营勘探。

1996—2003年开展勘探评价。2000年9月，首钻LD27-2-1井，在明下段、馆陶组和东营组钻遇油层172.3m，从而发现旅大27-2油气田。此后，油气田先后部署LD27-2-2、LD27-2-3、LD27-2-4、LD27-2-5、LD27-2-5A等5口评价井对油气田储量规模进行了评价。

LD27-2-2井在明化镇组和馆陶组共钻遇油层79.3m，进行3层DST测试，在馆陶组获268.7m³/d高产油流。2003—2005年油气田再次转为自营勘探评价，于2004年5月和2005年9月分别完钻LD27-2-6井和LD27-2-7井，为明化镇组及馆陶组上部储量评价提供了新的基础资料。

2006年1月，油气田完成评价工作并提交新增探明石油地质储量。

2）油气田开发简况

旅大27-2油气田2008年9月年投入开发，2009年4月钻井结束，共钻井19口，其中开发生产井16口、水源井1口，10月全面投产。2010年8月和2012年1月油气田先后又各钻2口调整井。截至2012年12月31日，旅大27-2油气田共有生产井20口，已开发动用储量1104.09×10^3t，日产油1241t，综合含水率41%，累计产油165.32×10^4t，累计产气1.02×10^4m³，动用储量采出程度14.9%。

七、渤中34-2/4油田

1. 油气田概况

渤中34油田群位于渤海南部海域，东经119°25′—119°40′，北纬37°59′—38°10′，海域平均水深20.5m。

渤中34-2/4油田于1983年2月由日中石油开发株式会社作为作业者在油田群的主体渤中34-2构造完钻第1口预探井（B234-2-1井）（图9-52）。经测试分别于古近系沙河街组三段，东营组上段、下段及新近系馆陶组获高产油气流。

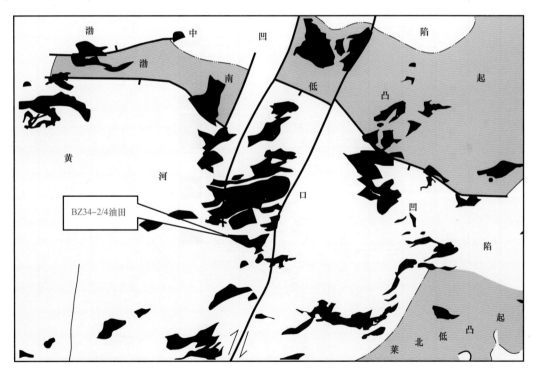

图9-52 渤中34-2/4（BZ34-2/4）油田区域位置图

2. 油气田地质特征

1）地层与沉积相

（1）地层。

本区钻遇的地层层序自上而下为：第四系平原组，新近系明化镇组、馆陶组，古近系东营组、沙河街组及孔店组。新生界发育齐全，分布稳定。其中馆陶组、东营组和沙河街组中见到了油气流。沙河街组三段为本区主力油层，岩性为一套含砾砂岩、砂岩、粉细砂岩与泥岩的不等厚互层（图9-53）。

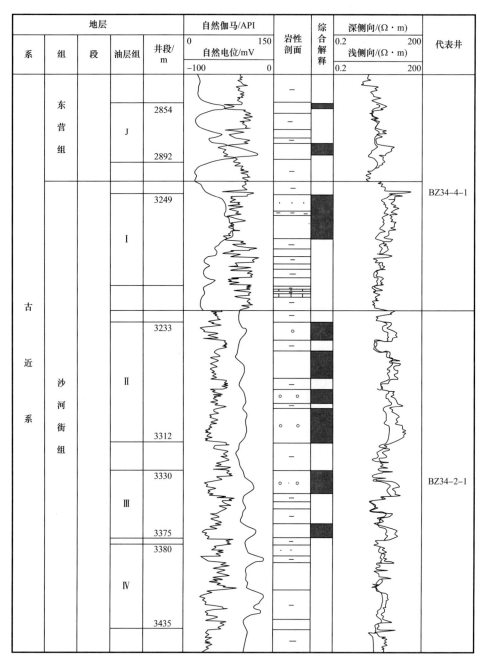

图 9-53　渤中 34-2/4 油田综合柱状图

（2）沉积相。

本区为浅水湖盆的三角洲沉积，其砂体类型为湖盆近岸或水上部分的河道砂、点沙坝砂、风暴砂或泛滥平原砂等，沉积时期的主水流方向来自南部的古黄河水系。

沙三段沉积早中期以深湖半深湖相为主，晚期水体变浅。由泥岩的黏土矿物分析同样可得出这结论，从而推断沙三段储集体可能为近物源、强水流、快速堆积条件下的水下冲积扇。水下扇进一步分为扇根、扇中及扇缘三个亚相，由于井网密度限制，本区只发现了扇中及扇缘，扇根尚未钻遇，其中扇中亚相可进一步细分为扇中水道、水道间及过渡带3个微相。岩心观察结果表明，不同亚相、微相的岩性组合、沉积构造及粒序特征各不相同。以水道为骨架，平面上呈网状分布。

渤中34-2/4油田沙河街组三段沉积时期，本区处于黄河口凹陷中部的低隆起带，南侧斜坡的渤中34-4构造堆积了一套物源来自西南方向的浊积扇沉积，岩性剖面可划分出浊积扇中和扇端两个亚相。北侧陡坡的渤中34-2构造由渤南低凸起提供物源，形成了一套粗碎屑为主的水下扇沉积，水下扇进一步分为扇根、扇中及扇缘3个亚相。南北两股水流交汇于BZ34-4-1井区一带（图9-54）。

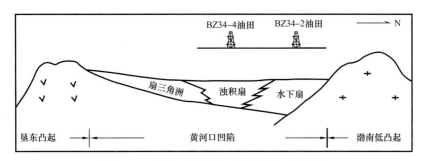

图9-54 黄河口凹陷沙三段沉积剖面示意图

油气田范围内，东下段J砂层广泛分布。沉积相研究认为，东下段沉积时期，有一次比较大的水进水退过程，渤中34-4构造及其以南地区沉积了一套较薄的三角洲前缘席状砂体，渤中34-2构造及其北区为前三角洲浊流沉积砂体。

2）构造特征

渤中34-2/4油田断层发育，断层将渤中34-2油田分割为北块、中块、南块，将渤中34-4油田分割为东块、西北块、西南块。主力断块为渤中34-2油田的北块和中块。

（1）总体为一个北东向展布的断裂背斜，东侧以北东走向、东掉西升的断裂带为界，西侧向西南平缓过渡。构造北陡南缓，东部断裂带两侧复杂、破碎，西部构造相对简单。

（2）构造范围内发育北东和近东西向两组断裂系统，其中北东向断裂为长期继承性活动的断裂，近东西向的断裂较新。油田内断层的断距较大，落差大于70～80m的断层为封闭型，对油水的流动和压力的传递起封闭作用。这类断层主要包括一些分界断层，而断块内落差小于50m的断层只能对流体的渗流起部分阻挡作用（图9-55）。

3）储层特征

（1）储层岩性与油层组划分。

渤中34-2/4油田储层主要分布在沙河街组三段，其次是东营组、馆陶组，明化镇组也有含油层，储层为中孔低渗透砂岩油层，非均质严重。沙河街组三段是该油气田的主力油层，分为4个油层组。油层埋深3238～3875m，油层平均有效厚度50～70m。

根据旋回对比、分级控制的原则，将渤中34-2/4油田沙河街组三段储层自上而下划分为4个油层组。

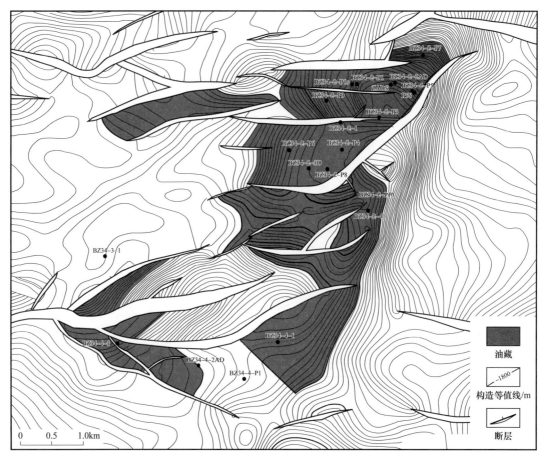

图 9-55　渤中 34-2/4 油田沙河街组构造图

E_2s_3 I 油层组分布于渤中 34-4 油田及渤中 34-2 油田的南块,是渤中 34-4 油田的主力油层段,渤中 34-2 油田北、中块缺失。

E_2s_3 II 油层组全区普遍发育,是渤中 34-2 油田的主力油层。

E_2s_3 III、E_2s_3 IV 油层组单层厚度小,分布不稳定,但井间对比关系清楚(图 9-56)。

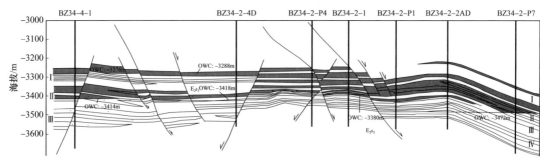

图 9-56　渤中 34-2/4 油田沙河街油藏剖面图

东下段 J 砂层分布于古近系东营组下段大套泥岩之中。储层顶界埋深 2850～2900m,油气田范围内,有十几口井都钻遇了厚度不等的 J 砂层,其中 9 口井钻遇油层,2 口井钻遇水层。DST 测试结果表明,日产油 202t。东下段 J 砂层储层厚度不均,但分布较广,由 2 个砂层组成,井间对比关系清楚,油层厚度 6～19m。

（2）储层物性。

渤中34-2油田储层储集空间类型以原生孔隙为主，其次为次生溶蚀孔和微小晶间孔。储层物性由南往北逐渐变好，孔隙度为10%～18%，渗透率变化比较大，粗碎屑岩为9.8～98.7mD，粉砂岩为0.98～9.87mD。砂岩单层厚度0.5～13m，一般为4～5m。

渤中34-2油田物性分析表明，北块与中块的孔隙度值相近，渗透率变化略大。以 E_2s_3 Ⅱ油层组为例，北块平均孔隙度12.8%，渗透率68.4mD；中块平均孔隙度13.3%，渗透率50.5mD（图9-57）。

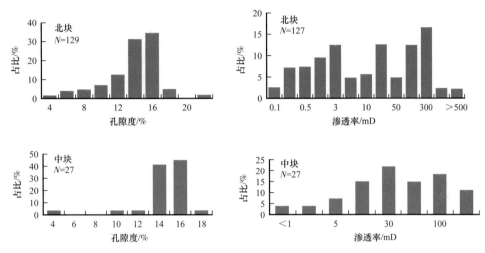

图9-57　渤中34-2油田北、中块沙河街组Ⅱ油层组孔隙度、渗透率分布图

渤中34-4油田几百个常规物性、薄片、粒度、扫描电镜、压汞分析数据统计分析结果表明，沙三段油层的物性差，非均质性强。孔隙度的区间在5%～20%之间，一般分布在8%～16%之间，渗透率值变化范围大，在0.1～1000mD之间，多数样品分布在1～50mD之间。

造成油层岩石物性不均质的原因主要是沉积相的变化和成岩后生作用，对沙三段近400m岩心的详细描述分析工作结果认为，该区的沙三段为一套浊积序列的中—细砂岩沉积，沉积物的粒度、基质及胶结物的含量是影响岩石物性的主要因素。浊积水道沉积砂体颗粒粗，且淡水作用强，相对碳酸盐胶结物含量低，岩相物性一般较好，渗透率在100～1000mD。扇缘沉积颗粒较细，且地层水浓缩咸化作用，钙、镁离子增加，碳酸盐胶结物相对较高。岩石物性一般稍差，渗透率在0.1～50mD之间。

渤中34-2/4油田东下段J砂层储层由长石石英砂岩组成，胶结物含量在10%～30%之间，砂岩成熟度高，分选中等，孔隙类型以粒间孔为主，孔隙连通性好。物性分析表明，孔隙度为10%～20%，渗透率为0.1～150mD，平面上，储层物性由北往南逐渐变好。

渤中34-2/4油田储层评价结果将储层分为Ⅰ、Ⅱ、Ⅲ、Ⅳ四类，Ⅰ类最好，Ⅳ类最差。就单井而言，BZ34-2-1井、BZ34-2-2AD井储层物性最好，BZ34-4-1井最差。上述结果与DST测试结果一致。

4）油气藏类型与特征

（1）油气藏类型。

渤中34-2/4油田沙河街组是一个以构造层状油藏为主、部分受岩性控制的复合式油气田。根据油水界面的分布特征进一步将油藏分为：① 具统一油水界面的构造层状油藏；② 多油水界面的构造层状油藏。两种类型的油藏大体上以中块南部边界断层为界，断层以北具统一的油水系统，断层以南各油层组具独自的油水系统。

渤中 34-2/4 油田东下段 J 砂层油藏是一个受断裂控制作用明显的构造层状油藏。

（2）流体性质。

① 地面流体。

渤中 34-2/4 油田原油性质好，具有三低两高的特点，即密度低、黏度低、含硫量低、含蜡量高、凝点高。地面原油密度 0.842～0.868g/cm³，地面原油黏度 3.10～72mPa·s，含蜡量 15.1%～22.6%，凝点 22～34℃，含硫量 0.08%～0.46%。

天然气相对密度 0.641～0.763，以甲烷为主，甲烷含量 64.2%～88.6%，不含硫化氢。

地层水为碳酸氢钠型，总矿化度为 8000～12000mg/L，pH 值 7.0～9.0。

② 地下流体。

该油气田地饱压差为 3.7～15.3MPa，饱和压力 17.3～29.5MPa，溶解气油比 117～158m³/m³，原油黏度 0.35～0.78mPa·s，原油体积系数 1.348～1.693。

③ 流体分布。

渤中 34-2/4 油田由于受多条断层切割，油水关系比较复杂，不同断块具有不同的油水系统，相同断块不同油层组具有不同的油水系统。

（3）温度与压力。

渤中 34-2/4 油田属于正常的温度和压力系统。根据 4 口井 12 个层段的地层温度测点可知，深度在 3000m 以上的地温梯度为 3.2℃/100m，测点基本分布在一条直线上，属于正常的地温梯度。根据 RFT 资料分析结果，压力梯度为 0.96～1.02MPa/100m，接近于静水柱压力，该油气田属于正常压力系统。

（4）储量。

1987 年 10 月向全国矿产储量委员会申报渤中 34-2/4 油田储量并获得批准。该油气田沙河街组含油面积 12.9km²，基本探明石油储量 2523×10⁴t，溶解气储量 38.8×10⁸m³，其中，渤中 34-2 油田基本探明石油储量 1586×10⁴t，渤中 34-4 油田基本探明石油储量 937×10⁴t。

东下段 J 砂层含油面积 7.1km²，预测石油地质储量 344×10⁴t，其中，渤中 34-2 油田预测石油地质储量 195×10⁴t，渤中 34-4 油田预测石油地质储量 149×10⁴t。

3. 油气田勘探开发简况

1）第一阶段（1979—1985 年）：中日联合勘探阶段

1979 年，中日两国签署协议，对渤南、渤中海域中日合作区进行联合勘探作业。1981—1982 年，先后部署二维、三维地震，进行目标详查。1982 年，在渤中 34-2 构造部署了第一口预探井 BZ34-2-1 井，经 DST 测试分别在古近系沙河街组、东营组上下两段及新近系馆陶组获得高产油气流，其中馆陶组日产油 164m³，东营组及沙河街组日产油 200m³。此后在该构造上钻探了 3 口评价井，并从沙河街组三段砂岩层中成功地获得了油流。

1984 年对该构造追加二维地震详查，发现在距渤中 34-2 构造中心部位以南约

4.5km 处有一高点构造，横贯东西，并具相当规模。

1984 年 10 月，在渤中 34-2 油田南部的相邻构造上钻探第一口探井 BZ34-4-1 井，钻遇油层约 60m，该井又在沙河街组获得油流，从而发现了渤中 34-4 油田。1985 年至 1986 年在该构造上钻探了 2 口评价井，并从沙河街组砂岩层中出油成功，进一步证实了渤中 34-2/4 油田。

2）第二阶段（1985—1987 年）：研究评价阶段

渤中 34-2/4 油田发现后，中日双方组成项目组对油气田开展了平行研究，根据 7 口探井资料及三维地震资料处理和解释结果，完成了储量评价工作。1987 年 10 月向全国储委申报了渤中 34-2/4 油田的基本探明石油地质储量。

同年 11 月，全国储委批准了油气田的基本探明含油面积 12.9km^2，基本探明石油地质储量 2523.0 $\times$ 10^{4}t。

3）第三阶段（1987—2007 年）：开发生产阶段

1987 年国家能源部批准了渤中 34-2/4 油田总体开发方案。1988 年启动油气田开发建设的决定，渤中 34-2/4 油田自 1990 年 6 月投产，划分为两个区块 11 个开发单元。

（1）稳产阶段（1990 年 6 月—1995 年 2 月）。

渤中 34-2/4 油田 1990 年 6 月投产，初期采用衰竭式开采。由于地层压力下降快，油田产量下降，1991 年 4 月，油田采取补孔措施，渤中 34-4 油田的 4-1 井、4-P1 井上返补射东下段"J"砂层。1992 年 6 月，渤中 34-2 油田 2EW 平台 2 口新井 2-P4、2-P5 井投产。1993 年 9 月，渤中 34-4 油田 4WP 平台的新井 4-3 井投产。1994 年 3 月，渤中 34-2 油田 2EP 平台的 2-3D、2-4D 上返生产"J"砂层。渤中 34-2 油田北块、中块生产初期利用弹性能量开采，2 年后转入注水开发。通过新井投产、老井上返及注水等措施保持了油田稳产，稳产期产量达到年产 50 $\times$ 10^{4}m^3 水平。

（2）产量递减阶段（1995 年 3 月—2007 年 12 月）。

渤中 34-2/4 油田原油性质好，初期产量高，但由于天然能量不足，产量递减快。1994 年以前油田靠层间、井间和区块产量接替保持了油田稳产，1995 年至今由于没有接替产量，油、水井况复杂，作业难度大、费用高，加之机采措施效果差，从而造成产量大幅度下降。2003 年 2 月至 4 月，侧钻了 1 口井（2-P1 井），大修了 5 口井（其中 2-P2 井、2-P4 井、2-P5 井的双管改为单管，4-1 井、4-2AD 井大修单采）。2004 年 8 月，在中块打了 1 口调整井（2-P8 井）。2007 年 4 月，新打了 2 口调整井 2-P9、2-P10。后期的措施有效减缓了产量的大幅度下降。

（3）油气田现状。

2007 年 12 月，渤中 34-2/4 油田共有生产井 13 口（17 根管），开井 7 口（7 根管）；注水井 5 口（8 根管），开井 3 口（3 根管）。

由于油田注水系统损坏，采用钻井泵注水。2007 年 12 月，油田日产油 208m^3，年产油 11.9 $\times$ 10^{4}m^3，采油速度 0.22%。截至 2007 年 12 月，油田累计产油 436.25 $\times$ 10^{4}m^3（核实），采出程度 12.51%，综合含水率 14.53%。

伴随着渤海海域新近系浅层油气藏的不断发现，在渤中 34-2/4 油田周围积极寻找新的油气藏，以备油气田长期开发的替代油气储量。

八、南堡 35-2 油气田

1. 油气田概况

南堡 35-2 油气田位于渤海海域石臼坨凸起的西端，是在前新生代基岩潜山背景上发育的、受断层切割和复杂化的复式鼻状披覆构造。油气田以东约 20km 是秦皇岛 32-6 油气田，且被南堡凹陷、渤中凹陷、秦南凹陷等生油凹陷环绕，成藏条件十分有利（图 9-58）。

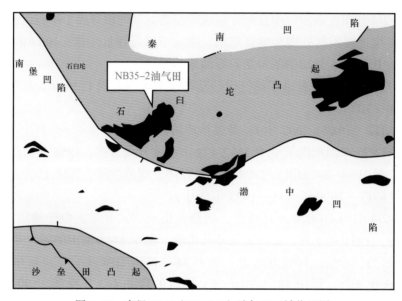

图 9-58　南堡 35-2（NB35-2）油气田区域位置图

2. 油气田地质特征

1）地层与沉积相

（1）地层。

该油气田在古生界基底之上沉积了古近系东营组，新近系馆陶组、明化镇组和第四系；东营组和馆陶组在本油气田发育不完整；主力油层段发育于明化镇组下段与馆陶组顶部（图 9-59）。

（2）沉积相。

① 明下段。

在岩性剖面上为正韵律沉积特征，是典型的曲流河沉积砂体。依据岩心、化验、测井资料，可划分出 4 个沉积微相。

点沙坝：以细砂岩为主，单层厚 2.3～11.9m，多期点沙坝叠置厚度可达 20m。发育大型槽状交错层理、板状交错层理和块状层理。底部常见冲刷面，含有泥砾，直径 2～20mm 不等，局部可见 30～40mm 的泥砾，水流能量较强。粒度概率曲线多为两段式，牵引总体较发育。点沙坝底部发育较完整时，可见滚动总体，粒度概率曲线为三段式。自然伽马曲线以钟形、箱形和复合箱形为主。平面上点沙坝侧向加积，形成砂体发育带。

决口扇：以细砂岩、粉砂岩为主，厚度较薄（1.2～3.3m）。在大套泥岩之中，孤立发育。自然伽马曲线以漏斗形为主，少量箱形。平面分布范围局限，在河道的凹岸呈扇形分布。

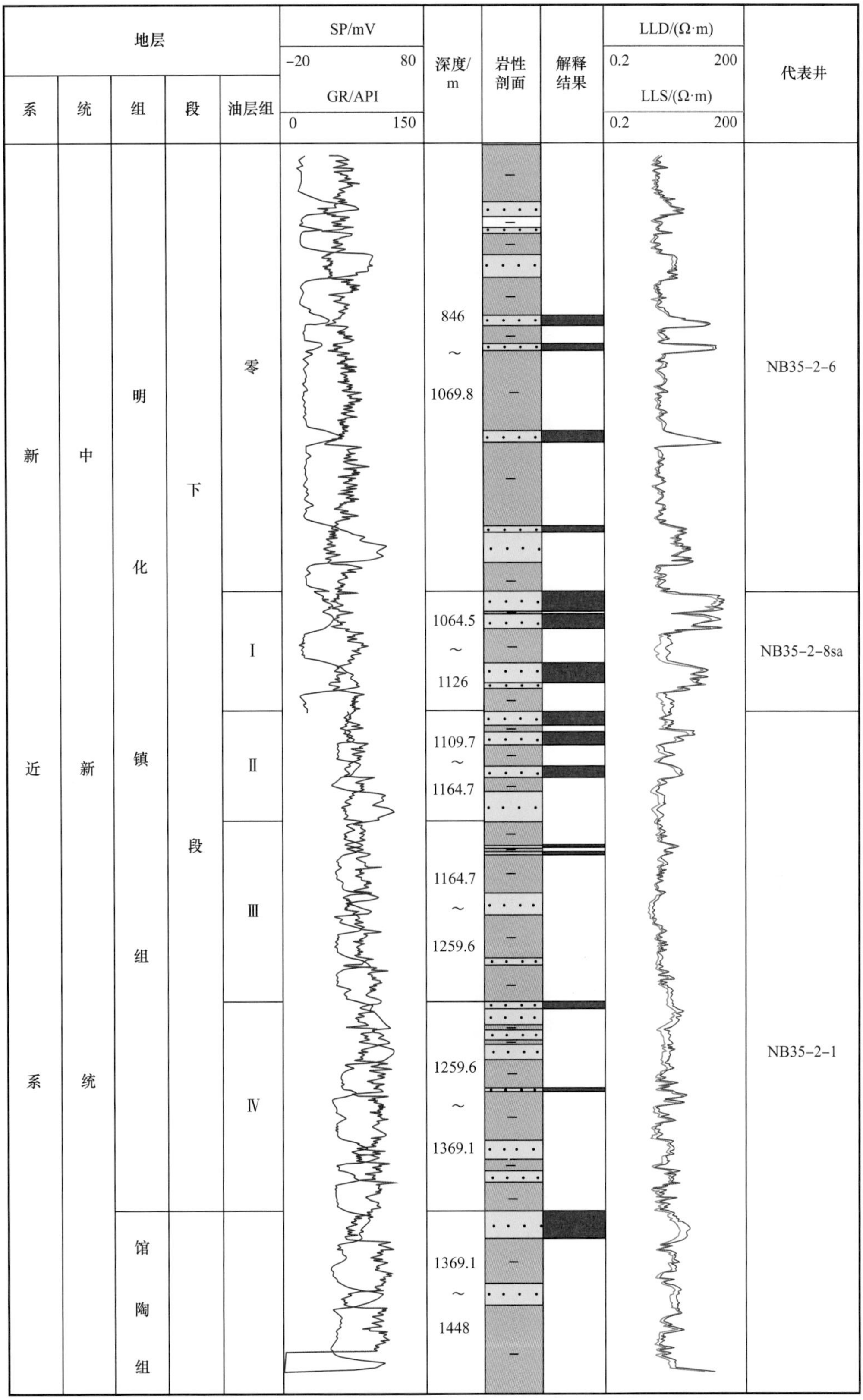

图 9-59 南堡 35-2 油气田综合柱状图

天然堤：粉砂岩、粉砂质泥岩互层，厚度较薄（0.5～2.3m），常发育于点沙坝顶部。可见波纹交错层理和水平层理，水流能量较弱。粒度概率曲线为两段式，自然伽马曲线以指状和齿状为主，平面上沿河道边缘呈条带状展布。

泛滥平原：以红褐色、灰绿色、杂色泥岩为主，厚度变化较大。粒度概率曲线为两段式，自然伽马曲线是平直段，地层倾角表现为绿模式。平面分布范围广。

② 馆陶组。

馆陶组储层为辫状河沉积砂体，主要由心滩构成，发育块状层理，粒度概率曲线为两段式，*C—M* 图显示 PQ 段较发育，水体能量较强。自然伽马曲线为巨厚箱形，砂体厚度大，平面上砂体分布范围广，连通性较好。

2）构造特征

（1）圈闭特征。

构造整体是一个由断背斜、复杂断块和斜坡带 3 种圈闭类型组成的北东走向复式鼻状构造（图 9-60）。油气田由南区和北区组成，两区相距 4.56km。南区构造为北西—南东走向的断背斜构造，北区为北东走向的复杂断块，南北区之间则为斜坡带。全油气田共有 7 个圈闭，圈闭面积为 30.7～68.3km²，圈闭幅度在 110～450m 之间。

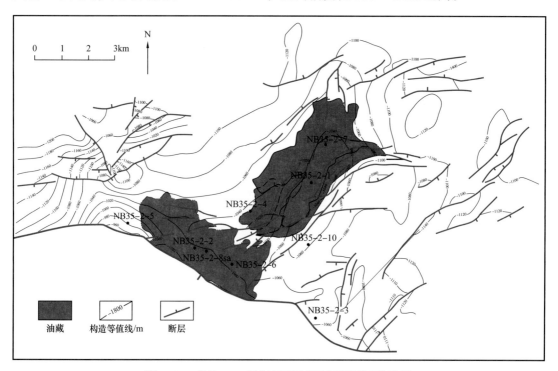

图 9-60　南堡 35-2 油气田明化镇组下段顶面构造图

半背斜沿着构造南部边界大断层上升盘发育，位于鼻状构造的"鼻端"部位，呈北西—南东走向，由 NB35-2-5 井和 NB35-2-2 井所在的两小局部高点组成，构造简单。在三维地震剖面上，半背斜圈闭区东营组、馆陶组地层受基底控制，形成顶厚翼薄的剖面特征。

NB35-2-1 井所在的复杂断块沿鼻状构造的"鼻梁"发育，呈北东走向，受北东向断层切割，平面上形成堑垒相间的断块特征，构造相对复杂。在三维地震剖面上表现出：向下继承性增强，构造相对简单，向上受断层切割，断块特征突出。

位于鼻状构造两翼的斜坡带，呈北东走向，构造简单，始终与基底继承性发育。三维地震剖面上显示具有顶薄翼厚的披覆特征。

（2）断裂系统。

南堡35-2构造的断裂系统主要有两套：北西—南东向和北东—南西向，局部可见近南北向小断层。

北西—南东向断裂位于鼻状构造的南部，断距大，活动时间长，是由多条南掉断层组成的断裂发育带。它控制石臼坨凸起及油气田的边界。

北东—南西向断裂沿"鼻梁"发育，与基底走向一致，断距10～50m，平面延伸500～4000m不等。它切割构造的轴部，使构造复杂化，对油气分布起到控制作用。剖面上，断距上大下小，多呈"Y"字形，向下逐渐收敛于馆陶组。

近南北向小断裂，大多断距小（10～20m），延伸短（1000～2000m）。

3）储层特征

（1）明下段。

明下段储层具高孔高渗的特征：孔隙度在22%～44%之间，平均37.8%，渗透率在50～5000mD之间，平均1664mD。储集空间以原生扩大粒间孔为主，局部发育有溶孔。颗粒间为点状接触，孔隙式胶结，孔隙连通性较好。

物性变化受沉积微相控制，其中点沙坝孔隙度、渗透率较高，孔隙连通性较好，孔喉半径较大，压汞曲线多呈粗歪度，排驱压力较低，中值孔喉压力较低。天然堤和决口扇孔隙度、渗透率相对低，孔隙连通性较差，压汞曲线为中歪度。泛滥平原微相孔隙度、渗透率极低，孔隙连通性差，孔喉半径小，压汞曲线为细歪度，排驱压力和中值孔喉压力较高。

综合各类资料将南堡35-2明下段储层分为3类。其中Ⅰ类是以点沙坝为主的好储层，是油气田主要含油层系；Ⅱ类以少量点沙坝、天然堤、决口扇为主，其物性、含油性较差；Ⅲ类以天然堤为主，物性差。

（2）馆陶组。

馆陶组储层同样具有高孔高渗的特征，孔隙度在24%～38%之间，平均孔隙度34.1%，渗透率在50～5000mD之间，平均渗透率965mD。储集空间以原生孔隙为主，孔隙连通性较好，压汞曲线为中歪度。

4）油气藏类型与特征

（1）油气藏类型。

南堡油气田同秦皇岛32-6油气田相似，具有丰富多彩的油藏类型（图9-61），总体归纳为4种：

① 岩性油藏：以NB35-2-1井零油层组第12小层为代表，剖面上油层呈透镜状，油层平面上分布受砂体范围控制。

② 构造—岩性油藏：以NB35-2-6井Ⅰ油层组的第3小层为代表，剖面上砂层向构造高部位上倾含油，在低部位受构造控制，可见油水界面。

③ 岩性—构造复合油藏：砂体纵向切割叠置，平面连片分布，受构造控制具有大体一致的油水界面。如NB35-2-1井区、NB35-2-4井区、NB35-2-2井区的Ⅰ油层组整体

受构造控制，具有大体一致的油水界面。

④ 构造层状油藏：储层平面分布范围广，受构造控制，油水关系清楚，如 NB35-2-1 井区、NB35-2-4 井区的馆陶组。

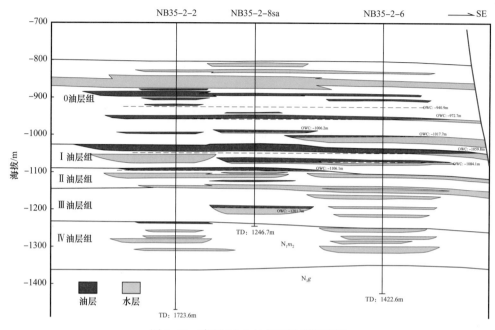

图 9-61　南堡 35-2 油气田油藏剖面图

全油气田以岩性—构造复合油藏为主。纵向上，零油层组以岩性油藏和岩性—构造复合油藏为主。Ⅰ油层组和Ⅱ油层组以岩性—构造复合油藏为主。Ⅳ油层组以岩性油藏为主，局部发育构造—岩性油藏。馆陶组是构造层状油藏。平面上，位于南部断背斜的 NB35-2-2 井区和 NB35-2-5 井区，以构造控制因素为主，发育岩性—构造复合油藏和构造—岩性油藏。NB35-2-1 井区和 NB35-2-4 井区以岩性—构造复合油藏和岩性油藏为主。南北斜坡带发育岩性—构造复合油藏。

（2）流体性质。

① 地面原油。

南堡 35-2 油气田地面原油具重质稠油特征：密度大，黏度高，胶质沥青质含量高，含硫低，凝点低。纵向上明下段的原油比馆陶组重且黏度高，向下原油性质变好。平面上原油性质差异大。NB35-2-1 井区原油性质略好，密度 $0.941g/cm^3$，黏度 $200mPa \cdot s$，胶质沥青质含量为 35%。NB35-2-2 井区原油降解程度较重，油质较差，密度 $0.965g/cm^3$，黏度 $1586mPa \cdot s$，胶质沥青质含量达 45%。其地面原油性质与秦皇岛 32-6 油气田相近。

② 地层水。

本油气田在 2 井区获得两个合格的地层水样品，化验为硫酸钠型地层水，是一种较活跃的水型，该水型可能与 NB35-2-2 井区后期的构造和断裂活动有关。储层电性特征表明 NB35-2-1 井区和 NB35-2-2 井区水层电阻率差别较大：NB35-2-1 井水层电阻率低，NB35-2-2 井水层电阻率较高，推测 NB35-2-1 井地层水与 NB35-2-2 井区可能不同。

（3）温度与压力。

油气田具有正常的温度和压力系统，地层压力梯度 1.0MPa/100m，地层温度梯度 3.0℃/100m。北区原始地层压力 10.6MPa，饱和压力 7.7MPa，地层温度 52.1～63.1℃。南区原始地层压力 10.05MPa，饱和压力 4.1MPa，地层温度 52.1～56.1℃。

（4）储量。

2006 年 9 月，南堡 35-2 油气田进行了储量套改，套改后确定石油探明地质储量 7917.00×10⁴m³，溶解气探明地质储量 10.57×10⁸m³。石油探明技术可采储量 1169.21×10⁴m³，溶解气探明技术可采储量 1.62×10⁸m³。

3. 油气田勘探开发简况

1996 年在构造评价的基础上，在南堡 35-2 构造中部首钻 NB35-2-1 井，测井解释在明下段和馆陶组共获得 8 层 50.3m 的油层，折算日产量为 38.27m³，初步揭示了该构造的含油潜力。随后又在构造的不同部位分别钻探 NB35-2-2、NB35-2-3、NB35-2-4 井。除了 NB35-2-3 井落空外，NB35-2-2 井和 NB35-2-4 井经测井解释，分别在明下段地层获得 61.8m 和 22.1m 的油层，进一步证实了明下段地层是该油气田的主力含油层系，且具有形成大中型油气田的潜力。该油气田的发现无疑对石臼坨整体开发体系的形成起到了促进作用。

南堡 35-2 油气田共分南、北两个开发区，截至 2008 年全区有生产井 44 口、注水井 6 口、水源井 2 口。油气田日产油 763m³，含水率 72%。油气田累计生产原油 72.44×10⁴m³，采出程度为 1.5%，年含水上升率为 15%。

九、歧口 17-2 油气田

1. 油气田概况

歧口 17-2 油气田位于渤海西部海域，西距歧口海岸 21km，西北距天津市滨海新区 45km，距歧口 18-1 油气田中心位置 16.7km（图 9-62）。油气田范围内水深 5.5m，常年最高气温 33.4℃，最低 -13℃，结冰期 90 天。海水最高含盐度 32.64‰，最低含盐度 21.62‰，平整冰厚 36cm，重叠冰厚 72cm（50 年一遇）。

2. 油气田地质特征

1）地层与沉积相

（1）地层。

钻井揭示本油气田自上而下依次为第四系平原组，新近系明化镇组、馆陶组，古近系东营组。主力含油层为明化镇组下段。

（2）沉积相。

油气田主力储层明化镇组下段属于曲流河沉积。

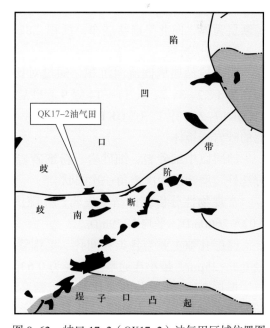

图 9-62 歧口 17-2（QK17-2）油气田区域位置图

2）构造特征

歧口 17-2 构造位于歧口凹陷南缘歧南断阶带海一断层的下降盘，为夹持在两条掉向相反、近东西向延伸的次级正断层之间的垒块构造。构造分东西两个高点，高点之间以鞍部相连。其中东高点较为简单，是受主断裂控制形成的断鼻；西高点南侧发育了一条南掉断层，延伸 4km，它与北部边界断层夹持控制了西高点的断块圈闭范围。总之，歧口 17-2 油气田为一发育在大型逆牵引构造背景上的一个断块构造。油气田最大圈闭面积 7.9km²。其中 QK17-2-1、QK17-2-2D 井所在的西高点 6.1km²，QK17-2-3 井所在的东高点 1.8km²，圈闭幅度 35m，最大闭合线深度为 1875m（图 9-63）。

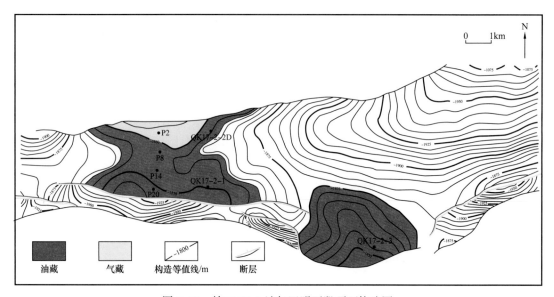

图 9-63 歧口 17-2 油气田明下段顶面构造图

利用地震反演资料对比追踪了东高点 12～14 油层组的砂体分布范围，总体上以南掉断层为界，向北呈扇状展布，面积 3.8km²。

3）储层特征

明下段储层属曲流河沉积，通过对比将明下段储层细分为 14 个砂层，油层主要分布在第 1、2、3、7、8、11～14 等 9 套砂层中，其中 2、3、8 层有钻遇，平面上叠合连片；1（QK17-2-1 井）、7（QK17-2-2D 井）、11～14（QK17-2-3 井）砂层为仅在个别井钻遇的砂岩透镜体。

储层以中细砂岩、细砂岩、粉细砂岩的组合为主，岩石类型为岩屑长石砂岩，颗粒分选好，磨圆度为次棱角—次圆状。

常规物性分析统计结果表明，孔隙度变化范围为 3.6%～40%，平均 32%；渗透率 0.02～7600mD，平均 1279mD。

储层孔隙主要为各类粒间孔。毛细管压力曲线特征表现为歪度粗、分选好，孔喉半径 6.3～25μm，最小连通喉道半径为 0.63μm。

根据 27 口开发井的对比结果，西高点纵向上分为 8 个油层组（4、5、6 油层组为新发现的油层），主力油层组仍为 2、3、8 三个油层组，井间对比关系比较好，其次为 1 和 7 油组；东高点钻遇油层组有 2、3、6～16 油层组（6、7、9、10、15、16 为新发现油层），主力油层组仍为 8 油层组和 11～16 油层组。油层综合柱状图如图 9-64 所示，主力油层埋深 1580～2100m。

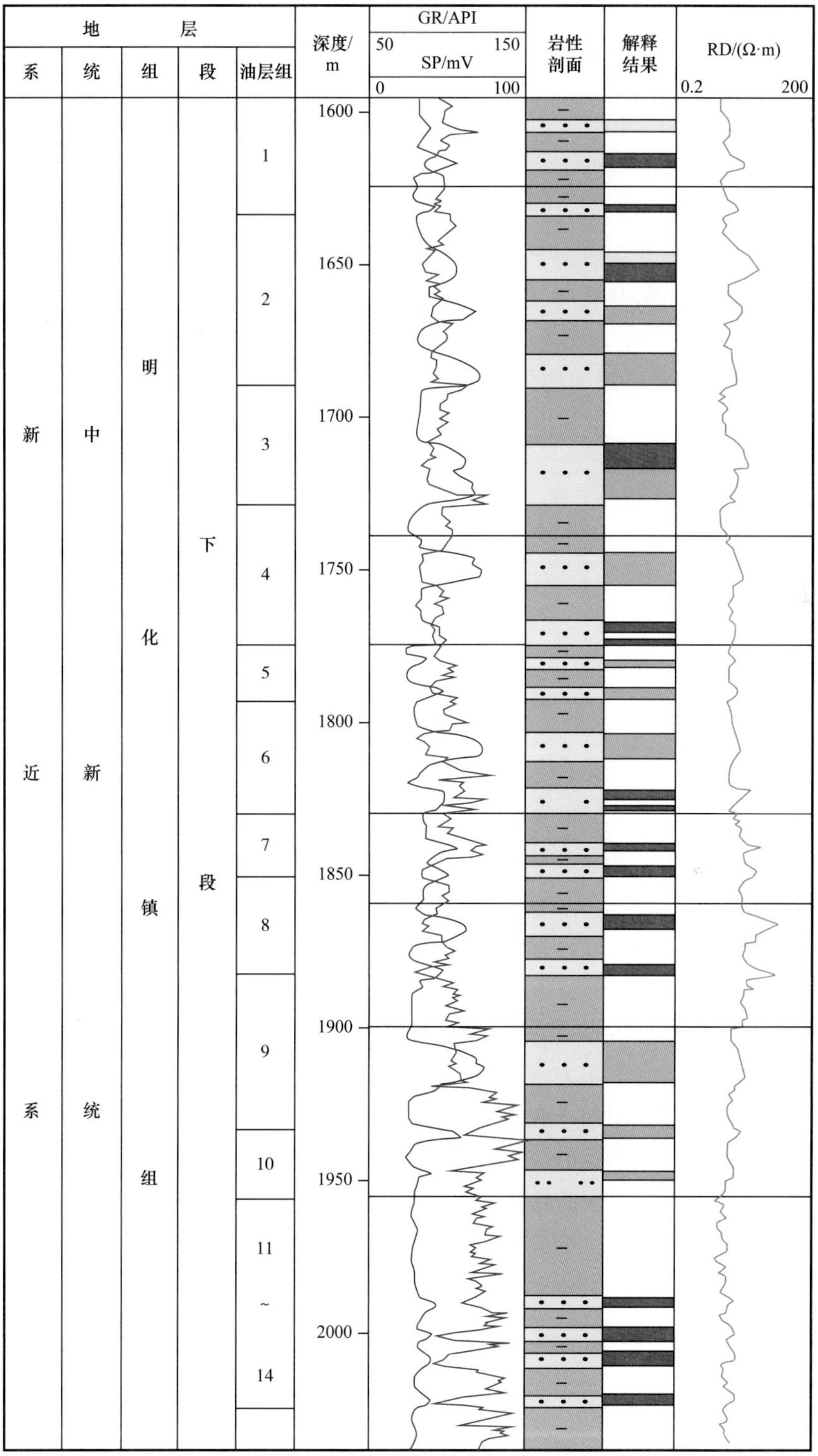

图 9-64　歧口 17-2 油气田综合柱状图

开发井除成功的钻遇主力油层外，还钻遇了一些新的油气层。

歧口 17-2 油气田储层岩性以褐灰色、灰褐色、褐色、浅灰—中灰色、灰绿色细—中粒砂岩为主，砂层底部可出现砂砾岩，其中砂岩为中粗粒，砾石为灰绿色或棕红色饼状泥砾。泥岩以棕红色为主，部分为灰绿色，反映陆上淡水氧化环境快速搬运沉积。

多块薄片鉴定结果统计表明，歧口 17-2 油气田储层成分成熟度较低，石英含量为40%～50%，长石含量为 30%，岩屑含量大于 20%，岩石类型为（含泥）岩屑长石细砂岩或（泥质）岩屑长石中细砂岩，颗粒分选中—好，磨圆度为次棱角—次圆状。

岩心观察结果表明，歧口 17-2 油气田具正韵律性，即底部多为含砾砂岩或中粗粒砂岩、细砂岩，向上渐变为细砂岩、粉细砂岩至纯泥岩；沉积构造自下而上分别为槽状交错层理、水平层理和爬升层理、波状层理。

从歧口 17-2 油气田主体砂岩实际资料做出的 C—M 图可看出，该图主要由 QR 和RS 两段组成，即以递变悬浮和均匀悬浮为主，与国内外曲流河特征相同（图 9-65）。

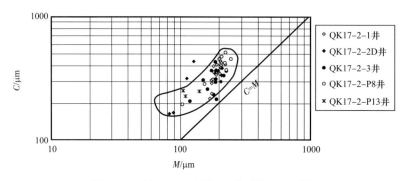

图 9-65　歧口 17-2 油气田明下段 C—M 图

歧口 17-2 油气田主要含油层纵向上基本为两期河道叠加的结果，在井上有两种表现形式：一是晚期河道沉积未将早期河道沉积上部的细粒沉积物完全冲掉，而在两期沉积之间存在明显的泥质或粉砂质夹层；另一种情况则是晚期河道沉积已将早期河道沉积上部的细粒沉积物甚至部分砂体冲掉，两期沉积之间无明显夹层。

歧口 17-2 油气田主力油层组沉积时期实际上是河流发育的 3 个高峰期，同时或相近时间段平面上基本上发育两条河流，两条河流沉积的砂体平面上相互叠加或与早期沉积的砂体叠加连片，形成了主力含油层平面上大面积叠合连片分布的砂体。

高峰期之外，两条河道沉积的砂体基本上独立分布，或主要发育一条河道，另一条只发育一些溢岸沉积的砂体，砂体总体厚度不大，平面上分布局限。

对探井和部分开发井岩心分析结果表明，储层孔隙度变化范围为 4.8%～40.3%，其中 86% 的样品大于 30%，平均值为 32.3%，属于特高孔；储层渗透率变化范围为0.18～8434.9mD，其中 87% 的样品大于 500mD，属于高渗到特高渗。

4）油气藏类型与特征

（1）油气藏类型。

① 构造层状油藏。

具边水（气顶）的构造层状油藏：西高点 2 油层组即为此类，与早期评价不同的是，油气田投入开发后，在西高点 2 油层组顶部发现气层（QK17-2-P19、QK17-2-P20 井），且在边部钻遇油水同层（QK17-2-W2、QK17-2-P11 井），因此该油藏为一受构造控制且具气顶和边水的层状饱和油藏，其在西高点分布广泛，且大部分井分布在纯油区。东高点8 油层组为具边水的构造层状油藏。

具底水的构造层状油藏：西高点 3 油层组与东高点 2、3 油层组均属此类油藏，其中 3 油层组在西高点具统一油水界面且分布广泛，而东高点的 2、3 油层组则分布范围相对较小，仅 QK17-2-3 井一口井钻遇。

具边、底水和气顶的构造层状油藏：西高点 8 油层组 2 小层即为此类。该油藏的特点是顶部具有气层，下部具底水，部分井仅钻遇纯油层。因此，西高点 8 油层组 2 小层是一个既有边水又有底水、气顶的构造层状油藏（图 9-66）。

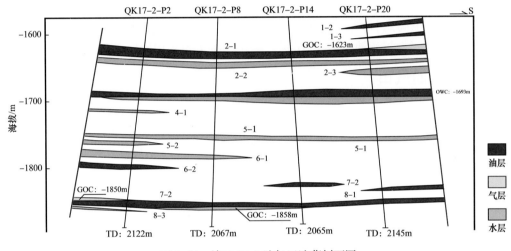

图 9-66　歧口 17-2 油气田油藏剖面图

② 岩性油气藏。

西高点 1、4～7 油层组、8 油层组 1 小层，以及东高点 6、7、9、10、11～16 油层组均属于此类。

（2）流体性质。

歧口 17-2 油气田采用压汞法测定毛细管压力曲线，通过对压汞曲线进行分析表明：毛细管压力曲线表现为歪度粗、分选好。排驱压力介于 0.02～0.8MPa，80% 以上的样品 p_d 小于 0.08MPa，饱和度中值压力（p_{50}）介于 0.03～10MPa，80% 以上的样品小于 0.4MPa，最大进汞量大于 70%，孔喉半径 6.3～25.0μm。

① 原油性质：PVT 样品分析结果表明，歧口 17-2 油气田地层原油具有黏度小、气油比中等、饱和压力高、地饱压差小的特点。

② 天然气性质：溶解气密度 0.582～0.703g/cm³，以轻组分为主，甲烷含量 81.5%～96.1%，乙烷含量 2.8%～13.7%，不含硫化氢，二氧化碳含量小于 0.3%。

③ 地层水性质：地层水总矿化度为 2000～7000mg/L，氯离子含量为 2588～3102mg/L，水型为 NaHCO₃ 型。

（3）温度及压力。

根据探井的测试结果，歧口 17-2 油气田地层压力为 12～20MPa，地层温度 50～80℃，压力系数为 1.01，地温梯度为 3.63℃/100m，属于正常压力、温度系统。

（4）储量。

歧口 17-2 油气田于 1995 年 10 月向全国储委进行了申报，油气田含油面积 9.10km²，基本探明（Ⅲ类）石油地质储量 1655.00×10^4t（1918.60×10^4m³），溶解气地质储量 13.90×10^8m³。

3. 油气田勘探开发简况

1993 年 4 月 10 日，QK17-2-1 井在歧口 17-2 构造明化镇组下段发现高产油气流，从而发现了歧口 17-2 油气田。

2000 年 6 月油气田投产。截至 2007 年全油气田建生产平台 2 座，其中西平台共钻井 31 口；东平台为无人平台，钻井 6 口。

2007 年 12 月，油气田西高点日产油 563m³，年产油 18.23×10^4m³，累计产油 237.23×10^4m³；东高点日产油 209m³，年产油 7.87×10^4m³，累计产油 69.9×10^4m³；南块日产油水平 64m³，年产油 2.97×10^4m³，累计产油 4.89×10^4m³。

十、埕北油气田

1. 油气田概况

埕北油气田位于渤海西南部海域，东经 118°25′—118°28′，北纬 38°24′—38°27′，距天津市滨海新区 88km，油气田范围内平均水深 16m。该油气田位于埕北低凸起的西北端，西南以断层相隔紧靠埕北凹陷，西面及东北与沙南凹陷相邻。该构造夹持在两个生油洼槽之间，其石油地质条件十分优越（图 9-67）。

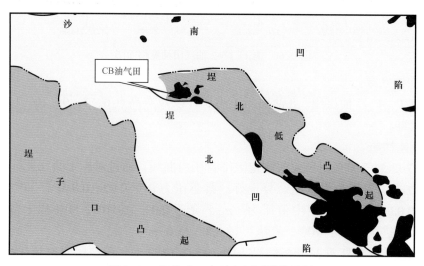

图 9-67　埕北（CB）油气田区域位置图

2. 油气田地质特征

1）地层与沉积相

（1）地层。

钻井揭示的地层自上而下为：第四系平原组，新近系明化镇组、馆陶组，古近系东营组，中生界潜山。主要含油层系为馆陶组和东营组。

（2）沉积相。

根据埕北油气田岩心、壁心描述、薄片鉴定、粒度和测井曲线等分析，发现馆陶组和东营组地层广泛发育交错层理、斜层理及平行层理等沉积构造。在测井相分析的基础上，结合地震相和区域沉积背景资料，研究了砂体的展布，基本确定馆陶组为辫状河沉积，东营组为辫状河三角洲沉积。

2）构造特征

埕北油气田位于埕北低凸起北高点上。该凸起西南以断层相隔紧靠埕北凹陷，西面及东北与沙南凹陷相邻，呈北西—南东走向，面积约490km²，可划分为南、中、北三个高点，是在前古近系潜山基底上发育的披覆构造。

受潜山的控制，古近纪早期地层由构造低部位向高部位超覆沉积，潜山顶部则长期遭受剥蚀。至古近纪晚期，东营组地层超覆沉积于潜山之上。东营组沉积末期，埕北低凸起又一次差异抬升，湖泊萎缩，东营组上部地层遭受不同程度的剥蚀。至新近纪，凸起之上接受馆陶组和明化镇组的河流沉积。晚期受新构造运动的影响，断层活动较为强烈。

控制潜山形成与发育的埕北大断裂为北西走向、倾向南西，是形成于前中生代、中—新生代继承性发育的断层。断层具有延伸长（约55km）、断距大（最大断距超过1000m）、断至层位高、活动时间长的特征，对中—新生界地层的沉积起着控制作用，也是油气由埕北凹陷向低凸起上运移的油源断层。

埕北油气田构造形态为长轴呈北东走向的背斜构造，东西长5km，南北宽1.5～2.8km，圈闭面积约10km²，闭合幅度64m。油气田主体部位形成东、西两个局部高点，东高点为主高点。油气田内部断层不发育，构造形态较完整，仅在背斜向北倾没部位（即油气田范围外）发育了若干条断距为10～40m的小断层。构造倾角顶部陡，翼部缓（图9-68）。

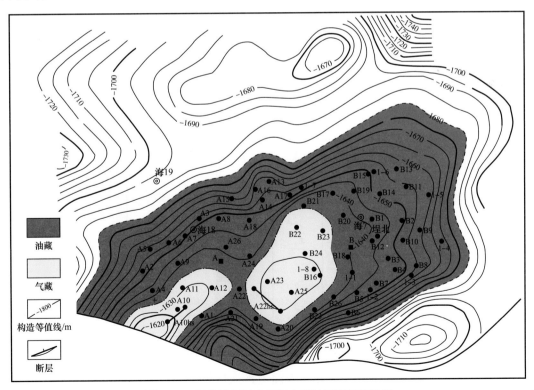

图9-68　埕北油气田东营组主要油层顶部构造图

3）储层特征

埛北油气田发育古近系东营组上段和新近系馆陶组两套油层（图9-69）。东营组上段储层为辫状河三角洲沉积，砂体横向展布较为稳定，岩性为中细岩屑长石砂岩，纵向上具明显的正韵律沉积特征；储层为高孔高渗型：孔隙度25%～34%，渗透率一般1000～2400mD。东营组主要油层内部虽然没有隔层，是一个上下连通的块状岩体，但在剖面上的非均质性是明显的。总体看来是一个正韵律层，渗透率下大上小；内部又有若干次级正韵律，渗透率也发生相应的变化。

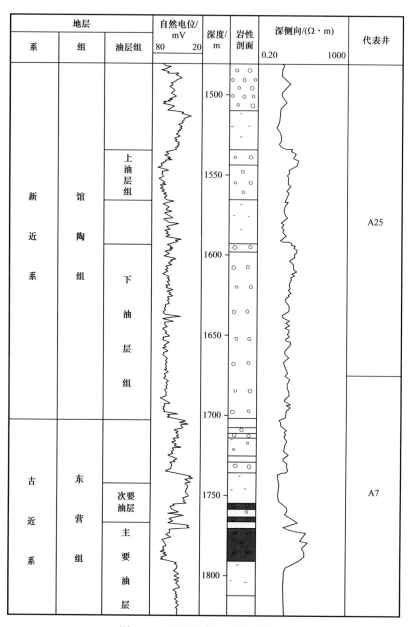

图 9-69 埛北油气田综合柱状图

本区馆陶组为辫状河沉积相，砂体平面上连通性好，岩性为中粗砂岩、含砾中粗砂岩，馆陶组储层孔渗性要优于东营组储层，也具高孔高渗储集特征：孔隙度30%～35%，渗透率一般为 1100～3700mD。

4）油气藏类型与特征

（1）油气藏类型。

东营组油藏埋深 1600m 以下，主要产层为东营组上段，可分为下部主要油层段、上部次要油层段，主次油层段之间有厚 2～3m 的泥岩隔层，分布稳定。主要油层段 16～40m，以中细粒砂岩为主，油层具统一压力系统，为顶气边水的层状—构造油藏（图 9-70）。油气界面深度为 1635m，油水界面深度为 1680m，油水过渡带面积大，约占含油面积的 43％，纯油带和气顶区分别占 39％、18％。在油气田西部，主要油层段内有 4 个粉砂质泥岩构成的低渗透层，层厚 2～3m。次要油层段厚 1～5m，为粉砂岩或泥质粉砂岩，岩性横向展布变化大，呈透镜状，无明显油气水界面，为岩性—构造油藏。

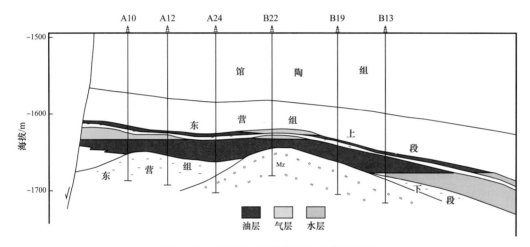

图 9-70　埕北油气田东营组油气藏剖面图

馆陶组油藏埋深 1310m 左右，储层发育，砂体分布相对稳定，横向连通性较好，为底水块状油藏。油藏可细分为 NgⅠ、NgⅡ两个油层组，NgⅠ油层组油层厚 1.7～24.0m，平均厚度 9.0m；NgⅡ油层组 2.2～33.0m，平均厚度在 16.0m 以上。

（2）流体性质。

埕北油气田原油具有密度大，黏度高、气油比低的特点，为典型的稠油油气田。其中东营组地面原油密度为 0.955g/cm³（地层条件下为 0.883g/cm³），地面原油黏度为 650～1200mPa·s（地层条件下为 57mPa·s），溶解气油比低，平均为 38m³/m³，饱和压力为 15.16MPa，原油体积系数为 1.118；馆陶组地面原油密度为 0.980g/cm³（地层条件下为 0.925g/cm³），地面原油黏度为 4700～5600mPa·s（地层条件下为 577mPa·s），溶解气油比较低，平均为 10m³/m³。

埕北油气田地层水为低矿化度的碳酸氢钠水型，氯离子含量 1870～3049mg/L，总矿化度为 4798～6315mg/L。

（3）温度与压力。

埕北油气田主力油层组的原始地层压力（基准面深度为 1660m）为 16.6MPa，压力系数 1.0，饱和压力 15.16MPa，地饱压差 1.44MPa，油层温度 78℃，属于正常压力、温度系统的高饱和油藏。

（4）储量。

1979 年，依据探井、评价井、试采井及二维地震资料的研究与解释，探明石油地质储量 $2084.20 \times 10^4 t$，可采储量 $416.84 \times 10^4 t$；探明溶解气地质储量 $7.96 \times 10^8 m^3$，可采储量 $1.99 \times 10^8 m^3$；探明气层气地质储量 $4.82 \times 10^8 m^3$，可采储量 $3.37 \times 10^8 m^3$。

1986 年复算已开发探明含油面积 $7.72 km^2$，探明石油地质储量 $1959.50 \times 10^4 t$，探明溶解气地质储量 $7.84 \times 10^8 m^3$，探明气层气地质储量 $1.70 \times 10^8 m^3$。

3. 油气田勘探开发简况

1）第一阶段（1972—1994 年）：自营勘探阶段

1972 年 11 月，海 7 井在古近系东营组地层钻遇 20.2m 油层，试油采用 12mm 油嘴，生产 1.5h，产液 7.07t，其中油 5.7t，折算日产原油 91.2t，从而发现了埕北油气田。之后又陆续钻了海 16、海 18、海 19 等评价井。

为了落实油气田的含油气分布范围，1979 年进行了密度 1km×1km 的二维地震采集和解释工作。

1975 年在海 7 井东南 162m 处建六号试采平台，钻评价井 1 口（CB1 井），钻试采生产井 8 口（CB1-1 井至 CB1-8 井），于 1977 年 12 月投入试采，至 1981 年 10 月关闭。

2）第二阶段（1980—2000 年）：合作开发阶段

1980 年 5 月，中日双方合作进行了以油气田地质、油藏数值模拟为主要内容的第二轮综合研究，编制了油气田的总体开发方案。方案中设计钻开发井 52 口，水源井 4 口，在油气田的东、西高点分别建设 A、B 两座生产平台，A、B 两区之间用 1.6km 海底管线相连，原油通过 B 区的储油罐送至储油码头。

1985 年 9 月投入正式开发，1987 年 6 月全面投产。全油气田有 A、B 两座生产平台，A、B 平台各有开发井 28 口，总井数 56 口。

正式开发后，油气田共钻开发井 52 口，井距 300～350m，分 A、B 两个平台生产。1985 年 9 月 B 平台投产，1987 年 1 月 A 平台投产，1987 年 6 月油气田全面投产，投产后平均单井日产油 $30m^3$。埕北油气田以天然边水驱为主，内部加点状注水，能量补充及时。1988—1993 年以每年 30% 的液量递增率，保持年产 $40 \times 10^4 t$ 的稳产，1993 年进入产量递减阶段。

3）第三阶段（2000 年至今）：自营开发阶段

2000 年 10 月 28 日，中日合作开发合同结束，埕北油气田转入自营开发。2012 年 12 月，为进一步落实埕北油气田的储量规模，在油气田外围边部实施了 CFD21-1-1 和 CFD21-1-2 两口评价井，均钻遇到油层。

十一、垦利 10-1 油气田

1. 油气田概况

垦利 10-1 油气田位于渤海南部海域，区域构造上处于莱北低凸起，南部东经 119°28′—119°45′，北纬 37°45′—37°50′，北距已开发油气田渤中 34-1 油气田约 35km，北距垦利 3-2 油气田约 22km，东距山东省龙口市约 70km。油气田范围内平均水深 17.3m。

2.油气田地质特征

1）地层与沉积相

（1）地层。

钻井在垦利10-1油气田揭示的地层，自上而下分别为第四系平原组、新近系明化镇组和馆陶组、古近系东营组和沙河街组。

明化镇组又细分为明上段和明下段，沙河街组又细分为沙一段、沙二段、沙三段和沙四段，含油层位主要发育于新近系明化镇组明下段和古近系沙河街组沙三段，其次为馆陶组、东营组。

① 第四系平原组：地层厚度555.0～562.2m，岩性以厚层泥岩为主，夹少量细砂岩及含砾细砂岩薄层。泥岩颜色为褐灰色，质较纯，成岩性差，吸水易膨胀，性软—中硬，岩屑呈团块状。

② 新近系明化镇组：地层厚度867.0～942.0m，区域上又将明化镇组细分为明上段和明下段，明下段为本油气田的一个主力含油层位。明上段岩性为泥岩与细砂岩、含砾细砂岩不等厚互层；明下段岩性为泥岩与粉砂岩、细砂岩、中砂岩、含砾细砂岩呈不等厚互层，夹灰质粉砂岩和泥质粉砂岩薄层。砂岩为浅灰色，成分以石英为主，含少量长石及暗色矿物，次棱角—次圆状，分选中等，泥质胶结，疏松。明下段底部各井均钻遇高自然伽马泥岩段，是本区对比标志层之一。明化镇组与下伏馆陶组呈整合接触。

③ 新近系馆陶组：地层厚度203.0～250.0m，除KL10-1-9、KL10-1-11井未钻穿外，其他井均钻穿馆陶组地层，并在馆陶组顶部钻遇了油层，为本油气田的含油层位之一。馆陶组上部以厚层含砾细砂岩为主，夹泥岩薄层；下部为泥岩与含砾细砂岩、含砾中砂岩互层，局部夹少量灰质粉砂岩薄层，底部为砂砾岩层。砂岩为浅灰色或灰白色，成分以石英为主，其次为长石及少量暗色矿物，泥质胶结，疏松。砾石成分以石英为主，含部分燧石及火山岩碎屑，砾径多为2～3mm，最大5mm。岩性总体特征下粗上细，是本区重要的标志层之一，与下伏东营组地层呈角度不整合接触。

④ 古近系东营组：区域上将东营组分为三段，其中东二段又细分为上、下两个亚段，除KL10-1-9、KL10-1-11井未钻穿外，其他井均钻穿东营组地层，另外，只有KL10-1-1、KL10-1-4、KL10-1-6、KL10-1-8井在东营组钻遇较薄油层。油气田范围内揭示东营组东二下亚段和东三段地层，东一段、东二上亚段遭受剥蚀。东营组地层与下伏沙河街组地层呈整合接触。

东二下亚段：地层厚度192.0～268.0m，岩性为泥岩与细砂岩、中砂岩及含砾细砂岩呈不等厚互层，局部见灰质粉砂岩薄层。砂岩呈浅灰色，成分以石英为主，含少量长石及暗色矿物，中粒为主，其次为细粒及粗粒，次棱角—次圆状，分选中等。砾石成分以石英为主，含少量火山岩碎屑，砾径多为2～3mm，泥质胶结，较疏松，部分有荧光显示。

东三段：地层厚度136.0～247.0m，岩性为泥岩与细砂岩、含砾细砂岩呈等厚互层，局部见灰质粉砂岩薄层。砂岩为浅灰色，成分以石英为主，含少量暗色矿物，局部含砾，次棱角—次圆状，分选中等，泥质胶结，较疏松。

⑤ 古近系沙河街组：区域上将沙河街组细分为四段，分别为沙一段、沙二段、沙三段和沙四段。多数探井和评价井均没有钻穿沙河街组，KL10-1-2和KL10-1-4井钻遇

沙四段地层，未穿。沙三段为本油气田的主力含油层位。

沙一段：地层厚度83.0～107.0m，岩性为灰质粉砂岩与泥岩呈略等厚互层，局部见细砂岩，为一套特殊岩性段，是区域对比标志层之一。

沙二段：地层厚度75.0～178.0m，岩性为泥岩与细砂岩、粉砂岩呈不等厚互层，夹灰质粉砂岩、泥质灰岩和灰质泥岩薄层。砂岩为浅灰色，主要为细粒，成分以石英为主，含少量暗色矿物，次棱角—次圆状，分选中等，高岭土质—泥质胶结，疏松，偶见2～3mm石英砾。

沙三段：钻井揭示地层厚度409.0～795.0m，根据岩性组合特征可分为上、中、下三个亚段，油层发育在沙三上亚段和沙三中亚段上部。沙三上亚段岩性为泥岩与粉砂岩及细砂岩、中砂岩呈不等厚互层，局部见灰质粉砂岩及煤层；沙三中亚段上部岩性为泥岩与粉砂岩、细砂岩呈不等厚互层；沙三中亚段下部和沙三下亚段岩性较为一致，为厚层泥岩夹泥质粉砂岩及粉砂岩。砂岩为浅灰色，成分以石英为主，含少量暗色矿物，次棱角—次圆状，分选中等，泥质及灰质胶结，疏松。泥岩以灰色为主，少量绿灰色，质不纯，性中—硬，岩屑呈块—片状，局部含灰质，局部见荧光显示，气测值异常明显，为生油岩。煤层为褐黑色，污手，性脆，易燃。另外，KL10-1-2井在2675.0～2725.0m还钻遇玄武岩，深灰色，隐晶质—微晶结构，块状构造，致密。

沙四段：KL10-1-2和KL10-1-4井钻遇，未穿。岩性以泥岩为主，夹泥质粉砂岩及灰质粉砂岩，局部见砂砾岩。砂岩为灰色，成分以石英为主，含少量长石及暗色矿物，次棱角状，部分粉粒，分选中等，硅质胶结，致密。砂砾岩呈灰色，砾岩成分以中性、基性火山岩块为主，含少量石英，分选差，硅质胶结，部分泥质胶结，致密。

（2）沉积相。

明化镇组为曲流河沉积环境。明化镇组下段岩性主要为中—粗砂岩和细砂岩，局部含砾。岩性组合多为大套泥岩夹薄层砂岩，岩心观察常见块状层理、低角度交错层理等，测井曲线形态为齿化箱形、钟形和复合形，粒度概率曲线表现为明显的两段式，反应牵引流沉积为主。泥岩颜色多为紫褐色、红褐色。根据单井相分析进一步可划分为边滩、天然堤和河漫滩微相。

馆陶组为辫状河沉积，主要发育心滩微相，砂岩较发育，岩性组合多为大套砂岩夹薄层泥岩。测井曲线形态多为箱形。

沙河街组沙三段以辫状河三角洲沉积为主，但沙三中亚段物源来自西南的垦东凸起，而沙三上亚段物源来自北侧邻近的莱北低凸起。沙三段砂岩岩性主要为中砂岩、中—细砂岩和粉砂岩，局部含砾。岩心观察常见块状层理、低角度交错层理等，测井曲线形态为齿化箱形、漏斗形、指形和复合形，粒度概率曲线表现为明显的两段式，反应牵引流沉积为主，泥岩颜色为黑色、深灰色，且从常规地震剖面上可看到前积反射现象，属辫状河三角洲沉积。油气田范围内沙河街组沙三中亚段和沙三上亚段均位于辫状河三角洲的前缘亚相，根据单井相分析进一步可划分为水下分流河道、河口坝、远沙坝、水下分流河道间微相。

2）构造特征

（1）构造及断裂。

垦利10-1构造位于莱北低凸起南界大断层下降盘，是受大断层控制继承性发育的复杂断块构造。沙河街组内部被北东向和北西向断层分割成不同的断块，构造北高南低，地层向东、西、南三面下倾；明化镇组、馆陶组断裂系统发育，同样为复杂断块型构造。

依据现有三维地震资料，在该地区沙河街组含油层段内共解释了 70 多条断层，均为正断层，但对油藏的控制作用各不相同。

按照断层对明化镇组、馆陶组的构造形成作用大小和不同的类型，将本区断层分为 3 类：① 以莱北低凸起南边界大断层为代表，走向近东西向、南掉，工区范围内垂直断距大于 260m，延伸距离大于 23km，是垦利 10-1 构造的北部边界大断层，长期持续性活动，是该区构造、沉积的主控断层；② 北东向调节断层、北西向调节断层、近东西向调节断层均为继承性断层，最大垂直断距 10～150m，延伸长度 1.2～14.0km；③ 北东向调节断层，北西向调节断层，近东西向调节断层，为更次一级断裂，多为晚期发育，断距小，延伸距离短，使明化镇组、馆陶组构造进一步复杂化。

（2）圈闭特征。

垦利 10-1 油气田位于莱北 1 号断层下降盘，明化镇组下段、馆陶组构造是在凸起边界大断层控制下发育的复杂断块型构造，构造圈闭自下而上继承性好。

沙河街组：垦利 10-1 油气田沙河街组位于莱北南边界断层下降盘，构造总体为被断层复杂化的断背斜，在其他次级断层的作用下，将该断背斜构造分割成西块、中块和东块，内部又被次级断层分割成更次一级的断块（图 9-71）。

3）储层特征

（1）储层岩性。

明化镇组：垦利 10-1 油气田明化镇组下段储层岩性以中—粗粒、细粒岩屑长石砂岩为主，矿物成分主要为石英、长石、岩屑，石英含量 25.0%～42.0%，平均 33.6%，长石平均含量 39.5%，岩屑平均含量 26.9%。碎屑颗粒较均匀分布，分选中等，磨圆度为次棱角—次圆状，颗粒支撑，游离状、点状接触为主，长石风化程度中等。X 射线衍射分析显示，黏土矿物以伊 / 蒙混层为主，其次为高岭石、伊利石和绿泥石。

馆陶组：垦利 10-1 油气田馆陶组储层以中—粗粒、细粒岩屑长石砂岩为主。岩石成分成熟度较低，石英含量 22.0%～42.0%，平均 32.7%；长石含量 34.0～46.0%，平均 41.3%；岩屑含量 16.0%～44.0%，平均 26.0%，岩屑成分主要为火成岩岩块和变质岩岩块。颗粒分选中等，呈次棱角—次圆状，点接触为主，孔隙类型以粒间孔为主。

沙河街组：垦利 10-1 油气田沙河街组沙三段储层岩性以细—粉砂岩为主，岩石学定名为岩屑长石砂岩，矿物成分主要为石英、长石、岩屑，石英含量 35.0%～44.0%，平均 40.1%，长石平均含量 35.2%，岩屑平均含量 24.7%。碎屑颗粒胶结程度中等、较均匀分布，分选中等，磨圆度为次棱角—次圆状，颗粒支撑，点—线接触为主，长石风化程度中等。X 射线衍射分析显示，黏土矿物以伊利石为主，其次为高岭石和伊 / 蒙混层。

铸体薄片和扫描电镜显示，孔隙类型以原生粒间孔为主，见少量溶蚀粒间孔及溶蚀颗粒孔，孔隙较发育，分布较均匀，连通性较好，孔隙形态多为不规则形，喉道多为点状或片状喉，孔隙和喉道被次生加大石英和高岭石、少许丝絮状伊利石充填。

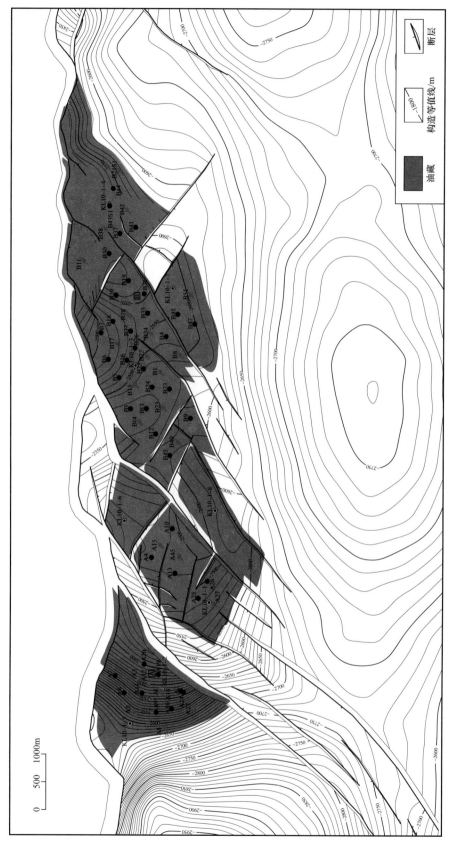

图 9-71 青利 10-1（KL10-1）油气田沙河街组探明含油面积叠合图

（2）储层物性。

明化镇组：明下段共进行了多块岩心样品和壁心样品的常规地面孔隙度分析，孔隙度分布范围13.3%～40.5%，平均值31.3%；共进行了64块岩心样品的地面渗透率分析，渗透率分布范围27.7～16731.7mD，平均值为5105.2mD，属于高孔、高渗的储层。储层毛细管压力曲线以粗歪度为主，排驱压力0.008～0.149MPa，饱和度中值压力0.022～9.326MPa，孔喉半径平均值0.817～31.791μm。

馆陶组：馆陶组也进行了多块壁心样品的地面孔隙度分析，壁心分析地面孔隙度分布范围14.0%～36.6%，平均值25.7%，为中高孔渗储层。

沙河街组三段：孔隙度分布范围4.8%～31.0%，平均值21.9%；渗透率分布范围0.02～913.8mD，平均值为100.0mD，属于中孔、中渗的储层。储层毛细管压力曲线以中歪度为主，排驱压力0.023～0.307MPa，饱和度中值压力0.314～12.821MPa，孔喉半径平均值0.245～7.839μm。

4）油气藏类型与特征

（1）油气藏类型。

垦利10-1油气田含油层位多，受构造、断层和岩性多重因素影响，油、气、水关系比较复杂，纵向和横向上具有多套油、气、水系统，油气藏类型多样（图9-72）。

垦利10-1油气田明化镇组油气藏是在构造背景上发育的受岩性、构造双重因素控制的岩性—构造油气藏，每个含油、气砂体具有独立的流体系统，具有"一砂一藏"的特点，井点钻遇油气藏埋深554～1475m。油层集中发育在明下段Ⅲ、Ⅳ、Ⅴ油层组，油藏埋深1180～1475m，而明下段Ⅰ、Ⅱ油层组除KL10-1-11井在Ⅰ油层组钻遇气层外，多数井均没有钻遇油、气层。气藏多在KL10-1-11井区发育，井点从553.9m处就钻遇了气层，埋藏浅，多数分布在明上段。该油气田明化镇组成藏具有一定的规律性，明化镇组似花状构造的"花心"部位是油气的有利聚集区，而远离"花心"部位的"花瓣"构造则没有大规模的油气聚集。

垦利10-1油气田馆陶组油藏主要受构造和断层控制，整体为复杂断块油藏，断块内为块状、层状构造油藏。

垦利10-1油气田沙河街组油藏主要受构造和断层控制，不同断块、同一断块的不同油层组属于不同流体系统，油藏类型属于由多个断块组成、纵横向上具有多套油水系统的复杂断块油藏，断块内油藏类型为层状构造油藏，井点钻遇油藏埋深2110～2807m。KL10-1-7井和KL10-1-8井的钻探也印证了钻前对两个区块储层、成藏的认识，符合该区沉积、储层、成藏等规律。其中，KL10-1-7井区在沙三上亚段Ⅰ、Ⅱ、Ⅳ、Ⅴ油层组和沙三中亚段Ⅱ油层组钻遇油层，均为层状构造油藏；KL10-1-8井区油层主要集中在沙三中亚段的Ⅰ、Ⅲ+Ⅳ油层组，均为层状构造油藏。整体上，沙三上亚段油层集中在2、3、4井区，在各油层组均钻遇油层，KL10-1-1井区和KL10-1-6井区只在沙三上亚段Ⅳ、Ⅴ油层组钻遇较薄油层；沙三中亚段Ⅰ、Ⅱ油层组各井区均钻遇油层，Ⅲ、Ⅳ油层组只有KL10-1-1井、KL10-1-3井和KL10-1-8井钻遇油层。分割井区断层在沙河街组具有封堵性，不同井区、同一井区不同油层组具有不同的流体系统。

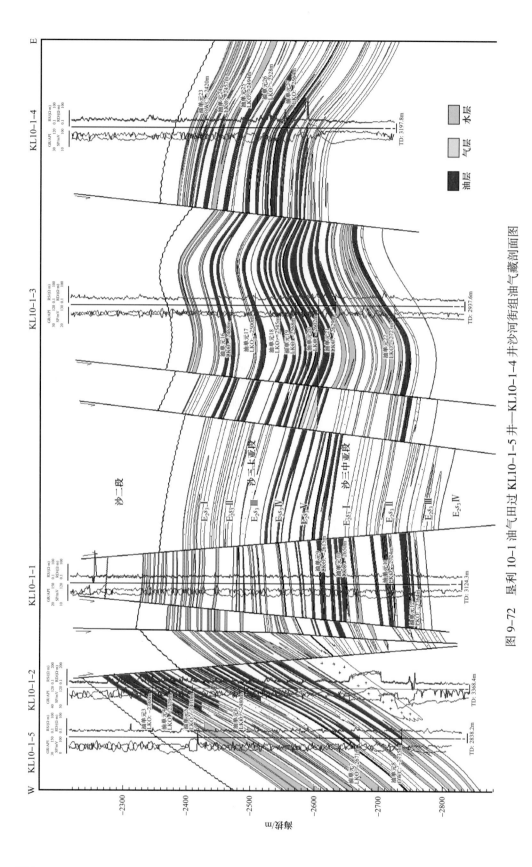

图 9-72　垦利 10-1 油气田过 KL10-1-5 井—KL10-1-4 井沙河街组油气藏剖面图

（2）流体性质。

① 原油性质：明化镇和馆陶组原油为稠油，具有饱和压力低、溶解气油比低、原油黏度高等特点。

沙三段地层原油性质好，地层原油具有饱和压力低、溶解气油比中等、原油黏度低等特点。

② 天然气性质：垦利10-1油气田在明化镇组、馆陶组并没有取得天然气样品，在沙三段共取得少数天然气样品（均为溶解气样品），取样方式均为分离器取样。综合分析样品均合格，已分析气样均不含 H_2S。

③ 地层水性质：垦利10-1油气田明化镇组、馆陶组和沙河街组均未取到合格地层水样，地层水性质有待于在以后的开发生产过程中取样进行研究。

（3）温度与压力。

垦利10-1油气田压力系数0.99，压力梯度为0.98MPa/100m，温度梯度为3.2℃/100m，属正常压力和温度系统。

（4）储量。

垦利10-1油气田明化镇组、馆陶组探明叠合含油面积12.38km²，探明未开发石油地质储量 $1507.40 \times 10^4 m^3$（$1445.90 \times 10^4 t$），探明溶解气地质储量 $3.24 \times 10^8 m^3$。KL10-1-7、KL10-1-8井区沙河街组探明叠合含油面积4.39km²，探明未开发石油地质储量 $520.05 \times 10^4 m^3$（$456.08 \times 10^4 t$），探明溶解气地质储量 $2.28 \times 10^8 m^3$。

3. 油气田勘探开发简况

从20世纪70年代起，垦利10-1地区先后进行了多轮二维地震资料的采集和处理工作，并陆续钻多口探井，均未获得重大商业性发现。

2007年对覆盖垦利10-1构造的二维地震资料进行重新处理，在重新落实该区构造基础上，在2008年钻探预探井KL10-1-1井，3次DST测试均获得高产油流，从而发现垦利10-1油气田。

2010年2月在6口井的基础上向国家申报备案垦利10-1油气田KL10-1-1、KL10-1-2、KL10-1-3、KL10-1-4、KL10-1-6井区沙河街组探明石油地质储量 $3615.41 \times 10^4 m^3$，技术可采储量 $750.25 \times 10^4 m^3$；探明溶解气地质储量 $17.42 \times 10^8 m^3$，技术可采储量 $3.73 \times 10^8 m^3$。

垦利10-1油气田于2015年投产，主要生产设施包括一座中心处理平台、两座井口平台。

第十章 典型油气勘探案例

从本卷第二章渤海海域油气勘探历史的发展梗概中不难看出，渤海海域与陆上油区在区域背景和主要石油地质条件上存在许多共性。但渤海海域范围内，由于在地层、沉积、构造发育、断裂系统等诸方面具有自己的地质特色，从而造就了丰富多彩、类型繁多的圈闭。同时，对海域的地质条件、成藏主控因素、油气分布规律，以及适合于海域的勘探方针、技术等必然有一个从陌生到熟悉、从浅入深较长时期艰苦的认识和实践过程，其间有成功也有失利。反思总结多年勘探，从预探到评价直至投入开发的情况，必将会使实践者和后来人受益匪浅，同样对开辟新区、新领域的油气勘探具有重要的指导意义。本章选择一些具有代表意义的圈闭实钻情况，以"案例"的形式论述如下。

第一节 闹海伊始，即尝胜果，海域第一口探井喜获油气流

渤海海域的油气勘探初期，基本上是借助于陆上油区的勘探经验和做法，尤其是在黄骅坳陷中部的北大港构造带上不断发现新的含油断块，这就是后来建成的北大港油气田。北大港油气田的发现和扩展，直指海滩，向东延伸到渤海，下海找油成了上级决策层和勘探家们的共识。首先选择在歧口凹陷南缘的歧南断阶带，实施钻探海 1 井（H1井）（图 10-1）。

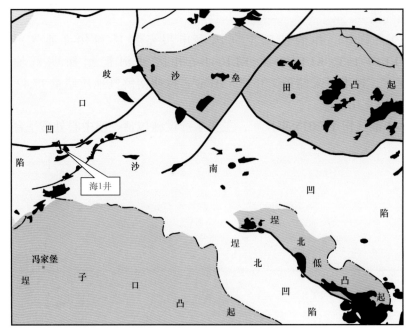

图 10-1 海 1 井区域位置图

经过一个多月的钻前准备，1966 年 12 月 31 日 23 时 45 分，海 1 井正式开钻，并在新近系明化镇组喜获油气流。经过对 1615.0～1630.0m 井段的明化镇组下段 3 个砂岩层的测试，喜获油气流。作为我国下海找油的第一口探井——海 1 井的出油，掀开了中国海洋石油钻探成功的第一页。

为了探明海 1 井的含油范围，限于当时没有可移动的钻井船，1968 年在 1 号钻井平台上相继完成了 3 口斜井（评价井）的钻探。除海 1-2 井在明化镇组下段见到 2.4m 油层外，另外两口斜井在相同层段都是水层，让渤海石油人一开始就体会到断块圈闭复杂性的特点（图 10-2）。由于初期对其复杂性认识不足，而且又急于求成，移师歧口凹陷北缘再实施预探井海 2 井的钻探，仍以探明新近系的次生油藏和沙河街组的含油气情况为主要目的。

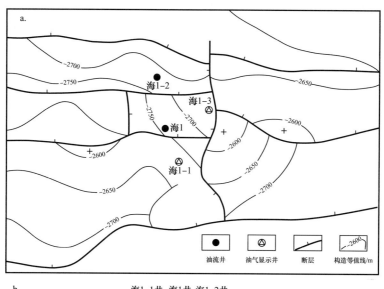

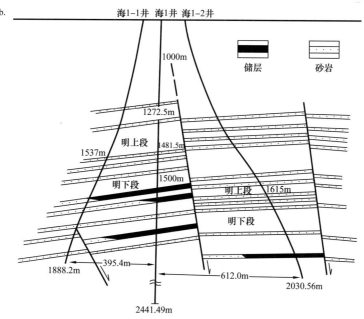

图 10-2　海 1 井 T$_2$ 反射层构造图（a）及油藏剖面图（b）

1970年4月，海2井开钻，10月完井，完钻井深4016.73m。这是一口用3200m钻机完成的探井。钻探结果，在东营组一段2800.0m以上的层段中，见到零星油气显示，3100.0m以下未见显示。更令人关注的是构造层位的变化，钻前预测馆陶组底深1980.0m，实钻为2730.0m。比预测深度偏深750.0m，钻前认为是高断块，实际成了低断块；其次在井深2583.0～2992.0m钻遇3层玄武岩，单层厚度3～4m，说明构造附近有火山岩分布。遗憾的是，地质条件的复杂未能引起有关人员的重视，认为应在高断块上继续钻探。1971年在原井位的北断块上钻海2-1井，在南断块钻海2-2井，结果海2-1井在明下段仅见到零星含油、油浸显示，海2-2井未见显示。

海2井钻后分析，失利原因是构造不落实，侧向封堵条件差。实际上是受地震技术的限制，难以提供准确的构造资料所致。限于当时的认识，还想继续寻找新的突破口，继而转战南堡凹陷，在凹陷南缘的新港构造带上选定海3井井位。钻探结果在井深1750.m以下，钻遇厚达1316.5m的火山岩，岩性组合是一个完整的喷发旋回；测井解释有4层油层（总厚度为32.2m）、可能油层6层（25.8m）。经测试，2层为干层，8层为水层，显示最好的是水层带油花。钻后认为油藏形成于火山喷发前，因火山喷发被破坏而残留稠油。钻前在地震剖面上看到的一组强反射波正是火山喷发岩的反映。通过重力、磁力的综合研究对比，发现该井巨厚的火山岩与海2井的3层玄武岩属同期产物。

现在看来，当时缺乏三维地震勘探的基础条件，同时地震识别油气技术落后，是造成上述结果的重要原因。

海2井、海3井钻探的失利，客观上是地质条件复杂，调查技术手段落后，难以很快地将地下情况查明；主观上是因海1井得手，急于再有新的突破，因而对地质条件的复杂程度估计不足，结果导致两口直井、两口斜井的失利。但最终及时调整部署，吸取有益的教训，使勘探再获成功。这里还需说明，在借鉴陆上情况的同时，必须认真研究海区的资料，针对海域特有的石油地质条件，实施勘探，切忌简单硬套。

第二节　首钻凸起，马到未成，主攻基岩潜山，整体受挫

下海第一口预探井海1井的成功，振奋了中国海洋石油界，自然而然地唤起了在海域寻找大型油气田的强烈渴望。随即产生了"二级正向构造单元整体含油"的设想。瞄准海域大型的二级构造单元——沙垒田凸起（当初称为海中隆起）。

1972年实施"区域甩开，重点突破"的勘探部署原则，首先在埕北低凸起西高点完钻的海7井获工业油流。沙垒田凸起为一个被凹陷环绕的大型凸起，面积约1650km²，顶部缺失古近系。当时在石油地质界，对沙垒田凸起上的新近系含油气前景并不乐观，而是把希望寄托在凸起基岩潜山地层中，但是在1973年在该凸起顶部钻探海中1井（图10-3），仅在新近系的馆陶组砂岩地层中获工业油流（折算日产26.2t）；以后又相继钻探了5口井（HZ2井—HZ6井），其中部分井获低产油流。1974年在沙垒田凸起顶部和斜坡带又部署了6口井（HZ7井—HZ12井）（图10-4），但钻探结果是在基岩潜山领域仍未取得有价值的发现。

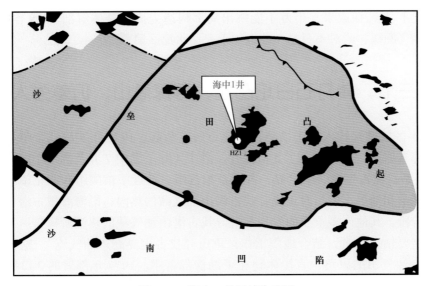

图 10-3　海中 1 井区域位置图

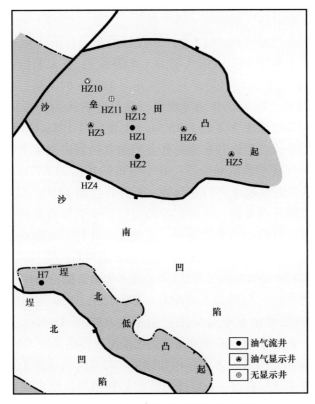

图 10-4　两个凸起不同类型探井分布图

　　非常遗憾的是，当时对新近系的钻探成果并未引起人们的重视，而放弃对这一含油系统的坚持勘探。一直延续 26 年后，才在本凸起上获重大成功。从这一勘探实例中可以看出，对一个地质构造单元的远景评价，必须实事求是地进行细致分析，得出恰如其分的结论，并在勘探过程中体察新情况，研究新问题，及时修正认识，调整部署；对二级构造单元的整体解剖必须从局部构造入手，在落实圈闭的基础上部署探井井位，一步一个脚印地扩大钻探成果，千万不能跳出局部构造去搞"整体解剖"。这也启示我们，进行海洋油气勘探，绝对不只是"陆地加上一层水那么简单"。

第三节　转打石臼坨凸起，再探潜山，仍差强人意

1975 年区域勘探转入渤中坳陷，首选石臼坨凸起。1976 年实施"全带着眼、整体解剖"的部署原则，精心部署了 5 口探井（渤中 4 井—渤中 7 井及渤中 10 井），发现了5 套含油层系；在古生界、中生界、古近系东营组、新近系馆陶组和明化镇组下段都有好的油气显示和油层，但当时正逢寻找古潜山油气藏的热潮，渤海海域古潜山勘探也正处在初始阶段，其他许多重要的发现都被寻找古潜山油气藏的热潮所掩盖。当时明确提出"集中主要钻探力量，结合地震工作，重点寻找古生界高产油气流"。这种一门心思找任丘式大油气田的思路，直接体现在了勘探部署中。1977 年部署的 3 口探井（渤中11、渤中 12、渤中 14 井）中，主要都是寻找古潜山油气藏的。

先在 427 构造东高点上部署钻探的渤中 11 井，结果只在古近系东营组见到零星油气显示，成为寻找古潜山油气藏的第一口失利井。

后在 427 构造西高点钻探渤中 12 井，钻探目的是寻找下古生界石灰岩裂缝带和风化壳油藏，钻探结果于井深 3191m 进入潜山（奥陶系）；在东营组发现多层油气显示层（5 层累计厚 51.5m）；而潜山段岩屑录井只在井深 3270m 的 1 颗石灰岩方解石脉岩屑见油斑，钻进中没有放空、漏失、井涌等现象。钻后分析认为，石灰岩油气显示不好的原因是潜山顶面比相邻的渤中 3 井低了 95.5m，上覆层是 198m 厚的砂岩，盖层不理想，这是一个比较中肯的分析。但该井在完井作业的通井过程中发生卡钻，处理无效后最终将钻杆炸断，炸断深度在东营组油层段，井下落鱼钻具长 317.77m。在采取酸化措施后试油，用油管、套管同时放喷 1 小时 9 分钟，折算日产油 1310t、天然气 $29 \times 10^4 m^3$。试油结论：产油层为奥陶系石灰岩。这种在产油层位并不清楚的情况下，将产油层位定为奥陶系的做法，导致了以后一连串的失误。首先这口井井下有事故，卡钻处距井底还有183.93m 的距离，卡点以下即使出油，产出深度也无法判断；但当时却盲目认为该井试油底界深度为 3501m（井深 3501.65m），又以未见底水为由，推论油柱高度 310m，控制地质储量 $3 \times 10^8 t$。这口连产油层位都说不清的井，如何能有 310m 的油柱高度，控制 $3 \times 10^8 t$的地质储量呢？当时的理由是酸化前生产指数为 0.57t/（d·atm），酸化后生产指数为8.26t/（d·atm）。这种不考虑井下实际情况的类比推论，再次误导了下一步的勘探部署。

1978 年为了落实 427 构造的含油面积和储量，对 427 构造作了地震详查，在东、西两个高点上集中部署了 3 口探井、3 口评价井。钻探结果，除东高点的 1 口井在石灰岩井段有油水同出外，其余 5 口井石灰岩井段都产水，据此否定了油水界面在 3501m 的推论。至此，勘探工作以查明了东高点有 2 个"油帽子"、西高点有 1 个"油帽子"为结果而暂告一段落。1979—1980 年，在渤中 12 井的东北方向和西南方向又相继钻探了新渤中 12 井和新渤中 12-1 井，潜山顶面的水平距离分别是 70m 和 55m（图 10-5）。钻探结果，新渤中 12 井钻遇石灰岩 70m，分 3 次测试都是水层；新渤中 12-1 井钻遇石灰岩近 245m，超过渤中 12 井钻遇石灰岩厚度近 50m，分 5 次测试，顶部一层为水层含微量

气，其余3层为干层，一层为低产水层。2口寻找渤中12井石灰岩高产油气流的井均落空，最后被迫终止钻探。

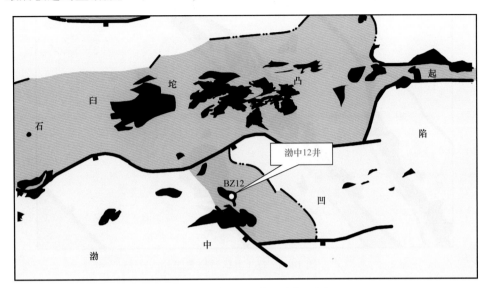

图 10-5　渤中 12 井区域位置图

后来，渤海石油研究人员经过多年的思考、再研究，最终都达成一个共识：对于具备复式油气聚集规律的渤海海域，"单打一"的勘探指导思想是不对的，造成本凸起上亿吨级储量的大型油气田（CFD11-1 油气田）的发现足足推迟了近 30 年。

第四节　浩渺渤海生惊雷，中国海洋第一个大型油气田诞生

渤海北部的辽东湾，是当时中国海洋石油总公司自营勘探开发的重点地区，它和北部的辽河断陷同属一个构造单元，即"下辽河坳陷"，地质结构与石油地质特征等方面有着许多共同之处。在 20 世纪 70 年代，辽河断陷油气勘探捷报频传，但海域部分一直未获重大成功。

1979 年 3 月，在石油工业部海洋石油勘探局（中国海洋石油渤海公司前身）召开的地质勘探技术座谈会上，制定了"以渤海东部为重点，坚持区域勘探，整体解剖辽东湾，甩开侦察渤南、渤东、埕北三个带，争取打出新局面"的勘探方针，积极准备进军辽东湾，但是辽东湾第一口探井——辽 1 井在钻至 2190 多米时，气测异常明显，并发生井涌（井涌高 2.5m），即发生井喷，造成井壁垮塌，被迫工程报废（图 10-6）。此后，虽然停止了 5 年的实际钻探，但研究工作从未间断。

在辽 1 井完钻 4 年后的 1984 年，又发现了锦州 20-2 油气田，使得辽东湾的战略地位又一次凸显。为了加快对辽东湾勘探的进程，中国海洋石油总公司指示渤海公司和中国海洋石油勘探开发研究中心，编制"渤海辽东湾 1986—1990 年勘探开发规划"，要求全面分析辽东湾石油地质特点，进行油气资源量预测及单元区带评价，规划把辽西凸起、辽中凹陷和辽西凹陷作为一类单元，并优选 10 个有利圈闭，其中将绥中 36-1 构造作为 1986 年首钻目标。

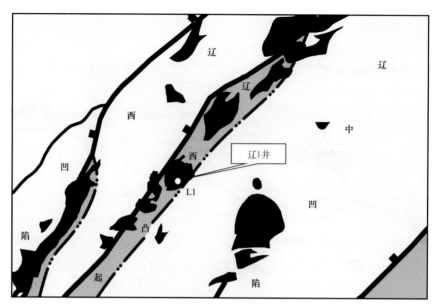

图 10-6 辽 1 井区域位置图

1986 年 5 月 15 日，绥中 36-1-1 井开钻。该井出乎意料地在东营组获得高产气流，11.1mm 油嘴日产天然气 $19.6 \times 10^4 m^3$。该井在古生界也见到油流。东营组薄砂层获得高产气流，对于这样一个大型圈闭，下一步应该怎样勘探？找大油气田的前景究竟如何？中国海洋石油总公司又做出了正确的部署。

绥中 36-1-1 井完井后，中国海洋石油总公司对绥中 36-1 构造的进一步勘探采取了积极慎重的态度，认为一口探井不能决定一个大型圈闭的命运，需要做深入细致的研究工作，要求渤海公司研究院、中国海洋石油勘探开发研究中心和南海东部公司地质研究所 3 家科研单位背靠背研究评价绥中 36-1 构造，提出进一步钻探的意见。

1987 年 4 月 2 日，第二口预探井绥中 36-1-2D 井开钻。当时石油地质界最看好的是潜山领域，也确实在 1 号探井中获得油气流。继而这第二口探井仍以预探潜山为主要目的层。实钻后，又一次在上覆古近系中喜获成功。在井深 1242m 钻穿新近系，进入古近系东营组后，于井深 1350～1685m 井段油气显示活跃，共有 25 层，厚 171m。电测解释东营组油层厚达 105.3m，最大单层厚度 13.3m，日产原油 193.52m³、天然气 1871m³，创造了渤海海域东营组油层的纪录，终于发现了一个油层厚度大、物性好、丰度高、埋藏浅的大油气田。它结束了渤海海域没有大油气田的历史，也是中国海洋油气勘探史上第一个大型油气田。

辽东湾海域勘探起步晚、突破快，在较短时间找到大油气田，并快速拿下亿吨储量，这一历程给人们的启示是：

（1）认真搞好勘探规划和综合评价，在研究基础上进行整体部署，确定寻找大油气田的方向。1984 年自营勘探发现锦州 20-2 凝析气田后，及时制定了辽东湾海域勘探开发规划，进行整体评价，选择了辽西凸起作为战略突破的有利区带，勘探方向正确。

（2）优先钻探有利区带中的大型圈闭，是发现大油气田的关键环节。绥中 36-1 构造是辽东湾首屈一指的大型圈闭，具有明显的区域位置优势和石油地质条件，即油源充沛、构造圈闭大，是十分难得的找大油气田的勘探目标。

（3）精心油藏描述，搞好评价钻探。绥中 36-1 构造的评价钻探，是在油藏描述的基础上进行的。考虑到绥中 36-1 圈闭规模大、构造背景好、砂岩体变化大的特点，油藏描述以砂岩体综合分析为重点，采用新技术、新方法，以三维地震数据体及其相对波阻抗资料为基础，追踪大套油层组及薄层含油砂岩的分布和横向变化，同时还研究了含油砂岩的层速度平面变化，计算出含油砂层的孔隙度、密度、含水（油）饱和度、渗透率等物性参数，对油层进行评价、精确落实储量、油气田开发提供了可靠的依据。

上述启示中最重要的就是，对于渤海海域的油气勘探，在借助陆上经验的同时，又须在加深海域自身特点的石油地质条件认知的基础上，创新出适合于海域地质实际的指导思想、勘探理论及相应的勘探方法与技术。

第五节　改变思路，勇杀凸起"回马枪"，喜抱第二个 "大金娃"❶

实际上，从初探石臼坨凸起不尽如人意后，对石臼坨凸起的分析研究工作，从早期的自营勘探到对外合作勘探，再到对外合作与自营勘探并举时期，从来没有间断过。每个阶段随着勘探工作的进展和地质资料的不断积累，陆续有新的研究成果问世，接连为勘探部署提出新的建议。但对于新近系（上组合）含油气的远景评价上，始终存在着一些不同的认识。

在争论不休、难以分清谁是谁非的关键时刻，决策层果断决定，终于迎来了渤海第二次勘探高潮的到来。

1995 年 6 月 8 日—9 月 22 日，首批 3 口预探井（秦皇岛 32-6-1 井、秦皇岛 32-6-2 井、秦皇岛 32-6-3 井）完成钻探，3 口井在新近系地层中都见到了大段的油层，测试结果都获得油气流（表 10-1）。首批探井出油后，大油气田初见端倪。初算探明石油地质储量 1.8×10^8t，显示出含油气上组合丰厚的资源潜力。这是继绥中 36-1 油气田后发现的又一个亿吨级大油气田，也是中国海域发现的第一个新近系大型油气田（图 10-7）。秦皇岛 32-6 油气田油层主要分布在明化镇组下段，馆陶组次之，东营组局部有分布。

同时，在同一凸起上的南堡 35-2 也获得原油探明地质储量近 7000×10^4t 的中型油气田——南堡 35-2 油气田。

石臼坨凸起的勘探在沉寂了数年以后，再次勘探获得了很大成功，这是坚持研究、坚持勘探的又一丰硕成果。

回顾石臼坨凸起的两次效果完全不同的勘探实践，给人以深刻的教育。尤其是对石油地质研究人员在研究思路方面的一次大的震动。前期凸起区勘探历时 6 年，实施"整体解剖"的前两年，共发现 5 套含油气层系，在中生界、古生界获得油流；后 4 年错失扩大成果的有利时机，以"单打一"的理念寻找古潜山高产油气田，继而完成的 3 口预探井和 5 口评价井均落空，结束了本期勘探。随着研究工作的深化、先进技术的应用、

---

❶　国务院原副总理、国务委员、石油工业部部长康世恩同志，曾把海域发现的大型油田幽默地称之为"抱了个大金娃娃"。

地质观念的转变和决策层的果断，15 年以后，石臼坨凸起上终于迎来了自营勘探的重大突破，发现了秦皇岛 32-6 大油气田和南堡 35-2 中型油气田，使渤海的油气储量上了一个新台阶。

表 10-1　秦皇岛 32-6 构造首批预探井钻探结果表

井号	完钻井深 / m	测井解释油气层			测试结果	
		层位	层数	厚度 /m	层位	井段及产能
秦皇岛 32-6-1	1976 （Mz）	N_2m_1	6	22.1	E_3d	1880～1903m，油 30.12m³/d
		N_1g	1	1.9	N_1g	1470～1474m，油 0.58m³/d，水 104.32m³/d
		E_3d	3	7.9		
秦皇岛 32-6-2	2070 （Mz）	N_2m_1	5	35.5	N_1g	1514.7～1523.2m，油 104.37m³/d，气 17492m³/d
		N_1g	1	8.5	N_2m_1	1129.0～1140.4m，1144.9～1154.6m，15h，排油 20.94m³，含砂 1.6%
秦皇岛 32-6-3	2010 （Mz）	N_2m_1	13	53.3	N_1g	1496.6～1508.9m，油 60.47m³/d，气 705m³/d
		N_1g	1	12.3	N_2m_1	1274～1279.9m，油 77.87m³/d，气 1514m³/d

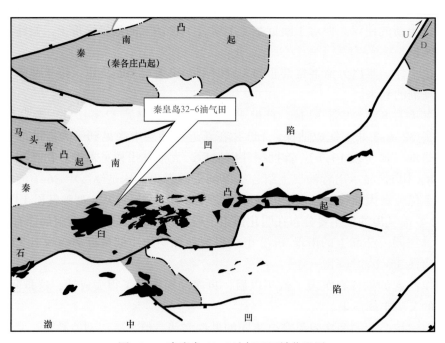

图 10-7　秦皇岛 32-6 油气田区域位置图

第六节　蓬莱 19-3 大型油气田的发现与启示

蓬莱 19-3 构造位于渤南低凸起东北部，是受郯庐断裂东支所控制的一个断背斜构造（图 10-8）。蓬莱 19-3 油气田是中国海域至今石油探明地质储量最大的油气田，其形成的石油地质条件备受国内外关注。油气田位置紧邻渤海湾盆地内最大、最深的凹陷——渤中凹陷，圈闭位于郯庐大断层上升盘，尽管圈闭内断层复杂，但大的背斜构造轮廓十分清楚。油层之上明化镇组下段湖相泥岩是良好的盖层。这些特殊的地质现象给这个大油气田抹上了一层神秘的色彩，给实施钻探及研究工作提出了不少新的课题和有益的启示。

蓬莱19-3构造上基岩埋深1500～1900m，上覆地层主要是新近系沉积，古近系厚度只有80～200m，不能生油，油气主要来自北面的渤中凹陷。渤中凹陷位于渤海湾盆地中央，它是渤海湾盆地内面积最大（8600m²）、新生界沉积最厚（11000m）、勘探程度最低的一个凹陷。渤海湾盆地新生代构造—沉积演化具有从盆地周边向中心变新的特点，渤中凹陷是渤海湾盆地晚新生代沉降中心，新近系厚达1500m。在20世纪90年代以前受地震技术所限，没能得到深部好的地震资料，因此，对该凹陷的地层、生油层有不同的认识，一部分专家认为渤中是一个晚期凹陷，"皮厚肉薄"；另一部分专家认为它是一个继承性发育的凹陷，"皮厚肉也厚"。直到1994年至1995年在该凹陷进行了长偏移距地震采集后，才证实渤中凹陷古近系厚达3000～6000m，是一个继承性凹陷，具有非常厚的生油层、非常丰富的资源潜力。1995年至1998年在近凹陷的凸起及倾没端发现了秦皇岛32-6、曹妃甸18-1、曹妃甸18-2和渤中13-1油气田，其油气均来自渤中凹陷，进一步证实了渤中凹陷巨大的生油潜力。

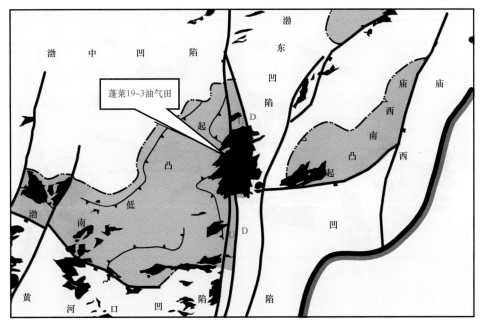

图10-8　蓬莱19-3油气田区域位置图

1999年5月，在构造的主体部位完钻第1口探井PL19-3-1井。该井完钻井深1686.0m，完钻层位古近系沙河街组，在新近系馆陶组和明化镇组下段发现了较厚油层，测井解释油层有效厚度147.2m（Ⅰ期储量评价成果），从而发现了蓬莱19-3油气田。

1999年6月—2000年1月，在构造主体部位和西、北翼先后完钻了6口评价井，在馆陶组和明化镇组下段均发现了较厚油层。

油气田发现后，合作双方（中国海洋石油总公司与美国康菲石油中国公司）对该油气田进行了精细的地质评价及储量研究，并于2000年5月向国土资源部申报了I期开发区的石油地质储量，国土资源部批准该油气田PL19-3-1、PL19-3-2井区探明含油面积8.5km²，探明石油地质储量$15175 \times 10^4 m^3$，溶解气地质储量（扣除CO_2）$45.77 \times 10^8 m^3$。

2002年12月底，蓬莱19-3油气田先导生产试验区（I期）投产，共投入开发井24口，其中包括21口生产井、2口注水井和1口岩屑回注井。2004年6月向国土资源部申报了该油气田II期的石油地质储量，国土资源部批准II期新增探明含油面积24.0km²，探明石油地质储量$19055 \times 10^4 m^3$，溶解气地质储量$52.95 \times 10^8 m^3$。

蓬莱19-3油气田是中国海洋石油总公司与美国康菲石油中国公司在渤海海域11/05区块合作勘探发现的大型油气田，它的发现的再一次证实了"定凹探边、定凹探隆"的科学性。可见，突破固有的模式，敢于探索新区，是发现大油气田的重要途径。

第七节　重新评价老油气田，渤南地区又获重大发现

渤中25-1（BZ25-1）和渤中25-1南（BZ25-1S）两个油气田南北相连，即由北区以古近系沙河街组为主力油层的渤中25-1油气田和南区以新近系明化镇组为主力油层的渤中25-1南油气田两部分组成，东接渤海南部海域的渤南低凸起（图10-9）。

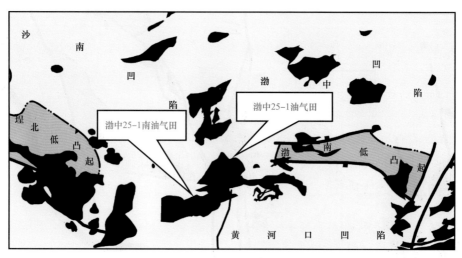

图10-9　渤中25-1、渤中25-1南油气田区域位置图

由于当时受认识局限，渤中25-1油气田勘探曾遭受一些挫折。1980—1984年中日合作勘探期间，对该构造进行了测网密度为0.5km×0.5km的构造精细二维地震勘探，在此基础上，以古近系沙河街组为主要目的层先后钻探井4口，其中BZ25-1-1井、BZ25-1-2井、BZ25-1-4井在沙河街组发现油层，并测试日产油量100～300m³，BZ25-1-3井获得低产油流。经多轮研究认为，渤中25-1构造缺失沙河街组二段（沙二段），油层均分布在沙河街组三段（沙三段），储层类型为浊积扇砂岩，且在异常高温高压层序中，为岩性油气藏。以孤立的浊积扇体岩性油藏来计算含油面积，获控制+预测石油地质储量约$1200 \times 10^4 m^3$。因受当时地质认识的限制，认为该圈闭油层厚度横向变化大、油层埋藏较深（深度为3300～3600m），且为高温高压油藏，开发难度大，多轮油藏评

价均认为其不具有开发价值，因而终止了再钻探。

随后，加强石油地质研究和新技术的应用，并进行新一轮的油藏评价。1998 年 10 月至 11 月，在该构造南部高部位钻探 BZ25-1-5 井，除在沙二段获得高产油气流、沙三段获得低产油气流外，还在东营组，尤其是在新近系明化镇、馆陶组也发现活跃的油气显示。经测井解释，明化镇组下段油层厚 18m。

为了进一步落实该构造的储量规模，为开发提供可靠的地质依据，于 1999 年部署了高分辨率三维地震采集，先后在 BZ25-1-5 号井以南钻探了 10 口评价井，从而发现了渤中 25-1 南新近系大型油气田，并获得了储量评价所必需的、储量规范所要求的钻井取心、测试、分析化验等基础资料，并应用了较为先进、实用的油藏描述方法和技术，进行了系统的油藏和地质综合研究，查明了油藏类型、油水分布规律，基本控制了含油面积，获得了可靠的储量计算参数和储量成果：渤中 25-1 南油气田明化镇组基本探明含油面积（叠合）60km^2，基本探明石油地质储量 $15000 \times 10^4 m^3$，为和北面的渤中 25-1 油气田联合开发奠定了扎实的基础。

油气田于 2003 年投产，是中国海洋石油总公司（中海石油）重要的油气田之一。该油气田从发现到投产经过了 22 年的漫长时间，其中勘探评价工作最为艰难曲折，勘探评价过程中地质认识上的突破为老油气田的起死回生和后期中海石油重要油气田勘探起了至关重要的推动作用。

第八节　新的认识，新的投入，金县 1-1 构造又有新发现

辽东湾海域是一个油气非常富集的地区，中国海域油气自营勘探开始取得首次重大突破即在本区。1984—1988 年在辽西低凸起上自营勘探发现锦州 20-2、绥中 36-1 和锦州 9-3 等大中型油气田。尤其绥中 36-1 油气田，是中国海上第一大油气田。

2003—2005 年，渤海勘探工作者以新的思路对辽东带的油气地质条件进行了系统研究，尤其是对 12 口井失利原因、辽东带成藏主控因素进行了重点分析，获得了新的地质认识。

依照辽西的勘探经验，在 1997—2002 年期间，以东营组三角洲为主要目的层，在辽东带进行了勘探，钻探了 JZ17-1-1、JZ17-2-1、JZ17-3-1、JZ23-1-1、JZ23-1-2、JX1-1-1、LD12-1-1 等探井，钻井揭示东营组三角洲储盖条件非常好，但多数井油层少且厚度薄，只在 JZ23-1-1 发现 15m 油层，其他探井无油层发现。通过分析，这些井所对应圈闭均为断块、断鼻，类型都较差，但圈闭落实，储盖组合优越。这些圈闭都在辽中断层下降盘，圈闭下部就是沙河街组生油岩，油源充足。钻井过程中没有见到稠油或沥青，说明保存条件并不差，原生油藏没有破坏。

经过 2003 年 1 月至 2005 年 8 月的深入研究、两次技术讨论会的研讨，勘探工作者对辽东湾基本的石油地质条件、12 口已钻井的失利原因及成藏的主控因素有了深入的突破性认识。在 2005 年 8 月 29 日，钻探 JX1-1-2D 井前一天，技术负责人再次组织讨论了该井的有利条件及风险，明确指出与已钻的 12 口井相比，JX1-1-2D 井有 3 个有利因素：第一，东营组目的层油气运移条件较好，构造西面的张性断层断至生油岩层内，断

层具继承性，可以成为东营组储层的供烃断层；第二，沙河街组靠近物源，岩性较粗，且埋藏相对较浅，成岩后生作用弱，储层物性可能较好；第三，对沙河街组储层岩矿特征进行了仔细分析，有针对性地配置酸化溶液，如果油层物性差，可进行有效酸化提高产量。当时预测 3 个因素只要有一条落实，就有可能发现新的油气田。功夫不负有心人，随即对 JZ1-1 构造进行实钻，其 JX1-1-2D 井钻后证实前两个因素均得到证实。在东营组和沙河街组均发现了较厚的好油层，厚度分别为 20.1m 及 23.3m，测试产量分别为 90.3m³/d、47.8m³/d。金县 1-1 油气田是在辽东带上发现的第一个油气田，并且地质储量达 $1.5 \times 10^8 \mathrm{m}^3$，是一个大油气田（图 10-10）。

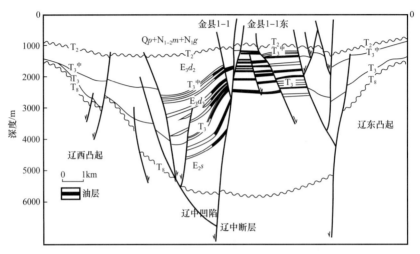

图 10-10　金县 1-1 油藏剖面图

第九节　反复研究，重新钻探，渤南凸起再现新成果

渤中 28-2 南（BZ28-2S）油气田位于黄河口凹陷中央构造带，2006 年初发现，当年评价，于 2009 年 7 月投产，为整装优质中型油气田。渤海海域历时多年的勘探，埋藏浅、圈闭面积大的构造基本已钻探，随着勘探重点转移、资料增加、认识提高、测试工艺改进等，对以往钻探失利圈闭的再研究十分必要，往往会使成熟区焕发新的面貌，BZ28-2S 等油气田的发现就是最好的佐证（图 10-11）。

早在 1982 年中日合作以古近系为主要目的层钻探了 BZ28-2-1 井，钻探结果油气显示主要在东二下亚段和沙一段，因储量规模小没有进一步评价；新近系明下段储盖组合良好，但没有油气显示，BZ28-2-1 井钻后分析认为，由于井区沙二段沉积时期所处的构造位置较高，沙二段地层缺失，该井沙河街组油气钻探成果差的主要原因是储层物性差。明下段钻探失利原因主要是油气垂向运移途径不通畅，进而也推断临近的 BZ28-2S 构造浅层成藏的风险较大。

2000 年以来，渤海湾浅层构造油气藏的勘探已经积累了很多经验，精确落实构造圈闭、理清断层对油气运移聚集的作用是关键。依此为思路，勘探工作者对该构造进行了构造有利成藏条件的重新分析，进一步研究了钻井失利原因。

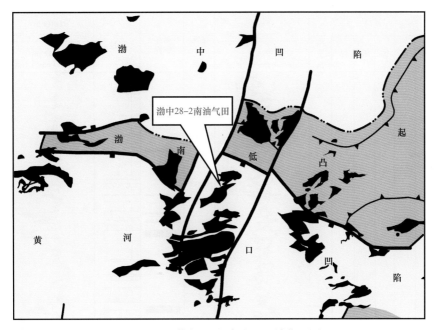

图 10-11 渤中 28-2 南油田区域位置图

BZ28-2S 和 BZ28-2 构造属同一花状构造，BZ28-2S 处于花状构造的"花瓣"部位。BZ28-2 花状构造与 BZ34-1N 花状构造深层以鞍部相连，浅层地层产状由 BZ34-1N 构造向 BZ28-2S 构造依次抬升（图 10-12）。BZ28-2S 浅层构造位于走滑断层东侧，主体为一大型断鼻构造。从断裂和圈闭特征的再分析不难看出：西侧构造伴生断裂走向近北东向，倾向以北西为主，地层产状陡，地层回倾明显，反映挤压应力背景；东侧构造伴生断裂走向近东西，断层少，地层产状平缓，反映张性应力环境。据此解释，郯庐走滑断裂西侧属于挤压应力环境，不利于浅层油气运移；但郯庐走滑断裂东侧属于张性应力环境，有利于浅层油气运移。而 BZ28-2-1 井浅层构造位于郯庐走滑断裂西侧，油气运移不畅，导致明下段钻探失利。BZ28-2S 明下段构造位于郯庐走滑断裂东侧，属于张性应力环境，应该有利于浅层油气运移，而这一观点在 BZ34 区已钻井中得到验证。

BZ28-2S 构造和 BZ34-1 油气田同处于黄河口凹陷中央隆起带上，受郯庐走滑断裂的影响，断层较为发育（图 10-13），有利于形成通畅的油气运移通道。BZ34-1 油气田的勘探实践证实，明下段油气显示活跃，油气显示井段长，这为 BZ28-2S 构造钻探成功增加了筹码。

针对以上对 BZ28-2S 构造相邻构造已钻井失利原因的重新认识，以及成藏条件的综合深入分析，重新实施钻探，于 2006 年初钻探的 BZ28-2S-1 井在明下段发现油层 76.0m、气层 11.3m，在 1203.0～1217.5m 井段进行 DST 测试，用 12.7mm 油嘴求产，获得 266.3m³/d 的高产，原油相对密度为 0.9040。并且钻探结果使上述地质认识均被一一证实。

从 1982 年到 2006 年间，仅因为 BZ28-2-1 井在浅层明下段的失利，使得 BZ28-2S 优质中型油气田滞后发现 20 多年。这一勘探的案例给人们的最大启示是：在老区（成熟区）的再勘探，必须要用新思路才可能有新的发现。

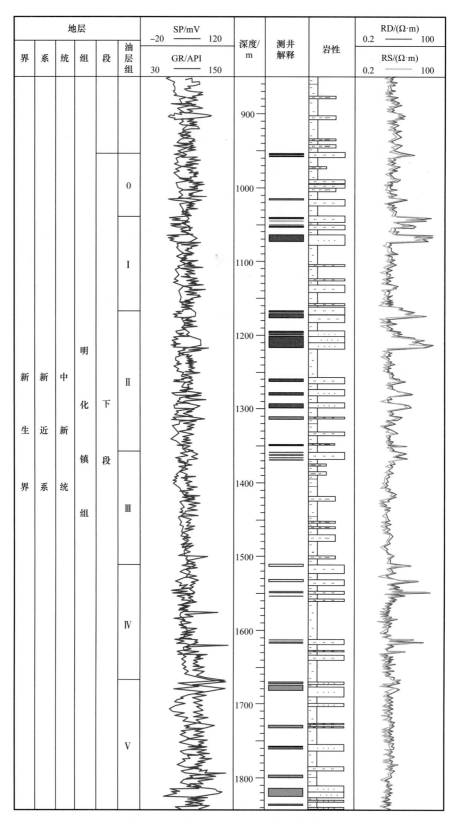

图 10-12 渤中 28-2 南油田综合柱状图

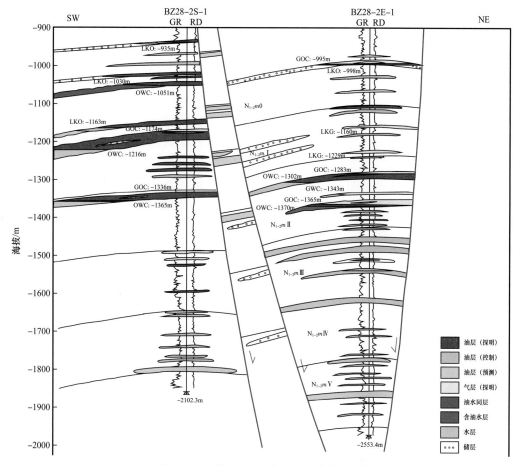

图 10-13　渤中 28-2 南油田油藏剖面图

第十节　冲破旧的思想束缚，揭开辽西凹陷真实"面纱"

辽东湾自 SZ36-1 第一个亿吨级的大油气田被发现以后，在一个较长的时间内，似乎再没有取得重大突破，尤其是对辽西凹陷生烃问题一直存在较大的争议，但是从事该地区的许多地质研究人员仍然认为辽西凹陷是一个潜在的富烃凹陷，古近系具有多套烃源岩，其中沙三段烃源岩为辽西凹陷的主要生烃层系。凹陷中各次洼烃源岩生烃指标虽然存在一定的差异，但整体均为好的烃源岩，生烃潜力较大，仍具有非常好的勘探潜力。

加之在 2007 年上半年，在辽西凸起近辽西凹陷东侧继续钻探了一口探井，在沙二段发现了多层薄的优质油层，并且只要有储层就有油层，说明该地区油气充注能力很强，这也再次证实了辽西凹陷具有非常好的生烃潜力和排烃能力，这使得本区看到了发现油气富集区的曙光；同时也认识到储层的发育程度控制了本区沙河街组油气的富集程度，本区油气勘探的关键是要找到发育的储层。

2007 年下半年，在层序地层和沉积体系研究的基础上，在锦州 25-1 构造西盘陡坡带钻探了一口探井 JZ25-1-3 井，于沙河街组获得油气层厚度达 80 余米，对沙三段测试，井段为 2138.0～2170.0m（射开厚为 1 层 32m），14.29m 的油层组日产油 472.7m³，日产气 23002m³，地面原油密度低，密度 0.851g/cm³（20℃），这一发现揭开了锦州 25-1 油气田发现的序幕。随后在该井区周围先后钻探了 3 口评价井，均获得成功，油气主要富集层系在沙三段，其次在沙二段。

但是，随后的钻探也并不是一帆风顺，2008 年上半年在锦州 25-1 北区又钻探了两口评价井，虽然见到了一定的油气显示，但是并没有好的油层。分析认为，古地貌控制了储层的分布，北区古地貌特征不具备优质储层大规模发育的条件，锦州 25-1 西盘的南区是大水系发育的地方，应该具有好的储层。随后在南区部署了 6 口井，获得了非常好的油气发现，其油质轻、产能高，其中一口探井获得日产千立方米的高产，这也是渤海海域当时砂岩储层中产能最高的探井。这也表明，油气勘探，特别是在中国复杂陆相断陷盆地中的油气勘探是非常复杂的，油气的发现总是伴随一定的挫折，在这个过程中必须坚定信心、永不放弃。

通过渤海几代勘探人不懈的努力，一个亿吨级的轻质油气田终于浮出海面。（图 10-14）。

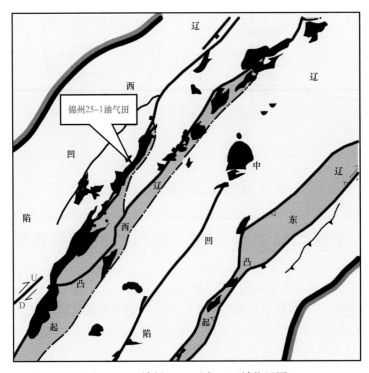

图 10-14　锦州 25-1 油气田区域位置图

锦州 25-1 构造的成功钻探与评价带来的主要认识如下：

（1）锦州 25-1 构造的成功最大的地质意义在于进一步证实辽西中北洼是富烃凹陷，具有良好的生排烃潜力，可以为油气成藏提供充足的物质来源。

在锦州 25-1 构造勘探评价之前，辽西中北洼已有多口钻井，但均未获得较好的油气发现，因此对辽西中北洼生烃潜力评价不高。然 JE25-1 的新成果证实辽西凹陷沙三段优质烃源岩的存在，为锦州 25-1 构造其他断块的钻探增强了信心，同时也打开了辽西凹陷勘探新局面，将有力地推动辽西凹陷区的下步油气勘探。

（2）锦州 25-1 油气藏为高品位油气藏，具有很好的经济效益。

钻探结果证实，锦州 25-1 具有油气藏烃柱高度大（240m）、圈闭充满度高（98.5%～100%）、储量丰度高（910.2×10⁴m³/km²）、埋藏深度浅（1865～2340m）、油品性质好（0.836～0.854g/cm³）、测试产能高（472.7m³/d）的特点。此类油气藏开发难度小、可动用储量大、采收率高，可带来良好的经济效益。

（3）整体的背斜构造背景以及完善的储盖组合为油气成藏提供理想的聚集场所，其中储层是油气成藏的关键因素，其发育程度可直接决定油气储量丰度和规模。

（4）锦州 25-1 构造处于郯庐走滑断裂西支，广泛发育的调节断层为油气运移提供良好通道，并为高油气充注能力创造条件。

区内发育两套断裂组合，即北北东向的辽西走滑断层和北东向的走滑调节断层。这些断层主要在沙河街组以及东营组沉积末期活动，且沙河街组活动强度大，而东营组活动强度小。因此该地区主要成藏期为沙河街组，且广泛发育的断层与沙河街组优质储层相匹配，形成油气运移的"高速公路"。

（5）潜山内幕裂缝发育，具有一定的勘探潜力。

锦州 25-1 构造西盘南段中生界厚度小，太古界风化剥蚀时间长，且断层发育，为应力释放区，勘探成功机会较大。因此东盘下一步的勘探评价工作应兼顾潜山内幕。

第十一节　坚持对生烃凹陷的挖潜，仍然会出现可喜的再探成功率

莱州湾凹陷位于渤海南部海域，面积约为 1780km²，是在中生界基底之上发育的新生代凹陷，郯庐断裂从该凹陷东部和西部通过。垦利 10-1 油气田位于莱州湾凹陷北洼的北部陡坡带，依附于长期继承性活动的莱北一号大断层发育，由上升盘的披覆断背斜和下降盘的断裂断背斜组成（图 10-15）。该油气田于 2008 年发现，2010 年 7 月基本完成油气田评价工作。

莱州湾地区油气勘探活动虽然经历了多年的历程，但在一个较长的时期仍属于低勘探程度区。20 世纪 70 年代末"定隆探潜"摸索阶段，在莱州湾凹陷北侧的莱北低凸起上钻探了 2 口井，于馆陶组发现低产油层，钻后分析认为部分油源来自莱州湾凹陷北洼，从而揭示了莱州湾凹陷的勘探潜力；20 世纪 80 年代至 90 年代，在莱州湾凹陷中央构造带上又钻探了 2 口井，有油气层发现，显示层段集中在明下段下部、馆陶组上部及沙三中亚段，商业价值小，从而使勘探陷入停顿，但证实了沙四上亚段和沙三中亚段为该凹陷主要烃源岩，形成了对该地区烃源岩的初步认识。

进入 21 世纪，在 2003 年至 2005 年又陆续在莱北低凸起和中央构造带钻探了 4 口井，均未取得好的商业性发现。例如，2004 年在垦利 10-2 构造西南部钻探了 KL10-3-A 井，只是在沙河街组见到微弱的油气显示。2005 年之后，在区域勘探、整体部署的勘探思路指导下，通过加大勘探研究力度，认为在凹陷中继承性陡坡带具有形成大型复式油气藏的优势条件，大型的圈闭、充足的烃源、优质的储集体系与良好的储盖组合、断层与

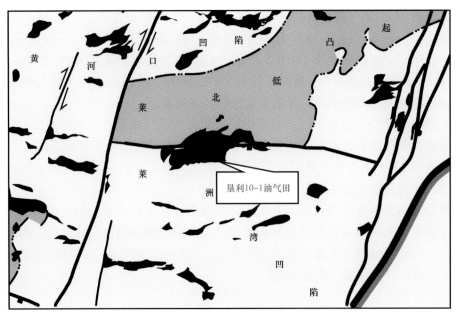

图 10-15　垦利 10-1 油气田区域位置图

砂体复合输导体系、超压—构造联合作用提供的油气成藏动力等造就了垦利 10-1 构造区油气富集。古近系沙三段广泛分布的优质砂岩与长期继承性活动的张性断裂体系的耦合，构成了垦利 10-1 油气田的高效输导体系，即深部流体通过切入有效烃源岩的张性断层垂向运移到沙三段高渗透砂岩中，再沿沙三段高渗透砂岩向处于低势区的圈闭内横向集中、高效运移。2008 年，在对莱州湾凹陷勘探潜力认识日趋成熟的基础上，再上垦利 10-1 构造，发现了垦利 10-1 整装大油气田，实现了莱州湾凹陷油气勘探 30 年来的重大突破，垦利 10-1 油气田三级地质储量已达到 1 亿多吨油当量。

　　在渤海海域新区发现垦利 10-1 亿吨级整装油气田，其意义不仅是带来的储量增长和勘探领域的扩大，更重要的是给勘探工作者带来了许多重要的启示和思考，进一步证实了莱州湾凹陷是一个"小而肥"的富烃凹陷，拓展了渤南地区浅层新近系明下段岩性油气藏的勘探领域，扩大了莱州湾凹陷油气勘探范围，再次证实了凹陷中继承性陡坡带具有形成大中型油气田的优势，对于推动莱州湾凹陷及我国海上其他类似低勘探程度凹陷的油气勘探具有重要意义。尤其是对于"小而肥"生烃凹陷也同样不能轻易放弃，要不间断的研究，坚持勘探，必有收获。

　　又如位于庙西凹陷（庙西北洼）蓬莱 15-2 油气藏的发现也是一个典型的案例。蓬莱 15-2 构造位于渤海中东部海域庙西北凸起东侧边界断层下降盘，为复杂断块圈闭。该构造整体埋深较浅，构造区内次生断层发育，庙西凹陷东营组及沙一段具有较强的生排烃能力，油气充注能力强，成藏条件较为有利。

　　综合石油地质分析认为，明下段及馆陶组主要为浅水三角洲及河流沉积，储层物性较好，储盖组合比较理想。为了探索该构造明化镇、馆陶组的含油气性，2012 年 2 月 10 日—18 日，在蓬莱 15-2 构造南块钻探了 PL15-2-1 井，该井位于明下段、馆陶组圈闭的较高部位，完钻井深 2030m，完钻层位馆陶组。该井油气显示活跃，全井录井显示 205m，壁心 50 颗，其中油浸 31 颗、油斑 7 颗、油迹 5 颗、荧光 2 颗。经测压、取样、测井解释气层 3.2m，油层 81.7m，可能油层 1.5m，差油层 12.1m，油水同层 4.1m，含油水层 58.0m。其中明化镇组气层 3.2m，油层 69.4m，馆陶组油层 24.4m。PL15-2-1 井共进行了 3 次 DST 测试，其中馆陶组（1683.0～1695.0m 井段）DST 测试，泵抽，折合日产油 31.5m³，压降 39.5%，油密度 0.964g/cm³；对明下段（1475.0～1487.0m 井段）采用 11.91mm 油嘴求产，平均日产油 164.7m³，日产气 5056m³，压降 10.8%，气油比 31m³/m³，油密度 0.922g/cm³，气密度 0.585g/cm³；明下段（1164.0～1170.0m 井段）测试，泵抽，折合日产油 76.0m³，压降 31.1%，油密度 0.964g/cm³。

2012 年 6 月 18 日—23 日，针对蓬莱 15-2 构造中块钻探了 PL15-2-3 井（图 10-16）。该井完钻层位馆陶组。全井段录井油气显示 228.0m。经录井、测井资料综合解释，于新近系明化镇组和馆陶组共解释油层 89.1m，差油层 6.8m，油水同层 6.4m，含油水层 37.2m，油层主要分布于明下段。由于馆陶组缺少测井资料，依据现场录井资料，综合解释油层 12.0m。钻后分析认为，庙西北凸起东侧长期活动的边界大断层是良好的油气垂向运移通道，与蓬莱 14-3 构造相比，蓬莱 15-2 构造区边界断层长期活动，沟通油源能力、油气输导能力均较强，导致该区油气集中分布在明下段。综合 FET 压力资料和测井解释成果分析，按照构造层状油藏模式，计算蓬莱 15-2 构造 1、3 井区三级石油地质储量约为 3043.5×10⁴m（2850.7×10⁴t）。

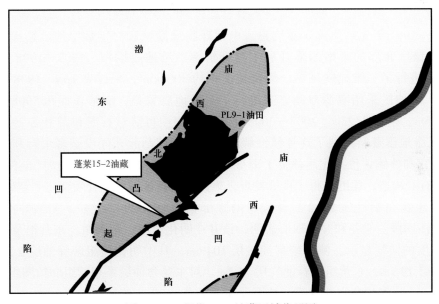

图 10-16　蓬莱 15-2 油藏区域位置图

第十二节　运用三维研究新成果，成功发现秦皇岛 29-2 大油气田

秦皇岛 29-2 油气田位于秦南凹陷的东南侧、石臼坨凸起东倾没端北侧边界断层下降盘的断坡带上，背山面凹，处于有利的构造位置（图 10-17）。秦南凹陷的勘探始于

20世纪70年代，在不同勘探时期针对不同构造带的潜山、深层、浅层等构造圈闭进行了钻探，但油气发现较少，储量规模较小，难以形成有效的开发体系。

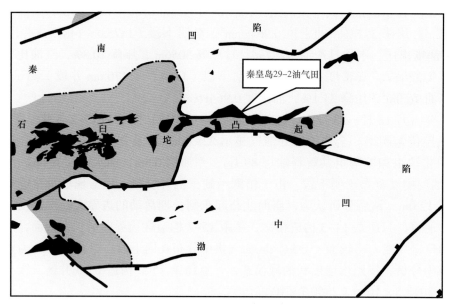

图 10-17　秦皇岛 29-2 油气田区域位置图

1975—1997 年先后实施了重、磁、电地球物理勘探和二维数字地震勘探。1997—2004 年在该区北部的秦南凹陷开展了高分辨率二维地震勘探。1997—1998 年在秦皇岛 29 地区进行了三维地震采集，满覆盖面积约 3000km^2，采样率 1ms。1998—1999 年在秦皇岛 30 地区采用双源双缆方式进行了三维地震采集，满覆盖面积 590km^2，面元 25m × 12.5m，采样率 2ms。2007—2008 年渤中勘探项目队对石南和秦皇岛 29—秦皇岛 30 两块三维地震资料开展了连片精细解释，对石臼坨凸起东倾没端多个有利构造进行了系统研究和整体评价，先后评价了秦皇岛 35-2、秦皇岛 29-2、秦皇岛 36-3、秦皇岛 29-2E 等有利构造，相继获得了良好发现，为该区进行区域联合开发奠定了基础。

2009 年初在秦皇岛 29-2 断鼻构造的腰部钻探 QHD29-2-1 井，完钻井深 3991m，完钻层位沙四段。录井和井壁取心表明，该井在明化镇组、馆陶组、东营组及沙河街组有不同程度的油气显示。测井解释油气层 104.6m，其中明化镇组解释油层 2.2m，馆陶组解释油层 19.7m，东营组解释油气层 75.5m。对主要含油层系东营组和馆陶组进行了 4 层 DST 测试，3 层均获得油气流，从而发现了秦皇岛 29-2 油气田。

为了进一步探索储层横向变化规律及成藏模式，落实储量规模，在 QHD29-2-1 井钻探成功后，又在该构造相继钻探了 QHD29-2-2、QHD29-2-3、QHD29-2-4 井，3 口井均完钻于东三段，并钻遇油气层。QHD29-2-2 井完钻井深 3510m，全井测井解释油气层 73.3m，在东三段钻井取心 2 次，均取到油气层段；QHD29-2-3 井完钻井深 3425m，全井测井解释气层 45.9m，该井未测试；QHD29-2-4 井完钻井深 3434m，全井测井解释油层 45.8m。

研究表明，秦南凹陷 3 个次洼均发育中生界、沙河街组和东营组下部烃源岩，且均已进入成熟生油门限，具备向周边供油的能力，凹陷周围的构造具有很大的勘探潜力。

但是 30 多年来，秦南凹陷附近除发现较小规模的含油气构造外，尚未有重大发现。鉴于此，秦南凹陷烃源岩的生烃能力长期受到勘探工作者的质疑。在 2009 年，通过地质认识的不断完善和勘探思路的创新，经过优化部署，在秦南凹陷东洼钻探发现的秦皇岛 29-2 油气田，不仅规模大、油层厚，而且油质轻，展示了秦南凹陷广阔的勘探前景。秦南凹陷东洼的勘探成功，使得秦南凹陷油气勘探历经 33 年终获突破，证实了秦南凹陷巨大的生排烃潜力，打开了秦南凹陷勘探新局面，拉开了秦南新区的勘探序幕，大大拓宽了渤海海域勘探的后备战场。

第十三节　永不言败，持之以恒，再探潜山，追梦成真

回顾渤海海域的油气勘探历史，基岩潜山勘探多年屡见成果，但一直没有取得重大突破。在渤海油气勘探的起步阶段，借鉴周边陆上的勘探经验，在近海以凸起潜山为主要目标进行探索，未获得突破；之后渤海油气勘探逐渐转变为以古近系为主要勘探目标，到以新近系为主要勘探目标，再到立体勘探，才又一次加强了对潜山油气藏的勘探力度，直到 2012 年重新评价后再打蓬莱 9-1 潜山，终于在渤海海域发现了第一个潜山大油气田，是海域石油探明地质储量最大的中生界花岗岩潜山油气田，是渤海潜山油气勘探获得重大突破的一个典型代表（图 10-18）。

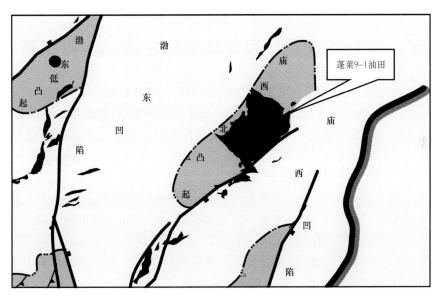

图 10-18　蓬莱 9-1 油田区域位置图

蓬莱 9-1 地区面临着基础研究薄弱、地质条件复杂、油气富集规律不明确等诸多勘探难点。2000 年，PHILLIPS 公司钻探 PL9-1-1 井获得了油气发现，但因评价无经济性而放弃。庙西北凸起钻探的 PL9-1-1 井揭示潜山岩性为中生代花岗岩，但国内关于花岗岩油藏的报道极少，花岗岩储层特征、发育机理、油藏模式及地球物理预测技术，花岗岩成因机理、平面展布等新课题有待创新攻克。

花岗岩本身属坚硬岩石，但在气候、地形、地貌、生物等风化作用影响下形成的风

化壳具有明显垂直分带性。根据钻探结果总结出了蓬莱 9-1 地区风化壳的特点：自上而下，风化作用逐渐减弱，储层发育逐渐变差；储集空间类型由以孔隙型为主逐渐转变为以裂缝型为主。依据风化强度和与油气密切相关的储集空间类型，将蓬莱 9-1 潜山花岗岩划分为 4 个带：土壤带、砂砾质风化带（砂质亚带和砾质亚带 2 个亚带）、裂缝带和基岩，并创新提出了花岗岩储层分带划分的半定量化依据，同时结合花岗岩储层发育的影响因素，建立了花岗岩储层发育模型。

蓬莱 9-1 构造花岗岩潜山油藏是块状模式还是层状模式，这在 PL9-1-2 井钻后一直模糊不清，直接影响着储量规模计算和下步评价井的部署。根据花岗岩储层发育特征、不同位置的油气显示、储层发育深度、测试结果等，发现平面上不同位置的油水界面均不相同，整体表现为潜山顶面埋深越大，油水界面越深。逐步确认花岗岩潜山油藏为"似层状"油藏模式，油气呈似层状平行于潜山顶面分布。"似层状"潜山油藏模式的提出，有效地指导了花岗岩潜山油藏评价井部署，探边的评价井不断外扩，含油面积由最初的 45.2km² 增加到 80.2km²，最终落实了蓬莱 9-1 花岗岩潜山油藏的整体储量规模。同时，"似层状"潜山油藏模式的提出为科学完钻、储量计算提供了理论支持，并节约了大量资金。

通过一系列认识创新和作业工艺改进，2012 年完成了蓬莱 9-1 油田评价，取得了好产能，探明石油地质储量超过 2×10^8t。研究成果丰富和完善了潜山石油地质理论，对海域类似地区的花岗岩潜山勘探具有极大的推广价值，为花岗岩潜山和边缘小凹陷油气勘探找到了一条切实可行的勘探之路。

第十四节　以新的理念，反复研究已钻圈闭，再创新的佳绩

旅大 6-2 构造位于渤海辽东湾海域中南部、辽中凹陷东陡坡带，西距绥中 36-1 油气田约 15km，北距金县 1-1 油气田约 15km。该构造处于郯庐断裂带，整体为依附于辽中 1 号走滑大断层形成的断背斜构造，受右旋走滑作用的影响，北东向和近东西向调节断层发育，并将其划分为多个断块。旅大 6-2 构造地质条件复杂，前后历经 8 年多轮次勘探评价研究，过程曲折艰辛（图 10-19）。

为了揭示旅大 6-2 构造的含油气性，2006—2008 年对该构造钻探了 LD6-2-1 井、LD6-2-2 井和 LD6-2-3 井。LD6-2-1 井发现油层合计 30.6m，其中东三段油层 24.4m；LD6-2-2 井仅在东三段发现油层 3.2m、差油层 1.9m；LD6-2-3 井仅在东三段发现油层 9.2m、气层 5.3m，三级石油地质储量规模仅 851.4×10⁴m³（基于当时资料初算），不能满足海上油气开发的储量要求。旅大 6-2 构造钻后东三段油气水关系复杂，边界断裂归位不准，储量规模难以落实，勘探评价一度陷入沉寂。因此，急需寻找新的整装规模性石油地质储量来重新盘活旅大 6-2 构造。

为了进一步评价该构造，2009 年至 2011 年辽东湾勘探者重新认识本区油气成藏富集规律，创新认识东二下亚段是旅大 6-2 构造新的主力勘探层系。2009 年紧邻旅大 6-2 构造的金县 1-1 油气田南区开发井在东二下亚段、东三段钻遇厚层油层，大大超过低部位探井发现的油层厚度。旅大 6-2 构造具有多层系含油的复式成藏特征，纵向上油气呈阶梯式分布，油气具有多油水系统，由深到浅油品性质越来越差；横向上，各断块都有独立的气、油、水系统。走滑带调节断层对油气的运移控制作用明显，油气层沿边界断层呈

阶梯状分布，只要被调节断层（运移断层）贯通的圈闭和层系就有可能成藏；调节断层的发育程度直接影响到所在断块储量的丰度，例如：旅大 6-2 构造调节断层较为发育的南块储量丰度为 $1031 \times 10^4 m^3/km^2$，而调节断层较少的北块储量丰度仅 $489 \times 10^4 m^3/km^2$。总之，调节断层的纵向输导控制了该构造油气的总体分布的层位和格局。借鉴金县 1-1 油气田南区开发井成功经验，辽东湾勘探者重新分析已钻探井，发现 LD6-2-1 井在东二下亚段中部已经钻遇 3.3m 油层，由此认为构造高部位蕴藏厚层油层的概率大大增加。因此，辽东湾勘探者转变思路，将旅大 6-2 构造主要勘探层系上移至东二段。

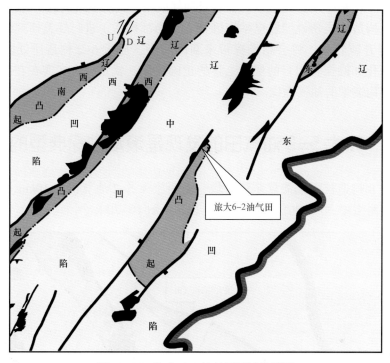

图 10-19　旅大 6-2 油气田区域位置图

在上述重大认识转变的基础上，2011 年利用 2010 年叠前深度偏移重处理的三维地震资料对旅大 6-2 含油气构造进行了精细构造解释，重新落实构造，并对储盖组合、成藏史、成藏模式进行综合分析。2012 年再上旅大 6-2 构造，在该构造钻探了 LD6-2-4 井、LD6-2-5 井、LD6-2-6 井和 LD6-2-7D 井。在钻探过程中，通过钻探结果分析，逐渐认识到，找到阶梯贯穿式成藏中油气最为富集的一级"阶梯"是高陡构造带油气勘探的关键。受断层垂向封堵能力的控制，旅大 6-2 构造区带油气藏的最大烃柱高度一般不会超过 250m，在走滑高陡构造带油气藏往往沿边界断裂呈条带状分布，含油面积不大但丰度很高，地层产状越陡含油面积就会越"窄小"，含油面积的短轴通常不会超过 800m，再加上高陡构造带垂向上圈闭叠合程度低，高点随边界断层倾向方向迁移。研究认为，该区域直井很难兼顾多层系勘探，往往只能揭示这种"阶梯贯穿式"的其中一级，但要找到阶梯式成藏中油气相对富集的一级"阶梯"，勘探的进程往往是一波三折。回顾旅大 6-2 构造的勘探过程，LD6-2-1 井在东三段发现油层 24.4m，取得开门红，揭示了阶梯式成藏的其中一级"阶梯"——东三段下部，但由于构造的叠合程度差，在本构造油气最富集的一级"阶梯"东二下亚段，LD6-2-1 井则位于低部位，仅发现油层 3.3m。这形成了东三段下部为主要目的层的假象，随后 LD6-2-2、LD6-2-3 井的勘探证明东三段下部油气储量规模并不大。之后，受金县 1—1 油气田主要目的层系为东二下亚段的启示，LD6-2-4 井—LD6-2-7D 井的钻探终于在东二下亚段获得突破，同时也揭示，地层倾角相对较小且运移断层沟通耦合较好的东二下亚段才是该构造的主要的含油气"阶梯"，在构造低部位钻遇薄油层或弱显示水层在构造的高部位都可能变成厚层油气层，如旅大 6-2 构造低部位的 LD6-2-1 井在东二下亚段钻遇油层 3.3m/1 层，但在该构造高部位的 LD6-2-5 井仅东二下亚段就钻遇油层 144.9m/26 层和气层 0.7m/1 层。可见，在高陡构造带中找到油气不难，但要找到油气最为富集的一级"阶梯"，需要对油气成藏模式的不断认识。

旅大 6-2 构造的成功说明对已钻探区带（或局部构造）进行反复研究的重要性。一旦认识上的提升或转变，将会给勘探带来新的希望。旅大 6-2 构造所处陡坡带成藏模式、认识的深化和勘探主力目的层系上移的正确决策，就是一个实实在在的案例，必将推进同类断裂构造带的油气勘探。

第十五节　旅大 5-2 油气田的发现是滚动勘探典型的成功范例

旅大 5-2 北构造位于渤海辽东湾海域，南距旅大 5-2 油气田约 10km，东与 SZ36-1 油气田相连，距绥中 36-1 油气田 H 平台约 2km（图 10-20）。

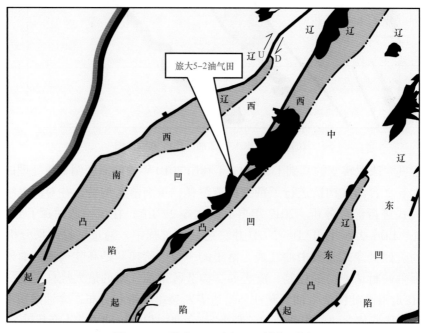

图 10-20　旅大 5-2 油气田区域位置图

旅大 5-2 北构造处于辽西凹陷南洼东陡坡带上，是受辽西 1 号大断层和近东西走向的调节断层所夹持的断块构造，构造走向北北东向，地层倾向西南向，圈闭面积约为 8km²。

曾于 1988 年 10 月 1 日在旅大 5-2 北构造上钻探了 SZ36-1-17 井。该井在馆陶组、东二上亚段、东二下亚段均有较好的荧光显示，并在馆陶组测井解释可能油层 170.6m，东二上亚段测井解释油层 4.0m。该井在馆陶组测试两层，由于油质较重，黏度较大，未获得产能。

2002 年在同处于辽西南洼东陡坡带的旅大 5-2 构造分别钻探了 LD5-2-1、LD5-2-2、LD5-2-3 井，3 口井在东二段分别钻遇油层 24.0m/10 层、25.1m/7 层、94.3m/19 层，其中旅大 5-2-3 井在东二下亚段 DST 测试，采用 7.94mm 油嘴，折算日产油 46.4～56.1m^3，日产气 1264～2397m^3，不含水，原油相对密度 0.958g/cm^3。旅大 5-2 油气田的发现再次证实了辽西凹陷南洼东陡坡带成藏条件优越，具有良好的勘探前景，因此有必要进行滚动式的勘探。

2009 年辽东湾勘探项目队采用新采集的三维地震资料对旅大 5-2 北构造进行了重新落实，并对该构造的成藏条件进行了又一次深入研究。通过研究认为：旅大 5-2 北构造形态与旅大 5-2 油气田圈闭形态相似，规模较大、幅度适中、主力层系埋深较浅，圈闭叠合程度较高，东二上亚段及东二下亚段广泛发育的三角洲沉积砂体与一系列发育的派生断层相耦合，为油气运移聚集提供良好的通道。因此综合分析认为，旅大 5-2 北构造圈闭落实，生储盖匹配良好，油气运移聚集条件有利，是一个非常有利的评价目标。

2012 年 1 月，在旅大 5-2 北构造上钻探 LD5-2N-1 井。该井目的为进一步落实旅大 5-2 北构造东段东二上亚段油层储量规模及产能，评价旅大 5-2 北构造东段东二下亚段含油气性及储量规模。该井的成功钻探，证实了旅大 5-2N 构造为亿吨级的特稠油油藏。

在旅大 5-2 北构造油藏勘探评价中，探井揭示了复杂的油水关系，油藏无统一的油水界面、油层顶底非线性相交、油水关系倒置、水中含油等特点，稠油油藏的分布规律极其复杂。通过研究创新，首次提出了渤海海域具有波状不规则油水界面、弧形边界的特稠油油藏模式，认为旅大 5-2 北构造原油密度有可能大于地层水密度，从而导致原油在油藏内部出现下沉现象，高部位的超稠油再次向下运移，顶部加厚层砂砾岩对特稠油油藏具有一定的封闭作用。

旅大 5-2 北油气藏的新发现，进一步证实在业已发现老油气田的周围进行滚动勘探的重要性。只要圈闭有效性落实程度高，钻探就容易得手。尤其是在大型油气田附近，滚动勘探成功率更高。

第十一章　油气资源潜力与勘探方向

衡量一个探区有没有发展油气再勘探的希望和价值？若有，则今后油气勘探的重要战场及主攻方向在哪儿？这首先都要依赖于这一探区有没有储备着雄厚的剩余油气资源。

第一节　海域油气资源潜力

一、历次油气资源评价简介

渤海海域自 20 世纪 80 年代初期至 2009 年曾先后进行了几次油气资源评价。1986年 6 月，渤海石油公司肖慕光、曾昭伟等对渤海海域的油气资源进行了第一次评价，评价历时 4 年，结合盆地演化、烃源岩、储盖组合等研究，采用成因法计算了海域油气资源量，结果为两个：$98 \times 10^8 t$ 资源当量（区间值 $80 \times 10^8 \sim 100 \times 10^8 t$，油气不分）、$45 \times 10^8 t$ 资源当量（$30 \times 10^8 \sim 60 \times 10^8 t$），两个结果相差近一倍。

1992 年由罗毓晖负责又对渤海海域石油地质特征、油气富集规律等进行了新一轮的全面研究，对油气资源量进行了计算，并对有利区带进行了较全面的评价，最终再次提出了油气总资源量 $97.7 \times 10^8 t$ 方案（油气不分）。

1994 年，在对渤海海域的盆地形成演化进行了分析的基础上，提出了富生油凹陷的形成机制，并采用油气资源评价专家系统、盆地模拟系统对盆地—凹陷—圈闭进行了综合评价，计算结果为油资源量 $40.3 \times 10^8 t$、气资源量 $2890 \times 10^8 m^3$。

1997 年 8 月 31 日—9 月 28 日，张宽曾在完成"海域油气资源量计算结果对比分析"临时任务中，依据前人各凹陷资源量的不同方案，通过分析、取舍，对渤海海域的资源量进行了重新调整，计算结果为油资源量 $68.6 \times 10^8 t$、气资源量 $12300 \times 10^8 m^3$。

2000 年，中海油勘探研究总院曾对渤海天然气资源量计算和评价，计算结果为油资源量 $76.66 \times 10^8 t$、气资源量 $10320 \times 10^8 m^3$。

2004 年，中国近海第三轮油气资源评价结果为渤海海域待发现石油地质资源量 $20.46 \times 10^8 t$、渤海海域待发现天然气地质资源量 $1157 \times 10^8 m^3$。

2013 年，最新进行的油气资源评价结果为渤海海域石油地质资源量 $110 \times 10^8 t$、天然气地质资源量近 $13000 \times 10^8 m^3$（表 11–1）。

自全国第三轮油气资源动态评价（2004 年）以来，渤海海域油气勘探开发进入快速发展期，储量和产量都有大幅度增长，累计勘探投入约 115 亿元，特别是辽东、渤中、渤南 3 个地区屡屡出现油气勘探的重要成果，这都彰显出全海域丰厚的油气资源量。

表 11-1　渤海历次油气资源评价简表

时间	单位	石油资源量 /10⁸t	天然气资源量 /10⁸m³
1992 年	罗毓晖等	97.7（油气不分，10⁸t）	
1994 年	杨甲明等	40.3	2890
1997 年	张宽等	68.6	12300
2000 年	勘探数据手册	76.66	10320
2004 年	中国近海第三轮油气资源评价	20.46（待发现石油地质资源量）	1157（待发现天然气地质资源量）
2013 年	全国新一轮油气资源动态评价	110	12977

二、油气资源量评价方法与分布特点

1. 盆地模拟法计算资源量

在 2013 年全国新一轮油气资源动态评价中，盆地模拟法主要运用 PetrMod 软件系统，模拟采用的主要参数为构造图、地层厚度图、烃源岩厚度、有机质丰度及类型、有机质成熟度、今地温等参数。

通过生排烃史模拟，获得了不同凹陷的生排烃量（表 11-2）。通过模拟 14 个凹陷总生烃量 985.74×10⁸t，总排烃量 507.99×10⁸t。渤中凹陷排烃 160.21×10⁸t，居渤海海域 14 个生烃凹陷之首，其次为辽中凹陷排烃 76.8×10⁸t，黄河口凹陷以 47.88×10⁸t 排烃量位居第三。这 3 个主力生烃凹陷的生排烃量占整个渤海海域总排烃量的 58%，85% 已发现油气资源环 3 个主力烃源凹陷分布。

表 11-2　渤海海域不同凹陷烃源岩的生排烃量表

地区	凹陷名称	生烃量		排烃量	
		单凹陷生烃量 /10⁸t	区域合计 /10⁸t	单凹陷排量 /10⁸t	区域合计 /10⁸t
辽东湾	辽西凹陷	58.71	214.05	32.29	118.14
	辽中凹陷	138.71		76.8	
	辽东凹陷	16.63		9.05	
渤中	秦南凹陷	59.98	500.52	29.42	246.18
	渤中凹陷	312.79		160.21	
	渤东凹陷	66.88		26.81	
	庙西凹陷	27.86		12.9	
	沙南凹陷	28.66		14.66	
	埕北凹陷	4.35		2.18	

地区	凹陷名称	生烃量		排烃量	
		单凹陷生烃量 /10⁸t	区域合计 /10⁸t	单凹陷排量 /10⁸t	区域合计 /10⁸t
渤南	黄河口凹陷	92.99	146.14	47.88	85.12
	莱州湾凹陷	36.38		29.17	
	青东凹陷	16.77		8.07	
渤西	歧口凹陷（海域）	76.53	125.03	37.65	58.55
	南堡凹陷（海域）	48.5		20.9	
总计		985.74	985.74	507.99	507.99

排烃量乘以聚集系数得到以凹陷为供烃单元的油气聚集量，累计计算得出各评价单元和全区总资源量（表 11-3）。

表 11-3　成因法计算渤海海域评价大区资源量表

评价单元	凹陷名称	聚集系数	排烃量 / 10⁸t	资源量 / 10⁸m³	石油		天然气 / 10⁸m³
					10⁸m³	10⁸t	
辽东湾	辽西凹陷	0.32	32.29	10.33	10.50	9.68	710
	辽中凹陷	0.33	76.8	25.34	20.33	18.74	2630
	辽东凹陷	0.2	9.05	1.81	2.04	1.88	405
渤中	秦南凹陷	0.26	29.42	7.65	6.45	5.95	908
	渤中凹陷	0.29	160.21	46.46	44	40.57	3620
	渤东凹陷	0.26	26.81	6.97	6.93	6.39	41
	庙西凹陷	0.22	12.9	2.84	2.32	2.14	518
	沙南凹陷	0.19	14.66	2.79	2.7	2.49	85
	埕北凹陷	0.21	2.18	0.46	0.39	0.36	66
渤南	黄河口凹陷	0.29	47.88	13.89	11.67	10.76	2220
	莱州湾凹陷	0.26	29.17	7.58	6.49	5.98	1100
	青东凹陷	0.24	8.07	1.94	1.75	1.61	354
渤西	歧口凹陷（海域）	0.17	37.65	6.40	5.45	5.025	946
	南堡凹陷（海域）	0.17	20.9	3.55	3.03	2.79	415
合计			507.99	138.01	124.05	114.37	14018

面积超过 8000km² 的渤中凹陷富油富气，油气资源总量最大（46.46×10⁸m³），其中石油 44×10⁸m³，天然气 3620×10⁸m³；其次为辽中凹陷，油气资源总量 25.34×10⁸m³，其中石油 20.33×10⁸m³，天然气 2630×10⁸m³。油气资源总量超过 10×10⁸m³ 的 4 个凹陷为渤

中凹陷、辽中凹陷、黄河口凹陷和辽西凹陷，约占整个渤海海域油气资源总量的70%。

2.规模序列法计算资源量

通过对渤海海域已钻探发现油气的油气田（藏）样本进行整理，按照二级评价单元分类统计发现油气资源量，开展规模序列法预测资源量，预测结果见表11-4。预测23个评价单元石油总资源量 $60.83 \times 10^8 \sim 152.40 \times 10^8 t$，期望值 $105.50 \times 10^8 t$；天然气总资源量 $7104 \times 10^8 \sim 20727 \times 10^8 m^3$，期望值 $12955 \times 10^8 m^3$。辽西凸起、渤南低凸起、石臼坨凸起和沙垒田凸起等4个正向构造单元油气资源丰富，负向构造单元以渤中、黄河口凹陷和辽西、秦南凹陷等最为富集，是渤海海域寻找中深层构造—岩性油气藏的主战场。

表 11-4　渤海海域规模系列法资源评价结果汇总表

一级评价单元	二级评价单元	石油地质资源量 /10^8t				天然气地质资源量 /10^8m³			
		P_{95}	P_{50}	P_5	期望值	P_{95}	P_{50}	P_5	期望值
辽东湾	辽西凹陷	3.25	5.57	9.09	5.64	280	630	192	645
	辽西凸起	8.32	13.65	18.19	13.68	1022	2015	3650	2350
	辽中凹陷	2.01	6.50	10.06	6.55	160	530	1810	540
	辽东凸起	0.55	1.21	2.61	1.25	20	38	66	42
	辽东凹陷	1.45	2.93	4.56	3.12	25	42	69	46
渤中	渤中凹陷	7.12	13.52	20.13	13.60	3820	5332	6880	5350
	渤东低凸起	0.63	1.42	2.44	1.51	18	35	56	36
	庙西凹陷	2.02	4.25	6.51	4.27	12	40	101	60
	庙西凸起	4.24	6.70	9.61	6.78	4	11	30	16
	渤南低凸起	8.06	10.04	12.43	10.15	320	560	880	565
	石臼坨凸起	5.77	7.51	9.39	7.58	230	385	680	396
	秦南凹陷	1.98	4.13	6.28	4.17	306	787	1485	796
	沙垒田凸起	3.99	5.33	6.69	5.42	98	150	284	101
	沙南凹陷	1.20	2.68	4.24	2.71	26	54	112	71
	埕北低凸起	0.40	0.74	1.12	0.72	20	41	61	42
	埕北凹陷	0.11	0.52	1.09	0.53	1	4	20	6
渤南	黄河口凹陷	6.51	10.57	14.32	10.69	350	810	2465	1013
	莱北低凸起	0.22	0.67	1.32	0.71	0	5	30	8
	莱州湾凹陷	1.32	2.56	5.81	2.62	160	445	1232	450
	青东凹陷	0.18	0.41	1.08	0.57	12	26	44	30
渤西	歧口凹陷	0.90	1.60	2.43	1.63	180	288	402	293
	北塘凹陷	0.10	0.31	0.75	0.38	0	5	36	10
	南堡凹陷	0.50	1.04	2.25	1.22	40	82	142	89
合计		60.83	103.86	152.40	105.50	7104	12315	20727	12955

3. 渤海海域常规油气资源评价结果

渤海海域经过近半个世纪的油气勘探，至 2015 年已累计探明地质储量为石油超过 $30 \times 10^8 t$、天然气近 $2000 \times 10^8 m^3$，并且已有超过 50 多个油气田投入开发，但其剩余油气资源仍然十分雄厚。

根据 2013 年全国油气资源动态评价，以二级构造单元作为评价单元，分别应用油藏规模序列法和盆地模拟法计算了油气资源量。两种方法权系数分别为 0.46 和 0.54（统计法计算样本数较少，权值低），综合加权得出渤海海域地质资源量分别为石油 $110.29 \times 10^8 t$、天然气 $12976 \times 10^8 m^3$（表 11-5），可采资源量分别为石油 $25.36 \times 10^8 t$、天然气 $5840 \times 10^8 m^3$（表 11-6）。

表 11-5　渤海海域油气地质资源量表

一级单元	石油地质资源量 /$10^8 t$				天然气地质资源量 /$10^8 m^3$			
	P_{95}	P_{50}	P_5	期望值	P_{95}	P_{50}	P_5	期望值
辽东湾	23.53	30.10	36.84	30.27	2716	3520	4684	3689
渤中	47.61	57.41	68.03	57.69	3682	4852	6319	4870
渤南	13.69	16.45	20.27	16.62	2684	3496	4639	3502
渤西	4.91	5.58	6.72	5.71	836	907	1002	915
合计	89.74	109.54	131.86	110.29	9918	12775	16644	12976

表 11-6　渤海海域油气可采资源量表

一级单元	石油可采资源量 /$10^8 t$				天然气可采资源量 /$10^8 m^3$			
	P_{95}	P_{50}	P_5	期望值	P_{95}	P_{50}	P_5	期望值
辽东湾	5.41	6.92	8.47	6.96	1222	1584	2108	1660
渤中	10.95	13.20	15.65	13.27	1657	2183	2844	2192
渤南	3.15	3.78	4.66	3.82	1208	1573	2088	1576
渤西	1.13	1.28	1.55	1.31	376	408	451	412
合计	20.64	25.18	30.33	25.36	4463	5748	7491	5840

4. 油气资源总体分布特征

1）资源量构造单元分布

从二级构造单元油气资源量预测结果来看，渤海海域石油资源主要分布在海域中东部地区的一、二级构造单元范围内。如辽西凹陷、辽中凹陷、渤中凹陷及其周围，占总资源量的 80% 以上（表 11-7）。

渤海海域天然气资源主要分布于渤南黄河口凹陷、辽东湾辽西凸起、渤中渤中凹陷，其地质资源量占总资源量的 60%（表 11-7）。

就多数地质人员的共识，油气资源潜力最大的是渤中、辽中、黄河口 3 个凹陷。

表 11-7　渤海海域一级构造单元油气资源量表

一级单元	面积 /10⁴km²	石油资源量 /10⁸t		天然气资源量 /10⁸m³	
		地质	可采	地质	可采
辽东湾	1.03	30.27	6.97	3690	1660
渤中	2.47	57.69	13.28	4870	2192
渤南	0.55	16.62	3.83	3501	1576
渤西	0.17	5.71	1.31	915	413
合计	4.22	110.29	25.39	12976	5841

2）剩余资源量层位和埋深分布

截至目前，渤海海域是以新生界已探明地质资源为主，且仍有比较大的潜力，新生界油气地质资源为石油超过 $100 \times 10^8 t$、天然气近 $10000 \times 10^8 m^3$，分别占总资源量的 95% 和 76%。但前新生界待探明油气地质储量不能低估，尤其是天然气待探明地质储量，可能会远远超过新生界。

从埋深上看，渤海海域待探明石油资源主要分布在浅层—中深层之间，占待探明总地质资源量的 73%，超深层资源潜力相对较小。待探明天然气资源主要分布在中深层—深层之间，占待探明总地质资源量的 68%。

第二节　油气勘探方向

从油气发展战略角度上考虑，渤海海域今后油气勘探方向，必然会随着石油地质研究的深入和实际勘探程度的提高，不断地进行调整，包括将主要勘探工作量的投入进行战略性的转移，主攻方向依据油气后备接替储量之需而变化。渤海海域要想长期保持高速良性的发展，仍然应坚持以复式油气聚集的理论为指导，实施立体勘探，坚持以富生烃凹陷及其邻区为主要勘探方向，因为潜在的富生烃凹陷是未来油气储量的主要增长点，同时要加大中深层和潜山领域的勘探力度，以及不放弃对隐蔽油气藏的寻找。

一、油、气并举仍是今后推动渤海海域储量增长的关键

针对我国长远经济发展战略规划，不仅对石油天然气新增储量的要求越来越高，而且面对新形势下能源结构不断变化，在坚持油气并举的基础上，更迫切探明更多的以天然气为主的清洁能源。

这些年来整个渤海湾盆地在天然气勘探方面也取得了不少成果，不仅发现了许多不同类型的气田（藏），而且进一步加深了对中国天然气地质特征的认识。其中，周边陆地油区发现的主要气田包括：辽河坳陷的兴隆台气田，黄骅坳陷的板桥气田、千米桥气田，冀中坳陷的苏桥—文安气田，临清坳陷的文 23 气田、白庙气田等，但其规模均是中、小型气田。

在渤海海域发现了辽东湾地区的锦州 20-2 凝析气田（地质储量大于 $100 \times 10^8 m^3$）、

锦州 21-1 气田，渤中坳陷的曹妃甸 18-2 气田、渤中 28-1 气田、渤中 13-1 气田（地质储量约 $50 \times 10^8 m^3$）及多个含油气构造。尤其是近年来海域天然气勘探有了新的重要进展，如 2011 年渤中凹陷低潜山构造上所完钻的一口科探井，就发现了厚度为 142.7m 的气层，表示在渤海领域大型气田的诞生已初现端倪，显示了渤海海域天然气勘探的良好前景。固然，历经几十年海域勘探实践证实，前人都认为渤海地区与周边陆地油区相似，均为以原油为主的油型盆地，但在局部地区如渤中凹陷、歧口凹陷和辽东湾辽中凹陷北洼等负向构造单元中也存在天然气相对富集区，如何在富油盆地中寻找相对富气区是本区天然气勘探突破的关键。

披覆构造、挤压及扭动构造和断块构造为浅层天然气勘探的主要对象，越来越多的井在浅层钻遇气层，并且气层的层位越来越浅，最浅的仅 400～500m，这些气的形成有两种可能：其一为深部生成的高成熟气通过大断层运移到浅层；另一种为东营组生成的气直接通过馆陶组的砂岩和断层运移至浅层，在盖层条件好、砂泥比适中的地区聚集成藏。浅层天然气的成藏需要更多的地质条件，首先是运移，由于渤海海域东营组下段泥岩盖层品质优秀，其下部生成的天然气要想在浅层聚集必须首先突破这层泥岩，这就要求有较大的断裂断穿这套泥岩，或天然气在沿下部不整合面向凸起方向运移过程中寻找有断裂沟通的部位运移到浅层（发现的蓬莱 19-3、蓬莱 25-2 等气藏均位于凸起部位或大断裂的附近也说明了这一点）。天然气一到浅层就遇到了保存的问题，但明化镇组下段盖层性质是在有些地区也是优越的，加上天然气沿主要输导层源源不断地动平衡供给，给浅层气藏的形成提供了条件。1999 年 10 月钻探的 BZ29-4-1 井在 1012～1248m 的明化镇组电测解释气层 7 层 31.5m，测试获得 $21 \times 10^4 m^3/d$ 的产能。本井的钻探证实渤海海域浅层天然气也有较好的勘探潜力，前景广阔，在晚期断裂发育（沿郯庐断裂带）和新近系明化镇组盖层质量较好的地区是浅层天然气勘探的有利地带，渤南凸起、黄河口凹陷以及歧口凹陷等地区是渤海海域浅层天然气勘探的有利战场。

潜山圈闭、构造圈闭、岩性圈闭均是深层天然气勘探的主要对象。渤海海域发现的数个气藏中大部分为古近系及潜山储层。如锦州 20-2、曹妃甸 18-2、秦皇岛 30-1、渤中 28-1 等，这是由渤海海域特殊的地质条件决定的，一方面渤海海域存在三个大于万米的深断陷，广而厚的沙河街组烃源岩进入了高—过成熟阶段，其生成高—过成熟气的潜力是巨大的。同时超压的东营组下段泥岩犹如一床厚厚的"被子"盖在了烃源岩上，这就使古近系具备短距离运聚的优势。这些深洼中生成的天然气可以通过不整合面在这层厚盖层下部运移到凸起倾没端或适当的圈闭聚集成藏，发现的古近系气藏大多为此种成藏模式。深层无疑是天然气勘探的一大层系，但由于埋深大，储层的物性常受到一定的影响。

在渤海海域深层的勘探揭示在沙河街组一段存在着特殊岩性段——生物灰岩，它能在相对较深的部位仍具备较好的物性，如渤中 13-1 气藏的一口探井揭示埋深达 4100m 的生物灰岩的孔隙度高达 24%，DST 测试获得高产。而渤海海域发现的深层气藏储层岩性多为沙河街组一段生物灰岩储层，如锦州 20-2、渤中 13-1、曹妃甸 18-2 和秦皇岛 30-1。除此之外，花岗岩储层的天然气勘探出现可喜进展。因此沙河街组一段的生物灰岩和花岗岩是渤海海域深层天然气勘探的特色与重要领域。另外，深层各类砂体在渤海海域发育，如东营组沉积时期在渤中凹陷的南北两端发育两个巨型的三角洲；沙河街组的盆底扇、低位扇等砂体发育，这些砂体在深层天然气勘探中是非常有希望的（渤海海域的锦州21-1气藏就属于此类）。加之天然气对储层物性的要求远比石油低，因此深层天然气的勘探应有广阔的前景。潜山圈闭、构造圈闭和岩性圈闭均是深层天然气勘探的主要对象。

二、古近系和潜山是今后寻找大中型油气田的主力层系

对渤海50余个油气田的石油原始储量的深度分布作统计发现，88%石油储量存在于小于2000m的浅部储层内，9.3%的石油储量存在小于3000m浅—中层储层内，而大于3000m（最深4086m）的深部储层中所拥有的石油储量十分有限。天然气主要分布在小于3000m的范围内，而且溶解气和气层在浅部，凝析气在深部。渤海已探明绝大多数天然气储量分布在小于3000m的深度区间内，占了近85%；深度大于3000m的储量仅占很少一部分，约占15%。出现这种情况，可能和渤海的具体地质条件等因素有关，但更可能和深度天然气藏的勘探程度有关。实际在盆地内的陆上油区一直没有放弃对潜山油气藏的寻找。如和海域相通的下辽河坳陷（辽河油气田）于2006年开始把勘探重点转向潜山领域，仅仅两年就新增探明地质储量超过6000×10^4t。

近10年来，渤海海域在新近系浅层勘探中取得了丰硕的成果，但随着浅层勘探程度的增加，勘探难度逐渐增大，渤海海域要保持储量和产量的稳步增长，中深层（古近系东营组下段和沙河街组）和潜山将是渤海油气储量接替的重要勘探领域。

随着层序地层学、超压与油气成藏动力学等相关技术的广泛应用和钻井技术的提高，渤海海域油气藏勘探开始逐步转入中深层。由于海域开发、生产经济门限高，相对陆地对产能要求更加苛刻，影响中深层产能的储层物性（尤其是大于3500m深度的砂岩储层）一直为人们所质疑，但近年来在渤海海域中深层优质储层的勘探发现，大大增强对中深层勘探的信心，也拓宽了海域油气勘探的新领域。

潜山作为渤海海域重要勘探层系，已在辽东湾（如锦州20-2、锦州25-1S）、渤西（如曹妃甸1-6、曹妃甸18-2）、渤南（如渤中26-2、渤中28-1）和渤东（如蓬莱9-1）等地区的太古宇—元古宇和中生界潜山获得高产油气流，说明渤海海域的潜山具有区域性含油气的特点。从潜山层系和岩性来看，渤海海域既有上古生界石炭系—二叠系的海陆交互相和陆相碎屑岩储层，也有中生界的火山喷发相火山岩储层和侵入型花岗岩储层，还有下古生界的浅海相碳酸盐岩储层及太古—元古宇的混合花岗岩储层。勘探结果表明，在上述各类储层中都有高产油气层发现，充分展示出渤海海域潜山良好的油气勘探前景。

三、坚持对复合与隐蔽油气藏的勘探，有望发现更多的油气田

渤海海域从第一个新近系大型油气田QHD32-6发现以后，其油气勘探方向转而以新近系油气藏为主要目标。截至2012年，在中国海油矿区内已发现的储量中，新近系占85%；从油藏类型上看，它们均以构造油气藏为主。随着渤海海域油气勘探的不断深入，新近系的剩余未钻构造圈闭越来越少，圈闭的规模也越来越小，所发现油气藏的规模也将越来越小。因此，渤海海域下一步的勘探思路必须从单一构造圈闭转到复合和隐蔽圈闭领域，只有这样才能保持渤海海域储量的不断增加。

在海域南面济阳坳陷的陆上油区（胜利油气田）自 1996 年就开始注重研究和钻探隐蔽油气藏进程成效显著，每年探明油气储量中的 40%～80% 来自隐蔽油气藏。

构造—岩性圈闭属于复合圈闭范畴，狭义上是指在具有一定构造背景之上的岩性圈闭。该构造背景主要指构造脊、局部构造高点、凸起区的翼部、斜坡等。由于这种圈闭类型的油气成藏条件要优于一般的岩性圈闭，所以它是油气勘探中一种重要的圈闭类型。这类油气藏在周边陆地油气田的勘探程度较高，而海域部分的勘探程度相对较低，因此，渤海海域存在着巨大的勘探潜力，也是下一步寻找大中型油气田和增储上产的重要领域。

近年来，黄河口凹陷和石臼坨凸起等地区新近系浅水三角洲、河流相隐蔽油气藏勘探获得成功。在黄河口凹陷于 2007 年发现渤中 26-3 油气田的上倾尖灭油气藏，2008 年发现渤中 29-5 构造—岩性油气藏、渤中 29-5W 岩性圈闭，2010 年发现渤中 34-1W 构造—岩性油气藏，在石臼坨凸起东段明化镇组下段发现秦皇岛 33-1、秦皇岛 33-1S 油气田群，油藏类型主要为岩性或构造—岩性复合油藏。

同时，古近系近源扇三角洲隐蔽油气藏勘探取得突破性进展。石臼坨凸起东部地区发现多个构造—岩性或构造—地层复合油气藏，包括秦皇岛 35-2、秦皇岛 36-3、秦皇岛 29-2 和秦皇岛 29-2E 等。其中 QHD29-2E-4 井油层厚度累计超过 200m，测试获得日产千吨（油当量）高产，创造了渤海碎屑岩油层厚度和测试产能 2 项记录。此外，在辽东湾地区针对近源扇三角洲，应用基于地震瞬时谱特征的砂体尖灭线刻画技术和隐蔽油气藏运聚与综合评价技术，促进了锦州 20-2 北、锦州 20-5 和锦州 20-3 构造—岩性油气藏的发现，明确了锦州 20-3 南和锦州 27 两个有利隐蔽油气藏发育区带。

尽管渤海海域复合和隐蔽油气藏的勘探已经取得了不错的成效，但与其他类型油气藏的勘探差距仍然很大。所以在今后一个较长的时间内，进一步加深综合油气地质研究的同时，也应不失时机地提升对复合和隐蔽油气藏的实钻工作量。可将渤海海域新近系具备一定构造背景的浅水三角洲、河流沉积和富烃凹陷古近系近源扇三角洲作为近期勘探的重点，之后再逐步向深层次发展。

第十二章　油气勘探理论与技术进展

　　渤海海域多年的油气勘探积累了大量的实践经验，同时在石油地质认识方面，不断得到明显的提升，先后总结并提出了"晚期成藏""浅层油气运聚""汇聚脊模式"等多方面富有新意的研究成果，发展和创新了石油地质理论，同时也摸索出一套适用于海域油气勘探的多项先进技术。

第一节　海域油气勘探理论、认识创新与实践

一、"晚期成藏"理论与新近系大型油气田的发现

　　晚期成藏是我国东部油气田的鲜明特点之一。渤海湾盆地自陆区延伸至海域的渤中坳陷，其地层的沉积中心、沉降中心形成呈向心式迁移的变化规律，渤海海域油气的生成、运移和成藏都经历了相当长的时期。尤其是渤海海域具有晚期构造运动活跃、油气富集层位新的显著特点。创新提出了新构造运动油气晚期成藏的理论，主要指多洼陷多层系活跃烃源岩的晚期供烃、沿郯庐断裂带晚期大量圈闭的形成、晚期发育的储盖组合、晚期浅层油气运移、晚期快速大规模油气成藏等。在这一理论认识的指导下，坚持以富生烃凹陷以及周围隆起新近系为主要目的层的勘探方向，从此揭开了新近系大油气田群发现的序幕，奠定了渤海海域成为中国近海最大油区的基础地位。

　　新构造运动控制渤海海域新近系的油气晚期成藏理论，是基于国内外大量晚期断裂构造活动与油气成藏的密切关系，结合解剖分析众多案例而提出的。国内外许多含油气盆地，特别是近海的中—新生代盆地，发现大量新近纪以来到第四纪构造断裂活动十分活跃的地区，都相继发现了许多油气田。这些晚期的构造断裂活动不但没有完全破坏油气田，反而对油气田形成发挥了某些重大作用，如美国墨西哥湾盆地、美国加利福尼亚州洛杉矶盆地和巴西坎波斯盆地、西非尼日尔三角洲盆地、澳大利亚达拉尔文盆地、俄罗斯鄂霍次克海北部沉积盆地、中国南海南部的文莱—沙巴盆地、印度尼西亚的库太盆地、缅甸近海马班达湾盆地、泰国暹罗湾盆地、我国近海的莺歌海盆地和珠江口盆地等。晚中新世以来至第四纪的晚期构造断裂活动在很大程度上控制和影响了这些盆地的油气成藏。

　　1. 盆地的发育发展决定了渤海海域油气晚期成藏的必然性

　　以渤海海域的核心部分——渤中坳陷为例。渤海湾盆地的古地理位置、深部地质背景以及晚期的构造断裂活动，决定了渤海海域油气晚期成藏的必然性。

　　1）渤中坳陷深部地质背景在渤海湾盆地中的特殊性

　　地壳深部重力不均衡，引起地幔物质侧向流动，华北盆地渤中坳陷部位莫霍面明显

抬升，正是这种深部特殊地质背景影响了渤中地区的盆地充填发育历史，对渤中地区油气晚期成藏的烃源和新近系储盖组合的优化创造了优越条件。

2）渤中坳陷的古地理位置决定它是盆地发育发展的归宿

整个盆地自周边的山区和隆起至海域的渤中坳陷，可见新生代地层沉积中心、沉降中心的变化具有由老向新的变迁，这一特点促成海域油气生成、运移、成藏都变晚。古新世盆地沉积中心、沉降中心在靠近山前和靠近隆起区的凹陷，而始新世时期盆地沉积中心、沉降中心向海域转移；至渐新世晚期—第四纪，渤中坳陷逐步成为盆地的沉降中心、沉积中心。因此主力烃源岩是从盆地边缘向渤中坳陷由老向新转变，主要储集层位也是从盆地边缘向渤中坳陷由古近系为主，渐变为以新近系为主，致使渤海海域郯庐断裂晚期活动进一步促成了渤中坳陷油气晚期成藏。

2. 新构造运动极大改善了渤海海域新近系的储盖组合

渤海湾盆地古近纪末期整体抬升而遭受剥蚀、夷平，新近纪整体发生热沉降而形成统一的坳陷型盆地，全为陆相碎屑岩，底部具有火山喷发岩，从下往上由粗变细而构成一个大沉积旋回。物源主要来自燕山—太行山褶皱带和胶辽隆起区，盆地中的沧县、埕宁等高隆起带在尚未完全沉没前是局部的物源区。新近系沉积总趋势是靠近周围山区和隆起的物源区，物源补给充分，为洪积平原相；向海域渤中坳陷方向，逐步远离物源区，相应发育了冲积—泛滥平原相、辫状河曲流河相以及滨浅湖相。新近系地层厚度变化较大，馆陶组厚度100~2000m，明化镇组厚度200~2000m，成为渤海湾盆地新近系的沉降中心、沉积中心，发育有优良的储盖组合。

明化镇组下段滨浅湖相地层在海域内广泛发育，沉积厚度大，泥岩比陆地油区发育，组成了全区良好的区域性盖层。明化镇组、馆陶组中发育辫状河、曲流河浅水三角洲砂体成为主要储层，主要储集类型有两种：一类是以馆陶组、明化镇组下段砂岩为储层，以明化镇下段为盖层的有利储盖组合；二类是明化镇组下段、馆陶组砂体与泥岩互层组成的多套叠置的储盖组合，这类组合主要分布在渤中坳陷周缘的凸起区内，是寻找新近系油藏的有利地区。

总之，渤中坳陷及其邻区的新近系储盖组合发育，并组成非常有利的时空配置，形成了渤中坳陷新近系广阔的有利勘探领域。

3. 新构造运动控制了渤海海域晚期生排烃强度

渤海湾含油气盆地陆区主要烃源岩为始新统和古新统。渤海海域同样存在这套烃源岩，始新统沙河街组在海域各凹陷广泛分布，古新世沙河街组三段烃源岩在渤中坳陷分布稳定，平均厚度仅次于下辽河西部凹陷、南堡凹陷等，为100~300m不等，是已被证实的主要烃源岩。渤中坳陷渐新世以来的持续快速沉降，对该地区的烃源产生了两大作用：一方面使渐新统东营组发育了湖相烃源岩，且深埋在4000~6000m以下，成为成熟的有效源岩；另一方面，渐新世以后的快速沉降使渤中坳陷中央引起欠压实而形成的超压，导致深埋在4000~6000m以下的沙河街组烃源岩生烃、排烃滞后，晚中新世以来仍处于生烃高峰期，现今沙河街组除坳陷中心部位已进入生气阶外，其他地区仍处于生油阶段，从而使沙河街组和东营组两套源岩同时生烃、排烃，为渤中坳陷油气晚期快速成藏提供了丰厚的物质基础。

4. 新构造运动控制了渤海海域新近系圈闭晚期定型

一个含油气盆地在发育、发展过程中，总会经历多次构造运动，每次构造运动都会出现地体形变，但总是晚一期构造活动改造着先期的构造层的形态，形成新的构造格局，直至构造的最后定型期。

1）凸起上的披覆背斜圈闭

新近纪坳陷阶段，渤中坳陷四周各凸起区不同程度地接受馆陶组和明化镇组披覆，由于差异压实作用，在潜山山头上形成了低幅度的大背斜受新构造运动的调整改造，披覆背斜被晚期断裂分割、肢解，但整体上仍保留有大型披覆背斜的轮廓。已发现的披覆构造主要分布于沙垒田凸起、渤东低凸起、石臼坨凸起、莱北低凸起、庙西凸起、渤南低凸起之上，如秦皇岛 32-6 构造、曹妃甸 11-1 构造、曹妃甸 12-1 构造、蓬莱 9-1 构造、蓬莱 7-1 构造等。

2）郯庐断裂带控制的反转构造带

反转构造是早期的负向构造在不同应力挤压作用下变成的正向构造，或者相反，这是广义的反转。若同一断层呈现出两期性质不同的构造，则称为狭义的反转。渤中坳陷东部及其邻区主要存在前一类反转，这类反转构造基本上分布在郯庐断裂带，主要是受新近纪郯庐断裂右旋走滑、张扭或压扭作用用引起地层反转而形成的，既可出现在断裂带的凹陷部位，也可出现在凸起的倾没部位，主要有 4 种形式：（1）被部分古近系覆盖的低凸起上，新近纪发生反转而形成的构造；（2）凸起倾没端受晚期反转作用形成的圈闭；（3）凹陷内的反转构造；（4）控凹边界断裂下降盘逆牵引断裂构造带。

5. 新构造运动期的断裂活动对晚期油气运移输导网形成的作用

油气藏形成运移输导系统主要是由砂岩体、不整合面、断裂 3 种要素组成的，由于各油气藏具体的石油地质条件不同，这些要素在油气输导中发挥作用的程度是不同的。可以说没有新构造运动期的断裂活动，就不可能有新近系油气晚期成藏，因为油气输导运移是油气藏中最难识别和恢复重现的，只能进行定性、概念性地阐述。

1）渤中坳陷及其周围新近系油气田的油源断裂

渤中坳陷及其周围新近系大油气田分布在凸起区和断裂带，无论从平面上还是纵向上分析，储层和古近系沙河街组或东营组的烃源岩都很难直接接触且相距甚远，这些油气田最终成藏都是取决于断裂沟通的油气输导系统。在这些断裂中，一类是油源断裂，另一类是非油源断裂。所谓油源断裂，是指直接和烃源岩接触或伴生的断裂，由于它的存在和活动，其断裂裂隙空间能成为油气运移活动的场所。渤海海域的油源断裂也有两类：一类是与烃源岩同生的断裂，另一类是主要烃源岩生成后才产生的切割烃源岩的断裂。这两类继承性活动的油源断裂是沟通油源的根。新近系油气田的存在和分布往往和这些断裂带紧密相关。没有依附这些油源断裂发育的晚期断裂圈闭，没有晚期断裂与油源断裂直接或间接沟通，新近系是难以成藏的。

2）晚期断裂特点及输导形式

新近纪以来直至第四纪，海域断裂活动极为活跃，不同时期、不同地区断裂活动形式、几何特征、断裂密度和规模不相同。通过对已知油气成藏分析研究和油气运移路径三维模拟结果表明，晚期成藏过程中这些输导系统输导油气主要有 3 种形式：（1）晚期活跃的断裂活动破坏了先成的老油气藏，使油气通过断裂网和相连通的砂岩体向上再运移，最终在晚期形成的圈闭内聚集成藏；（2）晚期断裂与早期始新世、渐新世的控凹断裂连通，这些控凹断裂常常是继承性活动，与烃源岩相连通，因而形成新、老断裂和相关砂岩体构成的输导网，使始新统、渐新统晚期仍在生成的油气向上运移，在晚期形成的圈闭中成藏；（3）既有晚期断裂活动破坏的老油气藏中的油气，又有断裂沟通至今仍在生烃的烃源岩中的油气，随着断裂系统、砂体、不整合面构成的输导网进入晚期圈闭成藏，如秦皇岛32-6、曹妃甸11-1等油气田。

3）新近系油气藏输导系统的类型

新近系油气输导系统基本上都是由油源断裂、不整合面、砂岩体、晚期断裂组成的，由于油气圈闭所处的构造位置和与油源断裂的距离不同，在输导系统中不整合面、砂岩体输导程度是不相同的.它们都必须和油源断裂、晚期输导断裂沟通。渤中坳陷大致有三种类型输导系统：一是凸起上远离油源断裂油气田的输导系统，二是凸起上靠近油源断裂油气田的输导系统，三是凹陷中油源断裂带上油气田输导系统。

6. 新构造运动与油气幕式成藏

渤海海域许多油气田形成于中新世末、上新世，甚至是第四纪，如蓬莱19-3油气田可能主要形成在第四纪，在如此短暂的地质时代中要形成探明石油地质储量 $4 \times 10^8 t$ 以上的大油气田，按传统的运聚成藏模式显然是难以解释的。分析认为新构造运动控制下渤海海域油气可能存在快速运移、幕式成藏。

1）新构造运动下的油气成藏过程

油气成藏可分为稳态成藏和非稳态成藏两种类型。稳态油气成藏所形成的油气田一般为受古构造控制的原生油气藏，而非稳态油气成藏所形成油气田的分布一般受晚期构造控制，包括阶段性聚集的原生油气藏和次生油气藏。分析认为渤海海域最大的油气田蓬莱19-3油气田也具有晚期快速充注成藏的特征。渤中坳陷由于受新构造运动的强烈影响，明显表现出多期次、幕式成藏和晚期快速油气充注成藏的特征。因此新构造运动对渤中坳陷及周缘的油气成藏和分布具有重要的控制作用。

2）渤海海域油气田主要成藏期在中新世晚期至第四纪

根据各油气田圈闭形成期及油气成藏条件分析，参考油气藏包裹体均一温度，对渤中坳陷21个油气藏成藏时间分析，共同特点都是油气成藏晚，最晚是第四纪开始成藏，但全部延续至今仍在成藏过程中。

3）渤中坳陷及其周围新近系的油气田多属多期充注、幕式成藏

渤海海域中部地区（渤中坳陷区）包括4个凹陷（即秦南凹陷、渤中凹陷、渤东凹陷、沙南凹陷）和7个凸起（即秦南凸起、石臼坨凸起、渤东低凸起、庙西北凸起、庙西南凸起、渤南低凸起及沙垒田凸起）。本地区已发现的油气藏基本上围绕渤中坳陷呈环状分布；在远离凹陷中心的凸起主要为重质油藏，如秦皇岛32-6、蓬莱19-3、曹妃甸11-1、渤中25-1南（BZ25-1S）等，原油普遍遭受生物降解，密度大，黏度高，储层主要为馆陶组和明化镇组；在近凹的凸起倾没端则主要为轻质油和天然气藏，如曹妃甸18-2凝析油气藏、渤中13-1油气藏、渤中3-1油气藏、秦皇岛30-1N和渤中22-2含油气构造，这些油气藏气油比较高，油质较轻，储层埋深一般较大，层位为东营组以下地层，包括古近系碎屑岩与前古近系碎屑岩、碳酸岩和花岗岩。渤海中部地区油气藏的上述分布特征是该区油气成藏规律的反映，是新构造运动作用的结果。

4）天然地震可能是导致油气快速穿层运移的重要驱动力

渤中坳陷及其周围油气成藏充注史分析表明，油气是通过多期、幕式充注、晚期快速成藏的，而且这些油气田储量规模都是比较大的，一般都属于大中型油气田。在如此短的时间内要形成这么大的油气田，一定有特殊的油气驱动力和输导系统，但没有方法确切证实和恢复这个成藏条件和过程。根据渤中坳陷新近纪的区域地质、构造运动，油气快速幕式运聚重要的驱动力可能就是天然地震。

7. 渤海海域郯庐断裂带对油气成藏的影响

地质科研人员在对渤海海域区域构造特征及演化的整体研究基础上，系统地对郯庐断裂带（渤海海域部分）的几何学、运动学、动力学特征进行了刻画，明确提出郯庐断裂对渤海油气成藏具有重要意义，并预测了有利的油气富集区。渤海海域渤中坳陷及其周围以新构造运动控制渤海海域晚期油气成藏的认识为指导，进一步深化了郯庐断裂带对渤海海域油气的控制成藏研究。

海域内郯庐断裂的发育、发展和活动强度与渤海构造演化特征相匹配。晚期的新构造运动是控制渤海海域油气成藏的重要地质事件，促成了渤海油气晚期成藏，也促成了该区域油气动平衡成藏。

断裂活动与沉积、沉降旋回具有一致性，断裂活动速率、水位上升速率和地层沉积速率的变化是同步的。因此，郯庐断裂带在古近纪的活动控制了盆地的结构、凹陷的形成和充填历史，也控制了渤海海域古近系烃源岩的生成。

郯庐断裂带的伸展和走滑作用造就了大量圈闭，其类型多样，主要可分为下述 3 种：（1）与伸展断裂活动有关的圈闭；（2）与伸展、走滑断裂叠合作用相关的圈闭；（3）受新构造运动改造形成的圈闭。

油气输导系统通常由断裂、不整合面和砂体等要素共同组成，其中断裂往往是最关键的因素。因此，郯庐断裂带与渤海海域油气输导系统关系密切，新构造运动期的断裂活动有助于形成晚期油气运移输导网。

二、渤海海域新近系（浅层）油气运聚系统

著名的郯庐大断裂以时隐时现的走势纵贯渤海海域，新近纪断裂活动强烈程度不减，这既有利于促进石油的纵向运移，但也有不利于油藏保存的一面；中新世—上新世发育河湖沉积，上部储盖组合广泛分布，为浅层石油富集创造了条件；古近系生油岩埋藏深，新近系储盖层较浅，石油垂向运移距离远，运移途径复杂。

针对渤海复杂的石油地质条件，经过多年认识—实践—再认识的探索，提出：大断裂—砂体"中转站"模式运移能力强、小断层及走滑断裂运移油气能力弱、地层—断层组合关系控制油气富集部位、临界盖层控制断裂活动带油气田形成、圈闭汇油面积大小决定油气田规模、主力油气田展布可分为凸起与凹陷富集型、小凸起上的披覆背斜利于形成大油气田 7 项创新学术思想，构成了浅层油气运聚创新认识，并指导勘探。

1. 大断层—砂体配置的"中转站"模式运移油气能力强

通过对渤海大量失利探井与成功探井类比研究，发现单条规模不大的断层运移油气能力有限，因为这类断层与烃源岩接触面积太小，不能吸收大量分散的油气，断层附近裂隙储集空间小，也不能储集大量油气为断层运移提供油气源。断层只有与烃源岩内的

砂体连接，运移油气能力才能够得以提高。砂体与成熟烃源岩呈指状接触，面积大，在压力差作用下，烃源岩中分散的油珠初次运移至砂体里聚集。当达到10％饱和度以后，伴随着断层的幕式活动，砂体里的石油沿断层向上运移，在浅层形成油藏。通过对大量钻井、地震等资料的分析，发现浅层有含油构造，其深部生油岩内广泛发育砂体；相反，浅层没有发现油层的构造，其深部生油岩内不发育砂体。

在生油岩研究领域，学者们提出了"有效排烃厚度"的概念，即在巨厚生油岩内，只有顶部和底部约20m的生油岩内生成的石油能排出，为有效生油岩，中间的石油排不出来。断层—砂体油气运移"中转站"模式（图12-1）与"有效排烃厚度"具有一定的相似性。在1997年以后渤海的石油勘探中，在曾以合作者身份参与的国外多家大石油公司长期勘探没有重要发现油气田的地区中，我方人员以此模式为指导，高效发现了渤中25-1S、渤中28-2S、渤中34-1等一批大中型浅层油气田，证实了该运移模式的科学性。

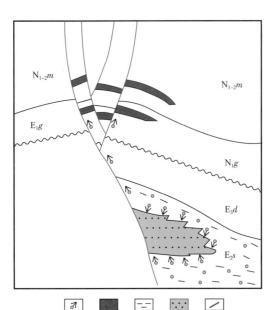

图12-1 断层—砂体油气运移"中转站"模式图

图例：油气运移 油藏 烃源岩 中转站 断层

2. 小断层及走滑断层运移油气能力较弱

断层是渤海油区最重要的石油运移通道，控制凹陷形成与演化的继承性大断层很少，而短期发育的小断层很多。对于众多的小断层在油气运移中的作用，不同的专家有不同的观点：有的专家认为只要有断层沟通生油岩与储层，就起运移作用，就能形成油气田；有的专家则认为小断层的运移能力很弱。

通过对渤海众多小断层的深入研究，根据不同小断层的特征及在油气运移中的作用，可以分为3类：（1）自生自储组合内发育的小断层，因储层与生油层近邻，断层形成早，运移距离近，即使断层较小，也能起到运移油气的作用；（2）与继承性大断层呈"Y"字形相交，在浅部的小断层，沿中转站和大断层运移上来的石油，小断层起到了分配的作用；（3）沟通深部生油岩与浅部储层的晚期小断层，深、浅层断距均较小（为10～80m），勘探实践证明，这类小断层能运移石油，将4000～5000m之下的石油运移至1000～2000m聚集，但运移能力较差，运移量有限。

在渤中凹陷的西北部（秦皇岛34-36地区），浅层储盖组合优越，构造圈闭落实程度高，深部生油条件好，有小断层沟通生油岩与浅部储层（图12-2）。因为断层较小，对油气运移能力、勘探前景争论了较长时间。近10年经过约20口探井证实，有些井有油层，但较薄（5～115m）；有些井只见显示，没有油层；有些井没有显示。约20口探井投资巨大，但至今没有找到一个油层较厚、丰度较高、在海上有开发价值的油气田，充分证明了晚期小断层运移油气能力弱。

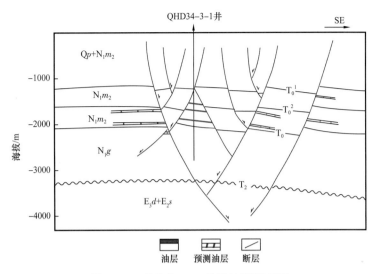

图 12-2 秦皇岛 34-3 构造油藏剖面图

新近系渤海海域主要为张扭应力，尤其是在渤海东部一些断块，构造受走滑断层控制，"负花状"走滑断层组合特征清晰。依靠走滑断层控制的构造钻探效果很差，圈闭面积大，新近系储盖组合优越，生油岩也已被证实，又有直立的走滑大断层连通深部生油岩与浅部储层，但钻探结果没有油层，主要原因是走滑断层不具备运移油气的能力。走滑运动是幕式的，走滑断层不具生长性，在生油岩内断层两侧缺砂体"中转站"，断层与烃源岩接触面积太小，走滑断层运移能力有限。同时，走滑应力巨大，将岩石研磨，堵塞孔隙，运移能力更差。在 3 类断层中，运移石油的能力以张性大断层最强，逆断层次之，走滑断层最差。

3. 地层—断层关系控制了油气富集部位

在渤海油区控凹大断层下降盘浅层发现许多油气田（如歧口 17-2、歧口 17-3、渤中 19-4、渤中 25-1S、渤中 28-2S、渤中 29-4 等），但是控制这些油气田的大断层上升盘所钻探的井，浅层都没有油气发现，均为干井。在新近系储盖组合中，大断层下降盘石油富集，上升盘不富集。综合研究发现，这些大断层下降盘与上升盘都有较大的断鼻、断块构造，圈闭条件好；新近系河流—三角洲相砂、泥岩储盖组合优越，储层物性好；下降盘深部始新统—渐新统生油条件好，生油岩内有砂体"中转站"存在，大断层运移能力强；石油沿大断层从古近系运移到达新近系后，向大断层下降盘与上升盘储层中的流向完全不同。在新近系圈闭形成过程、拉张应力环境中，在重力作用下，下降盘地层具有回倾特点，即下降盘地层向大断层下倾，沿大断层运移上来的石油容易从深部向浅部、从高势区向低势区运移，因此下降盘复杂化的逆牵引构造是石油主要运移指向，供油充分、油层厚、丰度高。大断层上升盘地层因断块体的掀斜作用，其新近系地层产状是向大断层方向上抬，形成屋脊断鼻，石油沿"中转站"和大断层运移至新近系后，难以从高处向低处、从低势向高势"倒灌"。所以，大断层上升盘屋脊断鼻不是石油运移有利指向，虽然储盖组合、圈闭条件好，但缺油源而不富集。

根据大断层上升盘、下降盘地层产状的配置关系，油气的主要运移方向、石油富集部位不同，可将地层—断层组合关系分为 4 种类型（图 12-3）。在渤海油区，绝大多数地层产状与大断层组合都是反向正断式，即下降盘地层向大断层下倾，上升盘地层向大断层上抬，石油主运移方向是下降盘储层，所以石油富集在下降盘、上升盘为水层。正向正断式则相反，上升盘富集，下降盘为水层，这种情况很少发生。反屋脊式上升盘和下降都能富集，屋脊式上、下盘都不富集。

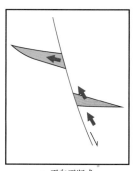   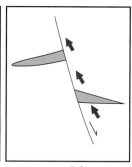

a. 正向正断式　　　　b. 反向正断式　　　　c. 反屋脊式　　　　d. 屋脊式

图 12-3　地层—断层 4 种组合关系图

4. 临界盖层质量控制了断裂活动带油气田形成

纵贯中国东部著名的郯庐大断裂，在新近纪—第四纪的强烈活动，下断至盆地基底，上断到现代海底，表现为张扭应力，进入海域后，仍然保持这一活动特征。郯庐大断裂其实是一个断裂带，或称断裂系统，由 NE 向的主断层与 NE 向、EW 向次级断层组成。由于该断裂带晚期强烈活动，引起了近代许多地震，不同期地震平面展布也呈 NE 向。因为郯庐断裂带晚期活动强烈，油气沿断裂散失严重，至今仍有天然气沿断层向海底渗出，浅层气对地震波的吸收导致地震剖面上的"模糊带"，天然气渗漏处鱼虾无法生存，是渔民的"非捕捞区"。

在 20 世纪 90 年代以前，勘探地质学认为晚期断裂强活动带断层太多，晚期活动太强，油气易沿断裂散失，不能富集成藏。在渤海东部郯庐断裂活动带，从 20 世纪 70 年代至 90 年代钻探了约 20 口探井，见到了较多油气显示、含水油层及薄油层，但没有发现一个具海上开发价值的油藏，也证实了早期的地质认识。郯庐断裂带分布面积约 $1.5 \times 10^4 km^2$，占中国海油渤海矿区面积 1/3，到底能否成藏，有无勘探潜力，对公司影响很大。通过对郯庐断裂带已钻 20 口探井的地质、地震、测井等资料的综合分析，发现断裂活动并不是断裂活动带成藏的主控要素，其主控要素是盖层。只要泥岩盖层较厚，横向分布稳定，在晚期断裂强活动带依然可以形成油气田，当然还应具体结合油源、储层及圈闭等基本成藏条件。而这些条件在郯庐断裂带上是具备的，因此勘探研究的重点是盖层。

沉积相决定了新近系盖层的展布，渤海北部（辽东湾地区）中新世—上新世为冲积扇沉积，发育巨厚砂岩、砂砾岩，缺乏泥岩盖层；渤中北部地区中新世—上新世为河流—三角洲沉积，砂岩、砂砾岩与泥岩互层，砂岩、砂砾岩单层厚 10～40m，泥岩单层厚 5～20m；渤西、渤中南部及渤南地区中新世—上新世是三角洲—浅湖沉积，为砂岩、泥岩互层或泥岩夹砂岩，砂岩单层厚 2～30m，泥岩单层厚 20～200m。由此可见从渤海北部至中部、再到南部，中新世—上新世由冲积扇、河流、三角洲到浅湖逐渐变化，泥岩逐渐变厚，盖层质量逐渐变好。渤中北部河流沉积，泥岩单层厚 5～20m，横向具一定范围，可覆盖单个断块形成临界盖层，聚集稠油；其北部地区缺盖层，为沥青、超稠油、特稠油，其南部地区盖层变好，可保存中质油、轻质油。郯庐断裂带从北向南在中新统—上新统岩性逐渐变细，泥岩变厚，盖层变好，封盖能力增加。

渤海石油人将此认识指导郯庐断裂活动带的油气勘探，运用新的高质量地震资料落实圈闭，综合研究圈闭的供油条件、储层条件，部署探井，发现了旅大27-2、蓬莱19-3、渤中34-1、垦利10-1等大中型新近系油气田，测试证实从北向南原油性质为超稠油、稠油、中质油、轻质油，开辟了勘探新领域。

5. 圈闭汇油面积大小决定油气田规模

大量勘探实践揭示，具有相同或相似油气源、储盖组合及圈闭条件的圈闭，其汇油面积大小以及圈闭所处的构造方位和具体位置不同，则油气的富集程度可能相差很远，有些富集成商业性油藏，有些只见油气显示而没有油气层。

在渤海油区内"箕状"凹陷缓坡带上的圈闭，因凹陷内生油层及邻近的输导层总体向缓坡带上倾，其高部位构造圈闭是油气长期运移的有利指向，汇油面积大、油源充足，储盖及圈闭条件好，易形成大中型油气田。如呈 NE 向的辽中凹陷，为长条形，在凹陷西缓坡带高部位发育的锦州20-2、锦州25-1S、绥中36-1、旅大10-1构造油气充满度高（80%～100%），都是大中型油气田；而东部陡坡带，汇油面积小，没有形成大油气田，只有 1 个中型油气田（旅大6-2）。位于长条形"箕状"凹陷长轴两端的圈闭，即使圈闭大、储盖条件好，常常也不富集油气，其原因是供油面积太小、油源不足。在渤东凹陷东北端部的旅大33-1构造，是一个大型的断背斜，圈闭类型好，新近系储盖条件优越，也有大断层连通了下部生油岩与上部储层，但钻井后证实，没有油层，只见油气显示。原因是其在长条形"箕状"凹陷长轴端部，"箕状"凹陷优势运移方向是缓坡，其次是陡坡，长轴端部最不利，因汇油面积太小，没有形成油层。

在渤海海域，位于渤中—渤东凹陷南面的蓬莱19-3、蓬莱20-3、蓬莱9-1构造都是低凸起高部位的潜山披覆背斜，类型好，面积大，潜山及新近系储盖组合优越，都是以基底不整合面及断层与富生油凹陷相连，油气地质条件相似。但因构造位置不同，供油面积不同，圈闭充满度及油藏规模相差很大。蓬莱19-3和蓬莱9-1距生油岩更近，供油面积大（分别约为$1000km^2$、$250km^2$），油源充足，油藏充满程度高，加之圈闭面积大，探明石油地质储量都超过$10000 \times 10^4 m^3$。而蓬莱20-3构造离生油凹陷远一些，石油沿不整合面向该构造高部位运移时，中途被蓬莱19-3和蓬莱9-1构造拦截，汇油面积较小（$90km^2$），供油不足，石油地质储量较小（$3000 \times 10^4 m^3$）。

三、"源—汇时空耦合"理论推动海域古近系油气勘探

渤海海域是在"伸展—走滑双动力源"背景下形成和发育的，其活动断裂带古近系砂体油气富集，具有"源—汇时空耦合"的富砂机理及模式。物源区经过风化剥蚀产生的碎屑物质经过一系列的输砂通道搬运后，在特定的时间和特定的空间沉积下来，就构成一个完整的源—汇时空耦合富砂系统。活动断裂带发育隐性和显性两种有效的物源体，构造了渤海海域复杂断裂带常见的汇聚体系，共 8 种典型的源—汇富砂模式（图12-4），包括局部物源—墙角型坡折—扇三角洲砂体富集模式、局部物源—走向斜坡—辫状河三角洲砂体富集模式、局部（隐性）物源—轴向沟谷—辫状河三角洲砂体富

集模式、局部物源—同向消减型坡折—扇三角洲砂体富集模式、局部物源—梳状断裂坡折带—扇三角洲砂体富集模式、盆源陡坡带—近岸扇砂体富集模式、复杂走滑带源汇联合砂体富集模式和区域物源—盆源斜坡—三角洲砂体富集模式。

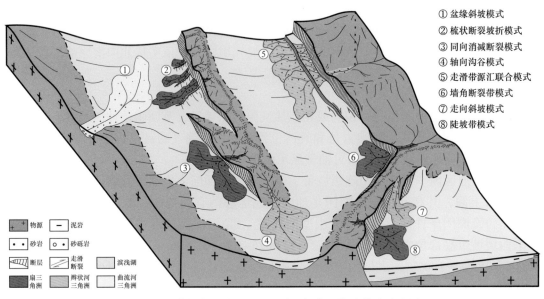

① 盆缘斜坡模式
② 梳状断裂坡折模式
③ 同向消减断裂模式
④ 轴向沟谷模式
⑤ 走滑带源汇联合模式
⑥ 墙角断裂带模式
⑦ 走向斜坡模式
⑧ 陡坡带模式

图 12-4　渤海古近系"源—汇时空耦合"控砂模式示意图

1.局部物源—墙角型坡折砂体富集模式

对于渤海海域来说，受凸起与凹陷的差异隆升和沉降的影响，形成了隆坳相间的格局，也在盆内大凸起周围形成了多个局部物源体系。由于受多个方向的构造拉张与挤压，其物源区的边界表现为隆凹的墙角状特征。如石臼坨凸起及其围斜区，呈东西向的凸起主体与近西北向的 427 构造倾没端、近东西向的 428 构造倾没端就表现为多个墙角状局部物源发育区。该类型的物源区在经过风化剥蚀时，可以表现为双物源供给的特征，供给能力强而且充足。如秦皇岛 35-2 构造位于石臼坨凸起南侧边界断层的下降盘，北侧紧邻 428 西油气田，石臼坨凸起区和东倾没端的 428 构造区潜山地层主要以花岗岩为主，在古近纪时期很长的一段时间内都出露地表，长期处于被风化剥蚀的状态，可以为斜坡区提供有效物源供给。又如渤中 2-1 构造区处于石臼坨凸起与 427 倾没端相交的夹角地带，石臼坨凸起在东营组二段沉积之前长期处于剥蚀状态，427 构造带在沙河街组沉积时期处于剥蚀状态，在沙河街组沉积时期可以作为良好的双物源区。勘探实践证实，由墙角状构成的局部双物源区以及墙角型坡折类型对层序的构成和砂体富集具有一定的控制作用。墙角状坡折由于受断裂活动性和应力的转换，在凸起区和倾没端的拐角处地层的稳定性变差，位于凸起区的母岩更容易破碎，遭受风化剥蚀，沟谷也比较发育，为墙角处提供充足的物源。在构造应力作用下，拐角处岩石首先破碎遭受剥蚀，形成多种类型的沟谷，为更远处的物源提供了输送通道。沉积物到达"墙角处"后，此时湖面变得开阔，可容纳空间变大，水流变缓，牵引力减弱，大量的沉积物在此卸载，可以形成近源多期的扇三角洲或者辫状河三角洲，由于搬运距离相对较近，岩性主要以砂砾岩为主。另外，由于大量的沉积物在很短的时间内得以卸载沉积，沉积物在没有充分压实的情况下就已经成岩，因此即使在埋藏深度较深的情况下，储层物性仍然很好，具有较高的孔隙度和渗透率，为油气成藏提供了良好的储层条件（图 12-5）。

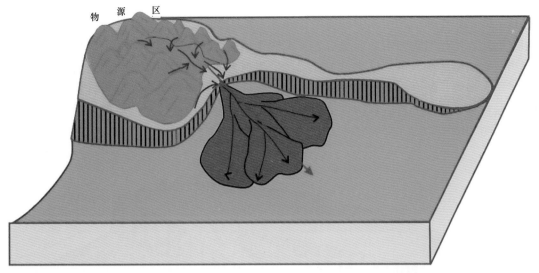

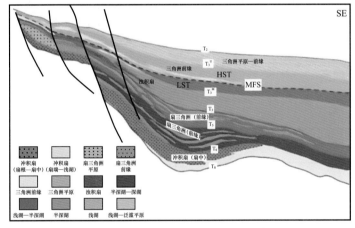

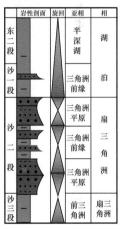

图 12-5　局部物源—墙角型坡折砂体富集模式

2.局部物源—走向斜坡砂体富集模式

在陆相断陷盆地内，断裂构造十分发育，常发育一种转换带的构造类型，它主要是指控凹主断层沿走向通过其他形式的构造（分支断裂、凸起、走向斜坡或撕裂断层等）传递或转换为另一条控凹主断层，以保持应变和位移（伸展量）量守恒。转换带类型丰富多样，大量勘探实践证明，在同一物源条件和同一条控凹断层的下降盘，不同部位的扇三角洲或水下扇砂体的规模相差悬殊，以粗碎屑为主的大型扇三角洲或水下扇砂体往往只在局部发育，而其他部位仅发育由粉—细砂岩组成的小型砂体。伸展构造体系中转换带研究表明，这种大型扇三角洲或水下扇储层的发育普遍受转换的制约，转换带对物源的导入及其向凹陷中心多级分散具有明显的控制作用。走向斜坡型转换带主断层的强烈活动，一方面可以导致断层下降盘（上盘）强烈沉降形成深洼；另一方面导致上升盘（下盘）均衡抬升，形成幅度较大的局部凸起。当断层活动性沿走向减弱直至消失时，下盘隆起逐渐消失，形成相对低地或缓坡；上盘则呈相对凸起。因此，在发育走向斜坡型转换带时，多以局部物源为主。在主断层断距较大的部位，其下盘的凸起阻碍了物源的导入；而在主断层断距较小的部位，其下盘形成漏斗状的相对低地或缓坡，对物源水系汇聚，并成为水系进入盆地的入口，之后在上盘凸起上向四周分散。转换带控砂作用表现为同沉积正断活动引起的转换带与邻区古地貌差异，尤其是转换带部位断层下盘的相对低地、沟槽对物源水系起着引导、汇聚作用，而转换带部位断层上盘的高地、凸起则影响储层砂体的分散。反之，一些转换带表现为地形高地或凸起，则会阻碍或限制物源供给。最终，结合不同级别、不同类型转换带以及转换带组合，分析转换带及周缘的古地貌特征，就能分析沉积物供给和分散的优势路径，由此可对储层砂体的展布进行合理的预测（图 12-6）。

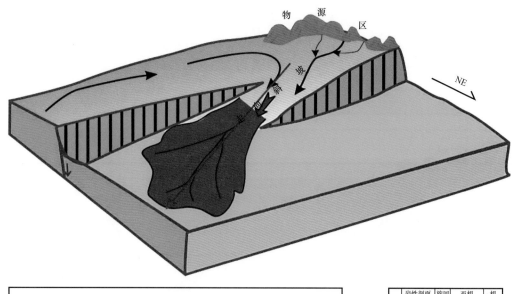

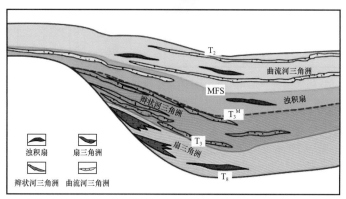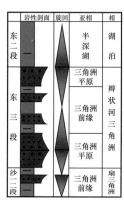

图 12-6　局部物源—走向斜坡型转换带砂体富集模式

3. 局部物源—同向消减型坡折砂体富集模式

转换带另外一种重要的类型就是同向消减式断裂组合，它也是盆缘构造的一种重要样式，在横向低凸起和凸起边缘比较常见，是断陷盆地一种重要的输砂类型。按照传统观点，断陷湖盆大型砂体的发育多与盆外水系的注入和大隆起（或大凸起）的剥蚀有关。而横向低凸起，由于其残存面积小，主要起着遮挡和分配盆外物源的作用，其对物源的供给能力很少引起关注。

有些凸起和低凸起的边界主干断裂早期并非只有单条断层，只是由于后期断裂活动将其改造为现今的一条断层，并表现出一定的分段性。与走向斜坡型转换带的形成机制和发育特征存在明显的不同，同向消减型转换带主要是由两条或多条趋向直线的断层，受构造应力或活动性的变化而形成。通过精细的断裂解释和活动性分析，可以发现具有明显的消减趋近的位置，并且在垂向位移和上下盘地层厚度呈现明显的"镜像"关系：垂向位移最大的位置，沉积地层在上升盘最薄，下降盘最厚；垂向位移最小的位置，沉积地层在上升盘较厚，下降盘较薄。这一沉积特征反映了边界断层活动的差异翘倾作用，也说明了在同向消减的低洼处对应着输砂的有利方向。

在辽西凸起中北段，早期石油地质研究人员主要根据辽西中洼西部少量的钻井资料和地震相分析，认为辽西中洼仅有西部古兴城水系的物源补给，砂体局限性分布在中洼的西部，辽西凸起基本没有物源贡献。随着后来勘探程度的加大，根据新钻井的地质资料和三维地震的解释成果，以物源为出发点，以汇聚体系分析进行约束，识别出物源方向及砂体分配模式。明确了辽西凸起在沙二段沉积时期，受层序时间的影响，早期低位体系域物源区部分出露水面，可以提供物源。而在锦州25-1油气田的3井区，两个局部物源区之间发育了同向消减式转换带类型，来自辽西凸起的局部物源，通过强烈的风化剥蚀，在同向消减式转换带下方形成了厚层的扇三角洲沉积。为此，建立了局部物源—同向消减型坡折联合控砂模式（图12-7），明确了该地区控砂机制及砂体富集规律，解决了制约该地区勘探的关键性难题，从而取得了新的油气发现。

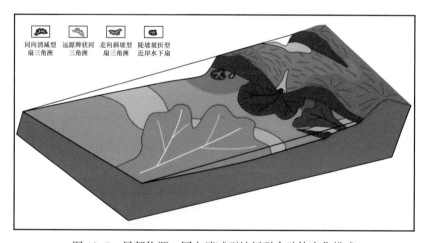

图 12-7　局部物源—同向消减型坡折联合砂体富集模式

4. 局部（隐性）物源—轴向沟谷砂体富集模式

与盆外大物源相比，盆内局部物源范围和规模相对都较小，多以条带状展布。传统陆相沉积学观点认为，物源区的短轴方向是碎屑岩储层发育的优势方向，而长轴方向碎屑岩储层发育程度差。如石臼坨凸起东倾没端，在南北两侧的短轴方向发育了多个近源的扇三角洲沉积，而在长轴方向不利于砂体的发育。研究发现，不同地貌单元之间可以相互作用、相互影响，特别是在复杂断陷盆地中，只要有效物源体系和高效汇聚通道存在耦合，就一定能找到砂岩富集区。显然，物源与输砂通道的耦合关系至关重要。

以渤海海域辽东湾地区的辽西凸起区为例。在锦州20-2气田区，分布一定厚度的沙一、二段，局部甚至存在沙三段地层。因此前人研究认为沙河街组沉积时期辽西凸起不能作为有效物源区，储层不发育。而通过对沙河街组不同时期进行的精细古地貌恢复，不但基本查明了沙三下亚段、沙三中亚段、沙二段沉积早期、沙二段沉积晚期—沙一段不同沉积时期的古地貌特征。同时根据辽西凸起北倾没端已钻井信息，结合地震剖面追踪，勾勒出最大物源发育区，初步判定辽西凸起在沙三段沉积时期，沙二段沉积早期为剥蚀区，可以提供物源。从沙三下亚段到沙二段沉积早期物源区面积较大，具有一定的供源能力。辽西凸起北段基底岩性主要有两种，即元古宇变质岩系和中生界火山岩，这两种母岩类型经受侵蚀搬运后，都容易形成碎屑储集砂体。辽西凸起沙二段沉积早期以前存在的剥蚀区及良好的母岩类型，构成了有效的隐性物源体系，为围区砂体的形成提供了物质基础。

通过精细古地貌分析发现，沙三中亚段到沙二段沉积早期剥蚀区长轴方向南北两侧均发育，可以作为砂体输运通道的沟谷。锦州 20-2 气田 JZ20-2-5 井沙二段岩心发现分选很差的细砾岩，为明显沟道滞留沉积。古输砂通道是沉积物搬运的直接证据，良好的沟道保证沉积区砂体通畅并持续的供应，进一步验证了辽西凸起沙二段沉积早期可以作为物源区。从沙三段至沙二段沉积早期持续发育作为古输砂通道的沟谷，保证砂体从物源区搬运至凸起陡坡带沉积下来。

沙三下亚段沉积时期，盆地处于主裂陷期早期，辽西凸起西侧发育东断西超箕状断陷，辽西凸起区及以东地区均为剥蚀区，构成大型物源—断坡简单的砂岩分散体系，来自辽西凸起物源的粗碎屑物质直接在断坡带沉积下来，形成扇三角洲沉积；沙三中亚段沉积时期，海域进入主裂陷期，辽西凸起北段四周均已沉没于水下，高部位剥蚀区整体呈条带状北东向展布，凸起除边界断层发育外，在凸起的南北两侧断层开始发育，形成断阶坡折带，此时，在剥蚀区长轴方向南北两侧均发育可以作为砂体输运通道的沟谷，呈现小型物源—长轴沟谷—多阶坡折砂分散体系，砂体通过沟谷在剥蚀区南北两端沉积下来，发育辫状河三角洲沉积；沙二段沉积时期，海域进入裂陷后热沉降期，沙二段沉积早期剥蚀区范围减小，剥蚀区南北两端继承性发育沟谷，砂分散体系基本与沙三中亚段沉积时期相同，沟谷控制了辫状河三角洲沉积的分布。凸起区的已钻井中发现明显的砂砾岩沟道滞留沉积。沙二段沉积晚期至沙一段沉积时期，湖平面上升，辽西凸起没于水下，成为水下高地，断层也不发育，坡折地带逐渐消失，没有明显的砂分散体系，主要发育滨浅湖碳酸盐岩台地沉积。

由此可见，由早期到晚期，辽西凸起周缘的沉积体系类型和优质储层分布明显不同，早期在凸起短轴的断坡带发育扇三角洲，优质储层在短轴方向分布，中期在凸起的长轴方向发育辫状河三角洲，优质储层在长轴方向分布，晚期凸起沉没于水下，发育湖泊沉积，缺少优质碎屑岩储层。

通过对该区进行精细砂岩分散体系分析，建立了局部物源—轴向沟谷式联合控砂模式（图 12-8），进而在锦州 20-2 北、锦州 20-5

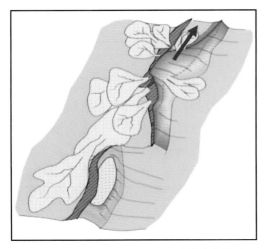

图 12-8　局部物源—轴向沟谷砂体富集模式

等构造，终于找到优质储层发育区，解决了勘探面临的关键问题，推进了辽东湾地区的油气勘探进程。

5.局部物源—梳状断裂坡折带砂体富集模式

梳状断裂坡折由一条主干断裂和一些小的伴生次级调节断裂组成。这些次级小断裂都发育在主断裂的同一侧，与主断裂呈近似垂直的关系，平面上类似梳子，故称为梳状断裂坡折（图12-9）。这种坡折的形成往往与沿主断裂走向的断裂调整有关。沿主干断裂的走向，不同部位断距会存在明显的差异，这必然会导致相垂直的调整断裂的发育。这类由主干同沉积断裂和与之垂向的一组伴生次级断裂构成的梳状断裂坡折，常控制着一个沉积相域的总体分布。沿着主干断裂一般发育扇三角洲的近端部分，在地震剖面上作为"梳齿"的与其垂直的梳状次级断裂发育晚，近平行展布，控制着水道的主体发育部位，常发育扇三角洲前缘、湖底扇等沉积砂体。而这些沉积砂体一般沿这些伴生的次级断裂向盆内方向推进，梳状断裂垂直部位发育较厚的"墙角砂体"。典型的实例见渤海海域锦州20-3、锦州25-1S等梳状断裂坡折—洼陷带。在锦州25-1S构造区，主力储层沙二段的扇三角洲沉积就受到一组梳状断裂系的控制。在物源区发育的下切谷和断槽是古水流体系入湖的位置。在梳状坡折之上，地层受到强烈剥蚀产生大量的粗碎屑，由于梳状坡折下部具有较大的可容纳空间，古水流体系便携带大量的物源粗碎屑沿输砂通道在坡折下部形成大套的扇体堆积，在沙二段沉积时期，洼陷边缘主干断裂坡折控制着近源扇三角洲的发育位置，而与之近垂向的东西向次级断裂控制着砂体的展布方向，其与断裂的延伸方向相基本一致。

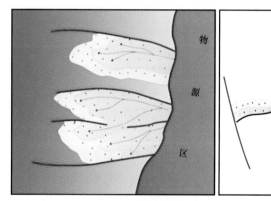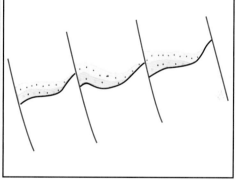

a.平面特征　　　　　　　　　　　　　　b.垂直物源方向剖面特征

图12-9　局部物源—梳状断裂坡折带砂体富集模式

6.盆源陡坡带砂体富集模式

近物源、坡度陡、古地形起伏较大和构造活动强烈，是盆源陡坡带的显著特点，这也导致发育于陡坡带的沉积层中各种成因的砂、砾岩扇体极为发育。陆上济阳凹陷"九五"期间发现的隐蔽油气藏储量占当年探明地质储量的50%以上，而这其中尤其与陡坡带相关的各类扇体，由于具有良好的油源、储集和油气运移条件，是寻找隐蔽油气藏的重要场所。在渤海海域，随着勘探的逐步深入，盆源陡坡带已发现了油气田（藏），如垦利10-1、秦皇岛29-2东、曹妃甸6-4等，使盆源陡坡带的勘探前景受到了更多的重视和关注。

不同地区盆源陡坡带的构造样式及活动规律也不同，这也导致其发育的砂体类型、规模和油气富集程度均有明显的差异。往往特定的砂体和油气藏的发育受盆源陡坡带特定的断裂及其组合方式的控制。根据盆源陡坡带剖面断裂样式及其组合特征，可在渤海海域盆源陡坡带识别出单断式陡坡坡折带、断阶式坡折带等两种主要的坡折类型，不同类型的坡折带对沉积体系的控制作用明显不同。

单断式陡坡坡折带发育于盆源边界大断裂处，控制着盆地的边缘沉积。由于边界断裂的长期活动，导致断层上下盘高差大，在下降盘一侧，近物源粗碎屑沉积物快速卸载堆积，往往形成储层厚度较大的近岸扇体。在渤海海域，该类型坡折带断裂样式复杂多样，根据其剖面断裂样式可进一步细分为板式、铲式、座墩式等3类控砂模式。

板式、铲式、座墩式均属于平直型断裂坡折带，平直型坡折水系方向单一，基本上是垂直坡折，主要分布在辽西凹陷东部陡坡带、莱州湾凹陷北部陡坡带等区。其中，板式断裂断面陡直，呈平板状，一般倾角大于60°，由于断层平直，往往导致其断层下降盘的近源扇体厚度大，但在平面上往往延伸不远，分布范围窄。在辽西凸起中北段辽西1号断裂西侧及秦皇岛29-2东油气田（QHD29-2-4、QHD29-2-5井区）陡坡带就发育该类控砂模式。来自物源区凸起的粗碎屑物质，受板式断裂控制，在断裂下降盘堆积形成近源扇三角洲，储层厚度比较大，最厚可达200m以上，单层最大可达130m以上，岩性以粗碎屑的砂砾岩、含砾砂岩为主。铲式断裂断面呈铲状，上部较陡，下部较缓，倾角30°～45°。相对板式断裂而言，该类陡坡沉积区距物源区相对较远，由于经过一段距离的搬运沉积，碎屑物有一定的分选性。沉积类型较为丰富，主要发育扇三角洲及小型的辫状河三角洲。扇体展布范围较大，期次较明显，扇与扇之间往往被泥岩分隔，主要为侧向加积，但其厚度并不大。座墩式断裂控砂模式的特点是在呈铲状的主断面上残留一个太古宇或古生界潜山，比正常的陡坡多一个座墩。在渤海海域，CFD6-4-1井区陡坡带就存在典型的该类控砂模式。来自石臼坨凸起的粗碎屑物质，沿着潜山与后侧的主断面之间形成的沟谷搬运，在潜山上方和前方发育厚层的近源的扇三角洲沉积（图12-10）。CFD6-4-1井东三段近源扇三角洲储层累计钻遇175.3m油层，最大单层油层厚度达77.9m，岩性主要以粗碎屑的砂砾岩为主。

断阶式陡坡坡折带是盆源陡坡带另一种主要的坡折类型。断阶式陡坡坡折带由两条以上顺向断裂持续下陷而形成，往往断距较大。这些次级顺向断裂相互平行，成阶梯状节节下掉。该类断阶式陡坡坡折带控制着多个沉积相带的发育展布，尤其对近源扇三角洲和浊积扇等沉积体的沉积边界和相带加厚起着明显的控制作用。而根据次级断裂倾向与凹陷沉积中心间的关系，断阶式陡坡坡折带可细分为同向断阶陡坡坡折带和反向断阶陡坡坡折带。这两种断阶式陡坡坡折带类型对物源、水系和沉积体的发育展布控制作用也不尽相同。如果物源方向与断阶走向相反，那么每一个断阶对水流都起着一定的阻挡或限制作用。如果水系方向与断阶方向垂直，那么当水系流经断阶带时，水流改变顺坡而下的方向而沿着断层向侧翼流动，或聚集在断层与斜坡构成的洼地中，待洼地被充填满后，继续向下一个断阶搬运；如果物源方向与断阶走向一致，水系将顺每一个断阶流动，碎屑物质将主要沉积在断阶带与地形构成的断槽中。该种类型陡坡坡折带由于期次特征明显，储盖组合发育，再加上与多条顺向断裂的构造匹配，导致其成藏条件非常有利，可在多个台阶上形成油气富集。

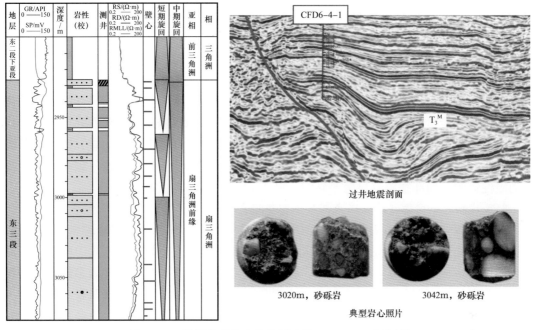

CFD6-4-1井单井相图

过井地震剖面

3020m，砂砾岩　　　　3042m，砂砾岩

典型岩心照片

图 12-10　陡坡带砂体富集特征（以 CFD6-4-1 井为例）

7. 复杂走滑带源汇联合砂体富集模式

以辽东走滑带中段为例，早期研究表明，该区沉积主要受东侧的复州水系控制，物源来自长期继承性发育的大型区域物源区（胶辽隆起区），属于物源充沛、大型水系、沟谷长期发育的有利富砂沉积区。而早期该区勘探并不理想，20 世纪 80 年代、90 年代该区多口探井因没有钻遇有效储层，钻后沉积体系性质发生了重大变化，钻前认识的构造—岩性圈闭复合圈闭变成了纯构造圈闭，井位偏低，没有获得油气发现而导致勘探失利。该区多口井的失利显示出该区储层是影响勘探成败的关键，而沉积储层的分布特征与渤海海域其他构造区不同，走滑作用对沉积储层的影响也至关重要。只有在新资料不断丰富的同时，加深研究，方能实现对储层分布和发育程度的准确预测。

新生代以来，整个辽东走滑带的发展是与渤海海域的构造演化特征相一致的，可划分为 5 个阶段、3 个构造演化旋回。走滑活动对该区沉积储层的控制可以根据走滑活动时间分为 3 个类型：对早期沉积的改造作用、同沉积走滑对砂体的控制作用和走滑后期作用。

对早期沉积的改造作用：由于渤海海域古近纪的走滑活动是在渐新世早期开始的，那么古新世、始新世等早期沉积必将被后期走滑作用改造，表现为走滑活动错开早期沉积体，使得沉积体与物源区不对应或同一个沉积体被走滑错段分开的现象，形成沉积体的"断头"效应，造成现今的沉积体与原始物源—坡折背景不对应的现象。

同沉积走滑对砂体的控制作用：在渐新世；断裂活动表现为"伸展—走滑"共同作用，走滑活动强烈，这时期砂体的富集除受物源—伸展型断裂坡折控制外，还受右旋走滑形成的断裂水平活动影响，使进入盆地内的碎屑物质随着走滑活动产生的水平位移而横向迁移，渐新世走滑早期形成的沉积体随着时间推移伴随右旋走滑作用逐渐向北东向偏移，远离原始沉积时期的物源—坡折耦合区；同时，随着物源持续供给、沉积体不断形成、走滑作用的持续，来自同一物源水系的不同期次沉积体不是形成简单的垂向叠加，而是同时出现垂向叠加和水平叠覆现象，在平面上形成多个不同期次沉积体朵叶体，砂体沿着走滑断裂呈"鱼跃式"有规律分布。走滑运动使碎屑物质主要发生横向迁移叠覆，因而走滑断裂坡折带凹陷一侧的辫状河三角洲的进积作用不明显。

走滑后期作用：渐新世晚期走滑活动逐渐减弱，虽然不再会产生对早期沉积体的错断或者同沉积走滑的迁移叠覆现象，但走滑作用对沉积的影响作用依然存在，主要表现为因走滑运动形成的晚期凸起。这类凸起因形成时间晚，自身供源能力差，同时对外源水系有阻挡作用，使得晚期凸起边界大断层下缺乏良好的储层砂体。这一点是与前面提到的隐性物源、局部物源有显著差异的。

8. 区域物源—盆源斜坡—三角洲砂体富集模式

大量勘探实践证实，盆外水系大多以缓坡带形式与凹陷过渡。与陡坡带不同的是，缓坡带往往在盆地边缘地带发育下切沟谷，在盆地过渡带发育较少的断层，断裂的活动性也较弱，形成的坡折类型较为简单。比如低角度的单一坡折型缓坡带和多级坡折型缓坡带。前者主要以沉积坡折为主，后者主要是由多条同倾断层组成的断阶带。受盆外大水系的注入，缓坡带具有"平盆浅湖"的沉积特点，碎屑物质供应充足，经过长距离的搬运，在低位体系域主要以曲流河（辫状河）三角洲、滨浅湖相、滩坝等为主，发育少量低位扇体；湖侵体系域以深湖—半深湖、碳酸盐岩沉积为主，高位体系域则以滨浅湖砂泥岩或三角洲沉积为主，形成曲流河（辫状河）三角洲向盆内的进积或加积。

四、极浅水三角洲体系与浅层构造岩性油气藏勘探

湖平面变化、层序结构、微古地貌对砂体的富集都会起到明显的控制作用。在湖盆萎缩期一个三级层序内部，受气候旋回的影响，导致湖平面由浅至深的发育序列，进而控制了砂体发育特征。从层序的低位体系域时期至湖扩体系域至高位体系域，分别形成了不同类型的砂体平面展布，而砂体的结构也呈现出差异的变化，一般呈现出 3 种类型极浅水三角洲和砂体发育的成因模式。

1. 层序发育的早期

层序发育的早期，大致对应低位体系域时期。该时期气候相对比较干燥，湖平面大面积萎缩，但盆地地形由于整体上比较宽缓，大部分仍然处于极浅湖水中，可容纳空间较小，物源水系向湖盆中央汇聚。沉积砂体之间多为侧向叠置接触，呈拼合状特征，平面上浅水三角洲以朵形（或坨状）曲流河三角洲沉积体为主要特征，此时分流河道砂体占主导。

正常冲积—河流体系在基准面缓慢下降时期，此时穿越冲积平原的河流并不受前期存在的下切河谷的限制，通常形成嵌入冲积平原的较直的流域。这种河流形成具均质、紧凑的内部结构、几何形态呈带状的河道带砂岩。这些河道砂岩孤立地存在于冲积平原泥岩中。河道砂岩底部发育较明显的侵蚀冲刷面，砂岩相和底形类型较少。河道砂体的垂向加积作用较强，砂体具有明显的相互叠置、彼此切割特征。但当基准面快速下降时，则河道多发生侵蚀或充填。从黄河口凹陷区明化镇组下段地震反射特征上看，下切地震反射外形很难见到，说明在低位体系域时期河道侵蚀作用不明显，反映了一个缓慢

基准面下降的沉积过程。因湖盆地貌平缓、水体较浅，当河流入湖后，流体流速迅速降低，分流河道以非限制性河流形式存在呈扇形沉积在湖盆中央，并频繁遭受湖水改造呈席状，同时受后期分流河道改造，砂体之间叠置现象明显。因此低位体系域时期砂体沉积是在平缓的地貌背景下，湖平面缓慢下降、可容纳空间较低的条件下形成的。

2. 层序发育的中期

层序发育的中期，大致对应湖扩体系域—高位体系域早期。此时气候相对潮湿，湖平面缓慢上升，在本地区水深幅度不大的情况下常发育退积式浅水三角洲沉积模式——网状河性质的浅水三角洲沉积体。三角洲内前缘相带分流河道逐步变窄，并且容易改道变迁，平面上构成网状河外形特征。高位体系域早期，由潮湿气候向干旱气候逐渐过渡，湖平面进一步扩大或保持不变，砂体以加积—微弱进积叠置方式为主，砂体多为三角洲前缘分流河道砂，河道逐步变宽，并且容易改道变迁。自下而上随着可容纳空间增加，分流河道作用减弱，河道规模变小的特征在也就越加明显。

3. 层序发育晚期

层序发育晚期对应高位体系域晚期，此时干旱气候开始出现，湖平面逐渐下降萎缩，该时期处于中等可容纳空间时期。此类三角洲沉积主体因内、外前缘所处水体深度有差异，砂体的特征则有所区别。内前缘分流河道弯曲度增大，伴随分流河道宽度变大、深度变小，悬浮负载为主、宽厚比较大的分流河道砂体横向上极容易连片，常形成分布广泛的席状砂体。在洪水期，宽缓非限制性河流也容易泛滥，从而形成分布广泛的泛滥平原沉积。外前缘水下河道在向相对深水区逐步推进的过程中遭受湖水改造作用较弱，因此河道的席状化强度很弱，保留了良好的水下河道砂体的形态。

因此，从极浅水三角洲成因模式中不难看出，湖平面—古水深的波动过程决定了层序结构，并进一步对砂体的纵向发育起到控制作用，建立起区域湖平面波动曲线，结合各层序微古地貌分析，将能很好地预测砂体发育有利区。

五、"汇聚脊"模式引领斜坡带浅层勘探

渤海海域浅层油气富集成藏与油气汇油背景、运移方向两大要素密切相关。浅层构造能否大量获得从深层运移上来的油气，形成大规模聚集，需要在该浅层构造的下方深层古近系地层中存在"汇聚脊"与断穿深浅层的断层有效配合，并建立了渤海海域 5 种类型"汇聚脊"。依据新近系有利构造圈闭与"汇聚脊"的空间和时间的关系，建立了油气成藏模式，指导渤海新近系不同构造带油气勘探实践。

1. "汇聚脊"的特点及分类

"汇聚脊"的概念是指油气从深层通过断层向浅层二次运移时，首先在深层低势区进行油气"汇"和"聚"，其汇聚涉及优势源灶背景、优势运移方向和汇聚通道三大要素。"汇聚脊"有两个特点：（1）以汇聚通道（不整合面、砂体、断裂）连接烃源灶，本身是一个低势区，能使油气从四面向低势区长期汇聚；（2）深层油气运移暂时"终止"点，当沟通深层与浅层的断层活动时，油气沿断层或与砂体组合通道向浅层垂向运移，从而聚集形成浅层油气藏。"汇聚脊"并非传统上"构造脊""断面脊"的概念，它可以是构造的高点，也可以是古地貌的高地，还可以是渗透性砂体。

渤海海域的浅层新近系可划分出 5 种构造，分别为凸起区构造、缓坡带构造、陡坡

带构造、凹中隆起区构造和凹陷区构造，但在其下部的古近系中，能提供大量油气的"汇聚脊"只有3类，对应凸起区、陡坡带和凹中隆起区3种不同的浅层构造区带（薛永安，2018）。

1）凸起区背斜构造型"汇聚脊"

该类汇聚脊主要发育于高凸起区，大规模不整合面、凸起背斜背景、晚期活动沟通馆陶组输导层砂体的断裂是其主要组成元素。这类汇聚脊一般面积较大，其上浅层主要发育背斜、断背斜、断鼻构造，汇聚油气能力强。

2）陡坡带沉积砂体型"汇聚脊"

古近系砂体、陡坡带凹陷边界大断层及其派生断层是陡坡带沉积砂体型"汇聚脊"主要组成元素。渗透性古近系砂体与大断裂凸面相接处体积控制其汇聚能力。这类汇聚脊一般面积中等，其上浅层主要发育断块、断鼻构造，汇聚油气能力相对较强。

3）凹中隆起区古地貌型"汇聚脊"

该类汇聚脊主要发育于生烃凹陷古地貌隆起区。倾没端高地、反转洼中隆、晚期活动沟通隆起高部位的大断裂是其主要组成元素。这类汇聚脊一般面积不很大，其上浅层主要发育复杂断块圈闭，汇聚油气能力也很强，利于浅层油气的富集。

2."汇聚脊"对浅层油气富集的控制作用

"汇聚脊"的分布对浅层油气具有明显控制作用，主要有以下两个方面的表现。

1）"汇聚脊"发育区的油气富集特征

凸起区是渤海最早开展勘探的方向，也是浅层发现大油气田最多的二级构造单元。凸起高背景上浅层圈闭类型多为背斜、断鼻构造，其下发育有典型的凸起区背斜构造型"汇聚脊"。有的"汇聚脊"面积很大，一般为30～69km²；储量丰度高，为300～600t/km²；油层厚度也较大，平均为50m。早期勘探发现了蓬莱19-3、秦皇岛32-6、曹妃甸11-1等一批亿吨级大油气田，是渤海海域开发形势最好、产量贡献最多的油气田，但是凸起区埋藏浅，油质一般较稠。

陡坡带是渤海新近系向凹陷区进军后，另一个重要的浅层储量发现区。由于紧邻凸起，陡坡带古近系近源沉积砂体较为发育，沉积类型多为近源扇三角洲、辫状河三角洲，紧邻或者处于烃源岩中，而且砂体在上倾部位尖灭，这些古近系泥岩中的砂体就形成了陡坡带沉积砂体型"汇聚脊"。陡坡带圈闭类型多为断鼻型、断块型圈闭；发现油气田的"汇聚脊"面积中等，一般为12～33km²；储量丰度为224～293t/km²；油层厚度19～41m，平均为30m；油柱高度最大为90m，平均24～28m。已发现曹妃甸6-4、渤中25-1油气田等大中型油气田，一般为中—重质原油。

凹中隆古地貌型"汇聚脊"位于凹陷区，均被烃源岩包围。虽然凹中隆古地貌型"汇聚脊"汇油面积不如凸起区大，但由于不整合面深入烃源岩，也可以在其上覆层形成大中型油藏。凹中隆起区浅层圈闭类型多为复杂断块型圈闭，在已发现油气田"汇聚脊"面积较大，一般为26～41km²；储量丰度为262～378t/km²；油层厚度24～51m，平均为35m；油柱高度可达80m，平均为24～41m。近年来，渤中西洼先后发现了曹妃甸12-6、渤中8-4、渤中13-1南等油气田，多为中—轻质原油。

2）"汇聚脊"不发育区的油气成藏特征

缓坡区为古地貌斜坡背景，不存在使油气"聚"向上方浅层的"汇聚脊"。由于不整合面的面积大小、渗透性等方面要比断层面好，油气沿不整合面运移比往往断层运移通畅，是油气运移"高速公路"，油气不断向凸起高部位运移，不会或很少沿断层运移到浅层，因此油气运移形成汇而不聚现象，浅层规模性成藏的概率相对很小，多在深层形成地层、岩性油藏。凹陷区的下部古近系地层呈现洼陷状态。尽管断层连接了浅层储层与深层生油层，但由于断层面与生油层接触的面积小，且深层不存在汇油构造背景，无法使油气长期汇聚并向浅层运移，尽管存在局部少量运移的可能性，但无法形成大规模商业聚集。这种浅层构造实钻中含油丰度较低，失利井较多，如石南中段的秦皇岛35区、歧口凹陷的中心部位 HZ3 井、QK11-1-1 等井区，虽然钻探了多口井，但多为空井或薄油层显示井，无商业油气聚集。

3."汇聚脊"控制浅层油气运移模式与勘探实践

总体上看，渤海海域主要有3种"汇聚脊"控制的浅层油气成藏模式，有效指导了渤海海域浅层油气勘探实践，先后在凸起区复杂断裂带、陡坡带持续获较大规模突破。而早期对于缓坡区、凹陷区目标的钻探，由于"汇聚脊"认识不清，多呈现"汇而不聚"的油气运移特征，整体勘探成效不佳。

1）凸起区背斜构造型"汇聚脊"接力式油气运移模式

凸起区背斜构造型"汇聚脊"油气运移模式呈现接力式特征。油气沿着潜山不整合面、大断裂垂向运移至凸起区后，再沿新生界骨架砂体运移汇聚至凸起区高部位背斜构造型"汇聚脊"内汇聚，之后随着晚期断层持续活动、顺向正断层的沟通，油气突破上覆东营组地层，源源不断地向浅层构造聚集成藏，这种接力式成藏模式多形成大油气田（图12-11）。在凸起区高部位先后发现了蓬莱 19-3、秦皇岛 32-6、曹妃甸 11-1 等一批亿吨级大油气田，近年来，沿着油气"汇聚区"油气优势运移路径上，开展浅层浅水三角洲岩性圈闭搜索、精细分析晚期断层与砂体耦合运移效应，石臼坨凸起浅层岩性勘探又获新的突破，拓宽了渤海浅层凸起岩性油气藏的勘探空间。

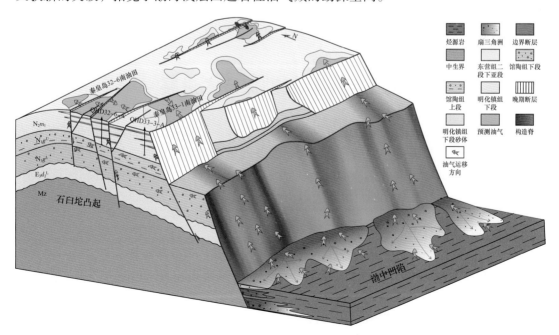

图 12-11　石臼坨凸起区背斜构造型"汇聚脊"接力式油气运移模式

2）凹中隆起区古地貌型"汇聚脊"贯穿式油气运移模式

凹中隆起区古地貌型"汇聚脊"贯穿式油气运移模式是指凹陷区内中小型隆起上浅层成藏模式，强调油气首先在古隆起"汇聚脊"汇聚。由于潜山不整合面是油气运移的良好通道之一，并与凹陷中烃源岩相通，随着断层晚期持续活动，油气不断沿不整合面向高点汇聚，当油气到达高点后，无法继续沿不整合面再向上运移，可通过晚期大量发育的与油源大断裂相交的次级断裂运移至浅层成藏。如果没有断穿上覆地层的次级断层，油气将无法向上进入浅层成藏。20世纪70年代钻探HZ8井，没有好的油气发现，深层以富泥沉积为主。但其潜山是油气运移"汇聚脊"，对浅层成藏有利，将勘探层系由深层转移至浅层，获得了很好的油气发现（图12-12）。勘探实践表明，中小型古隆起与砂体一样，可以成为浅层油气运移"汇聚脊"。

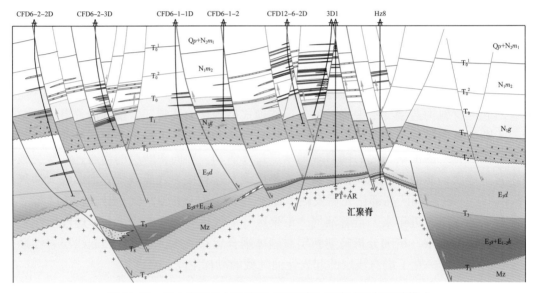

图12-12　凹中隆起区古地貌型"汇聚脊"贯穿式油气运移模式

第二节　油气勘探技术进展

要想保持长期发展渤海海域油气勘探的良好态势，不仅要依托石油地质理论的发展和创新，同时也需要相应的勘探新技术、新装备的更新。针对渤海海域的环境、地下地质条件等方面的实际，几代渤海石油人发展和开拓了许多行之有效的先进勘探新技术。其中又以物探技术的发展、创新最为突出。

一、物探技术的发展与创新

渤海地震勘探经历了二维、三维、高精度二次三维技术发展历程，可以说，油气勘探的发现和储量的高速增长均与地震勘探技术的进步密切相关。1965年3月，海洋一大队成立滩海、浅海、深海等5个地震队，将51型光点地震仪放在平底木船上。利用该地震解释资料定出了中国海上第一口预探井——海1井的井位，1967年海1井出油，实现了中国海上油气田零的突破。1973年2月，石油工业部从法国CGG公司引进了数字地震船"伊莎贝拉号"，地震船上配备48道SN338B数字地震仪，此船在天津命名为"滨海504"，后调入南海更名为"南海501"，从此开始了数字地震仪的时代。1983年6月3日，中国海洋石油总公司与挪威奇科地球物理公司联合组建中国奇科地球物理公司。滨海511船配备双套DFS-V数字地震仪，可完成60~120次覆盖的二维、三维地震勘探，从此中国海油跨入了三维地震采集的新阶段。1995年5月，中国海洋石油总公司召开了计算机"九五"规划会议，提出要用计算机高科技为海洋石油勘探开发铺设一条金色轨道，即"金轨工程"，实施后从美国SGI公司引进GSIINDIGO-2工作站和GEOQUEST系列和Landmark系列的综合解释软件，取得了很好的应用效果。

总之，多年来，物探地质科技人员针对渤海海域的石油地质特点，逐渐发展创新建立了从采集、处理、构造、层序解释、储层预测等一整套地球物理技术流程系列。这些新技术包括大面积滩浅海三维地震采集技术（图12-13）、复杂断裂带高精度三维地震处理技术、超海量三维地震显示及解释技术、可控束线叠前深度偏移和大面积三维地震联片叠前偏移的处理技术、复杂断裂构造带精细构造解释技术以及河流相砂岩储层预测描述与油气检测技术等，大幅度提高了中深层复杂地层的地震资料品质，明显提高了断裂体系和储层预测精度，降低了勘探风险，为发展海域油气勘探开发提供了有力的技术支撑。

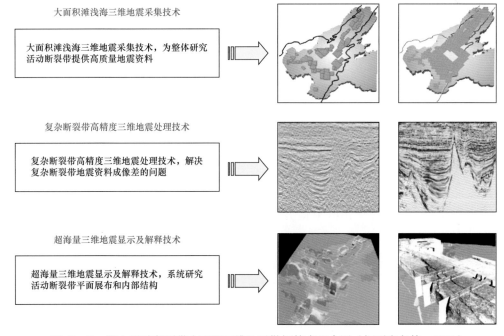

图12-13　海上活动断裂带大面积三维地震勘探技术组合图（据夏庆龙等，2013）

1.海上高精度地震采集技术

海上高精度地震采集系统由室内采集记录系统、水下采集电缆和全网高精度声学定位及拖缆水平/深度姿态控制系统组成（图12-14），实现了高密度、高保真、高分辨率的地震资料采集，主要包括7项关键技术，即Digifin技术、高程数据采集、固体电缆采集、海底电缆正交束线宽方位采集、海底电缆面元加密宽方位采集、双检多方位地震采集和高分辨率采集。

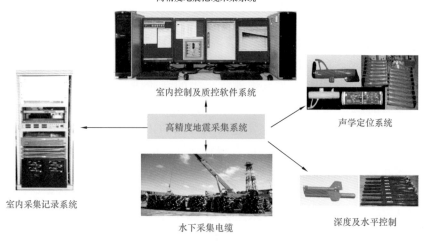

高精度地震拖缆采集系统

室内控制及质控软件系统

高精度地震采集系统

声学定位系统

室内采集记录系统

水下采集电缆

深度及水平控制

图 12-14　海上高精度地震资料采集系统组成图

渤海海域处于新构造运动的活动中心，浅层断层极为发育，构造复杂，储层横向变化大。随着投产油气田的增加，油气田平台、管网等相关设施增多，以及水深、潮位的变化，必须采用拖缆和海底电缆联合采集处理。常规的处理技术不能满足精细构造及储层研究的需要，因此创造性地探索出适合渤海特殊海上环境、复杂地质条件及储层特征的拖缆与海底电缆联合采集处理技术、三维声波波动方程叠前时间偏移处理技术、VSP指导的高分辨率处理技术等新技术组合，有效地指导了浅层目标的勘探评价。

1）船载数据接收与记录技术

记录系统基于高性能的 CompactPCI 总线设计，采用多级嵌入式模块化并行处理技术，提高了数据吞吐率，保证了大容量地震数据实时、稳定的处理与存储；系统最大可支持 16 缆，单缆最大道数可达 4000 道 1ms 采样率，最高采样率 0.25ms，单缆最大数据率为 12.5MB/s。

2）单点小道距无组合地震拖缆技术

拖缆采用基于 LVDS 的高速电传输技术，100m 传输速率可达 360Mb/s，满足海量数据高速传输要求；3.125m 道距的单检波器地震勘探拖缆，采用 24bit 高精度 Δ–ΣADC 技术，使动态范围达到 –120dB，有效扩展了地震资料的频宽，保证了高精度地震高分辨率、高保真度、高密度的采集需要。

3）高精度拖缆姿态控制技术

高精度拖缆控制与定位系统由罗经鸟与水平鸟、声学鸟等水下部分与船载控制系统软硬件组成，可实现电缆深度控制与横向间距控制，并减少拖缆采集噪声，使姿态控制更加精确快速。基于声学测距的拖缆定位技术，采用位置信息结合编码调制，提高了测距精度，快速测距算法缩短了系统轮询时间，实现了快速准确定位。

海上高精度地震采集技术应用于渤海地区滩浅海复杂地貌大面积三维地震采集作业，效果显著，中深层成像有很大提高，断层更为清晰（图 12-15）。

2. 新近系极浅水三角洲砂体描述技术

在渤海海域活动断裂带的控制下，在新近系中形成了富有渤海海域特色的湖盆萎缩期极浅水三角洲沉积体系，其储层具有横向变化快、储层非均质性强、单层厚度薄、砂泥岩交替频繁的特点。这在常规地震资料上无法对储层进行精细的描述和定量的刻画；同时海上油气田作业成本高，不可能钻探过多评价井。因此仅凭少量几口评价井和常规地震资料很难控制湖盆萎缩期极浅水三角洲储层的分布，这给储层研究带来了很大的困难，特别是在砂体厚度的定量解释和河道分布边界的精确圈定等方面难度更大。针对上述问题，渤海石油人经过不断地探索和总结，建立了一套以储层地球物理研究为基础、以地震反演和精细砂体描述为主要研究手段的湖盆萎缩期极浅水三角洲储层预测技术。

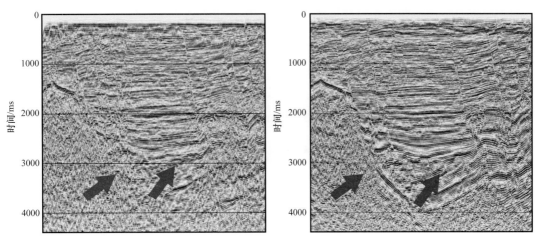

图 12-15　海上高精度地震采集技术实施前后效果对比图

1）岩石物理分析

对于原始测井资料，要排除埋深、压实、测井仪器和操作过程的差异，从而最大限度地突出地层的岩性差异。构建储层和非储层的简单区分标准——岩性区分曲线作为分析中的统一尺度。使得在一个研究工区内，衡量储层的尺度在各井和目的层段范围内是一致的。岩性区分曲线可以通过和岩性有关的测井曲线和测井解释成果来构建（如 SP、GR、V_{sh} 等）。在此基础上，寻找区分储层和非储层地球物理特征的规律性，最常用的分析工具是进行储层敏感性分析，在分析过程中，一定要注意取样方法的科学性，防止过度人为筛选样本。

恰当评估地震资料，保证储层地球物理研究及应用的合理性，主要评估地震资料的纵向分辨能力和横向品质变化。关于纵向分辨能力，主要依据是四分之一视波长准则，但是有以下三点很有应用指导意义，通过楔状理论模型予以说明。楔状理论模型如图 12-16 所示。

第一点，地震资料能够正确反映异常地质体的存在范围，不论它的厚度如何变化。图 12-17 显示的是楔状模型正确偏移归位后的理论地震记录与楔状模型比较的结果，显然不论楔状体的厚度如何变化，它存在的地方，地震记录上都有反映。

第二点，地震资料只有在分辨能力窗口内才能准确反映异常地质体的厚度。

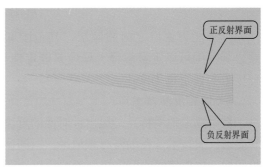

图 12-16　高阻抗楔状模型图

图 12-18 显示的是用自动追踪解释的楔状体的顶面（左侧往上翘的绿线）和底面（左侧往下奪拉的红线）与实际界面的比较。很明显，比薄端分辨能力更薄的地方，解释厚度明显大于楔状体实际厚度；比厚端分辨能力更厚的地方，由于出现多组波峰波谷，人在解释时可能追错相位，所以解释结果也可能出现错误；只有在薄端分辨能力和厚端分辨能力之间的部分解释厚度才与楔状体的厚度相同，这个范围就是地震资料的分辨能力窗口。

第三点，统计实钻储层厚度的分布函数并与分辨能力窗口对比，可以基本确定研究工区内有多大比例的储层是可以被地震资料准确刻画的（图 12-19）。

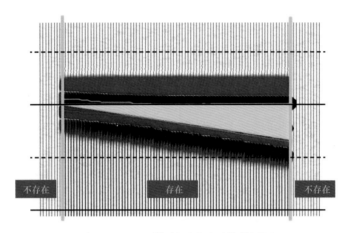

图 12-17 地震资料反映地质体范围图

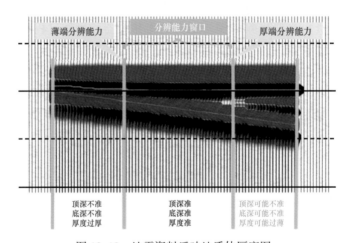

图 12-18 地震资料反映地质体厚度图

分辨能力窗口之内的储层，其范围和厚度可以定量解释；分辨能力窗口之外的储层，其范围可以定量解释，厚度只能定性解释（但是通过后期井点校正，也可以在很大程度上实现定量化描述）。

2）地震反演技术

针对渤海地质特点，提出针对性的解决方案或技术，如测井约束地震波阻抗反演技术和叠前反演技术。在渤海海域地区，以湖盆萎缩期极浅水三角洲储层为主的油气田勘探评价阶段，主要储层研究方法以测井约束地震波阻抗反演技术和叠前反演技术为主。

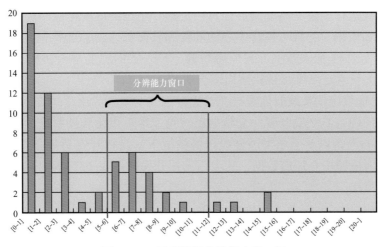

图 12-19　地震资料分辨能力窗口图

在测井约束地震波阻抗反演技术中，基于模型的波阻抗反演方法是使用最普遍的反演方法。该方法以测井资料和地震层位信息为基础建立初始地质模型，采用模型优选迭代扰动算法，通过不断修改更新地质模型，使模型正演合成地震资料与实际地震数据最佳吻合，最终的模型数据便是反演结果。由于该方法是通过做正演模型来实现反演，不受地震频带宽度的限制，并且把地震与测井有机地结合起来，分辨率较高。但该方法依赖于初始模型和地震子波，反演结果具有多解性，其可靠性取决于初始模型与实际地质情况的符合程度。在同样地质条件下，钻井越多，结果越可靠。因此，减小测井约束地震反演方法多解性问题的关键在于正确建立初始模型。

3. 超海量三维地震显示系统

随着勘探程度的不断深入，沿郯庐走滑断裂带的大面积三维地震数据日益增多，使得基于三维地震资料的郯庐走滑断裂带整体解剖成为可能。但目前国际领先的三维地震解释软件 Geoframe（斯伦贝谢公司）和 Landmark（哈里伯顿公司）数据显示量与服务器内存有关。由于硬件成本的原因，服务器内存有限，一般只能显示 10～200GB 左右的海量地震数据，无法满足大面积、TB 级超海量数据的显示要求，存在数据传输不便利、软件之间数据不能共享、无法实现 TB 级超海量数据显示的问题。

为解决上述面临的问题，创新建立了超海量三维地震综合应用系统，包括引用全球领先的三维可视化中心、自主研发的超海量三维地震显示系统，成功实现了大面积超海量地震数据的显示与应用，为郯庐断裂带的整体解剖提供了强有力的工具，同时也填补了国内该领域技术空白。

1）三维可视化中心的建立

为满足整体研究郯庐断裂带的需求，2006 年渤海海域建立了一套三维可视化中心。三维可视化中心是一种可以创建和体验虚拟世界的计算机技术，是计算机并行处理技术、图形处理技术、全三维立体显示技术与石油地质、钻完井工程综合研究软件相结合的产物。

渤海海域的三维可视化中心分主系统和辅助系统两部分，其中主系统由投影系统、图形计算机系统、追踪系统和应用软件系统等几部分组成。系统采用增强沉浸感的柱面弧形屏幕，通过运行安装在高端图形计算机上的专用三维可视化应用程序来立体显示大规模的地震数据模型。三维可视化中心的硬件和软件都达到了世界先进水平。三维可视化中心为研究与管理人员提供了一个崭新的、浸入式的、多学科协同工作与决策的环境，帮助研究人员实现三维可视化地质综合研究。

2）超海量地震应用系统研发

基于前述问题，有必要开发一套新的超海量三维可视化软件系统。在充分利用现有三维可视化中心设备以及不增加硬件投入的情况下，自行开发了一套三维可视化平台，管理和显示渤海海域所有地震数据，为今后勘探开发的研究工作提供便利条件。

（1）设计目标。

① 实时调用 Geoframe 和 Landmark 数据，不再采用中间通道导入导出。用户可以从工区列表中选取任意地震工区，可以同时显示两个项目库中的数据。

② 同时显示多个地震工区，并快速绘制。能够显示超过 200GB 的单个地震工区，可以加载全渤海地震数据体，实现 TB 级超海量地震数据显示。

③ 在三维环境中直接切任意线剖面，主要实现跨工区切任意线剖面、连井剖面等。

④ 实现三维地震勘探形势图。将现有二维地震勘探形势图网格化，制作三维地震勘探形势图，并可加载海底、管线、钻井平台等地理信息数据。

⑤ 平台具有开放性，能显示现有勘探数据库中的数据，能利用插件方式增加其他应用功能。

⑥ 建立中间数据服务层，统一从各个数据库查询数据格式，应用程序仅和中间数据服务层交互。

（2）设计方案。

经过和科研人员讨论确定需求后，按照软件工程进行系统的整体设计。平台采用流行的 C/S 模式，三层模型分别为应用层、服务层、数据层。

① 底层数据管理和前端应用分离设计。在中间数据服务层没有改动的前提下，底层数据可以根据需要随时加载，而前端应用程序不用再编译和升级。同理，前端应用可以根据需求及时调整，而不用修改底层结构。中间数据服务层采用刀片模式管理。

② 充分利用企业的高速磁盘阵列和千兆以太网传输实时获取数据，有效减少了数据加载时间，避免了数据冗余。通过采用 CUDA 并行计算技术大幅度提升计算速度，并采用 OpenGL 高速绘图技术配合完善的数据管理机制，成功实现了多工区海量数据的加载、处理以及显示功能。三维可视化系统主界面如图。

③ 直接读取 Geoframe、Landmark 底层数据和勘探开发知识库，避免重复建立数据库，实时调用，后期维护成本低，使用方便。利用此方法，实际是建立了一个虚拟的地震数据库，在实际使用过程中才会形成，而不用再增加额外的硬件设备。这种设计方法提供了一个比较经济可行的解决方案，克服了超海量地震显示、地震体透视受到内存容量限制、统一接口 / 统一格式、直接读取 Geoframe 和 Landmark 底层数据、建立刀片数据服务、立体显示技术等多项行业难题。

（3）应用效果。

超海量地震三维可视化显示系统充分利用现有的各种资源，实现了勘探开发软硬件资源的共享、勘探开发数据资源的共享，真正提供了一个勘探开发的协同工作环境。该系统自 2008 年 4 月全方面投产使用以来，多次在目标预审、资料验收过程中得到广泛的应用，同时，在开发井的随钻调整、井位优化等方面也得到富有实效的应用，满足科研人员更加直观地查看地震资料以及与其相关的区域概况、钻井平台、海底地形等信息的需求。利用本系统安全读取并显示的地震及相关数据，性能稳定。该系统对郯庐走滑断裂带整体研究的效果突出，渤海海域的三维地震数据已经覆盖海域内郯庐断裂带，从资料的角度具备整体研究的条件。但由于三维可视化中心配备的商业软件存在局限性，资料比较分散，无法实现整体研究。而本系统可以解决商业软件的不足，在三维可视化中心硬件环境中，全海域的地震方差体及解释资料大约 2TB（仅覆盖一次），全部加载仅仅需要 10 分钟左右的时间，实现超海量地震显示及应用。科研人员可以加载三维地震勘探形势图，进行郯庐断裂带整体研究。

在渤海海域，除了地球物理先进技术的发展应用外，还由于隐蔽性油气藏、中深层的古近系及古潜山正逐渐成为渤海勘探的主要勘探层系，对于以前勘探较少的中深层来说，油气勘探面临着勘探作业技术（录井、测井、测试）方面的严峻挑战，亟须创新和引进新的勘探技术来探索发现新油气藏。

如在录井方面，潜山岩性识别难度大，潜山油气识别难度大；中深层非烃类气体给气层判别带来很大难度。在测井方面，薄互层油气识别、潜山缝洞型储层油气识别难度大。在测试方面，浅层测试作业中地层出砂；中深层地层中高温射孔、储层保护与改造；在稠油测试求产过程中油层流动性差等问题。针对上述这一系列勘探作业过程中所面临的问题及挑战，渤海石油不断提出了勘探作业技术相应的发展对策。

二、油气显示快速检测与识别技术

近些年来，海洋石油勘探的一个突出特点是要求探井必须实现快速钻进，才能有效控制作业成本。这让海上现场地质录井凸显"时间紧、任务重"的特点。通过不断的技术探索、创新，渤海海域逐步形成了一套适应海上油气显示快速检测与识别组合技术。

钻探过程中，随着钻头将地层中含油气储层岩石破碎后，破碎的岩屑被钻井液携带到地面，在这过程中，一部分油气仍残留在岩屑中，一部分油气以气态或液态形式逸散到钻井液中。基于这样的模式，一方面形成以钻井液为分析载体的 Reserval 快速气体检测仪、连续钻井液蒸馏脱气分析系统、FLAIR 实时流体分析系统的气态烃类快速检测技术；另一方面形成以岩屑、井壁心、岩心为分析载体的岩石热解、热解蒸发烃气相色谱分析、轻烃分析在内的海上井场地球化学分析技术、三维定量荧光录井技术、荧光扫描分析技术等液态烃类快速分析技术。

新一代录井设备、录井新技术的应用，促进了从定性向半定量快速分析的转变。录井设备的改进，如新一代录井系统 geoNEXT、GZG 定量脱气器、Reserval 快速色谱仪等新型设备的应用，大大增加了数据采集量，提高了数据采集质量，保证了录井技术从定性向半定量快速分析的转变（表 12-1）。过去，荧光录井只是通过肉眼观察、文字描述，而现在应用定量荧光和荧光扫描技术记录数据、影像，实现了荧光特性的半定量化采集。过去，岩屑描述也只是肉眼观察、文字描述；而现在引用元素录井、薄片鉴定、地化录井、核磁共振录井等新技术进行分析、鉴定，去除了人为因素的影响，使得对岩性、含油性识别实现了半定量化（表 12-2）。

表 12-1　新老录井系统、设备对比表

录井系统硬件	过去手段	目前现状	性能提高
录井系统	ALS-2 录井系统基于 DOS 操作系统研制	geoNEXT 基于 Windows 系统	采集数据量大，数据质量高，能够满足高难度井（如深水井、高温高压井等）录井作业的要求
气体脱气器	普通脱气器不定量	定量脱气器恒温恒压体积定量	对钻井液样品流量、泵速等参数定量，实现了定量气体检测
色谱分析仪	热导、燃烧、氢火焰（FID）	Reserval 快速色谱仪	同时分析检测总烃和 C_1—n-C_5 等 7 种组分

表 12-2　新老录井技术手段对比表

录井技术	过去手段	目前现状	变化提高
荧光录井	肉眼观察，凭个人经验	荧光扫描成像	仪器扫描荧光、自动成像，易于识别
		三维定量荧光	荧光观测全面、直观，精度高
岩屑录井	肉眼观察，凭个人经验	元素录井	定量分析岩石元素组成
		薄片鉴定	岩性定名精准
		地化录井	定量分析岩石中烃类组分
		核磁共振录井	半定量分析岩石孔隙流体性质和流体量

新一代录井设备、录井新技术的应用缩短了作业时间，大幅提高了作业效率。气体色谱分析时间大大缩短，提高效率 50% 以上；地球化学分析时间从过去的 35 分钟缩短到 15 分钟，提高效率 1 倍以上；钻井取心从过去的单筒取心到现在的双筒取心，提高效率 100%；绘制录井图从过去的 5 天缩短到 1 天，提高效率 400%（表 12-3）。录井作业效率的大大提高，直接表现在钻井作业时间的大大缩短。

表 12-3　新老录井装备、录井技术分析时效对比表

项目	分析时间（过去）	分析时间（现在）	提高实效
色谱分析	65s	42s	54.7%
地球化学分析	35min	15min	133.3%
钻井取心	24h（单筒）	12h（双筒）	100%
绘制录井图	5d	1d	400%

三、地质界面判断识别技术

勤奋聪慧的渤海石油人先后创新应用了井场薄片鉴定技术、元素录井技术、geoNEXT 智能录井系统、Prevue 压力预测录井技术、随钻测压技术、随钻 VSP 地震测量技术等多项新技术。在识别潜山界面、判断异常高压层、卡取钻井取心层位等关键作业环节取得了优异成绩。如在锦州 25-1 潜山构造评价中，现场潜山界面识别准确率达

92.3%，为锦州 25-1 构造潜山评价发挥重要作用。

又如为渤中 21-2-1 科学探索井成功钻探做好保障，设计井深 5355.0m，实际完钻深度 5341m。本井主要目的层为古生界碳酸盐岩潜山，原预测本井钻遇高温高压地层。通过 Prevue 压力预测技术、随钻 VSP 地震测量技术、随钻测压技术的技术组合实现在 3200～3800m 井段成功监测到三段压力异常区域；从层位预测 + 岩性识别两个方面入手，形成随钻 VSP 地震测量技术 +geoNEXT 智能录井技术 + 井场岩性薄片鉴定技术 + 元素录井技术 + 碳酸盐岩分析技术的组合。该技术组合是国内首创的非测井方法的卡潜山界面技术，最终，在比设计提前 14.0m 的情况下，成功卡准潜山界面，保证了科学探索井的成功钻探。

四、中深层拥有自主知识产权的测井技术

自 1990 年起，测井在世界范围内开始进入了成像测井阶段。在渤海海域，依据中国海油"十一五"发展规划，渤海海域的探井、评价井的测井也步入了成像测井的阶段。

中海油田服务股份有限公司（中海油服）依靠自己的科研力量，在国内各大专院校和科研单位的帮助下，自主研制开发了 ELIS-Ⅱ成像测井地面系统，并逐步研制配套了相应的井下仪器组合。在"十一五"期间，研制生产了阵列声波、阵列感应、声电扫描成像测井仪、旋转井壁取心器、电缆地层测试器，并配套生产了自然伽马能谱、中子密度、双侧向电阻率等常规测井仪器，核磁共振测井仪样机已经研制成功。依托中海油服的测井服务，渤海海域在这项工作中，紧跟世界发展的步伐，为渤海海域的油气勘探和评价提供更可靠的数据。

随着勘探的逐步深化，渤海的勘探逐渐向中深层转化。但由于埋藏深、储层物性差，中深层在常规测井资料上油气层显示特征微弱。为了解决这一问题，借助高端测井方法如核磁共振测井、地层测试器和旋转井壁取心的合理使用，提高对中深层油气层识别的能力。"十一五"承担中国海油的"三低油气层测井解释技术研究"项目，得出了核磁共振变 T_2 截止值计算和 T_2 谱转换为伪毛细管压力曲线的方法，建立了渤海海域地区核磁共振储层物性参数计算模型和储层自然产能评价技术，形成了低孔低渗储层油、气、水层现场快速识别方法及储层分类指标。通过使用高端测井技术，结合地质录井和常规测井资料，摸索出一套适合渤海海域中深层测井评价的测井方法，取得了良好的应用效果：

（1）由常规测井项目到与新技术组合作业的转变。过去，声波时差—电阻率系列、放射性系列、测压取样、井壁取心等测井技术是渤海勘探作业的必测项目，而现在传统的单一测井项目已经无法满足地质研究的需要，多样化的技术手段和新技术的应用势在必行，核磁共振测井、成像测井、元素俘获测井和介电扫描测井等新技术的使用，使得海上电缆测井技术从单一的使用常规测井项目到常规测井项目和有针对性的选用新技术的复合技术手段的转变。

（2）声波时差—电阻率测井与放射性测井由两趟作业到一趟作业的转变。声波时差—电阻率系列和放射性系列测井是电缆测井中最常规的测井项目，传统的作业模式是两趟分别进行，通过实践的摸索和创新，将二者有机地组合在一起，只需一趟仪器下井

便可测得声波时差—电阻率系列和放射性系列的全部数据和曲线，作业时效大大提高。

（3）测压取样从多趟多次向一趟多次作业转变。测压取样是可以直接对流体性质、地层的渗透率、产能做出评价的重要手段。过去应用的老式测压取样仪器从 FMT 到 FET，虽然经过改进，在性能有所提高，但其仪器在取样个数上也仅从 FMT 的一个取样桶到 FET 的 2 个取样桶，所以在设计多个取样点时往往需要多趟起下仪器，而现在所应用的新式测压取样仪 EFDT 和 RCI 则可以实现一趟取样 5 个点，实现了测压取样从多趟多次向一趟多次作业的转变，作业效率显著提高。

五、测试作业中的技术创新

油气测试技术从常规向"三位一体"集成转变。针对海域油气藏的类型与特点探索出一套具海域特色的测试技术组合及作业模式，即复合射孔—DST 联作技术、非接触式双向信号传输远程控制试井系统、高产高效放喷燃烧技术的"三位一体"集成技术组合。"三位一体"集成技术组合应用比传统测试作业方式在作业时效、资料录取品质、产能释放等方面都有所提高，具体表现在：

（1）DST 作业从"按部就班"向"复合射孔与 DST 联作技术"转变。常规 DST 作业，在测试射孔及压井过程会对油气层造成伤害，为此，在总结以往测试经验的基础上，发明径向阻尼减震器、轴向缓冲器等实用型专利工具，形成复合射孔—泵抽—APR 一体化管柱技术，即"复合射孔与 DST 联作技术"，减少了更换工序时反复起下管柱、反复压井伤害油气层的概率，同时也对油气层造缝改造，提高了测试效率、质量（表 12-4）。该技术也填补了国内外在射孔与 APR 联作工艺技术方面的一项空白。

表 12-4　常规 DST 与"复合射孔与 DST 联作"作业时间对比表

项目		常规作业 /h	复合射孔与 DST 联作 /h
射孔		25.00	
地层测试	起下管柱	21.00	24.50
	准备	1.00	1.25
	TCP 负压射孔时间		3.58
	诱喷、放喷	8.67	8.67
	求产	8.00	8.00
	取 PVT	6.00	6.00
	关井测压	10.00	10.00
	压井	11.00	7.50
注水泥塞 / 下桥塞		4.50	4.50
小计		95.17	74.00
提高时效			22.24%

注：本表格以测试层位井深 2100m、自喷井测试作业为例。

（2）油气生产制度及开关井从"地面经验判断"向"井下数据决策"转变。为解决测试中现场试井资料录取的有效性、时效性，测试作业人员发明了非接触式双向信号传输远程控制试井系统（Dual deliver test system，简称DDTS）。该系统是当前国内外先进的新型远程控制试井工具（已获得发明专利）。DDTS的突出特点在于它可以实现井下关井地面直读双向信号传输的功能，解决了过去只能进行产层压力、温度的实时采集，而不能将所录取的数据完整保存和随时提取回放的问题。该系统应用将原来一口井整体试井用时48小时时间缩短到4小时，也实现了油气生产制度及开关井以"井下数据决策"为依据的科学管理。

（3）油气求产放喷从"不触碰"向"释放最大产能"转变。产出油气的处理是海上油气测试的最后一个环节。出于安全考虑，原油处理多以燃烧为主，但它的燃烧能力往往决定了油气的求产放喷能力，势必影响测试资料的录取。通过油气燃烧热辐射的理论计算，对燃烧、喷淋系统进行优化改造，形成高产高效燃烧放喷技术，解决了渤海海域放大产量油气处理的瓶颈。在JZ25-1-10D测试过程中，实现了最高1018m³/d的原油燃烧处理，在JZ20-2N-2井也实现了气88×10^4m³/d、油118m³/d的油气处理，在QHD29-2E-4井测试过中实现了油1048m³/d、气12×10^4m³/d的油气处理。

六、渤海稠油—特稠油测试技术系列

针对稠油测试，开发出过螺杆泵电加热降黏技术、地面流程加热及井筒保温技术以及可控式金属布简易防砂技术等，形成渤海稠油系列测试技术。

针对渤海海域众多稠油—特稠油油气田（如蓬莱9-1、旅大5-2北、旅大16-1等油气田）的现状，在渤海稠油测试技术的基础上应用多元热流体技术，通过对热力发生器及注热系统设计的创新、热采测试管柱及配套工艺的创新、注采参数的优化、平台测试设备摆放的优化，实现了利用有限的测试规模评价特稠油油藏的目的。针对潜山测试难题，创新性地将测井手段与测试方法结合，即将产液剖面测井与测试管柱结合，形成特有的"坐套测裸"潜山测试技术，在多个稠油—特稠油藏方面获得成功。

另外还对一些油气田进行了针对性储层物性分析及地层砂分析、防砂技术创新设计与优化、螺杆泵双空心抽油杆内循环电磁加热技术创新与应用、防砂技术与螺杆泵技术在测试作业中的配套性研究、全井筒保温技术、作业控制及作业总结。如对渤海海域蓬莱9-1潜山油气田的评价测试中，不断创新技术工艺，使测试日产原油由早期的单井日产油18m³提高到110m³，刷新了渤海稠油单井测试的原油日产纪录。

显然，新理论、新技术的发展创新是保证海域油气勘探蓬勃发展的重要途径。

参 考 文 献

陈建平，赵长毅，何忠华，1997. 煤系有机质生烃潜力评价标准探讨 [J]. 石油勘探与开发，24（1）：1-5.

陈俊武，卢捍卫，2003. 催化裂化在炼油厂中的地位和作用展望 [J]. 石油学报，19（1）：1-11.

陈丽娜，袁志刚，刘长海，等，2012. 渤中 25-1 南油田明下段储层敏感性特征及影响因素 [J]. 石油钻采工艺，34（S1）：63-66.

陈晓东，张功成，范廷恩，等，2001. 渤海海域天然气藏类型和形成条件分析 [J]. 中国海上油气（地质），15（1）：72-78.

陈玉田，等，1992. 石油天然气地质勘探常用术语解释 [M]. 东营：石油大学出版社.

戴金星，1990. 概论有机烷烃气碳同位素系列倒转的成因问题 [J]. 天然气工业，10（6）：15-20.

戴金星，1993. 天然气碳氢同位素特征和各类天然气鉴别 [J]. 天然气地球科学（Z1）：1-40.

戴金星，1999. 中国煤成气研究二十年的重大进展 [J]. 石油勘探与开发，26（3）：1-10.

戴金星，李先奇，宋岩，等，1995. 中亚煤成气聚集域东部煤成气的地球化学特征——中亚煤成气聚集域研究之二 [J]. 石油勘探与开发，22（4）：1-5.

戴金星，宋岩，程坤芳，等，1993. 中国含油气盆地有机烷烃气碳同位素特征 [J]. 石油学报，14（2）：23-31.

邓吉锋，史浩，王保全，2015. 渤中凹陷古生界碳酸盐岩潜山气藏储层特征及主控因素 [J]. 大庆石油地质与开发，34（4）：15-20.

邓运华，2002. 渤海油气勘探历程回顾 [J]. 中国海上油气（地质），16（2）：27-30.

邓运华，2003. 渤海湾盆地上第三系油藏类型及成藏控制因素分析 [J]. 中国海上油气（地质），17（6）：359-364.

邓运华，2008. 浅层油气藏的形成机理 [M]. 北京：石油工业出版社.

邓运华，2009. 试论中国近海两个坳陷带油气地质差异性 [J]. 石油学报，30（1）：1-8.

邓运华，2011. 渤海辽东带地质认识的突破与金县 1-1 大油田的发现 [J]. 中国工程科学，13（10）：12-18.

邓运华，2012. 裂谷盆地油气运移"中转站"模式的实践效果：以渤海油区第三系为例 [J]. 石油学报，33（1）：18-24.

邓运华，2014. 试论汇油面积对油田规模的控制作用 [J]. 中国海上油气，26（6）：1-6.

邓运华，李建平，2007. 渤中 25-1 油田勘探评价过程中地质认识的突破 [J]. 石油勘探与开发，34（6）：646-652.

邓运华，李建平，等，2008. 浅层油气藏的形成机理 [M]. 北京：石油工业出版社.

邓运华，李秀芬，2011. 蓬莱 19-3 油田的地质特征及启示 [J]. 中国石油勘探，6（1）：68-71.

邓运华，彭文绪，2009. 渤海锦州 25-1S 混合花岗岩潜山大油气田的发现 [J]. 中国海上油气，21（3）：145-150+156.

邓运华，王应斌，2012. 黄河口凹陷浅层油气成藏模式的新认识及勘探效果 [J]. 中国石油勘探，1（1）：25-29.

邓运华，徐长贵，李建平，2011. 渤海大油田形成条件探讨 [J]. 中国工程科学，13（5）：10-15.

邓运华，薛永安，于水，2017. 浅层油气运聚理论与渤海大油田群的发现 [J]. 石油学报，38（1）：1-8.

龚德瑜, 2012.辽中凹陷油气成藏规律研究［D］.成都：成都理工大学.

龚再升, 2002.对中国近海油气勘探观念变化的回顾［J］.中国海上油气, 16（2）：73-80.

龚再升, 2004.中国近海盆地晚期断裂活动和油气成藏［J］.中国石油勘探（2）：12-19.

龚再升, 王国纯, 2001.渤海新构造运动控制晚期油气成藏［J］.石油学报, 22（2）：1-7.

郭太现, 刘春成, 吕洪志, 等, 2001.蓬莱19-3油田地质特征［J］.石油勘探与开发, 28（2）：26-28+109-117.

郭永华, 周心怀, 李建平, 等, 2008.渤中凹陷北部QHD34-4-1井钻探的油气地质意义［J］.中国海上油气, 20（6）：366-369.

国土资源部油气资源战略研究中心, 2015.全国油气资源动态评价（2015）［M］.北京：中国大地出版社.

侯贵廷, 钱祥麟, 蔡东升, 2001.渤海湾盆地中、新生代构造演化研究［J］.北京大学学报（自然科学版）, 37（6）：845-851.

黄第藩, 李晋超, 张大江, 1991.陆相油气生成的理论基础［M］//胡见义, 黄第藩, 等.中国陆相石油地质理论基础.北京：石油工业出版社：164-234.

黄第藩, 李晋超, 张大江, 等, 1984.陆相有机质的演化和成烃机理［M］.北京：石油工业出版社.

黄雷, 2014.渤海海域新近纪以来构造特征与演化及其油气赋存效应［D］.西安：西北大学.

黄雄伟, 1999.渤中坳陷新生代断裂构造特征与油气聚集［J］.西北地质, 32（3）：16-20.

黄正吉, 龚再升, 孙玉梅, 等, 2011.中国近海新生代陆相烃源岩与油气生成［M］.北京：石油工业出版社.

黄正吉, 李秀芬, 2001.渤中坳陷天然气地球化学特征及部分气源浅析［J］.石油勘探与开发, 28（3）：17-21.

黄正吉, 李友川, 2002.渤海湾盆地渤中坳陷东营组烃源岩的烃源前景［J］.中国海上油气（地质）, 16（2）：118-124.

姜迪迪, 江为为, 胡卫剑, 2013.环渤海地区地壳结构及其动力学特征研究［J］.地球物理学进展, 28（4）：1729-1738.

姜培海, 2001.渤海海域浅层油气勘探获得重大突破的思索［J］.中国石油勘探, 6（2）：77-86.

姜帅, 2014.渤海湾盆地油气勘探潜力及重点勘查区区划评价［D］.青岛：中国石油大学.

蒋恕, 蔡东升, 朱筱敏, 等, 2006.辽中凹陷中深层储层主控因素研究［J］.石油天然气学报, 28（5）：35-37.

井涌泉, 余杰, 范廷恩, 等, 2012.秦皇岛32-6油田明化镇组河流相储层地球物理参数影响因素研究［J］.地球物理学进展, 27（4）：1541-1547.

康竹林, 翟光明, 1997.渤海湾盆地新层系新领域油气勘探前景［J］.石油学报, 18（3）：3-8.

李大伟, 2004.新构造运动与渤海湾盆地上第三系油气成藏［J］.石油与天然气地质, 25（2）：170-174.

李家康, 2011.渤海油气成藏特点及与断层关系［J］.石油学报, 22（2）：26-31.

李军生, 林春明, 2006.反转背斜构造自生自储油藏成藏模式［J］.石油学报, 27（2）：34-37.

李栓豹, 全洪慧, 刘彦成, 等, 2015.渤海湾盆地南堡35-2油田地质特征与开发潜力再认识［J］.地质科技情报, 34（3）：146-149.

李伟, 2007.渤海湾盆地区中生代盆地演化与前第三系油气勘探［D］.北京：中国石油大学（北京）.

李绪宣, 朱振宇, 张金淼, 2016.中国海油地震勘探技术进展与发展方向［J］.中国海上油气, 28（1）：

1-12.

梁狄刚，曾宪章，王雪平，等，2001.冀中坳陷油气的生成［M］.北京：石油工业出版社.

梁家驹，2011.辽中凹陷JX1-1油田油气成藏规律研究［D］.成都：成都理工大学.

刘廷海，王应斌，陈国童，等，2007.辽东湾北区油气藏特征、主控因素与成藏模式［J］.中国海上油
气，19（6）.

孟昊，钟大康，李超，等，2016.渤海湾盆地渤中坳陷渤中25-1油田古近系沙河街组沙二段沉积相及
演化［J］.古地理学报，18（2）：161-172.

米立军，2001.新构造运动与渤海海域上第三系大型油气田［J］.中国海上油气地质，15（1）.

南山，韩雪芳，潘玲黎，等，2013.辽东湾海域锦州20-2气田沙河街组沉积相研究［J］.岩性油气藏，
25（3）：36-42.

蒲秀刚，周立宏，王文革，等，2013.黄骅坳陷歧口凹陷斜坡区中深层碎屑岩储集层特征［J］.石油勘
探与开发，40（1）：36-48.

强昆生，吕修祥，周心怀，2013.渤海海域北部JX1-1反转构造与油气成藏关系［J］.天然气地球科学，
24（2）：329-334.

强昆生，吕修祥，周心怀，等，2012a.渤海辽东湾坳陷JX1-1反转构造与油气成藏史［J］.矿物岩石，
32（4）：31-40.

强昆生，吕修祥，周心怀，等，2012b.渤海海域黄河口凹陷油气成藏条件及其分布特征［J］.现代地
质，26（4）：792-800.

邱中建，龚再升，1999.中国油气勘探（第四卷）：近海油气区［M］.北京：地质出版社.

苏彦春，2016.渤海湾盆地埕北油田高采收率主控地质因素剖析［J］.中国海洋大学学报（自然科学
版），46（8）：87-95.

孙海涛，李超，钟大康，2014.渤中25-1油田沙三段低渗储层特征及其成因［J］.岩性油气藏，26
（3）：11-16+21.

田立新，徐长贵，江尚昆，2011.辽东湾地区锦州25-1大型轻质油气田成藏条件与成藏过程［J］.中
国石油大学学报（自然科学版），35（4）：47-52+58.

田立新，余宏忠，周心怀，等，2009.黄河口凹陷油气成藏的主控因素［J］.新疆石油地质，30（3）：
319-321.

王飞龙，2014.渤海海域南堡35-2油田油源研究［J］.石油天然气学报，36（12）：33-37+43+4.

王根照，姜本厚，王富东，2013.渤海海域新近系构造—岩性圈闭油气成藏特征与勘探方法［J］.石油
天然气学报，35（9）：40-43.

王根照，夏庆龙，2009.渤海海域天然气分布特点、成藏主控因素与勘探方向［J］.中国海上油气，21
（1）：15-18.

王凯杰，2016.渤中34-2/4油田沙河街组构造特征及其控藏作用［D］.北京：中国地质大学（北京）.

王向辉，王风荣，2000.浅析渤海油气勘探中的成功与失误［J］.中国海上油气（地质），14（6）：
432-437.

王昕，周心怀，徐国胜，等，2015.渤海海域蓬莱9-1花岗岩潜山大型油气田储层发育特征与主控因素
［J］.石油与天然气地质，36（2）：262-270.

王应斌，薛永安，王广源，2015.渤海海域石臼坨凸起浅层油气成藏特征及勘探启示［J］.中国海上油
气，27（2）：8-16.

王粤川, 魏刚, 王昕, 2013. 秦南凹陷秦皇岛高含气藏天然气成因与成藏过程［J］. 大庆石油地质与开发, 32（2）: 22-26.

翁文波, 1984. 预测论基础［M］. 北京: 石油工业出版社.

吴小红, 王清斌, 张友, 等, 2016. 沙垒田凸起东段曹妃甸11构造大型油田成藏主控因素分析［J］. 石油地质与工程, 30（4）: 1-4+145.

吴小红, 韦阿娟, 王应斌, 2015. 渤海海域QHD32-6亿吨级大油田的形成条件分析［J］. 地质科技情报, 34（1）: 112-117.

夏庆龙, 2016. 渤海油田近10年地质认识创新与油气勘探发现［J］. 中国海上油气, 28（3）: 1-9.

夏庆龙, 等, 1992. 渤海海域构造形成演化与变形机制［M］. 北京: 石油工业出版社.

夏庆龙, 周心怀, 等, 2012. 渤海海域古近系层序沉积演化及储层分布规律［M］. 北京: 石油工业出版社.

夏庆龙, 周心怀, 王昕, 等, 2013. 渤海蓬莱9-1大型复合油田地质特征与发现意义［J］. 石油学报, 34（S2）: 15-23.

项华, 周心怀, 魏刚, 等, 2007. 渤海海域锦州25-1南基岩古潜山油气成藏特征分析［J］. 石油天然气学报, 29（5）: 32-35+165.

肖国林, 陈建文, 2003. 渤海海域的上第三系油气研究［J］. 海洋地质动态, 19（8）: 1-6.

肖锦泉, 李坤, 胡贺伟, 2014. 辽东湾坳陷辽中凹陷金县1-1油田构造特征与油气成藏［J］. 天然气地球科学, 25（3）: 333-340.

谢武仁, 邓宏文, 王洪亮, 等, 2008. 渤中凹陷古近系储层特征及其控制因素［J］. 沉积与特提斯地质, 28（3）: 101-107.

谢玉洪, 张功成, 沈朴, 等, 2018, 渤海湾盆地渤中凹陷大气田形成条件与勘探方向［J］. 石油学报, 39（11）: 1199-1210.

徐长贵, 王冰洁, 王飞龙, 等, 2016. 辽东湾坳陷新近系特稠油成藏模式与成藏过程: 以旅大5-2北油田为例［J］. 石油学报, 37（5）: 599-609.

徐长贵, 周心怀, 邓津辉, 2010. 渤海锦州25-1大型轻质油气田的发现与启示［J］. 中国石油勘探, 15（1）: 34-38+1.

徐长贵, 周心怀, 邓津辉, 等, 2010. 辽西凹陷锦州25-1大型轻质油田发现的地质意义［J］. 中国海上油气, 22（1）: 7-11+16.

徐国盛, 陈飞, 周兴怀, 等, 2016. 蓬莱9-1构造花岗岩古潜山大型油气田的成藏过程［J］. 成都理工大学学报（自然科学版）, 43（2）: 153-162.

徐杰, 冉勇康, 单新建, 等, 2004. 渤海海域第四系发育概况［J］. 地震地质, 26（1）: 24-32.

许东禹, 等, 1997. 中国近海地质［M］. 北京: 地质出版社.

薛永安, 2017. 精细勘探背景下渤海油田勘探新思路与新进展［J］. 中国海上油气, 29（2）: 1-8.

薛永安, 2018. 认识创新推动渤海海域油气勘探取得新突破: 渤海海域近年主要勘探进展回顾［J］. 中国海上油气, 30（2）: 1-8.

薛永安, 柴永波, 周园园, 2015. 近期渤海海域油气勘探的新突破［J］. 中国海气, 27（1）: 1-9.

薛永安, 邓运华, 余宏忠, 2008. 渤海海域近期油气勘探进展与创新认识［J］. 中国石油勘探（4）: 1-7+9.

薛永安, 刘廷海, 王应斌, 等, 2007. 渤海海域天然气成藏主控因素与成藏模式［J］. 石油勘探与开发,

34（5）：521-528+533.

薛永安，王应斌，赵建臣，2001.渤海上第三系油藏形成特征及规律分析［J］.石油勘探与开发，28（5）：1-7.

薛永安，韦阿娟，彭靖淞，等，2016.渤海湾盆地渤海海域大中型油田成藏模式和规律［J］.中国海上油气，28（3）：10-19.

薛永安，项华，李思田，2006.锦州25-1S大型混合花岗岩潜山油藏发现的启示［J］.石油天然气学报（江汉石油学院学报），28（3）：29-31+443.

薛永安，余宏忠，项华，2007.渤海湾盆地主要凹陷油气富集规律对比研究［J］.中国海上油气，19（3）.

杨波，牛成民，孙和风，等，2011.莱州湾凹陷垦利10-1亿吨级油田发现的意义［J］.中国海上油气，23（6）：148-153.

杨海风，魏刚，王德英，2011.秦南凹陷秦皇岛29-2油气田原油来源及其勘探意义［J］.油气地质与采收率，18（6）：28-31.

于海波，王德英，牛成民，2015.渤海海域渤南低凸起碳酸盐岩潜山储层特征及形成机制［J］.石油实验地质，37（2）：150-163.

翟光明，等，1992.中国石油地质志（卷16）：沿海大陆架及毗邻海域油气区（上册）［M］.北京：石油工业出版社.

翟光明，何文渊，2002.渤海湾盆地资源潜力和进一步勘探方向的探讨［J］.石油学报，23（1）：1-5+7.

翟光明，何文渊，2003.渤海湾盆地勘探策略探讨［J］.石油勘探与开发，30（6）：1-4.

曾恒一，1993.渤海油田的勘探与开发［J］.中国海洋平台，8（1）：31-34+5.

张功成，2000.渤海海域构造格局与富生烃凹陷分布［J］.中国海上油气（地质）（2）：22-28.

张功成，梁建设，徐建永，2013.中国近海潜在富烃源凹陷评价方法与烃源岩识别［J］.中国海上油气，25（1）：13-19.

张功成，刘志国，陈晓东，等，2001.渤海海域油气勘探组合与区带类型等［J］.中国海上油气地质，15（1），29-34.

张功成，朱伟林，邵磊，2001.渤海海域及邻区拉分构造与油气勘探领域［J］.石油学报，22（2）：14-18.

张国良，等，2001.严格划分盆地内二级正向构造单元的地质意义：以渤海海域为例［J］.海洋石油（4）：35-41.

张国良，邓辉，李颖，等，2004.基岩潜山是渤海天然气勘探的重要领域［J］.中国海上油气，16（4）：7-14.

张晶，李双文，刘化清，等，2013.歧口凹陷歧南斜坡深部储层特征及综合评价［J］.岩性油气藏，25（6）：46-52.

张善文，2009.渤海湾盆地前古近系油气地质与远景评价［M］.北京：地质出版社.

张善文，王永诗，石砥石，等，2003.网毯式油气成藏体系：以济阳坳陷新近系为例［J］.石油勘探与开发，30（1）：1-9.

赵春明，张占女，黄保纲，等，2011.渤海锦州20-2凝析气田开发实践［J］.油气井测试，20（1）：60-61+64+78.

钟锴，朱伟林，薛永安，等，2019.渤海海域盆地石油地质条件与大中型油气田分布特征［J］.石油与天然气地质，40（1）：92-100.

周守为，李清平，朱海山，等，2016. 海洋能源勘探开发技术现状与展望 [J]. 中国工程科学，18（2）：19-31.

周心怀，2009. 辽东湾断陷油气成藏机理 [M]. 北京：石油工业出版社.

周心怀，胡志伟，韦阿娟，2015. 渤海海域蓬莱 9-1 大型复合油田潜山发育演化及其控藏作用 [J]. 大地构造与成矿学，39（4）：680-690.

周心怀，项华，于水，等，2005. 渤海锦州南变质岩潜山油藏储集层特征与发育控制因素 [J]. 石油勘探与开发，32（6）：17-20.

周心怀，余一欣，汤良杰，等，2010. 渤海海域新生代盆地结构与构造单元划分 [J]. 中国海上油气，22（5）：285-289.

朱伟林，2009. 中国近海新生代含油气盆地古湖泊学与烃源条件 [M]. 北京：地质出版社.

朱伟林，2011. 中国近海油气勘探的回顾与思考 [J]. 中国工程科学，13（5）：4-9.

朱伟林，李建平，周心怀，等，2008. 渤海新近系浅水三角洲沉积体系与大型油气田勘探 [J]. 沉积学报，26（4）：575-582.

朱伟林，米立军，等，2010. 中国海域含油气盆地图集 [M]. 北京：石油工业出版社.

朱伟林，米立军，高乐，等，2010. 新区新领域突破保障油气储量持续增长：2009 年中国近海勘探工作回顾 [J]. 中国海上油气，22（1）：1-6.

朱伟林，米立军，高乐，等，2014. 认识和技术创新推动中国近海油气勘探再上新台阶：2013 年中国近海勘探工作回顾 [J]. 中国海上油气，26（1）：1-8.

朱伟林，米立军，高阳东，等，2012. 领域性突破展现中国近海油气勘探前景：2011 年中国近海油气勘探回顾 [J]. 中国海上油气，24（1）：1-5.

朱伟林，米立军，高阳东，等，2013. 大油气田的发现推动中国海域油气勘探迈向新高峰：2012 年中国海域勘探工作回顾 [J]. 中国海上油气，25（1）：6-12.

朱伟林，米立军，龚再升，等，2009. 渤海海域油气成藏与勘探 [M]. 北京：科学出版社.

朱伟林，米立军，钟锴，等，2011. 油气并举再攀高峰：中国近海 2010 年勘探回顾及"十二五"勘探展望 [J]. 中国海上油气，23（1）：1-6.

朱伟林，王国纯，2000. 渤海浅层油气成藏条件分析 [J]. 中国海上油气（地质），14（6）：367-374.

朱伟林，张功成，钟锴，2016. 中国海洋石油总公司"十二五"油气勘探进展及"十三五"展望 [J]. 中国石油勘探，21（4）：1-12.

祝春荣，韦阿娟，沈东义，2011. 辽东湾地区锦州 25-1 油田油气成藏特点和运聚模拟研究 [J]. 海洋石油，31（3）：17-22.

邹华耀，周心怀，鲍晓欢，2010. 渤海海域古近系、新近系原油富集／贫化控制因素与成藏模式 [J]. 石油学报，31（6）：885-893.

Baskin D K, 1997. Atomic H/C Ratio of Kerogen as an Estimate of Thermal Maturity and Organic Matter Conversion [J]. AAPG Bulletin, 81（9）：1437-1450.

Rogers M A, 1979. Application of organic facies concepts to hydrocarbon source rock evaluation [C]. Panel Discussin PDI（3）10th internat petroleum congress.

Tissot B P, Welte D H, 1984. Petroleum formation and occurrence [M]. 2nd edition, Berlin：Springer：699.

附录　大事记

1953 年

3月1日　李四光在燃料工业部石油管理总局作《从大地构造看我国的石油资源勘探远景》报告，首次将渤海湾列入从松辽平原、华北平原（包括渤海）到两湖地区的中国三大石油勘探远景区。

1956 年

地质部石油局成立，主营全国石油普查工作。

1958 年

地质部山东省石油普查队贾润胥等人，沿渤海湾从荣城到大沽口进行了近海油气苗调查工作。

1959 年

地质部物探局航空测量大队909队为寻找石油远景区，对整个渤海及部分沿岸地区进行了比例尺1：100万的航空磁测，编写《渤海及周围地区航空磁测结果报告》。

1960 年

11月　地质部在天津召开了华北石油普查会议，地质部副部长何长工做了题为《高举毛泽东思想伟大红旗，在华北找到油田》的报告。会议认为渤海与委内瑞拉马拉开波湖很相似，对渤海油气远景给予高度的重视。

是年　地质部在天津塘沽组建我国第一个海洋物探队——地质部第五物探大队，负责渤海的地球物理调查工作，并在海上开展了地震调查试验。

1964 年

地质部第五物探大队在渤海进行了大量的地震、重力等地质—地球物理调查；至1965年3月共完成 $7 \times 10^4 km^2$ 的地震、重力调查，编写了《渤海构造地质特征及含油气远景初步评价》报告，指出渤海为一大型含油气盆地。石油部所属物探队同步在辽东湾地区开展了海上重力调查。

1965 年

3月　石油工业部在天津塘沽成立海洋勘探指挥部（后改称海洋石油勘探局），并组建海上地调一大队，进一步开展渤海海域地质—地球物理调查工作。

9月　海洋地调一大队完成"51"型地震测线2500余千米，编绘出渤海第一张地震构造图。图中显示渤中坳陷面积大，沉积厚度大，是含油气分布的有利地区。

1966 年

8月　石油工业部华北石油勘探指挥部海洋勘探指挥部在天津塘沽成立。

11 月　石油工业部 3206 钻井队调往塘沽，组建我国第一个海上钻井队。

12 月 31 日　我国第一座海上钻井平台——桩基式一号钻井平台，在渤海海域歧口凹陷实施第一口海洋预探井——海 1 井的钻探。

1967 年

6 月 14 日　海 1 井喜喷油气流（日产原油 119t），成为我国海洋石油勘探第一口工业油气流井。国务院为此发电报表示热烈祝贺。

7 月　在海 1 井平台成功打成了我国第一口海上斜井——海 1–1 井。渤海海 1 井打出工业油流，标志着我国海洋石油工业的开始。

1968 年

5 月　大港油田在渤海 1 号钻井平台上，钻成中国海上第一口定向井——海斜 1 井。

1969 年

2—3 月　渤海遇特大冰灾，冰层厚达 1m，石油工业部海洋勘探指挥部第一、第二固定钻井平台上近百名职工生命受到威胁，周恩来总理命令海军和康世恩同志前往救援，保住了一号平台，二号平台被冰摧毁。

1970 年

8 月　海洋勘探指挥部在渤海湾固定钻井平台基础上，建成 1 号石油平台，当年采油 1963t。

1971 年

7—10 月　燃料化学工业部海洋勘探指挥部在渤海建成 4 号固定钻井平台钻海 4 井，在古近系获日产 262t 油流，发现渤西海 4 油田。

1972 年

3 月　我国自主设计建造的第一艘自升式钻井船"渤海一号"拖往塘沽，并从 1973 年起在渤海工作，进行相关的钻探活动。

12 月　燃料化学工业部海洋勘探指挥部在渤海钻海 7 井，在古近系测试，产油 91t，发现埕北油田。

1975 年

7 月　石油工业部海洋石油勘探局在渤海建成我国第一座综合性海上采油平台——海四井平台，也是我国第一个海上油田。

是年　国家地质总局第二海洋地质调查队编制出版 1∶300 万《中国海域及邻区地质图》。

1976 年

7—9 月　渤海中 5 井中生界火山岩地层试油，日产油 370t，发现 428 西油田。

1978 年

8 月　石油工业部海洋石油勘探局在天津塘沽成立。

1979 年

11 月 25 日　海洋石油勘探局"渤海 2 号"自升式钻井平台，在渤海迁移井位的拖航中遇 11 级大风，因机舱大量灌水失去平衡翻沉，72 人遇难。

1980 年

借助国内改革开放的东风，渤海海域成为海洋最早进行对外合作的地区。从 1980 年至 1984 年间，先后与日本开发株式会社、法国埃尔夫等多家外国石油公司签订石油勘探开发合同。后因成果不佳，外国石油公司均先后陆续退出。

1981 年

3 月　中央委托余秋里同志在北京召开渤海石油勘探开发论证会。到会的几十位著名专家、教授对有关海洋油气资源的勘探与开发等问题畅所欲言，发表了很好的意见。

是年　石油工业部在河北省高碑店成立海洋石油勘探开发中心。

1982 年

中国海洋石油总公司在北京成立，负责对外合作勘探开采海洋石油天然气资源，曾先后在天津塘沽成立渤海石油公司，在湛江成立南海西部石油公司，在广州成立南海东部石油公司，在上海成立南黄海石油公司。

1984 年

3 月　地质矿产部海洋地质研究所完成《中国海域油气勘探形势图》的编制。

11 月 22 日—12 月 9 日　渤海石油公司在辽东湾自营钻探的锦州 20-2-1 井，测试日产凝析油 294m³、日产气 64×10⁴m³，发现锦州 20-2 凝析气田。这是辽东湾第一口发现井，也是渤海石油公司对外合作以来自营的第一口探井。

1985 年

10 月 7 日　中日两国在北京就渤海西南海域埕北低凸起上发现的埕北油田正式投产举行庆祝会。这是海洋中外合作开发的第一个海上油田。

1986 年

6 月　渤海石油公司辽东湾自营探井绥中 36-1-1 井测试，在古近系日产天然气 31.7×10⁴m³，古生界石灰岩潜山风化壳日产油 173m³，发现了地质储量亿吨以上的绥中 36-1 油田，从而发现了中国海域第一个大型油田，实现中国海洋石油勘探历史性的重大突破。

1988 年

国际海洋工程公司和渤海石油公司等单位共同完成的"埕北 A 区油田建造工程"获国家科学技术进步一等奖；渤海石油公司等单位完成的《辽东湾海域油气资源评价及含油气区的重大发现》获国家科学技术进步二等奖。

1989 年

12 月 19 日　国家科学技术奖励大会在北京人民大会堂举行，石油勘探开发科学研究院和海洋石油勘探开发研究中心等单位共同完成的《中国石油天然气资源评价研究》获国家科学技术进步一等奖。

1990 年

我国海洋年产原油首次突破百万吨，达到 1431759t。

1991 年

4 月 27 日 渤海石油公司获第七次全国企业技术进步评审委员会授予的"七五"国家级企业技术进步奖。

11 月 渤海石油公司钻成我国海洋石油第一口水平井渤中 28-1N6H 井。该井斜深 3890m，水平位移 1123m，水平井段 367m。

同济大学和渤海石油公司完成的《波动方程地震成像理论与三维 P-R 分裂偏移技术及其在油气勘探开发中的应用》获国家科学技术进步二等奖。

1992 年

8 月 1 日 渤海石油公司的《铺管船法铺设海底管道技术》和南海西部公司等完成的《南海北部大陆架生物礁（滩）成因、分布、油气聚集条件及评价》获国家科学技术进步二等奖。

1995 年

6 月 再探石臼坨凸起，在早期已钻探过的秦皇岛 32-6 构造上，新钻探井获得第二次重大发现，中国海域第一个新近系大型油田（QHD32-6）诞生，使渤海海域出现了第一次油气增长的高峰。

1996 年

9 月 6 日 中国海洋石油总公司海上原油产量首次突破 $1000 \times 10^4 t$。其中，渤海公司 $149.9 \times 10^4 t$，南海东部公司 $763 \times 10^4 t$，南海西部公司 $88.8 \times 10^4 t$。

12 月 18 日 国家科技授奖大会在京召开，中国海洋石油总公司《绥中 36-1 油田试验区开发工程》获国家科学技术进步一等奖，《锦州 20-2 海上凝析气田开采与集输技术》和《莺—琼大气田的发现及勘探技术》获国家科学技术进步二等奖。

1998 年

11 月 黄河口凹陷西缘新近系含油领域又迎来了新的突破，在以古近系沙河街组二段为主力含油层的渤中 25-1 油田南侧，发现了以新近系为主力油层的渤中 25-1 南大型油田。

1999 年

5 月 在渤海海域南部渤南低凸起东端，由作业者菲利普斯（美）公司，在新近系中发现了至今单个油田探明石油地质储量最多的大型油田——蓬莱 19-3 油田。

10 月 15 日 中国海洋石油总公司与大连造船新厂关于秦皇岛 32-6 油田 15 万吨浮式生产储油装置（FPSO）建造合同的签字仪式在大连举行。这是国内船厂首次承造这么大吨位的 FPSO，总包价 5400 万美元。

11 月 又在沙垒田凸起的中部发现了海域第三个新近系大型油田——曹妃甸 11-1 油田。

1995—1999 年 仅仅 5 年之内，油气勘探连获四次重大成功，成为渤海海域油气勘探历史上增储上产方面引以为豪的辉煌篇章。

2000—2001 年

2000 年 1 月 24 日　在公布的 1999 年度国家级科学技术进步奖中，中国海油有三项研究项目分获二、三等奖，即《渤海快速钻井技术及其应用》和《南沙群岛及其邻近海区资源、环境和权益综合调查研究》获二等奖，《渤海西部自营探区近期油气体系勘探研究与实践》获三等奖。

2000 年 6 月 12 日　秦皇岛 32-6-A26H 大位移水平井作业顺利完成。该井完井井深 3715m，垂深 1492.06m，水平位移 2983.64m，水垂比 2∶1。这口大位移水平井是国家"863"项目的重要研究课题之一，也是中国海洋石油总公司内部利用渤海现有钻井设备、技术及人员在渤海湾首次进行的难度最大的大位移水平井作业。

2001 年 2 月 19 日　中海石油研究中心等单位共同完成的《渤海海域上第三系大油田群的勘探发现》获国家科学技术进步二等奖。

中国海油、中国石油和中国石化三大国家石油公司先后上市，进军海外资本市场，预示着我国石油、石化工业对外开放进入产权融合的新时期。

2003 年

渤海油田年产油气达到 $1010 \times 10^4 m^3$ 油当量，从而进入国内大型油气区的序列。

2005 年

3 月 28 日　中海石油秦皇岛 32-6 开发项目组等完成的《秦皇岛 32-6 海上大型油田建设工程》荣获国家科学技术进步二等奖。

2006 年

3 月 23 日　由国防科工委、交通部、中国造船学会等 14 家单位联合发起的首次"中国十大名船"评选活动在北京人民大会堂举行。经单位推荐、专家评选、组委会审定，"渤海友谊号"浮式生产储油船被评选为中国十大名船之一。

6 月 2 日　中海油田服务股份有限公司宣布其在中国境内建造的第一艘 400ft 钻井船"COSL941"正式交付使用。它是国内第一艘采用全自动化钻机控制技术的海上钻井平台，也是全球第一艘采用钻机全变频驱动技术的自升式钻井平台，充分体现了"质量、健康、安全、环保"的理念。

2007 年

2 月 27 日　国家科学技术奖励大会在人民大会堂隆重召开。中国海洋石油总公司申报、由有限公司天津分公司完成的项目《渤海海域复杂油气藏勘探》和天津市申报、天津化工研究院等完成的《高浓缩倍率工业冷却水处理及智能化在线（远程）监控技术》荣获国家科学技术进步二等奖。

2008 年

1 月 8 日　中海石油有限公司等完成的项目《渤海海域复杂油田开发技术创新——原油年产量突破 1500 万方》和有限公司深圳分公司等完成的《中国近海高水垂比大位移钻井关键技术研究及应用——流花 11-1 油田大位移井钻完井技术》，荣获国家科学技术进步二等奖。

经对辽东湾地区辽西凹陷的锦州 25-1 构造进行整体评价钻探，渤海海域第一个高品位亿吨级轻质油气田——锦州 25-1 油气田诞生。

2009 年

在渤海海域东部庙西北凸起上发现了大型潜山油田——蓬莱 9-1 油田。这也是该海域第一个大型潜山油田，使渤海石油人 40 多年苦苦寻找大型潜山油田的美梦成真。

是年　位于石臼坨凸起东端的秦皇岛 29-2 构造，经评价钻探喜获隐蔽性油气藏的商业性成功。QHD29-2E-4 井酸化后，15.48mm 油嘴平均日产油 1048m³，平均日产气 128164m³，成为渤海海域碎屑岩地层中单井、单个油层厚度之最。这都为渤海海域年产突破 3000×10^4 m³ 大关奠定了雄厚的物质基础。

2010 年

中国海油国内年油气产量达到 5000×10^4 t 油当量，成功建成"海上大庆油田"；渤海海域年产油气突破 3000×10^4 m³ 油当量大关（实际年产 3240×10^4 m³ 油当量），一跃荣登全国大型含油气区排序的"季军"宝座。

2011 年

渤海科学探索井渤中 21-2-1 井完钻，创下了四项渤海之最：完钻最深（5141m）、井底压力最高（70MPa）、井底温度最高（178℃）、有毒气体含量最高（二氧化碳含量 53%、一氧化碳浓度大于 1000μL/L、硫化氢浓度大于 250μL/L）；在潜山获得百米气层，测试获日产 5×10^4 m³ 工业气流，实现了渤海油田潜山勘探新领域的重要突破和重大油气发现。

2012 年

1 月 18 日　国家科学技术奖励大会在京召开，"海上绥中 36-1 油田丛式井网整体加密开发关键技术"荣获国家科学技术进步二等奖。

2016 年

渤海海域油气勘探迈入精细勘探阶段，频频出现新的勘探成果。

2017 年

11 月　在渤海渤中 21、渤中 22 构造带和沙东南构造带的交汇处，由渤海四号钻井船实施钻探了渤中 19-6 潜山圈闭。其 1 号井于太古宇所揭示的 156m 花岗岩地层中发现 11 层 131m 的活跃油气显示，综合解释有气层 36.5m（3 层）。经研究和初步评价钻探认为，BZ19-6 潜山气田有可能是渤海海域乃至整个渤海湾盆地中唯一的大型气田。倘若如此，这将对多年来盆地属性的认知和下一步油气再勘探都会具有战略性的重要意义。

《中国石油地质志》

（第二版）

编辑出版组

总 策 划：周家尧

组　　长：章卫兵

副 组 长：庞奇伟　马新福　李　中

责任编辑：孙　宇　林庆咸　冉毅凤　孙　娟　方代煊

王金凤　金平阳　何　莉　崔淑红　刘俊妍

别涵宇　邹杨格　潘玉全　张　贺　张　倩

王　瑞　王长会　沈瞳瞳　常泽军　何丽萍

申公显　李熹蓉　吴英敏　张旭东　白云雪

陈益卉　张新冉　王　凯　邢　蕊　陈　莹

特邀编辑：马　纪　谭忠心　马金华　郭建强　鲜德清

王焕弟　李　欣